Deregulierung durch Umweltvereinbarungen
in der Europäischen Gemeinschaft

Europäische Hochschulschriften
Publications Universitaires Européennes
European University Studies

Reihe II
Rechtswissenschaft

Série II Series II
Droit
Law

Bd./Vol. 3149

PETER LANG
Frankfurt am Main · Berlin · Bern · Bruxelles · New York · Oxford · Wien

Marita Kasper

Deregulierung durch Umweltvereinbarungen in der Europäischen Gemeinschaft

PETER LANG
Europäischer Verlag der Wissenschaften

Die Deutsche Bibliothek - CIP-Einheitsaufnahme

Kasper, Marita:

Deregulierung durch Umweltvereinbarungen in der Europäischen Gemeinschaft / Marita Kasper. - Frankfurt am Main ; Berlin ; Bern ; Bruxelles ; New York ; Oxford ; Wien : Lang, 2001
(Europäische Hochschulschriften : Reihe 2, Rechtswissenschaft ; Bd. 3149)
Zugl.: Jena, Univ., Diss., 2000
ISBN 3-631-37873-4

27
ISSN 0531-7312
ISBN 3-631-37873-4

www.peterlang.de

Vorwort

Die vorliegende Arbeit lag im Wintersemester 2000/2001 der Rechtswissenschaftlichen Fakultät der Friedrich-Schiller-Universität Jena vor und wurde von dieser als Dissertation angenommen. Das Manuskript wurde im August 2000 abgeschlossen. Die mündliche Doktorprüfung fand am 14. Dezember 2000 statt.

Mein aufrichtiger Dank gilt zunächst meinem Lehrer, Herrn Professor Dr. Michael Brenner, der nicht nur meine Dissertation durch seine stetige Bereitschaft zum Gedankenaustausch und seinen ermutigenden Beistand betreut, sondern auch durch die überaus interessante und harmonische Zusammenarbeit während meiner dreijährigen Tätigkeit als wissenschaftliche Mitarbeiterin an seinem Lehrstuhl für Deutsches und Europäisches Verfassungs- und Verwaltungsrecht hervorragende Arbeitsbedingungen geschaffen hat.
Desgleichen gilt mein Dank Herrn Professor Dr. Rolf Gröschner für die überaus zügige Erstellung des Zweitgutachtens sowie für zahlreiche anregende und konstruktive Gespräche.

Bedanken möchte ich mich schließlich bei meinem Ehemann, Herrn Dr. Jürg Kasper, der mir stets mit Geduld, Interesse und Ermutigung zur Seite stand.
Gewidmet ist dieses Buch meinen Eltern, die mich auf meinem bisherigen Lebensweg in jedweder Weise unterstützt haben.

Erfurt, im Februar 2001 — Marita Kasper

Inhaltsübersicht

Inhaltsverzeichnis

1. Teil: Einführung

§ 1 Einleitung und Gang der Untersuchung

Die expandierende Tätigkeit der Europäischen Gemeinschaft auf dem Gebiet des Umweltrechts sowie der zumindest angestrebte Einsatz neuer Instrumente anstelle herkömmlicher hoheitlicher Handlungsformen gerade in diesem Bereich bildet ebenso den Anlaß für diese Untersuchung wie die aktuelle und allgegenwärtige Deregulierungsdebatte, die angesichts der Normenfülle und –vielfalt auch in der gemeinschaftlichen Umweltpolitik eingesetzt hat. Denn obwohl zunächst nicht einmal eine eigene Kompetenzgrundlage zur Ergreifung umweltrelevanter Maßnahmen bestand, entfaltete die Gemeinschaft bereits in den siebziger und achtziger Jahren mit mehr als 200 Rechtsakten eine nennenswerte Rechtsetzungstätigkeit. Im Verlauf der weiteren Entwicklung der europäischen Integration bildete sich das „Europäische Umweltrecht" durch die Einheitliche Europäische Akte 1986 und den Ergänzungen durch die Verträge von Maastricht 1992 und Amsterdam 1997 in erstaunlicher Geschwindigkeit zu einem bedeutsamen und umfangreichen Rechtsgebiet fort.

Doch in gleichem Maße, wie sich der Kreis der umweltrechtlichen Themen und Problemfelder, deren sich der Gemeinschaftsgesetzgeber annimmt, stetig vergrößert, wachsen auch die Schwierigkeiten bei der Umsetzung und Durchführung des europäischen Umweltrechts. Ein Grund für dieses Dilemma ist sicher in dem schwer überschaubaren und in ständiger Fortentwicklung befindlichen Regelungssystem gerade des medienspezifischen Umweltrechts zu sehen; allerdings tragen auch die diversen nationalen Alleingänge nicht zur Kohärenz der EG-Umweltpolitik bei. Dabei ist es offensichtlich, daß die meisten Umweltprobleme grenzüberschreitender, wenn nicht gar globaler Art sind und daher nicht mehr von einzelnen Staaten allein gelöst werden können, so daß gemeinschaftsweite Regelungen und darüber hinaus auch internationale Abkommen unerläßlich erscheinen.

Aus diesen Gründen wurde daher bereits im fünften Umweltaktionsprogramm der Gemeinschaft aus dem Jahre 1993 ein anderer Ansatz für die gemeinschaftliche Umweltpolitik anempfohlen[1]; das neue Konzept verfolgt das Prinzip der Zusammenarbeit zwischen allen Beteiligten und soll insbesondere den Dialog mit der Industrie verstärken.

Diese Neuausrichtung im Sinne einer geteilten Verantwortung wird ausdrücklich darauf gestützt, daß zwar ein beträchtlicher Regelungsrahmen nach mehr als zwanzigjähriger Tätigkeit der Gemeinschaft auf dem Gebiet des Umweltschutzes errichtet sei, rechtliche Maßnahmen allein aber nicht die gegenwärtigen Tendenzen und Praktiken hinreichend änderten, um eine dauerhafte und umweltgerechte Entwicklung herbeizuführen. Deshalb wurde auch die Not-

---

[1] Entschließung des Rates und der im Rat vereinigten Vertreter der Regierungen der Mitgliedstaaten vom 01.02.1993 über ein Gemeinschaftsprogramm für Umweltpolitik und Maßnahmen im Hinblick auf eine dauerhafte und umweltgerechte Entwicklung, ABl. 1993 Nr. C 138.

wendigkeit einer Erweiterung der Palette der verfügbaren Instrumente erkannt, zu denen neben Umweltabgaben und anderen marktorientierten Instrumenten die freiwilligen Vereinbarungen mit der Industrie gehören sollen.

Dabei gilt es im Bereich des Umweltrechts zu berücksichtigen, daß die Maßnahmen zum Umweltschutz auf der einen Seite der ständig zunehmenden Umweltbelastung und den vielfältigen Umweltrisiken sowie dem schnellen Fortschritt von Wissenschaft und Technik Rechnung tragen sollen, um ein umweltverträgliches Niveau der Lebensgrundlagen zu erhalten, auf der anderen Seite aber die wirtschaftliche Entwicklung im Zeitalter der Massenarbeitslosigkeit nicht zu sehr zu beeinträchtigen dürfen. Auch diese Anpassungszwänge haben dazu geführt, daß das Umweltrecht in nahezu allen Mitgliedstaaten und auch der Gemeinschaft selbst durch eine Fülle von Normen gekennzeichnet ist[2].
Angesichts dieser Verrechtlichung ist als Gegentendenz allenthalben der Ruf nach „Deregulierung" laut geworden, wodurch im weitesten Sinne das Bestreben nach einer Verringerung des Regelungsumfangs und der Regelungsdichte ausgedrückt werden soll. So werden auch in der Europäischen Gemeinschaft die Anstrengungen im Hinblick auf eine Rechtsvereinfachung und Deregulierung verstärkt, ohne dadurch aber - trotz des insoweit verringerten normativen Aufwandes - gleichzeitig das angestrebte Niveau des Umweltschutzes zu senken. Aus diesem Grund sind Innovationen des gemeinschaftlichen Handelns gefragt, die sich in der Rechtsetzung bereits durch eine Vielzahl von Neuschöpfungen und Novellierungen, die beschleunigen und vereinfachen sollen, aber ebenso durch die im fünften Aktionsprogramm geforderte Flexibilisierung bei der Wahl der Instrumente abzeichnen.
Desgleichen wurde erkannt, daß der Erlaß von Umweltgesetzen und deren Durchführung im allgemeinen sehr zeitaufwendig ist und die letzten Endes erlassenen gesetzlichen Regelungen dem schnellen Wandel in Wissenschaft und Technik nicht hinreichend Rechnung tragen können. Auch aus diesem Grund sind neue kooperative Formen zwischen Staat und Wirtschaft in Erscheinung getreten und wurde in der Folge der Einsatz überkommener hoheitlicher Handlungsformen verringert, um den gleichen Regelungseffekt u.a. durch Abreden mit der Wirtschaft zu erreichen. Zugleich sollen im Zuge der gesteigerten Beteiligung gesellschaftlicher Selbstregulierungskräfte neben den Umwelt- verstärkt auch die Wirtschaftsinteressen berücksichtigt werden.

Aus diesen Gründen hat deshalb das Instrument der „Umweltvereinbarung" in der Umweltpolitik der Mitgliedstaaten der Europäischen Gemeinschaften seit Ende der 80er Jahre stark an Bedeutung gewonnen. So existierten 1996 innerhalb der EG bereits mehr als 300 Umweltvereinbarungen, ohne daß in dieser Zahl schon Vereinbarungen auf regionaler oder lokaler Ebene

[2] Zur umfassenden europäischen Regelungsflut s. nur *Lindemann/Delfs*, Vollzug des Europäischen Umweltrechts, ZUR 1993, S. 256 m.w.N. in Fn. 1.

mit einbegriffen wären[3]. Diese Entwicklung in den Mitgliedstaaten mag ein weiterer Grund für die Kommission gewesen sein, der Umweltvereinbarung als neue Handlungsform auch im europäischen Umweltrecht zur Verbesserung des Umweltschutzes besondere Aufmerksamkeit zu schenken. So äußerte sich die Kommission am 27.11.1996 in einer 34 Seiten umfassenden Mitteilung an den Rat und das Europäische Parlament über Umweltvereinbarungen[4], in der sie sich neben allgemeinen Erwägungen zu den Umweltvereinbarungen als strategisches Instrument und der Aufstellung allgemeiner Leitlinien für die Anwendung von Umweltvereinbarungen auch den Umweltvereinbarungen auf Gemeinschaftsebene widmet.

Die vorliegende Arbeit nimmt diese Überlegungen auf und geht der Frage nach, ob und inwieweit Umweltvereinbarungen auf Gemeinschaftsebene tatsächlich zu einer Deregulierung des Gemeinschaftsrechts beitragen können. Vor dem Hintergrund dieser Deregulierungsbestrebungen wird anhand konkreter Vorgaben des Gemeinschaftsrechts aufzuzeigen sein, welche Möglichkeiten und Grenzen für einen Rückzug des gemeinschaftlichen Umweltordnungsrechts zugunsten einer verstärkten gesellschaftlichen Selbstregulierung bestehen. Die Möglichkeiten für eine Deregulierung ergeben sich dabei im Falle der Zulässigkeit von Umweltvereinbarungen aus ihrem Inhalt und ihren Wirkungen, während die Grenzen aus den Vorgaben des Gemeinschaftsrechts hervorgehen. Den Schwerpunkt der Untersuchung bildet daher die Frage nach der Zulässigkeit von Umweltvereinbarungen im Gemeinschaftsrecht, wobei es neben den formellen Voraussetzungen auch eine Vielzahl materieller Vorgaben zu berücksichtigen gilt.

Bevor aber die Möglichkeiten und Grenzen einer Deregulierung durch Umweltvereinbarungen in der Europäischen Gemeinschaft dargestellt werden können, gilt es zunächst in einem ersten Schritt die Begriffe „Deregulierung" und „Umweltvereinbarung" einer näheren Untersuchung zu unterziehen (2. Teil § 2). Dies ist schon deshalb zwingend geboten, weil nicht nur im Hinblick auf die Frage, welche Voraussetzungen eine Maßnahme erfüllen muß, damit überhaupt von einer Deregulierung gesprochen werden kann, unterschiedliche Auffassungen vertreten werden, sondern auch der Sinngehalt als solcher nicht einheitlich festgelegt wird. Ähnlich gelagert sind die Probleme bei dem Terminus „Umweltvereinbarung", da die Bezeichnungen, die Hintergründe sowie die rechtliche Natur der verschiedenen Umweltvereinbarungen in der Europäischen Gemeinschaft und ihren Mitgliedstaaten voneinander abweichen. Zwar handelt es sich zumeist um unverbindliche, freiwillige Vereinbarungen bzw. um lediglich von Behör-

---

[3] S. Environmental Agreements, Environmental Effectiveness, Environmental Issues Series No. 3 - Vol. 1, S. 23; vgl. aber die z.T. differierenden Zahlen in der Mitteilung der Kommission über Umweltvereinbarungen, KOM(96) 561 endg., S. 1 (25 ff.).

[4] KOM(96) 561 endg. S.a. die Empfehlung der Kommission vom 09.12.1996 über Umweltvereinbarungen zur Durchführung von Richtlinien der Gemeinschaft, ABl. 1996 Nr. L 333, S. 59, das fünfte Aktionsprogramm, ABl. 1993 Nr. C 138, und den Vorschlag der Kommission zur Änderung des Programms, ABl. 1996 Nr. C 140, S. 5, sowie die Mitteilung der Kommission zur Gesamtbewertung des Programms, KOM(1999) 543 endg.

den entgegengenommene Selbstverpflichtungen der Industrie, es gibt aber ebenso - gerade in jüngerer Zeit - die Tendenz zu vertraglichen und damit verbindlichen Vereinbarungen. Dabei variieren die Bezeichnungen der unterschiedlichen Vereinbarungen in den Mitgliedstaaten und auf Gemeinschaftsebene von Umweltvereinbarungen und vertraglichen Vereinbarungen bis hin zu Selbstverpflichtungen bzw. Selbstverpflichtungserklärungen oder Selbstbeschränkungsabkommen. Eine allgemeingültige Definition des Begriffs der Umweltvereinbarung existiert daher nicht.

Nach dieser Begriffsbestimmung sollen in einem zweiten Schritt die rechtlichen und politischen Vorgaben näher beleuchtet werden, um dadurch den Rahmen einer Deregulierung durch Umweltvereinbarungen auf Gemeinschaftsebene abzustecken (2. Teil § 3). Dabei ist zu berücksichtigen, daß zwar sowohl in den Mitgliedstaaten als auch in der Gemeinschaft mit wachsender Intensität Deregulierungsdiskussionen geführt werden, aber in den Verträgen der Europäischen Gemeinschaften und der Europäischen Union weder die Frage der Deregulierung noch die der Rechts- und Verwaltungsvereinfachung ausdrücklich Erwähnung findet, so daß allein die sekundärrechtlichen Vorschriften Deregulierungstendenzen erkennen lassen und im übrigen nur politische und unverbindliche Zielsetzungen existieren. Im Anschluß an deren Darstellung soll ein kurzer Überblick über die Direktiven für den Abschluß von Umweltvereinbarungen gewährt werden; diese Vorgaben bilden dann den Hintergrund für die dieser Arbeit zugrunde liegende Fragestellung nach einer Deregulierung durch Umweltvereinbarungen.

Im 3. Teil wird deshalb untersucht werden, ob und inwieweit auf der Ebene der europäischen Gemeinschaft das Ziel ihrer umweltpolitischen Aktivitäten überhaupt durch Vereinbarungen mit Unternehmen oder Wirtschaftsverbänden erreicht werden kann, also ob und inwieweit herkömmliche hoheitliche Handlungsformen durch Umweltvereinbarungen ersetzt werden können. Denn nur dann, wenn solche Vereinbarungen eine zulässige Alternative zur Rechtsetzung auf Gemeinschaftsebene durch Verordnungen, Richtlinien und Entscheidungen darstellen, besteht auch die Möglichkeit einer Deregulierung. Übergreifend wird daher zunächst der Frage nachzugehen sein, ob die Gemeinschaft überhaupt gemeinschaftsweit geltende Umweltabkommen eingehen darf. Dabei sind in einem ersten Schritt - getrennt nach Umweltverträgen und Selbstverpflichtungen - die formellen Voraussetzungen, insbesondere die Kompetenz der Gemeinschaft zum Abschluß derartiger Vereinbarungen, zu prüfen (3. Teil §§ 4, 5); in einem zweiten Schritt gilt es dann, die wesentlichen materiellen Grenzen aufzuzeigen (3. Teil § 6). Maßstäbe für die Inhaltskontrolle von Umweltvereinbarungen sind zunächst die Vorgaben des EG-Vertrags für die Umweltpolitik (Art. 174 ff. EGV); in diesem Zusammenhang ist ebenfalls auf das im EG-Vertrag allerdings nicht erwähnte Kooperationsprinzip einzugehen, da ein solches Prinzip – etwa als ungeschriebener Rechtsgrundsatz – den Abschluß von Umweltvereinbarungen unter Umständen begünstigen kann.

Im Hinblick auf die Zulässigkeit von Umweltvereinbarungen spielt daneben das Kartellrecht eine wesentliche Rolle. Die möglichen wettbewerbsbeschränkenden Wirkungen von Umwelt-

vereinbarungen sind daher anhand der Art. 81, 82 EGV zu untersuchen, wobei es zu klären gilt, ob und unter welchen Voraussetzungen derartige Vereinbarungen mit den Wettbewerbsvorschriften in Einklang gebracht werden können oder ob sie womöglich wegen ihrer umweltschützenden Wirkung von einzelnen Wettbewerbsbestimmungen freigestellt werden können bzw. das Kartellverbot aufgrund ökologischer Gesichtspunkte zu beschränken ist.
Schließlich bleibt noch zu untersuchen, ob den vertraglichen Umweltvereinbarungen und Selbstverpflichtungen auf Gemeinschaftsebene neben den durch den EG-Vertrag auferlegten Beschränkungen darüber hinaus materielle Grenzen durch Grundrechte Beteiligter oder Dritter oder durch daraus resultierende Schutzpflichten gesetzt werden.

Erst wenn die formellen und materiellen Voraussetzungen für den Abschluß von Umweltvereinbarungen bestimmt sind, kann abschließend die Frage ihrer deregulierenden Wirkung für das Gemeinschaftsrecht beantwortet werden (4. Teil § 7). Insoweit sollen nicht nur aktuelle Deregulierungspotentiale von Selbstverpflichtungen und Umweltverträgen dargestellt, sondern vor dem Hintergrund der weiteren Entwicklung der Europäischen Union auch potentielle Deregulierungsmöglichkeiten für die Zukunft untersucht werden.

Insgesamt soll die Arbeit neben der Systematisierung und Beurteilung der gemeinschaftsrechtlichen Zulässigkeit unterschiedlicher Umweltvereinbarungen insbesondere der Darstellung diverser Deregulierungsmöglichkeiten und damit einhergehend verstärkter gesellschaftlicher Selbstregulierung im Umweltrecht dienen. Eine Bewertung des festzustellenden Deregulierungspotentials von Umweltvereinbarungen erfolgt im Fall ihrer Zulässigkeit anhand des Inhalts und der Wirkungen sowie im Hinblick auf die jeweils zu berücksichtigenden Vorgaben des Gemeinschaftsrechts. Als Ergebnis der nachfolgenden Ausführungen wird aufzuzeigen sein, ob und inwieweit den Deregulierungsbestrebungen durch Umweltvereinbarungen auch auf Gemeinschaftsebene Rechnung getragen werden kann.

2. Teil: Grundlagen

§ 2 Begriffsklärungen

A. Deregulierung

Bevor untersucht werden kann, ob Umweltvereinbarungen zur Deregulierung in der Europäischen Union geeignet sind, ist zunächst zu klären, was unter dem Begriff „Deregulierung" überhaupt zu verstehen ist. Dabei handelt es sich allerdings um keinen Rechtsbegriff, sondern vielmehr um ein Schlagwort[1], das sich als eine Art Sammelbegriff für verschiedene neue Entwicklungstendenzen und Konzepte in der Rechtspolitik durchgesetzt hat, wobei es im wesentlichen darum geht, die gesetzlichen und untergesetzlichen Regelwerke in verschiedenen Bereichen des Rechts zu reduzieren bzw. zu vereinfachen. Im Zusammenhang mit der Deregulierung werden insoweit regelmäßig weitere Schlagworte wie etwa Liberalisierung, Privatisierung, Beschleunigung und Vereinfachung genannt, die alle letztlich eine Forderung nach der Modernisierung von Staat, Recht und Gesellschaft enthalten[2]. Weiter ist für die Begriffsklärung zu berücksichtigen, daß dieser Begriff in nahezu allen Rechtsgebieten Bedeutung erlangt hat[3], darüber hinaus aber nicht allein in der Rechtswissenschaft, sondern auch in anderen Bereichen wie etwa der Politikwissenschaft[4] Verwendung findet und letztlich sogar zu einem politischen Leitwort[5] geworden ist. Schließlich gilt es zu bedenken, daß in den verschiedenen Mitgliedstaaten und auf Unionsebene sehr unterschiedliche Bedeutungen für den Begriff der Deregulierung existieren können, so daß eine genauere Untersuchung seines Sinngehalts erforderlich ist. Diese Schwierigkeiten bei der Begriffsbestimmung erklären sich, wenn man die Entwicklung der Deregulierung und den Hintergrund der Deregulierungsdebatte berücksichtigt.

I. Entwicklung der Deregulierung

Die Diskussion um Maßnahmen zur Deregulierung begann Mitte der 70er Jahre in den USA mit der Liberalisierung hoheitlich geregelter Wirtschaftsbereiche wie der Luftfahrt, des Schie-

---

[1] *Ronellenfitsch*, Selbstverantwortung und Deregulierung im Ordnungs- und Umweltrecht, S. 40.

[2] S. nur *Koch*, Beschleunigung, Deregulierung, Privatisierung, in: Schlacke (Hrsg.), Neue Konzepte im Umweltrecht, S. 27; *Stober*, Dimensionen der Deregulierung, in: ders. (Hrsg.), Deregulierung im Wirtschafts- und Umweltrecht, S. 1.

[3] Zu den unterschiedlichen Bereichen s. nur *Jahn*, Deregulierung im Wirtschafts- und Umweltschutzrecht, in: Stober (Hrsg.), Deregulierung im Wirtschafts- und Umweltrecht, S. 11 (14).

[4] Vgl. *Wittkämper*, Deregulierung aus politikwissenschaftlicher Sicht, in: Stober (Hrsg.), Deregulierung im Wirtschafts- und Umweltrecht, S. 37 ff.; s.a. *Grossekettler*, Deregulierung aus ökonomischer Sicht, in: Stober (Hrsg.), Deregulierung im Wirtschafts- und Umweltrecht, S. 27.

[5] Für Deutschland s. nur *Rexrodt*, Deregulierung im Wirtschaftsverwaltungsrecht, GewArch 93, S. 393 ff.; s.a. den Bericht der Bundesregierung zur Zukunftssicherung des Standortes Deutschland, BT-Drs. 12/5620 vom 03.09.1993, S. 15, sowie den Bericht über Deregulierungsmaßnahmen der Bundesregierung, BT-Drs. 12/7468 vom 29.09.1994.

nenverkehrs, des Transportwesens und der Telekommunikation mit dem Ziel der Verbesserung der Leistungsfähigkeit der Wirtschaft[6]. Angestoßen durch die aufgrund der Deregulierung positive wirtschaftliche Entwicklung in den Vereinigten Staaten sind längst auch in der Europäischen Union und ihren Mitgliedstaaten - desgleichen in anderen Industrieländern wie z.B. Japan[7] - verschiedene Deregulierungstendenzen zu verzeichnen, die letztlich alle aufgrund von Beschäftigungs- und Wettbewerbsproblemen im Streit um die günstigsten Rahmenbedingungen und den besten Standort für die Wirtschaft veranlaßt wurden[8], da Art und Umfang staatlicher Regulierungen die Investitions- und Innovationsentscheidungen der Unternehmen in starkem Maße beeinflussen. Innerhalb der Mitgliedstaaten war Großbritannien eine Art Vorreiter für die Deregulierungsdebatte; dort wurde bereits 1979 mit der Privatisierung der vielen staatlichen Unternehmen etwa in den Bereichen Telekommunikation, Luft- und Schienenverkehr sowie mit der Liberalisierung und Deregulierung hoheitlich stark geregelter Wirtschaftsbereiche begonnen[9]. Dagegen beschäftigte man sich in den Niederlanden zuvörderst mit einer Veränderung der Gesetzgebung, die den Belangen der Wirtschaft stärker Rechnung tragen sollte. Eine vergleichbare Richtung schlug die französische Diskussion über das durch eine Vereinfachung von Vorschriften verbesserungsfähige Umfeld für Wirtschaftsunternehmen ein, mit dem Unterschied, daß dort die Initiative nicht von der Regierung, sondern von privater Seite ausging[10]. Auch in Deutschland wurde relativ frühzeitig die Bedeutung der Deregulierung und Privatisierung erkannt. So einigten sich die Regierungschefs von Bund und Ländern im Jahre 1979 dahingehend, daß eine Rechts- und Verwaltungsvereinfachung nötig sei[11], und wurde in der Regierungserklärung von 1983 die Bedeutung der Deregulierung besonders herausgestellt[12] mit der Folge, daß auch verschiedene Kommissionen zur Untersuchung der Deregulierung im weitesten Sinne eingesetzt wurden[13].

In der Europäischen Union wird die Diskussion um Deregulierung auf zwei Ebenen geführt: Zum einen geht es um die seit Gründung der EWG verfolgte Schaffung eines Binnenmarktes und damit einhergehend um die Beseitigung nationaler Marktregulierungen[14], zum anderen

---

[6] S. *Moore/Kroszner*, Deregulierung und Privatisierung und der freie Markt in den Vereinigten Staaten von Amerika, in: Vogel (Hrsg.), Deregulierung und Privatisierung, S. 49 ff.

[7] Hierzu *Kobayashi*, Deregulierung und Privatisierung in Japan, in: Vogel (Hrsg.), Deregulierung und Privatisierung, S. 70 ff.

[8] Vgl. *Ronellenfitsch*, Selbstverantwortung und Deregulierung im Ordnungs- und Umweltrecht, S. 42 ff.; *Stober*, Dimensionen der Deregulierung, in: ders. (Hrsg.), Deregulierung im Wirtschafts- und Umweltrecht, S. 1 ff.

[9] *Pirie*, Erfahrungen mit Deregulierung und Privatisierung in Großbritannien, in: Vogel (Hrsg.), Deregulierung und Privatisierung, S. 86 ff.

[10] Zum Ganzen *Molitor*, Deregulierung in Europa, S. 23 f.

[11] Nachweise hierzu bei *Stober*, Dimensionen der Deregulierung, in: ders. (Hrsg.), Deregulierung im Wirtschafts- und Umweltrecht, S. 1 (4).

[12] Regierungserklärung des Bundeskanzlers Kohl vom 04.05.1983 vor dem Deutschen Bundestag, BT-PlPr. 10/4, S. 56, 65.

[13] S. hierzu die Ausführungen bei *Schneider*, Öko-Audit und Deregulierung im Immissionsschutzrecht, S. 107 ff.; *Molitor*, Deregulierung in Europa, S. 25 ff.

[14] So schon die Präambel des EG-Vertrages vom 25.März 1957. Für die von der Gemeinschaft initiierte Deregulierung des nationalen Rechts im Hinblick auf den gemeinsamen Binnenmarkt läßt sich als Beispiel etwa der

wird inzwischen auch die Deregulierung bzw. Rechts- und Verwaltungsvereinfachung für das Gemeinschaftsrecht selbst angestrebt.

Mit der Deregulierung auf Gemeinschaftsebene beschäftigte sich auch die im September 1994 insbesondere aufgrund deutscher Initiative[15] von der Kommission eingesetzte Gruppe unabhängiger Sachverständiger für die Vereinfachung der Rechts- und Verwaltungsvorschriften, die im Juni 1995 ihren Abschlußbericht mit 120 Vorschlägen für Maßnahmen etwa im Bereich der Lebensmittelhygiene, der Beschäftigungs- und Sozialpolitik sowie der Umwelt vorgestellt hat[16]. Allgemein geht es dabei um die Rechts- und Verwaltungsvereinfachung durch Abschaffung bzw. Neufassung von Rechtsvorschriften und Verwaltungsverfahren sowie um die Möglichkeiten zur künftigen Verbesserung der Qualität der Rechtsetzung der Gemeinschaft unter Berücksichtigung von Anliegen der Bürger und der Wirtschaft[17]. Speziell für den Bereich der Umweltpolitik wird konstatiert, daß die ersten Rechtsvorschriften oftmals zu detailliert waren, als daß dadurch langfristig ein ausreichender Schutz für die Umwelt hätte erreicht werden können. Der neue Ansatz, der bereits im fünften Aktionsprogramm der Gemeinschaft aus dem Jahr 1993 deutlich wird[18], setzt deshalb bei entsprechender Möglichkeit auch auf die Anwendung von Marktmechanismen anstelle von ausführlichen und verbindlichen Regelungen nebst Kontrollen[19]. So werden etwa für die Abfallpolitik flexible freiwillige Vereinbarungen zwischen Industriegruppen und Aufsichtsbehörden anstelle von unterschiedlichen nationalen Maßnahmen vorgeschlagen[20].

Zu diesen Bericht hat die Kommission eine ausführliche Stellungnahme vorgelegt, worin sie die Ergebnisse größtenteils positiv würdigt. Darüber hinaus legt sie dem Europäischen Rat jährlich ihren Bericht „Eine bessere Rechtsetzung“[21] vor, in dem es insbesondere um die Vereinfachung und die Verbesserung der Rechtsvorschriften, aber auch um Vermeidung der unkontrollierten Zunahme von Rechtsakten geht. Ähnliche Vorschläge macht die Kommission in ihrer Mitteilung „Weniger Gesetzgebung für besseres Handeln“[22].

Abbau mitgliedstaatlicher Vorschriften im Bereich des Luftverkehrs oder des Versicherungsmarktes anführen; diese Thematik kann für die vorliegende Untersuchung der Deregulierung durch Umweltvereinbarungen im Gemeinschaftsrecht aber außer Betracht bleiben.

[15] Zum Hintergrund der Einsetzung der Expertengruppe *Molitor*, Deregulierung in Europa, S. 27 ff.

[16] Bericht der Gruppe unabhängiger Experten für die Vereinfachung der Rechts- und Verwaltungsvorschriften („Molitor-Bericht“), KOM(95), 288 endg./2.

[17] „Molitor-Bericht“, KOM(95), 288 endg./2, S. 1 (13 ff.).

[18] Entschließung des Rates und der im Rat vereinigten Vertreter der Regierungen der Mitgliedstaaten vom 01.02.1993 über ein Gemeinschaftsprogramm für Umweltpolitik und Maßnahmen im Hinblick auf eine dauerhafte und umweltgerechte Entwicklung, ABl. Nr. C 138.

[19] „Molitor-Bericht“, KOM(95), 288 endg./2, S. 1 (62 ff.); s.a. *Molitor*, Der Umweltschutz im Bericht der Gruppe unabhängiger Experten für die Vereinfachung der Rechts- und Verwaltungsvorschriften im Auftrag der Europäischen Kommission, in: Rengeling (Hrsg.), Beschleunigung von Planungs- und Genehmigungsverfahren - Deregulierung, S. 13 (14 f.).

[20] Vorschläge Nr. 5.16 u. 17, „Molitor-Bericht“, KOM(95), 288 endg./2, S. 1 (70 f.)

[21] Zunächst wurde der Bericht nur über die Verfahren zur Anwendung des Subsidiaritätsprinzips vorgelegt, KOM(93) 545 endg., KOM(94) 533 endg.; seit 1995 wird der Bericht ausgedehnt auf „Eine bessere Rechtsetzung“, CSE(95) 580, CSE(96) 7, KOM(97) 626 endg., KOM(1998) 715 endg., KOM(1999) 562 endg.

[22] Mitteilung der Kommission, Weniger Gesetzgebung für besseres Handeln: Die Fakten, KOM(1998) 345 endg., S. 1 ff.

II. Hintergrund der Deregulierungsdebatte im Umweltrecht

Verständlich werden diese Bemühungen um Deregulierungsmaßnahmen, wenn man sich die seit Jahren zunehmende Kritik an der Umweltpolitik und am Umweltrecht vor Augen führt, die etwa in der Bundesrepublik Deutschland einen „überforderten Staat“ sieht, dem im Hinblick auf die angesichts der steigenden Umweltbelastung ständig wachsenden Aufgaben und die Globalisierung der Umweltbeeinträchtigungen sowie den schnellen Fortschritt von Wissenschaft und Technik die Steuerungskraft fehle[23]. Im Zusammenhang mit dieser Staatsüberlastung wurde denn auch der Ruf nach einem „schlanken Staat“[24] bzw. nach „mehr Umweltschutz durch weniger Staat“[25] laut. Ähnlich lautet - aus Gründen der Effizienz und der Konzentration auf politische Prioritäten - die Devise der Europäischen Kommission: „Weniger Gesetzgebung für besseres Handeln“[26]. Weiteren Anstoß für eine Deregulierung im Umweltrecht gibt daneben die Globalisierung der Wirtschaft, die nicht nur in Deutschland, sondern auch auf Gemeinschaftsebene eine Standortdebatte mit Forderungen einerseits nach einer Beschleunigung der Genehmigungsverfahren, andererseits nach einer Verringerung der Vorschriftenlast zur Verbesserung der Wettbewerbsfähigkeit ausgelöst hat[27]. Hierbei kann sich sowohl die Wettbewerbsfähigkeit der einzelnen Unternehmen verbessern, wenn und soweit sie von Belastungen befreit werden – wie etwa durch die Verringerung der Regulierungskosten –, als auch die der gesamten Volkswirtschaft, wenn es um die Investitionsqualität der Standorte sowie um Beschäftigungs- und Wachstumschancen geht[28]. Insoweit spielt für die Wirtschaft insbesondere die Kostenrelevanz der Regulierungen eine gewichtige Rolle[29]. Schließlich führen die vielfach beklagten Vollzugsdefizite im Bereich des Umweltrechts zu Zweifeln an der Vollzugseignung des Umweltordnungsrechts, da hierfür zumindest nicht allein die mangelnde Organisation und personelle Ausstattung der Umweltverwaltung oder fehlende finanzielle Mittel, sondern ebenso die Verständlichkeit, Überschaubarkeit und Eig-

---

[23] Statt vieler *Koch*, Innovationssteuerung im Umweltrecht, in: Hoffmann-Riem/Schneider (Hrsg.), Rechtswissenschaftliche Innovationsforschung, S. 273 (275 ff.). *Schuppert*, Grenzen und Alternativen von Steuerung durch Recht, in: Grimm (Hrsg.), Wachsende Staatsaufgaben – sinkende Steuerungsfähigkeit des Rechts, S. 217 (222), spricht von einer „Steuerungsschwäche“.

[24] Zu diesem Begriff s. die Nachweise bei *Kloepfer/Elsner*, Selbstregulierung im Umwelt- und Technikrecht, DVBl. 1996, S. 964 (965) in Fn. 1.

[25] *Kloepfer*, Zu den neuen umweltrechtlichen Handlungsformen des Staates, JZ 1991, S. 737 (738); *Huber*, Weniger Staat im Umweltschutz, DVBl. 1999, S. 489.

[26] Mitteilung der Kommission, Weniger Gesetzgebung für besseres Handeln: Die Fakten, KOM(1998) 345 endg.

[27] Hierzu *Schmidt-Jortzig*, Mehr als ein Schlagwort – Die Beschleunigung von Planungs- und Genehmigungsverfahren als Baustein zum Schlanken Staat, in: Rengeling (Hrsg.), Beschleunigung von Planungs- und Genehmigungsverfahren – Deregulierung, S. 1 ff.; *Benz*, Privatisierung und Deregulierung – Abbau von Staatsaufgaben, Die Verwaltung 28 (1995), S. 337 (340). S. dazu auch *Kirchhof*, Der Staat als Organisationsform politischer Herrschaft und rechtlicher Bindung, DVBl. 1999, S. 637 (646 f.).

[28] Ausführlich hierzu *Molitor*, Deregulierung in Europa, S. 8 ff.; s.a. *Rexrodt*, Deregulierung im Wirtschaftsverwaltungsrecht, GewArch 1993, S. 393 f.

[29] Berechnungsbeispiel für die Änderung vorhandener Arbeitsmittel gemäß der Richtlinie Nr. 89/655 über Arbeitsmittel im „Molitor-Bericht“, KOM(95), 288 endg./2, S. 1 (57).

nung der gesetzlichen Regelungen als Ursache angesehen werden[30]. Aber auch die Verwirklichung des Europäischen Binnenmarktes hat paradoxerweise den Ruf nach Deregulierung laut werden lassen, weil die Rechtsharmonisierung und der Erlaß gemeinschaftlicher Normen aufgrund der detaillierten Vorstellungen der einzelnen Mitgliedstaaten im Hinblick auf eine Art „Besitzstandswahrung" teilweise zu äußerst komplexen und schwer verständlichen Regelungswerken geführt hat. Daneben erlassen die Mitgliedstaaten bei der Umsetzung von Gemeinschaftsrichtlinien zumeist weitere Vorschriften zur Rechtsharmonisierung, so daß gerade im Bereich des Umweltrechts neben dem Gemeinschaftsrecht eine stattliche Zahl nationaler Gesetze existiert.

Betrachtet man diese verschiedenen Ursachen für die ansteigende Zahl von Deregulierungsmaßnahmen und –vorschlägen, so wird deutlich, daß neben dem Streben nach Staatsentlastung, Bürgernähe und Wirtschaftlichkeit auch der Gedanke der Transparenz, Anerkennung und Effizienz eine Rolle spielt. Dabei soll der in den letzten Jahrzehnten angestiegene Umweltschutz allerdings keine Einschränkung erfahren, so daß künftige Maßnahmen nicht nur der Deregulierung, sondern auch dem bestehenden Schutzniveau Rechnung tragen müssen[31].

III. Begriff der Deregulierung

Der Begriff der Deregulierung („deregulation") stammt ursprünglich aus dem angloamerikanischen Sprachgebrauch und hatte primär eine rein ökonomische Bedeutung, da es zunächst allein um die Liberalisierung der Märkte und damit um den Abbau von staatlichen Regelungen in nahezu allen Wirtschaftsbereichen, insbesondere aber im Transport- und Flugwesen, ging[32]. Mittlerweile wird der Begriff aber auch in einem weiteren Sinne für die Rechts- und Verfahrensvereinfachung, die stärkere Einbeziehung Privater in die Gesetzgebungsverfahren und zur Erfüllung von Staatsaufgaben und damit insgesamt für Fragen der Staatsentlastung herangezogen[33]. Allerdings wird in der rechtswissenschaftlichen Diskussion oftmals keine konkrete Definition des Deregulierungsbegriffs angeboten; vielmehr wird der Begriff allein anhand verschiedener Motive und Ziele oder Erscheinungsbereiche konkretisiert. So wird etwa als Ziel jeder Deregulierung die Ausdünnung der gesetzlichen und untergesetzlichen Regelwerke[34] und werden als Erscheinungsbereiche beispielsweise die Aufhebung bzw.

[30] Zu Vollzugsdefiziten im Bereich des Umweltrechts s. nur *Lübbe-Wolff*, Modernisierung des Umweltordnungsrechts, S. 1 ff., 83 ff.; Bericht der Kommission an den Europäischen Rat, Eine bessere Rechtsetzung: „Gemeinsam Verantwortung übernehmen" (1998), KOM(1998) 715 endg., S. 1 (8 ff.).

[31] Vgl. die Nachweise bei *Budde*, Die Umwelt-Audit-Verordnung der EU – eine Deregulierungschance für betriebliche Unternehmen und staatliche Verwaltung?, S. 21.

[32] S. *Möschel*, Privatisierung, Deregulierung und Wettbewerbsordnung, JZ 1988, S. 885 (888) m.w.N.; *Ronellenfitsch*, Selbstverantwortung und Deregulierung im Ordnungs- und Umweltrecht, S. 41 f.

[33] *Schneider*, Öko-Audit und Deregulierung im Immissionsschutzrecht, S. 94 f.

[34] *Ronellenfitsch*, Selbstverantwortung und Deregulierung im Ordnungs- und Umweltrecht, S. 40.

Vereinfachung der Gesetzgebung, die Umstrukturierung der Verwaltung sowie die Entstaatlichung durch Privatisierung[35] genannt.

Im Bericht der im September 1994 von der Europäischen Kommission eingesetzten Gruppe unabhängiger Experten für die Vereinfachung der Rechts- und Verwaltungsvorschriften („Molitor-Bericht") wird jedoch zwischen Vereinfachung und Deregulierung unterschieden und beides einer Definition unterworfen:

> „Vereinfachung - wo ein direktes staatliches Eingreifen erforderlich erscheint, muß unbedingt gewährleistet sein, daß die Regulierung die Wettbewerbsfähigkeit und die Beschäftigung so wenig wie möglich beeinträchtigt und gleichzeitig im Hinblick auf das beabsichtigte Ziel den bestmöglichen Erfolg erreicht. In den meisten Fällen erfordert eine Vereinfachung neue Vorschriften, beispielsweise mit neuen und einfacheren Regelungen der Probleme oder einer Änderung der bestehenden Rechts- und Verwaltungsvorschriften, um unnötige Lasten zu verringern (Neuregulierung als Methode der Vereinfachung);
> Deregulierung - in einigen Fällen wird die unvermeidliche Ausweitung der Vereinfachung zur Reduzierung oder Abschaffung staatlicher Regelungen führen, die nicht länger erforderlich sind oder deren Ziele durch andere Maßnahmen wirksamer erreicht werden können (z.B. freiwillige Vereinbarungen, marktwirtschaftliche Instrumente oder Selbstregulierung)"[36].

Dagegen spricht die Kommission nicht von Deregulierung, sondern von Vereinfachung sowie als deren Folge von Kodifizierung, Neufassung und Konsolidierung. In ihrer Mitteilung „Weniger Gesetzgebung für besseres Handeln" heißt es aber auch, daß die Kodifizierung und Neufassung die Aufhebung der vorhergehenden Rechtsvorschriften erfordern[37]. Darüber hinaus hebt sie in ihrem jährlichen Bericht an den Europäischen Rat „Eine bessere Rechtsetzung" hervor, daß sie von der Unterbreitung neuer Rechtsvorschläge abgesehen oder bestimmte Vorschläge zurückgezogen habe, indem sie auch den Rückgriff auf Alternativen zur Rechtsetzung, wie beispielsweise freiwillige Vereinbarungen, gefördert habe[38]. Letztlich umschreibt sie somit den Begriff der Deregulierung, wie er ähnlich im „Molitor-Bericht" verwendet wird. Damit wird der Begriff der Deregulierung nicht nur im „Molitor-Bericht", sondern wohl auch von der Kommission als quantitativer Abbau von Rechtsnormen und staatlichen Regelungen verstanden; es gehören folglich diejenigen Bestrebungen zur Deregulierung, die auf eine tat-

---

[35] *Stober*, Dimensionen der Deregulierung, in: ders. (Hrsg.), Deregulierung im Wirtschafts- und Umweltrecht, S. 1 ff.
[36] „Molitor-Bericht", KOM(95), 288 endg./2, S. 1 (7).
[37] Mitteilung der Kommission, Weniger Gesetzgebung für besseres Handeln: Die Fakten, KOM(1998) 345 endg., S. 1 (6).
[38] Eine bessere Rechtsetzung: „Gemeinsam Verantwortung übernehmen" (1998), KOM(1998) 715 endg., S. 1 (7); Eine bessere Rechtsetzung 1999, KOM(1999) 562 endg., S. 1 (4).

sächliche Verringerung der europäischen Rechtsakte etwa in Form von Verordnungen, Richtlinien und Entscheidungen abzielen[39].

Demgegenüber gibt es auch verschiedene Tendenzen, den Deregulierungsbegriff in einem anderen, z.T. auch weiteren Sinne zu interpretieren; diese reichen vom Abbau nicht allein des förmlichen Gesetzesrechts, sondern auch der administrativen Maßnahmen wie etwa Vollzugsakte[40], bis zu jeglichem Rückzug des Staates und entsprechend vergrößerten Freiräumen für Private[41]. Während die erste Interpretation aber vergleichbar mit der Begriffsbestimmung im „Molitor-Bericht" im Sinne eines Abbaus staatlicher Regelungen ist, fallen bei der zweiten und sehr weiten Auslegung unter Deregulierung alle Maßnahmen des Staates, die zur Aufhebung bzw. Lockerung von Regulierungen oder zur Reduzierung staatlicher Eingriffe führen[42], und werden andere Begriffe wie Privatisierung, Liberalisierung, Substitution, Selbstregulierung und Subsidiarität als Formen der Deregulierung angesehen[43]. Eine solche Begriffsbestimmung, wodurch Deregulierung letztlich als Oberbegriff für „weniger Staat" verwendet wird, erscheint jedoch wenig präzise und aussagekräftig.

Nachfolgend soll daher unter Zugrundelegung des Begriffs Deregulierung im Sinne eines Abbaus staatlicher Regelungen und anhand einer Abgrenzung zu den anderen im Zusammenhang mit der Deregulierung genannten Begriffen der Sinngehalt der „Deregulierung" noch deutlicher bestimmt werden.

1. Deregulierung und Privatisierung

Für eine genauere Abgrenzung zwischen Deregulierung und Privatisierung sind zunächst die verschiedenen Formen der Organisations-, Aufgaben-, und Vermögensprivatisierung sowie die vielfältigen Mischformen zu unterscheiden[44]. Bei der Vermögensprivatisierung werden

---

[39] Vgl. *Becker*, Informales Verwaltungshandeln zur Steuerung wirtschaftlicher Prozesse im Zeichen der Deregulierung, DÖV 1985, S. 1003 (1004) m.w.N.; *Rengeling*, Das Kooperationsprinzip im Umweltrecht, S. 163; *Ronellenfitsch*, Selbstverantwortung und Deregulierung im Ordnungs- und Umweltrecht, S. 40.

[40] S. z.B. im Umweltpakt Bayern: „Miteinander die Umwelt schützen", S. 6, 16; s.a. die Anlage zur freiwilligen Vereinbarung, S. 38 ff.; der „Umweltpakt Bayern" wurde als Druckschrift (nebst einer Anlage zu den Leistungen und Deregulierungsvorschlägen der Wirtschaft) von der Bayerischen Staatskanzlei herausgegeben. Ähnlich auch *Huber*, Weniger Staat im Umweltschutz, DVBl. 1999, S. 489 (493): Reduktion der im Rechtsverhältnis zum Staat bestehenden Pflichten.

[41] *Schneider*, Öko-Audit und Deregulierung im Immissionsschutzrecht, S. 94 f.

[42] So *Hedrich*, Die Privatisierung der Sparkassen, S. 22; *Wenglorz*, Die Deregulierung des Linienluftverkehrs im Europäischen Binnenmarkt, S. 9; *Möschel*, Privatisierung, Deregulierung und Wettbewerbsordnung, JZ 1988, S. 885 (888). Noch anders *Sterzinger*, Deregulierung im UWG und seinen Nebengesetzen, S. 22: Deregulierung bedeutet eine Lockerung bzw. Liberalisierung der Gesetzgebung sowie der Rechtsprechung zur Erweiterung der Wettbewerbsfreiheit.

[43] So *Schneider*, Öko-Audit und Deregulierung im Immissionsschutzrecht, S. 95; s.a. für die Privatisierung *Hedrich*, Die Privatisierung der Sparkassen, S. 22; für die Liberalisierung *Sterzinger*, Deregulierung im UWG und seinen Nebengesetzen, S. 22. S.a. *Benz*, Privatisierung und Deregulierung – Abbau von Staatsaufgaben, Die Verwaltung 28 (1995), S. 337 (341 ff.).

[44] S. hierzu *Bauer*, Privatisierung von Verwaltungsaufgaben, VVDStRL 54 (1995), S. 243 (250 ff.). Es werden auch noch weitere Begriffsinhalte genannt, die hier aber dahingestellt bleiben können, vgl. *Peine*, Verfahrensprivatisierung in der Verkehrswegeplanung, in: Hoffmann-Riem/Schneider (Hrsg.), Verfahrensprivatisierung im Umweltrecht, S. 95 (97 ff.).

Eigentumspositionen und Vermögenswerte der öffentlichen Hand auf Private übertragen, während bei der Organisationsprivatisierung die Aufgabe beim Verwaltungsträger verbleibt und lediglich in privatrechtlicher Form wahrgenommen wird. Die Aufgabenprivatisierung schließlich wird nicht selten als Privatisierung „im eigentlichen Sinn“[45] bezeichnet und bewirkt durch die Verlagerung öffentlicher Aufgaben in den privaten Bereich eine Verringerung des Aufgabenbestands und damit eine Entlastung des Staates. Neben dieser Unterscheidung nach den Privatisierungsinhalten kann weiter auch zwischen formeller und materieller Privatisierung differenziert werden: Die formelle Privatisierung erfaßt dabei alle Varianten, bei denen die Aufgabe in der öffentlichen Hand verbleibt, aber von natürlichen oder juristischen Personen des Privatrechts erfüllt wird, während die materielle Privatisierung den Verzicht auf ein Tätigwerden der öffentlichen Hand enthält und damit zugleich eine Verringerung des staatlichen Leistungsangebots der öffentlichen Verwaltung bedeutet[46]. Diesen verschiedenen Privatisierungsmöglichkeiten ist jedoch gemein, daß das Handeln des Staates durch Formen privater Beiträge unterstützt wird; dies kann von der Kooperation von Staat und Privaten bis zur vollständigen Ersetzung staatlichen Handelns zugunsten privater Tätigkeit reichen[47]. Aus diesem Grund können aber Privatisierung und Deregulierung nicht auf eine Stufe gestellt werden. Denn wenn auch zwischen Privatisierung und Deregulierung verschiedene Gemeinsamkeiten bestehen können - so kann etwa mit dem Rückzug staatlicher Aufgabenwahrnehmung zugleich eine Deregulierung, verstanden als Abbau von Regelungen, einhergehen -, so müssen doch beide Begriffe differenziert betrachtet werden. Im Grunde genommen erfordert jedenfalls die formelle Privatisierung im Umweltrecht einen neuen, oft sogar einen intensiveren rechtlichen Regelungsrahmen, um die Aufgabenwahrnehmung und bestehende Umweltstandards zu sichern[48]. Demgegenüber bedeutet Deregulierung aber ja gerade das Gegenteil von Regulierung, von „Verrechtlichung“ und hat daher mit der Privatisierung nur wenig gemein[49].

2. Deregulierung und Liberalisierung

Oft wird der Begriff Deregulierung auch mit der Liberalisierung vormals durch Ordnungsrecht hoheitlich geregelter Bereiche, wie etwa des Luftverkehrs, der Telekommunikation oder

[45] So *Bauer*, Privatisierung von Verwaltungsaufgaben, VVDStRL 54 (1995), S. 243 (252).

[46] *Hengstschläger*, Privatisierung von Verwaltungsaufgaben, VVDStRL 54 (1995), S. 165 (170 f.). S. a. *Schneider*, Öko-Audit und Deregulierung im Immissionsschutzrecht, S. 101 ff.

[47] *Schulze-Fielitz*, Instrumente der Innovationssteuerung durch Öffentliches Recht - insbesondere im Umweltrecht, in: Hoffmann-Riem/Schneider (Hrsg.), Rechtswissenschaftliche Innovationsforschung, S. 291 (305 f.).

[48] *Huber*, Weniger Staat im Umweltschutz, DVBl. 1999, S. 489 (493). Nicht der Regelungsrahmen, sondern die Verantwortung des Staates soll bei der Privatisierung reduziert werden – von der Erfüllungsverantwortung zur Gewährleistungsverantwortung; so *Schuppert*, Rückzug des Staates?, DÖV 1995, S. 761 (768 ff.).

[49] Noch weitergehend *Peine*, Grenzen der Privatisierung - verwaltungsrechtliche Aspekte, DÖV 1997, S. 353 (355): Deregulierung habe mit Privatisierung „ersichtlich nichts zu tun“. Anders aber z.B. *Budde*, Die Umwelt-

der Energieversorgung, in Verbindung gebracht[50]. Dies hängt mit der Herkunft des Begriffs aus den USA zusammen, wo in den siebziger Jahren die „deregulation“ im Hinblick auf die Liberalisierung des Flug- und Straßengüterverkehrs begonnen hatte[51]. Zutreffend ist eine solche Gleichsetzung von Deregulierung und Liberalisierung aber nur solange, wie mit der Liberalisierung der zuvor hoheitlich geregelten Wirtschaftsbereiche tatsächlich ein Abbau von normativen Regelungen einhergeht. Oftmals können aber der Liberalisierung auch Monopolstellungen einzelner Unternehmen folgen, die wiederum neue Regulierungsmaßnahmen erfordern, um insoweit einem Mißbrauch vorzubeugen. Im Zusammenhang mit der Liberalisierung ordnungsrechtlicher Sektoren auf Gemeinschaftsebene muß auch konstatiert werden, daß dies zu einer Vielzahl neuer Vorschriften geführt hat, da die einzelnen Mitgliedstaaten darin jeweils viele eigene Vorstellungen verwirklicht sehen wollten[52]. Aus diesem Grund müssen auch die Begriffe Deregulierung und Liberalisierung voneinander unterschieden werden.

3. Deregulierung und Substitution

Darüber hinaus ist eine Abgrenzung der Deregulierung von der sog. „Substitution“ erforderlich[53], um den Begriff Deregulierung näher beschreiben zu können. Die Bezeichnung „Substitution“ bzw. „Ersetzung“ wurde für den „Umweltpakt Bayern“ im Rahmen der Einführung des Öko-Audits entwickelt und – so heißt es – im bewußten Gegensatz zum Deregulierungsbegriff gewählt[54]. Dieses Substitutionskonzept sieht im Unterschied zur Deregulierung eine Ersetzung des hoheitlichen Umweltregimes durch das System der EG-Öko-Audit-Verordnung vor, ohne daß dafür aber das geltende Umweltordnungsrecht geändert wird. Es kommt lediglich auf der Vollzugsebene – also unterhalb der Gesetzes- und Verordnungsebene – zu einer eigenverantwortlichen tatsächlichen Einhaltung des Umweltrechts durch die Industrie, die dann zum Rückzug des Vollzugs durch die Ordnungsbehörden führt, wenn die jeweiligen Instrumente der Öko-Audit-Verordnung und des Ordnungsrechts „funktional äquivalent“ sind, m.a.W. die gleiche Zielsetzung und Steuerwirksamkeit besitzen[55]. Damit ist das Substitutionskonzept der Öko-Audit-Verordnung aber gerade auf ein Nebeneinander von Ordnungsrecht

---

Audit-Verordnung der EU – eine Deregulierungschance für betriebliche Unternehmen und staatliche Verwaltung?, S. 23 f., der die Aufgabenprivatisierung als „Strategieansatz“ zur Deregulierung anführt.

[50] *Molitor*, Deregulierung in Europa, S. 7.

[51] S. hierzu *Ronellenfitsch*, Selbstverantwortung und Deregulierung im Ordnungs- und Umweltrecht, S. 41 f. m.w.N. Weitergehend wurde in den USA aber eine allgemeine Reformdebatte auch um den Abbau normativer Regelungen geführt, vgl. hierzu etwa *Rengeling*, Das Kooperationsprinzip im Umweltrecht, S. 163 f.

[52] Hierzu *Molitor*, Deregulierung in Europa, S. 19.

[53] Anders insoweit *Schneider*, Öko-Audit und Deregulierung im Immissionsschutzrecht, S. 95, 98.

[54] Hierzu *Böhm-Amtmann*, „Umweltpakt Bayern. Miteinander die Umwelt schützen.“, ZUR 1997, S. 178 ff.; *dies.*, EMAS - ISO - Substitution von Ordnungsrecht, GewArch 1997, S. 353 (354 f.). Allerdings wird dies in der freiwilligen Vereinbarung selbst nicht deutlich, da die Entlastung der Unternehmen im Rahmen des Öko-Audit-Systems unter dem Punkt „Deregulierung“ aufgeführt wird; vgl. „Umweltpakt Bayern“, Bayerische Staatskanzlei (Hrsg.), S. 16. S.a. noch unter § 2 B. I. 2. b).

[55] *Kniep*, Initiativen und Ansätze der Deregulierung im Umweltrecht, GewArch 1997, S. 142.

und Eigenverantwortung seitens der Industrie angelegt und muß insoweit grundsätzlich vom Begriff der Deregulierung methodisch abgegrenzt werden.

4. Deregulierung und Selbstregulierung

Ein weiterer Begriff, der oftmals im Zusammenhang mit der Deregulierung genannt wird, ist die sog. Selbstregulierung, die etwa im „Molitor-Bericht" ausdrücklich als Mittel der Deregulierung aufgeführt wird[56]. Um eine Abgrenzung dieser beiden Begriffe vornehmen zu können, sind zunächst die verschiedenen Formen der Selbstregulierung zu erläutern. Zum einen gibt es die rein gesellschaftliche oder auch private Selbstregulierung, die ausschließlich „die individuelle oder kollektive Verfolgung von Privatinteressen in Wahrnehmung grundrechtlicher Freiheiten zum legitimen Eigennutz" erfaßt und damit im Gegensatz zur staatlichen Steuerung steht[57]. Diese Form der Selbstregulierung gibt jedoch noch keine Veranlassung zur Deregulierung, da hierbei allein das Privatinteresse im Vordergrund steht und daher in keiner Weise auf staatliche Steuerung verzichtet werden kann. Zum anderen gibt es aber auch staatlich inspirierte und damit instrumentelle Formen der Selbstregulierung - so wenn „organisierte gesellschaftliche Kräfte (...) staatlich definierte öffentliche Zwecke verwirklichen" sollen[58]. Man kann insofern auch von hoheitlich regulierter gesellschaftlicher Selbstregulierung zur Erfüllung von Gemeinwohlzielen bzw. öffentlicher Aufgaben sprechen[59]. Insofern sind wiederum verschiedene Differenzierungen hinsichtlich der staatlichen Verantwortung möglich - die Selbstregulierung kann von der Abwendung staatlicher Regulierung[60] bis hin zu bloßen Handlungsbeiträgen Privater im Rahmen staatlicher Eigenverantwortung bei einem fortbestehenden gesetzlichen Regelungsrahmen reichen[61]. Immer aber geht es um eine Entlastung des Staates bei gleichzeitiger Stärkung der gesellschaftlichen Eigenverantwortung. Diese Selbstregulierung ist zwar in hoheitliche Regelungen und Strukturen eingebettet und erfordert insoweit eine Regulierung, sie kann aber aufgrund der gesellschaftlichen Verantwortungsübernahme zugleich zum Verzicht auf staatliche Regelungen und damit zur Deregulierung führen[62]. Bei diesen Formen der Selbstregulierung handelt es sich somit um sehr breit gefächerte

---

[56] „Molitor-Bericht", KOM(95), 288 endg./2, S. 1 (7); s.a. *Schneider*, Öko-Audit und Deregulierung im Immissionsschutzrecht, S. 95, 96.

[57] *Schmidt-Preuß*, Verwaltung und Verwaltungsrecht zwischen gesellschaftlicher Selbstregulierung und staatlicher Steuerung, VVDStRL 56 (1997), S. 160 (162 f.). *Hoffmann-Riem*, Verfahrensprivatisierung als Modernisierung, DVBl. 1996, S. 225 (229).

[58] *Di Fabio*, Verwaltung und Verwaltungsrecht zwischen gesellschaftlicher Selbstregulierung und staatlicher Steuerung, VVDStRL 56 (1997), S. 235 (238).

[59] *Hoffmann-Riem*, Verfahrensprivatisierung als Modernisierung, DVBl. 1996, S. 225 (228); *Schmidt-Preuß*, Verwaltung und Verwaltungsrecht zwischen gesellschaftlicher Selbstregulierung und staatlicher Steuerung, VVDStRL 56 (1997), S. 160 (163 ff.) - dabei kann auch eine Form der Privatisierung vorliegen (s. S. 168).

[60] S. hierzu *Kloepfer/Elsner*, Selbstregulierung im Umwelt- und Technikrecht, DVBl. 1996, S. 964 (965 ff.), die insoweit von „regulativer Selbststeuerung" sprechen.

[61] Zu den verschiedenen Stadien s.a. *Trute*, Die Verwaltung und das Verwaltungsrecht zwischen gesellschaftlicher Selbstregulierung und staatlicher Steuerung, DVBl. 1996, S. 950 (952 ff.).

[62] *Schneider*, Öko-Audit und Deregulierung im Immissionsschutzrecht, S. 96, spricht von Re-Regulierung.

Maßnahmen, die zwar im Falle hoheitlich regulierter gesellschaftlicher Selbstregulierung u.U. eine Deregulierung bewirken können, aber doch elementare Unterschiede aufweisen[63].

5. Deregulierung und Subsidiarität

Schließlich werden auch Deregulierung und Subsidiarität häufig in einem Atemzug genannt, indem etwa das Subsidiaritätsprinzip als Quelle der Deregulierung bezeichnet wird[64]. In diesem Zusammenhang ist daher vorab zu klären, was das nunmehr in Art. 5 Abs. 2 EGV[65] normierte Prinzip überhaupt zum Ausdruck bringen soll.

Art. 5 Abs. 2 EGV bestimmt für die Europäische Gemeinschaft, daß im Falle konkurrierender Zuständigkeiten die Gemeinschaft nur dann tätig werden darf, „sofern und soweit die Ziele der in Betracht gezogenen Maßnahmen auf Ebene der Mitgliedstaaten nicht ausreichend erreicht werden können und daher wegen ihres Umfangs oder ihrer Wirkungen besser auf Gemeinschaftsebene erreicht werden können"[66]. Das Subsidiaritätsprinzip stellt folglich eine Kompetenzausübungsschranke für alle Maßnahmen der EG dar und hat dadurch iVm. Art. 5 Abs. 3 EGV auch Auswirkungen auf die Wahl der Form und der Mittel des gemeinschaftlichen Handelns, indem die Zuständigkeit der Mitgliedstaaten weitestgehend zu schonen ist[67]. Damit kann das Subsidiaritätsprinzip aber nur dann deregulierend wirken, wenn die Verlagerung der Zuständigkeit auf die Mitgliedstaaten bzw. die Wahl einer einfacheren Form und eines geringeren Umfangs im Hinblick auf die Möglichkeit nationaler Entscheidungen zugleich ein „Weniger" an Regulierung zur Folge hat. Daß das Subsidiaritätsprinzip somit nicht automatisch eine Quelle der Deregulierung ist, zeigt sich schon daran, daß beispielsweise Rahmenrichtlinien, die den Mitgliedstaaten im Vergleich zu detaillierten Vorschriften einen größeren Spielraum belassen und dadurch dem Subsidiaritätsprinzip entsprechen[68], gerade zu einem „Mehr" an Regulierung und sogar zu einer Überregulierung auf nationaler Ebene füh-

---

[63] Anders insoweit *Schneider*, Öko-Audit und Deregulierung im Immissionsschutzrecht, S. 95 f., der auch die Selbstregulierung als eine Form der Deregulierung ansieht.

[64] So z.B. *Wägenbaur*, EG-Umweltschutz im Zeichen der Deregulierung, in: Rengeling (Hrsg.), Beschleunigung von Planungs- und Genehmigungsverfahren, S. 19 (23 f.). Gegen eine allgemeine Gleichsetzung *Molitor*, Deregulierung in Europa, S. 11 ff.

[65] Das Subsidiaritätsprinzip hatte durch den im Februar 1992 unterzeichneten Vertrag über die Europäische Union zunächst als Art. 3b Eingang in den EG-Vertrag gefunden. Für den Bereich des Umweltrechts existierte bereits vor der Änderung des europäischen Vertragswerks durch den Vertrag von Maastricht eine Subsidiaritätsklausel auf der Grundlage des Art. 130r Abs. 4 EWGV. Hierzu wurde allerdings auch vertreten, es handele sich nicht um ein Subsidiaritätsprinzip, sondern lediglich um ein „Effektivitätsprinzip" oder „Optimierungsgebot", so z.B. *Faber*, Die Zukunft kommunaler Selbstverwaltung und der Gedanke der Subsidiarität in den Europäischen Gemeinschaften, DVBl. 1991, S. 1126 (1134).

[66] Damit handelt es sich um eine doppelte Abgrenzung der Zuständigkeitsbereiche: Negativkriterium – nicht ausreichend; Positivkriterium – besser; vgl. hierzu Nr. 5 des Protokolls zum EG-Vertrag (Nr. 30) über die Anwendung der Grundsätze der Subsidiarität und der Verhältnismäßigkeit. S.a. noch unter § 3 A. I.

[67] *Huber*, Recht der Europäischen Integration, S. 152 ff.; s.a. Nr. 6 u. 7 des Protokolls (Nr. 30) über die Anwendung der Grundsätze der Subsidiarität und der Verhältnismäßigkeit.

[68] S. Nr. 6 des Protokolls (Nr. 30) über die Anwendung der Grundsätze der Subsidiarität und der Verhältnismäßigkeit.

ren können[69]. Dies rührt nicht zuletzt daher, daß die Mitgliedstaaten die Umsetzung von Gemeinschaftsrichtlinien zur Rechtsharmonisierung dazu nutzen, eine Vielzahl von eigenen Vorschriften hinzuzufügen. Dementsprechend kann die Beachtung der Subsidiarität allenfalls zu einer Deregulierung führen, wenn sich durch einen Rückgriff auf Alternativen zur Rechtsetzung normative Regelungen tatsächlich erübrigen[70].

6. Zusammenfassung und Begriffsbestimmung

In Abgrenzung zu den oftmals gleichgesetzten oder doch wenigstens im gleichen Zusammenhang erwähnten Begriffen der Privatisierung, Substitution, Selbstregulierung und Subsidiarität ergibt sich für den Begriff der Deregulierung folgendes: Zum einen soll Deregulierung nicht als Oberbegriff für „weniger Staat" bzw. mehr Beteiligung der Bürger und der Wirtschaft, zum anderen soll darunter auch nicht jede Rechts- und Verwaltungsvereinfachung verstanden werden. Nachfolgend wird dieser Begriff dementsprechend in einem engeren Sinne gebraucht, nämlich im wesentlichen als Abbau hoheitlicher Regelungen, der für das Gemeinschaftsrecht eine tatsächliche Verringerung der europäischen Rechtsakte bedeutet. Dazu gehört zweifellos auch die sog. Nichtregulierung, die den Verzicht auf neue Rechtsetzung bedeutet. Regelungsverzicht ist in diesem Zusammenhang allerdings nicht mit einer Preisgabe der Umweltschutzziele gleichzusetzen – der Verzicht bezieht sich vielmehr auf die Fülle und Anzahl hoheitlicher Regelungen bei gleichbleibendem Umweltschutzniveau[71]. Aus diesem Grund kann ebenso die „Ausdünnung" innerhalb bestehender Regelwerke, die auch als Entdifferenzierung bezeichnet wird,[72] der Deregulierung zugerechnet werden, wenn beispielsweise ein Normengeflecht im Sinne vielfältiger Differenzierungen und Abstufungen durch wenige umfassende Vorschriften substituiert wird. Mit dem Abbau hoheitlicher Regelungen sowie deren Entdifferenzierung muß jedoch gleichermaßen die administrative und gerichtliche Kontrolle eingeschränkt werden, damit von einer Deregulierung gesprochen werden kann. Diese Aussage wird begreiflich, wenn man sich das Risiko vor Augen führt, daß der Abbau von staatlichen Vorschriften durch anwachsende administrative Eingriffe oder Richterrecht unterlaufen werden kann[73]. Deregulierung soll deshalb als eine tatsächliche Verringerung der Rechtsetzung und staatlicher Regelungen im Sinne einer Reduzierung der dem Staat gegenüber bestehenden

---

[69] Weitere Beispiele bei *Molitor*, Deregulierung in Europa, S. 11 ff.

[70] Vgl. Mitteilung der Kommission, Weniger Gesetzgebung für besseres Handeln: Die Fakten, KOM(1998) 345 endg., S. 1 (2).

[71] Im Umweltrecht besteht wohl kein Spielraum für einen Zielverzicht; so auch *Lübbe-Wolff*, Modernisierung des umweltbezogenen Ordnungsrechts, in: Roßnagel/Neuser (Hrsg.), Reformperspektiven im Umweltrecht, S. 97 (112 f.); s.a. bereits unter § 2 A. II.

[72] *Budde*, Die Umwelt-Audit-Verordnung der EU – eine Deregulierungschance für betriebliche Unternehmen und staatliche Verwaltung?, S. 23.

[73] So auch *Ronellenfitsch*, Selbstverantwortung und Deregulierung im Ordnungs- und Umweltrecht, S. 46 f.; s.a. die Nachweise bei *Rengeling*, Das Kooperationsprinzip im Umweltrecht, S. 163.

Pflichten der Privaten unter gleichzeitigem Verzicht auf andere hoheitliche Eingriffe verstanden werden.

Zu den Maßnahmen, die einer solchermaßen verstandenen Deregulierung förderlich sein sollen, werden neben „radikalen Änderungsvorschlägen" im Sinne einer „Inventur" der bestehenden Gesetze oder einer „Nullrunde" in der Gesetzgebung[74] regelmäßig auch Instrumente indirekter Verhaltenssteuerung genannt[75]. Während Instrumente direkter Verhaltenssteuerung wie verbindliche gesetzliche oder administrative Gebote und Verbote ihrem Adressaten ein bestimmtes Handeln zwingend vorgeben, sollen indirekte Steuerungsmittel lediglich den Anreiz zu einer bestimmten Verhaltensweise geben, wobei überwiegend die Stärkung gesellschaftlicher Eigenverantwortung im Vordergrund steht[76], oft aber auch die Kooperation mit den Adressaten angestrebt wird[77]. Zu diesen indirekten Steuerungsinstrumenten gehören neben Umweltinformationen (z.B. durch Warnungen oder Empfehlungen) und ökonomischen bzw. marktorientierten Instrumenten (wie etwa Subventionen, Abgaben, Umwelthaftung, Zertifikatlösungen und Öko-Audit) auch die Umweltvereinbarungen, die als „Kooperationslösung" bei Deregulierungsbestrebungen vorrangig genannt werden[78].
Ob und inwieweit aber diese Instrumente tatsächlich eine Deregulierung bewirken können, also der Reduzierung von bzw. dem Verzicht auf Rechtsvorschriften und Pflichten dienen, oder nur eine Rechts- oder Verwaltungsvereinfachung zur Folge haben, kann nicht allgemein, sondern muß gesondert für jedes Instrument untersucht werden[79]. Festzuhalten ist lediglich, daß diesen Instrumenten eine deregulierende oder zumindest vereinfachende Wirkung nicht von vornherein abgesprochen werden kann, da sie aufgrund verstärkter gesellschaftlicher Eigenverantwortung und Kooperation zu einer Entlastung der staatlichen Steuerungsaufgaben und dadurch auch zu einer Rücknahme staatlicher Eingriffe oder Regulierungen führen können[80].

---

[74] Hierzu *Wagner*, Effizienz des Ordnungsrechts für den Umweltschutz?, NVwZ 1995, S. 1046 (1049).
[75] S. nur *Wägenbaur*, EG-Umweltschutz im Zeichen der Deregulierung, in: Rengeling (Hrsg.), Beschleunigung von Planungs- und Genehmigungsverfahren, S. 19 (25 ff.); *Budde*, Die Umwelt-Audit-Verordnung der EU – eine Deregulierungschance für betriebliche Unternehmen und staatliche Verwaltung?, S. 24 f.
[76] Ausführlich zu den indirekten Steuerungsinstrumenten *Kloepfer*, Umweltrecht, § 5 Rn. 34, 153; s.a. *Vandrey*, Neubau des Umweltrechts?, S. 223 ff.
[77] *Rengeling*, Das Kooperationsprinzip im Umweltrecht, S. 162 ff.
[78] *Wägenbaur*, EG-Umweltschutz im Zeichen der Deregulierung, in: Rengeling (Hrsg.), Beschleunigung von Planungs- und Genehmigungsverfahren, S. 19 (33 ff.); *Becker*, Informales Verwaltungshandeln zur Steuerung wirtschaftlicher Prozesse im Zeichen der Deregulierung, DÖV 1985, S. 1003 ff. S.a. die Mitteilung der Kommission über Umweltvereinbarungen, KOM(96) 561 endg., S. 1 (5).
[79] S. etwa zur Deregulierung durch das Öko-Audit *Schneider*, Öko-Audit und Deregulierung im Immissionsschutzrecht; *Budde*, Die Umwelt-Audit-Verordnung der EU – eine Deregulierungschance für betriebliche Unternehmen und staatliche Verwaltung?.
[80] Kritisch *Breuer*, Zunehmende Vielgestaltigkeit der Instrumente im deutschen und europäischen Umweltrecht, NVwZ 1997, S. 833 (845).

Angesichts dieser für eine Deregulierung in Betracht zu ziehenden Maßnahmen muß konstatiert werden, daß sich die Abgrenzung zwischen Deregulierung und bloßer Rechts- bzw. Verwaltungsvereinfachung im Einzelfall problematisch gestalten kann, da oftmals beides zusammenfällt und die Unterschiede z.T. nur gradueller Art sind. Auch wenn die Rechts- und Verwaltungsvereinfachung grundsätzlich nicht mit der Deregulierung gleichzusetzen ist, kann die Deregulierung doch insoweit nicht vollkommen isoliert betrachtet werden[81], so daß bei der nachfolgenden Untersuchung der deregulierenden Wirkung von Umweltvereinbarungen ebenso die Frage einer solchen Vereinfachung Berücksichtigung finden muß.

---

[81] Ähnlich auch die Abgrenzung im Bericht der Gruppe unabhängiger Experten für die Vereinfachung der Rechts- und Verwaltungsvorschriften („Molitor-Bericht“), KOM(95), 288 endg./2, S. 1 (7).

B. Umweltvereinbarungen

Spätestens seit Ende der achtziger Jahre hat das Instrument der „Umweltvereinbarung" in der Umweltpolitik der Mitgliedstaaten der Europäischen Gemeinschaft stark an Bedeutung gewonnen. Bereits 1996 existierten innerhalb der EG bereits mehr als 300 Umweltvereinbarungen, die z.T. bereits seit vielen Jahren in Kraft sind, ohne daß diese Zahl schon die Vereinbarungen auf regionaler oder örtlicher Ebene enthielte[82]. Dabei werden vorrangig Vereinbarungen mit der Industrie – seltener mit der Energiewirtschaft oder der Landwirtschaft – in den Bereichen der Luftverschmutzung, der Abfallwirtschaft und der Gewässerverschmutzung getroffen[83]. Es handelt sich zumeist um unverbindliche, freiwillige Vereinbarungen oder sogar um lediglich von Behörden entgegengenommene „Selbstverpflichtungen" der Industrie, wenn auch in jüngerer Zeit einige Mitgliedstaaten dazu übergegangen sind, formalisierte oder gar verbindliche Absprachen zu wählen.

Die Bezeichnungen der unterschiedlichen Vereinbarungen variieren in den Mitgliedstaaten und auf Gemeinschaftsebene von Umweltvereinbarungen (environmental agreements), freiwilligen Vereinbarungen (voluntary agreements), verhandelten Vereinbarungen (negotiated agreements) oder vertraglichen Vereinbarungen (environmental contracts bzw. covenants) bis hin zu Selbstverpflichtungserklärungen (voluntary commitments, voluntary business initiatives) bzw. Selbstbeschränkungsabkommen (informal arrangements, non binding agreements). Eine allgemeingültige Definition des Begriffs der Umweltvereinbarung gibt es dabei nicht. Insbesondere muß auch betont werden, daß oft die Bezeichnung „freiwillige Vereinbarung" gebraucht wird, obwohl sie der eigentlichen Natur vieler Absprachen aufgrund der Ausübung staatlichen Drucks nicht entspricht. Auch sind die rechtlichen Voraussetzungen sowie die Rolle der öffentlichen Gewalt nicht immer ausreichend geklärt. Letztere kann von der bloßen Entgegennahme oder Anerkennung einer Umweltvereinbarung bis zur Unterzeichnung der Vereinbarung als Vertragspartei reichen. Speziell in diesem Punkt unterscheiden sich die Entwicklungen in den einzelnen Mitgliedstaaten.

Aufgrund dieser diversen Entwicklungen muß zunächst - bevor eine präzise Begriffsbestimmung überhaupt in Betracht kommen kann - ein Überblick über die Anwendung und den Hintergrund von Umweltvereinbarungen in der Gemeinschaft erfolgen. Nachfolgend soll der Begriff „Umweltvereinbarung" daher einstweilen alle denkbaren Formen von Absprachen erfassen, solange sie nur das Ergebnis irgendeiner Art von Verhandlung zwischen Behörden und Unternehmen bzw. Verbänden darstellen.

---

[82] S. Environmental Agreements, Environmental Effectiveness, Environmental Issues Series No. 3 - Vol. 1, S. 23; vgl. aber die z.T. differierenden Zahlen in der Mitteilung der Kommission über Umweltvereinbarungen, KOM(96) 561 endg., S. 1 (25 ff.).

[83] Vgl. die statistischen Angaben in Environmental Agreements, Environmental Effectiveness, Environmental Issues Series No. 3 - Vol. 1, S. 23 f.

I. Überblick über Umweltvereinbarungen in der EG

1. Umweltvereinbarungen auf Gemeinschaftsebene

Auf europäischer Ebene sind bislang allein informelle Vereinbarungen in Form von einseitigen Verpflichtungen der Industrie, die von der Kommission entweder nur anerkannt wurden oder doch auch zuvor gefördert worden waren, zu verzeichnen. Rechtlich bindende Umweltvereinbarungen gibt es auf Gemeinschaftsebene demgegenüber (noch) nicht.

Einen Vorstoß in Richtung Umweltvereinbarung hat die Gemeinschaft bereits Ende der achtziger Jahren unternommen, als es darum ging, die ersten Maßnahmen zum Schutz der Ozonschicht zu treffen. Grund für diese ersten freiwilligen Vereinbarungen war eine Entschließung des Rates, in der er die Kommission aufforderte, „in Zusammenarbeit mit den Mitgliedstaaten Gespräche über freiwillige Vereinbarungen auf Gemeinschaftsebene mit allen betroffenen Industrien aufzunehmen" mit dem Ziel der Begrenzung der Verwendung von Fluorchlorkohlenwasserstoffen und Halonen in Erzeugnissen, Geräten oder bei Arbeitsprozessen[84]. Daraufhin hat die Kommission - gestützt auf Art. 211 EGV (ex-Art. 155 EGV) - mehrere Empfehlungen über die verminderte Verwendung von Fluorchlorkohlenwasserstoffen und Halonen an die betreffenden Industriezweige, nämlich die Aerosolindustrie[85], die Schaumkunststoffindustrie[86] und die Kälteindustrie[87], gerichtet. Auf die entsprechende Minderungszusage der Industrie ist die Kommission allein in der Empfehlung an die Kälteindustrie eingegangen, indem sie auf deren ausgearbeiteten Verhaltenskodex aufmerksam gemacht hat[88]; im übrigen wird lediglich auf freiwillige Vereinbarungen in den Mitgliedstaaten hingewiesen. Damit hat sich aber die erzielte „Einigung" von Industrie und Kommission lediglich in - unverbindlichen - informellen Vereinbarungen in Form von einseitigen Verpflichtungen niedergeschlagen.

Ein anderes Mal hat die Kommission eine Empfehlung über die Kennzeichnung von Wasch- und Reinigungsmitteln an die europäischen Verbände der Detergentien-, Putz- und Pflegemittelindustrie (AIS und FIFE) gerichtet, die zusammen mehr als 90 % der Unternehmen dieser Branche vertreten - dies letztlich als „Antwort" auf eine entsprechende Selbstverpflichtungserklärung des Verbandes[89]. Wasch- und Reinigungsmittel sind 1998 erneut Gegenstand einer Empfehlung der Kommission geworden; darin wird vorrangig auf eine Zusage der AISE[90] zur umweltgerechten Handhabung von Haushaltswaschmitteln Bezug genommen und

---

[84] ABl. 1988 Nr. C 285, S. 1 (2).
[85] Empfehlung 89/349/EWG, ABl. 1989 Nr. L 144, S. 56.
[86] Empfehlung 90/437/EWG, ABl. 1990 Nr. L 227, S. 26.
[87] Empfehlung 90/438/EWG, ABl. 1990 Nr. L 227, S. 30.
[88] Empfehlung 90/438/EWG, ABl. 1990 Nr. L 227, S. 30 – 10. Erwägungsgrund m.w.N.
[89] Empfehlung 89/542/EWG, ABl. 1989 Nr. L 291, S. 55; s.a. *Grewlich*, Umweltschutz durch „Umweltvereinbarungen" nach nationalem Recht und Europarecht, DÖV 1998, S. 54 (60).
[90] Association Internationale de la Savonnerie, de la Détergence et des Produits d'Entretien, Zusammenschluß von AIS und FIFE.

erstmals eine Information der Öffentlichkeit über die Umsetzung dieser Empfehlung vorgesehen[91].

Die freiwillige Verpflichtung der EACEM[92] von 1997 zur Verringerung des Energieverbrauchs von Fernsehern und Videorecordern im Standby-Betrieb wurde dagegen nicht durch eine Empfehlung seitens der Kommission, sondern durch eine Mitteilung nach Art. 19 Abs. 3 der Verordnung Nr. 17 des Rates[93] im Hinblick auf eine Freistellung nach Art. 81 EGV im Amtsblatt der EG veröffentlicht[94]. Der Vereinbarung können sich alle interessierten Hersteller anschließen; bei Nichteinhaltung der eingegangenen Verpflichtung ist eine entsprechende Veröffentlichung vorgesehen. Darüber hinaus sollen der Kommission Berichte über die Erreichung der Umwelt- und Energieeinsparungsziele durch einen externen Berater vorgelegt werden[95].

Ein Beispiel aus jüngerer Zeit stellt die Empfehlung der Kommission vom 05.02.1999 über die Minderung der CO_2-Emissionen von (neuen) Personenkraftwagen dar, in der sie die in der Selbstverpflichtung des ACEA, der Dachverband der europäischen Automobilhersteller, zugrundeliegenden Annahmen anerkennt[96]. Zugleich betont die Kommission, daß sie bei seitens des ACEA verursachter Nichteinhaltung der festgelegten Emissionsziele einen entsprechenden Rechtsetzungsvorschlag vorlegen werde, und schließt zusätzliche steuerliche Maßnahmen nicht von vornherein aus. Bei dieser Empfehlung handelt es sich um das Ergebnis langwieriger Vorbereitungen und Verhandlungen zwischen Kommission und ACEA[97], wodurch die Kommission einen Bestandteil der „Strategie der Gemeinschaft zur Minderung der CO_2-Emissionen von Personenkraftwagen und zur Senkung des durchschnittlichen Kraftstoffverbrauchs" umsetzen konnte, die sie bereits drei Jahre zuvor vorgeschlagen hatte[98].

Schließlich wird in einer Mitteilung der Kommission zur nachhaltigen Entwicklung im Bereich des Luftverkehrs auch erstmalig die Luftfahrtindustrie aufgefordert, ggf. durch freiwilli-

---

[91] Empfehlung 98/480/EG, ABl. 1998 Nr. L 215, S. 73 ff.

[92] European Association of Consumer Electronics Manufacturers. Die EACEM ist eine Vereinigung mit 29 Mitgliedern, davon 22 Einzelunternehmen und 7 nationale Berufsverbände, auf die über 80 % des europäischen Marktes für Fernseher und Videorecorder entfallen, s. unter www.eacem.be.

[93] Verordnung Nr. 17: Erste Durchführungsverordnung zu den Artikeln 81 und 82 des Vertrages, ABl. 1962 Nr. 13, S. 204; ABl. 1999 Nr. L 148, S. 5.

[94] ABl. 1998 Nr. C 12, S. 2. Die Vereinbarung wurde der Kommission am 30.04.1997 vorgelegt.

[95] ABl. 1998 Nr. C 12, S. 2 (4). Zur positiven Resonanz vgl. die Mitteilung der Kommission über politische Instrumente zur Verringerung von Standby-Energieverlusten bei Heimelektronik-Geräten, KOM(1999) 120 endg., S. 1 (8).

[96] ABl. 1999 Nr. L 40, S. 49.

[97] S. hierzu die Mitteilung der Kommission, Umsetzung der Strategie der Gemeinschaft zur Minderung der CO_2-Emissionen von Personenkraftwagen: Eine Umweltvereinbarung mit der europäischen Automobilindustrie, KOM(1998) 495 endg. vom 29.07.1998 (die ACEA-Selbstverpflichtung ist als Anhang abgedruckt).

[98] KOM(95) 689 endg. vom 20.12.1995. Der Rat hat daraufhin die Kommission aufgefordert, die notwendigen Schritte zur Umsetzung der wichtigsten Bestandteile dieser Strategie zu unternehmen, vgl. ABl. 1999 Nr. L 40, S. 49 - 2. Erwägungsgrund. Als Ergänzung zur Umweltvereinbarung sowie zur Umsetzung dieser Strategie hat die Kommission auch bereits einen Rechtsetzungsvorschlag für ein System zur Information der Verbraucher über den Kraftstoffverbrauch und die CO_2-Emissionen vorgelegt; Vorschlag für eine Richtlinie des Rates betreffend die Verfügbarkeit von Verbraucherinformationen über den Kraftstoffverbrauch und die Emissionen von Kohlendioxid (CO_2) beim Marketing für neue Personenkraftwagen, KOM(1999) 66 endg. vom 11.02.1999.

ge Umweltvereinbarungen ihre Umweltauswirkungen zu verringern[99]. Darin heißt es u.a., daß bereits einige Luftverkehrs-Interessengruppen, wie etwa die Vereinigung Europäischer Fluggesellschaften (AEA), die Bereitschaft zeigten, eine freiwillige, verbindliche Selbstverpflichtung im Zusammenhang mit CO_2-Emissionen einzugehen. Insbesondere hat die Kommission aber auch verschiedene Möglichkeiten und Inhalte von Umweltvereinbarungen dargelegt und konkrete Schritte für die Aufnahme offizieller Verhandlungen eingeleitet[100]. Ein weiteres denkbares Anwendungsgebiet solcher Vereinbarungen auf Gemeinschaftsebene zur Durchführung umfassender, langfristiger Ziele sieht die Kommission auch beispielsweise in der Minderung der Schwefeldioxid- und Stickstoffoxidemissionen durch Kraftwerke[101] oder in der Verringerung von Standby-Energieverlusten bei Heimelektronik-Geräten[102]. Daneben seien Umweltvereinbarungen etwa als vorübergehende Ergänzung eines wirtschaftlichen Instruments einsetzbar. Raum für verbindliche Umweltvereinbarungen mit der Gemeinschaft als Vertragspartei sieht die Kommission dagegen nicht[103].

2. Umweltvereinbarungen in den Mitgliedstaaten

Um einen substantiellen Überblick über die verschiedenen Arten von Umweltvereinbarungen und ihre potentielle Verwendung in der Umweltpolitik zu erhalten, soll nachfolgend auch der Einsatz von Umweltvereinbarungen in den Mitgliedstaaten untersucht werden. In diesem Zusammenhang ist zunächst festzuhalten, daß es in allen EU-Mitgliedstaaten Umweltvereinbarungen gibt – die Anzahl der (bekannten) Abkommen ist allerdings sehr unterschiedlich. So wurden 1996 für die Niederlande bereits über 100 Absprachen gezählt, während Irland, Finnland und Luxemburg zum gleichen Zeitpunkt gemeinsam nicht einmal auf zehn Vereinbarungen kamen[104]. Aber nicht allein die Häufigkeit der Abschlüsse differiert, sondern auch die Ansätze der verschiedenen nationalen Umweltvereinbarungen weisen Unterschiede auf. Insofern können insbesondere Umweltvereinbarungen zur Zielfestlegung, wie sie etwa in Deutschland und Frankreich eingesetzt werden, als auch Umweltvereinbarungen zur Umsetzung bereits festgelegter politischer Ziele, wie das in den Niederlanden und Dänemark praktiziert wird, gegeneinander abgegrenzt werden. Aufgrund dieser Bandbreite nationaler Vereinbarungen soll nachfolgend zunächst die Praxis einiger repräsentativer Länder eingehend dar-

---

[99] Mitteilung der Kommission, Luftverkehr und Umwelt: Wege zu einer nachhaltigen Entwicklung, KOM(1999) 640 endg. vom 01.12.1999.
[100] KOM(1999) 640 endg., S. 1 (18 ff.)
[101] Mitteilung der Kommission über Umweltvereinbarungen, KOM(96) 561 endg., S. 1 (22).
[102] S. nur die Mitteilung der Kommission über politische Instrumente zur Verringerung von Standby-Energieverlusten bei Heimelektronik-Geräten, KOM(1999) 120 endg., S. 1 (8): Vereinbarungen bieten sich z.B. für Netzgeräte, Hifi-Anlagen und IRDs (Integrated Receiver Decoder, das sog. Set-Top-Box-Zusatzgerät) an. Im Anhang (S. 13 ff.) werden entsprechende Strategiepapiere für die Minimierung des Energieverbrauchs bei IRDs sowie für die Maximierung der Energieeffizienz bei Netzadaptern und Ladegeräten vorgestellt.
[103] Mitteilung der Kommission über Umweltvereinbarungen, KOM(96) 561 endg., S. 1 (21).
[104] Die Zahlen stammen aus Environmental Agreements, Environmental Effectiveness, Environmental Issues Series No. 3 - Vol. 1, S. 23.

gestellt und anschließend ein kurzer Abriß über die Vereinbarungen der verbleibenden Mitgliedstaaten gewährt werden, um dadurch im Ergebnis einen vollständigen Überblick über die gebräuchlichen Formen dieser Kooperationslösungen zu gewinnen.

a) Niederlande

Die Niederlande stehen, wie bereits erwähnt, mit über 100 Vereinbarungen, die insbesondere im Bereich der Abfallwirtschaft und der Emissionsminderung zustande gekommen sind und zumeist als „covenant" (Vertrag) bezeichnet werden, an der Spitze der Entwicklung in der EU[105]. Einige dieser Vereinbarungen sehen umfassende Programme für eine integrierte Überwachung und Minderung der Verschmutzung in verschiedenen Industriezweigen vor. Grundlage dieser intensiven Kooperation im Umweltbereich sowie auch der zunehmenden Verwendung von Verträgen bildet der nationale Plan für Umweltpolitik (National Environment Policy Plan – NEPP) von 1989 sowie seine Ergänzung (NEPP plus), die eine Strategie im Hinblick auf eine dauerhafte und umweltgerechte Entwicklung bis zum Jahr 2010 festlegen. Überdies enthalten die Pläne Qualitätsziele für verschiedene Umweltbereiche, die in über 200 quantifizierte Ziele umgesetzt werden[106]. Dabei führen die Pläne sieben Zielgruppen, u.a. die Industrie und Landwirtschaft, auf, die wiederum Pläne zur Leistung eines Beitrags im Hinblick auf die Verwirklichung der festgelegten integrierten Umweltziele entwickeln (sog. „integral environmental target plan" – IETP)[107]. Auf der Basis dieser Pläne müssen die Mitglieder dieser Gruppen, zumeist Unternehmen, wiederum eigene Umweltpläne („Company Environmental Plan" – CEP) erstellen, in denen sie darlegen, wie sie die im IETP festgelegten Ziele erfüllen wollen. Schließlich wird dann anhand dieser Unternehmenspläne zusammenfassend überprüft, ob die Ziele des IETP tatsächlich erreicht werden können[108]. Als ein Ergebnis dieser Zielgruppenpolitik und unter Verwendung der Pläne werden dann die Vereinbarungen mit einzelnen Industriesektoren aufgrund von Verhandlungen zwischen Industrie und Regierung geschlossen[109]. Während die ersten Verträge nicht einklagbar waren, setzen sich in letzter Zeit zivilrechtlich durchsetzbare Formen von covenants als Teil einer Gesamtstrategie der Regierung

---

[105] Ausführlich zur Entwicklung in den Niederlanden Environmental Agreements, Environmental Effectiveness, Environmental Issues Series No. 3 - Vol. 2, S. 54 ff.

[106] S. *Peters*, Voluntary Agreements between Government ans Industry: The Basic Metal Covenant as an Example, in: van Dunné (Hrsg.), Environmental Contracts and Covenants, S. 19 ff.; zum Ganzen auch Environmental Agreements, Environmental Effectiveness, Environmental Issues Series No. 3 - Vol. 2, S. 55.

[107] Umweltvereinbarungen sind aber nur als eines von mehreren Instrumenten zur Verwirklichung von NEPP zu nennen und stehen neben der Zertifizierung von Umweltmanagementsystemen, der Umwelt-Rahmenlizensierung und Umweltberichterstattung von Unternehmen sowie dem Umwelt-Audit.

[108] *Van den Broek*, Covenant and Permit in the Dutch Target Group Consultation: the Role of an Environmental Covenant in the Granting of an Environmental Permit, in: van Dunné (Hrsg.), Environmental Contracts and Covenants, S. 33 (35 f.).

[109] Eine mit der chemischen Industrie abgeschlossene Umweltvereinbarung wird in Environmental Agreements, Environmental Effectiveness, Environmental Issues Series No. 3 - Vol. 2, S. 54 ff., näher beleuchtet. Der covenant ist abgedruckt in: van Dunné (Hrsg.), Environmental Contracts and Covenants, S. 285 ff. Der IETP ist Bestandteil des Vertrages (vgl. „Preamble") und als Anhang abgedruckt (S. 296 ff.).

durch. Das Verfahren ist nicht strikt geregelt; das Ministerium für Wohnungsbau, Raumplanung und Umwelt hat aber Leitlinien für den Abschluß von Verträgen in Form eines Verhaltenskodexes entwickelt. Daneben gibt es seit Ende 1995 eine Verwaltungsdirektive des Ministerpräsidenten mit Anweisungen über Inhalt und Verfahren zum Abschluß von Verträgen. In jedem Fall werden unterzeichnete Verträge im Amtsblatt veröffentlicht[110].

Daneben verdient Erwähnung, daß von den Niederlanden auch grenzüberschreitende Kooperationen in Form von Umweltvereinbarungen initiiert werden. Als Beispiel können die „Rhein-Verträge" genannt werden, die die Stadt Rotterdam mit der deutschen, französischen und schweizerischen Industrie, so etwa 1991 mit dem Deutschen Verband der Chemischen Industrie (VCI)[111], abgeschlossen hat[112]. Diese Verträge zielen im wesentlichen darauf ab, der zunehmenden Belastung des Rotterdamer Hafens durch Einleitung giftiger Substanzen entgegenzuwirken. Daher verpflichtet sich die Industrie, bestimmte Schadstoffe künftig nicht mehr einzuleiten, und verzichtet die Stadt Rotterdam im Gegenzug auf die gerichtliche Geltendmachung von Schadensersatzansprüchen.

b) Deutschland

In Deutschland werden seit Ende der 70er Jahre einseitige Selbstverpflichtungen der Industrie und zweiseitige Absprachen zwischen Industrie und Bundes- bzw. Landesregierung als Instrument der Umweltpolitik eingesetzt[113]. Gegenwärtig werden solche Abkommen insbesondere beim Klimaschutz[114] und bei der Produktverantwortung im Rahmen des Kreislaufwirtschafts- und Abfallgesetzes verwendet[115]; weitere Vereinbarungen betreffen etwa Maßnahmen zur FCKW-Reduktion, die Senkung des Kraftstoffverbrauchs sowie die Reduktion von

---

[110] Mitteilung der Kommission über Umweltvereinbarungen, KOM(96) 561 endg., S. 1 (31).

[111] Der Vertrag ist abgedruckt in: van Dunné (Hrsg.), Environmental Contracts and Covenants, S. 255 ff.

[112] Hierzu ausführlich *Kernkamp*, The Rotterdam Rhine Contracts, und *van Dunné*, Legal Issues Arising from the Rhine Contracts, in: van Dunné (Hrsg.), Environmental Contracts and Covenants, S. 111 ff., 117 ff.

[113] Die Zahlen schwanken: s. nur *Merkel*, Der Stellenwert von umweltbezogenen Selbstverpflichtungen der Wirtschaft im Rahmen der Umweltpolitik der Bundesregierung, Umwelt 1997, S. 88: „seit den 70er Jahren mehr als 40 Selbstverpflichtungen", „werden die 19 Branchenselbstverpflichtungen zum Klimaschutz einzeln gezählt, steigt die Zahl sogar auf mehr als 60". Dabei wird allerdings auch nur auf die Umweltpolitik der Bundesregierung Bezug genommen. S. a. die Bestandsaufnahme freiwilliger Vereinbarungen und Selbstverpflichtungen im Umweltschutz des BDI vom September 1999: über 70 Selbstverpflichtungen und Vereinbarungen - es werden hier auch Absprachen mit einzelnen Landesregierungen gezählt. Vgl. auch Environmental Agreements, Environmental Effectiveness, Environmental Issues Series No. 3 - Vol. 1, S. 29: seit 1980 93 Umweltvereinbarungen; Mitteilung der Kommission über Umweltvereinbarungen, KOM(96) 561 endg., S. 1 (27): „rund 80 Selbstverpflichtungen".

[114] Vgl. BDI (Hrsg.), Aktualisierte Erklärung der deutschen Wirtschaft zur Klimavorsorge vom 27.03.1996; s. a. *Kuhnt*, Energie und Umweltschutz in europäischer Perspektive, DVBl. 1996, S. 1082 (1089 ff.).

[115] So etwa für die Altautos, s. nur *Giesberts/Hilf*, Kreislaufwirtschaft Altauto: Altautoverordnung und freiwillige Selbstverpflichtung; *dies.*, Neue Instrumente zur Steuerung der Altautoentsorgung: Altautoverordnung und Freiwillige Selbstverpflichtung, NVwZ 1998, S. 1158 f.; *Schrader*, Produktverantwortung, Ordnungsrecht und Selbstverpflichtungen am Beispiel der Altautoentsorgung, NVwZ 1997, S. 943 ff.

Schwermetallen in Batterien oder die Rücknahme von Altbatterien[116]. Ebenso sind freiwillige Zusagen der Industrie - wie z.B. die der Waschmittelindustrie über die Meldung der Stoffdaten von Enzymen für Wasch- und Reinigungsmittel[117] - zu verzeichnen. Dabei haben sich die Behörden in der Vergangenheit zumeist nicht formell an diesen Umweltvereinbarungen beteiligt, obwohl sie doch durchweg das Ergebnis eingehender Verhandlungen mit den jeweiligen Behörden darstellten. Es handelte sich somit fast ausschließlich um einseitige Selbstverpflichtungen der Industrie, die lediglich informell etwa in einer Presseerklärung vom zuständigen Minister anerkannt wurden[118].
Inzwischen gibt es aber auch verbindliche Umweltabsprachen, von denen insbesondere die Vereinbarung zwischen der Bundesregierung und den Energieversorgungsunternehmen vom 14.06.2000, in der sich die Parteien auf eine Befristung der künftigen Nutzung der vorhandenen Kernkraftwerke verständigten, anzuführen ist[119]. Hervorzuheben ist daneben auch die anläßlich der ersten Vertragsstaatenkonferenz zur Klimarahmenkonvention in Berlin abgegebene „Erklärung der deutschen Wirtschaft zur Klimavorsorge“ vom 10.03.1995 sowie die aktualisierte und verbesserte Erklärung vom 27.03.1996[120], wonach die CO_2-Emissionen bzw. der Energieverbrauch zum Jahr 2005 (ausgehend vom Basisjahr 1990) um 20 % verringert werden sollen[121].

Neben den genannten Absprachen auf Bundesebene gibt es gleichermaßen auf Länderebene vor allem branchenübergreifende und seltener branchenspezifische Vereinbarungen und Selbstverpflichtungen. Für letztere steht beispielsweise die Rahmenvereinbarung zwischen der

---

[116] Vgl. BDI (Hrsg.), Freiwillige Vereinbarungen und Selbstverpflichtungen der Industrie im Bereich des Umweltschutzes; s.a. die Bestandsaufnahme freiwilliger Selbstverpflichtungen und Vereinbarungen im Umweltschutz, September 1999.

[117] BMU-Pressemitteilung 36/97 vom 10.07.1997.

[118] Ein Beispiel für diese Praxis stellt die Selbstverpflichtung des Verbandes der Textilhilfsmittel-, Lederhilfsmittel-, Gerbstoff- und Waschrohstoffindustrie e.V. (TEGEWA) zum Verzicht auf umweltgefährdende Hilfsstoffe in Chemikalien zur Abwasserbehandlung dar, die die damalige Bundesumweltministerin Merkel am 09.07.1998 entgegengenommen hat, s. BMU-Pressemitteilung 98/98 vom 09.07.1998. Weitere Beispiele sind die Selbstverpflichtungen der Photobranche zum verbesserten Gewässerschutz (BMU-Pressemitteilung 10/98 vom 22.01.1998) und der chemischen Industrie zur Verbesserung des Innenraumschutzes und zum verantwortlichen Umgang mit Holzschutzmittel (BMU-Pressemitteilung 1/98 vom 13.01.1998).

[119] Vereinbarung zwischen der Bundesregierung und den Energieversorgungsunternehmen vom 14.06.2000; s.a. die Pressemitteilung der Bundesregierung Nr. 298/00 vom 15.06.2000.

[120] Beteiligt sind mehr als 70 % des industriellen Endenergieverbrauchs, der nahezu vollständige Bereich der öffentlichen Stromversorgung sowie ein großer Teil der Energieanbieter für den Haushalts- und Kleinverbrauch; BDI (Hrsg.), Aktualisierte Erklärung der deutschen Wirtschaft zur Klimavorsorge vom 27.03.1996, S. 1 (2); vgl. auch RWI, CO_2-Monitoring der deutschen Industrie, Zusammenfassung, S. 2; *Kuhnt*, Energie und Umweltschutz in europäischer Perspektive, DVBl. 1996, S. 1082 (1089 ff.); *Breier*, Umweltschutzkooperationen zwischen Staat und Wirtschaft auf dem Prüfstand – Eine Untersuchung am Beispiel der Erklärung der deutschen Wirtschaft zur Klimavorsorge, ZfU 1997, S. 131 ff.

[121] Teilweise wurden sogar absolute Minderungsverpflichtungen abgegeben. Darüber hinaus wurde ein begleitendes CO_2-Monitoring vereinbart, das insbesondere auch die Öffentlichkeit in detaillierter und transparenter Weise informieren soll. Ein unabhängiges Wirtschaftsforschungsinstitut stellt deshalb in regelmäßigen Berichten die Minderungserfolge in jährlichen Abständen dar und überprüft sie hinsichtlich ihrer Zielkonformität; vgl. RWI, CO_2-Monitoring der deutschen Industrie, Zusammenfassung. S.a. den zweiten CO_2-Monitoring-Bericht vom Juni 1999, dazu die Pressemitteilung des BDI vom 16.06.1999.

sachsen-anhaltinischen Gießerei-Industrie und dem sachsen-anhaltinischen Umweltministerium über die jährliche Erstellung von Abfallwirtschaftskonzepten zur Vermeidung und Verwertung von Reststoffen aus dem Sandhaushalt und dem Schmelzbetrieb von 1994[122]. Branchenübergreifend sind dagegen z.B. der Umweltdialog „Zukunftsfähiges Baden-Württemberg" von 1997[123] oder die „Umweltinitiative für die Thüringer Wirtschaft" vom 06.05.1999[124].

Besondere Beachtung hat dabei der „Umweltpakt Bayern"[125] gefunden - eine „freiwillige Vereinbarung zwischen der Bayerischen Wirtschaft und der Bayerischen Staatsregierung mit dem Ziel eines verstärkten Umweltschutzes" vom 23.10.1995, worin insgesamt mehr als 180 Einzelzusagen enthalten sind. Anders als bei früheren Selbstverpflichtungen der Industrie sind die Zusagen im „Umweltpakt Bayern" branchen- und fachübergreifend. Darüber hinaus sind beide Vertragsparteien etliche Verpflichtungen eingegangen. So hat die Wirtschaft Leistungen im Umweltschutz zugesagt, die z.T. auch über die gesetzlichen Anforderungen hinausgehen, und hat sich die Bayerische Staatsregierung im Gegenzug etwa zur Einrichtung eines Altlastensanierungsfonds und zu freiwilligen Fördermaßnahmen verpflichtet. Darüber hinaus will sie die Unternehmen im Freistaat von überflüssigen Regulierungen entlasten und zu diesem Zweck Deregulierungsvorschläge der Wirtschaft überprüfen. Die Einhaltung der Zusagen und Verpflichtungen wird durch den Arbeitskreis „Wirtschaft und Umwelt" überprüft, dem Vertreter sowohl der Staatsregierung als auch der Bayerischen Wirtschaft angehören und dessen Ergebnisse veröffentlicht werden, damit nicht nur ein Teilnehmer des Umweltpakts, sondern auch die Öffentlichkeit nachvollziehen kann, welche Leistungen tatsächlich erbracht worden sind.

Der Charakter der Vereinbarungen und Selbstverpflichtungen in Deutschland ist damit ganz unterschiedlich; neben verbindlichen Vereinbarungen gibt es konkrete Zusagen einzelner Verbände bzw. Unternehmen in Form von Selbstverpflichtungserklärungen, Rahmenvereinbarungen für eine ganze Palette von Maßnahmen oder auch umfassend angelegte Kooperationskonzepte für besondere Umweltschutzziele. Der Inhalt kann sich auf materielle Anforderungen – z.B. den Ausstieg aus der Kernenergie oder die Reduzierung von bestimmten Emissionen – oder prozedurale Anforderungen – z.B. die Durchführung von Stoffprüfungen – beziehen. Die verschiedenen Modelle der Zusammenarbeit werden dabei sowohl zur Ergänzung von rechtlichen Regelungen als auch als Ersatz für rechtliche Regelungen eingesetzt. Dabei lassen die Vereinbarungen jüngeren Datums einen Übergang von bisher reinen Selbstverpflichtungen zu mehr verbindlichen und öffentlichen Absprachen erkennen.

---

[122] S. die Bestandsaufnahme freiwilliger Selbstverpflichtungen und Vereinbarungen im Umweltschutz vom BDI vom September 1999.

[123] S. die Broschüre des Ministeriums für Umwelt und Verkehr Baden-Württemberg.

[124] Pressemitteilung 115/99 vom 06.05.1999.

[125] Zum „Umweltpakt Bayern" s. bereits unter § 2 A. III. 3.

c) Dänemark

In Dänemark, wo man wie in den Niederlanden auf eine lange Vertragstradition zurückblicken kann, sind seit 1987 mehr als 16 freiwillige Umweltvereinbarungen – meist in Form von Absichtserklärungen – zwischen dem Minister für Umwelt und Energie oder der dänischen Umweltagentur und den beteiligten Industriezweigen (Unternehmen oder Verbände) abgeschlossen worden[126]. Eines der wichtigsten Kennzeichen des dänischen Modells ist das Zusammenspiel von Umweltvereinbarungen mit wirtschaftlichen Anreizen wie Steuerermäßigungen oder Depositenfonds. Von besonderer Bedeutung ist darüber hinaus, daß das dänische Umweltschutzgesetz von 1991, in Kraft getreten am 01.01.1992, nunmehr in Artikel 10 (§§ 1 - 5) einen rechtlichen Rahmen für den Einsatz von Umweltvereinbarungen aufstellt[127]. So wird der Umweltminister in § 1 ausdrücklich ermächtigt, mit Unternehmen oder Verbänden Verträge abzuschließen, um Ziele zur Reduzierung der Umweltbelastung zu erreichen. Zugleich wird dem Minister in § 2 ein weitreichender Gestaltungsspielraum im Hinblick auf Regelungen zu Informations- und Überwachungspflichten zur Verfügung gestellt. Darüber hinaus kann er bei Vertragsbruch Vertragsstrafen aussprechen, so daß er gegen Unternehmen vorgehen kann, die sich nicht am Vertrag beteiligen (sog. „Trittbrettfahrer“). Ebenfalls geregelt ist die Beteiligung der wichtigsten Handels- und Umweltorganisationen und staatlichen Behörden sowie die Möglichkeit einer Schiedsgerichtsvereinbarung. Die erste Vereinbarung auf der Grundlage dieses Gesetzes wurde im April 1996 zur Einsammlung und Rückgewinnung von Bleiakkumulatoren abgeschlossen[128]. Festzuhalten bleibt damit, daß der Umweltminister in Dänemark im Vergleich zu anderen Mitgliedstaaten bei dem Abschluß von Umweltvereinbarungen über einen sehr weitreichenden Gestaltungsrahmen verfügt.

d) Frankreich

Vereinbarungen als umweltpolitisches Instrument wurden in den EU-Mitgliedstaaten wohl erstmals in Frankreich eingesetzt. Bereits 1971 wurde zwischen dem Umweltministerium und der Zementindustrie ein „accord de branche“ geschlossen, der einen Zeitplan für Anpassungsmaßnahmen im Rahmen eines Programms für bereits bestehende Industrieanlagen in diesem Sektor (sog. programme de branche) enthielt und der auch neue Einrichtungen zur Einhaltung von Emissionsnormen verpflichtete[129]. Es folgten weitere rund 20 Vereinbarungen insbesondere im Bereich der Abfallwirtschaft (Verpackung und Recycling). Allerdings erklärte der Conseil d'Etat eine 1975 abgeschlossene Vereinbarung aufgrund der Einschränkung

---

[126] Als Beispiel ist die Vereinbarung über die Wiederverwendung von Verpackungen zu nennen, hierzu Environmental Agreements, Environmental Effectiveness, Environmental Issues Series No. 3 - Vol. 2, S. 89 ff.

[127] Hierzu ausführlich *Jørgensen*, Legislation on 'Eco-Contracts' in Denmark, und *Brasse*, Environmental Contracts: a New Instrument to be Used in the Danish Regulation of Environmental Law, in: van Dunné (Hrsg.), Environmental Contracts and Covenants, S. 73 ff., S. 197 ff. Die Vorschriften sind jeweils als Annex abgedruckt auf S. 84 f. und S. 197 f.

[128] Vgl. die Mitteilung der Kommission über Umweltvereinbarungen, KOM(96) 561 endg., S. 1 (26).

des Schutzes Dritter für widerrechtlich[130]. Wohl auch aus diesem Grund dienten in Frankreich – im Gegensatz zur Entwicklung in den meisten anderen Mitgliedstaaten – viele Zielvereinbarungen nur der Entwicklung neuer Rechtsvorschriften mit der Folge, daß die Emissionsnormen die Vereinbarungen schließlich ersetzten[131]. In den 90er Jahren wurden allerdings entsprechend der Entwicklung auf Gemeinschaftsebene wiederum vermehrt Vereinbarungen zur Minderung der CO_2-Emissionen und über die Entsorgung und Wiederverwertung von „Alt-Autos" abgeschlossen. Dabei gibt es neben Selbstverpflichtungen und Vereinbarungen mit „moralischer Verpflichtung" auch verbindliche Vereinbarungen, die für Unternehmen, die sich nicht daran beteiligen wollen, finanzielle Sanktionen vorsehen können[132]. Aufgrund dieser neuen Tendenz, das Instrument der Umweltvereinbarung zur Umsetzung rechtlich vorgegebener Ziele einzusetzen, steht nicht zu erwarten, daß auch diese Vereinbarungen in der Zukunft durch entsprechende Normen abgelöst werden.

e) Belgien

Von 1980 bis 1996 sind in Belgien rund vierzehn Vereinbarungen in einigen wenigen Bereichen abgeschlossen worden[133]. Dabei handelt es sich ausschließlich um unverbindliche Absprachen, wobei schon 50 % allein die chemische Industrie betreffen. Dabei gibt es aufgrund verschiedener Zuständigkeiten von Königreich und Regionen Umweltvereinbarungen auf Bundes- und Regionalebene sowie z.T. auch gemeinsam unterzeichnete Absprachen (z.B. die Vereinbarung zur Stromerzeugung). Insofern lassen sich je nach Ebene unterschiedliche Inhalte feststellen: Während auf Bundesebene vorrangig Vereinbarungen zur Reduktion umweltschädlicher Inhaltsstoffe bzw. Produktionsabläufe zu verzeichnen sind, geht es in den Regionen Brüssel und Wallonien in erster Linie um Themen der Abfallwirtschaft[134].

Einzige Ausnahme bildet die Region Flandern: Dort wurde 1994 – nach schlechten Erfahrungen mit unverbindlichen Vereinbarungen – auf der Grundlage eines Kommissionsentwurfs[135] ein Dekret[136] über Anforderungen an Umweltvereinbarungen erlassen, wonach Umweltvereinbarungen nur als verbindliche Verträge sui generis für maximal fünf Jahre zulässig sein sollen. Zugleich bedürfen die privaten Parteien einer besonderen Rechtsstellung, um überhaupt

---

[129] Mitteilung der Kommission über Umweltvereinbarungen, KOM(96) 561 endg., S. 1 (28).

[130] Vgl. hierzu die Mitteilung der Kommission über Umweltvereinbarungen, KOM(96) 561 endg., S. 1 (28).

[131] Environmental Agreements, Environmental Effectiveness, Environmental Issues Series No. 3 - Vol. 1, S. 29.

[132] Accord Cadre sur le retraitement des véhicules hors d'usage, Paris 1993. Vgl. auch Environmental Agreements, Environmental Effectiveness, Environmental Issues Series No. 3 - Vol. 1, S. 29; Vol. 2, S. 7 ff. (case study: Agreement on the Treatment of End-of-Life Vehicles).

[133] Die Zahlen der Umweltvereinbarungen Belgiens differieren: 14 sind es nach der Mitteilung der Kommission über Umweltvereinbarungen, KOM(96) 561 endg., S. 1 (25), lediglich 10 (wobei die erste 1988 geschlossen worden sein soll) sind es nach den Angaben in Environmental Agreements, Environmental Effectiveness, Environmental Issues Series No. 3 - Vol. 1, S. 26.

[134] Environmental Agreements, Environmental Effectiveness, Environmental Issues Series No. 3 - Vol. 1, S. 26 .

[135] Hierzu ausführlich *Bocken*, Covenants in Belgian Environmental Law. Remarks on the Draft Decree on Environmental Covenants, in: van Dunné (Hrsg.), Environmental Contracts and Covenants, S. 57 ff.

[136] Dekret über Umweltverträge vom 15.06.1994, Staatsblatt S. 18201.

ihren Sektor repräsentieren zu können, und müssen zur Vertretung der Mitgliedsunternehmen befugt sein[137]. Das Gesetz enthält eine ganze Reihe weiterer Verfahrensanforderungen, die schließlich in die Veröffentlichung des abgeschlossenen Vertrags im Gesetzblatt münden. Allerdings wurden auf der Grundlage dieses Dekrets noch keine Vereinbarung geschlossen[138].

f) Portugal

Portugal hat das Instrument der Umweltvereinbarung erst Mitte der 80er Jahre und damit relativ spät entdeckt[139]. Die erste Vereinbarung wurde mit der Papierstoffindustrie als rechtlich verbindliche Zielfestlegung im Hinblick auf die Minderung von Abfall, Abwasser und Luftverschmutzung geschlossen[140]; es folgten vergleichbare Absprachen mit der Lederindustrie und der Verpackungsindustrie. Aufmerksamkeit verdient hier auch die Rahmenvereinbarung über Umwelt und dauerhafte und umweltgerechte Entwicklung von 1994, wodurch die Industrie auf die bestehenden Umweltprobleme aufmerksam gemacht werden sollte und in der die Regierung Portugals zu Umweltproblemen Stellung nimmt sowie eigene Lösungsansätze vorschlägt. Dieser Rahmen bildete die Basis einer Reihe neuer Umweltvereinbarungen mit verschiedenen Industriesektoren und der portugiesischen Landwirtschaft, die jeweils einen von der Regierung zu genehmigenden Umweltplan festlegen mußten, während im Gegenzug für die Laufzeit der Vereinbarung seitens der Regierung auf neue Umweltnormen verzichtet werden sollte[141]. Nach dem Wechsel der Regierung beschloß allerdings der neu ernannte Umweltminister zu Beginn des Jahres 1996, alle Umweltvereinbarungen, die innerhalb der Rahmenvereinbarung eigentlich bis 1999 laufen sollten, zu stoppen. Zur Begründung wurde angeführt, daß diese Umweltvereinbarungen nicht die erhofften Ergebnisse gebracht hätten und aufgrund der Gesetzgebung im Umweltbereich nicht länger erwünscht seien[142]. Seitdem wurden – soweit ersichtlich – keine Umweltvereinbarungen mehr abgeschlossen.

g) Umweltvereinbarungen in den übrigen Mitgliedstaaten

Auch in Finnland, Griechenland, Großbritannien, Irland, Italien, Luxemburg, Schweden, Spanien und Österreich gibt es Umweltvereinbarungen. Die Anzahl der Vereinbarungen schwankt

---

[137] Art. 2 des Dekrets über Umweltverträge.

[138] Vgl. nur die Mitteilung der Kommission über Umweltvereinbarungen, KOM(96) 561 endg., S. 1 (25).

[139] Die Zahlen schwanken allerdings: 1984 nach der Mitteilung der Kommission über Umweltvereinbarungen, KOM(96) 561 endg., S. 1 (32); 1987/88 nach Environmental Agreements, Environmental Effectiveness, Environmental Issues Series No. 3 - Vol. 1, S. 33.

[140] S. Environmental Agreements, Environmental Effectiveness, Environmental Issues Series No. 3 - Vol. 2, S. 74 ff. (case study 5).

[141] Vgl. hierzu Mitteilung der Kommission über Umweltvereinbarungen, KOM(96) 561 endg., S. 1 (32).

[142] Environmental Agreements, Environmental Effectiveness, Environmental Issues Series No. 3 - Vol. 1, S. 33; Vol. 2, S. 75 f.

in diesen Ländern zwischen 1 (Irland[143]) und 25 (Österreich), wobei es sich überwiegend um unverbindliche Absprachen im Bereich der Abfallwirtschaft handelt. Dabei liegen allerdings für Griechenland, dem einzigen Land mit Vereinbarungen in der Tourismusbranche, keine genauen Angaben vor[144]. Langjährige Erfahrungen mit diesem Instrument haben einzig Schweden und Großbritannien gesammelt - dort wird dieses Instrument schon seit den 70er Jahren eingesetzt, während in den anderen aufgeführten Ländern Umweltvereinbarungen erst seit Mitte der 80er bzw. in Irland seit Mitte der 90er Jahre abgeschlossen werden[145].

3. Zusammenfassung

Der Überblick über Umweltvereinbarungen hat gezeigt, daß diese Absprachen tatsächlich in allen Mitgliedstaaten sowie auf Gemeinschaftsebene bekannt sind und als Instrument der Umweltpolitik überwiegend in Form unverbindlicher Vereinbarungen und Selbstverpflichtungen eingesetzt werden. Obwohl einige Vereinbarungen bereits vor über 20 Jahren in Kraft gesetzt wurden, sind sie doch erst seit Mitte der 80er Jahre stark verbreitet. Seitdem ist die Zahl der Umweltvereinbarungen jährlich angestiegen.

Allerdings sind starke nationale Divergenzen zu beobachten: Zum einen neigen kleinere Länder wie Dänemark, Österreich und Belgien eher zum Abschluß von Umweltvereinbarungen als größere Länder wie Frankreich oder Großbritannien. Zum anderen machen allein die in den Niederlanden und der Bundesrepublik Deutschland abgeschlossenen Vereinbarungen schätzungsweise bereits zwei Drittel aller Vereinbarungen aus. Dies indiziert wiederum, daß Umweltvereinbarungen öfter in Ländern eingesetzt werden, in denen die umweltpolitischen Instrumente weiter ausgereift sind, die also schon seit langem eine Umweltpolitik betreiben, während in Ländern wie Spanien, Portugal oder Irland, die lange Zeit gar keine Umweltmaßnahmen getroffen haben, zunächst einmal überhaupt ein Umweltbewußtsein hervorgerufen werden mußte. Darüber hinaus sind Absprachen häufiger anzutreffen, wenn Dezentralisierung, Konsensbildung und Verhandlungen im Rahmen von Entscheidungsfindungsprozessen bereits Tradition haben[146] und nicht nur die Zahl der Absprachepartner, sondern auch die Umweltprobleme und deren Verursacher überschaubar bleiben. So wurden Umweltvereinbarungen auf Gemeinschaftsebene denn auch lediglich in Sektoren abgeschlossen, in denen die Unternehmen bereits in europäischen Verbänden organisiert waren und daher die Verhandlungen über diese Branchenverbände geführt werden konnten.

---

[143] Dort wurden zuvor lediglich „Handelsinitiativen“, keine Umweltvereinbarungen geschlossen, vgl. die Mitteilung der Kommission über Umweltvereinbarungen, KOM(96) 561 endg., S. 1 (29).

[144] Vgl. Environmental Agreements, Environmental Effectiveness, Environmental Issues Series No. 3 - Vol. 1, S. 30. Anders noch die Mitteilung der Kommission über Umweltvereinbarungen, KOM(96) 561 endg., S. 1 (29): keine freiwilligen Vereinbarungen in Griechenland.

[145] S. den Überblick in Environmental Agreements, Environmental Effectiveness, Environmental Issues Series No. 3 - Vol. 1, S. 25 ff.

[146] Environmental Agreements, Environmental Effectiveness, Environmental Issues Series No. 3 - Vol. 1, S. 39.

Gleichfalls ist deutlich geworden, daß etwa in Deutschland und den Niederlanden die Bandbreite der Umweltvereinbarungen nahezu alle umweltpolitischen Bereiche umfaßt, das Schwergewicht in anderen Ländern aber noch immer im Bereich der Abfallwirtschaft[147] liegt bzw. in Sektoren angesiedelt ist, in denen die Umweltverschmutzung am größten ist, so daß über 20 % aller gültigen Umweltvereinbarungen auf die Chemiebranche entfallen[148]. Demgegenüber ist auffällig, daß Absprachen im Transportwesen sowie in den Bereichen Tourismus und Landwirtschaft bislang – mit einigen Ausnahmen in Griechenland und Portugal – keine Rolle spielen und der Einsatz von Umweltvereinbarungen insoweit noch großen Entwicklungsbedarf zeigt.

Von besonderer Bedeutung sind aber jeweils die Erfahrungen, die in den einzelnen Mitgliedstaaten mit Vereinbarungen als Instrument der Umweltpolitik gemacht worden sind: So gehen einige Länder bereits dazu über, einen verbindlichen oder wenigstens förmlicheren Ansatz zu wählen, wenn dies auch – wie das Beispiel Flanderns zeigt – nicht immer auf positiven Erfahrungen beruht. Wichtig ist dabei, daß immer mehr Vereinbarungen auch Überwachungs- und Berichterstattungsanforderungen enthalten, so daß langfristig auch präzisere Schlußfolgerungen hinsichtlich der ökologischen Wirksamkeit gezogen werden können[149]. Insofern haben insbesondere Dänemark, die Niederlande sowie in jüngerer Zeit auch Deutschland eine solide Grundlage für den Abschluß von Umweltvereinbarungen entwickelt, die ggf. auch für Absprachen auf Gemeinschaftsebene herangezogen werden kann.

II. Der Hintergrund von Umweltvereinbarungen

Angesichts der Vielzahl von Umweltvereinbarungen in der Europäischen Union und ihren Mitgliedstaaten wird deutlich, daß sich dieses Instrument zunehmenden Interesses erfreut. Es stellt sich daher die Frage, warum überhaupt Umweltvereinbarungen abgeschlossen werden und worin die Vorzüge – und auf der anderen Seite auch die Nachteile – dieser Vereinbarungen gegenüber anderen Instrumenten liegen. Insofern müssen auch die Beweggründe der Parteien, sich an einer Umweltvereinbarung (freiwillig) zu beteiligen, herangezogen werden.

1. Gründe für den Abschluß von Umweltvereinbarungen

Hinsichtlich der Motivation der beteiligten Parteien für den Abschluß von Umweltvereinbarungen gilt es zunächst einmal zwischen den Gründen der privaten Absprachepartner (zumeist

[147] Dies mag auch an der Gemeinschaftsstrategie für die Abfallwirtschaft („Prority Waste Stream - PWS - Programme") liegen, vgl. SEK(89) 934 endg.; s.a. die Entschließung des Rates über die Abfallpolitik, ABl. 1990 Nr. C 122, S. 2; vgl. insbesondere die Mitteilung der Kommission zur Überprüfung der Gemeinschaftsstrategie für die Abfallwirtschaft, KOM(96) 399 endg., S. 1 (16) Rn. 72 f., in der sie ihr Interesse an entsprechenden Vereinbarungen bekundet.

[148] Environmental Agreements, Environmental Effectiveness, Environmental Issues Series No. 3 - Vol. 1, S. 40.

[149] S. hierzu ausführlich Environmental Agreements, Environmental Effectiveness, Environmental Issues Series No. 3 - Vol. 1, Vol. 2.

Unternehmen oder Verbände aus dem Industriebereich) auf der einen Seite und den Gründen der beteiligten Behörden auf der anderen Seite zu unterscheiden, auch wenn sich die Motive durchaus überschneiden können.

a) Motivation der Unternehmen/Verbände

Besondere Beachtung verdient dabei schon die Tatsache, daß gerade von Seiten der großen Firmen und Verbände in den Mitgliedstaaten der Einsatz von Umweltvereinbarungen befürwortet und unterstützt wird. Schien dieses Phänomen zunächst vorrangig mit der Möglichkeit einer Kostensenkung aufgrund der flexibleren Wahl der Mittel zur Erreichung der gesetzten umweltpolitischen Ziele zu begründen zu sein[150], so lassen sich doch eine ganze Reihe anderer Motive heranziehen.

Eine entscheidende Veranlassung für die Beteiligung an einer Absprache liegt sicherlich immer in der Vermeidung strengerer normativer Vorschriften, soweit dies seitens der Behörden als Gegenleistung angeboten wird. Dabei kann der Druck staatlicher Stellen aufgrund der Drohung, ansonsten gesetzliche Regelungen zu erlassen, aber auch so übermächtig sein, daß den privaten Absprachepartnern womöglich nur noch geringe oder gar keine Handlungsalternativen verbleiben. In diesem Fall ist die Motivation für den Abschluß einer Umweltvereinbarung eindeutig[151]. Allerdings ist dies nicht der Regelfall; denn zum einen werden Umweltvereinbarungen oft nur als Ergänzung zu bestehenden gesetzlichen Regelungen eingesetzt und zum anderen kann das angedrohte Gesetz gemeinhin nicht ohne weiteres erlassen werden, so daß es weitere Beweggründe seitens der Unternehmen und Verbände geben muß.

Insofern spielt eine wichtige Rolle, daß die Unternehmen bei Umweltvereinbarungen den Verhandlungsprozeß von Beginn an mitbestimmen. Während die betroffenen Industriezweige bei der Ausarbeitung von Rechtsvorschriften – wenn überhaupt – erst in einer späten Phase befragt werden, haben sie bei Umweltvereinbarungen nicht nur die Gelegenheit, den Inhalt stärker zu beeinflussen als es bei gesetzlichen Regelungen je möglich wäre, sondern auch die Aussicht, eigene Umsetzungsspielräume zu bewahren[152]. So verleiht diese „bottom up"-Politik der Hoffnung der beteiligten Unternehmen Ausdruck, daß ihre konkrete Situation sowie ihre spezifischen Gegebenheiten verstärkt Berücksichtigung finden, wobei die umweltpolitische Zielsetzung unter Beteiligung der Industrie sogar dazu führen kann, daß die Umweltvereinbarung im Vergleich zu einseitig auferlegten rechtlichen Anforderungen eine größere Bindungswirkung erzeugt[153].

Nicht zu unterschätzen sind überdies die positiven Begleiteffekte, die eine Beteiligung an einer Umweltvereinbarung mit sich bringen kann. So kann etwa durch die Werbung mit frei-

---

[150] Vgl. die Mitteilung der Kommission über Umweltvereinbarungen, KOM(96) 561 endg., S. 1 (7).
[151] S. nur *Dempfle*, Normvertretende Absprachen, S. 33.
[152] *Fluck/Schmitt*, Selbstverpflichtungen und Umweltvereinbarungen – rechtlich gangbarer Königsweg deutscher und europäischer Umweltpolitik?, VerwArch 89 (1998), S. 220 (227).

willigen Umweltschutzmaßnahmen das Bewußtsein der Verbraucher oder auch das umweltpolitische Profil einer ganzen Branche positiv beeinflußt und damit letztlich gewinnbringend genutzt werden[154]. Allerdings dürfte oftmals gerade auch die rechtliche Unverbindlichkeit für die Unternehmen und Verbände von Bedeutung sein, weil dadurch die größte Flexibilität gewahrt bleibt und trotzdem die engagierte Übernahme von Eigenverantwortung werbewirksam publiziert werden kann[155]. Daneben sind Fälle denkbar, in denen es den Unternehmen oder Verbänden tatsächlich um Konfliktbereinigung geht; auch sie können – ebenso wie staatliche Stellen – ein Interesse an einer schnellen und dauerhaften Problemlösung haben.

Schließlich ist nicht von der Hand zu weisen, daß auch weniger ehrenhafte Motive anzutreffen sind: Ausschlaggebend kann z.B. das Streben nach Gewinnmaximierung sein[156] – so etwa, wenn die beteiligten Wirtschaftskreise nicht mehr versprechen als das, was sie ohne Schwierigkeiten und ohne zusätzliche Kosten verwirklichen können, oder wenn sie sich versprechen, zukünftig von behördlichen Eingriffen verschont zu bleiben[157].

Kleine Unternehmen sind dagegen selbst fast nie an Umweltvereinbarungen beteiligt. Nichtsdestotrotz sind sie oft direkt vom Abschluß einer solchen Absprache aufgrund ihrer Mitgliedschaft in einem Verband oder indirekt etwa aufgrund der Abhängigkeit von größeren, an der Umweltvereinbarung beteiligten Firmen betroffen. Ein wesentliches Argument für die seltene unmittelbare Beteiligung kleiner und mittlerer Unternehmen liegt sicherlich im Mangel an menschlichen, technischen und finanziellen Ressourcen begründet[158]. Weitere Ursachen für dieses Phänomen sind nicht bekannt; dies liegt auch daran, daß die Standpunkte dieser Gruppe bislang nicht in die Diskussion über Umweltvereinbarungen eingebracht wurden. Bekannt ist lediglich, daß sie einen großen Anteil der sog. „Trittbrettfahrer" – dabei handelt es sich um Unternehmen, die nicht an der Absprache teilnehmen, aber gleichwohl von ihr profitieren – stellen[159].

b) Motivation der Behörden

Die Beweggründe für Behörden, sich an einer Umweltvereinbarung – in welcher Form auch immer – zu beteiligen, sind vielschichtig. Zunächst steht als Motiv sicherlich das Streben nach einer schnellen, ressourcenschonenden und vorzeigbaren Lösung zur Verbesserung des Umweltschutzes im Vordergrund. So wird immer wieder betont, daß sich Vereinbarungen im

---

153 Environmental Agreements, Environmental Effectiveness, Environmental Issues Series No. 3 - Vol. 1, S. 46.

154 Environmental Agreements, Environmental Effectiveness, Environmental Issues Series No. 3 - Vol. 1, S. 46.

155 Vgl. die Nachweise bei *Fluck/Schmitt*, Selbstverpflichtungen und Umweltvereinbarungen – rechtlich gangbarer Königsweg deutscher und europäischer Umweltpolitik?, VerwArch 89 (1998), S. 220 (227).

156 Dazu *Kaiser*, Industrielle Absprachen im öffentlichen Interesse, NJW 1971, S. 585.

157 So allgemein *Hoffmann-Riem*, Umweltschutz als Gesellschaftsziel - illustriert an Beispielen der Energiepolitik, GewArch 1996, S. 1 (4) in bezug auf die Erklärung der Vereinigung Deutscher Elektrizitätswerke e.V. (VDEW) zum Klimaschutz.

158 Environmental Agreements, Environmental Effectiveness, Environmental Issues Series No. 3 - Vol. 1, S. 47.

159 Environmental Agreements, Environmental Effectiveness, Environmental Issues Series No. 3 - Vol. 1, S. 47.

Vergleich zu Rechtsvorschriften viel rascher verwirklichen ließen und damit die Umweltverpflichtungen in den beteiligten Unternehmen deutlich schneller umgesetzt würden. Veranschaulicht wird dieses Argument, wenn man sich etwa die Zielfestlegung in Form einer Richtlinie auf Gemeinschaftsebene vor Augen führt: So beträgt die mittlere Frist zwischen dem Vorschlag einer Umweltrichtlinie und ihrer Annahme nach Angaben der Kommission weit mehr als zwei Jahre[160]. Dabei bleibt aber noch unberücksichtigt, daß auch die Mitgliedstaaten für die Umsetzung regelmäßig weitere zwei Jahre Zeit haben und dann die umgesetzte Richtlinie noch durchgeführt und angewandt werden muß. Im Vergleich dazu stellen selbst monatelange Verhandlungen über den Abschluß einer Umweltvereinbarung noch eine kurze Zeitspanne dar. Im Hinblick auf das globale Ausmaß von Umweltbeeinträchtigungen wie etwa bei der Klimaveränderung werden deshalb auch völkerrechtliche Vereinbarungen getroffen, die wiederum eine zügige nationale Umsetzung verlangen[161]. Insofern spielen bei dem Abschluß von Umweltvereinbarungen auch „temporäre Entlastungseffekte" eine Rolle, um den politischen Handlungsdruck alsbald zu mildern und zugleich ein Vorbild für andere Staaten zu liefern[162].

Grund für die Regelung in Form einer Absprache kann aber auch der fehlende Sachverstand der staatlichen Stellen[163] oder der Versuch, die Normenflut und -dichte im Umweltrecht abzubauen, sein. Durch Absprachen sind darüber hinaus Regelungen möglich, die weit über den Problemhorizont eines Fachgesetzes hinausgehen und die Erprobung von innovativen Methoden ermöglichen[164]. Ein weiteres Argument, das an dieser Stelle immer wieder – wenn auch nicht von den staatlichen Stellen selbst – genannt wird, ist das „Vollzugsdefizit" im Umweltrecht, welches die Behörden dazu veranlasse, den Dialog mit der Industrie zu suchen[165]. Darüber hinaus können die Behörden auch das Ziel verfolgen, Umweltprobleme und umweltpolitischen Handlungsbedarf gemeinsam mit der Wirtschaft zu diskutieren und festzulegen, damit nicht nur im Rahmen des Gesetzes- und Normvollzugs, sondern bereits im politischen Vorfeld der Rechtsetzung eine Kooperation stattfinden kann, wodurch wiederum die Zusammenarbeit im Sinne einer gegenseitigen Übernahme von Verantwortung vertieft wird[166]. Inso-

[160] S. nur die Mitteilung der Kommission über Umweltvereinbarungen, KOM(96) 561 endg., S. 1 (7).

[161] *Koch*, Beschleunigung, Deregulierung, Privatisierung, in: Schlacke (Hrsg.), Neue Konzepte im Umweltrecht, S. 27 (47 ff.); *ders.*, Innovationssteuerung im Umweltrecht, in: Hoffmann-Riem/Schneider (Hrsg.), Rechtswissenschaftliche Innovationsforschung, S. 273 (288 f.).

[162] *Hoffmann-Riem*, Umweltschutz als Gesellschaftsziel – illustriert an Beispielen der Energiepolitik, GewArch 1996, S. 1 (4)

[163] Ausführlich *Dempfle*, Normvertretende Absprachen, S. 28 ff.

[164] S.a den Überblick bei *Merkel*, Der Stellenwert von umweltbezogenen Selbstverpflichtungen der Wirtschaft im Rahmen der Umweltpolitik der Bundesregierung, Umwelt 1997, S. 88; *Becker*, Informales Verwaltungshandeln zur Steuerung wirtschaftlicher Prozesse im Zeichen der Deregulierung, DÖV 1985, S. 1003 (1007 f.).

[165] *Grohe*, Selbstverpflichtungen und Vereinbarungen im Umweltschutz, WiVerw 1999, S. 177 (179); zum Vollzugsdefizit s.a. *Lübbe-Wolff*, Modernisierung des Umweltordnungsrechts, S. 1 ff., 83 ff.; *Lahl*, Das programmierte Vollzugsdefizit, ZUR 1993, S. 249 ff.

[166] Zu den insoweit veränderten Anforderungen in der modernen Industriegesellschaft *Ritter*, Das Recht als Steuerungsmedium im kooperativen Staat, in: Grimm (Hrsg.), Wachsende Staatsaufgaben – sinkende Steuerungsfähigkeit des Rechts, S. 69 (71 ff.). S.a. *Kunig/Rublack*, Aushandeln statt Entscheiden?, Jura 1990, S. 1 ff.

fern geht es auch darum, eine fortschrittsfreundliche Reaktion der Unternehmen sowie ein allgemeines Verständnis für die bestehenden Umweltprobleme hervorzurufen[167].

2. Vor- und Nachteile von Umweltvereinbarungen

Bei dem nachfolgenden Überblick über die Vor- und Nachteile von Umweltvereinbarungen kann zumindest hinsichtlich der vorteilhaften Eigenschaften im wesentlichen auf die bereits genannten Motive der Unternehmen, Verbände und Behörden zurückgegriffen werden, da ja gerade die positiven Aspekte einer Umweltvereinbarung den Anstoß zur Aufnahme der Verhandlungen geben. Bei der Einteilung der Vorzüge und Schwachstellen von Umweltvereinbarungen geht es hier aber daneben auch um eine Beurteilung anhand objektiver Kriterien und nicht allein um die subjektive Einschätzung der Beteiligten[168]. Dafür können neben Äußerungen der potentiellen Absprachepartner beispielsweise auch Argumente von nichtstaatlichen Umweltschutzorganisationen (Non-Governmental Organisations = NGO's) oder Ergebnisse wissenschaftlicher Untersuchungen herangezogen werden. Die nachfolgende Zusammenstellung der wesentlichen Gesichtspunkte wird dann im Rahmen der rechtlichen Bewertung auf ihre Substanz hin zu untersuchen sein.

a) Vorteile

Als Vorzug von Umweltvereinbarungen wird zuvörderst die ihnen innewohnende Flexibilität genannt, indem sie den Unternehmen zum einen die Wahl der technischen Mittel zur Erreichung der in der Vereinbarung ausgehandelten ökologischen Ziele lassen und zum anderen die Möglichkeit eröffnen, innerhalb der sich verpflichtenden Betriebe der unterschiedlichen Leistungsfähigkeit Rechnung zu tragen. So sind die Unternehmen in der Lage, die jeweils „ökologisch effektivsten und ökonomisch effizientesten“ Maßnahmen im Sinne eines „verhandelten Lastenausgleichs zwischen den Teilnehmern“ ergreifen[169], ohne das mit der Umweltvereinbarung verfolgte Gesamtziel preiszugeben. Darüber hinaus können die Absprachen auch jederzeit den sich verändernden politischen Zielsetzungen angepaßt werden und ist eine schnelle Reaktion auf geänderte wissenschaftliche Erkenntnisse im Sinne einer dynamischen Weiterentwicklung möglich[170].

---

[167] S. hierzu die Mitteilung der Kommission über Umweltvereinbarungen, KOM(96) 561 endg., S. 1 (6 f.).

[168] Nahezu jede Untersuchung von Absprachen stellt umfassend die Vor- und Nachteile dieses neuen Instruments im Umweltrecht dar, wobei allerdings oftmals je nach Sichtweise entweder die Vorzüge – hierzu *Grohe*, Selbstverpflichtungen und Vereinbarungen im Umweltschutz, WiVerw 1999, S. 177 (181 ff.); *Brohm*, Rechtsgrundsätze für normersetzende Absprachen, DÖV 1992, S. 1025 (1026) – oder die Schwachstellen – hierzu *Oebbecke*, Die staatliche Mitwirkung an gesetzesabwendenden Vereinbarungen, DVBl. 1986, S. 793 (799); *Murswiek*, Freiheit und Freiwilligkeit im Umweltrecht, JZ 1988, S. 985 (988) – in den Vordergrund gerückt werden. Vermittelnd *Kloepfer/Elsner*, Selbstregulierung im Umwelt- und Technikrecht, DVBl. 1996, S. 964 (975).

[169] *Grohe*, Selbstverpflichtungen und Vereinbarungen im Umweltschutz, WiVerw 1999, S. 177 (181).

[170] *Hager*, Environmental Contracts and Agreements between State and Industry in Germany, in: van Dunné (Hrsg.), Environmental Contracts and Covenants, S. 159 (167).

Als zweiter Vorteil wird gewöhnlich die Schnelligkeit aufgeführt, mit der mittels Umweltvereinbarungen auf dringende Umweltgefahren reagiert werden kann, da die Unternehmen selbst am schnellsten herausfinden können, wo die ökologisch entscheidenden „Schwachstellen" liegen und wie sie beseitigt werden können. Gleichzeitig wird dadurch auch der enorme zeitliche Vorlauf von normativen Regelungen und die komplizierten Form- und Verfahrensanforderungen sowie ggf. eine gerichtliche Auseinandersetzung vermieden. Insofern verspricht man sich von einer solchen Kooperation zugleich eine erhöhte Rechtssicherheit durch die Bereitschaft zur Mitwirkung seitens der beteiligten Wirtschaft[171].
Nicht zu vergessen ist schließlich die gesteigerte Akzeptanz, die bei den beteiligten Unternehmen durch den Verhandlungsprozeß und die dabei gemeinsam entwickelte Lösung der Umweltprobleme hervorgerufen wird. Darüber hinaus können Absprachen auch zu verbesserten Problemlösungen führen, wenn der in den Unternehmen und Verbänden vorhandene Sachverstand entsprechend genutzt wird.

b) Nachteile

Die größten Bedenken gegen solche Absprachen werden im Hinblick auf eine zu befürchtende Kollaboration zwischen den beteiligten Parteien geltend gemacht. Insofern bestünde bei einer anhaltenden Kooperation zwischen Behörden und Wirtschaft das Risiko, daß sich die öffentlichen Stellen zu stark an Interessen der beteiligten Unternehmen und nicht mehr an den Allgemeininteressen orientierten[172]. Vor allem im Hinblick auf die Belange der faktisch betroffenen Dritten, die regelmäßig nicht zu den Verhandlungen hinzugezogen werden, wird die Gefahr mangelnder Berücksichtigung – verstärkt durch die Distanz der Verhandlungen zur Öffentlichkeit sowie die mangelnde Veröffentlichung der daraus resultierenden Vereinbarung – betont[173].
Dabei äußern insbesondere die nichtstaatlichen Umweltschutzorganisationen generelle Vorbehalte gegenüber diesem kooperativem Handeln aufgrund der undemokratischen Beschaffenheit von Umweltvereinbarungen. Die meisten Vereinbarungen entstehen durch die Verhandlung von einigen wenigen Vertretern der Verbände sowie der Behörden, so daß der Prozeß oftmals sehr viel undurchsichtiger als in einem traditionellen Gesetzgebungsverfahren ist. So befürchten einige der Non-Governmental Organisations (NGO's), daß Umweltvereinbarungen keinen ausreichenden Umweltschutz gewährleisten könnten, solange sie nicht selbst mit ihren speziellen Kenntnissen an den Verhandlungen beteiligt werden[174].
Die kritischen Äußerungen gipfeln schließlich in der Feststellung, daß mit dem Abschluß von Umweltvereinbarungen die faktische Außerkraftsetzung rechtlicher Vorgaben einhergehe und

---

[171] *Rengeling*, Das Kooperationsprinzip im Umweltrecht, S. 71; *Müggenborg*, Formen des Kooperationsprinzips im Umweltrecht der Bundesrepublik Deutschland, NVwZ 1990, S. 909 (915).
[172] Vgl. die Mitteilung der Kommission über Umweltvereinbarungen, KOM(96) 561 endg., S. 1 (8).
[173] *Hoffmann-Riem*, Selbstbindungen der Verwaltung, VVDStRL 40 (1981), S. 187 (211 ff.).

das Recht zum Tauschobjekt verkomme[175]. Insofern spielt eine erhebliche Rolle, daß die ökologische Wirksamkeit insbesondere aufgrund fehlender zuverlässiger quantitativer Bezugsgrößen sowie fehlender quantitativer Daten über den Vergleich „vorher – nachher" weitgehend nicht ermittelt werden kann[176]. Ferner wird kritisiert, daß Umweltvereinbarungen inhaltlich oftmals hinter einseitig-hoheitlichen Anordnungen zurückblieben, da schließlich auch die beteiligten Behörden aufgrund des Tauschcharakters einer kooperativen Vereinbarung eine „Gegenleistung" zu erbringen hätten[177]. In diesem Zusammenhang wird auch angeprangert, daß die beteiligten Wirtschaftskreise in solchen Vereinbarungen nur das versprächen, was mit ihren Interessen vereinbar ist oder sie sowieso verwirklichen wollten[178]. Daneben wird immer wieder das „Spielen auf Zeitgewinn" angeführt, da die Industrie durch unverbindliche Umweltvereinbarungen zu einer Hinhaltetaktik eingeladen werde, um mittels leerer Versprechungen Zeitvorteile zu gewinnen[179].

Als nachteilig wird darüber hinaus bewertet, daß solche Vereinbarungen zumeist unverbindlich bleiben, wodurch zum einen der Rechtsschutz sowohl der Betroffenen als auch der nicht beteiligten Drittbetroffenen sowie zum anderen die Möglichkeit der Durchsetzung einer Vereinbarung zu kurz kommen kann. Schließlich bleibt zu beachten, daß Umweltvereinbarungen nur für diejenigen verbindlich sind, die sich verpflichtet haben, so daß diejenigen, die nicht daran teilnehmen, oftmals einseitigen Nutzen daraus ziehen, ohne dafür die entsprechenden „Kosten" zu zahlen (die sog. „Trittbrettfahrer"). Dementsprechend ist auch die Einhaltung von Umweltvereinbarungen insbesondere dann gefährdet, wenn die Gewinne des Trittbrettfahrens so bedeutend sind, daß die Zahl der Nichtteilnehmer eine unannehmbare Größe erreicht[180].

c) Zusammenfassung

Im Ergebnis bleibt festzuhalten, daß neben einer Vielzahl von positiven Aspekten auch eine Reihe von Gesichtspunkten gegen den Abschluß von Umweltvereinbarungen sprechen. Um von den vielversprechenden Auswirkungen einer Zusammenarbeit von Gemeinschaft und Industrie weiter Gebrauch machen zu können, wird die nachfolgende Untersuchung daher anhand der Beurteilung rechtlicher Kriterien auch der Frage nachzugehen haben, ob und inwieweit sich die dargestellten negativen Folgen vermeiden lassen, ohne daß dadurch gleichzeitig die Vorteile abhanden kommen. So könnte dem Mangel an quantitativen Daten und

---

[174] Environmental Agreements, Environmental Effectiveness, Environmental Issues Series No. 3 - Vol. 1, S. 48 .
[175] *Bauer*, Informelles Verwaltungshandeln im öffentlichen Wirtschaftsrecht, VerwArch 78 (1987), S. 241 (254).
[176] Environmental Agreements, Environmental Effectiveness, Environmental Issues Series No. 3 - Vol. 1, S. 12.
[177] *Müggenborg*, Formen des Kooperationsprinzips im Umweltrecht der Bundesrepublik Deutschland, NVwZ 1990, S. 909 (915); *von Zezschwitz*, Wirtschaftsrechtliche Lenkungstechniken: Selbstbeschränkungsabkommen, Gentlemen's Agreement, Moral Suasion, Zwangskartell, JA 1978, S. 497, spricht gar von „Händlermentalität".
[178] Vgl. *Fluck/Schmitt*, Selbstverpflichtungen und Umweltvereinbarungen – rechtlich gangbarer Königsweg deutscher und europäischer Umweltpolitik?, VerwArch 89 (1998), S. 220 (229).
[179] *Dempfle*, Normvertretende Absprachen, S. 45 f.; s. auch die Mitteilung der Kommission über Umweltvereinbarungen, KOM(96) 561 endg., S. 1 (8).
[180] Environmental Agreements, Environmental Effectiveness, Environmental Issues Series No. 3 - Vol. 1, S. 51.

Bezugsgrößen etwa ohne Probleme durch die Schaffung zuverlässiger und überprüfbarer Überwachungs- und Berichterstattungsmechanismen sowie der Festlegung eindeutiger Ziele abgeholfen werden. Im Anschluß an die Bewertung der rechtlichen Problemstellungen für Umweltvereinbarungen auf Gemeinschaftsebene gilt es folglich, weitere Kriterien und Voraussetzungen für eine überwiegend vorteilhafte Nutzung aufzuzeigen[181].

III. Die verschiedenen Erscheinungsformen von Umweltvereinbarungen

Um die zu untersuchenden Formen von Umweltvereinbarungen vor der rechtlichen Würdigung näher einzugrenzen, sollen zunächst die verschiedenen – und angesichts der genannten Beispiele auch praktizierten – Typen von Umweltvereinbarungen präzise voneinander abgegrenzt werden, um dadurch diejenigen Formen herauszufiltern, die für Absprachen zur Deregulierung auf Gemeinschaftsebene im Bereich des Möglichen liegen. Zur Unterscheidung der vielgestaltigen Umweltabsprachen können nicht nur rechtliche, sondern auch tatsächliche Differenzierungskriterien herangezogen werden.

1. Rechtliche und tatsächliche Unterscheidungskriterien

a) Beteiligte und Vereinbarungscharakter

Der Charakter einer Umweltvereinbarung wird in erster Linie schon durch die jeweils unterschiedlichen Beteiligten bestimmt. Zum einen gibt es einseitige Verpflichtungserklärungen der Industrie, zum anderen können Vereinbarungen zwischen Mitgliedstaat bzw. Gemeinschaft und einzelnen Unternehmen oder Verbänden geschlossen werden, bei denen wiederum der Grad der Beteiligung staatlicher Stellen differieren kann. Zu unterscheiden sind daher Verpflichtungen, bei denen Behörden formell etwa als Vertragspartner beteiligt sind, von solchen, die lediglich einseitig von den Unternehmen aufgrund staatlicher Inspiration bzw. Initiative oder staatlichen Drucks abgegeben werden[182]. Schließlich können auch Staaten untereinander oder mit der Europäischen Gemeinschaft völkerrechtliche Vereinbarungen zum Umweltschutz treffen[183] - diese Verträge zum Umweltschutz stellen aber schon nach der eingangs gegebenen Begriffsbestimmung, wonach sich eine Umweltvereinbarung als das Ergebnis einer Verhandlung zwischen Behörden und Unternehmen bzw. Verbänden erweisen muß, keine Umweltvereinbarungen im Sinne dieser Untersuchung dar.

---

[181] Dabei muß in dieser Untersuchung die deregulierende Wirkung im Vordergrund stehen; vgl. hierzu § 7.

[182] Vgl. *Fluck/Schmitt*, Selbstverpflichtungen und Umweltvereinbarungen – rechtlich gangbarer Königsweg deutscher und europäischer Umweltpolitik?, VerwArch 89 (1998), S. 220 (224); s.a. BDI (Hrsg.), Freiwillige Vereinbarungen und Selbstverpflichtungen der Industrie im Bereich des Umweltschutzes, S. 1 (2 ff.).

[183] *Rest*, Neue Mechanismen der Zusammenarbeit und Sanktionierung im internationalen Umweltrecht, NuR 1994, S. 271 (272); *ders.*, Die rechtliche Umsetzung der Rio-Vorgaben in der Staatspraxis, ArchVR 34 (1996), S. 145 ff. Zur Kompetenz der EG zum Abschluß solcher Verträge s. nur *Klein/Kimms*, Die Kompetenz der Europäischen Gemeinschaft zum Abschluß umweltschutzrelevanter Verträge, UTR 36 (1996), S. 53 ff.

In rechtlicher Hinsicht muß also danach unterschieden werden, ob die Umweltvereinbarung – in irgendeiner Art und Weise – auf einer Absprache zwischen Behörden und Verbänden bzw. Unternehmen beruht. Zu überlegen wäre in diesem Zusammenhang, lediglich die Selbstverpflichtungserklärungen der Industrie und die zweiseitigen Vereinbarungen zwischen Behörden und Industrie voneinander abzugrenzen. Wie aber noch zu zeigen sein wird, beruhen auch Selbstverpflichtungen regelmäßig auf einer Absprache mit Behörden und dokumentieren lediglich das Absprachеergebnis in einseitiger Form. Deshalb muß zwischen Absprachen im weiteren Sinne und staatlich nicht beeinflußten Selbstverpflichtungen der Industrie, die tatsächlich eigenverantwortlich von Wirtschaftsunternehmen oder Verbänden erklärt werden, differenziert werden. Derartige einseitig-autonome Erklärungen der Wirtschaft stellen keine Umweltvereinbarungen dar und bleiben nachfolgend außer Betracht, zumal sie häufig ohnehin nur zu Werbezwecken abgegeben werden[184]. Alle anderen Formen weisen dagegen eine irgendwie geartete Absprache zwischen Staat und Industrie auf; für diese wird daher nach dem Sprachgebrauch auf europäischer Ebene der Oberbegriff Umweltvereinbarungen gewählt[185].

b) Grad der Verbindlichkeit

Ein weiterer wesentlicher Punkt für die rechtliche und tatsächliche Differenzierung ist der Grad der Verbindlichkeit. Wie anhand der einzelnen Beispiele aus den Mitgliedstaaten deutlich geworden ist, werden jeweils unterschiedliche Verbindlichkeitsstufen gewählt, die sich nicht immer durch die Bezeichnung, aber jedenfalls durch Kriterien der Konkretisierung, Einklagbarkeit bzw. sonstiger Sanktionierungsmöglichkeiten in den abgegebenen Erklärungen ermitteln lassen. Eine bedeutende Rolle spielt dabei auch die Frage, ob es sich um eine einseitige – regelmäßig unverbindliche – Erklärung oder um eine zweiseitige – regelmäßig verbindliche – Vereinbarung handelt, auch wenn dieses Unterscheidungsmerkmal gerade bei den zweiseitigen Absprachen nicht immer zutrifft. So lagen etwa in Deutschland mangels Rechtsfolgewillens seitens der Beteiligten – ungeachtet des faktisch oft vorliegenden Tauschcharakters im Sinne eines „do-ut-des“[186] – in der Vergangenheit zumeist unverbindliche Vereinbarungen vor[187], während etwa in den Niederlanden auch zweiseitige Umweltvereinbarungen in

---

[184] So auch *Fluck/Schmitt*, Selbstverpflichtungen und Umweltvereinbarungen - rechtlich gangbarer Königsweg deutscher und europäischer Umweltpolitik?, VerwArch 89 (1998), S. 220 (225).

[185] S. die Mitteilung der Kommission, KOM(96) 561 endg.; die Empfehlung der Kommission, 96/733/EG, ABl. 1996 Nr. L 333, S. 59 ff. *Dreier*, Informales Verwaltungshandeln, StWStP 4 (1993), S. 647 (665), schlägt die Bezeichnung „Verwaltungspakt“ vor. *Kloepfer*, Umweltrecht, § 5 Rn. 187, befürwortet für auf dem Kooperationsprinzip beruhende Umweltschutzmaßnahmen den Sammelbegriff „Umweltabsprachen“.

[186] *Murswiek*, Freiheit und Freiwilligkeit im Umweltrecht, JZ 1988, S. 985 (988); *Bohne*, Informales Verwaltungs- und Regierungshandeln als Instrument des Umweltschutzes, VerwArch 75 (1984), S. 343 (344). Dazu auch *Ritter*, Der kooperative Staat, AöR 104 (1979), S. 389 (393).

[187] *Becker*, Informales Verwaltungshandeln zur Steuerung wirtschaftlicher Prozesse im Zeichen der Deregulierung, DÖV 1985, S. 1003 (1011); *Oebbecke*, Die staatliche Mitwirkung an gesetzesabwendenden Vereinbarungen, DVBl. 1986, S. 793 (794 f.).

Form vertraglicher (verbindlicher) Absprachen geschlossen werden[188]. Im wesentlichen lassen sich demzufolge (unverbindliche) Vereinbarungen und Selbstverpflichtungen und (verbindliche) Umweltverträge unterscheiden[189].

c) Abschlußebene

Ein wichtiges Unterscheidungsmerkmal ist schließlich die Ebene, auf der die Umweltvereinbarung geschlossen wird. Neben Absprachen auf nationaler und gemeinschaftlicher Ebene sind auch im kleineren Bereich – auf bundesstaatlicher, regionaler oder kommunaler Ebene – Umweltvereinbarungen vorstellbar.
Die einzelne Umweltvereinbarung kann allerdings noch weiter in „vertikale" und „horizontale" Absprachen untergliedert werden[190]. Von einer vertikalen Vereinbarung in diesem Sinne ist dann auszugehen, wenn die Absprache unmittelbar zwischen Staat und einzelnen Wirtschaftsunternehmen getroffen wird. Demgegenüber liegt ein horizontales Verhältnis vor, wenn zwar zunächst eine vertikale Absprache zwischen Staat und Verband getroffen wird, die eigentlichen Wirkungen der Umweltvereinbarung – sozusagen die Erfüllung der eingegangenen Verpflichtung – aber erst über eine weitere (horizontale) Abrede unter den Mitgliedern des Verbands, den einzelnen Unternehmen, erzielt werden[191].

d) Betroffene Rechtsgebiete

Umweltvereinbarungen können außerdem unterschiedliche Rechtsgebiete betreffen und insoweit differenziert werden. Zwar handelt es sich bei Umweltvereinbarungen schon aufgrund des Namens immer um Maßnahmen im Bereich der Umweltpolitik, die für die Gemeinschaft in den Art. 174 - 176 EGV normiert ist. Denkbar ist aber, daß eine Vereinbarung zugleich in andere Rechtsgebiete - wie z.B. das Kartellrecht - übergreift[192]. Darüber hinaus können umweltschutzrelevante Akte der Gemeinschaft auch vorrangig die Agrarpolitik (Art. 32 ff. EGV), die Verkehrspolitik (Art. 70 ff. EGV) oder die Errichtung und das Funktionieren des Binnenmarktes (Art. 95 EGV) betreffen, so daß sich insoweit verschiedene Kompetenzen und Voraussetzungen ergeben können[193]. Da es sich aber gleichwohl um umweltpolitische Maßnah-

---

[188] S. die Darstellung unter § 2 B. I. 2. a).
[189] Vgl. aber die Ausführungen unter § 5 A., wo noch zu zeigen sein wird, daß die an sich unverbindlichen Selbstverpflichtungen einen gewissen Grad an zumindest faktischen Bindungen aufweisen können.
[190] Differenzierungskriterium nach *Brohm*, Rechtsgrundsätze für normersetzende Absprachen, DÖV 1992, S. 1025 (1027).
[191] S. hierzu *Nickel*, Absprachen zwischen Staat und Wirtschaft, S. 40.
[192] Vgl. nur *Frenz*, Nationalstaatlicher Umweltschutz und EG-Wettbewerbsfreiheit, S. 1 ff.; *Becker-Schwarze*, Steuerungsmöglichkeiten des Kartellrechts bei umweltschützenden Unternehmenskooperationen, S. 27 f., 141 ff.; *von Bernuth*, Umweltschutzfördernde Unternehmenskooperation und das Kartellverbot des Gemeinschaftsrechts, S. 27 ff.; dazu § 6 C.
[193] S. hierzu noch § 4 A. I.

men handelt, wird der Begriff der Umweltvereinbarung unabhängig von den tatsächlich einschlägigen Bestimmungen gewählt.

e) Funktion

Hinsichtlich ihrer Funktion können im wesentlichen zweierlei Absprachen unterschieden werden. Zum einen gibt es Umweltvereinbarungen, die anstelle einer gesetzlichen Regelung geschlossen werden oder die eine bestehende gesetzliche Regelung ergänzen sollen, indem beispielsweise bestimmte Umweltziele oder Anstrengungen vereinbart werden. Im wesentlichen geht es darum, den Erlaß von bestimmten Gesetzen oder Verordnungen zu vermeiden. Zum anderen werden Vereinbarungen getroffen, um den Vollzug eines Gesetzes zu regeln. Insofern handelt es sich um Absprachen bezogen auf konkrete Einzelvorhaben innerhalb eines grundsätzlich durchnormierten Bereichs.

Daneben sind in Deutschland auf Länderebene umfassende Vereinbarungen zu verzeichnen, die darauf gerichtet sind, die weitere Zusammenarbeit von Staat und Wirtschaft abzusichern, und dafür letztlich diverse Absprachen mit unterschiedlichen Verpflichtungen der beteiligten Partner in einer Vereinbarung zusammenfassen[194].

Bei den hier zu untersuchenden Umweltvereinbarungen mit Beteiligung der Europäischen Gemeinschaft kann nach den oben getroffenen Aussagen grundsätzlich zwischen sog. normvertretenden bzw. normersetzenden („regulativen") einerseits und sog. normvollziehenden („projektbezogenen"[195]), d.h. den Gesetzesvollzug im Einzelfall betreffenden Absprachen unterschieden werden[196], wenn auch Umweltvereinbarungen zugleich normvollziehende und normvertretende Elemente enthalten können[197]. Daneben gibt es normflankierende Vereinbarungen, die etwa die Anwendbarkeit bestimmter Rechtsvorschriften gewährleisten[198], und politikgestaltende Vereinbarungen, die für die Zukunft bestimmte Umweltschutzziele festlegen.

---

[194] So etwa beim „Umweltpakt Bayern"; vgl. § 2 B I. 2. b).

[195] *Kloepfer*, Alte und neue Handlungsformen staatlicher Steuerung im Umweltbereich, in: König/Dose (Hrsg.) Instrumente und Formen staatlichen Handelns, S. 329 (334); *ders.*, Umweltrecht, § 5 Rn. 210, nennt das Begriffspaar regulativ und projektbezogen. Noch anders *Oebbecke*, Die staatliche Mitwirkung an gesetzesabwendenden Vereinbarungen, DVBl. 1986, S. 793, Fn. 12, der „normvertretend" insofern für mißverständlich hält, als die Absprachen rechtlich keine den Normen vergleichbare Wirkung besitzen.

[196] Zumeist wird zwischen normvertretenden bzw. normersetzenden auf der einen und normvollziehenden auf der anderen Seite unterschieden, so *Bohne*, Informales Verwaltungs- und Regierungshandeln als Instrument des Umweltschutzes, VerwArch 75 (1984), S. 343 (345); ebenso *Scherer*, Rechtsprobleme normersetzender „Absprachen" zwischen Staat und Wirtschaft am Beispiel des Umweltrechts, DÖV 1991, S. 1 (2). Diese normersetzenden Absprachen sind nicht zu verwechseln mit den sog. „normsetzenden", d.h. unmittelbar objektives Recht setzenden Vereinbarungen, vgl. insoweit *Sachs*, Die normsetzende Vereinbarung im Verwaltungsrecht, VerwArch 74 (1983), S. 25 ff.

[197] Dazu *Bohne*, Informales Verwaltungs- und Regierungshandeln als Instrument des Umweltschutzes, VerwArch 75 (1984), S. 343 (368 ff.).

[198] So z.B. die Verpackungsverordnung vom 21.08.1998 (BGBl. I S. 2379) mit dem Dualen System Deutschland (DSD) und die Verordnung über die Entsorgung von Altautos und die Anpassung straßenverkehrsrechtlicher Vorschriften - „Altauto-Verordnung" - vom 04.07.1997 (BGBl. I S. 1666), deren Vollziehbarkeit auf der Selbstverpflichtungserklärung der Autoindustrie beruht, ein Rücknahmesystem für gebrauchte Fahrzeuge einzurichten; dazu *Giesberts/Hilf*, Kreislaufwirtschaft Altauto: Altautoverordnung und freiwillige Selbstverpflichtung.

Allerdings sind auch insoweit Überschneidungen mit den normvollziehenden und normvertretenden Absprachen möglich.
Hinsichtlich der normvertretenden Absprachen läßt sich schließlich noch eine weitere Differenzierung vornehmen: Es gibt Vereinbarungen, die eine Verpflichtung zum Erlaß, zur Aufhebung, Ergänzung oder Änderung einer Norm begründen, also den Norminhalt zum Gegenstand haben (sog. „echte" normvertretende Absprachen), und solche, die lediglich die Beibehaltung bzw. den Nichterlaß einer Norm, also die Wahrung des status quo enthalten und damit lediglich auf die Normsetzungsinitiative abstellen (sog. „unechte" normvertretende Absprachen)[199]. Erstere sind indes grundsätzlich nichtig[200] und werden in dieser Untersuchung daher nicht berücksichtigt.

2. Zusammenfassung und Begriffsbestimmung

Die oben aufgeführten Beispiele sowie die rechtlichen und tatsächlichen Unterscheidungskriterien machen die Fülle von Abspache-Möglichkeiten deutlich. Zugleich wird deutlich, daß diese differierenden Formen einer exakten Einteilung und simplen Begriffsbestimmung angesichts der vielfältigen Modifizierungen nur schwer zugänglich sind. Bisher vorgenommene Ansätze zur Einteilung beschränken sich zumeist auf Absprachen in Deutschland und sind damit für diese Untersuchung von vornherein unvollständig[201]. Nachfolgend soll daher zunächst der Begriff der Umweltvereinbarung näher eingegrenzt werden, um dann im Rahmen einer Aufstellung der verschiedenen Unterscheidungskriterien die Umweltvereinbarungen herauszuheben, mittels derer im Anschluß an die rechtlichen Vorgaben die Voraussetzungen sowie die Eignung als Instrument zur Deregulierung untersucht werden sollen.

Wie schon zu Beginn dieser Untersuchung festgehalten wurde, ist für die Erläuterung des Begriffs „Umweltvereinbarung" zunächst von Bedeutung, daß es sich immer um das Ergebnis von Verhandlungen zwischen Unternehmen oder Verbänden und Behörden handelt bzw. die staatlichen Stellen zumindest nachträglich die von den Unternehmen oder Verbänden eingegangene Verpflichtung ausdrücklich anerkennen. Damit fallen aus dem Begriff „Umweltvereinbarung" schon all diejenigen Absprachen, die wie reine Unternehmensabsprachen oder

---

[199] So beispielsweise *Fluck/Schmitt*, Selbstverpflichtungen und Umweltvereinbarungen – rechtlich gangbarer Königsweg deutscher und europäischer Umweltpolitik?, VerwArch 89 (1998), S. 220 (225), und *Scherer*, Rechtsprobleme normersetzender „Absprachen" zwischen Staat und Wirtschaft am Beispiel des Umweltrechts, DÖV 1991, S. 1 (4).
[200] Dazu *Spannowsky*, Grenzen des Verwaltungshandelns durch Verträge und Absprachen, S. 148 ff.
[201] Vgl. die Ansätze bei *von Zezschwitz*, Wirtschaftsrechtliche Lenkungstechniken: Selbstbeschränkungsabkommen, Gentlemen's Agreement, Moral Suasion, Zwangskartell, JA 1978, S. 497 (498), und bei *Dempfle*, Normvertretende Absprachen, S. 18 f. *Bohne*, Informales Verwaltungs- und Regierungshandeln als Instrument des Umweltschutzes, VerwArch 75 (1984), S. 343 (345); ihm nachfolgend *Kloepfer*, Zu den neuen umweltrechtlichen Handlungsformen des Staates, JZ 1991, S. 737 (739 f.); *Becker*, Informales Verwaltungshandeln zur Steuerung wirtschaftlicher Prozesse im Zeichen der Deregulierung, DÖV 1985, S. 1003 (1007), unterscheiden lediglich zwischen normvertretenden und normvollziehenden Absprachen.

völkerrechtliche Verträge nicht die Beteiligung von Unternehmen und Behörden aufweisen. Eine weitere für die Begriffsbestimmung relevante Eigenschaft ist in der von Unternehmen oder Verbänden eingegangenen umweltschutzrelevanten Verpflichtung zu sehen. Dieser Pflicht steht wiederum ein Entgegenkommen der Behörden gegenüber, die etwa auf normative Regelungen verzichten oder Vollzugserleichterungen gewähren.

Danach sind unter Umweltvereinbarungen ausschließlich jene von Unternehmen bzw. Verbänden eingegangenen umweltschutzrelevanten Verpflichtungen zu verstehen, die das Resultat von Verhandlungen mit hoheitlichen Institutionen darstellen, und denen eine wie auch immer geartete staatliche bzw. gemeinschaftliche „Gegenleistung" gegenübersteht. Im übrigen gibt es bei Umweltvereinbarungen keine festen Wesensmerkmale. Für eine konkretere Begriffsbestimmung können daher nur noch die verschiedenen Erscheinungsformen anhand ihrer diversen Merkmale aufgezeigt werden. Nach den dargestellten rechtlichen und tatsächlichen Kriterien können insoweit folgende Umweltvereinbarungen unterschieden werden:

- gemeinschaftliche, mitgliedstaatliche, bundesstaatliche bzw. regionale und kommunale Absprachen;
- vertikale und horizontale Absprachen;
- (verbindliche) Umweltverträge und (unverbindliche) Absprachen bzw. Selbstverpflichtungen;
- (unechte) normvertretende bzw. -ersetzende, normvollziehende, normflankierende und politikgestaltende Absprachen sowie
- freiwillige Vereinbarungen und erzwungene Verpflichtungen.

Die Fragestellung, ob Umweltvereinbarungen eine Deregulierung im Gemeinschaftsrecht bewirken können, beschränkt die nachfolgende Untersuchung zunächst auf die gemeinschaftlichen normvertretenden Umweltvereinbarungen, da normvollziehende Absprachen meist nicht zu einem Regelungsabbau bzw. Regelungsverzicht führen und der Vollzug im Umweltrecht ohnehin im Regelfall den Mitgliedstaaten obliegt[202]. Mangels deutlicher deregulierender Wirkung sind auch normflankierende und politikgestaltende Vereinbarungen zu vernachlässigen. Abgesehen von dieser Einschränkung werden die genannten Erscheinungsformen Berücksichtigung finden, wobei aufgrund der verschiedenartigen rechtlichen Vorgaben überwiegend zwischen Selbstverpflichtungen und Umweltverträgen zu unterscheiden sein wird.

---

[202] Hierzu allgemein *Oppermann*, Europarecht, Rn. 635 ff.

§ 3 Rechtliche und politische Vorgaben

A. Rechtliche und politische Vorgaben für die Deregulierung im europäischen Umweltrecht

Weder die Frage der Deregulierung noch die der Rechts- und Verwaltungsvereinfachung innerhalb der EU findet in den Verträgen der Europäischen Gemeinschaften und der Europäischen Union ausdrücklich Erwähnung. Im Hinblick auf die Deregulierung in den Mitgliedstaaten könnte man allenfalls die in Art. 14 EGV angesprochene Verwirklichung des Binnenmarktes sowie die in Art. 2 EGV genannte Aufgabe der Errichtung eines Gemeinsamen Marktes heranziehen, da es insoweit zunächst um ein „Vereinfachungsprogramm"[1] für Bürger und Unternehmen etwa durch Schaffung eines einheitlichen Rechtsrahmens anstelle von zwölf bzw. fünfzehn unterschiedlicher nationaler Regelungsrahmen ging. Wie aber bereits festgestellt, hat die Verwirklichung des Binnenmarktes auch gegenteilige Entwicklungen zur Folge[2], so daß sich eine Pflicht bzw. ein Recht zur Deregulierung wohl kaum daraus ableiten läßt. Demzufolge kann allenfalls die allgemeine Forderung an die Rechtsetzung in der EU, daß eine Vorschrift erforderlich, verhältnismäßig sowie möglichst einfach und verständlich sein soll, zur Begründung der Maßnahmen zur Deregulierung und Vereinfachung im Bereich der Umweltpolitik herangezogen werden[3]. Möglicherweise gibt es daneben aber auch spezielle Aussagen im EGV oder anderen rechtlichen und politischen Quellen, die eine Deregulierung in der Europäischen Union erforderlich machen.

I. Vorgaben des EGV

In die Diskussion um die Deregulierung auf Gemeinschaftsebene wird häufig das Subsidiaritätsprinzip als rechtliche Quelle eingebracht. Dieses in Art. 5 Abs. 2 EGV normierte Prinzip betrifft ganz generell die Frage, ob und inwieweit die Gemeinschaft ihre Kompetenzen, die – wie allgemein die Umweltpolitik[4] – nicht in ihre ausschließliche Zuständigkeit[5] fallen, ausnutzen darf und gilt für das gesamte gemeinschaftliche Handeln[6]. Insofern dient das Subsidiari-

---

[1] *Molitor*, Deregulierung in Europa, S. 18.

[2] S.o. § 2 A. II.

[3] So *Molitor*, Deregulierung in Europa, S. 11.

[4] Für die Umweltpolitik belegen sowohl Art. 176 EGV als auch Art. 174 Abs. 4 EGV, daß diese nicht in die ausschließliche Zuständigkeit der Gemeinschaft fällt. S.a. *Steinberg*, Die Subsidiaritätsklausel im Umweltrecht der Gemeinschaft, StWStP 6 (1995), S. 293 ff. m.w.N.

[5] Wie der Begriff der „ausschließlichen Zuständigkeit" zu verstehen ist, wird indes nicht einheitlich beantwortet, vgl. insoweit ausführlich *von Bogdandy/Nettesheim* in: Grabitz/Hilf, Das Recht der Europäischen Union, Art. 3b Rn. 28 ff.

[6] Ebenso ist durch die Einfügung des Prinzips in die Grundsatzbestimmungen des Vertrages klargestellt, daß es als zwingender Rechtsgrundsatz für die Gemeinschaftsorgane Verbindlichkeit beansprucht und damit auch grundsätzlich justitiabel ist; statt vieler *Huber*, Recht der Europäischen Integration, S. 155 f.

tätsprinzip auch der Zuständigkeitsbegrenzung der Gemeinschaft[7]. Doppelte Voraussetzung für ein Tätigwerden der Gemeinschaft ist danach, daß die Ziele der in Betracht gezogenen Maßnahmen durch die Mitgliedstaaten nicht „ausreichend“ (Kriterium der Notwendigkeit) und daher im Hinblick auf Umfang und Wirkungen durch gemeinschaftliches Handeln „besser“ (Kriterium der Wirksamkeit) erreicht werden können. Diese Voraussetzungen werden bei der rechtlichen Beurteilung der Umweltvereinbarungen auf Gemeinschaftsebene noch näher zu konkretisieren sein; fest steht aber bereits jetzt, daß die Subsidiarität nur dann auch deregulierend wirkt, wenn die Begrenzung der Gemeinschaftskompetenzen bzw. die Wahl einer „einfacheren Form“ und eines angemessenen Umfangs[8] zugleich ein Weniger an Regulierung bedeutet[9].

Direktive Vorgaben für eine Deregulierung können aber möglicherweise aus dem Zusammenspiel von Subsidiaritätsprinzip und dem in Art. 5 Abs. 3 EGV normierten Grundsatz der Verhältnismäßigkeit gewonnen werden. In diesem Zusammenhang kann das durch den Amsterdamer Vertrag dem EGV beigefügte Protokoll über die Anwendung der Grundsätze der Subsidiarität und der Verhältnismäßigkeit[10] herangezogen werden, das u.a. die Kriterien für ihre Anwendung präzisiert. So heißt es etwa in Nr. 6 des Protokolls: „Für Maßnahmen der Gemeinschaft ist eine möglichst einfache Form zu wählen, wobei darauf geachtet werden muß, daß das Ziel der Maßnahme in zufriedenstellender Weise erreicht wird und die Maßnahme tatsächlich zur Anwendung gelangt. Die Rechtsetzungstätigkeit der Gemeinschaft sollte über das erforderliche Maß nicht hinausgehen.“ Weiter soll die Kommission „gebührend berücksichtigen, daß die finanzielle Belastung und der Verwaltungsaufwand der Gemeinschaft, der Regierungen der Mitgliedstaaten, der örtlichen Behörden, der Wirtschaft und der Bürger so gering wie möglich gehalten werden und in einem angemessenen Verhältnis zu dem angestrebten Ziel stehen müssen“ (Nr. 9). Damit werden klare Vorgaben für eine Begrenzung der Gesetzgebungstätigkeit der Gemeinschaft gezogen, auch wenn dies nicht zwingend eine Deregulierung auf der Ebene der Mitgliedstaaten zur Folge hat, da diese ja bei einem Untätigbleiben der Gemeinschaft entsprechende nationale Regelungen erlassen können.

Diese Begrenzung der Rechtsetzung auf Gemeinschaftsebene wird auch durch weitere Äußerungen der Kommission – etwa in den jährlichen Berichten an den Europäischen Rat „Eine bessere Rechtsetzung“[11] – erhellt. So wird im Bericht von 1999 im Hinblick auf die Subsidiarität betont, daß die Kommission – soweit wie möglich – Alternativen zur Rechtsetzung suche und auch den Raum für Selbstkontrolle lasse. Weiter wird zur Verhältnismäßigkeit ausgeführt,

[7] Zur Tragweite und rechtlichen Konzeption des Subsidiaritätsprinzips im Gemeinschaftsrecht äußert sich die Literatur umfangreich und kontrovers; s. nur *von Borries*, Das Subsidiaritätsprinzip im Recht der Europäischen Union, EuR 1994, S. 263 ff.; *Calliess*, Subsidiaritäts- und Solidaritätsprinzip in der Europäischen Union, S. 69 ff.; *Brenner*, Der Gestaltungsauftrag der Verwaltung in der Europäischen Union, S.105 ff.

[8] Vgl. hierzu Nr. 6 des Protokolls (Nr. 30) über die Anwendung der Grundsätze der Subsidiarität und der Verhältnismäßigkeit, ABl. 1997 Nr. C 340, S. 1 (105).

[9] Hierzu bereits unter § 2 A. III. 5.

[10] Protokoll Nr. 30, ABl. 1997 Nr. C 340, S. 1 (105).

[11] Dazu bereits oben § 2 A. I.

daß der Anwendungsbereich der gegenseitigen Anerkennung ausgeweitet werden sollte, um so auf detaillierte Vorschriften zur Harmonisierung verzichten zu können[12]. Ähnlich sind die Ausführungen zur Anwendung der Grundsätze der Subsidiarität und Verhältnismäßigkeit im Jahresbericht von 1998: „Die Kommission hat aber auch von der Unterbreitung neuer Rechtsvorschläge abgesehen oder bestimmte Vorschläge zurückgezogen. Sie fördert den Rückgriff auf Alternativen zur Rechtsetzung, die einen zufriedenstellenden Ersatz für gemeinschaftliche Normen darstellen"[13]. Außerdem sei die Zahl der Vorschläge insgesamt zurückgegangen und habe die Kommission aus Gründen der Subsidiarität sogar rund 90 überholte Vorschläge zurückgezogen[14]. Insofern können die Grundsätze der Subsidiarität und Verhältnismäßigkeit auf Gemeinschaftsebene als Grundlage für die Deregulierung im Sinne eines Abbaus von und Verzichts auf Rechtsvorschriften angesehen werden, auch wenn dies gemeinhin eine verstärkte Rechtsetzung auf mitgliedstaatlicher Ebene zur Folge hat[15].
Weitere allgemeine Aussagen zur Aufgabe der Deregulierung sind den Gemeinschafts- und Unionsverträgen selbst nicht zu entnehmen.

II. Sekundärrecht

Auch das Sekundärrecht der Gemeinschaft kann Vorgaben für die Deregulierung enthalten, indem etwa nicht-regulatorische bzw. deregulierende Instrumente, also Instrumente indirekter Steuerung, für den Umweltschutz eingeführt werden. So gibt es eine Reihe von Richtlinien und Verordnungen der Gemeinschaft, die den Einsatz stärker marktorientierter Instrumente ermöglichen und damit zugleich der Umsetzung des fünften Aktionsprogramms dienen[16]. Zu den Maßnahmen indirekter Steuerung zählen neben den ökonomischen Instrumenten auch die begleitenden Instrumente wie Forschung, Information und Ausbildung. Aber auch andere Bestimmungen des Sekundärrechts enthalten den Gedanken einer stärkeren Einbindung der Bürger und Unternehmen und können dadurch zumindest langfristig zu einem Abbau von Rechtsvorschriften führen. Hierzu lassen sich aus dem Sekundärrecht der Gemeinschaft für den Bereich der Umweltpolitik als Zeichen der Deregulierung und Vereinfachung die nachfolgenden Richtlinien und Verordnungen nennen:

---

[12] Bericht der Kommission an den Europäischen Rat, Eine bessere Rechtsetzung 1999, KOM(1999) 562 endg., S. 1 (4 f.).

[13] Bericht der Kommission an den Europäischen Rat, Eine bessere Rechtsetzung: „Gemeinsam Verantwortung übernehmen" (1998), KOM(1998) 715 endg., S. 1 (7). S.a. die Mitteilung der Kommission, Weniger Gesetzgebung für besseres Handeln: Die Fakten, KOM(1998) 345 endg., S. 1 (2), und die Stellungnahme des Ausschusses der Regionen zum Subsidiaritätsprinzip „Für eine echte Subsidiaritätskultur! Ein Appell des Ausschusses der Regionen", CdR 302/98 fin, S. 1 (10 f.).

[14] KOM(1998) 715 endg., S. 1 (7). S.a. KOM(1998) 345 endg., S. 1 ff.

[15] Dies ergibt sich z.B. aus der Stellungnahme des Ausschusses der Regionen vom 15.09.1999 zu dem Bericht der Kommission „Eine bessere Rechtsetzung (1998)", CdR 50/99 fin, S. 1 (6).

[16] Vgl. ABl. 1993 Nr. C 138, S. 1 (67 ff.) - Kapitel 7, Erweiterung der Palette von Instrumenten; hierzu sogleich unter III.

1. UVP-Richtlinie

Ein Beispiel für die Realisierung des Deregulierungsgedankens auf Gemeinschaftsebene liefert die bereits 1985 erlassene Richtlinie des Rates über die Umweltverträglichkeitsprüfung (UVP-Richtlinie), die der Durchführung der gemeinschaftlichen Vorbeugepolitik dienen soll, indem den Umweltauswirkungen eines Vorhabens möglichst frühzeitig und umfassend Rechnung getragen werden kann[17]. In den Erwägungsgründen der UVP-Richtlinie wird deshalb betont, daß die beste Umweltpolitik darin bestehe, Umweltbelastungen von vornherein zu vermeiden, statt sie erst nachträglich in ihren Auswirkungen zu bekämpfen. Gleichzeitig soll dadurch der Abbau ungleicher Wettbewerbsbedingungen durch unterschiedliche Rechtsvorschriften in den einzelnen Mitgliedstaaten ermöglicht werden[18], so daß die Richtlinie insofern auch deregulierend wirkt[19].

2. Umweltinformationsrichtlinie

Die Richtlinie des Rates vom 07.06.1990 über den freien Zugang zu Informationen über die Umwelt, die sog. Umweltinformationsrichtlinie (UI-Richtlinie), verpflichtet die Mitgliedstaaten, auf Antrag jeder Person alle gewünschten, bei den Behörden vorhandenen Informationen über die Umwelt zur Verfügung zu stellen sowie für deren Verbreitung zu sorgen[20]. Ziel dieser Richtlinie ist es, nicht nur durch die Beteiligung der Bürger die Umweltverschmutzung stärker zu kontrollieren, sondern auch die Umweltverwaltung transparenter auszurichten, die Akzeptanz von Umweltmaßnahmen und das Umweltbewußtsein zu stärken sowie die Umwelterziehung der Bürger zu unterstützen, um dadurch letztlich die Umweltpolitik möglichst effektiv zu gestalten[21].

Demzufolge sollen durch diesen Publizitätsgedanken auch Vollzugsdefizite und Überwachungsprobleme abgebaut werden und wird die Mitwirkung der Bürger an einer dauerhaften umweltgerechten Entwicklung ermöglicht[22].

---

[17] Richtlinie Nr. 83/337, ABl. 1985 Nr. L 175, S. 40; geändert durch die Richtlinie Nr. 97/11, ABl. 1997 Nr. L 73, S. 5. S.a. den Bericht der Kommission über die Durchführung der UVP-Richtlinie, KOM(1993) 28 endg.

[18] Hierzu *Feldmann*, Umweltverträglichkeitsprüfung, in: Rengeling (Hrsg.), EUDUR, Bd. I, § 34 Rn. 6.

[19] Allerdings räumt sie den Mitgliedstaaten auch beträchtlichen Spielraum bei der Umsetzung ein, so daß dadurch z.T. wiederum eine verstärkte Regulierung seitens der Mitgliedstaaten eingetreten ist. Vgl. den Bericht der Kommission über die Durchführung der UVP-Richtlinie, KOM(93) 28 endg., S. 1 ff.

[20] Richtlinie Nr. 90/313, ABl. 1990 Nr. L 158, S. 56; zum Deregulierungsgedanken s. *Wägenbaur*, EG-Umweltschutz im Zeichen der Deregulierung, in: Rengeling (Hrsg.), Beschleunigung von Planungs- und Genehmigungsverfahren - Deregulierung, S. 19 (27).

[21] Vgl. hierzu *Frenz*, Europäisches Umweltrecht, Rn. 507. Allgemein zum Umweltschutz durch Öffentlichkeitsaufklärung *Gröschner*, Aufklärung der Öffentlichkeit in Umweltfragen – wirtschaftspolitisches Ziel und wirtschaftsverwaltungsrechtliche Aufgabe, WUR 1991, S. 71 ff.

[22] *Schendel*, Umweltinformationsrichtlinie und Umweltinformationsgesetz sowie allgemeine Umweltinformation, in: Rengeling (Hrsg.), EUDUR, Bd. I, § 39 Rn. 2, 111.

3. Öko-Audit-Verordnung

Durch die Öko-Audit-Verordnung (bzw. EMAS-Verordnung) des Rates soll wiederum der betriebliche Umweltschutz durch den Appell an die Eigenverantwortung der Industrie vorangetrieben werden[23]. Insofern geht es vorrangig auch um die Verwirklichung des in Art. 174 Abs. 2 S. 2 EGV normierten Verursacherprinzips, indem der Umweltschutz durch betriebliche Initiative verbessert und die behördliche Kontrolle reduziert werden soll. Deshalb kann man beim Öko-Audit-System auch von einer „hoheitlich regulierten gesellschaftlichen Selbstregulierung" sprechen, die dann, wenn zugunsten auditierter Unternehmen bestehende Regelungen zurückgenommen werden, u.U. zum Abbau von Rechtsvorschriften, jedenfalls aber zur Ersetzung behördlicher Überwachung führt[24]. Dies wird letztlich auch dadurch ermöglicht, daß ganz im Sinne der UI-Richtlinie auf „die Unterrichtung der Öffentlichkeit durch die Unternehmen über die Umweltaspekte ihrer Tätigkeiten" und „das zunehmende Interesse der Öffentlichkeit an diesbezüglichen Informationen" gesetzt wird[25].

4. IVU-Richtlinie

Die Richtlinie über die integrierte Vermeidung und Verminderung der Umweltverschmutzung, kurz IVU-Richtlinie, verfolgt demgegenüber ein integriertes Konzept zur Bekämpfung der Umweltverschmutzung, da getrennte Konzepte oft lediglich zur Verlagerung von Umweltproblemen führen, statt die Umwelt insgesamt zu schützen[26]. Deshalb soll die IVU-Richtlinie der Verflechtung der ökologischen Systeme Rechnung tragen und durch die Berücksichtigung des Zusammenspiels aller Umweltbelange dazu führen, daß Umweltauswirkungen schon bei der Planung eines Projekts bedacht werden, indem die Entscheidungen über Emissionen in Luft, Wasser und Boden koordiniert werden und dadurch die Umsetzung des Grundsatzes der nachhaltigen und umweltgerechten Entwicklung gefördert wird[27]. Damit hat die IVU-Richtlinie aber zugleich Bedeutung für die Harmonisierung der verschiedenen Um-

---

[23] Verordnung Nr. 1836/93 über die freiwillige Beteiligung gewerblicher Unternehmen an einem Gemeinschaftssystem für das Umweltmanagement und die Umweltbetriebsprüfung, ABl. 1993 Nr. L 168, S. 1. Aus der englischen Bezeichnung ist auch die Abkürzung EMAS abgeleitet worden.

[24] Hierzu ausführlich *Schneider*, Öko-Audit und Deregulierung im Immissionsschutzrecht, S. 129 ff. *Kniep*, Initiativen und Ansätze der Deregulierung im Umweltrecht, GewArch 1997, S. 142 (143), sieht im Öko-Audit Deregulierungs- und Substitutionsmöglichkeiten. *Böhm-Amtmann*, „Umweltpakt Bayern. Miteinander die Umwelt schützen", ZUR 1997, S. 178 (180), hält dagegen eine Deregulierung durch das Öko-Audit für ausgeschlossen und sieht darin lediglich eine Substitution; dazu bereits unter § 2 A. III. 3.

[25] ABl. 1993 Nr. L 168, S. 1 - 8. Erwägungsgrund.

[26] Richtlinie Nr. 96/61, ABl. 1996 Nr. L 257, S. 26.

[27] Mit der IVU-Richtlinie hätte eine stärker vereinfachende bzw. deregulierende Wirkung erzielt werden können, wenn Art. 1 S. 1 eine einheitliche Genehmigung und nicht nur eine Integration der materiellen Aspekte forderte; *Zöttl*, Die EG-Richtlinie über die integrierte Vermeidung und Verminderung der Umweltverschmutzung, NuR 1997, S. 157 (161 f.). S.a. *Schäfer*, Zum integrierten Konzept der IVU-Richtlinie, UPR 1997, S. 444 ff.

weltschutzbestimmungen in den Mitgliedstaaten, indem unterschiedliche regulative Konzepte in die Richtlinie integriert worden sind[28].

5. Umweltzeichen

Die Verordnung betreffend ein gemeinschaftliches System zur Vergabe eines Umweltzeichens zielt schließlich auf einen produktbezogenen Umweltschutz, der durch ein wie bei der Öko-Audit-Verordnung auf Freiwilligkeit beruhendes System erfolgt, indem ein Zeichen verliehen wird, mit dem die Hersteller der Erzeugnisse werben können[29]. Die Vergabe dieses Umweltzeichens hebt folglich die Umweltfreundlichkeit des Produkts hervor und dient der Information der Bevölkerung, die vermehrt auch auf die Umweltauswirkungen der von ihr gekauften Erzeugnisse achtet. Insoweit hat das Umweltzeichen gem. Art. 1 der Verordnung letztlich zum Ziel, allein kraft der Kaufentscheidung des Verbrauchers und der dadurch entstehenden Wettbewerbsvorteile die Entwicklung, Herstellung und Verwendung umweltfreundlicherer Produkte zu fördern, so daß die Unternehmen ohne eine gesetzliche Verpflichtung in die Umweltverträglichkeit ihrer Erzeugnisse investieren[30].

6. Ökonomische Instrumente

Bei den ökonomischen Instrumenten spielen schließlich die Finanzierungsinstrumente der Gemeinschaft wie Umweltfonds, Strukturfonds oder Kohäsionsfonds eine Rolle[31].
Hervorzuheben ist dabei der Umweltfonds, der durch die Verordnung zur Schaffung eines Finanzierungsinstruments für die Umwelt (LIFE) eingerichtet wurde und als einheitlicher und bereichsübergreifender Fonds gem. Art. 1 der genannten Verordnung über die Finanzierung bestimmter Maßnahmen zur Durchführung des Umweltrechts der Gemeinschaft beiträgt[32].
Weitere denkbare Instrumente indirekter Verhaltenssteuerung einer gemeinschaftlichen Umweltpolitik wären etwa die Umwelthaftung und die Umweltabgaben. So hat die Kommission mit einem „Grünbuch über die Sanierung von Umweltschäden“[33] bereits ein erstes Fundament zu verschiedenen Fragen der Umwelthaftung gelegt, ohne daß sich daraus aber schon konkretere Entwürfe für eine Gemeinschaftsregelung entwickelt hätten. Auch im Hinblick auf Um-

---

[28] Hierzu *Kracht/Wasielewski*, Integrierte Vermeidung und Verminderung der Umweltverschmutzung, in: Rengeling (Hrsg.), EUDUR, Bd. I, § 35 Rn. 125.
[29] VO (EWG) 880/92 ABl. 1992 Nr. L 99, S. 1.
[30] *Von Danwitz*, Umweltzeichen in der EG und Umweltzeichen in Deutschland, in: Rengeling (Hrsg.), EUDUR, Bd. I, § 40 Rn. 5 ff. Kritisch zum Erfolg dieses Umweltzeichens *Wägenbaur*, EG-Umweltschutz im Zeichen der Deregulierung, in: Rengeling (Hrsg.), Beschleunigung von Planungs- und Genehmigungsverfahren - Deregulierung, S. 19 (28).
[31] In den Mitgliedstaaten gibt es auch darüber hinaus direkte Subventionen und Steuervergünstigungen dazu, vgl. hierzu *Kloepfer*, Umweltrecht, § 5 Rn. 232 ff.
[32] VO (EWG) 1973/92, ABl. 1992 Nr. L 206, S. 1. Allgemein zu den Fonds s. *Magiera*, Subventionen der EG und der Mitgliedstaaten, in: Rengeling (Hrsg.), EUDUR, Bd. I, § 37 Rn. 89 ff.
[33] KOM(93) 47 endg.

weltabgaben und -steuern hat die Kommission bereits verschiedene Vorschläge unterbreitet[34], die allerdings noch nicht zum Einsatz fiskalischer Instrumente in der Umweltpolitik geführt haben.

Daneben können schließlich noch die neuen ökonomischen Instrumente wie Nutzungsrechte, Zertifikatssysteme und Kompensationslösungen für Emissionen genannt werden[35], die zu einer stärkeren Privatisierung und partiellen Deregulierung des Umweltschutzes führen sollen[36], aber ebenfalls noch keinen Eingang in die Umweltpolitik der Gemeinschaft gefunden haben.

Die praktischen Einsatzmöglichkeiten dieser Instrumente sind demzufolge noch sehr beschränkt; es verdient jedoch festgehalten zu werden, daß eine solche gemeinschaftsrechtliche Anreizpolitik durch ökonomische Instrumente im Hinblick auf das gesellschaftliche Umweltverhalten langfristig zu einer Entlastung des Umweltordnungsrechts führen kann.

7. Zusammenfassung

Es soll angesichts der bereits dargestellten Abgrenzungsschwierigkeiten nicht weiter vertieft werden, ob und inwieweit diese Instrumente des Umweltschutzes tatsächlich eine Deregulierung im engeren Sinne oder nur eine Vereinfachung des Rechts bedeuten[37]. Es unterliegt jedenfalls keinem Zweifel, daß es durch die Einführung dieser neuen Instrumente indirekter Verhaltenssteuerung im Bereich des sekundären Umweltrechts zu einem Rückzug der administrativen und gesetzlichen Verhaltensvorgaben kommt. Statt einzig durch Befehl und Zwang soll die Umweltpolitik der Gemeinschaft in großem Maße durch das Eigeninteresse der Bürger und Unternehmen am Umweltschutz verwirklicht werden. Dabei sollen nicht allein die Vollzugsdefizite behoben werden, sondern geht es zugleich um einen Bürokratieabbau durch Stärkung der gesellschaftlichen Eigeninitiative. Jedenfalls wird angesichts der vielfältigen Initiativen im Bereich des Sekundärrechts deutlich, daß dieses derzeit eines der zentralen Themen in der Umweltpolitik auf Gemeinschaftsebene ist.

III. Entschließungen und Mitteilungen der Gemeinschaftsorgane

Dieser Eindruck wird durch vielfältige Entschließungen und Mitteilungen der Gemeinschaftsorgane, die sich mit der Deregulierung bzw. der Vereinfachung des Rechts auf Gemeinschaftsebene befassen, bestätigt.

---

[34] S. die Vorschläge für eine Richtlinie zur Einführung einer Steuer auf Kohlendioxidemissionen und Energie, KOM(92) 226 endg., KOM(95) 172 endg. Allgemein zu den Umweltabgaben *Kirchhof*, Umweltabgaben - Die Regelungen in der Europäischen Union und ihren Mitgliedstaaten, in: Rengeling (Hrsg.), EUDUR, Bd. I, § 38.

[35] Vgl. z.B. *Wägenbaur*, EG-Umweltschutz im Zeichen der Deregulierung, in: Rengeling (Hrsg.), Beschleunigung von Planungs- und Genehmigungsverfahren - Deregulierung, S. 19 (26).

[36] Hierzu *Kloepfer*, Umweltrecht, § 5 Rn. 300 m.w.N.

[37] Jedenfalls können indirekte Steuerungsmittel zu einer Staatsentlastung im weitesten Sinne führen; vgl. *Kloepfer*, Umweltrecht, § 5 Rn. 158.

In dieser Hinsicht kann abermals auf die Berichte der Kommission „Eine bessere Rechtsetzung“ Bezug genommen werden. Darin geht es neben den Ausführungen zu Subsidiarität und Verhältnismäßigkeit nämlich auch um „sonstige Maßnahmen“ wie etwa die Vereinfachung, Kodifizierung und Konsolidierung des Rechts, die sich die Kommission zum Ziel gesetzt hat. Hierzu führt sie im Jahresbericht von 1999 beispielsweise aus: „Den Bemühungen, die Rechtsvorschriften klarer, einfacher und zugänglicher zu gestalten, muß auf der politischen Tagesordnung eine Vorrangstellung eingeräumt werden, und zwar sowohl auf Ebene der Gemeinschaft als auch auf Ebene der Mitgliedstaaten, die nach wie vor die meisten Rechtsvorschriften erlassen“[38]. Dabei soll vor allem vermieden werden, daß Rechtsvorschriften unnötig komplex abgefaßt werden. Parallel dazu geht es im Rahmen der Kodifizierung um die Aufhebung von Rechtsakten, deren Zahl sich für das Jahr 1999 bei ca. 130 aufgehobenen Akten bewegt[39].
Im Bericht von 1998 wurde neben dieser Kodifizierung ein weiterer Schwerpunkt auf die sog. „Neufassung“ gelegt. Bei diesem Ansatz geht es um den Erlaß eines neuen Rechtsaktes, der „alle an einem Basisrechtsakt erforderlichen Änderungen und die übrigen Bestimmungen kodifiziert und den Basisrechtsakt aufhebt“[40]. Sinn und Zweck einer solchen Neufassung ist zuvörderst die Vermeidung einer unkontrollierten Zunahme von Änderungsrechtsakten.
Damit erfordern sowohl Kodifizierung als auch Neufassung die Aufhebung der vorhergehenden Rechtsvorschriften, so daß sie letztlich der Deregulierung dienen. Ausdrücklich betont wird dies in einer Mitteilung der Kommission, in der sie ihre Devise „Weniger Gesetzgebung für besseres Handeln“ vorstellt[41]. Darin heißt es zum einen, daß die Zahl der Vorschläge für neue Rechtsvorschriften zurückgeht („weniger Gesetzgebung“), und zum anderen, daß die Rechtsvorschriften klarer, einfacher und leichter zugänglich werden sollen („besseres Handeln“)[42]. Weiterhin betont die Kommission die insoweit positive Bilanz, da sie auf Alternativen zur Gesetzgebung wie Vereinbarungen mit der Industrie zurückgegriffen und nach einer Überprüfung verschiedene Vorschläge zurückgezogen habe[43].

Neben diesen Berichten der Kommission über eine bessere Rechtsetzung und weniger Gesetzgebung kann als Vorgabe für eine Deregulierung auf Gemeinschaftsebene auch das fünfte Aktionsprogramm „Für eine dauerhafte und umweltgerechte Entwicklung“ dienen[44]. Zwar wird darin nicht ausdrücklich die Deregulierung im Sinne eines Abbaus von bzw. Verzichts

---

[38] Bericht der Kommission an den Europäischen Rat, Eine bessere Rechtsetzung 1999, KOM(1999) 562 endg., S. 1 (5 f.).
[39] KOM(1999) 562 endg., S. 1 (8).
[40] Bericht der Kommission an den Europäischen Rat, Eine bessere Rechtsetzung: „Gemeinsam Verantwortung übernehmen“ (1998), KOM(1998) 715 endg., S. 1 (10).
[41] Mitteilung der Kommission, Weniger Gesetzgebung für besseres Handeln: Die Fakten, KOM(1998) 345 endg., S. 1 (6).
[42] KOM(1998) 345 endg., S. 1.
[43] KOM(1998) 345 endg., S. 1 (2).

auf Rechtsvorschriften eingegangen; gleichwohl kann es in diesem Zusammenhang herangezogen werden, da ausdrücklich ein eigenes Kapitel der „Erweiterung der Palette von Instrumenten" gewidmet ist[45]. Hierunter fällt etwa der Einsatz marktorientierter Instrumente zur Förderung einer verantwortungsbewußten Nutzung natürlicher Ressourcen und zur Vermeidung von Umweltverschmutzung und Abfällen, der Einsatz horizontaler, begleitender Instrumente wie Information und Erziehung, berufliche Aus- und Weiterbildung, wissenschaftliche Forschung und technologische Entwicklung sowie der Einsatz finanzieller Hilfen. Insbesondere die Anwendung marktorientierter Instrumente kann zugleich auch eine Deregulierung bewirken, da es sich insoweit um sog. nicht-regulatorische Instrumente handelt, die zumeist weniger Rechtsvorschriften erfordern[46]. Gerade im Hinblick auf die Industrie wird seitens der Gemeinschaft ein neues Konzept verfolgt, das nicht mehr einzig im Erlaß strenger Umweltnormen und damit einhergehend im Verbot bestimmter Verhaltens- oder Verfahrensweisen, sondern vielmehr aus einer Kombination von Rechtsvorschriften und positiven Anreizen für mehr Leistung im Sinne eines Prinzips der Zusammenarbeit zwischen allen Beteiligten bestehen soll[47]. Damit wird dieses Konzept, das auch die Förderung freiwilliger Vereinbarungen und andere Formen der Festlegung interner Regelungen vorsieht, gleichzeitig einen wenigstens partiellen Verzicht auf Rechtsvorschriften bedeuten und insoweit deregulierend wirken. Daß dieser Ansatz weiter verfolgt werden soll, zeigt zum einen der Beschluß über die Überprüfung des fünften Aktionsprogramms, in dem etwa die Forderung nach einer Weiterentwicklung wirksamer marktorientierter und anderer ökonomischer sowie horizontaler Instrumente als Mittel zur Durchführung der politischen Maßnahmen laut wird[48], zum anderen die vorbereitende Arbeit der Kommission für ein sechstes Aktionsprogramm[49]. Dabei wird für die Zukunft der europäischen Umweltpolitik eine gesteigerte gesellschaftliche Beteiligung und Verantwortungsübernahme seitens der Industrie und der Bürger gefordert. Zwar waren diese Grundsätze schon Gegenstand des fünften Aktionsprogramms; aus der Analyse der Kommission geht jedoch hervor, daß sie noch intensiver umgesetzt werden müssen, damit die Umweltprobleme zu bewältigen sein werden[50]. So weist sie im Hinblick auf die Klimaveränderungen ausdrücklich auf die mit der Autoindustrie erzielte freiwillige Vereinbarung zur Reduzierung von CO_2-Emissionen neuer Pkws[51] und auf weitere „Trends im Industriebereich", die

---

44 „Gemeinschaftsprogramm für Umweltpolitik und Maßnahmen im Hinblick auf eine dauerhafte und umweltgerechte Entwicklung" vom 1.2.1993, ABl. 1993 Nr. C 138 S. 1 ff.
45 ABl. 1993 Nr. C 138 S. 1 (67 ff.).
46 Vgl. hierzu *Wägenbaur*, EG-Umweltschutz im Zeichen der Deregulierung, in: Rengeling (Hrsg.), Beschleunigung von Planungs- und Genehmigungsverfahren - Deregulierung, S. 19 (24 ff.).
47 ABl. 1993 Nr. C 138 S. 1 (28 f.).
48 Beschluß Nr. 2179/98 des Europäischen Parlaments und des Rates vom 24.09.1998 über die Überprüfung des Programms „Für eine dauerhafte und umweltgerechte Entwicklung", ABl. 1998 Nr. L 275, S. 1 (6).
49 Mitteilung der Kommission, Die Umwelt Europas: Orientierungen für die Zukunft, Gesamtbewertung des Programms „Für eine dauerhafte und umweltgerechte Entwicklung", KOM(1999) 543 endg.
50 KOM(1999) 543 endg., S. 1 (3 f.).
51 Vgl. die Empfehlung der Kommission, ABl. 1999 Nr. L 40, S. 49. S. bereits oben § 2 B. I. 1.

einen zunehmenden Einsatz energieeffizienter Technologien erwarten lassen, hin, während demgegenüber die Gemeinschaftsmaßnahmen keine Fortschritte erzielt haben sollen[52].
Daher soll für das sechste Aktionsprogramm auf den Grundsätzen des fünften Programms aufgebaut und insbesondere das neue Instrumentarium auch hinsichtlich der Beteiligung von Bürgern und Verantwortlichen weiterentwickelt werden[53].

Schließlich tritt der Gedanke der Deregulierung in einer Mitteilung der Kommission über Umweltvereinbarungen in Erscheinung. Zwar heißt es darin, daß Umweltvereinbarungen eher ein Mittel der Durchführung als ein Mittel zur Reduzierung von Regelungen darstellten, doch wird zugleich betont, daß Umweltvereinbarungen wirksame Umweltmaßnahmen im Vorgriff auf die Rechtsetzung bewirkten und dadurch die Vorgabendichte verringern könnten. So trage ein verstärkter Einsatz etwa von marktorientierten Instrumenten, indem er „Wegweiser für die Wirtschaftsbeteiligten" bilde, dazu bei, Regulierungen und bürokratische Eingriffe abzubauen. Vereinbarungen mit der Industrie ermöglichten den Verzicht auf ordnungsrechtliche Eingriffe, die Herabsetzung des Detaillierungsgrades der Rechtsvorschriften und könnten darüber hinaus als Mittel zur kostenwirksamen Durchführung von in Richtlinien festgelegten Umweltzielen eingesetzt werden[54].
Der Rat und das Europäische Parlament haben hierzu Entschließungen erlassen, in denen sie diesen Ansatz der Kommission grundsätzlich unterstützen[55]. So könnten Umweltvereinbarungen nach Auffassung des Parlaments genutzt werden, um „im Vorgriff auf die Rechtsetzungstätigkeit zweckmäßige Schritte zu unternehmen, so daß weniger Rechts- und Verwaltungsvorschriften erlassen werden" müßten. Weiter teilt das Parlament die Auffassung der Kommission, daß Umweltvereinbarungen nicht nur als Ergänzung von Rechtsvorschriften, sondern auch in bestimmten Fällen als deren Ersatz eingesetzt werden können[56]. Dabei wird die Notwendigkeit des Abbaus von Überreglementierungen auch in anderen Entschließungen des Parlaments betont[57].

IV. „Molitor-Bericht"

Schließlich kann auch der Bericht der Gruppe unabhängiger Experten für die Vereinfachung der Rechts- und Verwaltungsvorschriften, der sog. „Molitor-Bericht"[58], als Grundlage für die

---

[52] KOM(1999) 543 endg., S. 1 (7).
[53] KOM(1999) 543 endg., S. 1 (24 ff.).
[54] Mitteilung der Kommission über Umweltvereinbarungen, KOM(96) 561 endg., S. 1 (3, 5 f.).
[55] Entschließung des Rates vom 07.10.1997 zu Umweltvereinbarungen, ABl. 1997 Nr. C 321, S. 6 und Entschließung des Europäischen Parlaments zur Mitteilung der Kommission an den Rat und das Europäische Parlament über Umweltvereinbarungen, ABl. 1997 Nr. C 286, S. 254.
[56] ABl. 1997 Nr. C 286, S. 254 (255 f. - lit. D., E., Nr. 3., 4.)
[57] So etwa bei Überreglementierungen von Chemieinnovationen; Entschließung zur Mitteilung der Kommission betreffend eine Politik der industriellen Wettbewerbsfähigkeit für die europäische chemische Industrie: ein Beispiel, ABl. 1997 Nr. C 115, S. 143 (146 - Nr. 27).
[58] KOM(95) 288 endg./2.

Deregulierung und Vereinfachung auf Gemeinschaftsebene dienen, obgleich darin ausdrücklich festgehalten wurde, daß er für die Kommission nicht verbindlich ist. Nichtsdestotrotz kann er als Quelle herangezogen werden – zum einen, weil die Gruppe der 17 Sachverständigen von der Kommission eingesetzt wurde[59], um die gemeinschaftlichen und einzelstaatlichen Rechtsvorschriften im Hinblick auf eine mögliche Lockerung und Vereinfachung zu untersuchen, zum anderen, weil die Kommission den Bericht der Expertengruppe in einer ausführlichen Stellungnahme gewürdigt und sich die Ergebnisse trotz der Ablehnung einiger Vorschläge weitgehend zu eigen gemacht hat[60].

Neben den bereits dargestellten Begriffsbestimmungen von Deregulierung und Vereinfachung[61] und den Vorschlägen 16 und 17 für die Umwelt im Hinblick auf freiwillige Vereinbarungen in der Industrieabfallpolitik[62] hat die Expertengruppe der Kommission weitere 118 Vorschläge für Maßnahmen etwa im Bereich der Maschinenrichtlinie, der Lebensmittelhygiene, der Beschäftigungs- und Sozialpolitik sowie der Umwelt vorgeschlagen. Zum Teil wird insoweit die Überregulierung, zum größten Teil aber die Inkonsistenz und die Komplexität der bestehenden Vorschriften, die vor allem für kleinere und mittlere Unternehmen Probleme verursachten, gerügt. Nach Auffassung der Gruppe sollten zudem Unternehmen, Arbeitnehmer und Verbraucher stärker beteiligt werden und marktwirtschaftliche Instrumente wie freiwillige Vereinbarungen „so oft wie möglich an die Stelle einer direkten Regulierung treten"[63]. Große Schwierigkeiten werden auch im Bereich der Umsetzung und Anwendung der Vorschriften in den Mitgliedstaaten sowie in der Kontrolle der Anwendung erkannt. Deshalb halten die Sachverständigen ein Umdenken der politisch Verantwortlichen für erforderlich, die die Vorschriften konzipieren, erlassen oder anwenden, und fordern insoweit „ein neues Denken"[64]. Aus diesem Grund befassen sich bereits die ersten beiden Vorschläge mit Konsolidierung, Vereinfachung und Deregulierung, um überflüssige Vorschriften und Überschneidungen abzubauen und die Belastungen für Unternehmen und Verbraucher zu reduzieren[65].

Speziell für den Bereich der Umweltpolitik unterstützen die Experten das Konzept des fünften Aktionsprogramms, sich in Umweltvorschriften der Gemeinschaft anstelle von in hohem Maße verbindlichen Regeln künftig stärker auf die Festlegung von Umweltschutzzielen zu beschränken und so den Mitgliedstaaten und Unternehmen bei der Wahl der Mittel größere Freiheit zu belassen[66]. Dies sollte auch bei der Überprüfung der bereits bestehenden Vorschriften berücksichtigt werden. Weiter wird eine Kosten-Nutzen-Analyse bei Vorschlägen für neue

---

[59] Zu Mandat und Zusammensetzung der Gruppe s. ausführlich *Molitor*, Deregulierung in Europa, S. 29 ff.

[60] Vgl. SEK(95) 2121 endg. vom 29.11.1995. Kommission der Europäischen Gemeinschaften: Bemerkungen der Kommission zum Bericht der Gruppe der unabhängigen Sachverständigen für die Vereinfachung der Rechts- und Verwaltungsvorschriften, Brüssel 1995.

[61] S.o. § 2 A. III. 6.

[62] Hierzu noch unter § 3 B. III.

[63] KOM(95) 288 endg./2, S. 1 (12).

[64] KOM(95) 288 endg./2, S. 1 (11).

[65] KOM(95) 288 endg./2, S. 1 (13). Dieses Konzept verfolgt die Kommission mit ihren Berichten „Eine bessere Rechtsetzung", dazu unter § 3 A. III.

Regelungen gefordert, die von der Kommission schon in Ansätzen vorgelegt wird[67]. Auch wenn die Kommission etwa mit einzelnen konkreten Vorschlägen im Bereich der Abfallpolitik nicht konform geht[68], so wird sie doch die bereits mehrfach genannten Vorschläge hinsichtlich freiwilliger Vereinbarungen angesichts ihrer eigenen Mitteilung über Umweltvereinbarungen begrüßen.

Damit hat die Gruppe unabhängiger Experten über einige spezielle Beispiele hinaus eine Reihe allgemeiner Vorschläge für Möglichkeiten der Deregulierung und Vereinfachung aufgezeigt, die von der Kommission zum Teil schon aufgegriffen, zumindest aber größtenteils positiv aufgenommen wurden.

V. Zusammenfassung

Anhand dieser Ausführungen wird ersichtlich, daß letztlich keine konkreten rechtlichen Vorgaben für eine Deregulierung auf Gemeinschaftsebene existieren. Allein das Zusammenspiel von Subsidiaritäts- und Verhältnismäßigkeitsprinzip fordert ganz allgemein eine Begrenzung der EG-Rechtsetzung. Daneben gibt es aber eine Vielzahl von politischen Quellen und sekundärrechtlichen Tendenzen, die sich zugunsten einer Deregulierung bzw. Vereinfachung heranziehen lassen und die deshalb für die weitere Untersuchung im Hintergrund eine Rolle spielen. Denn aufgrund dieser Entwicklung, die die Deregulierung und Vereinfachung zu einem grundlegenden Thema in der Gemeinschaft hat werden lassen, soll auch im Gemeinschaftsrecht auf neue, etwa ökonomische Instrumente als Zeichen einer indirekten Verhaltenssteuerung in der Umweltpolitik zurückgegriffen werden, um durch eine stärkere gesellschaftliche Eigeninitiative die nachhaltige Entwicklung zu fördern, ohne daß dadurch gleichzeitig, wie dies bei normativen (Über-)Regulierungen zu befürchten ist, das wirtschaftliche Umfeld, die Wettbewerbsfähigkeit oder die Beschäftigung gefährdet würde.

Ob und inwieweit das Regulierungsübermaß im Gemeinschaftsrecht tatsächlich auch durch das Instrument der Umweltvereinbarung reduziert werden kann, diesem also eine deregulierende Wirkung zukommt, gilt es deshalb in dieser Untersuchung aufzuzeigen.

---

[66] KOM(95) 288 endg./2, S. 1 (62, 65 - Vorschlag 5.1).
[67] KOM(95) 288 endg./2, S. 1 (68).
[68] SEK(95) 2121 endg.; vgl. auch *Wägenbaur*, EG-Umweltschutz im Zeichen der Deregulierung, in: Rengeling (Hrsg.), Beschleunigung von Planungs- und Genehmigungsverfahren - Deregulierung, S. 19 (21).

B. Rechtliche und politische Vorgaben für Umweltvereinbarungen

Mit den nachfolgenden Ausführungen soll nun auch ein kurzer Überblick über die rechtlichen und politischen Direktiven für den Abschluß von Umweltvereinbarungen gewährt werden, der den Hintergrund für die sich im 3. Teil anschließende Untersuchung der rechtlichen Möglichkeiten im Hinblick auf den Abschluß von Umweltvereinbarungen auf Gemeinschaftsebene sowie der deregulierenden Wirkung für das Gemeinschaftsrecht bilden soll.

I. Vorgaben des EGV

Vorgaben für den Bereich der Umweltpolitik und damit auch für den Abschluß von Umweltvereinbarungen enthalten zuvörderst die Art. 174 ff. EGV. Aufgrund dieser durch die Einheitliche Europäische Akte (EEA)[69] und ihren Ergänzungen in den Verträgen von Maastricht[70] und Amsterdam[71] in den Vertrag aufgenommen Regelungen ist die Gemeinschaft ausdrücklich berechtigt, eine Umweltpolitik zu betreiben.

Entsprechend wurden durch die Verträge von Maastricht und Amsterdam auch die Art. 2 und 3 des Gemeinschaftsvertrages, die die wesentlichen Aufgaben und Ziele der Gemeinschaft festlegen, neu gefaßt, wodurch bereits an dieser Stelle der inzwischen hohe Stellenwert des Umweltschutzes innerhalb der Gemeinschaft deutlich wird, da Art. 3 lit. l) EGV unter den Vertragszielen „eine Politik auf dem Gebiet der Umwelt" aufzählt und Art. 2 EGV neben einer „nachhaltigen"[72] Entwicklung des Wirtschaftslebens auch von „einem hohen Maß an Umweltschutz und Verbesserung der Umweltqualität" als Gemeinschaftsaufgabe spricht. Die Verbindung von Wirtschaft, Sozialem und Umweltschutz über den Grundsatz der „nachhaltigen Entwicklung" wird darüber hinaus in der Präambel des EUV sowie in Art. 2 EUV aufgegriffen und gehört damit zu den grundlegenden Leitgedanken nicht allein der Union, sondern

[69] Die Verabschiedung der EEA am 28.02.1986 (in Kraft getreten am 01.07.1987, ABl. 1987 Nr. L 169, S. 29) bedeutete die erste beachtliche Fortentwicklung im Hinblick auf die Integration seit der Gründung der Europäischen Gemeinschaft im Jahre 1957.

[70] ABl. 1992 Nr. C 191, S. 1; zur Vorgeschichte des EUV vgl. *Huber*, Recht der Europäischen Integration, S. 23 f., *Hilf/Pache* in: Grabitz/Hilf, Das Recht der Europäischen Union, EUV-Vorb. Rn. 6 ff.

[71] Am 2. Oktober 1997 unterzeichneten die 15 Mitgliedstaaten der Europäischen Union den Vertrag von Amsterdam „zur Änderung des Vertrags über die Europäische Union, der Verträge zur Gründung der Europäischen Gemeinschaften sowie einiger damit zusammenhängender Rechtsakte". Der Vertrag ist nach der Ratifizierung durch die 15 Mitgliedstaaten am 1. Mai 1999 in Kraft treten. S. ABl. 1997 Nr. C 340, S. 1; konsolidierte Fassungen des EUV und des EGV, ebd., S. 145 ff. und 173 ff.

[72] Dieses Konzept des „Sustainable Development" ist ein Leitgedanke der UN-Konferenz für Umwelt und Entwicklung in Rio de Janeiro 1992 gewesen, der in die dort verabschiedete „Rio-Deklaration" und die „Agenda 21" aufgenommen wurde. Die Deklaration von Rio formuliert dabei die Grundsätze für die Entwicklung und den Umweltschutz sowie für die internationale Kooperation auf diesen Gebieten; in der umfassenden, in das 21. Jahrhundert weisenden Agenda ist darüber hinaus in 40 Kapiteln ein umfassendes Programm für die umweltgerechte Entwicklung auch in der Dritten Welt und für die nachhaltige Nutzung aller natürlichen Ressourcen sowie eine künftige Steigerung der Hilfe der Industriestaaten zugunsten der Entwicklungsländer niedergelegt. Dieser Grundsatz des „Sustainable Development" hatte zunächst Eingang in das fünfte Aktionsprogramm der EG Eingang gefunden und ist nunmehr mit Art. 2 EGV ausdrücklich in den Vertrag aufgenommen worden. S. hierzu *Haigh/Kraemer*, „Sustainable Development" in den Verträgen der Europäischen Union, ZUR 1996, S. 239 ff.

auch der Europäischen Gemeinschaften[73]. Schließlich wurde dieses Nachhaltigkeitsprinzip im Sinne einer umweltverträglichen Entwicklung auch in die bisher in ex-Art. 130r Abs. 2 S. 3 EGV enthaltene, nunmehr durch den Amsterdamer Vertrag in Art. 6 EGV verselbständigte Querschnittsklausel aufgenommen, die für eine Berücksichtigung der Erfordernisse des Umweltschutzes in anderen Politikbereichen Sorge tragen soll.

1. Gegenstand und Begriff der „Umwelt“

Im EG-Vertrag wird an verschiedenen Stellen ausdrücklich der Begriff der „Umwelt“ verwendet und insoweit mit dem Titel XIX eine besondere Gemeinschaftspolitik betont. Eine Definition der „Umwelt“ ergibt sich allerdings nicht unmittelbar aus dem EGV. Daher ist zunächst der Sinngehalt dieses Begriffs, der für die Erfassung von Inhalt und Anwendungsbereich von Umweltvereinbarungen – insbesondere für die Reichweite und Abgrenzung der einzelnen Kompetenznormen – ausschlaggebend ist, zu untersuchen.
Anhaltspunkte für den Gehalt dieses Begriffs lassen sich aus den in Art. 174 Abs. 1 EGV iVm. Art. 2 und 3 Abs. 1 lit. l) EGV genannten Zielen ableiten, die sich u.a. auf die menschliche Gesundheit und eine umsichtige und rationelle Ressourcenverwendung im Sinne einer nachhaltigen Entwicklung[74] beziehen[75]. Insofern erstreckt sich der Begriff der Umwelt auf alle natürlichen Grundlagen, welche die menschliche Gesundheit beeinflussen können sowie auf alle natürlichen Ressourcen. Diese weiten und relativ offenen Zielvorgaben des Art. 174 Abs. 1 EGV weisen darüber hinaus auf einen ausgedehnten Umweltbegriff hin. Aus systematischer Sicht kann jedoch die Arbeitsumwelt aufgrund der gesonderten Regelungen in Art. 137, 95 Abs. 4 EGV nicht unter den Begriff der Umwelt gefaßt werden[76]. Demgemäß ist es naheliegend, vom Begriff der Umwelt auch kulturelle und soziale Aspekte auszuschließen – dies nicht nur angesichts der eigenständigen Regelungen über die Kultur in Art. 151 EGV, die Sozialpolitik in Art. 136 ff. EGV und den sozialen Zusammenhalt in Art. 158, 159 EGV, sondern auch, weil dies letztlich eine völlige Konturlosigkeit des Umweltbegriffs zur Folge hätte.

---

[73] *Frenz*, Europäisches Umweltrecht, Rn. 2.
[74] Alle Konzepte der Nachhaltigkeit basieren letztlich auf zwei Elementen: dem Bewußtsein der Endlichkeit der den Menschen zur Verfügung stehenden natürlichen Ressourcen und der Intention, die Nutzung dieser Ressourcen auch zukünftigen Generationen zu ermöglichen; vgl. insoweit auch *Kirchgässner*, Nachhaltigkeit in der Umweltnutzung, ZfU 1997, S. 1 (5 f.).
Da Art. 2 EGV die Gemeinschaft auf „eine harmonische, ausgewogene und nachhaltige Entwicklung des Wirtschaftslebens“ festlegt, wird der Grundsatz der Nachhaltigkeit - und damit der Umweltschutz - entsprechend der Präambel und Art. 2 EUV - zum integralen Bestandteil der wirtschaftlichen Entwicklung; vgl. *Frenz*, Europäisches Umweltrecht, Rn. 9. Anders *Schröder*, Aktuelle Entwicklungen im europäischen Umweltrecht, NuR 1998, S. 1 (2): „Art. 2 EGV verengt die Nachhaltigkeit auf das Wirtschaftsleben und trennt ... den Umweltschutz vom Nachhaltigkeitsgrundsatz ...“.
[75] Inhalt und Gegenstand der Umweltschutzziele sind ausführlich dargestellt bei *Schröder*, Umweltschutz als Gemeinschaftsziel und Grundsätze des Umweltschutzes, in: Rengeling (Hrsg.), EUDUR, Bd. I, § 9 Rn. 11 ff.
[76] *Krämer* in: Groeben/Thiesing/Ehlermann, Kommentar zum EWG-Vertrag, Art. 130r Rn. 3; *Schröer*, Die Kompetenzverteilung zwischen der Europäischen Wirtschaftsgemeinschaft und ihren Mitgliedstaaten auf dem Gebiet des Umweltschutzes, S. 43, 46. A.A. *Kahl*, Umweltprinzip und Gemeinschaftsrecht, S. 15, 18, der die Art. 174 ff. EGV als leges generales zu Art. 137 EGV ansieht

Daher erstreckt sich der Umweltbegriff im Gemeinschaftsrecht nur auf die „natürliche Umwelt"; angesichts der in Art. 174 Abs. 1 EGV genannten Ziele und im Hinblick auf einen effizienten Umweltschutz ist diese „natürliche Umwelt" umfassend zu verstehen, so daß neben der unberührten Natur auch die vom Menschen geschaffene bzw. geprägte Umgebung erfaßt sein muß[77]. Aus diesem Grund spricht der EGV auch lediglich von Umweltpolitik, um den Begriff offen und flexibel für die weitere Entwicklung zu halten[78].

2. Kompetenznormen

Im Gemeinschaftsrecht werden umweltbezogene Aufgaben allerdings nicht immer auf der Grundlage der spezifischen umweltrechtlichen Kompetenzgrundlagen wahrgenommen. Vielmehr stellt der Umweltschutz im Gemeinschaftsrecht gem. Art. 6 EGV eine „Querschnittsaufgabe" dar, dessen Belange im Hinblick auf einen effizienten Schutz der Umwelt auch in anderen Politikbereichen zu berücksichtigen sind.

Deshalb liegt mit Art. 175 EGV zwar eine wichtige, aber nicht die einzige Kompetenznorm für Gemeinschaftsmaßnahmen im Umweltbereich vor. Für den gemeinschaftlichen Umweltschutz ist insbesondere auch die Binnenmarktrechtsangleichung gem. Art. 95 EGV von Bedeutung, da ausweislich Art. 95 Abs. 3 EGV die Kommission bei ihren Vorschlägen zur Rechtsangleichung im Zuge der Verwirklichung des Binnenmarktes zu einem „hohen Schutzniveau" im Bereich des Umweltschutzes verpflichtet ist. Daneben gibt es eine Reihe weiterer Kompetenznormen, die wie Art. 93 EGV im Hinblick auf Umweltabgaben oder wie Art. 71 Abs. 1 lit. d), 80 EGV im Hinblick auf die Luftverschmutzung lindernde Maßnahmen auch für Rechtsakte im Bereich des Umweltschutzes der Gemeinschaft herangezogen werden können[79].

Gem. Art. 174 Abs. 4 UAbs. 1 S. 2 iVm. Art. 300 Abs. 4 EGV kann sich die EG schließlich auch an internationalen Maßnahmen beteiligen[80].

---

[77] Ebenso *Kloepfer*, Umweltrecht, § 9 Rn. 13; *Grabitz/Nettesheim* in: Grabitz/Hilf, Das Recht der Europäischen Union, Art. 130r Rn. 1 ff.; *Epiney*, Umweltrecht in der Europäischen Union, S. 6 f.; weiter *Kahl*, Umweltprinzip und Gemeinschaftsrecht, S. 13 ff., der insbesondere auch die soziale Umwelt einbeziehen will.

[78] S. *Pieper* in: Bleckmann, Europarecht, Rn. 2812; *Scheuing*, Umweltschutz auf der Grundlage der Einheitlichen Europäischen Akte, EuR 1989, S. 152 (161) m.w.N. Als Beispiel läßt sich in diesem Zusammenhang insbesondere der Bereich der Gentechnologie anführen, der nur auf der Grundlage eines flexiblen und offenen Umweltbegriffs in die gemeinschaftliche Umweltpolitik einbezogen werden kann; s. hierzu die Richtlinie Nr. 90/219 vom 23.04.1990 (ABl. 1990 Nr. L 117, S. 1, zuletzt geändert durch die Richtlinie Nr. 94/51 vom 07.11.1994, ABl. 1994 Nr. L 297, S. 29) über die Anwendung gentechnisch veränderter Mikroorganismen in geschlossenen Systemen, die Richtlinie Nr. 90/220 vom 23.04.1990 (ABl. 1990 Nr. L 117, S. 15, zuletzt geändert durch die Richtlinie Nr. 97/35 vom 18.06.1997, ABl. 1997 Nr. L 169, S. 72) über die absichtliche Freisetzung gentechnisch veränderter Organismen in die Umwelt sowie die Verordnung Nr. 258/97 vom 27.01.1997 (ABl. 1997 Nr. L 43, S. 1) über neuartige Lebensmittel und neuartige Lebensmittelzutaten („Novel-Food-Verordnung").

[79] Auf weitere mögliche Kompetenzgrundlagen sowie auf deren Abgrenzung untereinander soll nicht an dieser Stelle, sondern erst im Rahmen der rechtlichen Beurteilung von Umweltvereinbarungen eingegangen werden, dazu § 4 A. I.

[80] Hierzu ausführlich *Frenz*, Europäisches Umweltrecht, Rn. 111 ff.

Daneben können die Mitgliedstaaten aber gem. Art. 176 und 95 Abs. 4, 5 EGV verstärkte Schutzmaßnahmen ergreifen bzw. beibehalten[81]. Im Hinblick auf die Kompetenzverteilung zwischen Mitgliedstaaten und Gemeinschaften sind darüber hinaus weitere Grundsätze zu beachten: So muß zum einen das in Art. 5 Abs. 1 EGV formulierte Prinzip der begrenzten (Einzel-)Ermächtigung[82] und zum anderen der mit der EEA speziell für den Bereich der Umweltpolitik eingefügte, durch den Vertrag von Maastricht jetzt aber in Art. 5 Abs. 2 EGV allgemeingültige Subsidiaritätsgrundsatz sowie der Grundsatz der Erforderlichkeit gem. Art. 5 Abs. 3 EGV berücksichtigt werden[83].
Schließlich ist auch die den Art. 189, 202, 211 EGV zugrundeliegende Kompetenzverteilung innerhalb der Organe der Europäischen Gemeinschaften zu beachten.
Zusammenfassend kann an dieser Stelle daher bereits festgehalten werden, daß ein Abschluß von Umweltvereinbarungen auf Gemeinschaftsebene überhaupt erst dann in Betracht kommt, wenn eine Kompetenznorm vorliegt und darüber hinaus die Kompetenzverteilung sowohl zwischen der EG und ihren Mitgliedstaaten als auch zwischen den einzelnen Organen der Gemeinschaft gewahrt bleibt.

3. Ziele und Gestaltungsprinzipien der gemeinschaftlichen Umweltpolitik

Neben der Berücksichtigung der Kompetenzen sind speziell für die gemeinschaftliche Umweltpolitik gem. Art. 174 Abs. 1 EGV vier grundlegende umweltpolitische Ziele der Gemeinschaft im Sinne einer abschließenden Aufgabenbeschreibung[84] zu beachten. Dabei handelt es sich um die Erhaltung, den Schutz und die Qualitätsverbesserung der Umwelt, den Schutz der menschlichen Gesundheit, die Ressourcenschonung sowie die Förderung des internationalen Umweltschutzes. Diese Ziele, die bei aller Unbestimmtheit gleichwohl als verbindlich anzusehen sind, bedürfen bei ihrer Anwendung allerdings der Abwägung mit anderen Zielbestimmungen des Vertrages etwa im Wirtschafts- oder Agrarbereich[85].
Demgegenüber enthält Art. 174 Abs. 2 die für die Gestaltung der Umweltpolitik der Gemeinschaft maßgebenden rechtsverbindlichen Grundprinzipien. So zielt die europäische Umweltpolitik gem. Art. 174 Abs. 2 S. 1 EGV auf ein hohes Schutzniveau ab und unterliegt den in Art. 174 Abs. 2 S. 2 EGV genannten Grundsätzen der Vorsorge und Vorbeugung (Vorsorgeprinzip), dem Grundsatz, Umweltbeeinträchtigungen nach Möglichkeit an ihrem Ursprung zu bekämpfen (Ursprungsprinzip) sowie dem Verursacherprinzip. Die darin enthaltenen umweltrechtlichen Vorgaben spielen deshalb nicht nur bei der Auslegung des Primär- und Sekundärrechts, sondern auch bei der Gemeinschaftsgesetzgebung eine bedeutende Rolle, indem

[81] Hierzu *Pechstein*, EG-Umweltrechtskompetenzen und nationale Alleingänge beim Umweltschutz, Jura 1996, S. 176 (179 ff.).
[82] Dazu *Schweitzer/Hummer*, Europarecht, Rn. 335 ff.
[83] Zum Ganzen s. noch unter § 4 B, § 5 C.
[84] Hierzu *Frenz*, Europäisches Umweltrecht, Rn. 20.
[85] *Grabitz/Nettesheim* in: Grabitz/Hilf, Das Recht der Europäischen Union, Art. 130r Rn. 12.

sie sowohl eine legitimierende Wirkung für umweltpolitische Maßnahmen als auch einen Rechtfertigungsdruck bei Abweichungen oder Ausnahmen entfalten[86].

Darüber hinaus wird die Umweltpolitik durch die in Art. 174 Abs. 3 EGV aufgeführten Berücksichtigungsgebote (Umweltdaten, regionale Umweltbedingungen, Vorteile und Belastung eines Tätigwerdens, wirtschaftlich, soziale und regional ausgewogene Entwicklung) bestimmt, die angesichts des Wortlauts des Abs. 3 zwar rechtlich verbindlich sind, aber keine Rechtsprinzipien oder Bedingungen für Maßnahmen der Gemeinschaft darstellen, so daß dem Gemeinschaftsgesetzgeber ein weiter Gestaltungs- und Beurteilungsspielraum zusteht[87].

Diese in Art. 174 EGV aufgeführten Ziele und Gestaltungsprinzipien einer europäischen Umweltpolitik sind auch bei dem Abschluß von Umweltvereinbarungen umzusetzen.

II. Vorgaben durch die europäische Klimaschutzstategie

Vorgaben für den Abschluß von Umweltvereinbarungen sind überdies auch in den gemeinschaftsrechtlichen Maßnahmen zum Klimaschutz, der angesichts der durch die Klimaveränderung zu befürchtenden ökologischen, gesundheitlichen und wirtschaftlichen Folgen als die größte globale umweltpolitische Herausforderung bewertet wird, enthalten.

Hintergrund dieser Maßnahmen sind die zunehmend an Bedeutung gewinnenden völkerrechtlichen Entwicklungen im Umweltbereich, die mit der in Rio de Janeiro auf der Konferenz der Vereinten Nationen über Umwelt und Entwicklung (UNCED) angenommenen Klimarahmenkonvention (KRK) von 1992[88] und dem Kyoto-Protokoll vom 10.12.1997[89] ihren vorläufigen Höhepunkt gefunden haben. Hauptziel der Rahmenkonvention ist die Begrenzung und Reduktion der Treibhausgas-Konzentration in der Atmosphäre, um die „nachhaltige Entwicklung" zu fördern (Art. 2, 3 KRK). Während aber das Abkommen von Rio noch keine rechtsverbindlichen und konkret umsetzbaren Reduktionsverpflichtungen enthielt, da Art. 4 Abs. 2 KRK lediglich eine unverbindliche Zielsetzung normiert[90], sieht nun das Kyoto-Protokoll für die Industrienationen in Art. 3 Abs. 1 erstmals eine rechtlich verbindliche Reduktion der sechs wichtigsten Treibhausgase (Kohlendioxid, Methan, Distickstoffoxid, teilhalogenierte Fluorchlorkohlenwasserstoffe, perfluorierte Kohlenwasserstoffe und Schwefelhexafluorid) um

---

[86] *Schröder*, Umweltschutz als Gemeinschaftsziel und Grundsätze des Umweltschutzes, in: Rengeling (Hrsg.), EUDUR, Bd. I, § 9 Rn. 43 ff.

[87] *Calliess* in: Calliess/Ruffert, Kommentar zu EU-Vertrag und EG-Vertrag, Art. 174 Rn. 44.

[88] Framework Convention on Climate Change (Rahmenübereinkommen der Vereinten Nationen über Klimaänderungen – Klimarahmenkonvention), abgedruckt in: International Legal Materials (I.L.M) 31 (1992), S. 849 ff.; s.a. den Beschluß des Rates über den Abschluß des Rahmenübereinkommens der Vereinten Nationen über Klimaänderungen, ABl. 1994 Nr. L 33, S. 11. Ausführlich hierzu *Bail*, Klimaschutz und rechtspolitischer Ausblick, in: Rengeling (Hrsg.), EUDUR, Bd. I, § 56 Rn. 6 ff.

[89] Protokoll der 3. Vertragsstaatenkonferenz „Kyoto Protokoll zum Rahmenübereinkommen der Vereinten Nationen über Klimaänderungen", UN-Doc. FCCC/CP/1997/L.7/Add.1.

[90] Vgl. *Bail*, Das Klimaschutzregime nach Kyoto, EuZW 1998, S. 457 (458) m.w.N.; *Koch/Verheyen*, Klimaschutz im deutschen Anlagengenehmigungsrecht, NuR 1999, S. 1 (3 - Fn. 31).

mindestens 5 % im Zeitraum von 2008 bis 2012 – verglichen mit dem Basisjahr 1990 – vor[91]. Auch aufgrund dieser völkerrechtlichen Vorgaben hat die Gemeinschaft verschiedene Strategien zur Umsetzung der Klimaschutzziele verabschiedet, die vielfach für den Einsatz von Umweltvereinbarungen von Bedeutung sind.

1. Das fünfte Umweltaktionsprogramm

Als wichtigste „Antwort" auf den sog. „Erdgipfel" von Rio und damit auch auf die Klimarahmenkonvention hat die Gemeinschaft das fünfte Umweltaktionsprogramm ausgearbeitet, das eine Vielzahl von Neuerungen für das europäische Umweltrecht geschaffen und die Grundlinien der gemeinschaftlichen Umweltpolitik bis zur Jahrtausendwende festlegt hat[92]. So enthält dieses Programm neben einem neuen Konzept hinsichtlich der Akteure und der Instrumente einer künftigen Umweltpolitik auch eine Reihe von Zielen und Aktionen im Hinblick auf den Klimaschutz für die Jahre 1993-2000[93]. Dabei wird aber zugleich erkannt, daß diese Zielvorgaben nur in Zusammenarbeit aller gesellschaftlichen Gruppen im Sinne einer „gemeinsamen Verantwortung" erreicht werden können, und deshalb die Erweiterung der Palette von Instrumenten angestrebt. Dazu heißt es konkret: „Die bisherigen Aktionsprogramme basierten fast ausschließlich auf dem Erlaß von Rechtsvorschriften. Um jedoch die gegenwärtigen Tendenzen und Praktiken entscheidend verändern und die Verantwortung unter allen Bereichen der Gesellschaft aufteilen zu können, ist eine breitere Palette von Instrumenten erforderlich. Diese Instrumente können in die vier folgenden Kategorien eingeteilt werden:" Rechtliche Instrumente, marktorientierte Instrumente, horizontale, begleitende Instrumente und finanzielle Hilfen[94]. Daher wird als ein Teil des neuen „Maßnahmenpakets" für den ausgewählten Schwerpunktbereich der Industrie konkret die Förderung freiwilliger Vereinbarungen genannt[95]. Dieses Konzept der gemeinsamen Verantwortung soll ebenso wie der Einsatz von Umweltvereinbarungen auch im sechsten Aktionsprogramm weiterverfolgt werden[96].

---

[91] Kritisch zu den Zielfestlegungen *Schmidt*, Die Klimakonferenz in Kyoto, ZfU 1998, S. 441 ff. Ausführlich zum Protokoll *Bail*, Klimaschutz und rechtspolitischer Ausblick, in: Rengeling (Hrsg.), EUDUR, Bd. I, § 56 Rn. 38 ff.

[92] ABl. 1993 Nr. C 138, S. 1.

[93] ABl. 1993 Nr. C 138, S. 1 (42 ff.). S.a. die Mitteilung der Kommission „Die Umwelt Europas: Orientierungen für die Zukunft", Gesamtbewertung des Programms „Für eine dauerhafte und umweltgerechte Entwicklung", KOM(1999) 543 endg., S. 1 (6 f.), zur Bewertung des fünften Aktionsprogramms hinsichtlich der Klimaveränderung.

[94] ABl. 1993 Nr. C 138 S. 1 (16).

[95] ABl. 1993 Nr. C 138 S. 1 (29).

[96] Vgl. den Beschluß Nr. 2179/98 des Europäischen Parlaments und des Rates vom 24.09.1998 über die Überprüfung des Programms „Für eine dauerhafte und umweltgerechte Entwicklung", ABl. 1998 Nr. L 275, S. 1 (3, 6). S.a. die Mitteilung der Kommission, KOM(1999) 543 endg., S. 1 (19).

2. Strategien und Konzepte zum Kyoto-Protokoll

Auch das Konzept der EU für die dritte Vertragsstaatenkonferenz in Kyoto bezieht sich bei einer Analyse der Möglichkeiten zur Verringerung der CO_2-Emissionen ausdrücklich auf eine Umweltvereinbarung mit der Automobilindustrie und betont für eine Klimastrategie das Erfordernis eines breiten Spektrums politischer Instrumente, zu denen auch die zwischen Behörden und Industriesektoren ausgehandelten Vereinbarungen zählen, da diese der Industrie „maximale Flexibilität bei der Entscheidung für die kosteneffektivsten Maßnahmen" bieten[97]. Bestätigt wird dieser Entschluß durch die „EU-Strategie nach Kyoto": Darin wird als Möglichkeit zur Reduzierung der Emissionen auf EG-Ebene etwa der Abschluß von Umweltvereinbarungen mit einzelnen Industriesektoren, die einen hohen Ausstoß von CO_2 und anderer Treibhausgase aufweisen, oder auch die freiwillige Übernahme von Verpflichtungen im Energiebereich durch die Industrie zur Förderung der Kraft-Wärme-Kopplung genannt[98].

3. Weitere Strategien im Hinblick auf den Klimaschutz

In weiteren Strategien zur Erreichung der Zielvorgaben für den Klimaschutz richtet die EG ihr Augenmerk vor allem auf Maßnahmen in der Energie- und Verkehrspolitik, für die oftmals auch das Instrument der Umweltvereinbarung herangezogen wird. So hat die Kommission bereits 1992 „eine Gemeinschaftsstrategie für weniger Kohlendioxidemissionen und mehr Energieeffizienz" im Hinblick auf die Konferenz der Vereinten Nationen über Umwelt und Entwicklung (UNCED) vorgelegt, die insbesondere auch die Einbeziehung sämtlicher Unternehmen fordert[99]. Im Weißbuch „Eine Energiepolitik für die Europäische Union" von 1995 werden dann sogar ausdrücklich die gemeinschaftsweiten freiwilligen Vereinbarungen zum Umweltschutz als Maßnahmen im Energiesektor aufgeführt[100]. Desgleichen wird die Rolle von Vereinbarungen im Rahmen der Forderung nach verstärkter Zusammenarbeit mit der Wirtschaft auch in der Mitteilung der Kommission über „die energiepolitische Dimension der Klimaänderungen" betont. Darin heißt es, daß „eine erfolgreiche unionsweite Nutzung dieses Instruments (...) eine Verbesserung der Energieeffizienz bewirken und eine erhebliche Redu-

---

[97] Mitteilung der Kommission, Klimaänderungen: Das Konzept der EU für Kyoto, KOM(97) 481 endg., S. 1 (5, 10 f.).

[98] Mitteilung der Kommission, Klimaänderungen - zu einer EU-Strategie nach Kyoto, KOM(1998) 353 endg., S. 1 (19, 21 f.).

[99] KOM(92) 246 endg., S. 1 (2). Damit verbunden ist auch die Richtlinie Nr. 93/76 zur Begrenzung der Kohlendioxidemissionen durch eine effizientere Energienutzung (SAVE), ABl. 1993 Nr. L 237, S. 28. S.a. die Entscheidung des Rates zur Förderung der erneuerbaren Energieträger in der Gemeinschaft (ALTENER-Programm), ABl. 1993 Nr. L 235, S. 41, sowie die Verordnung Nr. 2008/90 zur Förderung der Energietechnologie in Europa (THERMIE-Programm), ABl. 1990 Nr. L 185, S. 1. Die vorgeschlagene Richtlinie zur Einführung einer CO_2-Energiesteuer konnte dagegen noch nicht durchgesetzt werden, vgl. hierzu *Bail*, Klimaschutz und rechtspolitischer Ausblick, in: Rengeling (Hrsg.), EUDUR, Bd. I, § 56 Rn. 86 f.

[100] KOM(95) 682 endg., S. 1 (31).

zierung der CO_2-Emissionen nach sich ziehen" würde[101]. Deshalb wird in einer Mitteilung der Kommission über politische Instrumente zur Verringerung von Standby-Energieverlusten bei Heimelektronik-Geräten die verstärkte Nutzung ausgehandelter Vereinbarungen zur Förderung der Energieeffizienz vorgeschlagen[102].

Ähnlich wie für die Energiepolitik wird auch im Bereich des Verkehrswesens der Einsatz von Umweltvereinbarungen befürwortet. Deutlich wird dies etwa in der „Strategie der Gemeinschaft zur Minderung der CO_2-Emissionen von Personenkraftwagen und zur Senkung des durchschnittlichen Kraftstoffverbrauchs" von 1995, in der auch eine Vereinbarung mit der Automobilindustrie zur Verbesserung des Kraftstoffverbrauchs von Pkws für erfolgversprechend gehalten wird[103]. In der folgenden „Entwicklung eines Gemeinschaftskonzepts" „über Verkehr und CO_2" wird dieser Möglichkeit einer Umweltvereinbarung zur Reduktion von CO_2-Emissionen weiter nachgegangen[104], mit der Folge, daß zur Umsetzung der Strategie der Gemeinschaft schließlich auch eine Vereinbarung mit der europäischen Automobilindustrie abgeschlossen wurde[105]. Ein vergleichbares Konzept wird mittlerweile ebenso für den Luftverkehr initiiert[106]

Neben den hier dargestellten Konzepten und Strategien gibt es noch eine Reihe weiterer gemeinschaftsrechtlicher Maßnahmen zum Klimaschutz, die allerdings nicht im Zusammenhang mit Umweltvereinbarungen stehen und daher in dieser Untersuchung keine Berücksichtigung finden können[107]. Es ist aber deutlich geworden, daß die Gemeinschaft und dabei insbesondere die Europäische Kommission das Instrument der Umweltvereinbarung zur Umsetzung der verschiedenen Ziele und Strategien für den Klimaschutz nutzen will und diese freiwilligen Vereinbarungen in vielen Bereichen des Klimaschutzes auf Gemeinschaftsebene vorgesehen oder sogar bereits eingesetzt worden sind.

---

[101] KOM(97) 196 endg., S. 1 (9).

[102] KOM(1999) 120 endg., S. 1 (8). S.a. die freiwillige Verpflichtung der EACEM zur Verringerung des Energieverbrauchs von Fernsehern und Videorecordern im Standby-Betrieb, vgl. ABl. 1998 Nr. C 12, S. 2.

[103] KOM(95) 689 endg., S. 1 (15). Das Europäische Parlament lehnt eine solche Vereinbarung dagegen ausdrücklich ab, ABl. 1997 Nr. C 132, S. 210 (211 - Nr. 3).

[104] Mitteilung der Kommission über Verkehr und CO_2 - Entwicklung eines Gemeinschaftskonzepts, KOM(1998) 204 endg., S. 1 (12).

[105] Mitteilung der Kommission, Umsetzung der Strategie der Gemeinschaft zur Minderung der CO_2-Emissionen von Personenkraftwagen: Eine Umweltvereinbarung mit der europäischen Automobilindustrie, KOM(1998) 495 endg.; s.a. die Empfehlung der Kommission über die Minderung der CO_2-Emissionen von Personenkraftwagen, ABl. 1999 Nr. L 40, S. 49.

[106] Vgl. die Mitteilung der Kommission, Luftverkehr und Umwelt: Wege zu einer nachhaltigen Entwicklung, KOM(1999) 640 endg., S. 1 (18 ff.); s.a. die Mitteilung der Kommission über Verkehr und CO_2 - Entwicklung eines Gemeinschaftskonzepts, KOM(1998) 204 endg., S. 1 (16 f.).

[107] Hierzu *Bail*, Klimaschutz und rechtspolitischer Ausblick, in: Rengeling (Hrsg.), EUDUR, Bd. I, § 56 Rn. 86 ff.; *ders.*, Das Klimaschutzregime nach Kyoto, EuZW 1998, S. 457 (463 f.) m.w.N.

III. Weitere Vorgaben für Umweltvereinbarungen

Die Erkenntnis des fünften Aktionsprogramms, daß Umweltvereinbarungen zu den Instrumenten einer künftigen Umweltpolitik gehören sollen, spiegelt sich auch in dem vielfach erwähnten „Molitor-Bericht“ wider. Nach den bereits zitierten Vorschlägen 16 und 17 für die Umwelt sollte in der Industrieabfallpolitik „der Nachdruck stärker auf freiwillige Vereinbarungen gelegt werden“ und die Kommission „mitteilen, wann freiwillige Vereinbarungen auf dem Gebiet der Abfallbeseitigung mit den EG-Wettbewerbsvorschriften vereinbar sind“ [108]. In dem Bereich der Abfallwirtschaft sieht auch die Kommission ein weiteres potentielles Gebiet für den Einsatz von Umweltvereinbarungen[109].

Von weitaus größerer Bedeutung für den Abschluß von Umweltvereinbarungen ist indes die Mitteilung der Kommission über Umweltvereinbarungen[110]. Darin stellt die Kommission nach einigen allgemeinen Ausführungen - rechtlich allerdings nicht bindende - Leitlinien für die Anwendung von Umweltvereinbarungen auf. Gleichwohl sieht die Kommission darin Anforderungen, die bei jeder Vereinbarung unabhängig von der Ebene, auf der sie geschlossen wird, Beachtung finden müßten[111]. Abgesehen von der Frage, ob diese Überzeugung zutreffend ist, sind diese Leitlinien für die weitere Untersuchung aber zumindest mit zu berücksichtigen, zumal sich sowohl der Rat[112] als auch das Europäische Parlament[113] im wesentlichen befürwortend dazu geäußert haben.

Als allgemeine Leitlinien für die Ausarbeitung, den Abschluß und der Durchführung von Vereinbarungen werden zunächst die nachfolgenden Aspekte benannt[114]:

- Abstimmung mit den Beteiligten
- Vertragliche Form
- Quantifizierte Ziele
- Stufenweises Vorgehen (im Sinne der Festlegung von Zwischenzielen)
- Überwachung der Ergebnisse

---

[108] Bericht der Gruppe unabhängiger Experten für die Vereinfachung der Rechts- und Verwaltungsvorschriften, KOM(95), 288 endg./2, S. 1 (70 f.). S. hierzu bereits oben § 3 A. IV.

[109] S. die Mitteilung der Kommission zur Überprüfung der Gemeinschaftsstrategie für die Abfallwirtschaft, KOM(96) 399 endg., S. 1 (16).

[110] Mitteilung der Kommission an den Rat und das Europäische Parlament über Umweltvereinbarungen, KOM(96) 561 endg. S.a. den Bericht der Europäischen Umweltagentur auf Anfrage des Europäischen Parlaments zur ökologischen Wirksamkeit von Umweltvereinbarungen, Environmental Agreements, Environmental Effectiveness, Environmental Issues Series No. 3 - Vol. 1, 2.

[111] KOM(96) 561 endg., S. 1 (11): „... unabhängig davon, ob dies auf europäischer, einzelstaatlicher oder örtlicher Ebene oder zur Durchführung einer Gemeinschaftsrichtlinie erfolgt.“

[112] Entschließung des Rates vom 07.10.1997 zu Umweltvereinbarungen, ABl. 1997 Nr. C 321, S. 6.

[113] Entschließung zur Mitteilung der Kommission über Umweltvereinbarungen, ABl. 1997 Nr. C 286, S. 254 ff.; s.a. die Verhandlungen des Europäischen Parlaments vom 16.07.1997, ABl. 1997 Nr. 4-504, S. 209 ff., sowie den Bericht des Ausschusses für Umweltfragen, Volksgesundheit und Verbraucherschutz, PE DOK A4-0224/97 vom 26.06.1997, und die Stellungnahme des Wirtschafts- und Sozialausschusses, ABl. 1997 Nr. C 287, S. 1 ff.

[114] S. KOM(96) 561 endg., S. 1 (11 ff.).

- Information der Öffentlichkeit, Transparenz
- Unabhängige Prüfung der Ergebnisse (nicht in allen Fällen zweckmäßig)
- Zusätzliche Garantien (Vereinbarung von Sanktionen bei Nichteinhaltung)
- Allgemeine Bestimmungen (Angabe von: Parteien, Gegenstand und Dauer der Vereinbarung, Verpflichtungen der Parteien, Definition der wichtigsten Bedingungen, Beitrittsbedingungen und -verfahren, Überarbeitungs- und Kündigungsmöglichkeiten, Vertragsart)
- Vereinbarkeit mit dem EG-Vertrag (freier Warenverkehr; Wettbewerb, Art. 81, 82 EGV; Beihilfen, Art. 87)
- Vereinbarkeit mit den WHO-Regeln

Zusätzliche Vorgaben enthält die Mitteilung der Kommission darüber hinaus für Umweltvereinbarungen zur Durchführung von Gemeinschaftsrichtlinien[115], die sie nochmals in einer an alle Mitgliedstaaten gerichteten Empfehlung wiederholt[116].
Ein weiteres Kapitel ist speziell den Vereinbarungen auf Gemeinschaftsebene gewidmet[117], wobei die Kommission diesbezüglich betont, daß der Abschluß verbindlicher Vereinbarungen im EG-Vertrag nicht vorgesehen sei. Es verbleibe daher auch künftig bei den informellen Vereinbarungen in Form einseitiger Verpflichtungen[118], wobei aber zusätzlich vier grundsätzliche Gesichtspunkte berücksichtigt werden müßten:
- Günstige Rahmenbedingungen für eine Umweltvereinbarung auf Gemeinschaftsebene (z.B. eine überschaubare Zahl an Vertragsparteien)
- Mögliche Anwendungsbereiche (zur Durchführung umfassender, langfristiger Ziele[119])
- Institutioneller Rahmen (die Ziele der Vereinbarungen müßten bereits durch Institutionen der Gemeinschaften bereits angenommen worden sein)
- Förmliche und inhaltliche Anforderungen (Beachtung der allgemeinen Leitlinien mit Ausnahme der vertraglichen Form)

Abschließend stellt die Kommission die nachfolgend dargestellte Liste der in einer Vereinbarung zu erfassenden Punkte auf[120]:

---

[115] KOM(96) 561 endg., S. 1 (18 ff.).
[116] Empfehlung der Kommission vom 09.12.1996 über Umweltvereinbarungen zur Durchführung von Richtlinien der Gemeinschaft, ABl. 1996 Nr. L 333, S. 59 ff.
[117] KOM(96) 561 endg., S. 1 (21 f.).
[118] Solche Verpflichtungen hat die Kommission bislang „anerkannt", sie könnten aber die Form einer unverbindlichen „Abmachung" annehmen, s. KOM(96) 561 endg., S. 1 (21). Ähnlich argumentiert der Wirtschafts- und Sozialausschuß in seiner Stellungnahme zum Thema „Umweltvereinbarungen", ABl. 1997 Nr. C 287, S. 1 (4).
[119] Die Kommission nennt insoweit die Minderung der CO_2-Emmissionen aus Personenkraftfahrzeugen, SO_2- und NO_x-Emissionen durch Kraftwerke und die Minderung der Energieverluste durch Standby-Betrieb, s. KOM(96) 561 endg., S. 1 (22).
[120] Die Punkte betreffend Rechtsnatur und zuständige Gerichtsbarkeit sind nur relevant, falls die Vereinbarung in vertraglicher Form geschlossen wird. Liste nach KOM(96) 561 endg., S. 1 (24).

I. Gründe für die Wahl des Instruments

1. Vorteile im Vergleich zu gesetzgeberischen und wirtschaftlichen Maßnahmen (Umwelt- und Kostenwirksamkeit, Durchführbarkeit)
2. Sektorale Abdeckung, Stärke der Wirtschaftsverbände
3. Aufgeschlossenheit der Öffentlichkeit hinsichtlich des zu lösenden Problems
4. Bisherige Rechtsmaßnahmen zur Festlegung der Ziele

II. Inhalt

1. Parteien des Übereinkommens (Verbände und/oder einzelne Firmen)
2. Gegenstand
3. Begriffsbestimmungen
4. Quantifizierte Ziele
5. Stufenweises Vorgehen
6. Detaillierte Angabe der Verpflichtungen
7. Überwachung der Ergebnisse
8. Regelmäßige Berichterstattung
9. Zugang zu Informationen
10. Vorkehrungen für die Erfassung/Beurteilung/Prüfung der Ergebnisse
11. Sanktionen
12. Beitritt von Dritten
13. Dauer
14. Überarbeitung
15. Beendigung
16. Rechtsnatur der Vereinbarung
17. Gerichtsstand

III. Übereinstimmung mit dem EG-Vertrag

1. Ist eine Notifikation an die Kommission erforderlich?
2. Wird der freie Warenverkehr beeinträchtigt?
3. Wird der Wettbewerb beeinträchtigt (Ausschluß einzelner Konkurrenten, Preisfestlegung usw.)?
4. Gelten die Regeln für staatliche Beihilfe und werden sie eingehalten?
5. Ist eine Wettbewerbsverzerrung aus Umweltgründen gerechtfertigt?
6. Ist eine Verzerrung ein angemessenes Mittel zur Verwirklichung des Ziels?

IV. Veröffentlichung

Bei Einhaltung der Vorgaben dieser Checkliste könnten auch nach Auffassung des Europäischen Parlaments die umweltpolitischen Ziele mittels Umweltvereinbarungen rasch und wirksam erreicht werden. Zugleich betont es allerdings, daß für den Abschluß von Umweltvereinbarungen auf Gemeinschaftsebene eine Einbindung des Europäischen Parlaments „sowohl bei der Erteilung des Verhandlungsmandats als auch während der Verhandlungen sicherzustellen ist“[121].

IV. Zusammenfassung

Nach dieser Darstellung der wesentlichen rechtlichen und politischen Vorgaben für den Abschluß gemeinschaftlicher Umweltvereinbarungen ergibt sich nunmehr folgendes Bild:

Es finden sich im Gemeinschaftsrecht zunächst eine Reihe allgemeiner Vorgaben des europäischen Umweltrechts, die im Vordergrund einer rechtlichen Beurteilung von Umweltvereinbarungen stehen müssen. Insoweit gilt es insbesondere zu untersuchen, ob die Vorschriften der Art. 174 ff., 249 EGV überhaupt die Möglichkeit des Abschlusses oder der Anerkennung von Umweltvereinbarungen auf Gemeinschaftsebene einräumen und wer im positiven Falle die entsprechende Kompetenz aufgrund welcher Grundlage mit wessen Beteiligung ausüben kann.

Ebenso ist aber anhand der politischen Vorgaben der verschiedenen gemeinschaftsrechtlichen Strategien zum Klimaschutz deutlich geworden, daß der Einsatz von Umweltvereinbarungen eine nicht zu unterschätzende Rolle bei der Einhaltung der Zielvorgaben einnehmen soll, so daß bei der rechtlichen Bewertung auch diesen politischen Direktiven Rechnung zu tragen sein wird.

Daneben ist schließlich zu ergründen, inwieweit die detaillierten, aber unverbindlichen Leitlinien der Kommission bei dem Abschluß von Umweltvereinbarungen tatsächlich zu berücksichtigen sind, etwa weil sie ohnehin geltende rechtliche Vorgaben des EG-Vertrags zum Inhalt haben. Von besonderem Interesse ist dabei die von der Kommission getroffene Feststellung, daß auf Gemeinschaftsebene verbindliche Vereinbarungen nicht in Betracht kämen.

Damit gibt es - freilich neben den nicht spezifisch umweltrechtlichen Direktiven - vielfältige Aspekte, die bei einer rechtlichen Begutachtung von Umweltvereinbarungen beachtet werden müssen.

[121] Entschließung zur Mitteilung der Kommission über Umweltvereinbarungen, ABl. 1997 Nr. C 286, S. 254 (255 - lit. J, 257 - Nr. 24.).

3. Teil: Umweltvereinbarungen auf Gemeinschaftsebene

Für die Frage nach einer Deregulierung durch Umweltvereinbarungen gilt es nun zu untersuchen, ob und inwieweit auf der Ebene der europäischen Gemeinschaft das Ziel aller umweltpolitischer Aktivitäten - ein verbesserter Schutz der Umwelt - überhaupt durch Vereinbarungen der Gemeinschaftsorgane mit Unternehmen oder Wirtschaftsverbänden anstelle gesetzlicher Regelungen erreicht werden kann, also herkömmliche hoheitliche Handlungsformen durch Umweltvereinbarungen ersetzt werden können und damit überhaupt die Möglichkeit einer Deregulierung besteht. Dies ist nur dann der Fall, wenn solche Vereinbarungen eine zulässige Alternative zur Rechtsetzung auf Gemeinschaftsebene durch Verordnungen, Richtlinien und Entscheidungen darstellen.

Wie schon im zweiten Teil ausführlich dargestellt wurde, kommen dabei verschiedene Erscheinungsformen von Umweltvereinbarungen in Betracht, so daß es insoweit zunächst zwischen (verbindlichen) Verträgen sowie (unverbindlichen) Selbstverpflichtungen zu unterscheiden gilt[1]. Allerdings hält die Kommission in ihrer bereits vielfach zitierten Mitteilung über Umweltvereinbarungen[2] verbindliche Umweltvereinbarungen in Vertragsform auf Gemeinschaftsebene für unzulässig; als verbindliche Maßnahmen der EG kämen nach dieser von der Kommission geäußerten Rechtsansicht allein Verordnungen, Richtlinien und Entscheidungen in Betracht[3]. Vorstellbar wären somit nur unverbindliche Vereinbarungen, die sich in Form von Selbstverpflichtungen der Wirtschaft niederschlagen, welche dann wiederum von der Kommission – wie bereits in der Vergangenheit praktiziert – anerkannt werden[4]. Mit diesen unverbindlichen Vereinbarungen müßte sich die EG zumindest solange begnügen, wie nicht der EG-Vertrag eine entsprechende Änderung erfährt. In diesem Fall wäre – ohne daß aber die Zulässigkeit von Selbstverpflichtungen bereits außer Zweifel stünde – eine vertragliche Umweltvereinbarung auf Gemeinschaftsebene von vornherein ausgeschlossen.

Demgegenüber zeigt die Praxis in den Mitgliedstaaten, die eine lange Erfahrung mit Umweltvereinbarungen aufweisen können, eine verstärkte Entwicklung in Abkehr von den unverbindlichen Selbstverpflichtungen zu einem mehr verbindlichen Ansatz auch in Form von Verträgen[5]. Zu überlegen ist deshalb, ob sich nicht auch der Gemeinschaft Möglichkeiten bieten, als Kontrahent bestimmter Sektoren der Gemeinschaftsindustrie gemeinschaftsweit geltende verbindliche Umweltabkommen abzuschließen. Dieser Gedankengang sollte schon deshalb nicht vernachlässigt werden, weil es diverse Bereiche gibt, die nicht nur regionale oder nationale Probleme aufwerfen, sondern effektiver und umfassender auf Gemeinschaftse-

[1] S. dazu § 2 B. III.

[2] Mitteilung der Kommission an den Rat und das Europäische Parlament über Umweltvereinbarungen, KOM(96) 561 endg., S. 1.

[3] KOM(96) 561 endg., S. 1 (21). Zustimmend *Krieger*, Die Empfehlung der Kommission über Umweltvereinbarungen, EuZW 1997, S. 648.

[4] KOM(96) 561 endg., S. 1 (21 - Punkt 41).

bene geregelt werden können, wie z.B. die Erzielung von Einsparungen im Energiebereich oder die Verringerung des CO_2- Ausstoßes in einzelnen Industriezweigen, um nur einige Beispiele zu nennen[6].

Im folgenden soll daher untersucht werden, ob und gegebenenfalls unter welchen Voraussetzungen gemeinschaftliche Umweltverträge geschlossen werden können oder ob Umweltvereinbarungen auf europäischer Ebene nur in Form von einseitigen Selbstverpflichtungen und Absichtserklärungen zulässig sind. Dabei werden in einem ersten Schritt - getrennt nach Umweltverträgen und Selbstverpflichtungen - die formellen Voraussetzungen, insbesondere die Frage einer Kompetenz der Gemeinschaft zum Abschluß derartiger Vereinbarungen, geprüft; in einem zweiten Schritt gilt es dann, die für Umweltvereinbarungen relevanten materiellen Voraussetzungen aufzuzeigen. Denn erst wenn feststeht, welche formellen und materiellen Vorgaben des Gemeinschaftsrechts für den Abschluß von Umweltvereinbarungen zu beachten sind, kann die Frage nach einer Deregulierung durch Umweltvereinbarungen auf Gemeinschaftsebene beantwortet werden.

---

[5] So etwa in den Niederlanden, in Deutschland und in Dänemark, s.o. § 2 B. I. 2. a), b) und c).

[6] *Wägenbaur*, Zwölf Thesen zum Thema Umweltvereinbarungen, EuZW 1997, S. 645 (647), nennt als Beispiel insbesondere das 5-l-Auto. Weiter empfiehlt er der Gemeinschaft ein Abkommen mit den erdölfördernden Gesellschaften über die Verpflichtung, Ölförderanlagen in der Nordsee abzuwracken und nicht mehr zu versenken; s. hierzu auch den Europareport aus Brüssel, EuZW 1998, S. 130 f.

§ 4 Umweltvereinbarungen in Vertragsform

Im Hinblick auf die vertraglichen Vereinbarungen stellt sich zunächst die Frage, ob der EGV überhaupt eine Alternative zum Vorgehen im Weg der „Gesetzgebung" zuläßt, d.h., ob eine vertragliche Regelung - entgegen der Auffassung der Kommission - dieselben Rechtswirkungen wie die in Art. 249 EGV aufgeführten Rechtsetzungsakte (Verordnung, Richtlinie, Entscheidung) erzielen kann. Bei dieser Konstellation kann es sich um einen Vertrag zwischen einem Organ der EG mit Wirtschaftsverbänden oder einzelnen Unternehmen handeln, durch den - beispielsweise anstelle einer auf Art. 175 EGV gestützten Verordnung - bestimmte Ziele im Bereich des Umweltschutzes geregelt werden sollen. So könnten sich etwa die ein bestimmtes Produkt in einem umweltschädigenden Verfahren herstellenden Firmen verpflichten, die Produktion dieses Erzeugnisses auf ein umweltschonenderes Verfahren umzustellen, während die EG im Gegenzug verspricht, auf eine geplante schärfere Richtlinie, Verordnung oder Entscheidung zu verzichten. Insofern läge - ganz allgemein - ein Vertrag im Europarecht vor[1], ein Vertrag zwischen EG und Verbänden bzw. Individuen auf dem Gebiet des Umweltrechts. Da das Prinzip der begrenzten Einzelermächtigung (Prinzip der „compétences d'attribution")[2] für jeden bindenden Rechtsakt[3] der Gemeinschaft eine ausdrückliche oder zumindest durch Auslegung zu ermittelnde Ermächtigung im primären Gemeinschaftsrecht verlangt, ist eine solche Kompetenznorm grundsätzlich auch für den Abschluß von Umweltverträgen erforderlich. Die Gemeinschaftsaufgabe als solche enthält dementsprechend keine allgemeine Ermächtigung zum Erlaß von Rechtsakten; die Organe handeln gem. Art. 5 Abs. 1 EGV vielmehr nur „innerhalb der Grenzen der ihr in diesem Vertrag zugewiesenen Befugnisse und gesetzten Ziele". In erster Linie gilt es demnach, die Kompetenz der EG zum Abschluß von Umweltverträgen auf Gemeinschaftsebene zu untersuchen.

A. Die Verbandskompetenz der EG zum Abschluß von Umweltverträgen

Während zunächst schon die Existenz gemeinschaftlicher Kompetenzen zur Ergreifung umweltpolitischer Maßnahmen Anlaß zu Diskussionen gab[4], ist die gemeinschaftliche Umwelt-

---

[1] Nach *Bleckmann*, Der Verwaltungsvertrag als Handlungsmittel der Europäischen Gemeinschaften, DVBl. 1981, S. 889, handelt es sich dabei um einen Verwaltungsvertrag: „Im Europarecht ist ein Verwaltungsvertrag ein Vertrag, den die EG mit einer Behörde oder einer unterstaatlichen juristischen Person des öffentlichen Rechts der Mitgliedstaaten oder mit Verbänden oder Individuen auf dem Gebiet des öffentlichen Rechts abschließt", also auch ein Vertrag, der anstelle einer Verordnung, Richtlinie oder Entscheidung abgeschlossen wird und dieselben Wirkungen wie diese einseitigen Hoheitsakte erzielen will (S. 891). Nach *Spannowsky*, Grenzen des Verwaltungshandelns durch Verträge und Absprachen, S. 48, ist ein Verwaltungsvertrag - ungeachtet seiner Rechtsnatur - jeder Vertrag, den die Verwaltung zur Erfüllung ihrer öffentlichen Aufgaben abschließt; im Gemeinschaftsrecht seien Verwaltungsverträge daher nur im Bereich des Vollzugs denkbar (S. 491 f.).

[2] Zum Prinzip der begrenzten Einzelermächtigung ausführlich noch unter § 4 A. II. 2. c) bb) und B. I.

[3] *Huber*, Recht der Europäischen Integration, S. 149, 151, lehnt die Auffassung ab, wonach das Prinzip der begrenzten Ermächtigung auf unverbindliche Empfehlungen und Stellungnahmen keine Anwendung finde.

[4] Hierzu *Behrens*, Rechtsgrundlagen der Umweltpolitik der Europäischen Gemeinschaften, S. 71 ff.; s.a. *Pieper* in: Bleckmann, Europarecht, Rn. 2813 ff.

politik nunmehr durch die Einheitliche Europäische Akte (EEA) und die Unionsverträge von Maastricht und Amsterdam ausdrücklich im EGV geregelt, so daß inzwischen nicht mehr die Kompetenzverteilung zwischen der Gemeinschaft und den Mitgliedstaaten, sondern vor allem die Abgrenzung der verschiedenen potentiell einschlägigen Kompetenzgrundlagen im Gemeinschaftsrecht Probleme bereitet.
Dabei stellen sich im Hinblick auf die zu untersuchenden Umweltvereinbarungen in Vertragsform zweierlei Fragen: Zunächst ist allgemein die Kompetenz der Gemeinschaft auf dem Gebiet des Umweltrechts zu ermitteln, so daß die insoweit relevanten Kompetenzgrundlagen sowie deren Abgrenzungen untereinander aufgezeigt werden müssen. In einem weiteren Schritt gilt es dann zu prüfen, inwieweit die Gemeinschaft speziell zum Abschluß von Verträgen berechtigt ist.

I. Die verschiedenen Handlungsermächtigungen auf dem Gebiet des Umweltrechts

Durch die Einfügung des Titels „Umwelt" in den EG-Vertrag (Art. 174 - 176 EGV) ist die Gemeinschaft ausdrücklich berechtigt, eine Umweltpolitik zu betreiben, während die Finanzierung und der Vollzug der Umweltmaßnahmen grundsätzlich durch die Mitgliedstaaten erfolgt[5]. Wie bereits ausgeführt, können Maßnahmen zugunsten des Umweltschutzes aber angesichts des Charakters der Umweltpolitik als Querschnittsaufgabe auch auf andere Kompetenznormen des EGV gestützt werden, zumal Art. 6 EGV eine Einbeziehung der Erfordernisse des Umweltschutzes bei der Festlegung und Durchführung anderer Gemeinschaftspolitiken verlangt[6]. Ein vollständiger Überblick über die möglichen Kompetenznormen für Umweltmaßnahmen käme daher einer Gesamtdarstellung des Gemeinschaftsrechts gleich. Aus diesem Grund beschränkt sich der folgende Abriß insbesondere auf die spezifisch umweltbezogenen Befugnisse sowie auf einige wenige Kompetenzgrundlagen im Rahmen anderer Politiken, die für Umweltvereinbarungen in Erwägung zu ziehen sind.

1. Spezifisch umweltbezogene Kompetenzen

a) Art. 175 EGV

Art. 175 EGV stellt im Rahmen des Titels XIX des EG-Vertrages die einschlägige Rechtsgrundlage für gemeinschaftliche Maßnahmen auf dem Gebiet des Umweltschutzes dar[7] und ist

---

[5] Die Mitgliedstaaten können nach Art. 176, 95 Abs. 4 EGV eigene verstärkte „Schutzmaßnahmen" beibehalten oder ergreifen; s. *Oppermann*, Europarecht, Rn. 2019 f.
[6] Dazu unter § 3 B. I. 2.
[7] Mit dem EU-Vertrag wurde der noch unter der EEA bestehende Streit darüber, ob Art. 174 (ex-Art. 130r) Abs. 4 S. 1 (so *Vorwerk*, Die umweltpolitischen Kompetenzen der Europäischen Gemeinschaft und ihrer Mitgliedstaaten nach Inkrafttreten der EEA, S. 40 ff.), Art. 174 (ex-Art. 130r) Abs. 1 (so insbesondere *Scheuing*, Umweltschutz auf der Grundlage der Einheitlichen Europäischen Akte, EuR 1989, S. 152 (161); *Pieper* in: Bleckmann, Europarecht, Rn. 2819) oder Art. 175 (ex-Art. 130s) Abs. 1 EGV (EuGH, Urt. v. 11.6.1991, Rs. C-

daher auch im Hinblick auf den Abschluß von Umweltverträgen vorrangig heranzuziehen. Danach beschließt der Rat gem. Art. 175 Abs. 1 EGV im Verfahren nach Art. 251 EGV „über das Tätigwerden der Gemeinschaft", wenn nicht eine der in Art. 175 Abs. 2 EGV für besondere Maßnahmen geregelten Ausnahmen vom Entscheidungsverfahren nach Abs. 1 eingreift. Dadurch, daß Art. 175 Abs. 1 EGV zusätzlich auf die in Art. 174 EGV genannten Ziele verweist, bestimmt Art. 174 EGV den Rahmen, in dem die Gemeinschaft im Bereich der Umweltpolitik tätig werden darf. In diesem Zusammenhang wird deshalb der bereits dargestellte gemeinschaftliche Umweltbegriff[8] relevant, da nach Art. 175 Abs. 1 und 2 EGV[9] iVm. Art. 174 EGV nur solche Maßnahmen ergriffen werden können, die den Schutz der Umwelt bewirken oder bezwecken. Angesichts des weit gefaßten gemeinschaftlichen Umweltbegriffs sowie der umfassenden Ziele des Art. 174 EGV dürften sich daraus allerdings kaum Einschränkungen ergeben. Insofern fallen grundsätzlich alle Maßnahmen, die der Verwirklichung der Zielsetzungen des Art. 174 EGV dienen, in den Anwendungsbereich des Art. 175 EGV und somit in den Kompetenzbereich der Gemeinschaft[10], so daß Art. 175 Abs. 1 EGV für die europäische Umweltpolitik eine umfassende Kompetenzgrundlage bildet.

b) Art. 95 EGV

Hinzu tritt der durch die EEA eingeführte Art. 95 EGV, der als Rechtsgrundlage für Maßnahmen zur Angleichung der Rechts- und Verwaltungsvorschriften der Mitgliedstaaten dient, die die Verwirklichung des Binnenmarktes zum Gegenstand haben, da gem. Art. 95 Abs. 3 - 5 EGV auch Regelungen darunter fallen, die sich (daneben) auf den Bereich des Umweltschutzes beziehen. Nach dem Wortlaut des Art. 95 Abs. 1 EGV sind indes nur Maßnahmen zur Angleichung der Rechts- und Verwaltungsvorschriften der Mitgliedstaaten vorgesehen, so daß sich die Frage stellt, ob die Gemeinschaft wegen der vorausgesetzten Angleichung nur bei der Existenz entsprechender Vorschriften tätig werden darf. Im Sinne einer effektiven Erreichung des durch Art. 95 Abs. 3 EGV für den Umweltbereich geforderten hohen Schutzniveaus sowie einer effizienten Verwirklichung des Binnenmarktes muß jedoch die Rechtsharmonisierung auch bei „nicht-existenten Rechts- und Verwaltungsvorschriften" möglich sein[11]. Darüber hinaus ist der Begriff „Maßnahme" nicht näher bestimmt, so daß er auch Maßnahmen hin-

---

300/89, Slg. 1991, I-2867 (2899 f.) - Titandioxid; ganz h.M., s. nur *Oppermann*, Europarecht, Rn. 2016; *Grabitz/Nettesheim* in: Grabitz/Hilf, Das Recht der Europäischen Union, Art. 130s Rn. 1 ff.; ganz anders noch EuGH, Urt. v. 29.3.1990, Rs. C-62/88, Slg. 1990, I-1527 (1550) - Tschernobyl: Zuständigkeit der Gemeinschaft nach „Art. 130r und 130s"; ebenso *Beutler/Bieber/Pipkorn/Streil*, Die Europäische Union, S. S. 510 ff.) die zutreffende Kompetenzgrundlage für ein gemeinschaftliches Tätigwerden darstellt, beendet. Vgl. insoweit *Frenz*, Europäisches Umweltrecht, Rn. 65; *Epiney*, Umweltrecht in der Europäischen Union, S. 55.

[8] S.o. unter § 3 B. I. 1.

[9] Art. 175 Abs. 2 EGV knüpft abgesehen vom Verfahren an Abs. 1 und damit auch an die Verweisung auf Art. 174 an; *Frenz*, Europäisches Umweltrecht, Rn. 70.

[10] Vorbehaltlich der Einschlägigkeit anderer Vorschriften des EGV - hierzu nachfolgend unter b) und 2. - und vorbehaltlich der in Art. 5 EGV genannten Grenzen (dazu unter B.).

sichtlich eines bestimmten Produkts und auch Einzelmaßnahmen hinsichtlich dieser Produkte umfaßt[12]. Gerade in diesem Zusammenhang kann Art. 95 EGV auch für den Abschluß von Umweltvereinbarungen relevant werden. Inhaltlich sind diese nach Art. 95 Abs. 1 EGV vorgenommenen Maßnahmen der Gemeinschaft auf die Errichtung und das Funktionieren des Binnenmarktes festgelegt, der gem. Art. 14 Abs. 2 EGV einen Raum ohne Binnengrenzen, in dem die vier Grundfreiheiten gewährleistet sind, umfaßt. Nach der Rechtsprechung des EuGH[13] und der Praxis der Gemeinschaft[14] ist ein extensiver Binnenmarktbegriff zugrundezulegen, der auch die Wettbewerbsfreiheit mitumfaßt[15]. Insgesamt ist der Anwendungsbereich des Art. 95 EGV daher sehr weit auszudehnen[16], so daß Umweltschutzmaßnahmen in erheblichem Umfang auch auf der Grundlage des Art. 95 Abs. 1 EGV erlassen werden können.

c) Abgrenzung der Umweltpolitik (Art. 175 EGV) zum Binnenmarkt (Art. 95 EGV)

Da sowohl Art. 175 Abs. 1 EGV als auch Art. 95 Abs. 1 EGV als Rechtsgrundlage für Maßnahmen im Bereich des Umweltschutzes in Betracht kommen, stellt sich die Frage nach der Abgrenzung zwischen diesen beiden Kompetenznormen, auch wenn sich die Wahl der Rechtsgrundlage zumeist nicht mehr in verschiedenen Verfahren auswirkt[17].

aa) Doppelabstützungen

Zunächst könnte man daran denken, daß in den Fällen, in denen der zu erlassende Rechtsakt auf beide Kompetenznormen gestützt werden kann, gleichzeitig auch auf beide Handlungsbefugnisse zurückgegriffen werden darf (sog. „Doppelabstützung").

---

[11] So wie hier auch *Epiney*, Umweltrecht in der Europäischen Union, S. 59; *Langeheine* in: Grabitz/Hilf, Das Recht der Europäischen Union, Art. 100a Rn. 42.

[12] *Frenz*, Europäisches Umweltrecht, Rn. 91; EuGH, Urt. v. 9.8.1994, Rs. C-359/92, Slg. 1994, I-3681 (3710 ff.) - Deutschland/Rat, allerdings unter der Voraussetzung, daß sich allgemeine Maßnahmen als unzureichend erwiesen haben.

[13] S. nur EuGH, Urt. v. 11.6.1991, Rs. C-300/89, Slg. 1991, I-2867 (2899) - Titandioxid; EuGH, Urt. v. 17.3.1993, Rs. C-155/91, Slg. 1993, I-939 (968) - Abfallrichtlinie; EuGH, Urt. v. 28.6.1994, Rs. C-187/93, Slg. 1994, I-2857 (2882) - Verbringung von Abfällen.

[14] Vgl. etwa die nach dem Urteil des EuGH (Urt. v. 11.6.1991, Rs. C-300/89, Slg. 1991, I-2867 (2899) - Titandioxid) erlassene neue Titandioxid-Richtlinie Nr. 92/112 vom 15.12.1992, ABl. 1992 Nr. L 409, S. 11), ausführlich hierzu *Breier*, Das Schicksal der Titandioxid-Richtlinie EuZW 1993, 315 ff.

[15] *Kahl* in: Calliess/Ruffert, Kommentar zu EU-Vertrag und EG-Vertrag, Art. 14 Rn. 20. A.A. etwa *Epiney*, Gemeinschaftsrechtlicher Umweltschutz und Verwirklichung des Binnenmarktes - „Harmonisierung" auch der Rechtsgrundlagen?, JZ 1992, S. 564 (567).

[16] Art. 94 EGV tritt in den durch Art. 95 EGV erfaßten Materien als subsidiär zurück. Seine Anwendung kommt nur in Betracht, wenn bei der Regelung zwar ein Bezug zum Gemeinsamen, nicht jedoch zum Binnenmarkt vorliegt und Umweltfragen eine lediglich untergeordnete Rolle spielen oder aber Art. 95 Abs. 2 EGV eingreift. Vgl. insoweit *Grabitz/Zacker*, Die neuen Umweltkompetenzen der EWG, NVwZ 1989, S. 297 (302); *Everling*, Abgrenzung der Rechtsangleichung zur Verwirklichung des Binnenmarktes nach Art. 100a EWGV durch den Gerichtshof, EuR 1991, S. 179 (180 f.).

[17] So aber vor der Änderung durch den Amsterdamer Vertrag, vgl. ex-Art. 100a Abs. 1 S. 2 EGV (Verfahren des ex-Art. 189b EGV) und ex-Art. 130s Abs. 1 (Verfahren des ex-Art. 189c EGV). Ein anderes Verfahren sieht nun einzig Art. 175 Abs. 2 EGV vor. Allgemein zur Abgrenzung der Rechtsgrundlagen *Pechstein*, EG-Umweltrechtskompetenzen und nationale Alleingänge beim Umweltschutz, Jura 1996, S. 176 (177 ff.).

Während die Gemeinschaftsorgane eine Doppelabstützung zunächst allgemein für zulässig erachtet und sogar praktiziert haben[18], schloß der EuGH diese Möglichkeit aber im Hinblick auf das Verhältnis von Art. 95 und 175 EGV ausdrücklich aus[19].
Dieser Ansatz des EuGH ist zumindest dann zwingend, wenn - wie früher bei Art. 175 (ex-Art. 130s) und Art. 95 (ex-Art. 100a) EGV - unterschiedliche Entscheidungsverfahren vorgesehen sind oder aber materielle Differenzen (wie z.B. die unterschiedlich ausgestaltete Möglichkeit der Mitgliedstaaten zum nationalen Alleingang, vgl. Art. 95 Abs. 4, 5 EGV und Art. 176 EGV) bestehen. Im Falle der generellen Zulässigkeit von Doppelabstützungen wäre folglich die Vermischung von Verfahren möglich und der materielle Inhalt der erlassenen Rechtsakte nicht mehr bestimmbar.

bb) Vorrangstellung oder Gleichrangigkeit?

Wenn damit also eine Überschneidung der Ermächtigungen nicht hingenommen werden kann, stellt sich das weitere Problem, nach welchen Kriterien die Anwendungsbereiche der beiden in Rede stehenden Kompetenznormen voneinander abzugrenzen sind. Dabei fragt es sich zunächst, ob einer der beiden der Normen ein Vorrang in der Weise zukommt, daß von einem Verhältnis der Spezialität bzw. der Subsidiarität auszugehen ist. Für eine partielle Verdrängung des Art. 175 EGV durch Art. 95 EGV als lex specialis könnten die Absätze 3 und 4 des Art. 95 EGV sprechen, wonach auch Binnenmarktregelungen mit Auswirkungen auf den Umweltschutz nach Art. 95 EGV zu erlassen sind. Insofern wird vertreten, der EG-Vertrag kennzeichne mit dem Querschnittscharakter der Umweltpolitik den Umweltschutz nicht als spezielle, sondern als eine andere Handlungsgebiete mitbeherrschende Aufgabe[20].
Gegen die Annahme einer Vorrangstellung des Art. 95 EGV spricht jedoch schon, daß die Voraussetzungen einer Spezialität nicht vorliegen, da beide Normen letztlich unterschiedliche Zwecke verfolgen: Art. 95 Abs. 1 EGV dient in erster Linie der Verwirklichung des Binnenmarktes, wohingegen Art. 175 Abs. 1 EGV an den ausschließlich umweltpolitischen Zielen des Art. 174 EGV festhält[21].

---

[18] S. nur die Richtlinie Nr. 89/394 vom 14.07.1989 zur dritten Änderung der Richtlinie Nr. 75/726 zur Angleichung der Rechtsvorschriften der Mitgliedstaaten für Fruchtsäfte und andere gleichartige Erzeugnisse, ABl. 1989 Nr. L 186, S. 14: „...gestützt auf den Vertrag zur Gründung der Europäischen Wirtschaftsgemeinschaft, insbesondere auf die Art. 43 und 100a ...“. S.a. *Epiney*, Umweltrecht in der Europäischen Union, S. 63.

[19] EuGH, Urt. v. 11.6.1991, Rs. C-300/89, Slg. 1991, I-2867 (2900) - Titandioxid; EuGH, Urt. v. 17.3.1993, Rs. C-155/91, Slg. 1993, I-939 (966) - Abfallrichtlinie; EuGH, Urt. v. 28.6.1994, Rs. C-187/93, Slg. 1994, I-2857 (2880 ff.) - Verbringung von Abfällen. Zustimmend *Jarass*, Grundfragen der innerstaatlichen Bedeutung des EG-Rechts, S. 41.

[20] So insbesondere *Middecke*, Der Kompetenznormenkonflikt umweltrelevanter Gemeinschaftsakte im Binnenmarkt, DVBl. 1993, S. 769 (771); *Pernice*, Kompetenzordnung und Handlungsbefugnisse der Europäischen Gemeinschaft auf dem Gebiet des Umwelt- und Technikrechts, Die Verwaltung 22 (1989), S. 1 (6, 31 ff.); *Scheuing*, Umweltschutz auf der Grundlage der Einheitlichen Europäischen Akte, EuR 1989, S. 152 (185 f.). Im Ergebnis ähnlich noch EuGH, Urt. v. 11.6.1991, Rs. C-300/89, Slg. 1991, I-2867 (2900 f.) - Titandioxid.

[21] Im einzelnen *Schröer*, Die Kompetenzverteilung zwischen der Europäischen Wirtschaftsgemeinschaft und ihren Mitgliedstaaten auf dem Gebiet des Umweltschutzes, S. 117 ff.

Umgekehrt ist auch Art. 95 EGV nicht subsidiär gegenüber Art. 175 EGV, obwohl die Formulierung „soweit in diesem Vertrag nichts anderes bestimmt ist" das vermuten lassen könnte[22]. Diese bezieht sich ihrem Sinn und Zweck nach aber nur auf ausschließlich binnenmarktbezogene Harmonisierungsklauseln, nicht dagegen auf Art. 175 EGV[23]. Deshalb geht auch der EuGH sowie ein erheblicher Teil des Schrifttums inzwischen von einer grundsätzlichen Gleichrangigkeit der beiden Kompetenznormen aus[24].

cc) Kriterien für die Abgrenzung im Einzelfall

Sind damit also Art. 95 Abs. 1 und Art. 175 Abs. 1 EGV grundsätzlich gleichrangig, so wirft dies die Frage nach ihrer Abgrenzung im Einzelfall auf. Fest steht insofern, daß nicht jede noch so geringfügige Verbindung zum Umweltschutz eine Anwendung des Art. 175 EGV rechtfertigt und umgekehrt nicht jeder Binnenmarktbezug die Maßnahme Art. 95 EGV zuweist. Für die Abgrenzung von Art. 175 zu Art. 95 EGV bedarf es folglich besonderer Kriterien. Bei der Bestimmung dieser Grenzen besteht allerdings nur in zwei Fallgruppen mehr oder weniger Einigkeit: Produktregelungen sind wegen ihrer unmittelbaren Auswirkungen auf den freien Warenverkehr grundsätzlich auch dann auf Art. 95 EGV zu stützen, wenn sie primär aus ökologischer Motivation ergehen, während genuin umweltpolitische Regelungen, die nur nebenbei eine Harmonisierung der Marktbedingungen bewirken, unter Art. 175 EGV fallen[25]; insofern kann Art. 175 EGV auch in bezug auf Produktnormen die richtige Rechtsgrundlage darstellen, wenn hier die größere Regelungsnähe besteht[26].

Abgesehen von diesen beiden Fällen ergeben sich diffizile Abgrenzungsprobleme, zumal in der Literatur eine Reihe von divergierenden Kriterien entwickelt worden sind. Im wesentlichen werden drei verschiedene Ansatzpunkte vorgeschlagen[27]:

Zum einen wird ein Vorgehen nach dem Grundsatz des bestmöglichen Umweltschutzes befürwortet. Dieser Auffassung zufolge soll jeweils die Rechtsgrundlage herangezogen werden,

---

[22] So *Thiel*, Umweltrechtliche Kompetenzen in der Europäischen Union, S. 149 ff.

[23] *Klein* in: Hailbronner/Klein/Magiera/Müller-Graff, Handkommentar zum Vertrag über die Europäische Union, Art. 100a Rn. 5.

[24] S. nur EuGH, Urt. v. 28.6.1994, Rs. C-187/93, Slg. 1994, I-2857 (2880 ff.) - Verbringung von Abfällen. So auch *Epiney*, Umweltrecht in der Europäischen Union, S. 69; *Frenz*, Europäisches Umweltrecht, Rn. 97 ff.; *Beyer*, Gemeinschaftsrecht und Umweltschutz nach Maastricht, Jus 1997, S. 294 (296).

[25] S. *Kahl*, Umweltprinzip und Gemeinschaftsrecht, S. 274 f.; *Frenz*, Europäisches Umweltrecht, Rn. 94 ff.; *Streinz*, Europarecht, Rn. 906; anders *Beutler/Bieber/Pipkorn/Streil*, Die Europäische Union, S. 511 f., die zwischen produktbezogenen (dann Art. 95 EGV) und produktionsbezogenen Maßnahmen (dann Art. 175 EGV) unterscheiden.

[26] EuGH, Urt. v. 17.3.1993, Rs. C-155/91, Slg. 1993, I-939 (968 f.) - Abfallrichtlinie; EuGH, Urt. v. 28.6.1994, Rs. C-187/93, Slg. 1994, I-2857 (2882 f.) - Verbringung von Abfällen; vgl. auch *Pieper* in: Bleckmann, Europarecht, Rn. 2821.

[27] *Epiney*, Umweltrecht in der Europäischen Union, S. 71, nennt noch einen weiteren Ansatz: „Schließlich könnte man auch die objektive Wirkung einer Maßnahme für ausschlaggebend halten und eine bestimmte Rechtsgrundlage schon dann heranziehen, wenn ihr Anwendungsbereich objektiv betroffen ist". Dieser Ansatz geht aber von der bereits dargestellten (und abgelehnten) Annahme einer irgendwie gearteten Spezialität oder Subsidiarität aus; vgl. *Scheuing*, Umweltschutz auf der Grundlage der Einheitlichen Europäischen Akte, EuR 1989, S. 152 (185 f.).

die der Umwelt nicht nur effizienten, sondern darüber hinaus auch den weitestgehenden Schutz zukommen läßt[28]. Gegen diesen Ansatz spricht jedoch schon, daß ein solcher Grundsatz nicht kompetenzbegründend wirken, sondern nur die Kompetenzausübung steuern kann; das Prinzip des bestmöglichen Umweltschutzes stellt gerade keine eigenständige Rechtsnorm dar, sondern muß sich – seine Existenz vorausgesetzt[29] – in das bestehende Recht einfügen, ohne daß die Strukturen der Gemeinschaftsrechtsordnung berührt werden[30].
Zum anderen gibt es Vertreter einer subjektiven Theorie[31], die eine Maßnahme dem Bereich zuordnen, dessen wesentliche politische Zielsetzungen vorrangig verfolgt werden sollten, und somit auf den subjektiven Willen des Gemeinschaftsgesetzgebers abstellen.
Schließlich soll nach dem objektiven Ansatz die Abgrenzung anhand des nach objektiven Kriterien zu bestimmenden Schwergewichts oder anhand der objektiven Sachnähe einer Maßnahme erfolgen[32].
Nach der mittlerweile ständigen Rechtsprechung des EuGH[33] ist für die Abgrenzung von Ermächtigungen grundsätzlich der nach Ziel und Inhalt objektiv ersichtliche Hauptzweck einer Maßnahme entscheidend; dies gilt nunmehr auch für die Abgrenzung von Art. 95 EGV zu Art. 175 EGV[34]. Damit richtet sich die Bestimmung der einschlägigen Rechtsgrundlage aber nach objektiven und gerichtlich nachprüfbaren Umständen, weil nur so dem System des EG-Vertrages, der der Gemeinschaft und ihren Organen die Ausgestaltung der Kompetenznormen verbindlich vorgibt, Rechnung getragen werden kann. Auszuschließen ist deshalb, daß die anzuwendende Norm in das Belieben des Gemeinschaftsgesetzgebers selbst gestellt ist, weshalb jedenfalls die subjektive Theorie abzulehnen ist. Insoweit erscheint es allein angemessen,

---

[28] So *Kahl*, Umweltprinzip und Gemeinschaftsrecht, S. 283 ff., 316; *Schröer*, Die Kompetenzverteilung zwischen der Europäischen Wirtschaftsgemeinschaft und ihren Mitgliedstaaten auf dem Gebiet des Umweltschutzes, S. 133 ff. Erstaunlich ist in diesem Zusammenhang, daß die beiden Vertreter dieses Ansatzes für das Verhältnis der Art. 95, 175 EGV zu unterschiedlichen Ergebnissen gelangen: *Kahl*, a.a.O., bevorzugt die Heranziehung von Art. 95 EGV, während *Schröer*, a.a.O., Art. 175 EGV für vorrangig hält.
[29] Hierzu noch unter § 6 B. I. 4. b).
[30] *Zuleeg*, Umweltschutz in der Rechtsprechung des Europäischen Gerichtshofs, NJW 1993, S. 31 (32); *ders.*, Vorbehaltene Kompetenzen der Mitgliedstaaten der Europäischen Gemeinschaft auf dem Gebiet des Umweltschutzes, NVwZ 1987, S. 280 (283).
[31] Statt vieler *Glaesner*, Die Einheitliche Europäische Akte, EuR 1986, S. 119 (131); dahin tendierend auch *Vorwerk*, Die umweltpolitischen Kompetenzen der Europäischen Gemeinschaft und ihrer Mitgliedstaaten nach Inkrafttreten der EEA, S. 92.
[32] *Grabitz/Zacker*, Die neuen Umweltkompetenzen der EWG, NVwZ 1989, S. 297 (301 f.); *Zuleeg*, Umweltschutz in der Rechtsprechung des Europäischen Gerichtshofs, NJW 1993, S. 31 (32 f.); *Langeheine* in: Grabitz/Hilf, Das Recht der Europäischen Union, Art. 100a Rn. 94; *Herdegen*, Europarecht, Rn. 417.
[33] S. nur EuGH, Urt. v. 26.3.1987, Rs. C-45/86, Slg. 1987, 1493 (1520) - Zollpräferenzen; EuGH, Urt. v. 29.3.1990, Rs. C-62/88, Slg. 1990, I-1527 (1549) - Tschernobyl; EuGH, Urt. v. 4.10.1991, Rs. C-70/88, Slg. 1991, I-4529 (4564 f.) - „Post-Tschernobyl"-Verordnung; EuGH, Urt. v. 7.7.1992, Rs. C-295/90, Slg. 1992, I-4193 (4234) - Aufenthaltsrecht der Studenten.
[34] Mit der Entscheidung zu einer Abfallrichtlinie aus dem Jahre 1993 (EuGH, Urteil v. 17.3.1993, Rs. C-155/91, Slg. 1993, I-939 (966)) hat der Europäische Gerichtshof den Vorrang des Art. 100a EGV (so noch EuGH, Urt. v. 11.6.1991, Rs. C-300/89, Slg. 1991, I-2867 (2900 f.) - Titandioxid) abgeschwächt. Übereinstimmend *Jarass*, Grundfragen der innerstaatlichen Bedeutung des EG-Rechts, S. 41: „Vielmehr sind allein objektive Umstände entscheidend, vor allem das Ziel und der Inhalt der betreffenden Rechtsvorschrift". Vgl. auch *Breier*, Das Schicksal der Titandioxid-Richtlinie, EuZW 1993, S. 315 (316).

auf den Regelungsschwerpunkt einer Maßnahme abzustellen und die Kompetenznorm auf der Grundlage des - objektiv bestimmbaren - Inhalts und Ziels der Maßnahme zu ermitteln[35].
Für den Abschluß von Umweltvereinbarungen bedeutet dies aber, daß im Verhältnis von Art. 175 und Art. 95 EGV grundsätzlich Art. 175 Abs. 1 EGV und nur selten Art. 95 Abs. 1 EGV als Kompetenzgrundlage in Betracht kommen wird, da es - wie schon der Bezeichnung nahelegt - schwerpunktmäßig um den Umweltschutz geht und die Angleichung der mitgliedstaatlichen Rechtsvorschriften zumeist lediglich am Rande eine Rolle spielt.

2. Sonstige umweltrelevante Befugnisse

Neben Art. 175 und Art. 95 EGV können Maßnahmen mit umweltpolitischem Charakter aber noch auf weitere Kompetenznormen des EGV[36] gestützt werden; dies insbesondere auch deshalb, weil Art. 6 EGV eine Einbeziehung der Erfordernisse des Umweltschutzes bei der Festlegung und Durchführung anderer Gemeinschaftspolitiken verlangt. Für den Abschluß sind dabei insbesondere folgende Rechtsgrundlagen von Bedeutung:

- Art. 37 Abs. 2 UAbs. 3 EGV enthält die zentrale Kompetenznorm für das Handeln der Gemeinschaft auf dem Gebiet der Landwirtschaft. Im Hinblick auf die in Art. 33, 34 EGV weit konzipierte Agrarpolitik kann diese Kompetenz aber aufgrund der Verbindung von landwirtschaftlicher Bodennutzung und Umweltschutz etwa auch in bezug auf Gewässerverschmutzungen[37] oder für Maßnahmen zur Erhaltung der Fischbestände[38] einschlägig sein.
- Art. 71 Abs. 1 lit. d), 80 EGV ermöglichen den Erlaß aller zweckdienlichen verkehrspolitischen Maßnahmen, so daß insoweit im Hinblick auf die Luftverschmutzung beispielsweise durch die Abgase von Kraftfahrzeugen eine umweltorientierte Verkehrspolitik denkbar ist[39].
- Schließlich sind im Bereich der Forschung und technologischen Entwicklung (Art. 164 EGV) Regelungen vorstellbar, die umweltrelevante Problemstellungen betreffen.

---

[35] Ebenso *Pieper* in: Bleckmann, Europarecht, Rn. 2821; *Breier/Vygen* in: Lenz, EG-Vertrag, Art. 175 Rn. 5; *Krämer* in: Groeben/Thiesing/Ehlermann, Kommentar zum EU-/EG-Vertrag, Vorb. zu Art. 130r - t Rn. 85
[36] Darüber hinaus ist noch auf die Art. 30 ff. EAGV hinzuweisen, die den Erlaß bestimmter gesundheits- und umweltschützender Maßnahmen in bezug auf die Gefährdung durch Radioaktivität ermöglichen; vgl. insoweit *Pieper* in: Bleckmann, Europarecht, Rn. 2856 ff.
[37] Zur Berücksichtigung umweltpolitischer Belange in der gemeinschaftlichen Agrarpolitik *Schröder*, Die Berücksichtigung des Umweltschutzes in der gemeinsamen Agrarpolitik der Europäischen Union, NuR 1995, S. 117 ff.
[38] EuGH, Urt. v. 24.11.1993, Rs. C-405/92, Slg. 1993, I-6133 (6175 f.) - Mondiet.
[39] Vgl. z.B. *Frenz*, Europäisches Umweltrecht, Rn. 266 f.; zur eng verflochtenen Wechselwirkung zwischen der Verkehrs- und Umweltpolitik auch *Schröer*, Die Kompetenzverteilung zwischen der Europäischen Wirtschaftsgemeinschaft und ihren Mitgliedstaaten auf dem Gebiet des Umweltschutzes, S. 151 ff.

Es kommen daneben noch weitere Kompetenznormen für Maßnahmen zugunsten des Umweltschutzes in Betracht, die aber für den Abschluß von Umweltvereinbarungen nicht von zentraler Bedeutung sind[40].

Auch ein Rückgriff auf Art. 308 EGV, der vor Inkrafttreten der EEA als Rechtsgrundlage für große Teile gemeinschaftlicher Umweltpolitik herangezogen wurde, ist nunmehr aufgrund der soeben dargestellten umfangreichen Kompetenzregelungen im Umweltbereich grundsätzlich nicht mehr möglich[41].

3. Wahl der richtigen Kompetenzgrundlage

Die Abgrenzung dieser Kompetenzgrundlagen zu Art. 175 Abs. 1 EGV richtet sich im wesentlichen ebenfalls nach den oben dargelegten Kriterien[42]; entscheidend ist folglich der jeweils durch Ziel und Inhalt ersichtliche Regelungsschwerpunkt einer Maßnahme. Für das Verhältnis der speziellen Rechtsgrundlagen im Bereich der gemeinsamen Politiken zu Art. 95 EGV ist jedoch zu differenzieren: Diese sind gegenüber Art. 95 EGV als leges speciales anzusehen, wenn und soweit es sich um binnenmarktbezogene Harmonisierungsregelungen handelt, da diese einen gleichartigen Zweck, aber einen speziellen Politikbereich betreffen[43]. Dies gilt insbesondere in den Bereichen der Landwirtschafts- und Verkehrspolitik. Im übrigen verbleibt es bei der Gleichrangigkeit und damit bei den dargestellten Abgrenzungskriterien[44].

Im Hinblick auf den Abschluß von Umweltvereinbarungen kommt daher vorrangig Art. 175 EGV Abs. 1 als Kompetenzgrundlage in Betracht, da sie sich nach der Zielsetzung und dem Regelungsschwerpunkt gemeinhin auf Aspekte der Umweltpolitik beziehen.

---

[40] S. nur *Frenz*, Europäisches Umweltrecht, Rn. 108, zu Art. 93 EGV für die Einführung von Umweltabgaben.

[41] H.M., s. nur *Pieper* in: Bleckmann, Europarecht, Rn. 2820; *Streinz*, Europarecht, Rn. 899; *Oppermann*, Europarecht, Rn. 2018; *Herdegen*, Europarecht, Rn. 193. A.A. z.B. *Grabitz/Zacker*, Die neuen Umweltkompetenzen der EWG, NVwZ 1989, S. 297 (302): „Obwohl die Ziele des Art. 130r EWGV sehr weit gefächert sind, sind Regelungsmaterien der Umweltpolitik im engeren Sinne denkbar, für welche die Kompetenz des Art. 130s EWGV nicht ausreicht. In diesen Fällen muß weiterhin auf Art. 235 EWGV zurückgegriffen werden." Ausführlich zum Streitstand *Schröer*, Die Kompetenzverteilung zwischen der Europäischen Wirtschaftsgemeinschaft und ihren Mitgliedstaaten auf dem Gebiet des Umweltschutzes, S. 193 ff. S. hierzu auch noch unter § 4 A. II. 2. a).

[42] Für das Verhältnis von Art. 175 EGV zu den Kompetenznormen spezifischer Politiken muß jedenfalls seit dem Inkrafttreten des EU-Vertrages eine Gleichrangigkeit angenommen werden. S. hierzu nur *Vorwerk*, Die umweltpolitischen Kompetenzen der Europäischen Gemeinschaft und ihrer Mitgliedstaaten nach Inkrafttreten der EEA, S. 90 ff.; *Pieper* in: Bleckmann, Europarecht, Rn. 2822. Für einen Vorrang von Art. 37 Abs. 2 (Landwirtschaft) und Art. 71, 80 (Verkehr) gegenüber Art. 175 EGV aufgrund Spezialität *Calliess* in: Calliess/Ruffert, Kommentar zu EU-Vertrag und EG-Vertrag, Art. 175 Rn. 16. S.a. bereits unter § 4 A. I. 1. c).

[43] Das Verhältnis von Art. 94, 95 EGV zu den speziellen Ermächtigungsnormen war lange Zeit umstritten. Der EuGH hat diese Kontroverse im Hinblick auf die gemeinsame Agrarpolitik zugunsten eines weiten Anwendungsbereichs von Art. 37 EGV entschieden (Urt. v. 23.2.1988, Rs. C-68/86, Slg. 1988, 855 (894 ff.) - Hormone; Urt. v. 23.2.1988, Rs. C-131/86, Slg. 1988, 905 (928 ff.) - Legehennen); s.a. *Langeheine* in: Grabitz/Hilf, Das Recht der Europäischen Union, Art. 100a Rn. 95, Art. 100 Rn. 77.

[44] Im Ergebnis ebenso *Epiney*, Umweltrecht in der Europäischen Union, S. 70; *Breuer*, Entwicklungen des europäischen Umweltrechts - Ziele, Wege und Irrwege, S. 18 ff.

II. Die Kompetenz der EG zum Abschluß von Verträgen

Nachdem nun verschiedene Kompetenznormen für ein Tätigwerden der Gemeinschaft auf dem Gebiet des Umweltrechts vorliegen, gilt es der Frage nachzugehen, inwieweit die Gemeinschaft speziell auch zum Abschluß von Verträgen berechtigt ist.
Hinsichtlich der nach dem Prinzip der begrenzten Einzelermächtigung erforderlichen ausdrücklichen oder zumindest durch Auslegung zu ermittelnden Kompetenz der Gemeinschaft zum Abschluß von Verträgen ist zuvörderst Art. 175 EGV als spezielle Rechtsgrundlage gemeinschaftsrechtlicher Umweltpolitik heranzuziehen.

1. Kompetenz nach Art. 175 EGV

Wie bereits dargestellt, räumt Art. 175 EGV der Gemeinschaft in Absatz 1 und 2 eine ausdrückliche Zuständigkeit zur Rechtsetzung im Bereich der Umweltpolitik ein. Unabhängig von der Frage, ob die Umweltvereinbarung im Einzelfall tatsächlich in den Anwendungsbereich dieser Vorschrift fällt, wird in Art. 175 EGV der Vertrag als Handlungsform gemeinschaftlicher Umweltregelung jedenfalls nicht ausdrücklich genannt. Art. 175 Abs. 1 EGV spricht nur von dem „Tätigwerden der Gemeinschaft zur Erreichung der in Art. 174 EGV genannten Ziele"; eine Definition des Begriffs enthält der Vertrag nicht. Dieser weite und unbestimmte Begriff grenzt die Maßnahmen der Gemeinschaft jedenfalls nicht auf bestimmte Rechtsakte ein, sondern läßt alle – zumindest aber die in Art. 249 EGV genannten – Handlungsformen zu, so daß die Gemeinschaft hinsichtlich der Auswahl ihrer Instrumente grundsätzlich frei ist[45]. Ob auch die Umweltvereinbarung in Vertragsform eine Handlungsmöglichkeit der Gemeinschaft darstellen kann, ist damit jedoch noch nicht geklärt.

Insoweit ist auch die Vorschrift des Art. 175 Abs. 3 EGV in Verbindung mit dem jeweiligen Aktionsprogramm als Kompetenzgrundlage in Betracht zu ziehen. Nach Art. 175 Abs. 3 EGV kann die gemeinschaftliche Umweltpolitik durch den Beschluß von allgemeinen Aktionsprogrammen konkretisiert werden. Derzeit ist noch das fünfte Aktionsprogramm in Kraft[46], welches sich in Punkt 31 die Erweiterung der Palette von Instrumenten zum Ziel setzt. Zumindest den künftigen Aktionsprogrammen wird im Gegensatz zu der bisherigen Rechtslage[47] auch eine Bindungswirkung zukommen, da die Gemeinschaftsorgane die Maßnahmen zur Durchführung der Aktionsprogramme nach Art. 175 Abs. 3 UAbs. 2 EGV zu erlassen haben bzw. die hierfür notwendigen Schritte unternehmen müssen[48].

---

[45] *Calliess* in: Calliess/Ruffert, Kommentar zu EU-Vertrag und EG-Vertrag, Art. 175 Rn. 1.
[46] ABl. 1993 Nr. C 138, S.1 ff.
[47] Vor dem Inkrafttreten des EU-Vertrages stellten die Aktionsprogramme nur politische Absichtserklärungen dar, vgl. *Grabitz/Nettesheim* in: Grabitz/Hilf, Das Recht der Europäischen Union, vor Art. 130r Rn. 13 f. Zur Bindungswirkung des fünften Aktionsprogramms s. noch unter § 6 B. II. 2. b).
[48] Ansonsten würde die Durchführung des aufwendigen Verfahrens nach Art. 251 EGV ihres Sinnes beraubt werden; vgl. hierzu *Epiney*, Umweltrecht in der Europäischen Union, S. 24.

Unter Zugrundelegung der Annahme, bei Art. 175 Abs. 3 EGV handele es sich um eine Kompetenzgrundlage[49] für den Erlaß der Aktionsprogramme und nicht um eine bloße Verfahrensvorschrift[50], führte bereits die Aufnahme einer Materie in ein Aktionsprogramm aufgrund der Verweisung in Art. 175 Abs. 3 UAbs. 2 EGV dazu, daß Art. 175 Abs. 1, 2 EGV einschlägig wäre. Insofern könnte man daran denken, daß sich daraus weitere gemeinschaftsrechtliche Befugnisse für den Bereich des Umweltschutzes ergeben. Letztlich sind jedoch auch für die Abstützung der Durchführungsmaßnahmen die allgemeinen Grundsätze einschlägig[51]. Das bedeutet aber, daß - unabhängig von der Frage, ob es sich bei Art. 175 Abs. 3 EGV um eine Kompetenzgrundlage oder um eine Verfahrensvorschrift handelt - durch das fünfte Aktionsprogramm keine neuen Kompetenzgrundlagen - etwa für gemeinschaftsrechtliche Verwaltungsverträge - geschaffen werden können.
Aus den Rechtsquellen der gemeinschaftlichen Umweltpolitik und -rechtsetzung allein kann folglich nicht die Zulässigkeit von vertraglichen Umweltvereinbarungen der EG hergeleitet werden. Es bedarf daher eines Rückgriffs auf die allgemeinen Kompetenzgrundlagen des EG-Vertrages, um die Frage zu klären, inwieweit den Gemeinschaftsorganen eine Kompetenz zum Abschluß von Verträgen eingeräumt wird.

2. Allgemein: EG-Kompetenz zum Abschluß von Verträgen

Die Annahme einer allgemeinen Kompetenz der Gemeinschaft zum Abschluß von öffentlich-rechtlichen oder zivilrechtlichen Verträgen auf Gemeinschaftsebene[52] erweist sich jedoch als problematisch, da keine Bestimmung des EGV ausdrücklich den Abschluß derartiger Verträge vorsieht. Insbesondere Art. 249 EGV nennt als verbindliche Rechtsakte lediglich Verordnungen, Richtlinien und Entscheidungen. Aus diesem Grund hält etwa die Kommission den Abschluß von vertraglichen Umweltvereinbarungen schon für ausgeschlossen[53].
Allerdings erwähnt Art. 238 EGV vertragliche Rechtsbeziehungen der EG im Hinblick auf die Zuständigkeit des EuGH für Streitigkeiten aus öffentlich-rechtlichen und privatrechtlichen Verträgen bei Vorliegen einer Schiedsklausel. In diesem Zusammenhang ist jedenfalls unbestritten, daß die EG nach der Verdingungsordnung der Gemeinschaft, den Regeln des Interna-

---

[49] *Breier*, Art. 130s Abs. 3 EGV als Rechtsgrundlage für die Verabschiedung von Umweltaktionsprogrammen, ZUR 1995, S. 302 ff.; *Breier/Vygen* in: Lenz, EG-Vertrag, Art. 175 Rn. 18.
[50] So *Epiney/Furrer*, Umweltschutz nach Maastricht, EuR 1992, S. 369 (398); *Epiney*, Umweltrecht in der Europäischen Union, S. 23.
[51] *Schmitz*, Die Europäische Union als Umweltunion, S. 132 f.; *Epiney*, Umweltrecht in der Europäischen Union, S. 25. Nach *Breier*, Art. 130s Abs. 3 EGV als Rechtsgrundlage für die Verabschiedung von Umweltaktionsprogrammen, ZUR 1995, S. 302 (303), dürfen die Instrumente in den Aktionsprogrammen nicht so konkret festgeschrieben werden, als daß dies zu einer „Aushebelung abweichender Verfahrensvorschriften" führen würde.
[52] Inwieweit auch im Gemeinschaft eine solche Unterscheidung zu treffen ist, wird noch Gegenstand der nachfolgenden Untersuchungen sein, s. unter § 4 D.
[53] Mitteilung der Kommission über Umweltvereinbarungen, KOM(96) 561 endg., S. 1 (21). Derselben Auffassung ist *Krieger*, Die Empfehlung der Kommission über Umweltvereinbarungen, EuZW 1997, S. 648.

tionalen Privatrechts oder dem Recht eines Mitgliedstaates[54] privatrechtliche Verträge wie etwa Miet- oder Arbeitsverträge schließen kann[55]. Dabei handelt es sich aber um sog. Fiskalhandlungen der Gemeinschaft[56], während es sich bei Umweltvereinbarungen in Vertragsform um Verträge handelt, die gemeinschaftsweit Rechtsakte ersetzen sollen. Gleichwohl erscheint der Vertrag als Handlungsform angesichts dieser Vorschriften entgegen der Auffassung der Kommission nicht von vornherein ausgeschlossen. Daher könnte die Kompetenzergänzungsvorschrift des Art. 308 EGV als Rechtsgrundlage in Betracht zu ziehen sein.

a) Die Kompetenzergänzung des Art. 308 EGV

Diese Klausel erlaubt es der EG, auch dort tätig zu werden, wo ihr der EGV keine Befugnisse zugewiesen hat. Insofern wird das Prinzip der begrenzten Einzelermächtigung durch Art. 308 EGV in gewissem Maße relativiert, weil das Fehlen einer Einzelermächtigung gerade zu den Voraussetzungen des Tatbestands dieser Norm gehört[57]. Wenn also ein Tätigwerden im Hinblick auf die Verwirklichung der gemeinschaftsrechtlichen Ziele erforderlich erscheint und keine besonderen Befugnisse vorliegen, ermächtigt die Bestimmung zum Erlaß „geeigneter Vorschriften", ohne diese weiter zu spezifizieren. Aus diesem Grund wäre zu überlegen, ob nicht auch der Abschluß einer vertraglichen Umweltvereinbarung von Art. 308 EGV gedeckt sein könnte, wenn sie nur der Zielverwirklichung dient.

Fraglich erscheint jedoch schon, ob die Ermächtigung des Art. 308 EGV nicht auf den Erlaß bestimmter Rechtsformen beschränkt ist und der Vertrag überhaupt zu den „geeigneten Vorschriften" iSd. Art 308 EGV zählen kann. Allerdings ist der Begriff Vorschriften in Art. 308 EGV aufgrund einer teleologischen Interpretation der Norm und insbesondere aufgrund des Wortlauts in anderen Sprachfassungen weit – etwa im Sinne von „Maßnahmen" – zu verstehen[58], so daß die Wahl der Handlungsform dadurch nicht eingeschränkt wird und auch Verträge grundsätzlich eine „Vorschrift" iSd. Art. 308 EGV darstellen könnten[59].

---

[54] Es kommt dabei auf den dem Vertrag zugrunde liegenden Willen der Vertragsparteien an; vgl. *Krück* in: Groeben/Thiesing/Ehlermann, Kommentar zum EU-/EG-Vertrag, Art. 181 Rn. 21.

[55] Diese Verträge im Sinne fiskalischer Hilfsgeschäfte können u.U. auch dem öffentlichen Recht unterfallen. Dann ist aber das einschlägige innerstaatliche öffentliche Recht anzuwenden; s. hierzu EuGH, Urt. v. 15.7.1960, verb. Rs. 43/59, 45/59 u. 48/59, Slg. 1960, 965 (986 f.) - Lachmüller; EuGH, Urt. v. 16.12.1960, Rs. 44/59, Slg. 1960, 1115 (1134) - Fiddelaar.

[56] *Oppermann*, Europarecht, Rn. 590.

[57] Der EG-Vertrag ist auf eine anhaltende Weiterentwicklung der Gemeinschaft ausgerichtet. Damit die Gemeinschaft unter bestimmten Voraussetzungen zum Zwecke der Verwirklichung ihrer Ziele Rechtsakte auch dann erlassen kann, wenn der Vertrag keine entsprechende Kompetenznorm bereithält, und es nicht der umständlichen Vertragsergänzung gem. Art. 48 EU-Vertrag bedarf, schufen die Gründungsstaaten mit Art. 308 EGV eine Kompetenzergänzung, auf die vor der EEA und dem Unionsvertrag umfangreiche Regelungen auch im Bereich des Umweltrechts gestützt wurden. S.a. *Huber*, Recht der Europäischen Integration, S. 149; *Schweitzer/Hummer*, Europarecht, Rn. 339.

[58] Vgl. *Schwartz* in: Groeben/Thiesing/Ehlermann, Kommentar zum EU-/EG-Vertrag, Art. 235 Rn. 253 f. m.w.N. In der französischen Fassung heißt es z.B. „dispositions", in der englischen „measures".

[59] Eine Begrenzung auf bestimmte Rechtsformen ist nach h.M. weder mit dem Wortlaut des Art. 308 EGV noch mit der teleologischen Auslegung vereinbar; s. nur *Rossi* in: Calliess/Ruffert, Kommentar zu EU-Vertrag und

Losgelöst von der Diskussion, ob diese Kompetenznorm im Bereich des Umweltrechts angesichts der mit den Art. 175 und 95 EGV vorhandenen Ermächtigungsgrundlagen überhaupt noch herangezogen werden kann[60], läßt sich gegen den Rückgriff auf Art. 308 EGV aber das aufwendige Verfahren anführen, welches mit einem Vorschlag der Kommission eingeleitet wird und nach Anhörung des Europäischen Parlaments mit dem einstimmigen Erlaß der Vorschrift durch den Rat endet. Damit reduzierten sich aber sowohl die Flexibilität einer vertraglichen Vereinbarung als auch der im Vergleich zu hoheitlichen Regelungen grundsätzlich schnellere Vertragsschluß gegen Null, so daß Art. 308 EGV als Kompetenz der Gemeinschaft zum Abschluß von Verträgen von vornherein nicht in Betracht kommen kann. Infolgedessen ermächtigt diese Kompetenzergänzungsklausel gleichermaßen nicht zum Abschluß gemeinschaftsrechtlicher Umweltverträge.

Im Hinblick auf das Prinzip der begrenzten Einzelermächtigung kommt nun – mangels ausdrücklicher Kompetenzgrundlage – allein eine durch Auslegung zu ermittelnde Ermächtigung im primären Gemeinschaftsrecht in Betracht. In diesem Zusammenhang sind verschiedene Ansatzmöglichkeiten in Erwägung zu ziehen.

b) Auslegung des Art. 282 EGV

Nach Art. 282 EGV besitzt die EG in jedem Mitgliedstaat die weitestgehende Rechts- und Geschäftsfähigkeit, die juristischen Personen nach deren Rechtsvorschriften zuerkannt wird. Da diese Bestimmung ausnahmslos auf juristische Personen verweist und allgemein von der Rechts- und Geschäftsfähigkeit spricht, könnte man annehmen, diese Vorschrift gewähre der EG auch die Rechts- und Geschäftsfähigkeit der juristischen Personen des öffentlichen Rechts, d.h. die generelle Fähigkeit zum Abschluß öffentlich-rechtlicher und zivilrechtlicher Verträge[61].

Diese Verträge unterliegen dann allerdings nicht den Vorschriften des Gemeinschaftsrechts[62], weil sich die Rechts- und Geschäftsfähigkeit der Gemeinschaft jeweils nach der Situation in dem betreffenden Mitgliedstaat richtet, was wiederum bedeutet, daß der Status der Gemeinschaft je nach den nationalen Vorschriften von einem Mitgliedstaat zum anderen variieren

EG-Vertrag, Art. 308 Rn. 58: „(...) im Vordergrund des Art. 308 steht die Verwirklichung von Gemeinschaftszielen, so daß die Mittel allein vom Ziel vorgegeben werden".

[60] Zur Anwendbarkeit des Art. 308 EGV im Bereich des Umweltrechts s. bereits oben unter § 4 A. I. 2.; dazu auch ausführlich *Schröer*, Die Kompetenzverteilung zwischen der Europäischen Wirtschaftsgemeinschaft und ihren Mitgliedstaaten auf dem Gebiet des Umweltschutzes, S. 193 ff.

[61] So *Simma/Vedder* in: Grabitz/Hilf, Das Recht der Europäischen Union, Art. 282 Rn. 2, 13, die sich an dieser Stelle allerdings nur sehr allgemein zur Zulässigkeit öffentlich-rechtlicher Verträge äußern. A.A. *Bleckmann*, Der Verwaltungsvertrag als Handlungsmittel der Europäischen Gemeinschaften, DVBl. 1981, S. 889 (892): Art. 282 EGV beziehe sich grundsätzlich nur auf privatrechtliches Handeln. Noch anders *Grunwald*, Die nichtvölkerrechtlichen Verträge der Europäischen Gemeinschaften, EuR 1984, S. 227 (232 f.): Art. 282 EGV habe lediglich den Charakter einer allgemeinen Statusbegründung; eine Ermächtigung im materiellen Sinn sei darin nicht enthalten.

kann[63]. Es ist folglich nicht von einer materiellen Meistbegünstigung der Gemeinschaft in dem Sinne, daß das jeweils vorteilhafteste Niveau aller Mitgliedstaaten als Grundlage heranzuziehen wäre, sondern vielmehr vom jeweils höchsten Niveau für den jeweiligen Mitgliedstaat auszugehen[64]. Insofern läßt sich – unabhängig von der Frage, ob nach Art. 282 EGV abgeschlossene Verträge in Mitgliedsstaaten, die den Verwaltungsvertrag kennen, dem öffentlichen Recht unterliegen können[65] – eine allgemeine Kompetenz der EG zum Abschluß von gemeinschaftsweit geltenden Umweltverträgen durch diese Vorschrift ganz offensichtlich nicht begründen, da zum einen nicht alle Mitgliedstaaten den Verwaltungsvertrag kennen und zum anderen für vertragliche Umweltvereinbarungen auf Gemeinschaftsebene einheitliche Regelungen erforderlich wären. Eine Auslegung des Art. 282 EGV führt daher nicht zur Annahme einer Kompetenz zum Abschluß von normersetzenden Umweltverträgen.

c) Auslegung des Art. 238 EGV

Nach Art. 238 EGV ist der EuGH für Entscheidungen aufgrund einer Schiedsklausel zuständig, die in einem von der Gemeinschaft oder in ihrem Namen abgeschlossenen öffentlich-rechtlichen oder privatrechtlichen Vertrag enthalten ist. Daraus zieht Spannowsky[66], nachdem er zuvor schon prinzipiell die Zulässigkeit gemeinschaftsrechtlicher Verträge aus dem Demokratie- und Rechtsstaatsprinzip, das für eine angemessene Beteiligung der Bürger an der Gestaltung der tatsächlichen und rechtlichen Beziehungen spreche, abgeleitet hat[67], die Schlußfolgerung, daß eine Einschränkung auf bestimmte Verträge durch Anknüpfung an nationale Abgrenzungsvorstellungen nicht gerechtfertigt werden könne, sondern daß vielmehr von der Zuständigkeit der Gemeinschaft für sämtliche vertragliche Rechtsmaterien auszugehen sei. Daß dies auch für den Abschluß von Verwaltungsverträgen gelten müsse, folge aus der umfassenden Einbeziehung sämtlicher vertraglicher Rechtsmaterien des öffentlichen und privaten Rechts in den Anwendungsbereich des Art. 238 EGV[68]. Spannowsky bejaht deshalb die Zu-

---

[62] *Grunwald* in: Groeben/Thiesing/Ehlermann, Kommentar zum EU-/EG-Vertrag, Art. 211 Rn. 7.
[63] *Röttinger* in: Lenz, EG-Vertrag, Art. 282 Rn. 2; *Kallmayer* in: Calliess/Ruffert, Kommentar zu EU-Vertrag und EG-Vertrag, Art. 282 Rn. 2.
[64] Dies ergibt sich bereits aus der Formulierung des Art. 282 S. 1 EGV: „in jedem Mitgliedstaat", nicht „in den" oder „in allen Mitgliedstaaten". Ausführlich hierzu *Simma/Vedder* in: Grabitz/Hilf, Das Recht der Europäischen Union, Art. 282 Rn. 8 f.
[65] Hierzu unter § 4 D. und § 6 A.
[66] *Spannowsky*, Grenzen des Verwaltungshandelns durch Verträge und Absprachen, S. 492 ff.
[67] Diese Argumentation liefert schon *Bleckmann*, Der Verwaltungsvertrag als Handlungsmittel der Europäischen Gemeinschaften, DVBl. 1984, S. 889 (893): „Für die Zulässigkeit von Verwaltungsverträgen im Gemeinschaftsrecht spricht ... auch die Tatsache, daß es bei der starken Ausweitung des hoheitlichen Sektors und der damit verbundenen starken Abhängigkeit des Bürgers vom Staat rechtsstaatliche und demokratische Prinzipien verlangen, daß der Staat von seinem hoheitlichen Podest herabsteigen kann, sich auf die Ebene der Gleichordnung zum Bürger begibt und dem Bürger durch die Verwendung der Vertragsform ein stärkeres Mitspracherecht verleiht. Gerade diese rechtsstaatlich-demokratische Komponente ist aber im Europäischen Gemeinschaftsrecht wie im deutschen Recht besonders stark."
[68] Ebenso *Bleckmann*, Der Verwaltungsvertrag als Handlungsmittel der Europäischen Gemeinschaften, DVBl. 1981, S. 889 (892), der in Art. 238 EGV allerdings keine Ermächtigungsgrundlage sieht.

lässigkeit von gemeinschaftsrechtlichen Verwaltungsverträgen und sieht in Art. 238 EGV, 153 EAGV und 42 EGKSV selbst eine ausreichende generelle Ermächtigung zum Abschluß von öffentlich-rechtlichen und privatrechtlichen Verträgen. Das Erfordernis einer speziellen Einzelermächtigung bestehe für das vertragliche Handeln der EG nicht, weil der Vertragspartner der Verwaltungsbehörde dem Vertrag zugestimmt habe und somit das vertragliche Handeln dem einseitig-hoheitlichen Handeln nicht gleichgestellt werden könne (volenti non fit iniuria). Insofern gelte der Gesetzesvorbehalt, den das Prinzip der begrenzten Ermächtigung[69] zum Ausdruck bringe, im Bereich des vertraglichen nur sehr eingeschränkt, so daß eine allgemeine Ermächtigungsgrundlage ausreiche, die mit Art. 238 EGV vorliege. Eine Kompetenz zum Abschluß von Verträgen könne allerdings nur in Sachgebieten angenommen werden, in denen die EG die Verwaltungskompetenz besitzt. Normersetzende Verträge hat Spannowsky in seine Überlegungen nicht mit einbezogen[70]; sein Lösungsansatz wäre insofern logisch fortzuführen, als die Kompetenz zum Abschluß normersetzender Verträgen auf Gemeinschaftsebene dann besteht, wenn die Gemeinschaft über die Rechtsetzungskompetenz verfügt[71]. Da der EG im Umweltbereich in Art. 175 EGV und auch in Art. 95 EGV eine ausdrückliche weitreichende Zuständigkeit zugewiesen ist, besteht nach dieser Auffassung grundsätzlich die Möglichkeit eines gemeinschaftsrechtlichen normersetzenden Vertrages in Form der Umweltvereinbarung.

d) Ermächtigung aus Art. 2, 3 EGV und den Einzelbestimmungen des EGV

Demgegenüber leitet Bleckmann eine Befugnis zum Abschluß von Verwaltungsverträgen[72] aus den in Art. 2, 3 EGV und den in den Einzelbestimmungen des EGV umrissenen Aufgaben der EG in Verbindung mit der sog. Kompetenz kraft Sachzusammenhangs (Lehre der sog. implied powers) ab[73]. Zur Begründung zieht er ebenfalls Art. 238 EGV, der die generelle Zulässigkeit von öffentlich-rechtlichen und privatrechtlichen Verträgen der Europäischen Ge-

---

[69] *Spannowsky*, Grenzen des Verwaltungshandelns durch Verträge und Absprachen, S. 492 f., führt dabei – in Anlehnung an *Bleckmann*, Der Verwaltungsvertrag als Handlungsmittel der Europäischen Gemeinschaften, DVBl. 1981, S. 889 (891 f.) – das Prinzip der begrenzten Einzelermächtigung „auf seine Wurzeln zurück“: Dieses Prinzip bringe auch den Gesetzesvorbehalt zum Ausdruck. Es verlange für einen Eingriff in Rechte einzelner einen förmlichen Rechtsakt, da erst durch diesen eine Rechtsgrundlage für weitere Maßnahmen im Rahmen der Einzelermächtigung geschaffen werden könne.

[70] Vgl. *Spannowsky*, Grenzen des Verwaltungshandeln durch Verträge und Absprachen, S. 491 f. Dies ist auch insoweit konsequent, als er zuvor bereits – allerdings nur bezogen auf das deutsche Recht – normersetzende und normabwendende Verträge für unzulässig erklärt (s. S. 148 ff.).

[71] So auch *Pommerenke*, Rechtliche Beurteilung von Umweltvereinbarungen nach dem EG-Vertrag, RdE 1996, S. 131 (132), ohne allerdings die Weiterführung der Auffassung Spannowskys offenzulegen.

[72] Zu den Verwaltungsverträgen gehören nach der Definition von *Bleckmann*, Der Verwaltungsvertrag als Handlungsmittel der Europäischen Gemeinschaften, DVBl. 1981, S. 889 (891), auch die hier zu untersuchenden normersetzenden Verträge.

[73] *Bleckmann*, Der Verwaltungsvertrag als Handlungsmittel der Europäischen Gemeinschaften, DVBl. 1981, S. 889 (891 ff.); *ders.*, Die öffentlichrechtlichen Verträge der EWG, NJW 1978, S. 464 (465 f.); *ders.*, Die Beihilfenkompetenz der Europäischen Gemeinschaften, DÖV 1977, S. 615 (616 f.); s.a. *Bleckmann* in: ders., Europarecht, Rn. 382.

meinschaft voraussetze, heran[74]. Weiter kommt Bleckmann nach einer Auslegung des Prinzips der begrenzten Einzelermächtigung zu dem Schluß, daß nur für das einseitig-hoheitliche Handeln der Gemeinschaft eine spezielle Ermächtigungsgrundlage erforderlich sei[75]. Die Befugnis der EG zur Benutzung der Handlungsform „Vertrag" könne sich deshalb schon aus den in Art. 2, 3 EGV und in den Einzelbestimmungen des EGV umrissenen Aufgaben der EG ergeben. Ein alleiniger Rückgriff auf den Aufgabenkatalog des Art. 2 EGV und auf die Kompetenzaufzählung in Art. 3 EGV führe zu einer mit dem Willen der Vertragsschöpfer nicht zu vereinbarenden Zuständigkeitsausweitung der EG. Demgegenüber ließen sich jedoch alle Einzelbestimmungen des EGV in einen verfahrensrechtlichen, kompetenzrechtlichen und einen materiell-rechtlichen Teil zerlegen[76]. Dieses folge wiederum aus der implied-powers-Lehre. Danach stehen den Gemeinschaften neben den geschriebenen auch all jene Kompetenzen zu, die sie zur Erfüllung der ihr gestellten Aufgabe benötigen, selbst wenn diese Kompetenzen nicht ausdrücklich im EGV enthalten sind[77]. Bleckmann zufolge wäre es demnach möglich, durch Zerlegung der Vorschriften über die Umweltpolitik (Art. 174 - 176 EGV) in einen verfahrens- und kompetenzrechtlichen Teil (Art. 175 EGV) und in einen materiell-rechtlichen Teil (Art. 174 EGV) eine Kompetenz der EG zum Abschluß von Umweltverträgen zu begründen. Infolgedessen könnten Umweltvereinbarungen auch verbindlich durch einen Vertrag zwischen der EG und Wirtschaftsverbänden oder -unternehmen vereinbart werden.

e) Würdigung und Fazit

Diese divergierenden Auffassungen – auf der einen Seite die Kommission, die vertragliche Umweltvereinbarungen auf Gemeinschaftsebene von vornherein ablehnt, auf der anderen Seite Spannowsky und Bleckmann, die mit unterschiedlich hergeleiteten Ermächtigungsnormen die Zulässigkeit vertraglicher Vereinbarungen bejahen[78] – gebieten eine besondere Würdigung der Problematik.

---

[74] *Bleckmann*, Die öffentlichrechtlichen Verträge der EWG, NJW 1978, S. 464 (465). Daneben verweist *Bleckmann*, Der Verwaltungsvertrag als Handlungsmittel der Europäischen Gemeinschaften, DVBl. 1981, S. 889 (893), zur Begründung der Zulässigkeit von Verwaltungsverträgen der EG auch auf rechtsstaatliche und demokratische Prinzipien, hierzu bereits bei der Auslegung des Art. 238 EGV unter c).

[75] *Bleckmann*, Der Verwaltungsvertrag als Handlungsmittel der Europäischen Gemeinschaften, DVBl. 1981, S. 889 (892); *ders.*, Die Beihilfenkompetenz der Europäischen Gemeinschaften, DÖV 1977, S. 615 (618): „Die EWG bedarf der punktuellen Einzelermächtigung also nur insoweit, als ihre Maßnahme in die Rechte der Staaten und Individuen eingreifen."

[76] *Bleckmann* in: ders., Europarecht, Rn. 386.

[77] Zur Lehre der „implied powers" s. EuGH, Urt. v. 29.11.1956, Rs. 8/55, Slg. 1955-1956, 297 (312) - Fédération Charbonnière de Belgique/Hohe Behörde; vgl. auch EuGH, Urt. v. 15.7.1960, Rs. 20/59, Slg. 1960, 681 (708) - Italien/Hohe Behörde; EuGH, Urt. v. 15.7.1960, Rs. 25/59, Slg. 1960, 743 (781) - Niederlande/Hohe Behörde. Dazu auch *Calliess* in: Calliess/Ruffert, Kommentar zu EU-Vertrag und EG-Vertrag, Art. 5 Rn. 13 ff. S. ausführlich sogleich unter e) cc).

[78] In der Literatur wird zumeist ohne eigene Argumente die Möglichkeit gemeinschaftsrechtlicher Verträge bejaht. Vgl. nur *Pommerenke*, Rechtliche Beurteilung von Umweltvereinbarungen nach dem EG-Vertrag, RdE 1996, S. 131 (132); *Fluck/Schmitt*, Selbstverpflichtungen und Umweltvereinbarungen – rechtlich gangbarer Königsweg deutscher und europäischer Umweltpolitik, VerwArch 89 (1998), S. 20 (245 f.), jeweils unter Hin-

aa) Abschließende Aufzählung in Art. 249 EGV?

Dabei gilt es zunächst, die Ansicht der Kommission, wonach der EG-Vertrag als verbindliche Maßnahmen allein Verordnungen, Richtlinien und Entscheidungen vorsehe[79], einer näheren Untersuchung zu unterziehen. Eine solche Begrenzung der verbindlichen Rechtsakte der Gemeinschaft käme dann in Betracht, wenn die Aufzählung in Art. 249 EGV abschließend zu verstehen wäre. Im Schrifttum zu Art. 249 EGV wird in diesem Zusammenhang generell darauf hingewiesen, daß die Vorschrift nur beispielhaft die bedeutsamsten Handlungsformen der Gemeinschaft nenne und daher neben diesen typischen Rechtsakten weitere Formen des Gemeinschaftshandelns nicht ausgeschlossen seien[80]. Darüber hinaus zeigt die Gemeinschaftspraxis selbst, daß die Aufzählung der möglichen Rechtshandlungen in Art. 249 Abs. 1 EGV nicht abschließend sein kann, weil bedeutende Bereiche der Gemeinschaftspolitik auch etwa durch verbindlich gemeinte Beschlüsse[81] oder Entschließungen[82] verwirklicht werden – Handlungsformen also, die in Art. 249 EGV keine Erwähnung finden. Insofern wird regelmäßig von den Rechtsakten „sui generis" gesprochen[83], wenn auch zugleich kritisiert wird, es müsse „Ordnung in das Chaos ungekennzeichneter Rechtsakte" gebracht werden[84].

Daneben ist gegen eine abschließende Aufzählung der Rechtsakte in Art. 249 die Vorschrift des Art. 238 EGV anzuführen, in der explizit öffentlich-rechtliche und privatrechtliche Verträge der Gemeinschaft genannt werden und die damit jedenfalls deren Existenz voraussetzt. Dies wird darüber hinaus durch den Euratom-Vertrag bestätigt, weil dort die Rechtshandlungsform des Vertrags als Mittel zur Durchsetzung gemeinschaftlicher Politiken in Art. 6 lit. a), 10, 52 Abs. 2 lit. b), 57 Abs. 2, 64 EAGV sogar ausdrücklich vorgesehen ist[85]. Insofern kann konstatiert werden, daß die Erreichung gemeinschaftspolitischer Ziele über öffentlich-rechtliche und privatrechtliche Verträge dem Gemeinschaftsrecht keineswegs fremd ist und

---

weis auf Spannowsky und Bleckmann; *Grunwald* in: Groeben/Thiesing/Ehlermann, Kommentar zum EU-/EG-Vertrag, Art. 211 Rn. 11; *Simma/Vedder* in: Grabitz/Hilf, Das Recht der Europäischen Union, Art. 282 Rn. 13, jeweils unter Hinweis auf Bleckmann. S.a. *Wägenbaur*, EG-Umweltschutz im Zeichen der Deregulierung: verbesserte Rechtsetzung oder Einsatz sonstiger Instrumente, in: Rengeling (Hrsg.), Beschleunigung von Planungs- und Genehmigungsverfahren, S. 19 (36), der die Kompetenz zum Abschluß gemeinschaftsrechtlicher Verträge gar nicht problematisiert. *Ipsen*, Europäisches Gemeinschaftsrecht, S. 479, und *Oppermann*, Europarecht, Rn. 590, beziehen die in Art. 238 EGV genannten Verträge der Gemeinschaft dagegen lediglich auf Fiskalhandlungen.

[79] Mitteilung der Kommission über Umweltvereinbarungen, KOM(96) endg., S. 1 (21 - Punkt 41).

[80] S. nur *Hetmeier* in: Lenz, EG-Vertrag, Art. 249 Rn. 3; *Uerpmann*, Kooperatives Verwaltungshandeln im Gemeinschaftsrecht: die Gemeinschaftsrahmen für staatliche Beihilfen, EuZW 1998, S. 331 (333); vgl. auch *Huber*, Recht der Europäischen Integration, S. 118.

[81] *Schweitzer/Hummer*, Europarecht, Rn. 412 f.; Beispiele bei *Ruffert* in: Calliess/Ruffert, Kommentar zur EU-Vertrag und EG-Vertrag, Art. 249 Rn. 123.

[82] *Oppermann*, Europarecht, Rn. 586 f.

[83] Zu den Akten sui generis auf Gemeinschaftsebene, s. nur *Kapteyn/VerLoren van Themaat*, Introduction to the Law of the European Communities, S. 322 f.; *Oppermann*, Europarecht, Rn. 577 ff.; s.a. *Everling*, Zur rechtlichen Wirkung von Beschlüssen, Entschließungen, Erklärungen und Vereinbarungen des Rates oder der Mitgliedstaaten der Europäischen Gemeinschaft, in: GS Constantinesco, S. 133 (141 ff.).

[84] *Ruffert* in: Calliess/Ruffert, Kommentar zur EU-Vertrag und EG-Vertrag, Art. 249 Rn. 121.

[85] *Grunwald*, Die nicht-völkerrechtlichen Verträge der Europäischen Gemeinschaften, EuR 1984, S. 227 (230 f.).

die Nichterwähnung einer Vertragsschlußkompetenz im EG-Vertrag daher keine allgemeine Ablehnung einer dem EG-Vertrag fremden Handlungsform bedeutet.
Das hat indes nicht zur Folge, daß aus Art. 238 EGV oder aus Art. 282 EGV eine materielle Befugnis zum Abschluß von Verträgen hergeleitet werden könnte. Denn Art 238 EGV hat zunächst keine andere Bedeutung, als es sein Wortlaut zum Ausdruck bringt: „Der Gerichtshof ist für Entscheidungen auf Grund einer Schiedsklausel zuständig, die in einem von der Gemeinschaft oder für ihre Rechnung abgeschlossenen öffentlich-rechtlichen oder privatrechtlichen Vertrag enthalten ist.“ Nur weil die Vorschrift öffentlich-rechtliche und privatrechtliche Verträge der Gemeinschaft als gegeben annimmt und damit feststellt, daß es derartige Verträge geben kann, wohnt ihr keine Ermächtigung inne; ihr ist gerade nicht zu entnehmen, in welchen Bereichen und unter welchen Voraussetzungen die Gemeinschaft zum Abschluß von Verträgen befugt ist. Diese Fragen können allein durch materiell-rechtliche Vorschriften des EGV, nicht aber durch Statusbestimmungen wie Art. 282 EGV oder Verfahrensvorschriften wie Art. 238 EGV geregelt werden[86].

bb) Berücksichtigung des Prinzips der begrenzten Ermächtigung

Im übrigen laufen die unterschiedlichen Ansätze zur Herleitung einer Kompetenznorm für den Abschluß von öffentlich-rechtlichen und privatrechtlichen Verträgen letztlich auf eine Frage hinaus – nämlich wie weit das Prinzip der begrenzten Ermächtigung zu ziehen ist; in diesem Zusammenhang argumentieren insbesondere Spannowsky und Bleckmann nahezu identisch. Während Spannowsky das Prinzip der begrenzten Ermächtigung auf den Gesetzesvorbehalt reduziert und deshalb zu dem Ergebnis kommt, bei einem vertraglichen Tätigwerden der Gemeinschaft gelte dieser Gesetzesvorbehalt nur eingeschränkt, so daß eine allgemeine „auslegungsmäßig nachweisbare“ Ermächtigungsgrundlage wie Art. 238 EGV ausreiche[87], stellt Bleckmann zwar die Unterschiede zum Gesetzesvorbehalt dar und hält deshalb eine vertragliche Grundlage generell für erforderlich; bei rein faktischem Handeln sowie für Verträge der EG reiche allerdings eine generelle Kompetenzzuweisung aus[88].
Für die Bewertung und Auseinandersetzung mit den dargestellten Auffassungen ist deshalb eine nähere Beleuchtung des Prinzips der begrenzten Einzelermächtigung unentbehrlich. Insofern sollen zunächst allgemein Reichweite, Sinn und Zweck dieses Grundsatzes dargelegt werden, um dann in einem nächsten Schritt die Möglichkeit einer – wie auch immer gearteten – einschränkenden Betrachtungsweise zu untersuchen.

[86] So auch *Grunwald*, Die nicht-völkerrechtlichen Verträge der Europäischen Gemeinschaften, EuR 1984, S. 227 (233).
[87] *Spannowsky*, Grenzen des Verwaltungshandeln durch Verträge und Absprachen, S. 492 f.; dazu bereits oben, § 4 A. II. 2. c).
[88] S. nur *Bleckmann*, Der Verwaltungsvertrag als Handlungsmittel der Europäischen Gemeinschaften, DVBl. 1981, S. 889 (892).

Das in Art. 5 Abs. 1 EGV formulierte Prinzip begrenzter Einzelermächtigung dient in erster Linie der Abgrenzung der gemeinschaftlichen von der nationalen Regelungsbefugnis in der Weise, daß sich daraus Einschränkungen der gemeinschaftlichen Handlungsfreiheit aus dem Erfordernis einer vertraglichen Ermächtigung, deren inhaltlichen Vorgaben und den darin vorgesehenen Handlungsformen ergeben[89]. Gleichwohl ist dieser Grundsatz daneben auch für das Verhältnis zu den Marktbürgern von Bedeutung, da er insoweit die möglichen Rechtswirkungen von Hoheitsakten der Gemeinschaft begrenzt. Aus diesem Grund wird dem Marktbürger in Art. 230 Abs. 4 EGV gerichtlicher Rechtsschutz gegen ihn unmittelbar und individuell betreffende Entscheidungen auch dann gewährt, wenn sie unter Überschreitung der Ermächtigungsgrenzen zustande gekommen sind[90]. Damit umreißt das Prinzip der begrenzten Einzelermächtigung den sich durch die aufgezählten gemeinschaftlichen Einzelkompetenzen ergebenden Verzicht der Mitgliedstaaten auf die Ausübung ihrer Hoheitsrechte ebenso, wie es auch den zulässigen Rahmen potentieller Eingriffe in die Rechte der Individuen durch die von der Gemeinschaft ausgeübte Hoheitsgewalt setzt[91]. Insofern erklärt sich zugleich die unterschiedliche Regelungsdichte der einzelnen Ermächtigungsnormen, die im Hinblick auf die jeweiligen verfahrensrechtlichen Regelungen und die Festlegung, welches Gemeinschaftsorgan – der Rat als zentrales Organ der Gemeinschaft[92] oder die Kommission als „Hüterin und Motor der Integration“[93] – tätig werden darf, stark variiert.

Ist damit aber letztlich das Anliegen, trotz gemeinschaftlicher Regelungsbefugnis mitgliedstaatliche Belange zu sichern, ausschlaggebend für die gemeinschaftsrechtliche Kompetenzverteilung, so kann dem Grundsatz der begrenzten Einzelermächtigung keine Differenzierung nach exekutiver und legislativer Tätigkeit der Gemeinschaft immanent sein. Der Grundsatz bindet somit jede Art von Gemeinschaftstätigkeit; eine Unterscheidung nach belastenden, begünstigenden, planenden oder sonstigen Regelungen ist dem Prinzip fremd[94]. Zur Begründung ist abermals auf die Unterschiede zwischen der Gemeinschaft und ihren Mitgliedstaaten hinzuweisen: Die Gemeinschaft ist kein souveräner Staat wie ihre Mitgliedstaaten, deren

---

[89] Dies ergab sich auch vor der ausdrücklichen Regelung schon durch eine Auslegung der Art. 3, 7 Abs. 1, 202, 211 UAbs. 2 und 249 Abs. 1 EGV; *Schweitzer/Hummer*, Europarecht, Rn. 337; *Calliess* in: Calliess/Ruffert, Kommentar zur EU-Vertrag und EG-Vertrag, Art. 5 Rn. 8 m.w.N.

[90] *Ipsen*, Europäisches Gemeinschaftsrecht, S. 431 f. Zur unmittelbaren und individuellen Betroffenheit s. nur *Geiger*, EG-Vertrag, Art. 173 Rn. 26 ff.

[91] So auch *Nicolaysen*, Zur Theorie von den implied powers in den Europäischen Gemeinschaften, EuR 1966, 129 (136 f.); *Ipsen*, Europäisches Gemeinschaftsrecht, S. 425 ff.; *Brenner*, Der Gestaltungsauftrag der Verwaltung in der Europäischen Union, S. 246 ff.; anders insoweit *Schwarze*, Europäisches Verwaltungsrecht, Bd. I, S. 328, wonach „nicht primär“ die Individualsphäre gegenüber hoheitlicher Machtentfaltung geschützt werden soll.

[92] Der Rat setzt sich nach Art. 203 EGV aus je einem Vertreter eines jeden Mitgliedstaates zusammen und ist damit das am stärksten rückgebundene Organ der Gemeinschaft; *Brenner*, Der Gestaltungsauftrag der Verwaltung in der Europäischen Union, S. 248, spricht vom „Föderativorgan Rat“ und „Integrativorgan Kommission“.

[93] *Huber*, Recht der Europäischen Integration, S. 244: Die Kommission soll nach Art. 211 EGV zum einen die effektive und einheitliche Verwirklichung des Gemeinschaftsrechts in allen Mitgliedstaaten sicherstellen, zum anderen übt sie das Initiativrecht aus und leistet auch konzeptionelle Vorarbeiten; hierzu *Huber*, a.a.O., S. 240 f.

[94] S. nur *Ipsen*, Europäisches Gemeinschaftsrecht, S. 425; *Schwarze*, Europäisches Verwaltungsrecht, Bd. I, S. 239. Dies entspricht auch der ständigen Rechtsprechung des EuGH, hierzu *Lecheler*, Der Europäische Gerichtshof und die allgemeinen Rechtsgrundsätze, S. 57.

Staatsverfassungen sie als Träger umfassender Zuständigkeiten und Inhaber gleich umfassender Gewalt verstehen, die lediglich aus der grundrechtlich geschützten Freiheitssphäre des Bürgers begrenzt wird. Die Mitgliedstaaten haben lediglich enumerativ Zuständigkeiten auf die Gemeinschaft übertragen, deren Wahrnehmung nicht nach eingreifender und leistender Legislativ- und Exekutivtätigkeit unterschieden werden sollte, da ansonsten die Grenze des Willens der Mitgliedstaaten, auf die Ausübung ihrer eigenen Hoheitsrechte zu verzichten, fließend gewesen wäre und damit der Dynamik des Integrationsprozesses nicht hinreichend Rechnung getragen hätte.

Dies wird auch in der Maastricht-Entscheidung des Bundesverfassungsgerichts deutlich. Darin betont das Gericht im Hinblick auf die weitere Handhabung des Prinzips der begrenzten Einzelermächtigung, daß – im Gegensatz zur bisherigen dynamischen Erweiterung der bestehenden Verträge durch eine großzügige Vertragsauslegung im Sinne des „effet utile" – die Auslegung in Zukunft in ihrem Ergebnis keiner Vertragserweiterung gleichkommen dürfe[95].

Insofern kann zunächst folgendes festgehalten werden: Eine dogmatische Anlehnung an die dem mitgliedstaatlichen Gesetzesvorbehalt zugrundeliegende Konzeption, woraus Bleckmann und Spannowsky den Schluß ziehen, im Bereich des vertraglichen Handelns komme dem Erfordernis einer gesetzlichen Ermächtigungsgrundlage aufgrund der Zustimmung des Vertragspartners nur eine eingeschränkte Geltung zu, muß im Gemeinschaftsrecht ausscheiden. Gemäß Art. 5 Abs. 1 EGV bedarf die Gemeinschaft für ein Handeln immer einer besonderen Ermächtigung durch eine ausdrückliche Kompetenznorm, so daß auch bei der Ermittlung der verfügbaren Handlungsformen stets von einer Beschränkung auf die vertraglich vorgesehen Instrumente auszugehen ist[96]. In diesem Zusammenhang hat das Prinzip der begrenzten Einzelermächtigung eine grundlegende Funktion im Verhältnis zu den Mitgliedstaaten: Wäre die Gemeinschaft bei der Wahl ihrer verbindlichen Rechtsakte nämlich nicht auf die vertraglich vorgesehenen Instrumente beschränkt und dürfte etwa uneingeschränkt Umweltverträge anstelle von Verordnungen, Richtlinien oder Entscheidungen[97] abschließen, so könnte dies einen entsprechenden Kompetenzverlust der Mitgliedstaaten zur Folge haben[98].

cc) „implied powers" und „effet utile"

Andererseits hat das Prinzip der begrenzten Ermächtigung durch die dem Völkerrecht entlehnte „implied-powers"-Lehre, die teleologische Auslegungsregel des „effet utile" sowie

---

[95] BVerfGE 89, 155 (210); ähnlich *Pieper*, Subsidiaritätsprinzip - Strukturprinzip der Europäischen Union, DVBl. 1993, S. 705 (711 f.).

[96] *Calliess* in: Calliess/Ruffert, Kommentar zur EU-Vertrag und EG-Vertrag, Art. 5 Rn. 8 f.

[97] *Pommerenke*, Rechtliche Beurteilung von Umweltvereinbarungen nach dem EG-Vertrag, RdE 1996, S. 131 (134), hält es dagegen für möglich, daß die EG anstelle der individuellen, an eine juristische oder natürliche Person gerichtete Entscheidung eine vertragliche Umweltvereinbarung schließt, weil insofern ein freiwilliger Entschluß der Unternehmen bzw. Verbände vorliege.

auch die Kompetenzergänzungsklausel des Art. 308 EGV eine gewisse Korrektur erfahren. Letztere ist aber im Hinblick auf die Ableitung einer Kompetenz der Gemeinschaft zum Abschluß von Umweltverträgen schon angesichts der verfahrensrechtlichen Erfordernisse zu vernachlässigen[99].

Demgegenüber könnte jedoch eine extensive Auslegung zur zusätzlichen Ausdehnung der Gemeinschaftsbefugnisse bei dem Erlaß von sekundärem Gemeinschaftsrecht führen. Dafür kann auf den der Zuständigkeit kraft Sachzusammenhangs vergleichbaren[100] Gedanken der „implied powers" zurückgegriffen werden, wonach der EG weitere ungeschriebene Kompetenzen zustehen, ohne die die Wahrnehmung der ausdrücklich zugewiesenen Aufgaben und Befugnisse „sinnlos" wäre „oder nicht in vernünftiger und zweckmäßiger Weise zur Anwendung gelangen" könnte[101]. In diesem Zusammenhang muß auch der für die Auslegung des EG-Rechts bedeutsame Grundsatz des „effet utile" Berücksichtigung finden. Danach sind die Vertragskompetenzen teleologisch mit dem Ziel auszulegen, daß die Vorschriften ihre „praktische Wirksamkeit" („effet utile") voll entfalten und damit die Gemeinschaftsbefugnisse umfassend ausgeschöpft werden können[102].

Denn es darf bei aller Kompetenzbegrenzung nicht außer acht gelassen werden, daß die Vertragsgründer auch das Ziel verfolgt haben, der Gemeinschaft alle nötigen Befugnisse zur vollständigen Ausübung der ihnen übertragenen Kompetenzen zu gewähren[103]. Der durch die Einheitliche Europäische Akte (EEA) eingeführte Titel Umwelt sowie die durch die Verträge von Maastricht und Amsterdam eingebrachten Neuerungen des EG-Vertrags bestanden gerade darin, Möglichkeiten gemeinschaftsrechtlicher Maßnahmen für den Umweltschutz zu begründen und den Umweltschutz als Gemeinschaftsziel gleichrangig neben die anderen Politiken der Gemeinschaft zu stellen[104].

Für eine Ausweitung der Handlungsinstrumente auf seiten der Gemeinschaft spricht überdies das beständige Anwachsen der Kompetenzen auf Gemeinschaftsebene, die längst über den

---

[98] Bei Verträgen, an denen die Mitgliedstaaten selbst mitwirken, ergibt sich eine solche Einschränkung wohl nicht, hierzu *Uerpmann*, Kooperatives Verwaltungshandeln im Gemeinschaftsrecht: die Gemeinschaftsrahmen für staatliche Beihilfen, EuZW 1998, S. 331 (333).

[99] Hierzu bereits unter § 4 A. II. 2. a).

[100] *Oppermann*, Europarecht, Rn. 527.

[101] EuGH, Urt. v. 29.11.1956, Rs. 8/55, Slg. 1955-1956, 297 (312) - Fédéchar (st. Rspr.). Diese Ausstrahlungswirkung kann einer Kompetenznorm der Gemeinschaft in dreierlei Hinsicht zukommen: Sie begründet zum einen als Annexkompetenz eine Zuständigkeit für die Regulierung von Vorbereitungs- und Durchführungshandlungen, zum anderen als Kompetenz aus dem Sachzusammenhang die Zuständigkeit zur Regelung einer benachbarten Materie und schließlich die Kompetenz zur Regelung solcher Fragen, die kraft Natur der Sache dem Zuständigkeitsbereich der Gemeinschaft unterfallen. Grundlegend hierzu *Nicolaysen*, Zur Theorie von den implied powers in den Europäischen Gemeinschaften, EuR 1966, S. 129 ff.; s.a. EuGH, Urt. v. 31.3.1971, Rs. 22/70, Slg. 1971, 263 (275 f.) - AETR; EuGH, Urt. v. 14.7.1976, verb. Rs. 3/76, 4/76 u. 6/76, Slg. 1976, 1279 (1309 ff.) - Kramer.

[102] EuGH, Urt. v. 15.7.1960, Rs. 20/59, Slg. 1960, 681 (708) - Transportwesen (st. Rspr.).

[103] So insbesondere *Nicolaysen*, Zur Theorie von den implied powers in den Europäischen Gemeinschaften, EuR 1966, S. 129 (136 f.). Für den Bereich des Umweltschutzes *Wägenbaur*, EG-Umweltschutz im Zeichen der Deregulierung: verbesserte Rechtsetzung oder Einsatz sonstiger Instrumente, in: Rengeling (Hrsg.), Beschleunigung von Planungs- und Genehmigungsverfahren - Deregulierung, S. 19 (36).

[104] Vgl. hierzu *Calliess* in: Calliess/Ruffert, Kommentar zu EU-Vertrag und EG-Vertrag, Art. 174 Rn. 3 ff.

Kernbereich ihrer klassischen Aufgaben hinaus expandiert sind. Dies zeigt sich insbesondere im Bereich des Umweltschutzes, wo bei einer Beschränkung auf die in Art. 249 EGV aufgezählten Maßnahmen der Wirkungsbereich der Gemeinschaft unter Umständen derart begrenzt würde, daß der Erfolg einer gemeinsamen Umweltpolitik gefährdet wäre[105]; dies auch deshalb, weil sich abgezeichnet hat, daß die rechtlichen Regelungen allein nicht ausreichen, um die angestrebte „nachhaltige Entwicklung" zu bewirken[106]. Angesichts des unterschiedlichen Umweltschutzniveaus in den einzelnen Mitgliedstaaten ist eine Stagnation des Umweltstandards zu befürchten, da vielerorts bereits die Grenzen des politisch Durchsetzbaren erreicht sind. In diesen Fällen bietet es sich an, über Verträge mit Unternehmen und Verbänden als alternative Handlungsmittel weitere, politisch noch nicht gemeinschaftsweit erwünschte Umweltschutzmaßnahmen zu vereinbaren[107]. Nicht zuletzt das fünfte umweltpolitische Aktionsprogramm der Gemeinschaft zeigt, daß die der Gemeinschaft zur Verfügung stehende Bandbreite von Instrumenten für einen nachhaltigen Umweltschutz erweitert werden muß[108]. Die Gefährdung des „effet utile" im Umweltbereich könnte daher für die Annahme einer Kompetenz der Gemeinschaft zum Abschluß von vertraglichen Umweltvereinbarungen sprechen[109], auch ohne daß dieses Instrument ausdrücklich im EG-Vertrag vorgesehen wird, was insoweit eine Ausnahme vom Prinzip der begrenzten Ermächtigung bedeutete.

Dagegen spricht jedoch zum einen, daß trotz einer solchen Möglichkeit der Erweiterung gemeinschaftsrechtlicher Kompetenzen beim gegenwärtigen Stand der Integration die Zuständigkeit der Mitgliedstaaten die Regel, die der Gemeinschaft die Ausnahme ist, da die Gemeinschaft nicht über die Allzuständigkeit oder die Kompetenz-Kompetenz, d.h. die rechtliche Fähigkeit eines Staates, die Aufgaben und Befugnisse seiner Organe selbst zu bestimmen, verfügt, sondern nur im Rahmen der ihr im Vertrag von den Mitgliedstaaten zugewiesenen Kompetenznormen tätig werden darf[110]. Für den Abschluß von Umweltverträgen existiert eine solche Kompetenznorm aber gerade nicht. Zum anderen darf nicht die Gefahr unterschätzt werden, daß mit einer ungeschriebenen Vertragsschlußkompetenz der Gemeinschaft das Prin-

[105] Die Instrumentpalette im Umweltschutz soll beispielsweise um Umweltabgaben und Umwelthaftung ergänzt werden. S. hierzu auch *Frenz*, Europäisches Umweltrecht, Rn. 76 f.; *Wägenbaur*, Zwölf Thesen zum Thema „Umweltvereinbarungen", EuZW 1997, S. 645.

[106] S. dazu bereits oben § 3 B. II.

[107] *Grunwald*, Die nicht-völkerrechtlichen Verträge der Europäischen Gemeinschaften, EuR 1984, S. 227 (228 f.) führt dagegen allgemein die „Stagnation der Rechtsetzung" auf den meisten Gebieten der ursprünglichen Gemeinschaftspolitiken für den Vertrag als Ausweichrechtsform an. Dies ist allerdings - zumindest seit dem Vertrag von Maastricht - angesichts der Tatsache, daß schätzungsweise 50 % aller Bundesgesetze durch gemeinschaftsrechtliche Vorschriften beeinflußt werden und sogar 80 % aller wirtschaftlichen Regelungen einen gemeinschaftsrechtlichen Ursprung haben, für die wenigsten Rechtsgebiete zu bestätigen; vgl. hierzu auch *Delors*, Bulletin EG 1988, 7/8, S. 124.

[108] ABl. 1993 Nr. C 138, S. 1 (16 - Punkt 31).

[109] So *Frenz*, Freiwillige Selbstverpflichtungen/Umweltvereinbarungen zur Reduzierung des Energieverbrauchs im Kontext des Gemeinschaftsrechts, EuR 1999, S. 27 (39 f.).

[110] S. *Kapteyn/VerLoren van Themaat*, Introduction to the Law of the European Communities, S. 138; *von Borries*, Das Subsidiaritätsprinzip im Recht der Europäischen Union, EuR 1994, S. 263 (267 f.). Kritisch zu ungeschriebenen Gemeinschaftskompetenzen auch *Herdegen*, Europarecht, Rn. 192.

zip der begrenzten Einzelermächtigung ausgehöhlt und die primärrechtlichen Vorgaben des EGV unterlaufen würden.
Aus diesem Grund kann eine einseitige Orientierung am „effet utile“ und den implied powers nicht Platz greifen, sondern muß die Frage gestellt werden, ob und inwieweit die Gemeinschaft zum Abschluß von Umweltverträgen berechtigt sein kann, ohne daß dabei das Prinzip der begrenzten Ermächtigung außer Kraft gesetzt wird.

3. Weitere Überlegungen zugunsten einer Vertragsschlußkompetenz

Für eine akzeptable Lösung zugunsten einer Vertragsschlußkompetenz der Gemeinschaft ist zunächst festzuhalten, daß allein die Kompetenz, nicht aber die allgemeine Zulässigkeit von Verträgen auf Gemeinschaftsebene in Frage steht. Denn wie bereits dargestellt, ist das Rechtsinstrument Vertrag dem Gemeinschaftsrecht nicht völlig fremd, da zumindest der EAGV diese Handlungsform ausdrücklich als Mittel zur Durchsetzung gemeinschaftspolitischer Ziele vorsieht und daneben in Art. 238 EGV ausdrücklich öffentlich-rechtliche und privatrechtliche Verträge der Gemeinschaft genannt und jene daher grundsätzlich vom EG-Vertrag vorausgesetzt werden[111].
Will man nun also angesichts der Erforderlichkeit eines effektiven und weitreichenden Umweltschutzes neue Handlungsformen auf Gemeinschaftsebene ermöglichen, so kommen verschiedene Möglichkeiten in Betracht:

a) Weiterentwicklung des Prinzips der begrenzten Ermächtigung

Diskutabel wäre zunächst eine „Weiterentwicklung“ des Prinzips der begrenzten Einzelermächtigung, wie es die Handhabung in der Praxis der EG im Hinblick auf ihre stark angewachsenen Befugnisse nahelegt[112]. Denn die Regelung in Art. 5 Abs. 1 EGV sagt letztlich nichts darüber aus, wie die Grenzen der zugewiesenen Kompetenzen und gesetzten Ziele erkundet werden können. Insofern kommt es ausschlaggebend auf die Interpretation der verschiedenen Vertragsbestimmungen und damit auf das Verständnis an, das diesen nach dem „objektivierten Willen“ des Vertragsgebers zukommt. Dieses Verständnis ließe sich, ausgehend von der Rechtsprechung des EuGH, daß die Gründungsverträge nicht gewöhnliche internationale Abkommen sind, sondern eine eigene Rechtsordnung geschaffen haben[113], entsprechend der politischen Zielsetzungen dynamisch weiterentwickeln. Dabei stellt sich dann

---

[111] S. schon oben unter § 4 A. II. 2. e) aa).
[112] Kritisch *Huber*, Das Recht der Europäischen Integration, S. 150. Dem dürfte auch die Rechtsprechung des Bundesverfassungsgerichts entgegenstehen, vgl. BVerfGE 89, 155 (192 ff., 210 ff.).
[113] EuGH, Urt. v. 15.7.1964, Rs. 6/64, Slg. 1964, 1253 (1269 f.) - Costa/ENEL; EuGH, Gutachten 1/91 v. 14.12.1991, Slg. 1991, I-6079 (6102).

die Frage, wer überhaupt bestimmt, wo die Grenzen der zugewiesenen Befugnisse und gesetzten Ziele liegen[114].

Eine derartige Weiterentwicklung der Kompetenzen der EG ist allerdings weder auf Gemeinschaftsebene angedacht, noch ist sie beim gegenwärtigen Stand der Integration wünschenswert. Denn diente die extensive Auslegung von gemeinschaftlichen Kompetenzen zunächst dem Erreichen der eng begrenzten Zielsetzung des Gemeinsamen Marktes, so besteht inzwischen die Gefahr, daß die eigenständigen politischen Handlungsspielräume der Mitgliedstaaten in Bereichen wie der Wirtschaftspolitik nahezu ausgelöscht werden. Das Prinzip der begrenzten Einzelermächtigung sollte daher immer auf seinen Ursprung zurückgeführt werden - mit der Folge, daß die für die einheitliche Rechtsordnung von Gemeinschaft und Mitgliedstaaten bedeutsame wechselseitige Beeinflussung von Gemeinschaftsrecht und nationalem Recht bestehen bleibt.

b) Änderung des EGV

Denkbar ist demgegenüber eine Änderung des EG-Vertrags, wodurch der Gemeinschaft allgemein in Art. 249 EGV oder speziell für den Umweltsektor in Art. 175 EGV eine Kompetenz zum Abschluß von Verträgen eingeräumt werden könnte. Daß eine solche Änderung nicht von vornherein ausgeschlossen ist, zeigen schon die Reformüberlegungen auf Gemeinschaftsebene hinsichtlich einer Neuordnung der gemeinschaftlichen Rechtsakte, die insbesondere angesichts der steigenden Zahl ungekennzeichneter Rechtshandlungen und im Hinblick auf eine Vorrangordnung der einzelnen Rechtsakte angestrebt wird[115]. So wurde die Regierungskonferenz schon in der 16. „Erklärung zur Rangordnung der Rechtsakte der Gemeinschaft" im Vertragstext von Maastricht zum EU-Vertrag aufgefordert, die Einteilung der Rechtsakte der Gemeinschaft mit dem Ziel der Herstellung einer angemessenen Rangordnung der verschiedenen Arten von Normen zu überprüfen. Allerdings hat der Vertrag von Amsterdam keine entsprechenden Änderungen gebracht und zeigen sich die Mitgliedstaaten gegenüber einer Neuordnung der Rechtsakte angesichts der dafür erforderlichen Weiterentwicklung der Gemeinschaft sehr zurückhaltend[116].

Wie aber eine entsprechende Vorschrift bezüglich einer Kompetenz zum Abschluß von Verträgen aussehen könnte und welche Bedingungen dabei berücksichtigt werden müßten, wird noch an späterer Stelle dargelegt werden[117]. Zunächst gilt es Möglichkeiten zu erkunden, die schon jetzt – also ohne Vertragsänderung – eine Vertragsschlußkompetenz der Gemeinschaft begründen.

---

[114] Hierzu *von Borries*, Das Subsidiaritätsprinzip im Recht der Europäischen Integration, EuR 1994, S. 263 (268 f.).

[115] Vgl. *Ruffert* in: Calliess/Ruffert, Kommentar zu EU-Vertrag und EG-Vertrag, Art. 249 Rn. 14 m.w.N.

[116] Vgl. *Monjal*, La Conférence intergouvernementale de 1996 et la hiérarchie des normes communautaires, R.T.D.E. 32 (1996), S. 681 (715 f.).

[117] Hierzu unter § 7 C.

c) Ermächtigung durch einen Rechtsakt auf Sekundärebene

Die einzige vorstellbare Alternative, einem Organ der Gemeinschaft eine Kompetenz zum Abschluß von Umweltvereinbarungen in Vertragsform einzuräumen, liegt derzeit in einer Ermächtigung durch einen Rechtsakt auf Sekundärebene. Eine Ermächtigung zur Rechtsetzung kommt dabei allein nach Art. 202, 3. Spstr. iVm. Art. 211, 4. Spstr. EGV in Form einer Delegation von Durchführungsbefugnissen in Betracht[118].

aa) Zulässigkeit der Delegation

Nach Art. 202, 3. Spstr. und Art. 211, 4. Spstr. EGV kann der Rat in den von ihm erlassenen Rechtsakten die Befugnisse zur Durchführung der Vorschriften der Kommission übertragen, wodurch kraft Ratszuweisung weitere Kompetenzen der Kommission begründet werden. Eine solche Übertragung ist indes nur möglich, wenn der Rat selbst die Kompetenz zum Erlaß der Grundvorschriften besitzt, d.h. er darf nicht in die Kompetenzen anderer Organe eingreifen. Dies hat zur Folge, daß überall dort, wo der Rat zum Erlaß von Grundvorschriften ermächtigt ist, diese Ermächtigung auch die Möglichkeit umfaßt, der Kommission einzelne Durchführungsbefugnisse zu übertragen[119], es sei denn, der Rat will im Rahmen einer Selbstermächtigung nach Art. 202, 3. Spstr., S. 3 EGV vorgehen.

Für umweltrechtliche Maßnahmen hat der Rat insbesondere gem. Art. 175 Abs. 1, Art. 95 Abs. 1 EGV weitreichende Rechtsetzungskompetenzen, so daß er in diesem Bereich grundsätzlich befugt ist, die Durchführung der erlassenen Umweltregelungen auf die Kommission zu übertragen. Fraglich bleibt jedoch, ob die Kommission in den erlassenen Grundvorschriften überhaupt zum Abschluß von Umweltvereinbarungen ermächtigt werden kann. Dies erscheint auf den ersten Blick insofern zweifelhaft, als die Gemeinschaft im Primärrecht angesichts des Prinzips der begrenzten Einzelermächtigung über keine Kompetenz zum Abschluß von Verträgen verfügt. Auf der anderen Seite wurde aber bereits festgestellt, daß sich im EG-Vertrag kein ausdrückliches Handlungsformverbot findet und Art. 249 EGV nicht als abschließende Aufzählung der möglichen Rechtsakte zu verstehen ist. Vielmehr setzt der EG-Vertrag in Art. 238 ja gerade die Existenz privatrechtlicher und öffentlich-rechtlicher Verträge sogar voraus, so daß Verträge als Handlungsform der Gemeinschaft nicht ausgeschlossen werden können.

Überträgt nun der Rat gem. Art. 202, 3. Spstr. EGV seine Durchführungsbefugnisse auf die Kommission und ermächtigt diese darüber hinaus zum Abschluß von Umweltverträgen, so

---

[118] Außerhalb von Art. 202, 3. Spstr., Art. 211, 4. Spstr. EGV sind wegen des Prinzips der begrenzten Einzelermächtigung weitere Kompetenzdelegationen nicht zulässig. Auch die Delegation von Durchführungsmaßnahmen zu den Aktionsprogrammen sind auf Art. 202, 3. Spstr., Art. 211, 4. Spstr. EGV zu stützen; diese Möglichkeit bleibt von Art. 175 Abs. 3 UAbs. 2 EGV unberührt; vgl. insoweit *Geiger*, EG-Vertrag, Art. 130s Rn. 5; ausführlich *Epiney*, Umweltrecht in der Europäischen Union, S. 25.

[119] Insofern konstituiert Art. 211, 4. Spstr. EGV nicht für sich allein die Möglichkeit der Übertragung von Durchführungsbefugnissen, sondern erst in Verbindung mit den jeweiligen Vertragsbestimmungen, auf die sich die Grundvorschrift stützt. Hierzu *Hummer* in: Grabitz/Hilf, Das Recht der Europäischen Union, Art. 155 Rn. 67.

muß der Rat gem. Art. 202, 3. Spstr. EGV zunächst im vorgeschriebenen Verfahren iSd. Art. 251 f. EGV mit Beteiligung von Kommission und Parlament die durchzuführenden Vorschriften in Form eines in Art. 249 EGV vorgesehenen Rechtsakts erlassen. Beim Erlaß dieser Ermächtigungsnormen müssen aber die Voraussetzungen für eine gemeinschaftliche Kompetenzausübung vorliegen, so daß die Gefahr einer Aushöhlung des Prinzips der begrenzten Einzelermächtigung folglich nicht besteht. Für eine solche Übertragungsbefugnis spricht darüber hinaus die weitere Überlegung, daß bereits in der durchführungsbedürftigen Maßnahme selbst die „wesentlichen Grundzüge der zu regelnden Materie" festzulegen sind[120], so daß die Kommission nur im Rahmen dieser konkreten Vorschriften zum Abschluß von Umweltverträgen berechtigt wird. Schließlich kann durch das Ausschußverfahren nach Art. 202, 3. Spstr., S. 2 u. 4 EGV zusätzlich eine „vertikale Abstimmung" zwischen der Kommission und den Mitgliedstaaten gewährleistet werden[121].

Insgesamt ist somit festzuhalten, daß die Kompetenzen der Gemeinschaft im Verhältnis zu den Mitgliedstaaten durch eine Übertragung der Durchführungsbefugnisse gem. Art. 202, 3. Spstr. und Art. 211, 4. Spstr. EGV nicht ausgeweitet werden können. Sind nun damit aber diejenigen Argumente, die sich zuvor gegen eine allgemeine primärrechtliche Vertragsschlußkompetenz anführen ließen, entkräftet, so kann ein Vertrag auf der Ebene des dem durchzuführenden Rechtsakt nachgeordneten Rechts durchaus zulässig sein[122]. Aus diesem Grund kann der Rat die Kommission zur Durchführung seiner Vorschriften grundsätzlich auch in Form von Umweltverträgen ermächtigen.

bb) Art der ermächtigenden Normen

Als Ermächtigungsnormen iSd. Art. 202, 3. Spstr. EGV kommen zunächst die in Art. 249 EGV aufgeführten Rechtsakte, also Verordnungen, Richtlinien und Entscheidungen in Betracht. Verordnungen sind abstrakt-generelle Rechtssätze, die gem. Art. 249 Abs. 2 EGV ohne mitgliedstaatlichen Umsetzungsakt in allen Teilen Verbindlichkeit beanspruchen. Diese Verordnungen sind es regelmäßig, die gem. Art. 202, 3. Spstr., 211, 4. Spstr. EGV durch weitere Akte der Kommission durchgeführt werden. Dabei hat sich sogar durch die Unterscheidung zwischen Grund- und Ausführungsverordnungen in Ansätzen eine Normenhierarchie herausgebildet[123]. Anstelle einer solchen Ausführungsverordnung könnte die Kommission aber ebenso eine vertragliche Umweltvereinbarung abschließen, so daß eine Verordnung des Rates grundsätzlich als Ermächtigungsnorm in Betracht kommen kann.

---

[120] St. Rspr. seit EuGH, Urt. v. 17.12.1970, Rs. 25/70, Slg. 1970, 1161 (1172) - Köster. Dazu sogleich unter d).

[121] *Huber*, Recht der Europäischen Integration, S. 330; *Hummer* in: Grabitz/Hilf, Das Recht der Europäischen Union, Art. 155 Rn. 77 f. Zum Ausschußverfahren s. noch die nachfolgenden Ausführungen unter e).

[122] Hier zeigen sich Ansätze für eine Normenhierarchie im Gemeinschaftsrecht, vgl. *Wichard* in: Calliess/Ruffert, Kommentar zu EU-Vertrag und EG-Vertrag, Art. 202 Rn. 9 m.w.N.

[123] *Huber*, Recht der Europäischen Integration, S. 119.

Anders sieht es dagegen bei der Richtlinie aus, die zunächst nur an die Mitgliedstaaten gerichtet und durch diese umzusetzen ist. Aus diesem Grund können allenfalls die Mitgliedstaaten, nicht aber die Kommission eine Richtlinie des Rates mittels einer Umweltvereinbarung durchführen[124]. Zwar kann die Kommission gem. Art. 202, 3. Spstr., Art. 211, 4. Spstr. EGV Richtlinien des Rates an den technischen Fortschritt anpassen; weitergehende Regelungen, wie Umweltvereinbarungen sie regelmäßig enthalten, kann sie in bezug auf Richtlinien des Rates aber nicht erlassen. Umweltvereinbarungen kommen daher zur Durchführung von Richtlinien des Rates grundsätzlich nicht in Betracht.

Die Entscheidungen sind schließlich die verbindlichen Rechtsakte der Gemeinschaft zur Regelung von Einzelfällen. Zu unterscheiden sind dabei Entscheidungen, die an Mitgliedstaaten, und Entscheidungen, die an Individuen gerichtet sind. Letztere sind als konkret-individuelle Regelung mit Verwaltungsakten des nationalen Rechts vergleichbar. Mit den konkreten Adressaten der Entscheidung könnte zur Durchführung der Entscheidung durchaus auch eine Umweltvereinbarung abgeschlossen werden. Problematisch ist hierbei jedoch, daß die Entscheidung zum Zeitpunkt ihres Erlasses an einen feststehenden Adressatenkreis gerichtet sein muß[125], so daß nur bereits existierende Unternehmen bzw. Verbände von der Entscheidung angesprochen werden und dementsprechend allein diese Vertragspartner einer Umweltvereinbarung sein könnten. Das hätte aber zur Folge, daß letztlich keine weiteren, etwa neu gegründeten Unternehmen oder Verbände in die Umweltvereinbarung einbezogen werden können. Aus diesem Grund erscheint eine Umweltvereinbarung zur Durchführung einer Entscheidung auf den ersten Blick ungeeignet[126]. Hinsichtlich der auf europäischer Ebene existierenden Verbände ist dieses jedoch insofern zu relativieren, als einige Industriebereiche bereits umfassend durch europäische Dachverbände organisiert sind[127], so daß keine Neugründungen zu erwarten sind. Gegebenenfalls könnte dann aber auch an den neuen Verband eine Entscheidung des Rates ergehen, die wiederum durch eine Umweltvereinbarung durchgeführt werden könnte. Eine an einen europäischen Wirtschaftsverband gerichtete Entscheidung könnte daher durch eine Umweltvereinbarung mit der Kommission ausgeführt werden.

Eine an die Mitgliedstaaten gerichtete Entscheidung weist demgegenüber oft normative Elemente auf, da sie zumeist noch einer Umsetzungsmaßnahme bedarf[128]. Eine solche an die Mitgliedstaaten gerichtete Entscheidung, die beispielsweise die Minderung von CO_2-Emissionen

---

[124] Zur Umsetzung einer Richtlinie durch Umweltvereinbarungen mit den Mitgliedstaaten vgl. die Empfehlung der Kommission über Umweltvereinbarungen zur Durchführung von Richtlinien der Gemeinschaft, ABl. 1996 Nr. L 333, S. 59 ff.; Mitteilung der Kommission über Umweltvereinbarungen, KOM(96), 561 endg., S. 1 (18 ff.).

[125] Zur im Einzelfall problematischen Abgrenzung zur Verordnung s. *Ruffert* in: Calliess/Ruffert, Kommentar zu EU-Vertrag und EG-Vertrag, Art. 249 Rn. 39.

[126] So auch *Pommerenke*, Rechtliche Beurteilung von Umweltvereinbarungen nach dem EG-Vertrag, RdE 1996, S. 131 (139).

[127] Zu nennen sind etwa der Dachverband der europäischen Automobilhersteller (ACEA) und die European Association of Consumer Electronics Manufacturers (EACEM).

[128] Dazu *Oppermann*, Europarecht, Rn. 565.

betrifft, kann aber wiederum nur durch eine Umweltvereinbarung mit den entsprechenden Unternehmen/Verbänden auf mitgliedstaatlicher Ebene ausgeführt werden[129].
Als mögliche Hoheitsakte des Rates, die einer Umweltvereinbarung vorgeschaltet sein können, kommen daher in erster Linie die Verordnungen sowie die an die europäischen Dachverbände gerichteten Entscheidungen in Betracht.

cc) Art der delegierten Befugnisse

Problematisch ist jedoch, ob der Rat eigene Befugnisse überträgt oder solche der Gemeinschaft, weil es davon abhängt, ob die Kommission dieselben Verfahrensvorschriften beachten muß, die der Rat bei Erlaß der Grundvorschriften zu befolgen hat. Müßte die Kommission aber auch den Wirtschafts- und Sozialausschuß und das Parlament anhören[130], so bedeutete dies einen Verlust an Flexibilität, der gerade bei kooperativen Handlungsinstrumenten wie der Umweltvereinbarung zum Scheitern der angestrebten Maßnahme führen kann.
Nach überwiegender Ansicht handelt es sich - nach entsprechender Auslegung der Delegationsvorschriften - bei der Herkunft der delegierten Befugnisse jedoch nicht um solche des Rates, sondern um eine Gemeinschaftskompetenz, die der Rat in die eigene Zuständigkeit der Kommission delegiert, die diese ungeachtet des Verfahrens und der Mitwirkungsrechte, die für die Grundvorschriften zu beachten sind, ausüben kann[131]. Die Kommission kann daher ohne Anhörung von Parlament und Wirtschafts- und Sozialausschuß die entsprechende Durchführungsmaßnahmen erlassen.

dd) Umfang und Grenzen der delegierten Befugnisse

Im Hinblick auf die „Durchführung" stellt sich allerdings die Frage, ob die Kommission gem. Art. 202, 3. Spstr., Art. 211, 4. Spstr. EGV überhaupt zum Abschluß von vertraglichen Umweltvereinbarungen ermächtigt werden kann oder ob dem Umfang der delegierten Befugnisse insoweit Grenzen gesetzt werden.
Demzufolge ist zunächst zu klären, ob Umweltverträge zu den Befugnissen gehören, die der Rat übertragen kann. Der Begriff „Durchführung" ist zwar im Vertrag nicht definiert, nach der Rechtsprechung des Europäischen Gerichtshofs aber insbesondere angesichts der Anforderungen in der Praxis weit auszulegen, so daß eine „weitgehende Beurteilungs- und Handlungsbe-

[129] *Pommerenke*, Rechtliche Beurteilung von Umweltvereinbarungen nach dem EG-Vertrag, RdE 1996, S. 131 (139).
[130] Diese Auffassung vertritt *Bleckmann* in: ders., Europarecht, Rn. 518 f.
[131] S. nur *Hummer* in: Grabitz/Hilf, Das Recht der Europäischen Union, Art. 155 Rn. 70; *Geiger*, EG-Vertrag, Art. 145 Rn. 16; *Schmitt von Sydow* in: Groeben/Thiesing/Ehlermann, Kommentar zum EU-/EG-Vertrag, Art. 155 Rn. 75; EuGH, Urt. v. 17.12.1970, Rs. 25/70, Slg. 1970, 1161 (1172) - Köster; EuGH, Urt. v, 16.6.1987, Rs. 46/86, Slg. 1987, 2671 (2686) - Romkes.

fugnis“ einbezogen ist[132]. So ist es beispielsweise schon seit langem üblich, der Kommission nicht die „Durchführung“ von Richtlinien des Rates, sondern deren Anpassung an den technischen Fortschritt anzuvertrauen. Demnach ist die Kompetenz der Kommission nach Art. 202, 3. Spstr. und Art. 211, 4. Spstr. EGV zwar lediglich aus- bzw. durchführender Natur; dies bedeutet aber nicht, daß die Kommission auf Befugnisse „unterhalb der Verordnungsebene“ beschränkt ist[133]; vielmehr umfaßt die Ermächtigung neben Einzelfallentscheidungen in Form von individuell-konkreten Rechtsakten auch den Erlaß generell-abstrakter Regelungen wie z.B. die Verordnung[134]. Insofern folgt aus Art. 202, 3. Spstr. und Art. 211, 4. Spstr. EGV, daß auf Gemeinschaftsebene zwischen Grund- und Ausführungsnormen unterschieden werden kann und damit nicht nur der Rat, sondern auch die Kommission zur Rechtsetzung beispielsweise in Form von „Ausführungsverordnungen“ berechtigt ist. Aufgrund dieser weiten Auslegung kann der Rat die Kommission nach Art. 202, 3. Spstr., Art. 211, 4. Spstr. EGV daher grundsätzlich auch zur Durchführung mittels vertraglicher Umweltvereinbarungen ermächtigen, die dann im Hinblick auf die vom Rat erlassenen Vorschriften normkonkretisierend wirken[135].

Ist die Kommission damit befugt, alle für die Durchführung der Grundnorm erforderlichen oder zweckmäßigen Maßnahmen zu ergreifen, so muß sie aber doch die Regelungen der Grundnorm respektieren, da diese im Kollisionsfall vorgehen[136]. Nach der Rechtsprechung des EuGH müssen in den durchführungsbedürftigen Vorschriften des Rates die „wesentlichen Grundzüge der zu regelnden Materie“ festgelegt sein[137], so daß zumindest die grundsätzliche Ausrichtung der Gemeinschaftspolitik in der Grundnorm abzustecken ist und dadurch die der Kommission übertragenen Befugnisse begrenzt werden[138]. Dies bedeutet indes nicht, daß eine

---

[132] EuGH, Urt. v. 30.10.1975, Rs. 23/75, Slg. 1975, 1279 (1302) - Rey Soda; Urt. v. 15.5.1984, Rs. 121/83, Slg. 1984, 2039 (2058) - Zuckerfabrik Franken.

[133] EuGH, Urt. v. 15.7.1970, Rs. 41/69, Slg. 1970, 661 (691) - ACF Chemiefarma/Kommission; s.a. *Hummer* in: Grabitz/Hilf, Das Recht der Europäischen Union, Art. 155 Rn. 64; *Breier* in: Lenz, EG-Vertrag, Art. 202 Rn. 5.

[134] EuGH, Urt. v. 24.10.1989, Rs. 16/88, Slg. 1989, 3457 (3485) - Kommission/Rat. Vgl. auch *Beutler/Bieber/Pipkorn/Streil*, Die Europäische Union, S. 218: Im Hinblick auf den Erlaß von Ausführungsnormen lassen sich „aus der Praxis der übertragenen Befugnisse“ drei Gruppen bilden:
„- die quasi-gesetzgeberische Tätigkeit;
- die Anpassung an den technischen Fortschritt;
- die Verwaltung.“

[135] Vgl. *Pommerenke*, Rechtliche Beurteilung von Umweltvereinbarungen nach dem EG-Vertrag, RdE 1996, S. 131 (138) spricht von „Rechtskonkretisierung“. Es handelt sich jedoch nicht um bloße Vollzugsmaßnahmen, hierzu *Hummer* in: Grabitz/Hilf, Das Recht der Europäischen Union, Art. 155 Rn. 64.

[136] Vgl. EuGH, Urt. v. 27.9.1979, Rs. 230/78, Slg. 1979, 2749 (2765 f.) - Eridania; EuGH, Urt. v. 15.5.1984, Rs. 121/83, Slg. 1984, 2039 (2058) - Zuckerfabrik Franken; EuGH, Urt. v. 16.6.1987, Rs. 46/86, Slg. 1987, 2671 (2686) - Romkes; EuGH, Urt. v. 18.6.1996, C-303/94, Slg. 1996, I-2943 (2969, 2972) - Parlament/Rat. Andernfalls handelte es sich um eine Änderung des Rechtsaktes, vgl. *Breier* in: Lenz, EG-Vertrag, Art. 202 Rn. 5.

[137] EuGH, Urt. v. 17.12.1970, Rs. 25/70, Slg. 1970, 1161 (1172) - Köster (st. Rspr.); s.a. EuGH, Urt. v. 27.9.1979, Rs. 230/78, Slg. 1979, 2749 (2765) - Eridania; EuGH, Urt. v. 16.6.1987, Rs. 46/86, Slg. 1987, 2671 (2686) - Romkes; EuGH, Urt. v. 13.10.1992, verb. Rs. C-63/90 u. C-67/90, Slg. 1992, 5073 (5147 f.) - Portugal u. Spanien/Rat.

[138] EuGH, Urt. v. 27.10.1992, Rs. C-240/90, Slg. 1992, I-5383 (5433 f.) - Deutschland/Kommission; EuGH, Urt. v. 5.7.1988, Rs. 291/86, Slg. 1988, 3679 (3706) - Central-Import.

Ermächtigung so eindeutig nach „Inhalt, Zweck und Ausmaß" bestimmt sein muß, wie das z.B. in Deutschland die Rechtsprechung zu Art. 80 Abs. 1 S. 2 GG fordert[139]. Der Europäische Gerichtshof hat im Interesse einer effizienten Verwirklichung des Gemeinschaftsrechts vielmehr eine großzügige Auslegung von Durchführungsermächtigungen befürwortet, da nur die Kommission in der Lage sei, auf die ständige Entwicklung beispielsweise der Agrarmärkte[140] mit der durch die Situation gebotenen Schnelligkeit zu reagieren. Entsprechendes kann ebenso für den Bereich des Umweltrechts gelten, so daß der Rat der Kommission auch auf diesem Gebiet eine weitgehende Beurteilungs- und Handlungsbefugnis übertragen kann, die der Kommission eine Vertragsschlußkompetenz für Umweltvereinbarungen – beispielsweise zur Erzielung von Einsparungen im Energiebereich oder zur Verringerung des CO_2-Ausstoßes – einräumt. Es müßten aber zumindest der Zweck sowie die zu erreichenden Ziele der durchführenden Umweltvereinbarungen vom Rat festgelegt werden, da weitgehende „Kompetenztransfers" nicht zulässig sind[141].
Der Umfang der Ermächtigung kann vom Rat (bzw. von Rat und Parlament) natürlich auch ganz konkret vorgegeben werden. Angesichts der Umständlichkeit des gesetzgeberischen Vorgehens spricht aber viel dafür, den Auftrag der Kommission relativ umfassend anzulegen; eine Beschränkung etwa auf ganz bestimmte Umweltprobleme hätte zur Folge, daß die Kommission jeweils nur mit einer gezielten Einzelermächtigung tätig werden könnte, was wiederum der Flexibilität von Umweltvereinbarungen schadete[142]. Im Hinblick auf das Prinzip der begrenzten Einzelermächtigung muß der Rat aber mangels entsprechender Vorgaben im EG-Vertrag jedenfalls die Ermächtigung zum Vertragsschluß ausdrücklich in die von ihm erlassenen Vorschriften aufnehmen. Zugleich müßten in der Grundvorschrift für den Fall des Scheiterns einer Vereinbarung alternative Möglichkeiten zur Rechtsetzung vorgesehen werden, damit die Durchführung der Ratsvorschriften sichergestellt ist[143].

ee) Ausschußverfahren

Insbesondere im Hinblick auf eine weit gefaßte Ermächtigung der Kommission kann der Rat nach Art. 202, 3. Spstr., S. 2 EGV festlegen, von welchen Bedingungen die Ausübung der der Kommission verliehenen Befugnis im einzelnen abhängt. Eine solche spezielle Modalität besteht größtenteils in der Einbindung der Duchführungsbefugnisse in ein Ausschußverfahren. Dies trägt dem Bedürfnis des Rates Rechnung, durch die Delegation von Befugnissen entla-

---

139 S. nur *Oppermann*, Europarecht, Rn. 658; zu Art. 80 Abs. S. 2 GG: BVerfGE 2, 307 (334); 23, 62 (72).
140 Hierzu EuGH, Urt. v. 30.10.1975, Rs. 23/75, Slg. 1975, 1279 (1302) - Rey Soda.
141 *Hummer* in: Grabitz/Hilf, Das Recht der Europäischen Union, Art. 155 Rn. 66.
142 Vgl. insoweit auch *Wägenbaur*, EG-Umweltschutz im Zeichen der Deregulierung: verbesserte Rechtsetzung oder Einsatz sonstiger Instrumente, in: Rengeling (Hrsg.), Beschleunigung von Planungs- und Genehmigungsverfahren - Deregulierung, S. 19 (37).
143 Vgl. hierzu *Grewlich*, Umweltschutz durch „Umweltvereinbarungen" nach nationalem Recht und Europarecht, DÖV 1998, S. 54 (61).

stet zu werden, ohne die Kontrolle über die übertragenen Materien zu verlieren und damit die Sicherungsfunktion des Kompetenzprinzips zu gefährden[144].

Mit Beschluß vom 28.06.1999, dem neuen Komitologie-Beschluß, hat der Rat die Ermächtigung des Art. 202 EGV ausgefüllt und Modalitäten für die Übertragung von Ausführungsbefugnissen verabschiedet[145]. Danach stehen dem Rat drei Ausschußverfahren zur Verfügung – nämlich das Beratungsverfahren, das Verwaltungsverfahren sowie das Regelungsverfahren. Gemein ist diesen drei Ausschußtypen, daß sie sich aus Vertretern der Mitgliedstaaten zusammensetzen; sie unterscheiden sich aber in der Intensität der Beteiligung, die von der reinen Beratung bis hin zur Möglichkeit der Ablehnung eines Kommissionsvorschlags reicht[146].

Dabei enthält Art. 2 des Beschlusses nunmehr allgemeine Kriterien, an denen sich die Auswahl des jeweiligen Verfahrens orientieren soll. Bei der Wahl, ob und welches Ausschußverfahren eingesetzt werden soll, war der Rat allerdings auch vor dieser Neuregelung nicht völlig frei, da er zumindest die Schnelligkeit, Wirksamkeit und Gemeinschaftsfreundlichkeit, die sich aus der unterschiedlichen Intensität der Ausschußbeteiligung ergibt, berücksichtigen mußte[147]. Nunmehr soll das Verwaltungsverfahren etwa für Maßnahmen zur Umsetzung der gemeinsamen Agrar- und Fischereipolitik und das Regelungsverfahren für Maßnahmen von allgemeiner Tragweite[148] eingesetzt werden.

Angesichts der Tatsache, daß Umweltvereinbarungen u.a. deshalb eingesetzt werden sollen, um ein möglichst schnelles und flexibles Reagieren auf Umweltprobleme zu ermöglichen, liegt zumindest bei einer sektoriellen Ermächtigung die Überlegung nahe, von der Einbindung der Durchführungsbefugnis in ein Ausschußverfahren abzusehen; bei einer sehr weit gefaßten Ermächtigung der Kommission bietet sich für den Rat zur Wahrung der Kontrolle über die übertragenen Materien demgegenüber das Verfahren des Verwaltungsausschusses an, da dabei die Möglichkeit einer anderslautenden Beschlußfassung seitens des Rates besteht[149].

---

[144] Zur neu eingeführten Beteiligung des Parlaments *Mensching*, Der neue Komitologie-Beschluß des Rates, EuZW 2000, S. 268 (270 f.).

[145] Beschluß Nr. 1999/468, ABl. 1999 Nr. L 184, S. 23 ff. S.a. den „alten" Komitologie-Beschluß vom 13.07.1987 (Beschluß Nr. 87/373 des Rates vom 13.07.1987 zur Festlegung der Modalitäten für die Ausübung der der Kommission übertragenen Durchführungsbefugnisse, ABl. 1987 Nr. L 197, S. 33 ff.). Dazu auch EuGH, Urt. v. 27.9.1988, Rs. 302/87, Slg. 1988, 5615 - Parlament/Rat. Da die Ausschüsse die Durchführungsmaßnahmen in keinem Fall selbst erlassen können, hält der EuGH die bedingte Übertragung von Durchführungskompetenzen auf die Kommission für unbedenklich, s. EuGH, Urt. v. 17.12.1970, Rs. 25/70, Slg. 1970, 1161 (1172) - Köster; EuGH, Urt. v. 27.9.1979, Rs. 230/78, Slg. 1979, 2749 (2765) - Eridania.

[146] Zu den früheren Ausschußverfahren ausführlich *Schmitt von Sydow* in: Groeben/Thiesing/Ehlermann, Kommentar zum EU-/EG-Vertrag, Art. 155 Rn. 78 ff; *Beutler/Bieber/Pipkorn/Streil*, Die Europäische Union, S. 219.

[147] *Schmitt von Sydow* in: Groeben/Thiesing/Ehlermann, Kommentar zum EU-/EG-Vertrag, Art. 155 Rn. 85. So hat etwa die Regierungskonferenz in einer „Erklärung zu den Durchführungsbefugnissen der Kommission", die der EEA beigefügt ist, den Rat ersucht, für die Ausübung der der Kommission im Rahmen des Art. 95 (ex-Art. 100a) EGV übertragenen Durchführungsbefugnisse insbesondere dem Verfahren des Beratenden Ausschusses einen maßgeblichen Platz entsprechend der Schnelligkeit und Wirksamkeit des Entscheidungsprozesses einzuräumen; s. ABl. 1987 Nr. L 169, S. 1 (24).

[148] Z.B. Maßnahmen zum Schutz der Gesundheit oder Sicherheit von Menschen, Tieren oder Pflanzen.

[149] Aufgrund dieser prozeduralen Einbindung der Kommission in das Ausschußverfahren erteilt der Rat vielfach weite Durchführungsermächtigungen, vgl. hierzu *Schwarze*, Europäisches Verwaltungsrecht, Bd. I, S. 428.

4. Zusammenfassung und Ergebnis

Im Ergebnis bleibt damit festzuhalten, daß der Rat die Kommission im Wege der Delegation von Durchführungsbefugnissen nach Art. 202, 3. Spstr. und Art. 211, 4. Spstr. EGV zum Abschluß von vertraglichen Umweltvereinbarungen – beispielsweise anstelle von Ausführungsverordnungen – ermächtigen kann, da sich im Umweltrecht vor allem aus 175 Abs. 1 EGV umfassende Kompetenzen des Rates ergeben.

Die Kommission kann in diesem Fall auch zum Abschluß von Umweltvereinbarungen ermächtigt werden, obwohl der Gemeinschaft im Primärrecht angesichts des Prinzips der begrenzten Einzelermächtigung keine Kompetenz zum Abschluß von Verträgen eingeräumt wird. Dieses auf den ersten Blick widersprüchlich erscheinende Resultat läßt sich damit begründen, daß weder ein ausdrückliches Handlungsformverbot existiert, noch Art. 249 EGV eine abschließende Aufzählung der möglichen Rechtsakte enthält, demgegenüber aber in Art. 238 EGV gemeinschaftliche Verträge ausdrücklich vorgesehen sind. Überdies bleibt das Prinzip der begrenzten Einzelermächtigung bei dieser Vertragsschlußkompetenz gewahrt, indem zum einen schon eine vertikale Abstimmung zwischen Kommission und Mitgliedstaaten durch das Ausschußverfahren gewährleistet werden kann. Zum anderen besteht auch nicht die Gefahr einer unerwünschten Zunahme der Gemeinschaftskompetenzen, da durch die Grundnorm die Kompetenz selbst, der Umfang der Kompetenz und der Erlaß des konkreten Rechtsaktes in Form der vertraglichen Umweltvereinbarung festgelegt werden muß. Da in diesem Fall über die Beschlußfassung des Rates nach Art. 202, 3. Spstr. EGV auch eine Abstimmung mit den Mitgliedstaaten gewährleistet ist, wird auch die Gefahr der nach Art. 176, 95 Abs. 5 EGV grundsätzlich möglichen verstärkten mitgliedstaatlichen Schutzmaßnahmen kalkulierbar[150]. Zwar steht diese Möglichkeit mitgliedstaatlicher Maßnahmen auf dem gleichen Gebiet der Zulässigkeit einer gemeinschaftlichen Umweltvereinbarung nicht entgegen; sie kann aber durchaus den Erfolg einer Umweltvereinbarung aufs Spiel setzen.

Nach alledem ist ein Vertrag nur im Falle einer ausdrücklichen Ermächtigung des Rates auf der Ebene des dem Ermächtigungsakt nachgeordneten Rechts zulässig. Ob die Ermächtigung zum Vertragsschluß sektoriell oder weitreichend gefaßt ist, ob und unter welchen Auflagen sie ergeht, liegt im Ermessen des Rates, solange er die wesentlichen Grundzüge der zu regelnden Materie festlegt.

B. Begrenzung der gemeinschaftlichen Kompetenzausübung durch Art. 5 EGV

Besteht damit gem. Art. 202, 3. Spstr., Art. 211, 4. Spstr. EGV grundsätzlich eine Kompetenz der Gemeinschaft zum Abschluß vertraglicher Umweltvereinbarungen bei der Übertragung von Durchführungsbefugnissen, so stellt sich gleichwohl die Frage nach einer Begrenzung gemeinschaftlicher Zuständigkeiten im Verhältnis zu den Mitgliedstaaten, da allein der „fortdauernde Wille der Mitgliedstaaten" die EG-Rechtsetzungsbefugnisse begründen kann[151]. Insofern gilt im Gemeinschaftsrecht der Grundgedanke der Subsidiarität, der nunmehr in Art. 5 EGV im Hinblick auf die Kompetenzausübung normiert ist: Dabei betrifft Art. 5 Abs. 1 EGV zunächst das Erfordernis einer Kompetenzgrundlage, damit die Gemeinschaft überhaupt tätig werden kann, während Abs. 2 mit dem Subsidiaritätsprinzip i.e.S. das „Ob" eines Tätigwerdens der Gemeinschaft regelt. Art. 5 Abs. 3 EGV gebietet schließlich die Begrenzung der Maßnahmen der Gemeinschaft auf das „erforderliche Maß" und enthält damit den allgemeinen Grundsatz der Verhältnismäßigkeit, der die Frage nach dem „Wie" eines gemeinschaftlichen Handelns betrifft[152]. Diese Prüfvorgaben für eine gemeinschaftliche Kompetenzausübung unterliegen hinsichtlich ihrer Umsetzung grundsätzlich der gerichtlichen Kontrolle des EuGH[153] und müssen daher auch bei dem Abschluß von Umweltvereinbarungen eingehalten werden.

I. Das Prinzip der begrenzten Ermächtigung gem. Art. 5 Abs. 1 EGV

Art. 5 Abs. 1 EGV formuliert das Prinzip der begrenzten Ermächtigung, wonach die Gemeinschaft nur „innerhalb der Grenzen der ihr in diesem Vertrag zugewiesenen Befugnisse und gesetzten Ziele tätig" wird, so daß für jedes Handeln eine Kompetenzgrundlage vorliegen muß. Da dieses Prinzip schon bei der Frage nach einer Verbandskompetenz der Gemeinschaft zum Abschluß von Umweltverträgen Gegenstand ausführlicher Untersuchungen war, sollen an dieser Stelle lediglich die abschließenden Überlegungen wiederholend zusammengefaßt werden: Mit Art. 175 Abs. 1 EGV liegt zunächst einmal eine umfassende Kompetenznorm für ein Tätigwerden der Gemeinschaft auf dem Gebiet des Umweltrechts vor; daneben können umweltrelevante Rechtsakte aber aufgrund der in Art. 6 EGV normierten Querschnittsklausel auch auf Kompetenzgrundlagen in anderen Politikbereichen gestützt werden. Trotz dieser Vielzahl möglicher Rechtsgrundlagen wird die Gemeinschaft an keiner Stelle des EG-Vertrages zum Abschluß von Verträgen berechtigt. Das Prinzip der begrenzten Einzelermächtigung, wonach eine ausdrückliche oder zumindest durch Auslegung zu ermittelnde Kompetenz der Gemeinschaft zum Abschluß von Verträgen vorliegen muß, steht aber aus den ge-

---

[150] S.a. die Mitteilung der Kommission über Umweltvereinbarungen, KOM(96) 561 endg., S. 1 (22). Eine nationale Verschärfung nach Art. 95 Abs. 5 EGV steht allerdings unter dem Genehmigungsvorbehalt des Abs. 6; s.a. *Herdegen*, Europarecht, Rn. 419.

[151] *Oppermann*, Europarecht, Rn. 513.

[152] Ausführlich und anschaulich *Calliess* in: Calliess/Ruffert, Kommentar zu EU-Vertrag und EG-Vertrag, Art. 5 Rn. 1 ff. *Merten*, Subsidiarität als Verfassungsprinzip, in: ders. (Hrsg.), Die Subsidiarität Europas, S. 77 (78) spricht insoweit von einer „europarechtlichen Schrankentrias".

[153] Zur Justitiabilität der Vorgaben des Art. 5 EGV s. nur *Calliess* in: Calliess/Ruffert, Kommentar zu EU-Vertrag und EG-Vertrag, Art. 5 Rn. 60 ff. Zum Umfang der gerichtlichen Kontrolle s.a. noch nachfolgend unter II. und III.

nannten Gründen nicht der Möglichkeit entgegen, daß der Rat gem. Art. 202, 3. Spstr., Art. 211, 4. Spstr. EGV im Rahmen der Übertragung von Durchführungsbefugnissen die Kommission ausdrücklich zum Vertragsschluß ermächtigt[154].

In diesem Fall sind die Vorgaben des Art. 5 Abs. 1 EGV für eine Kompetenzgrundlage der Gemeinschaft beim Abschluß vertraglicher Umweltvereinbarungen grundsätzlich gewahrt.

II. Das Subsidiaritätsprinzip gem. Art. 5 Abs. 2 EGV

Die Kompetenz der Gemeinschaft zum Abschluß von vertraglichen Umweltvereinbarungen könnte jedoch weiterhin durch das in Art. 5 Abs. 2 EGV normierte Subsidiaritätsprinzip einzuschränken sein. Hintergrund dieser Regelung ist der allgemeine Subsidiariätsgedanke, daß eine staatliche Aufgabe bzw. Tätigkeit soweit wie möglich auf der jeweils unteren und damit bürgernahen Ebene wahrgenommen werden soll, wenn dadurch die gestellten Aufgaben erfüllt werden können[155]. Ausschlaggebend ist dabei die Ausgestaltung des Art. 5 Abs. 2 EGV als Kompetenzausübungsregel, die die Verteilung der Kompetenzen zwischen Gemeinschaft und Mitgliedstaaten voraussetzt und nicht selbst regelt[156]. Insofern dient das Subsidiaritätsprinzip der Einschränkung der Zuständigkeitsbereiche der Gemeinschaft zugunsten mitgliedstaatlicher Tätigkeit.

Doppelte Voraussetzung für ein Tätigwerden der Gemeinschaft ist danach, daß die Ziele der erwogenen Maßnahmen durch die Mitgliedstaaten nicht „ausreichend" und daher im Hinblick auf Umfang und Wirkungen durch gemeinschaftliches Handeln „besser" erreicht werden können; dies gilt allerdings nur für Bereiche, die nicht in der ausschließlichen Kompetenz der Gemeinschaft liegen[157]. Dabei ist für das Erfordernis der nicht ausreichenden Zielverwirklichung durch die Mitgliedstaaten gem. Nr. 5 des Subsidiaritätsprotokolls[158] zu prüfen, ob die angestrebte Maßnahme „transnationale Aspekte" aufweist und ob Maßnahmen der Mitgliedstaaten bzw. das Fehlen gemeinschaftlicher Maßnahmen gegen die „Anforderungen des Vertrags verstoßen" oder „die Interessen der Mitgliedstaaten erheblich beeinträchtigen". Dementsprechend ist eine Überforderung der Mitgliedstaaten entscheidend, wobei im Einzelfall auf

---

[154] S.o. § 4 A. II. 3. – 4.

[155] Nach der Präambel zum EUV werden „die Entscheidungen entsprechend dem Subsidiaritätsprinzip möglichst bürgernah getroffen ...". S.a. Art. 1 Abs. 2 EUV, der insoweit eine Konkretisierung des Art. 5 Abs. 2 EGV enthält; vgl. *Calliess* in: Calliess/Ruffert, Kommentar zu EU-Vertrag und EG-Vertrag, Art. 1 EUV Rn. 29. Nach Auffassung des BVerfG ist der Hauptzweck des Subsidiaritätsprinzips in der Wahrung der „Identität der Mitgliedstaaten" zu sehen, BVerfGE 89, 155 (211). S. auch *von Borries*, Das Subsidiaritätsprinzip im Recht der Europäischen Union, EuR 1994, S. 263 (271).

[156] Ebenso *Geiger*, EG-Vertrag, Art. 3b Rn. 6; *Epiney*, Umweltrecht in der Europäischen Union, S. 86; a.A. *Stewing*, Das Subsidiaritätsprinzip als Kompetenzverteilungsregel im Europäischen Recht, DVBl. 1992, S. 1516 ff.; zum Ganzen *von Borries*, Das Subsidiaritätsprinzip im Recht der Europäischen Union, EuR 1994, S. 263 (296).

[157] Das betont auch Ziff. 3 des Protokolls (Nr. 30) über die Anwendung der Grundsätze der Subsidiarität und der Verhältnismäßigkeit, ABl. 1997 Nr. C 340, S. 1 (105 f.). Wie der Begriff der „ausschließlichen Zuständigkeit" zu verstehen ist, wird indes nicht einheitlich beantwortet, vgl. insoweit ausführlich *von Bogdandy/Nettesheim* in: Grabitz/Hilf, Das Recht der Europäischen Union, Art. 3b Rn. 28 ff.

ihre wirtschaftliche und organisatorische Leistungsfähigkeit sowie auch auf ihre rechtlichen Handlungsmöglichkeiten abzustellen ist[159]. Ob bereits die Ermächtigung zu einer gemeinschaftlichen Regelung gegeben ist, wenn diese Voraussetzung nur in bezug auf einzelne Mitgliedstaaten vorliegt, wird nicht einheitlich beantwortet und muß wohl jeweils für den betreffenden Bereich gesondert festgestellt werden[160]. Daneben muß die gemeinschaftliche Maßnahme das angestrebte Ziel wegen ihres besonderen quantitativen Charakters – z.B. bei globalen bzw. grenzüberschreitenden Umweltbelastungen – oder qualitativen Charakters – z.B. aufgrund von Wechselbeziehungen mit anderen gemeinschaftlichen Zielen wie etwa der Verwirklichung des Binnenmarktes – besser verwirklichen als dies eine entsprechende mitgliedstaatliche Maßnahme könnte[161].

Im Hinblick auf die vertraglichen Umweltvereinbarungen der Gemeinschaft gilt es daher zunächst festzustellen, ob die dafür in Betracht kommenden Kompetenzgrundlagen womöglich unter die ausschließliche Zuständigkeit der Gemeinschaft fallen, da in diesem Fall Art. 5 Abs. 2 EGV keine Anwendung fände. Jedenfalls die Umweltpolitik zählt aber offensichtlich zu den konkurrierenden Gemeinschaftskompetenzen[162]; daneben sind auch die weiteren denkbaren vertraglichen Grundlagen zum Erlaß umweltrechtlicher Maßnahmen – mit Ausnahme der Handelspolitik (Art. 133 Abs. 1 EGV) und der Erhaltung der Fischbestände (Art. 102 Beitrittsakte 1972) – überwiegend konkurrierender Natur[163], so daß Art. 5 Abs. 2 EGV insoweit Anwendung findet. Umweltvereinbarungen fallen dabei auch unter den Begriff der „Maßnahme", da dieser weit auszulegen ist und alle verbindlichen wie unverbindlichen Tätigkeiten der Gemeinschaft umfaßt[164].

Inwieweit die materiellen Vorgaben des Art. 5 Abs. 2 EGV bei dem Abschluß von Umweltvereinbarungen in Form von normersetzenden Verträgen erfüllt sind, ist stets abhängig von dem Inhalt der getroffenen Umweltvereinbarung und den sich daraus ergebenden einzelnen Umweltmaßnahmen, so daß diesbezüglich eine abschließende Beurteilung nicht möglich ist. Für die unzureichende Zielverwirklichung auf der Ebene der Mitgliedstaaten ist allerdings schon die Existenz eines umweltpolitischen Problems in einem oder mehreren Mitgliedstaaten ausreichend, wenn diese dem objektiv keine zufriedenstellenden Maßnahmen entgegenzuset-

---

[158] Protokoll (Nr. 30) über die Anwendung der Grundsätze der Subsidiarität und der Verhältnismäßigkeit.

[159] S. nur *Huber*, Recht der Europäischen Integration, S. 154.

[160] Vgl. etwa *Huber*, Recht der Europäischen Integration, S. 154; *von Borries*, Das Subsidiaritätsprinzip im Recht der Europäischen Union, EuR 1994, S. 263 (278); wie hier auch *Epiney*, Umweltrecht in der Europäischen Union, S. 88.

[161] Vgl. *Geiger*, EG-Vertrag, Art. 3b Rn. 8; zur Konkretisierung von „Umfang und Wirkungen" des angestrebten Ziels z.B. *Frenz*, Europäisches Umweltrecht, Rn. 617 ff. Nr. 5 des Protokolls Nr. 30 spricht insoweit von „deutlichen Vorteilen".

[162] Sowohl Art. 176 EGV als auch Art. 174 Abs. 4 EGV machen deutlich, daß die Umweltpolitik ein konkurrierender Zuständigkeitsbereich ist; s. bereits oben § 3 A. I.

[163] S. nur *Epiney*, Umweltrecht in der Europäischen Union, S. 88 f. Hinsichtlich Art. 95 EGV werden unterschiedliche Auffassungen vertreten, vgl. *von Borries*, Kompetenzverteilung und Kompetenzausübung, in: Rengeling, (Hrsg.), EUDUR, Bd. I, § 25 Rn. 52 m.w.N.

[164] *Calliess* in: Calliess/Ruffert, Kommentar zu EU-Vertrag und EG-Vertrag, Art. 5 Rn. 34. Nicht dazu zählen allerdings Kontrolltätigkeiten der Gemeinschaft.

zen haben[165]. Vor dem Hintergrund der zumeist auch transnationalen Aspekte von Umweltbeeinträchtigungen sind dann regelmäßig mangels gemeinschaftlicher Regelungen die Anforderungen des Art. 174 EGV im Hinblick auf eine fruchtbare Umweltpolitik der Gemeinschaft oder durch sog. „spill overs“ im Sinne grenzüberschreitender Umweltverschmutzung die Interessen anderer Mitgliedstaaten beeinträchtigt.

Desgleichen dürfte die Voraussetzung der besseren Zielverwirklichung auf Gemeinschaftsebene bei dem Abschluß von Umweltvereinbarungen gewöhnlich vorliegen, wenn auf die Art, Größe und Schwere der zu lösenden Probleme abgestellt wird. Insoweit spricht das angestrebte umweltpolitische Ziel einer Vereinbarung aufgrund seines Umfangs oder seiner Wirkungen zumindest dann für eine bessere Verwirklichung auf Gemeinschaftsebene, wenn es entweder um Umweltbelastungen grenzüberschreitender oder sogar globaler Art und damit um überregionale Auswirkungen geht oder die Verwirklichung des Binnenmarktes bei einem produkt- oder produktionsbezogenen Vertrag einheitliche Regelungen erfordert[166]. Dagegen scheidet eine bessere Zielverwirklichung auf Gemeinschaftsebene wohl prinzipiell aus, wenn die Umweltbelastungen keine überregionalen Auswirkungen haben und mit der Umweltvereinbarung lediglich Umweltqualitätsstandards festgelegt werden sollen. Ebenso können unterschiedliche Gegebenheiten etwa hinsichtlich der wirtschaftlichen Leistungsfähigkeit der Unternehmen in den Mitgliedstaaten auch unterschiedliche nationale Regelungen erfordern[167].

Für die Einhaltung der Vorgaben des Art. 5 Abs. 2 EGV beim Abschluß von Umweltverträgen läßt sich allerdings noch die Präambel des EU-Vertrags anführen, wonach „die Entscheidungen entsprechend dem Subsidiaritätsprinzip möglichst bürgernah getroffen werden“ sollen. Dies ist wohl auch ein Grund dafür, warum die Kommission in den Berichten über „Eine bessere Rechtsetzung“ im Rahmen ihrer Überlegungen zur Subsidiarität Vereinbarungen mit Unternehmen auf dem Gebiet des Umweltschutzes als Alternativen zur Gesetzgebung befürwortet[168]. Denn gerade bei Vereinbarungen anstelle von gesetzlichen Ge- und Verboten wird die Eigenverantwortung der „Bürger“ – hier verstanden als betroffene Unternehmen – gestärkt, indem sie selbst durch eigene Ideen und Vorschläge zur Zielverwirklichung maßgeblich am Inhalt des betreffenden Umweltvertrags mitwirken[169].

Angesichts dieser Ausführungen wird deutlich, daß bei Umweltvereinbarungen gemeinhin auch die materiellen Vorgaben des Subsidiaritätsprinzips gem. Art. 5 Abs. 2 EGV erfüllt sein werden, zumal den Gemeinschaftsorganen im Rahmen einer gerichtlichen Kontrolle durch

---

[165] *Epiney*, Umweltrecht in der Europäischen Union, S. 89.

[166] Zum Ganzen *Epiney*, Umweltrecht in der Europäischen Union, S. 91. Es geht dabei um Maßnahmen, die nicht nur Umweltbelastungen in einer bestimmten Region, sondern (auch) ihre überregionalen Auswirkungen zum Gegenstand haben, beispielsweise der CO_2- oder FCKW-Ausstoß. Im Hinblick auf die Verwirklichung des Binnenmarktes kann eine gemeinschaftliche Umweltregelung erforderlich sein, um so den gemeinschaftlichen Standard herzustellen, der für eine Harmonisierung oder auch Liberalisierung erforderlich ist.

[167] *Frenz*, Europäisches Umweltrecht, Rn. 617 ff.

[168] KOM(97) 626 endg., S. 1 (3 f.); KOM(1998) 715 endg., S. 1 (7); KOM(1999) 562 endg., S. 1 (4); s.a. die Mitteilung der Kommission „Weniger Gesetzgebung für besseres Handeln“, KOM(1998) 345 endg., S. 1 (2).

den EuGH angesichts der im Umweltbereich bestehenden Unsicherheiten im Tatsächlichen und erforderlichen komplexen Abwägungen insoweit ein weiter Ermessensspielraum zuerkannt werden dürfte[170].

III. Die Erforderlichkeit gem. Art. 5 Abs. 3 EGV

Art. 5 Abs. 3 EGV stellt schließlich den Grundsatz der Erforderlichkeit auf, indem Maßnahmen der Gemeinschaft „nicht über das für die Erreichung der Ziele dieses Vertrages erforderliche Maß" hinausgehen dürfen. Damit normiert Art. 5 Abs. 3 EGV den allgemeinen Grundsatz der Verhältnismäßigkeit und betrifft die Intensität einer Maßnahme sowohl hinsichtlich ihrer Bindungswirkung[171] als auch hinsichtlich ihrer Regelungsdichte[172], wodurch das Subsidiaritätsprinzip hinsichtlich der Begrenzung der Gemeinschaftstätigkeit ergänzt wird[173]. Dieser Grundsatz beansprucht jedoch im Gegensatz zu Art. 5 Abs. 2 EGV nicht allein im Verhältnis zwischen der EG und ihren Mitgliedstaaten Geltung, sondern bestimmt darüber hinausgehend Art und Umfang sämtlicher Handlungen aller Gemeinschaftsorgane auch gegenüber den Bürgern[174]. Deshalb verlangt Art. 5 Abs. 3 EGV inhaltlich zum einen, daß das gemeinschaftliche Handeln hinsichtlich des eigenständigen Handlungsspielraumes der Mitgliedstaaten erforderlich ist[175]; zum anderen ist dieses Prinzip aber auch als allgemeiner Grundsatz im Bereich der Grundrechte für die Beurteilung der Rechtmäßigkeit der Maßnahmen der Gemeinschaft heranzuziehen[176].

Im Zusammenhang mit der Begrenzung gemeinschaftlicher Kompetenzausübung bezweckt Art. 5 Abs. 3 EGV den Schutz der Mitgliedstaaten vor einer unverhältnismäßigen gemeinschaftlichen Kompetenzausübung[177]. Dabei prüft der EuGH, ob die eingesetzten hoheitlichen

---

[169] S. hierzu auch *Frenz*, Europäisches Umweltrecht, Rn. 627 ff.; *Calliess* in: Calliess/Ruffert, Kommentar zu EU-Vertrag und EG-Vertrag, Art. 1 EUV Rn. 30 ff.

[170] Vgl. EuGH, Urt. v. 12.11.1996, Rs. C-84/94, Slg. 1996, I-5755 (5811) - Vereinigtes Königreich/Rat; EuGH, Urt. v. 13.5.1997, Rs. C-233/94, Slg. 1997, I-2405 (2461) - Deutschland/Parlament u. Rat. S.a. *Zuleeg* in: Groeben/Thiesing/Ehlermann, Kommentar zum EU-/EG-Vertrag, Art. 3b Rn. 27; *Kapteyn/VerLoren van Themaat*, Introduction to the Law of the European Communities, S. 142.

[171] Beispielsweise Empfehlung vor Richtlinie, Richtlinie vor Verordnung, vgl. insoweit auch *Geiger*, EG-Vertrag, Art. 3b Rn. 12.

[172] Die Gemeinschaft soll sich auf Grundsatzbestimmungen, Kooperationsregeln, Mindestvorschriften und Fördermaßnahmen beschränken, soweit diese zur Zielerreichung ausreichend sind, und darüber hinausgehende Möglichkeiten den Mitgliedstaaten überlassen; ausführlich *Calliess*, Subsidiaritäts- und Solidaritätsprinzip in der Europäischen Union, S. 103 ff.

[173] S. hierzu *von Bogdandy/Nettesheim* in: Grabitz/Hilf, Das Recht der Europäischen Union, Art. 3b Rn. 42 f.; *Huber*, Recht der Europäischen Integration, S. 156.

[174] S. nur *Zuleeg* in: Groeben/Thiesing/Ehlermann, Kommentar zum EU-/EG-Vertrag, Art. 3b Rn. 29.

[175] Dazu *von Borries*, Das Subsidiaritätsprinzip im Recht der Europäischen Union, EuR 1994, S. 263 (269 f.); *Jarass*, EG-Kompetenzen und das Prinzip der Subsidiarität nach Schaffung der Europäischen Union, EuGRZ 1994, S. 209 (214).

[176] Im Rahmen der Grundrechtsprüfung ist daher erneut auf die Frage der Verhältnismäßigkeit von Umweltvereinbarungen einzugehen, s. § 6 D. III. 3. c) aa).

[177] In der Literatur wird der Anwendungsbereich des Art. 5 Abs. 3 EGV z.T. auf diesen Bereich beschränkt; s. nur *Jarass*, Die Kompetenzverteilung zwischen der Europäischen Gemeinschaft und den Mitgliedstaaten, AöR

Maßnahmen „geeignet sind, um das angestrebte Ziel zu erreichen, und ob sie nicht über das hinausgehen, was zur Erreichung des Zieles erforderlich ist"[178]. Fraglich ist allerdings, ob ebenso wie beim Schutz individueller Rechtspositionen weitergehend auch, „wenn mehrere geeignete Maßnahmen zur Auswahl stehen, die am wenigsten belastende zu wählen" ist und „die auferlegten Belastungen in angemessenem Verhältnis zu den angestrebten Zielen stehen" müssen[179]. In jedem Fall gesteht der EuGH – wie bei der Anwendung des Subsidiaritätsprinzips – dem Gemeinschaftsgesetzgeber auch hier einen weiten Ermessens- und Beurteilungsspielraum zu[180].

1. Geeignetheit

Im Hinblick auf die Verhältnismäßigkeit einer normersetzenden Umweltvereinbarung in Vertragsform ist daher zunächst deren Geeignetheit zu untersuchen. Insofern wird verlangt, daß die Maßnahme ein zulässiges Ziel verfolgt und geeignet ist, dieses angestrebte Ziel auch zu erreichen. Die Ziele der gemeinschaftlichen Umweltpolitik sind in Art. 174 Abs. 1 EGV sehr weit formuliert, so daß daraus – namentlich angesichts der weiten Fassung des 1. Spiegelstrichs – keine wesentlichen Einschränkungen für Umweltverträge zu erwarten sind. Darüber hinaus ist stets zu berücksichtigen, daß die umweltpolitischen Zielsetzungen nach dem Grundgedanken der Querschnittsklausel auch in anderen Politikbereichen der Gemeinschaft verfolgt werden können.

Inwieweit eine Umweltvereinbarung konkret geeignet ist, die umweltpolitische Zielsetzung zu erreichen, kann nur für den Einzelfall und nicht allgemein festgestellt werden; hinzu kommt die Schwierigkeit, daß lineare Kausalitäten bei Maßnahmen des Umweltschutzes zumeist nicht nachgewiesen werden können[181]. Da der EuGH sich aber im Rahmen der Geeignetheit regelmäßig auf die Prüfung beschränkt, ob die Maßnahme „nicht als offensichtlich ungeeignet zur Verwirklichung des angestrebten Zieles" erscheint[182], dürfte eine Umweltvereinbarung für den Umweltschutz im allgemeinen geeignet sein. So würden beispielsweise gemeinschaftliche Umweltvereinbarungen zur Senkung des CO_2- oder FCKW-Ausstoßes anerkanntermaßen zu

---

121 (1996), S. 173 (192 ff.); *von Borries*, Kompetenzverteilung und Kompetenzausübung, in: Rengeling (Hrsg.), EUDUR, Bd. I, § 25 Rn. 73.

[178] Vgl. EuGH, Urt. v. 11.2.1999, Rs. C-390/95 P, Slg. 1999, I-769 (817) - Antillean Rice Mills; s.a. EuGH, Urt. v. 22.10.1998, verb. Rs. C-36 u. 37/97, Slg. 1998, I-6337 (6362) - Kellinghusen u. Ketelsen; EuGH, Urt. v. 12.11.1996, Rs. C-84/94, Slg. 1996, I-5755 (5811) - Vereinigtes Königreich; EuGH, Urt. v. 13.5.1997, Rs. C-233/94, Slg. 1997, I-2405 (2461) - Deutschland/Parlament u. Rat; EuGH, Urt. v. 12.11.1992, Rs. C-127/91, Slg. 1992, I-5681 (5697) - CNTA.

[179] S. nur EuGH, Urt. v. 11.7.1989, Rs. 265/87, Slg. 1989, 2237 (2269) - Schräder, zur Prüfung der Verhältnismäßigkeit bei Grundrechten.

[180] Vgl. die Nachweise bei *Calliess* in: Calliess/Ruffert, Kommentar zu EU-Vertrag und EG-Vertrag, Art. 5 Rn. 48.

[181] Zu den Schwierigkeiten einer Beurteilung der ökologischen Wirksamkeit von Umweltvereinbarungen und den dadurch erzielten Verbesserungen in qualitativer Hinsicht s. Environmental Agreements, Environmental Effectiveness, Environmental Issues Series No. 3 - Vol. 1, S. 52 ff.

[182] S. nur EuGH, Urt. v. 7.2.1973, Rs. 40/72, Slg. 1973, 125 (142) - Schröder/Deutschland.

einer Verbesserung des gemeinschaftlichen Umweltschutzniveaus und damit gleichzeitig zu einer Verbesserung der Umweltqualität führen, da die umweltbelastende Wirkung von CO_2 und FCKW erwiesen ist, so daß jede Senkung des Ausstoßes geeignet ist, die Ziele des Art. 174 Abs. 1 EGV zu erreichen.

2. Erforderlichkeit

Das Merkmal der Erforderlichkeit betrifft die Intensität einer Maßnahme hinsichtlich ihrer Bindungswirkung und Regelungsdichte. Zu prüfen ist dabei, ob das gewählte Handlungsinstrument mit dem vorgesehenen Inhalt der Maßnahme zur Zielerreichung wirklich notwendig ist oder ob das Ziel nicht ebenso wirksam durch andere Maßnahmen erreicht werden kann, die die nationale Identität weniger beeinträchtigen[183]. Nach Nr. 6 und 7 des Protokolls (Nr. 30) über die Anwendung der Grundsätze der Subsidiarität und der Verhältnismäßigkeit sollen Gemeinschaftsmaßnahmen den Mitgliedstaaten so viel Raum für nationale Entscheidungen zugestehen, wie dies mit dem Ziel der Maßnahme und den Anforderungen des EG-Vertrages vereinbar ist. Im Hinblick auf die Handlungsform ist daher stets zu fragen, ob nicht unverbindliche Maßnahmen in Betracht kommen, und sind bei verbindlichen Rechtsakten Richtlinien den Verordnungen und Rahmen- bzw. Mindestvorschriften detaillierten Regelungen vorzuziehen[184].

Bei einer vertraglichen Umweltvereinbarung, die mit Unternehmen bzw. Wirtschaftsverbänden auf Gemeinschaftsebene nur gem. Art. 202, 3. Spstr., 211, 4. Spstr. EGV zur Durchführung von Vorschriften des Rates abgeschlossen werden kann, ist zunächst schon fraglich, ob die entsprechenden Vorschriften wirklich von der Kommission durchgeführt werden müssen oder ob dies nicht den Mitgliedstaaten vorbehalten sein sollte, wenn man berücksichtigt, daß ja Rahmenvorschriften mit nationalen Entscheidungsspielräumen detaillierten Gemeinschaftsregelungen vorzuziehen sind.

Insofern kann für die Erforderlichkeit von Umweltverträgen auf die Argumentation im Rahmen des Art. 5 Abs. 2 EGV zurückgegriffen werden: Auch hierbei spielt Art, Größe und Schwere der zu lösenden Probleme eine gewichtige Rolle – aufgrund des Umfangs oder der Wirkungen eines umweltpolitischen Ziels ist zumindest dann auch die Durchführung auf Gemeinschaftsebene notwendig, wenn das Ziel z.B. in der Bekämpfung von Umweltbelastungen grenzüberschreitender bzw. globaler Art besteht, das durch reine Rahmenvorschriften und damit durch nationale Regelungen der Mitgliedstaaten nicht erreicht werden kann. Gleichermaßen kann das Ziel in der Verwirklichung des Binnenmarktes liegen und deshalb bei produkt- oder produktionsbezogenen Vorschriften detaillierte Regelungen auf Gemeinschaftsebene erfordern. Dagegen sind Umweltverträge im Vergleich zu Rahmenvorschriften wohl

---

[183] *Calliess* in: Calliess/Ruffert, Kommentar zu EU-Vertrag und EG-Vertrag, Art. 5 Rn. 48 ff.

[184] *Von Borries*, Kompetenzverteilung und Kompetenzausübung, in: Rengeling (Hrsg.), EUDUR, Bd. I, § 25 Rn. 74.

nicht mehr notwendig, wenn die Umweltbelastungen sich auf regionale Auswirkungen beschränken oder aber nur Qualitätsstandards festgelegt werden sollen.
Damit konnten zwar schon einige Kriterien für die Erforderlichkeit von Umweltvereinbarungen dargelegt werden; letztlich sind aber natürlich immer die Umstände des Einzelfalls entscheidend. Festzuhalten ist daher lediglich, daß ein Umweltvertrag zur Durchführung von Vorschriften des Rates durchaus das „mildeste Mittel" sein kann[185].

3. Angemessenheit

Die Verhältnismäßigkeit i.e.S. – die Angemessenheit – erfordert im Hinblick auf die Begrenzung gemeinschaftlicher Kompetenzausübung grundsätzlich eine Abwägung zwischen dem Nutzen einer Maßnahme für die Allgemeinheit und der Einschränkung der nationalen Identität. In diesem Zusammenhang ist jedoch darauf hinzuweisen, daß sich der konkrete Verdienst einer Umweltvereinbarung im Sinne ihrer ökologischen Wirksamkeit kaum je ermitteln läßt und dementsprechend auch die Angemessenheit einer Umweltvereinbarung nur schwer zu bestimmen ist. Hinsichtlich der Argumente kann auf die Ausführungen zur Erforderlichkeit verwiesen werden; inwieweit die konkrete Umweltvereinbarung und der mit ihr verbundene Nutzen in einem angemessenen Verhältnis zur Einschränkung mitgliedstaatlicher Kompetenzen steht, ist eine Frage des Einzelfalls. Allerdings darf nicht außer acht gelassen werden, daß der EuGH die dritte Stufe des Verhältnismäßigkeitsgrundsatzes im Rahmen des Art. 5 Abs. 3 EGV für das Verhältnis zwischen Mitgliedstaaten und Gemeinschaft noch nicht geprüft hat[186], so daß die Angemessenheit schon deshalb keine Einschränkungen für den Abschluß von Umweltverträge zur Folge haben dürfte.

Für die Verhältnismäßigkeit von Umweltverträgen kommt es somit im Hinblick auf die zentrale Bedeutung der Entscheidungsspielräume der Mitgliedstaaten ähnlich wie auch bei der Subsidiarität grundlegend auf Art, Umfang und Schwere der zu bekämpfenden Umweltbelastungen an.

---

[185] Im Hinblick auf die beteiligten Unternehmer spricht dafür schon die stärkere „Bürgernähe"; vgl. a. *Zuleeg* in: Groeben/Thiesing/Ehlermann, Kommentar zum EU-/EG-Vertrag, Art. 3b Rn. 33. S. dazu bereits die vorangehenden Ausführungen zur Subsidiarität unter B. II.

[186] Zum Umfang der gerichtlichen Kontrolle s. EuGH, Urt. v. 12.11.1996, Rs. C-84/94, Slg. 1996, I- 5755 (5811) - Vereinigtes Königreich/Rat; EuGH, Urt. v. 13.5.1997, Rs. C-233/94, Slg. 1997, I-2405 (2461) - Deutschland/Parlament u. Rat; EuGH, Urt. v. 22.10.1998, verb. Rs. C-36/97 u. C-37/97, Slg. 1998, I-6337 (6362) - Kellinghusen u. Ketelsen; EuGH, Urt. v. 11.2.1999, Rs. C-390/95, Slg. 1999, I-769 (817) - Antillean Rice Mills. S.a. *Zuleeg* in: Groeben/Thiesing/Ehlermann, Kommentar zum EU-/EG-Vertrag, Art. 3b Rn. 34; *von Bogdandy/Nettesheim* in: Grabitz/Hilf, Das Recht der Europäischen Union, Art. 3b Rn. 45, 56 m.w.N. zu der Frage, ob der Wortlaut in Art. 5 Abs. 3 EGV „Erforderlichkeit" überhaupt die Angemessenheit erfaßt.

IV. Zusammenfassung und Ergebnis

Bei dem Abschluß von Umweltvereinbarungen ergibt sich damit hinsichtlich der in Art. 5 EGV normierten Prüfvorgaben für eine gemeinschaftliche Kompetenzausübung folgendes Bild: Der EG steht im Bereich des Umweltrechts insbesondere mit Art. 175 Abs. 1 EGV eine umfassende Kompetenznorm zu, die allerdings nicht zum Abschluß von Verträgen ermächtigt. Das Prinzip der begrenzten Einzelermächtigung bleibt aber dann gewahrt, wenn der Rat die Kommission gem. Art. 202, 3. Spstr., Art. 211, 4. Spstr. EGV im Rahmen der Übertragung von Durchführungsbefugnissen zum Abschluß von Umweltvereinbarungen ausdrücklich ermächtigt. Für die Subsidiarität und die Verhältnismäßigkeit gem. Art. 5 Abs. 2 und 3 EGV kann keine abschließende Bewertung vorgenommen werden. Allerdings dürften diese Vorgaben bei Umweltvereinbarungen zur Bekämpfung von Umweltbelastungen grenzüberschreitender bzw. globaler Art oder bei einem produkt- bzw. produktionsbezogenen Umweltvertrag zumeist erfüllt sein; dagegen ist eine Umweltvereinbarung mit Art. 5 Abs. 2 und 3 EGV wohl prinzipiell unvereinbar, wenn die zu bekämpfenden Umweltbelastungen keine überregionalen Auswirkungen zeitigen oder lediglich Umweltqualitätsstandards festgelegt werden sollen.
Nur in diesem eng begrenzten Umfang besteht überhaupt eine Kompetenz der Gemeinschaft zum Abschluß vertraglicher Umweltvereinbarungen.

C. Organkompetenz

Ist danach aber eine Vertragsschlußkompetenz der EG zumindest nicht ausgeschlossen, stellt sich nunmehr die weitere Frage, welches Organ innerhalb der Gemeinschaft für den Abschluß eines Umweltvertrages prinzipiell zuständig wäre.
Aus den Kompetenznormen des EG-Vertrages wie z.B. Art. 175 Abs. 1 und 2, 95 Abs. 1 S. 2 EGV ergibt sich, daß der Rat trotz zahlreicher Beteiligungsvorschriften anderer Organe primär für den Erlaß von Hoheitsakten zuständig ist. Angesichts des Aufbaus der Organe wäre die Zuständigkeit zum Abschluß von Umweltverträgen jedoch zweckmäßiger bei der Kommission angesiedelt, die allerdings mangels Rechtsetzungskompetenz[187] im Bereich des Umweltrechts kein originäres Verhandlungs- und Abschlußmandat hat[188]. Einzig im Hinblick auf

---

[187] Die Kommission kann nach Art. 211, 3. Spstr. EGV in eigener Zuständigkeit zwar zumindest Entscheidungen treffen, dieses aber grundsätzlich nur bei ausdrücklicher Ermächtigung im EGV; s. hierzu *Ruffert* in: Calliess/Ruffert, Kommentar zu EU-Vertrag und EG-Vertrag, Art. 211 Rn. 9 ff.

[188] *Bleckmann*, Der Verwaltungsvertrag als Handlungsmittel der Europäischen Gemeinschaften, DVBl. 1981, S. 889 (898), begründet die Zuständigkeit der Kommission zum Abschluß von Verwaltungsverträgen im Namen der EG in analoger Anwendung von Art. 282 S. 2 EGV, wobei diese Vorschrift nicht die dem Vertragsschluß vorangehende innergemeinschaftliche Willensbildung regele. Diese „Initiativkompetenz" liege beim Ministerrat, die „Durchführungskompetenz" dagegen bei der Kommission. Damit führt aber letztlich auch Bleckmann die Kompetenz des Rates auf Art. 202, 3. Spstr., 211, 4. Spstr. EGV zurück. *Fluck/Schmitt*, Selbstverpflichtungen und Umweltvereinbarungen – rechtlich gangbarer Königsweg deutscher und europäischer Umweltpolitik?, VerwArch 89 (1998), S. 220 (247), vertreten dagegen die Auffassung – allerdings ohne Begründung –, die Kommission habe auch ohne ausdrückliches Mandat des Rates die Organkompetenz zum Abschluß von Umweltverträgen.

die Delegation von Durchführungsbefugnissen ergibt sich die Zuständigkeit der Kommission unproblematisch aus Art. 202, 3. Spstr. und Art. 211, 4. Spstr. EGV. Wie bereits dargestellt, werden die Voraussetzungen für die Übertragung von Kompetenzen des Rates in einem auf die üblichen Rechtsgrundlagen gestützten Rechtsakt geschaffen, d.h. der Rat erläßt auf Vorschlag der Kommission unter Beteiligung des Parlaments die entsprechende Grundnorm, in der die Kommission ermächtigt wird, die Ausführungsbestimmungen zu erlassen[189]. Erforderlich ist dabei eine ausdrückliche Ermächtigung zum Abschluß von Umweltvereinbarungen; in diesem Fall dienen die Umweltverträge der Durchführung von Hoheitsakten des Rates, wozu innerhalb der Gemeinschaft die Kommission zuständig ist.

Die Kommission könnte aber nicht eigenmächtig anstelle des Rates eine Umweltvereinbarung mit Unternehmen oder Verbänden abschließen, da dies nicht nur – wie bereits dargestellt – gegen das Prinzip der begrenzten Einzelermächtigung, sondern darüber hinaus auch gegen die im Vertrag normierte Kompetenzordnung verstieße. Die Kommission kann Umweltverträge daher allein im Hinblick auf die Durchführung von Vorschriften des Rates gem. Art. 202, 3. Spstr., Art. 211, 4. Spstr. EGV abschließen.

D. Wahlfreiheit oder Gebundenheit hinsichtlich der Handlungsform

Fraglich ist weiterhin, ob die Organe der Gemeinschaft bei der Wahl der Handlungsform in irgendeiner Art und Weise festgelegt sind. Einige Bestimmungen des Gemeinschaftsrechts legen die mögliche Form der Rechtshandlungen fest und lassen den Organen keine Wahlmöglichkeit. Art. 175 und Art. 95 EGV, die für den Erlaß von Umweltvorschriften vorrangig als Kompetenzgrundlagen in Betracht zu ziehen sind, sind allerdings so formuliert, daß aus ihnen keine eindeutige Art der Rechtshandlung hervorgeht. In diesem Fall wird die Wahl des Rechtsakts in das Ermessen des jeweils handelnden Organs gestellt[190], so daß die Gemeinschaftsorgane sachgerecht und zweckmäßig zwischen den möglichen Handlungsformen zur Erfüllung der ihnen gestellten Aufgaben im Bereich der Umweltpolitik auswählen können.

Beim Erlaß der Grundnorm kann der Rat also nach pflichtgemäßer Ausübung seines Ermessens nicht nur die Handlungsform der Delegationsnorm in den Grenzen des Prinzips der begrenzten Einzelermächtigung frei auswählen, sondern darüber hinaus auch die Handlungsform des Durchführungsakts der Kommission bestimmen[191]. Dieses Ermessen ist aber wiederum vielfältigen Grenzen unterworfen, indem die gewählte Handlungsform etwa den Vorgaben des

---

[189] Weitere Vorteile dieser Lösung liegen darin, daß sowohl der Rat als auch das Parlament im Hinblick auf die Vereinbarung mit eingebunden und die Vertragspartner aus der Industrie über das Verfahren und etwaige vorgegebene Inhalte der Absprachen frühzeitig informiert werden.

[190] *Grabitz* in: Grabitz/Hilf, Das Recht der Europäischen Union, Art. 189 Rn. 33; *Bleckmann* in: ders., Europarecht, Rn. 490; *Frenz*, Europäisches Umweltrecht, Rn. 76.

[191] Insofern steht dem Rat ein weiter Beurteilungsspielraum zu, da es sich jeweils auch um eine politische Entscheidung handelt. Vgl. auch § 4 A. II. 3. c) dd).

Art. 5 EGV sowie insbesondere auch den materiellen Vorgaben des EG-Vertrages entsprechen muß[192].

Zweifelhaft erscheint darüber hinaus, ob diese Wahlfreiheit auch im Hinblick auf die Entscheidung zwischen öffentlich-rechtlichen und privatrechtlichen Umweltverträgen bestehen kann. Denn neben den hoheitlichen und damit öffentlich-rechtlichen Handlungsformen des Gemeinschaftsrechts, wie sie in Art. 249 EGV aufgeführt sind, kann sich die Gemeinschaft grundsätzlich auch der Handlungsformen des Privatrechts bedienen. Dies wird zum einen mit der in Art. 281, 282 EGV statuierten Rechtspersönlichkeit und Rechtsfähigkeit der Gemeinschaft begründet[193], ergibt sich zum anderen aber auch aus Art. 238 EGV: Diese Norm nimmt ausdrücklich Bezug auf öffentlich-rechtliche und privatrechtliche Verträge der Gemeinschaft. Zusammenfassend läßt sich festhalten, daß die Gemeinschaft Verträge in den Formen des Privatrechts wie des öffentlichen Rechts schließen kann.
Damit stellt sich aber die weitere Frage, ob auf der Ebene des Gemeinschaftsrechts von einer echten Wahlfreiheit der Verwaltung im Hinblick auf Organisations- und Handlungsformen gesprochen werden kann[194]. Insoweit ist vorab zu konstatieren, daß es ein europäisches Gemeinschaftsprivatrecht (noch) nicht gibt[195]; die Gemeinschaft kann lediglich ihre Verdingungsordnung zum Vertragsbestandteil erklären oder muß sich des internationalen Privatrechts oder des jeweiligen nationalen Rechts bedienen und unterliegt diesem dann ebenso wie ihr Vertragspartner[196]. Das Gemeinschaftsrecht selbst trifft allenfalls rudimentäre Aussagen zu einem privatrechtlichen Handeln der Gemeinschaftsorgane und geht im übrigen – insbesondere in Art. 4 und 249 EGV – von öffentlich-rechtlichen Handlungsformen aus. Damit offenbart sich zugleich der öffentlich-rechtliche Charakter des Gemeinschaftsrechts und die Einordnung der EG als Verwaltungsgemeinschaft[197]. Gerade bei der Ersetzung hoheitlicher Rechtsakte iSd. Art. 249 EGV durch vertragliche Umweltvereinbarungen ist daher auch diese öffentlich-rechtliche Ausrichtung zu berücksichtigen.
Zwar gibt es auf der Ebene des Gemeinschaftsrechts keine „Flucht ins Privatrecht", so daß die Organe der Gemeinschaft unabhängig von der Wahl der Rechtsform an die Luxemburger

---

[192] Hierzu noch ausführlich in § 6.
[193] *Oppermann*, Europarecht, Rn. 155, 156, 590.
[194] *Spannowsky*, Grenzen des Verwaltungshandelns durch Verträge und Absprachen, S. 497 f., vertritt für das Gemeinschaftsrecht die Auffassung, daß eine konsequente dualistische Aufspaltung entbehrlich sei. Ebenso wie einige Mitgliedstaaten dürfte auch die Europäische Union durchaus ohne eine Spaltung der Rechtswege auskommen, da die Rechtswegspaltung in Frankreich und Deutschland weder auf Logik noch auf einer Naturnotwendigkeit beruhe. Es bestehe keine Notwendigkeit, unterschiedliche Rechtssysteme zu entwickeln, wenn man bereit sei zu akzeptieren, daß sich das Handeln der Verwaltung aufgrund der für sie geltenden Bestimmungen an besonderen rechtlichen Maßstäben messen lassen muß, und zwar gleichgültig, ob sie dem Privaten gleichgeordnet im allgemeinen Rechtsverkehr oder als Träger von Hoheitsgewalt im Über- und Unterordnungsverhältnis gegenübertritt.
[195] Zur Entwicklung eines europäischen Privat- und Prozeßrechts s. die Nachweise bei *Oppermann*, Europarecht, Rn. 1251 ff.
[196] *Cremer* in: Calliess/Ruffert, Kommentar zu EU-Vertrag und EG-Vertrag, Art. 238 Rn. 9 m.w.N.
[197] *Brenner*, Der Gestaltungsauftrag der Verwaltung in der Europäischen Union, S. 217 ff.

Grundrechte gebunden sind[198]. Aus dem Prinzip der begrenzten Ermächtigung ergibt sich aber letztlich, daß den Gemeinschaftsorganen nicht die Befugnis zukommt, über die Rechtsform frei zu entscheiden, da ein solches Vorgehen vertragsrechtlich von den Mitgliedstaaten nicht vorgesehen ist und dies letztlich zu einer Verschiebung des innergemeinschaftlichen Kompetenzgefüges führen könnte[199].

Eine echte Wahlfreiheit der Gemeinschaft hinsichtlich der Rechtsform ihres Handelns besteht daher nicht, so daß die Gemeinschaftsorgane mit Ausnahme etwa des fiskalischen Handelns grundsätzlich in den Handlungsformen des öffentlichen Rechts agieren müssen[200]. Damit stellt sich die im deutschen Recht problematische Frage, nach welchen Kriterien die Unterscheidung zwischen öffentlich-rechtlichem und privatrechtlichem Handeln der Verwaltung zu treffen ist, im Gemeinschaftsrecht in aller Regel nicht[201].

Es gilt daher festzuhalten, daß der EG-Vertrag den Gemeinschaftsorganen zwar eine weitgehende Freiheit bei der Wahl ihrer Handlungsformen zugesteht, dies aber nur im Hinblick auf öffentlich-rechtliche Handlungsformen. Umweltvereinbarungen in Form von privatrechtlichen Verträgen kommen im Gemeinschaftsrecht nicht in Betracht.

E. Begründungs- und Veröffentlichungspflicht gem. Art. 253, 254 EGV

Im Hinblick auf die Wirksamkeit von Rechtsakten der EG sind in formeller Hinsicht schließlich noch die Art. 253 f. EGV zu berücksichtigen. Danach sind Verordnungen, Richtlinien und Entscheidungen gem. Art. 253 EGV mit Gründen zu versehen sowie nach Art. 254 EGV zu ihrer Wirksamkeit im Amtsblatt der Gemeinschaft zu veröffentlichen bzw. bekanntzugeben. Öffentlich-rechtliche Verträge werden demgegenüber in den Art. 253 f. EGV nicht genannt. Soll nun aber die Durchführung der Vorschriften des Rates durch eine vertragliche Umweltvereinbarung erfolgen, so ist zu überlegen, ob die entsprechenden Verfahrensvorschriften nicht grundsätzlich analog gelten müssen. Wesentlich ist dabei zum einen, ob der Akt nach außen gerichtete Rechtswirkungen verursacht oder wenigstens dazu geeignet ist[202]. Zum anderen wird die Begründungs- und Veröffentlichungspflicht auf andere Rechtsakte der Gemein-

---

198 So auch *Huber*, Konkurrenzschutz im Verwaltungsrecht, S. 408, bei Handlungen mit unmittelbarer Rechtswirkung nach außen; für die Beihilfenvergabe s. nur *Seidel*, Das Verwaltungsverfahren in Beihilfesachen, EuR 1985, S. 22 (31). A.A. *Pommerenke*, Rechtliche Beurteilung von Umweltvereinbarungen nach dem EG-Vertrag, RdE 1996, S. 131 (138).

199 *Brenner*, Der Gestaltungsauftrag der Verwaltung in der Europäischen Union, S. 146 ff.

200 *Brenner*, Der Gestaltungsauftrag der Verwaltung in der Europäischen Union, S. 149 f. Vgl. auch *Oppermann*, Europarecht, Rn. 590. Wenig überzeugend ist dagegen die Auffassung *Pommerenkes*, Rechtliche Beurteilung von Umweltvereinbarungen nach dem EG-Vertrag, RdE 1996, S. 131 (138), die zu dem Ergebnis gelangt, daß Umweltvereinbarungen in Form privatrechtlicher Verträge unzulässig seien, da sich die Gemeinschaft durch diese Wahl den ihr aufgrund des EGV gesetzten hoheitlichen Bindungen sowie den Grundrechten entziehe.

201 Hierzu aber *Bleckmann*, Der Verwaltungsvertrag als Handlungsmittel der Europäischen Gemeinschaften, DVBl. 1981, S. 889 (893 f.): Der EWG-Vertrag sei eindeutig dem öffentlichen Recht zuzuordnen, so daß deshalb auch alle Verträge, welche die Materien der Gemeinschaftsverträge regeln, dem öffentlichen Recht unterfallen müßten.

202 *Oppermann*, Europarecht, Rn. 591.

schaft erstreckt, weil die dadurch beabsichtigte Publizität und Transparenz[203] dort ebenso zu gewährleisten ist[204]. Dies bestätigt auch die Rechtsprechung des EuGH, wonach es sich zumindest bei Art. 253 EGV um einen allgemeinen Rechtsgrundsatz handelt[205].
Bei Umweltverträgen handelt es sich um verbindliche Rechtsakte der Gemeinschaft, die Rechtswirkungen zumindest gegenüber den beteiligten Unternehmen bzw. Verbänden erzeugen. Darüber hinaus soll der Umweltvertrag zur Durchführung von Ratsvorschriften anstelle eines anderen Hoheitsakts der Kommission geschlossen werden, so daß der Umweltvertrag denselben Begründungs- und Veröffentlichungspflichten unterliegen muß wie die ersetzte Entscheidung oder Verordnung[206].

F. Zusammenfassung und Ergebnis

Damit ergibt sich für den Abschluß von Umweltvereinbarungen in Vertragsform auf Gemeinschaftsebene folgendes Bild: Entgegen der Auffassung der Kommission, die verbindliche Umweltverträge der Gemeinschaft für unzulässig hält, ist als zentrales Ergebnis der Untersuchung festzuhalten, daß der Rat die Kommission im Rahmen der Delegation von Durchführungsbefugnissen nach Art. 202, 3. Spstr. und Art. 211, 4. Spstr. EGV im Hinblick auf die umfassenden umweltrechtlichen Kompetenzen der Art. 175, 95 EGV durchaus zum Abschluß vertraglicher Umweltvereinbarungen ermächtigen kann. Zwar ergibt sich eine solche Möglichkeit nicht unmittelbar aus dem EG-Vertrag, da insofern das Prinzip der begrenzten Einzelermächtigung entgegensteht. Es besteht demgegenüber aber auch kein Handlungsformverbot „Vertrag"; dies wird schon in Art. 238 EGV deutlich, der ausdrücklich auf gemeinschaftliche Verträge Bezug nimmt. Auf der Ebene des nachgeordneten Recht bleibt auch das Prinzip der begrenzten Ermächtigung gewahrt, so daß der Vertrag bei einer Ermächtigung gem. Art. 202, 3. Spstr., 211, 4. Spstr. EGV eine zulässige Handlungsform darstellt. Dies ergibt sich zum einen aufgrund der Möglichkeit einer vertikalen Abstimmung zwischen Kommission und Mitgliedstaaten durch das Ausschußverfahren; zum anderen besteht keine Gefahr einer unerwünschten Zunahme der Gemeinschaftskompetenzen, da durch die Grundnorm die Kompetenz selbst, der Umfang der Kompetenz und der Erlaß des konkreten Rechtsaktes in Form der vertraglichen Umweltvereinbarung festgelegt werden muß. Wie weitreichend die Ermächtigung zum Vertragsschluß gefaßt ist, liegt grundsätzlich im Ermessen des Rates, solange er nur die wesentlichen Grundzüge der zu regelnden Materie festlegt. Zu berücksichtigen ist dabei

---

[203] Zur Funktion der Begründungs- und Veröffentlichungspflicht s. nur *Grabitz* in: Grabitz/Hilf, Das Recht der Europäischen Union, Art. 190 Rn. 3, Art. 191 Rn. 2; *Beutler/Bieber/Pipkorn/Streil*, Die Europäische Union, S. 221.
[204] Für eine Veröffentlichung der Vereinbarung auch *Wägenbaur*, EG-Umweltschutz im Zeichen der Deregulierung: verbesserte Rechtsetzung oder Einsatz sonstiger Instrumente, in: Rengeling (Hrsg.), Beschleunigung von Planungs- und Genehmigungsverfahren - Deregulierung, S. 19 (38).
[205] EuGH, Urt. v. 15.7.1960, Verb. Rs. 43/59, 45/59 u. 48/59, Slg. 1960, 965 (989 f.) - Lachmüller.
[206] Zu Inhalt und Umfang der Begründungspflicht s. *Calliess* in: Calliess/Ruffert, Kommentar zu EU-Vertrag und EG-Vertrag, Art. 253 Rn. 9 ff.

jedoch, daß die Kommission, die gem. Art. 202, 3. Spstr., 211, 4. Spstr. EGV auch die erforderliche Organkompetenz besitzt, angesichts des öffentlich-rechtlichen Charakters des Gemeinschaftsrechts sowie der Einordnung der EG als Verwaltungsgemeinschaft nur öffentlich-rechtliche Verträge anstelle von Verordnungen oder Entscheidungen zur Durchführung der Ratsvorschriften abschließen kann. Dabei unterliegt der Umweltvertrag aufgrund seiner vielfältigen Rechtswirkungen nach außen denselben aus Art. 253 f. EGV resultierenden Begründungs- und Veröffentlichungspflichten wie die ersetzte Verordnung oder Entscheidung. Begrenzt wird das Ermessen bei der Wahl der Handlungsform darüber hinaus durch die Vorgaben des Art. 5 Abs. 2 und 3 EGV, für die allerdings keine allgemeingültige Bewertung vorgenommen werden kann. Die Grundsätze der Subsidiarität und der Verhältnismäßigkeit dürften aber zumeist nicht entgegenstehen, wenn und soweit die Umweltvereinbarung der Bekämpfung grenzüberschreitender Umweltprobleme dienen soll oder aber bei produkt- bzw. produktionsbezogenen Regelungen die Verwirklichung des Binnenmarktes gemeinschaftsweit einheitliche Vorgaben erfordert.

Steht damit aber in diesem begrenzten Umfang die Zulässigkeit von Umweltvereinbarungen in Vertragsform fest, so gilt es nun, die Funktion dieser Umweltverträge näher zu untersuchen. Denn Umweltvereinbarungen können grundsätzlich nicht nur als Instrument der Rechtsetzung (sog. normersetzende oder normvertretende Umweltvereinbarungen), sondern auch als Instrument zur Vollziehung der Rechtsvorschriften (sog. normvollziehende Umweltvereinbarungen) eingesetzt werden[207], so daß sich vor allem im Hinblick auf die deregulierende Wirkung von Umweltvereinbarungen die Frage stellt, welcher Eigenart die Umweltverträge zur Durchführung von Ratsvorschriften zuzuordnen sind. Auf der einen Seite werden zwar Verordnungen und Entscheidungen durch Verträge ersetzt, so daß man insofern von normersetzenden Umweltvereinbarungen sprechen könnte[208]. Auf der anderen Seite werden die Ratsvorschriften aber durch Verträge der Kommission durchgeführt, so daß diese auch als normvollziehende oder zumindest als normkonkretisierende[209] Umweltvereinbarungen eingestuft werden könnten[210].

---

[207] Die Umweltvereinbarung kann gem. Art. 202, 3. Spstr., 211, 4. Spstr. EGV zur Durchführung von Entscheidungen und Verordnungen eingesetzt werden. Die Entscheidung nach Art. 249 Abs. 4 EGV ist die Rechtshandlung der Gemeinschaft, die Einzelfälle regelt; sie stellt daher das Instrument für vollziehende Funktionen von Rat und Kommission dar, während die Verordnung als Rechtsetzungsakt zu qualifizieren ist; vgl. *Grabitz* in: Grabitz/Hilf, Das Recht der Europäischen Union, Art. 189 Rn. 43, 65. Die Abgrenzung von Norm und Einzelakt kann gleichwohl Schwierigkeiten bereiten; maßgeblich ist die Bestimmung der Adressaten der hoheitlichen Maßnahme; vgl. *Schwarze*, Europäisches Verwaltungsrecht, Bd. I, S. 234 f.

[208] So *Grewlich*, Umweltschutz durch „Umweltvereinbarungen" nach nationalem Recht und Europarecht, DÖV 1998, S. 54 (61) im Hinblick auf einseitige Verpflichtungen.

[209] So *Pommerenke*, Rechtliche Beurteilung von Umweltvereinbarungen nach dem EG-Vertrag, RdE 1996, S. 131 (138).

[210] *Huber*, Recht der europäischen Integration, S. 242 f., zählt die Durchführungsbefugnisse der Kommission zu den Vollzugsaufgaben. S.a. *Oppermann*, Europarecht, Rn. 638.

Dabei ist im Gemeinschaftsrecht zunächst der Besonderheit Rechnung zu tragen, daß grundsätzlich die Mitgliedstaaten zum Vollzug des Gemeinschaftsrechts berufen sind, da die Funktion der Gemeinschaftsorgane vor allem auf die „regierende" Tätigkeit ausgerichtet ist[211]. Für die Einordnung der Umweltverträge als normersetzende Umweltvereinbarungen spricht aber namentlich die Tatsache, daß es sich bei den Durchführungsbefugnissen der Kommission nach Art. 202, 3. Spstr., 211, 4. Spstr. EGV um den Erlaß von Sekundärrecht und demzufolge um Rechtsetzungs- und nicht um bloße exekutivische Vollzugsmaßnahmen handelt[212].

Aus diesen Gründen lassen sich die Umweltverträge zur Durchführung von Ratsvorschriften in erster Linie als normersetzende Umweltvereinbarungen einordnen, auch wenn sie zugleich normkonkretisierende bzw. normvollziehende Elemente aufweisen.

---

[211] *Oppermann*, Europarecht, Rn. 636 ff.; *Streinz*, Europarecht, Rn. 464 ff.

[212] Hierzu ausführlich *Hummer* in: Grabitz/Hilf, Das Recht der Europäischen Union, Art. 155 Rn. 11, 64; s.a. *Oppermann*, Europarecht, Rn. 357.

§ 5 Umweltvereinbarungen in Form unverbindlicher Selbstverpflichtungen

Nachdem die formellen Voraussetzungen für den Abschluß von Umweltvereinbarungen in Vertragsform umfassend dargestellt worden sind, sollen nun die Umweltvereinbarungen in Form von Selbstverpflichtungserklärungen der Unternehmen oder eines Verbandes Gegenstand der weiteren Untersuchung sein. Als Ausgangspunkt der nachfolgenden Ausführungen sollen zunächst entsprechende Äußerungen, daneben aber auch die bislang ausgeübte Praxis der Kommission dienen:

In ihrer Mitteilung über Umweltvereinbarungen geht die Kommission von der Möglichkeit aus, informelle Vereinbarungen in Form von einseitigen Verpflichtungen abschließen zu können, indem sie diese fördert oder anerkennt. Außerdem seien andere Formen unverbindlicher Abmachungen wie etwa der Austausch von Aufzeichnungen, Absichtsschreiben oder in Anwesenheit eines Mitglieds der Kommission unterzeichnete Erklärungen denkbar. Eingesetzt werden könne dieses Instrument „zur Förderung einer fortschrittsfreundlichen Haltung der Industrie und zum Ansporn für wirksame Umweltmaßnahmen“[1]. Daneben sieht die Kommission die Eignung solcher Vereinbarungen auf Gemeinschaftsebene vorrangig in der Durchführung umfassender, langfristiger Ziele sowie auch als vorübergehende Ergänzung eines wirtschaftlichen Instruments[2]. Allerdings müßten auch unverbindliche Vereinbarungen auf Ziele gestützt werden, „die von den Institutionen der Gemeinschaften bereits angenommen wurden“, um dadurch den institutionellen Rahmen einzuhalten und zusätzliche Maßnahmen auf gleichem Gebiet entbehrlich zu machen. Als Beispiel für derartige Ziele nennt die Kommission das fünfte Aktionsprogramm für den Umweltschutz, Entschließungen des Parlaments und des Rates sowie internationale Übereinkommen[3].

In der Praxis wurden informelle Vereinbarungen in Form von einseitigen Verpflichtungen der Industrie von der Kommission entweder zuvor gefördert oder aber lediglich im nachhinein anerkannt[4]. Dabei lag in einem Fall eine Entschließung des Rates[5] zugrunde, aufgrund derer die Kommission – gestützt auf Art. 211 EGV – mehrere Empfehlungen über die verminderte Verwendung von Fluorchlorkohlenwasserstoffen und Halonen an die Aerosolindustrie[6], die Schaumkunststoffindustrie[7] und die Kälteindustrie[8] gerichtet hat. Andere Male hat die Kommission – sozusagen als Antwort auf eine Selbstverpflichtungserklärung – Empfehlungen an

---

[1] KOM(96) 561 endg., S 1 (21).
[2] KOM(96) 561 endg., S. 1 (22).
[3] KOM(96) 561 endg., S 1 (22).
[4] Zur Praxis der Kommission s. bereits unter § 2 B. I. 1.
[5] ABl. 1988 Nr. C 285, S. 1 (2).
[6] ABl. 1989 Nr. L 144, S. 56.
[7] ABl. 1990 Nr. L 227, S. 26.
[8] ABl. 1990 Nr. L 227, S. 30.

die entsprechenden europäischen Verbände gerichtet[9]. Auf eine weitere Selbstverpflichtung reagierte die Kommission nicht mit einer Empfehlung, sondern allein mit einer Mitteilung im Hinblick auf eine Freistellung nach Art. 81 EGV[10].

Aufmerksamkeit verdient jedoch insbesondere die Empfehlung der Kommission vom 5. Februar 1999 über die Minderung der CO_2-Emissionen von (neuen) Personenkraftwagen, in der sie die in der Selbstverpflichtung des ACEA (Dachverband der europäischen Automobilhersteller) zugrundeliegenden Annahmen anerkennt[11]. Dabei handelte es sich um das Ergebnis langwieriger Vorbereitungen und Verhandlungen zwischen Kommission und ACEA, wodurch die Kommission einen Teil ihrer „Strategie der Gemeinschaft zur Minderung der CO_2-Emissionen von Personenkraftwagen und zur Senkung des durchschnittlichen Kraftstoffverbrauchs" verwirklichen konnte[12]. Von besonderer Bedeutung ist bei dieser Empfehlung zum einen, daß der Rat die Kommission zuvor ausdrücklich aufgefordert hatte, die notwendigen Schritte zur Umsetzung der wichtigsten Bestandteile dieser Strategie zu unternehmen[13], zum anderen, daß die Kommission darin zugleich betont, bei seitens des ACEA verursachter Nichteinhaltung der festgelegten Emissionsziele einen entsprechenden Rechtsetzungsvorschlag vorzulegen.

Anhand dieser verschiedenen unverbindlichen Vereinbarungen auf Gemeinschaftsebene ist insbesondere deutlich geworden, daß die Praxis der Kommission nicht einheitlich ist. Während es sich bei einigen Beispielen noch um vorläufige politische Vereinbarungen ohne Verbindlichkeit handeln könnte[14], enthält etwa die Vereinbarung mit der Automobilindustrie doch schon konkretere Vorgaben, die dadurch verschärft werden, daß die Kommission für den Fall der Nichteinhaltung mit einem Rechtsetzungsvorschlag über CO_2-Emissionen von Personenkraftwagen droht. Desgleichen sollen Pkw-Hersteller, die nicht dem ACEA angehören, zu den der Selbstverpflichtung vergleichbaren Anstrengungen verpflichtet werden.

Diesen unterschiedlichen Formen von Selbstverpflichtungen ist aber gemein, daß jeweils Unternehmen bzw. Verbände, also private Beteiligte gegenüber der Kommission als Organ der Europäischen Gemeinschaft bestimmte Verpflichtungserklärungen abgeben. Unterschiedlich ist dagegen die Beteiligung der Kommission sowie auch die Funktion der Selbstverpflichtung als Normersatz oder bloße Ergänzung zu den herkömmlichen ordnungsrechtlichen Instrumenten. Damit lassen sich unterschiedliche funktionale Elemente in den einzelnen Selbstverpflichtungsvarianten erkennen, so daß zunächst eine Einteilung der verschiedenen praktizierten Formen erforderlich ist.

---

[9] ABl. 1989 Nr. L 291, S. 55; ABl. 1998 Nr. L 215, S. 73 ff. S.a. *Grewlich*, Umweltschutz durch „Umweltvereinbarungen" nach nationalem Recht und Europarecht, DÖV 1998, S. 54 (60).

[10] ABl. 1998 Nr. C 12, S. 2. Die Vereinbarung wurde der Kommission am 30.04.1997 vorgelegt.

[11] ABl. 1999 Nr. L 40, S. 49.

[12] KOM(95) 689 endg. vom 20.12.1995. S.a. bereits unter § 2 B. I. 1.

[13] Vgl. ABl. 1999 Nr. L 40, S. 49 - 2. Erwägungsgrund.

Eine Gruppierung kann in erster Linie nach dem Grad der Beteiligung vorgenommen werden. Dabei lassen sich anhand der äußeren Merkmale in der bisherigen Praxis der Kommission prägnante Unterschiede ausmachen, auch wenn teilweise nicht deutlich wird, in welchem Ausmaß die Kommission überhaupt im Vorfeld der Selbstverpflichtung tätig geworden ist – sei es durch bloße Einflußnahme in Form einer Bekanntgabe von Umweltdaten o.ä., sei es durch das Anbieten von Vorteilen oder das Androhen nachteiliger Rechtsetzung[15]. Insofern kann nicht mit abschließender Sicherheit davon ausgegangen werden, ob die selbstverpflichtenden Erklärungen immer maßgeblich durch die Gemeinschaft initiiert worden sind oder ob Wirtschaftsunternehmen nach einer Bekanntgabe von Umweltdaten etwa zum Beweis ihres guten Willens eine entsprechende Verpflichtung eingegangen sind und die Kommission sie nur im nachhinein etwa in Form einer Empfehlung zur Kenntnis genommen hat.

Bei der Verpflichtung des ACEA wird dagegen deutlich, daß es sich um das Ergebnis von Verhandlungen zwischen der Kommission und dem Verband handelt und die Empfehlung der Kommission insoweit eine Annahme der Verpflichtungserklärung des Verbands bedeutet[16]. Damit liegt aber letztlich eine konkrete Absprache zwischen den Beteiligten vor, die an eine Umweltvereinbarung in Vertragsform erinnert. Wohl auch aus diesem Grund spricht die Kommission bei Selbstverpflichtungen der Industrie von „Umweltvereinbarungen" oder schlicht „Vereinbarungen"[17]. Darüber hinaus enthält die Vereinbarung nicht allein Verpflichtungen der Industrie; wie bereits ausgeführt, stellt die Kommission in ihrer Empfehlung vielmehr klar, daß sie gesetzgeberische Maßnahmen in Betracht ziehen wird, falls der Verband seinen Verpflichtungen nicht nachkommt. Damit macht sie zugleich deutlich, daß sie solange, wie der ACEA das festgelegte Emissionsziel einhält oder zumindest hinreichende Fortschritte bei der Annäherung an dieses Ziel macht, von ihrem Initiativrecht keinen Gebrauch machen wird, auch wenn sie hervorhebt, daß dieses Recht durch die Vereinbarung nicht berührt würde[18]. Hier liegt folglich eine offenkundige Einflußnahme seitens der Kommission vor, indem sie Vorteile durch den Verzicht auf Rechtsetzung anbietet und zugleich mit Nachteilen in Form der Rechtsetzung droht. Diese Mittel können sich je nach Vereinbarung unterschiedlich „drängend" darstellen; sie reichen vom moralischen Appell bis zum faktischen Zwang[19]. Tritt

---

[14] So etwa die Empfehlung über die Kennzeichnung von Wasch- und Reinigungsmitteln, ABl. 1989 Nr. L 291, S. 55.

[15] S. z.B. ABl. 1989 Nr. L 291, S. 55.

[16] Vgl. die Mitteilung der Kommission zur „Umsetzung der Strategie der Gemeinschaft zur Minderung der CO_2-Emissionen von Personenkraftwagen: Eine Umweltvereinbarung mit der europäischen Automobilindustrie, KOM(1998) 495 endg., S. 1 f.

[17] Vgl. die Mitteilung der Kommission über Umweltvereinbarungen, KOM(96) 561 endg., S. 1 (21 f.); s.a. KOM(1998) 495 endg.

[18] Empfehlung der Kommission, ABl. 1999 Nr. L 40, S. 49; KOM(1998) 495 endg., S. 1 (7).

[19] Vgl. *Nickel*, Absprachen zwischen Staat und Wirtschaft, S. 89 ff.

aber die Selbstverpflichtung an die Stelle eines Rechtsakts der Gemeinschaft, so kann man insofern wiederum von einer normersetzenden Umweltvereinbarung sprechen[20].

Vergleichbar ist die Situation bei der Selbstverpflichtung der Europäischen Vereinigung der Hersteller von Unterhaltungselektronik (EACEM) zur Senkung des Standby-Stromverbrauchs, auch wenn hierzu keine Empfehlung der Kommission vorliegt, in der sie mit Rechtsakten droht. In diesem Zusammenhang existiert jedoch eine Mitteilung der Kommission, aus der deutlich wird, daß die ausgehandelten Vereinbarungen im Energiesektor zur Realisierung von Energie-Einsparungszielen an die Stelle von Rechtsvorschriften – wie beispielsweise Richtlinien zur Festlegung von Effizienz-Mindeststandards oder zur Einführung von Kennzeichnungsmaßnahmen in Form der obligatorischen Energie-Etikettierung – treten sollen[21].

Denkbar ist aber auch, daß die Selbstverpflichtung keinen Ersatz für ordnungsrechtliche Instrumente darstellen soll, sondern vielmehr andere umweltpolitische Ziele verfolgt, indem sie z.B. ergänzend zu Hoheitsakten oder in Bereichen eingesetzt wird, wo mit Hoheitsakten auf längere Sicht nicht zu rechnen ist.

Neben der Form der Kooperation bzw. des faktischen Zwangs und dem damit verbundenen Grad an Verbindlichkeit kann folglich auch noch die Funktion der Selbstverpflichtung eine unterschiedliche sein. So gibt es auf der einen Seite Vereinbarungen mit der Kommission, die ganz offensichtlich einen Rechtsakt der Gemeinschaft ersetzen sollen, mit der Folge, daß obrigkeitliche Handlungsformen durch eine Kooperation zwischen der EG und Wirtschaftsverbänden oder -unternehmen und dadurch bewirktem privaten Tätigwerden substituiert werden. Auf der anderen Seite können Selbstverpflichtungen auch andere umweltpolitische Ziele verfolgen, die gegenüber den Rechtsakten der Gemeinschaft ein aliud darstellen. In diesem Fall kann man von politischen anstelle von normersetzenden Vereinbarungen sprechen[22].

In der nachfolgenden Untersuchung gilt es daher, diesen beiden denkbaren Formen einer Selbstverpflichtung auf Gemeinschaftsebene Rechnung zu tragen.

Da diese Selbstverpflichtungen aber unabhängig von ihrer Einteilung als politische oder normersetzende Vereinbarung immer als unverbindlich bezeichnet werden, stellt sich zunächst schon die Frage, ob das Prinzip der begrenzten Einzelermächtigung, das grundsätzlich nur bei verbindlichen Rechtsakten der EG Anwendung findet[23], überhaupt Geltung beanspruchen

---

[20] S. bereits oben § 2 B. III. 1. e). *Grewlich*, Umweltschutz durch „Umweltvereinbarungen" nach nationalem Recht und Europarecht, DÖV 1998, S. 54 (61), spricht daher von normersetzenden „Quasi-Umweltvereinbarungen".

[21] Mitteilung der Kommission über politische Instrumente zur Verringerung von Standby-Energieverlusten bei Heimelektronikgeräten, KOM(1999) 120 endg., S. 1 (6 f.).

[22] *Pommerenke*, Rechtliche Beurteilung von Umweltvereinbarungen nach dem EG-Vertrag, RdE 1996, S. 131 (140).

[23] Vgl. *Grabitz* in: Grabitz/Hilf, Das Recht der Europäischen Union, Art. 189 Rn. 75; a.A. *Ruffert* in: Calliess/Ruffert, Kommentar zu EU-Vertrag und EG-Vertrag, Art. 249 Rn. 120; differenzierend *Huber*, Recht der Europäischen Integration, S. 151.

kann und inwieweit es bejahendenfalls auch für solche Vereinbarungen der Kommission mit Unternehmen bzw. Verbänden eine ausdrückliche bzw. durch Auslegung zu ermittelnde Kompetenznorm verlangt.

B. Die Verbandskompetenz der EG bei Selbstverpflichtungen

Wie bereits im Rahmen der Untersuchung von Umweltverträgen ausführlich dargelegt, steht der EG insbesondere mit Art. 175 Abs. 1 EGV eine umfassende Kompetenznorm auf dem Gebiet des Umweltrechts zur Verfügung. Da Art. 175 Abs. 1 EGV auch nur von einem „Tätigwerden der Gemeinschaft zur Erreichung der in Art. 174 EGV genannten Ziele" spricht, werden die Umweltschutzmaßnahmen jedenfalls nicht von vornherein auf bestimmte Rechtsakte begrenzt. Demnach bleibt auch für die Vereinbarung in Form einer Selbstverpflichtung zu untersuchen, ob und inwieweit dies eine zulässige Handlungsform der Gemeinschaft darstellen kann.

I. Die Entgegennahme einer Selbstverpflichtung als zulässige Handlungsform?

Da die Kommission auf Selbstverpflichtungen der Wirtschaft in den meisten Fällen mit einer entsprechenden Empfehlung reagiert hat, ist sie jeweils mit einem der in Art. 249 EGV genannten – gem. Abs. 5 allerdings unverbindlichen – Rechtsakte tätig geworden, so daß sie bei dieser Vorgehensweise zumindest ein vertraglich vorgesehenes Instrument einsetzt.
Zweifelhaft ist jedoch, inwieweit das Prinzip der begrenzten Ermächtigung auch für die unverbindlichen Handlungsformen der Gemeinschaft Geltung beansprucht und dadurch womöglich das Handeln der Kommission einschränkt. Zu berücksichtigen ist dabei, daß der Kommission gemäß Art. 211, 2. Spstr. EGV ganz allgemein – und nicht nur bei ausdrücklicher Zuweisung – die Aufgabe zukommt, Empfehlungen und Stellungnahmen auf den im EG-Vertrag bezeichneten Gebieten auszusprechen, ohne daß dabei zugleich Verfahrensregeln für den Erlaß dieser Empfehlungen und Stellungnahmen aufgestellt werden. Aus diesem Grund besteht seitens der Kommission keine Verpflichtung zur Konsultierung des Rates bzw. zur vorherigen Anhörung des Parlaments oder der Mitgliedstaaten[24], obwohl diese Handlungsmittel ein nicht zu unterschätzendes politisches Gewicht an den Tag legen[25]. Das Prinzip der begrenzten Ermächtigung ist demnach durch Art. 211, 2. Spstr. EGV insofern eingeschränkt, als die Kommission Empfehlungen über die im Vertrag genannten Fälle hinaus abgeben kann, „soweit sie es für notwendig erachtet"[26]. Daher könnte man zunächst einmal annehmen, daß

---

[24] *Hummer* in: Grabitz/Hilf, Das Recht der Europäischen Union, Art. 155 Rn. 41.
[25] Vgl. *Ruffert* in: Calliess/Ruffert, Kommentar zu EU-Vertrag und EG-Vertrag, Art. 249 Rn. 119; *Grabitz* in: Grabitz/Hilf, Das Recht der Europäischen Union, Art. 189 Rn. 84.
[26] *Oppermann*, Europarecht, Rn. 572: „Der Grundsatz der begrenzten Einzelzuständigkeit wird insoweit verlassen."

dem Vorgehen der Kommission bei der Entgegennahme von Selbstverpflichtungen der Wirtschaft nichts entgegensteht.
Zutreffend dürfte diese Annahme dann sein, wenn die Kommission mit Verbänden oder Unternehmen eine Umweltvereinbarung in Form eines politischen Instruments abschließt, die mangels Bindungswirkungen weder Allgemeininteressen der Mitgliedstaaten oder der EG noch Individualinteressen der an der Vereinbarung beteiligten Unternehmen oder Dritter beeinträchtigen können[27]. Das ist allerdings nur dann der Fall, wenn die Kommission tatsächlich keinen Druck auf die beteiligten Unternehmen oder Verbände ausgeübt hat und im Gegenzug zur Selbstverpflichtung keine fest umrissenen Verpflichtungen eingegangen ist. Ansonsten können einerseits Grundrechte betroffen sein[28], andererseits kann der Grundsatz des Vertrauensschutzes, den der EuGH als allgemeinen Rechtsgrundsatz anerkannt hat[29], eingreifen, wenn die Gemeinschaft später im Widerspruch zu einer konkreten Zusage der Kommission tätig wird.
Dieser Vertrauensschutz ist insbesondere dann von Bedeutung, wenn die Kommission im Rahmen einer normersetzenden Selbstverpflichtung ihrem Verhandlungspartner etwa bestimmte Maßnahmen zum Umweltschutz empfohlen hat, die an die Stelle konkret geplanter verbindlicher Vorschriften treten sollen. In diesem Fall wird die EG ihre Rechtsauffassung nämlich nicht mehr ohne weiteres ändern können, wenn die beteiligten Unternehmen dieser Empfehlung gefolgt sind[30]. Aus dem Grundsatz des Vertrauensschutzes ergeben sich insofern immer gewisse Bindungswirkungen an eine solche Empfehlung, die naturgemäß um so größer sind, je konkreter sich die Zusagen der Kommission im Hinblick auf den Verzicht entsprechender Rechtsakte darstellen.

Fraglich erscheint deshalb, ob die Ausnahme vom Prinzip der begrenzten Ermächtigung gem. Art. 211, 2. Spstr. EGV über politische Vereinbarungen hinaus auch für normersetzende Selbstverpflichtungen gelten kann. Denn anders als die rein politischen Vereinbarungen soll die normersetzende Selbstverpflichtung eine Alternative zum Vorgehen im Weg der „Gesetzgebung" darstellen und damit letztlich dieselben Rechtswirkungen wie die in Art. 249 EGV aufgeführten verbindlichen Rechtsetzungsakte (Verordnung, Richtlinie, Entscheidung) erzielen. In diesem Fall steht hinter der Selbstverpflichtung der Wirtschaft und der entsprechenden Empfehlung regelmäßig eine ganz konkrete Vereinbarung, die zuvor zwischen der Kommission und einem europäischen Verband bzw. den Unternehmen einer Branche getroffen wurde. Ähnlich wie bei vertraglichen Umweltvereinbarungen können hier zumindest faktische Bindungswirkungen entstehen, wenn zum einen – wie bereits ausgeführt – die Gemeinschaft auf-

[27] *Pommerenke*, Rechtliche Beurteilung von Umweltvereinbarungen nach dem EG-Vertrag, RdE 1996, S. 131 (140).
[28] Hierzu noch unter § 6 D.
[29] S. nur EuGH, Urt. 28.4.1988, Rs. 170/86, Slg. 1988, 2355 (2372) - von Deetzen/Hauptzollamt.
[30] Vgl. *Grabitz* in: Grabitz/Hilf, Das Recht der Europäischen Union, Art. 189 Rn. 82.

grund des Vertrauensschutzes an die Zusage der Kommission gebunden ist und zum anderen die Unternehmen aufgrund der konkreten Androhung einer vielleicht schärferen oder weniger flexiblen Regelung letztlich gezwungen sind, ihre Zusagen einzuhalten. Die Unterschiede zu einem verbindlichen Umweltvertrag sind dann nur noch marginal. Sollte aber auch für die normersetzende Selbstverpflichtung nach Art. 211, 2. Spstr. EGV die Ausnahme vom Prinzip der begrenzten Einzelermächtigung gelten, bestünde folglich die Gefahr, daß die Kommission anstelle eines Umweltvertrags, den sie nach den obigen Ausführungen nur im Rahmen einer Durchführungskompetenz gem. Art. 202, 3. Spstr., Art. 211, 4. Spstr. EGV aufgrund ausdrücklicher Ermächtigung des Rates abschließen darf, auf eine allerdings nahezu identische Wirkungen erzielende Selbstverpflichtung zurückgreift.
In diesem Zusammenhang müssen grundsätzlich dieselben Argumente wie bei dem Abschluß von Umweltverträgen berücksichtigt werden: Könnte nämlich die Kommission ohne jede Ermächtigung Umweltvereinbarungen in Form von Selbstverpflichtungen anstelle von Verordnungen, Richtlinien oder Entscheidungen abschließen, so drohte ein entsprechender Kompetenzverlust der Mitgliedstaaten, den das Prinzip der begrenzten Einzelermächtigung gerade verhindern soll, indem die Gemeinschaft Zuständigkeiten nur enumerativ in dem Umfang wahrnehmen kann, wie die Mitgliedstaaten auf die Ausübung eigener Zuständigkeiten verzichtet haben[31].

Gegen die bisherige Praxis der Kommission bei normersetzenden Selbstverpflichtungen sprechen aber noch weitere, ebenso gewichtige Gründe, die primär zwar nicht mit der Verbandskompetenz der EG zusammenhängen, aber dennoch bereits an dieser Stelle angeführt werden sollen:
Zum einen darf die Kompetenzverteilung innerhalb der Gemeinschaftsorgane auch unter dem Gesichtspunkt der schon geschilderten Auswirkungen des Vertrauensschutzes nicht außer acht gelassen werden. Im Falle eines Versprechens seitens der Kommission, aufgrund einer Selbstverpflichtung der Wirtschaft auf ihr Initiativrecht zum Erlaß von Rechtsakten der Gemeinschaft zu verzichten, kann der Rat sie zwar gem. Art. 208 EGV zur Wahrnehmung des Initiativrechts auffordern und gleichwohl einen entsprechenden Rechtsakt erlassen[32]. Haben die Unternehmen die Empfehlung der Kommission aber befolgt, ihre Selbstverpflichtung also erfüllt, so können Vertrauensschutzgesichtspunkte dazu führen, daß die EG ihre durch die Kommission geäußerte Rechtsauffassung nicht mehr ohne weiteres ändern kann, wodurch die Rolle des Rates, der ja primär für den Erlaß von Hoheitsakten zuständig ist, wider den Bestimmungen des Vertrags geschmälert würde[33].

---

[31] S. bereits oben § 4 A. II. 2. e) bb).
[32] Hierzu *Oppermann*, Europarecht, Rn. 320.
[33] *Grewlich*, Umweltschutz durch „Umweltvereinbarungen" nach nationalem Recht und Europarecht, DÖV 1998, S. 54 (61).

Zum anderen dürfte die Selbstverpflichtung trotz der bei Art. 175 Abs. 1 EGV grundsätzlich bestehenden Formenwahlfreiheit[34] nicht so ohne weiteres als eigenständiges und gleichwertiges Instrument neben die Handlungsformen des Art. 249 EGV zu stellen sein, da gerade auch die Umweltpolitik der Gemeinschaft als supranationales Recht im Hinblick auf die nach Art. 176 EGV möglichen verstärkten Schutzmaßnahmen der Mitgliedstaaten auf Beständigkeit und Durchsetzbarkeit angewiesen ist.
Ein weiteres Argument, das sich gegen die Ausnahme vom Prinzip der begrenzten Ermächtigung anführen läßt, betrifft schließlich das Verhältnis zu den beteiligten Unternehmen. Deren Grundrechte können zumindest dann verletzt sein, wenn sie nicht freiwillig, sondern nur aufgrund einer Drohung mit dem „Folterinstrument" des Erlasses viel einschneidenderer Regelungen in die Selbstverpflichtung eingewilligt haben[35]. In diesem Zusammenhang ist von Bedeutung, daß das Prinzip der begrenzten Einzelermächtigung nicht nur die Kompetenzen der EU im Verhältnis zu den Mitgliedstaaten begrenzt, sondern darüber hinaus auch den allgemeinen Gesetzesvorbehalt im Sinne eines gemeinschaftsrechtlichen Vertragsvorbehalts akzentuiert, wonach es für einen Eingriff in die Rechte einzelner eines förmlichen Rechtsakts als Rechtsgrundlage bedarf[36].

Auch aus diesen Gründen kann eine Selbstverpflichtung der Wirtschaft daher nicht in Ausnahme vom Prinzip der begrenzten Ermächtigung gemäß Art. 211, 2. Spstr. EGV von der Kommission durch eine Empfehlung anstelle eines verbindlichen Rechtsakts „angenommen" werden[37]. Zu keinem anderen Ergebnis können dabei die Gedanken des „effet utile" bzw. der „implied powers" aus den bereits zum Umweltvertrag genannten Gründen führen[38]. Deshalb bleibt an dieser Stelle festzuhalten, daß die Praxis der Kommission, auf eine Selbstverpflichtung mit einer entsprechenden Empfehlung zu reagieren, ohne hierfür eine ausdrückliche bzw. durch Auslegung zu ermittelnde Kompetenznorm in Anspruch nehmen zu können, nur bei rein politischen Vereinbarungen ohne (faktische) Bindungswirkungen zulässig ist. Zugleich stellt sich die Frage, ob normersetzende Selbstverpflichtungen durch die Vorgaben des EG-Vertrags gänzlich ausgeschlossen sind oder auf andere Weise ermöglicht werden können.

II. Selbstverpflichtung als normersetzende Umweltvereinbarung

Im Hinblick auf eine Kompetenz zur Empfehlung von Selbstverpflichtungen anstelle von normativen Regelungen ist es allerdings nicht die Empfehlung als solche, die als Handlungs-

---

[34] S. nur *Epiney*, Umweltrecht in der Europäischen Union, S. 56. Dazu auch bereits oben § 4 D.
[35] Ausführlich noch zum Problem einer Grundrechtsverletzung beim Abschluß von Umweltvereinbarungen unter § 6 D.
[36] Der EuGH hat den allgemeinen Gesetzesvorbehalt als prinzipiellen Rechtsgrundsatz anerkannt, s. nur EuGH, Urt. v. 21.9.1989, verb. Rs. 46/87 u. 227/88, Slg. 1989, 2859 (2924) - Höchst.
[37] Vgl. *Huber*, Recht der Europäischen Integration, S. 151.
[38] S.o. § 4 A. II. 2. e) cc).

form Probleme bereitet, da diese ja in Art. 249 EGV ausdrücklich genannt wird. Vielmehr ist es die Art und Weise, wie sie als ein unverbindliches Instrument der Gemeinschaft zusammen mit einer Selbstverpflichtung von privater Seite regelungsersetzend wirken soll, die Zweifel an einer Kompetenz aufkommen lassen.

1. Änderung des EGV

Wie auch schon zum Umweltvertrag ausgeführt wurde, ist eine Änderung des EG-Vertrages denkbar, die den veränderten Anforderungen und dem Wandel der Handlungsformen insbesondere im Umweltrecht Rechnung trägt, indem der neue Ansatz, der – wie im fünften Aktionsprogramm für die Umwelt deutlich geworden ist – auf den Einsatz neuer, flexibler Instrumente bei exakter Zielprogrammierung gerichtet ist[39], in den EG-Vertrag – zumindest für die Umweltpolitik – übernommen wird. Wie eine entsprechende Kompetenzregelung für den „Abschluß" von Selbstverpflichtungen in den Art. 175 EGV integriert werden könnte und welche inhaltlichen Anforderungen darin aufgestellt werden müßten, soll am Ende dieser Untersuchung vorgestellt werden[40].

2. Ermächtigung durch einen Rechtsakt auf Sekundärebene

Eine weitere Alternative könnte wie bei der vertraglichen Umweltvereinbarung darin liegen, daß der Rat im Rahmen einer Delegation von Durchführungsbefugnissen gem. Art. 202, 3. Spstr. und Art. 211, 4. Spstr. EGV die Kommission zur Entgegennahme einer Selbstverpflichtung in Form einer Empfehlung ermächtigt. Im wesentlichen kann dabei auf die Ergebnisse der Untersuchung zum Umweltvertrag zurückgegriffen werden, wonach bereits feststeht, daß dem Rat im Umweltrecht vor allem aus Art. 175 Abs. 1, 95 Abs. 1 EGV weitreichende Rechtsetzungskompetenzen zuteil werden. In diesem Bereich ist er daher grundsätzlich befugt, die Durchführung der von ihm erlassenen Umweltvorschriften auf die Kommission zu delegieren. Er kann die Kommission aber nicht nur zum Abschluß von Umweltverträgen, sondern ebenso zur Entgegennahme von Selbstverpflichtungen etwa in Form einer Empfehlung ermächtigen, ohne daß dadurch das Prinzip der begrenzten Ermächtigung verletzt würde. Denn im Falle einer Durchführungsermächtigung hat ja zunächst der Rat im vorgeschriebenen Verfahren iSd. Art. 251 f. EGV die durchzuführenden Vorschriften in Form eines verbindlichen Rechtsakts zu erlassen, wobei auch die Voraussetzungen für eine gemeinschaftliche Kompetenzausübung vorliegen müssen, so daß die Gefahr einer Ausdehnung der gemeinschaftlichen Kompetenzen gegenüber den Mitgliedstaaten nicht besteht und auch das Risiko der die Umweltvereinbarung gefährdenden verstärkten Schutzmaßnahmen der Mitgliedstaaten

---

[39] ABl. 1993 Nr. C 138; s.a. schon die Ausführungen in § 1.
[40] Hierzu unter § 7 C.

nach Art. 176 bzw. 95 Abs. 5 EGV reduziert wird[41]. Darüber hinaus sind in der durchführungsbedürftigen Maßnahme bereits alle wesentlichen Grundzüge der zu regelnden Materie festzulegen, so daß die Kommission die Selbstverpflichtung zwar anstelle eines Rechtsakts, aber doch nur im Rahmen der konkreten Vorgaben durch eine Empfehlung annehmen kann. Insofern handelt es sich nicht nur um eine normersetzende, sondern zugleich um eine normkonkretisierende Selbstverpflichtung[42].
Hinsichtlich der übrigen Voraussetzungen für eine Übertragung von Durchführungsbefugnissen kann auf die Ausführungen zum Umweltvertrag verwiesen werden[43]. Demnach kann der Rat die Kommission zumindest in Verordnungen und in an die europäischen Dachverbände gerichteten Entscheidungen sektoriell oder umfassend bei gleichzeitiger Vorgabe des Zwecks und des zu erreichenden Ziels zur Durchführung in Form von Empfehlungen zur Anerkennung von Selbstverpflichtungen der Wirtschaft – ggf. unter Einbindung in ein Ausschußverfahren – ermächtigen[44].

III. Zusammenfassung und Ergebnis

Zusammenfassend ist daher festzuhalten, daß die Praxis der Kommission, auf eine Selbstverpflichtung mit einer entsprechenden Empfehlung gem. Art. 211, 2. Spstr. EGV zu reagieren, ohne hierfür eine ausdrückliche bzw. durch Auslegung zu ermittelnde Kompetenznorm in Anspruch nehmen zu können, nur bei rein politischen Vereinbarungen ohne (faktische) Bindungswirkungen zulässig ist. Normersetzende Selbstverpflichtungen sind dagegen nur im Rahmen der Übertragung von Durchführungsbefugnissen gem. Art. 202, 3. Spstr. und Art. 211, 4. Spstr. EGV etwa anstelle einer Ausführungsverordnung denkbar. In diesem Fall muß der Rat die Kommission unter Festlegung der wesentlichen Grundzüge des zu regelnden Umweltbereichs ausdrücklich zur „Annahme" der Selbstverpflichtung in Form einer Empfehlung ermächtigen.

C. Begrenzung der gemeinschaftlichen Kompetenzausübung durch Art. 5 EGV

Gemäß Art. 5 EGV wird die grundsätzlich bestehende Kompetenz der Gemeinschaft gegenüber den Mitgliedstaaten jedoch in dreierlei Weise eingeschränkt. Art. 5 Abs. 1 EGV normiert zunächst das Prinzip der begrenzten Einzelermächtigung, Abs. 2 betrifft das Subsidiaritätsprinzip und Abs. 3 enthält schließlich den allgemeinen Grundsatz der Verhältnismäßigkeit[45]. Das Prinzip der begrenzten Einzelermächtigung hat bereits im Rahmen der Verbands-

---

[41] Dazu schon unter § 4 II. 4.
[42] So auch beim Umweltvertrag, vgl. § 4 F.
[43] S.o. § 4 A. II. 3. c).
[44] So auch *Grewlich*, Umweltschutz durch „Umweltvereinbarungen" nach nationalem Recht und Europarecht, DÖV 1998, S. 54 (61).
[45] Ausführlich hierzu bereits oben § 4 B.

kompetenz eine wesentliche Rolle gespielt und zu dem Ergebnis geführt, daß Empfehlungen zu politischen Vereinbarungen gem. Art. 211, 2. Spstr. EGV ohne weitere Kompetenzgrundlage zulässig sind, während die Kommission normersetzende Selbstverpflichtungen nur bei ausdrücklicher Ermächtigung in einem durchzuführenden Rechtsakt des Rates gem. Art. 202, 3. Spstr., Art. 211, 4. Spstr. EGV annehmen kann. Aufgrund dieser Unterschiede bei den Vorgaben des Art. 5 Abs. 1 EGV soll auch die Subsidiarität und die Erforderlichkeit gem. Art. 5 Abs. 2 und 3 EGV getrennt nach politischen und normersetzenden Selbstverpflichtungen untersucht werden.

I. Subsidiaritätsprinzip gem. Art. 5 Abs. 2 EGV

Nach der Kompetenzausübungsschranke des Art. 5 Abs. 2 EGV ist doppelte Voraussetzung für ein Tätigwerden der Gemeinschaft, daß die Zielsetzungen der beabsichtigten Maßnahmen durch die Mitgliedstaaten nicht „ausreichend" und zugleich im Hinblick auf Umfang und Wirkung durch ein Handeln der Gemeinschaft „besser" verwirklicht werden können[46]. Allerdings greift Art. 5 Abs. 2 EGV nur dann ein, wenn die Gemeinschaft in einem Bereich tätig wird, der nicht ihrer ausschließlichen Zuständigkeit unterliegt. Neben der Umweltpolitik zählen auch die meisten anderen denkbaren Kompetenzgrundlagen für den Erlaß umweltrechtlicher Maßnahmen offensichtlich zu den konkurrierenden Zuständigkeiten[47], so daß das Subsidiaritätsprinzip zumindest insoweit Anwendung findet.

1. im Hinblick auf die Selbstverpflichtung als normersetzende Vereinbarung

Für die normersetzende Selbstverpflichtung gilt es demnach zu untersuchen, ob beide Bedingungen des Subsidiaritätsprinzips erfüllt sind - unzureichende Zielerreichung auf der Ebene der Mitgliedstaaten und daher bessere Verwirklichung durch Maßnahmen der Gemeinschaft. Grundsätzlich kann an dieser Stelle auf die Ausführungen zur vertraglichen Umweltvereinbarung Bezug genommen werden, wobei insbesondere auf die umweltspezifischen Unsicherheiten im Rahmen einer Prognose zur Zielerreichung hinzuweisen ist. Daneben kann für die Vorgaben des Art. 5 Abs. 2 EGV wiederum festgehalten werden, daß hinsichtlich der unzureichenden Zielerreichung auf mitgliedstaatlicher Ebene für ein Tätigwerden der Gemeinschaft beispielsweise transnationale Aspekte wie grenzüberschreitende Luftverschmutzung oder Abfallverbringungen erforderlich sind[48] - allein die Festlegung eines gemeinschaftsweit einheitlichen Niveaus reicht wie auch bei den Umweltverträgen nicht aus[49].

---

[46] S.a. die Ausführungen zum Umweltvertrag, § 4 B. II.

[47] S. *Epiney*, Umweltrecht in der Europäischen Union, S. 88 f.; s.a. schon § 4 B. II.

[48] S. hierzu das Protokoll (Nr. 30) über die Anwendung der Grundsätze der Subsidiarität und der Verhältnismäßigkeit, Nr. 5, 1. Spstr.; *Frenz*, Europäisches Umweltrecht, Rn. 607 ff.

[49] Bei produkt- oder produktionsbezogenen Selbstverpflichtungen kann aber die Verwirklichung des Binnenmarkts eine gemeinschaftsweit einheitliche Regelung erforderlich machen; dazu bereits § 4 B. II.

Ähnlich setzt die wegen ihres Umfangs oder ihrer Wirkungen bessere Zielerreichung auf Gemeinschaftsebene grenzüberschreitende Beeinträchtigungen voraus, so daß Selbstverpflichtungen wie Umweltverträge bei lediglich regionalen Auswirkungen oder Festlegung eines Qualitätsstandards auf Gemeinschaftsebene nicht in Betracht kommen dürften[50]. In diesen Fällen sind in den Mitgliedstaaten voneinander abweichende Umweltvorschriften denkbar, weil etwa ein Schutzniveau aufgrund eines unterschiedlich stark ausgeprägten Umweltbewußtseins nicht in gleicher Weise erreicht werden kann oder weil unterschiedliche Umstände in den einzelnen Regionen auch unterschiedliche Standards erfordern können[51].
Ansonsten werden bei Umweltvereinbarungen die materiellen Vorgaben des Subsidiaritätsprinzips auch aufgrund der in der Rechtsprechung des EuGH anerkannten Einschätzungsprärogative der Gemeinschaftsorgane[52] zumeist erfüllt sein.

2. im Hinblick auf die Selbstverpflichtung als politische Vereinbarung

Bei politischen Vereinbarungen ohne jede Bindungswirkung stellt sich demgegenüber die Frage, ob sie überhaupt in den Anwendungsbereich des Art. 5 Abs. 2 EGV fallen können. Entscheidend kommt es dabei auf den Begriff der „Maßnahme" an, durch den bestimmt wird, welche Tätigkeiten der Gemeinschaft am Subsidiaritätsprinzip zu messen sind. Zum einen sind dies wohl nur Legislativ- oder Verwaltungsmaßnahmen und keine Kontrolltätigkeiten, wobei zum anderen immer auch ein gewisser Grad an Konkretisierung vorauszusetzen ist[53].
Zweifel an der Anwendbarkeit des Art. 5 Abs. 2 EGV bei politischen Selbstverpflichtungen ergeben sich deshalb, weil sie im Verhältnis zu den Mitgliedstaaten mangels Verbindlichkeit nicht kompetenzbegrenzend wirken. Insofern könnte man daran denken, unverbindliche Handlungsformen vom Anwendungsbereich des Art. 5 Abs. 2 EGV auszuschließen[54]. Auf der anderen Seite ergibt sich aber unter Berücksichtigung von Sinn und Zweck der Regelung, daß mit dem Subsidiaritätsprinzip eine umfassende Kompetenzausübungsschranke vorliegen soll, die bei allen Tätigkeiten der Gemeinschaft berücksichtigt werden sollte[55]. Dies wird allerdings nur selten durch die Praxis der Gemeinschaftsorgane bestätigt[56]. So betont die Kommission in ihren Berichten „Eine bessere Rechtsetzung", daß sie im Rahmen der Subsidiarität Alternati-

---

[50] *Epiney*, Umweltrecht in der Europäischen Union, S. 89 ff.
[51] Vgl. *Frenz*, Europäisches Umweltrecht, Rn. 617 ff.
[52] S. nur die Nachweise bei *Zuleeg* in: Groeben/Thiesing/Ehlermann, Kommentar zum EU-/EG-Vertrag, Art. 3b Rn. 27.
[53] *Calliess* in: Calliess/Ruffert, Kommentar zu EU-Vertrag und EG-Vertrag, Art. 5 Rn. 34. Anders *Langguth* in: Lenz, EG-Vertrag, Art. 5 Rn. 16: „Das Subsidiaritätsprinzip gilt (...) für die gesamte Tätigkeit der Gemeinschaft, (...) auch für die Kontrolle der Anwendung des Gemeinschaftsrechts".
[54] So wohl *Zuleeg* in: Groeben/Thiesing/Ehlermann, Kommentar zum EU-/EG-Vertrag, Art. 3b Rn. 26. *Pommerenke*, Rechtliche Beurteilung von Umweltvereinbarungen nach dem EG-Vertrag, RdE 1996, S. 131 (141), geht nicht ausdrücklich auf die Subsidiarität ein, unterwirft die politischen Vereinbarungen aber keinerlei Rechtmäßigkeitskontrolle.
[55] *Calliess* in: Calliess/Ruffert, Kommentar zu EU-Vertrag und EG-Vertrag, Art. 5 Rn. 34; *Huber*, Recht der Europäischen Integration, S. 153 f.
[56] So aber etwa beim – noch unverbindlichen – fünften Aktionsprogramm, ABl. 1993 Nr. C 138, S. 1 ff.

ven zur Gesetzgebung wie etwa Vereinbarungen mit Unternehmen auf dem Gebiet des Umweltschutzes empfohlen hat, und zieht insoweit eine positive Bilanz bei der Anwendung des Art. 5 EGV[57]. Dies kann darauf hindeuten, daß die Kommission das Subsidiaritätsprinzip zumindest bei unverbindlichen Vereinbarungen entweder gar nicht für einschlägig erachtet oder aber – mit Blick auf die Präambel des EU-Vertrages – aufgrund der dabei verwirklichten stärkeren Bürgernähe nicht als gefährdet ansieht.

Unter Berücksichtigung der in Art. 249 EGV aufgezählten Rechtsakte sollte der Begriff der Maßnahmen in Art. 5 Abs. 2 EGV aber weit ausgelegt werden und der Grundsatz der Subsidiarität somit für alle Handlungsformen der Gemeinschaft, also auch für die unverbindlichen Empfehlungen und Stellungnahmen, Geltung beanspruchen[58], um dadurch zugleich der Gefahr einer schleichenden Aushöhlung der Zuständigkeit mitgliedstaatlicher Organe zu begegnen. Damit müssen die Prüfvorgaben des Art. 5 Abs. 2 EGV auch bei den politischen Selbstverpflichtungen, die von der Kommission durch eine Empfehlung gem. Art. 211, 2. Spstr. EGV in Ausnahme zu dem Prinzip der begrenzten Einzelermächtigung entgegengenommen werden können, beachtet werden. Insoweit kann an dieser Stelle jedoch auf die Ausführungen zu den normersetzenden Selbstverpflichtungen und Umweltverträgen verwiesen werden.

Für die Subsidiarität von Empfehlungen der Kommission zu Selbstverpflichtungen der Wirtschaft bleibt daher zusammenfassend festzuhalten, daß unter Berücksichtigung des angesichts umweltspezifischer Unsicherheiten weiten Ermessens- und Beurteilungsspielraums der Gemeinschaftsorgane die materiellen Vorgaben des Art. 5 Abs. 2 EGV jedenfalls dann erfüllt sind, wenn Umweltbelastungen mit überregionalen oder sogar globalen Auswirkungen bekämpft werden sollen.

II. Die Erforderlichkeit gem. Art. 5 Abs. 3 EGV

Gemäß Art. 5 Abs. 3 EGV dürfen die Maßnahmen der Gemeinschaft „nicht über das für die Erreichung der Ziele dieses Vertrages erforderliche Maß" hinausgehen. Damit ist der Grundsatz der Verhältnismäßigkeit vertraglich festgelegt, der sich im Hinblick auf den Schutz der Mitgliedstaaten als eine weitere Ausprägung des Subsidiaritätsgedanken erweist[59]. In den bisher zu Art. 5 Abs. 3 EGV ergangenen Urteilen verzichtete der EuGH allerdings auf eine Prüfung der Angemessenheit[60]; es ist nachfolgend daher in erster Linie darauf einzugehen, ob die gewählten Mittel zur Erreichung des angestrebten Zwecks geeignet sind und das Maß des hierzu Erforderlichen nicht überschreiten.

---

[57] KOM(97) 626 endg., S. 1 (3 f.); KOM(1998) 715 endg., S. 1 (7); KOM(1999) 562 endg., S. 1 (4); s.a. die Mitteilung der Kommission „Weniger Gesetzgebung für besseres Handeln", KOM(1998) 345 endg., S. 1 (2).

[58] So auch *Huber*, Recht der Europäischen Integration, S. 153 f.; *Calliess* in: Calliess/Ruffert, Kommentar zu EU-Vertrag und EG-Vertrag, Art. 5 Rn. 34.

[59] *Huber*, Recht der Europäischen Integration, S. 156; *von Bogdandy/Nettesheim* in: Grabitz/Hilf, Das Recht der Europäischen Union, Art. 3b Rn. 42 f.

1. im Hinblick auf die Selbstverpflichtung als normersetzende Vereinbarung

Für die Frage, ob eine normersetzende Selbstverpflichtung auf EG-Ebene in diesem Sinne geeignet und erforderlich ist, kann erneut auf die wesentlichen Aussagen zur Erforderlichkeit einer vertraglichen Umweltvereinbarung verwiesen werden[61]. Dort wurde bereits festgestellt, daß die Eignung einer Umweltvereinbarung zumeist nicht eindeutig nachgewiesen werden kann, die Geeignetheit iSd. Art. 5 Abs. 3 EGV aber aufgrund der eingeschränkten Prüfung des EuGH, wonach die Maßnahme nur nicht „offensichtlich ungeeignet" sein darf, regelmäßig zu bejahen sein dürfte.

Darüber hinaus wird die Erforderlichkeit hinsichtlich der Wahl der Mittel angesichts der grundsätzlichen Unverbindlichkeit einer solchen Selbstverpflichtung im Vergleich zu den Umweltverträgen weniger Probleme aufwerfen, auch wenn regelmäßig faktische Bindungswirkungen in Erscheinung treten. Bei der Wahl zwischen verbindlichen und unverbindlichen Maßnahmen ist nämlich grundsätzlich den unverbindlichen Handlungsformen der Vorrang einzuräumen, da zum einen eine möglichst einfache Form zu wählen ist und zum anderen den Mitgliedstaaten möglichst viel Raum für nationale Entscheidungen verbleiben soll[62]. Ganz allgemein spricht für eine Umweltvereinbarung immer auch die dadurch bewirkte Bürgernähe, indem die Unternehmen nicht einzig in Form von Ge- und Verboten, sondern unter Zuhilfenahme ihrer Eigeninitiative zu Umweltschutzmaßnahmen bewegt werden[63]. Zugleich kann der Bürger durch Selbstverpflichtungen auf Gemeinschaftsebene u.U. von weiteren staatlichen Regelungen verschont bleiben[64].

Da die normersetzende Selbstverpflichtung aber lediglich im Rahmen der Übertragung von Durchführungsbefugnissen zulässig ist, muß in diesem Zusammenhang auch berücksichtigt werden, daß den Rahmenvorschriften mit nationalen Entscheidungsspielräumen gegenüber detaillierten Gemeinschaftsregelungen grundsätzlich der Vorrang einzuräumen ist[65]. Insoweit kann auch bei der Erforderlichkeit auf Art, Umfang und Schwere der Umweltbelastung abgestellt werden, so daß normersetzende Selbstverpflichtungen zur Durchführung von Ratsvorschriften etwa im Vergleich zu Rahmenrichtlinien dann nicht mehr erforderlich sind, wenn die zu bekämpfenden Umweltbelastungen nur regionale Ausmaße zeigen.

---

[60] EuGH, Urt. v. 12.11.1996, Rs. C-84/94, Slg. 1996, I-5755 (5811) - Vereinigtes Königreich/Rat; EuGH, Urt. v. 13.05.1997, Rs. C-233/94, Slg. 1997, I-2405 (2461) - Deutschland/Parlament u. Rat. S. schon § 4 B. III.

[61] S.o. § 4 B. III. 1. – 3.

[62] Protokoll (Nr. 30) über die Anwendung der Grundsätze der Subsidiarität und der Verhältnismäßigkeit, Nr. 6 und 7.

[63] *Frenz*, Europäisches Umweltrecht, Rn. 629; *Zuleeg* in: Groeben/Thiesing/Ehlermann, Kommentar zum EU-/EG-Vertrag, Art. 3b Rn. 33.

[64] S. aber Art. 176 und Art. 95 Abs. 4, 5 EGV, wonach die Mitgliedstaaten eigene (verstärkte) Schutzmaßnahmen erlassen bzw. beibehalten können.

[65] Protokoll (Nr. 30) über die Anwendung der Grundsätze der Subsidiarität und der Verhältnismäßigkeit, Nr. 6 und 7. S.a. *Langguth* in: Lenz, EG-Vertrag, Art. 5 Rn. 31.

2. im Hinblick auf die Selbstverpflichtung als politische Vereinbarung

Bei politischen Selbstverpflichtungen ist zunächst zu überlegen, ob sie überhaupt am Grundsatz der Erforderlichkeit zu messen sind. Insofern könnte man wie schon bei der Subsidiarität daran denken, daß vielleicht nur diejenigen Hoheitsakte der EG, „die auf die Herbeiführung von Rechtsfolgen zur Begründung von Rechten und Verpflichtungen gerichtet sind", den Prüfvorgaben des Art. 5 Abs. 3 EGV unterliegen[66]. In diesem Zusammenhang ist wiederum der Begriff der „Maßnahme" entscheidend und kann deshalb auf die Argumentation im Rahmen der Subsidiaritätsprüfung verwiesen werden. Danach sind zumindest alle in Art. 249 EGV aufgeführten Rechtsakte und somit auch die unverbindlichen Empfehlungen der Kommission am Maßstab des Art. 5 Abs. 3 EGV zu messen.

Zu berücksichtigen ist hier allerdings, daß es bei der Erforderlichkeit einer Maßnahme der Gemeinschaft nur noch um die Intensität bezogen auf ihre Reichweite bzw. Bindungswirkung und ihre Regelungsdichte geht[67]. Solange also die politische Vereinbarung ohne Verpflichtungen der Beteiligten nicht offensichtlich ungeeignet zur Erreichung des gesetzten umweltpolitischen Ziele ist, wird die Erforderlichkeit regelmäßig zu bejahen sein, da eine entsprechende Empfehlung der Kommission das mildeste Mittel darstellt, daß der Gemeinschaft zur Verfügung steht.

Für die Erforderlichkeit von Selbstverpflichtungen auf Gemeinschaftsebene bleibt damit festzuhalten, daß sie bei der Empfehlung zu einer Selbstverpflichtung in Form der politischen Vereinbarung ohne Verpflichtungen der Beteiligten keine Probleme bereitet. Im Hinblick auf Empfehlungen zu normersetzenden Selbstverpflichtungen ist zwischen der dadurch erzielten Bürgernähe und den durch die detaillierten Gemeinschaftsregelungen eingeschränkten Gestaltungsspielraum der Mitgliedstaaten abzuwägen, so daß es entscheidend auf Art, Umfang und Schwere der zu bekämpfenden Umweltbelastungen ankommt.

III. Zusammenfassung und Ergebnis

Für die gemeinschaftliche Kompetenzausübung in Form von Empfehlungen zu Selbstverpflichtungen ergibt sich damit folgendes Bild hinsichtlich der in Art. 5 EGV normierten Prüfvorgaben: Das in Abs. 1 normierte Prinzip der begrenzten Ermächtigung wird bei Empfehlungen zu politischen Vereinbarungen gem. Art. 211, 2. Spstr. EGV auch ohne weitere Kompetenzgrundlage gewahrt. Bei Empfehlungen zu normersetzenden Selbstverpflichtungen ist dagegen eine ausdrückliche Ermächtigung in einem durchzuführenden Rechtsakts des Rates gem. Art. 202, 3. Spstr., Art. 211, 4. Spstr. EGV erforderlich. Weiterhin bleibt für das Subsidiaritätsprinzip sowohl bezüglich politischer als auch bezüglich normersetzender Ver-

---

[66] So *Pommerenke*, Rechtliche Beurteilung von Umweltvereinbarungen nach dem EG-Vertrag, RdE 1996, S. 131 (141).
[67] S. dazu schon § 4 B. III. 2.

einbarungen festzuhalten, daß dessen Vorgaben – unter Berücksichtigung eines weiten Ermessens- und Beurteilungsspielraums der Gemeinschaftsorgane – jedenfalls bei Umweltbelastungen mit überregionalen bzw. globalen Auswirkungen oder bei aufgrund der Verwirklichung des Binnenmarktes erforderlichen einheitlichen Regelungen erfüllt sind. Die Erforderlichkeit gem. Art. 5 Abs. 3 EGV weist schließlich wiederum unterschiedliche Ergebnisse für normersetzende Selbstverpflichtungen auf der einen und politischen Vereinbarungen auf der anderen Seite auf. Während bei letzteren die Erforderlichkeit angesichts der fehlenden Bindungswirkungen kaum je Probleme bereiten dürfte, ist bei ersteren eine Abwägung zwischen dem Erfordernis detaillierter Gemeinschaftsregelungen und der erreichten Bürgernähe erforderlich, bei der erneut die Tragweite der zu bekämpfenden Umweltbelastungen eine entscheidende Rolle spielt.

D. Die Organkompetenz

Liegt damit also grundsätzlich eine Kompetenz der EG zur Empfehlung von Selbstverpflichtungen vor, bleibt nun zu untersuchen, welches Organ innerhalb der EG für diese „Entgegennahme“ bzw. diesen „Abschluß“ von Umweltvereinbarungen zuständig ist. Die bisherige Praxis der Gemeinschaft hat gezeigt, daß die Kommission regelmäßig ohne ausdrückliches Mandat des Rates tätig geworden ist[68]. Zweifel an der Zuständigkeit der Kommission ergeben sich hier jedoch genauso wie bei den vertraglichen Umweltvereinbarungen daraus, daß primär dem Rat die Kompetenz für den Erlaß von gemeinschaftlichen Rechtsakten zusteht und damit ihm auch grundsätzlich die Entscheidung vorbehalten ist, ob und in welcher Weise die EG eine Umweltvereinbarung abschließt. Insofern stellt sich die Frage, ob diese Überlegung in gleicher Weise für eine unverbindliche Selbstverpflichtung Geltung beanspruchen kann. In diesem Zusammenhang ist erneut zwischen politischen Vereinbarungen ohne Bindungswirkungen und normersetzenden Selbstverpflichtungen zu differenzieren:

Bei Umweltvereinbarungen, die sich lediglich im politischen Bereich abspielen, spricht prinzipiell nichts gegen das Vorgehen der Kommission, da zum einen Art. 211, 2. Spstr. EGV eine ausdrückliche Kompetenz der Kommission zur Abgabe von Empfehlungen begründet und zum anderen dadurch weder das Initiativrecht des Rates noch die Beteiligungsrechte des Parlaments beeinträchtigt werden. Denn wenn auch die Kommission von ihrem Vorschlagsrecht im Hinblick auf die der Umweltvereinbarung zugrunde liegenden Materie (freiwillig) keinen Gebrauch machen sollte, so kann der Rat gem. Art. 208 EGV die Kommission doch zu einem Vorschlag auffordern. Gelten kann dies allerdings nur insoweit, als die Selbstverpflichtung tatsächlich keine Bindungswirkungen entfaltet[69], da auch lediglich faktische Wir-

---

[68] S. aber die Entschließung des Rates vom 14.10.1988 zur Begrenzung der Verwendung von Fluorchlorkohlenwasserstoffen und Halonen, ABl. 1988 Nr. C 285, S. 1 (2).

[69] S. hierzu auch *Pommerenke*, Rechtliche Beurteilung von Umweltvereinbarungen nach dem EG-Vertrag, RdE 1996, S. 131 (140 f.).

kungen am Recht der Europäischen Union zu messen sind und als Folge der eingegangenen Selbstverpflichtung etwa der Grundsatz des Vertrauensschutzes eingreifen kann[70]. In diesem Fall ist eine Kompetenz der Kommission wegen unzulässiger Verlagerung und Durchbrechung der jeweiligen Organkompetenzen abzulehnen[71].

Bei normersetzenden Selbstverpflichtungen, für die – wie bereits dargestellt – im wesentlichen dieselben Grundsätze wie für Umweltverträge gelten müssen, ergibt sich die Organkompetenz der Kommission einzig im Hinblick auf die Delegation von Durchführungsbefugnissen des Rates aus Art. 202, 3. Spstr., Art. 211, 4. Spstr. EGV; eigenmächtig kann sie keine Selbstverpflichtungen der Wirtschaft „annehmen", da dies sowohl gegen des Prinzip der begrenzten Einzelermächtigung als auch gegen die nach dem EGV vorgegebene Kompetenzordnung verstieße[72].

Um eine solche „Beeinträchtigung des 'gewaltenteilenden' institutionellen Gleichgewichts innerhalb der Gemeinschaften"[73] zu vermeiden, ist also außer bei rein politischen Verpflichtungen immer eine eindeutige Beauftragung der Kommission durch den Rat unter Beteiligung des Parlaments erforderlich.

E. Wahlfreiheit oder Gebundenheit hinsichtlich der Handlungsform

Gehören Selbstverpflichtungen damit prinzipiell zu den möglichen Handlungsformen der Gemeinschaft, so stellt sich die weitere Frage, ob die Gemeinschaftsorgane zwischen den Rechtsakten Verordnung, Richtlinie, Entscheidung, Umweltvertrag einerseits und rechtlich unverbindlichen Selbstverpflichtungen andererseits frei wählen können. Dies ist zumindest dann nicht der Fall, wenn die Bestimmungen des EG-Vertrags bereits die mögliche Form der Rechtshandlungen festlegen. Sowohl Art. 175 EGV als auch Art. 95 EGV – die zentralen Kompetenzgrundlagen für den Erlaß von gemeinschaftlichen Umweltvorschriften – schreiben jedoch keine eindeutige Handlungsform vor, so daß Rat oder Kommission grundsätzlich zwischen den nach dem Prinzip der begrenzten Einzelermächtigung zulässigen Akten frei wählen können[74]. Hinsichtlich der normersetzenden Selbstverpflichtung kann daher der Rat bei Erlaß der Grundnorm nach pflichtgemäßer Ausübung seines Ermessensspielraumes die Form des Rechtsakts auswählen und zugleich die Handlungsform „Selbstverpflichtung" durch eine Empfehlung der Kommission als Durchführungsakt bestimmen; hinsichtlich der Empfehlung zu politischen Vereinbarungen muß die Kommission ihr Ermessen sachgemäß ausüben.

---

[70] S. dazu bereits die Darstellung bei § 5 I.

[71] So allgemein für alle Selbstverpflichtungen *Grewlich*, Umweltschutz durch „Umweltvereinbarungen" nach nationalem Recht und Europarecht, DÖV 1998, S. 54 (61).

[72] S. bereits oben § 5 I., II. und § 4 A. II. 2. e).

[73] *Grewlich*, Umweltschutz durch „Umweltvereinbarungen" nach nationalem Recht und Europarecht, DÖV 1998, S. 54 (61).

[74] *Bleckmann* in: ders., Europarecht, Rn. 490. S.a. schon unter § 4 D.

Ermessensgrenzen können sich dabei jedoch nicht nur aus den bereits geschilderten Vorgaben des Art. 5 EGV, sondern darüber hinaus aus den materiellen Vorgaben des EG-Vertrags wie auch den Grundrechten Beteiligter oder Dritter ergeben[75]. Darüber hinaus können sich weitere Vorgaben im Hinblick auf die beabsichtigte deregulierende und damit tatsächlich normersetzende Wirkung von Selbstverpflichtungen ergeben[76].

F. Begründungs- und Veröffentlichungspflicht gem. Art. 253, 254 EGV

Zu klären bleibt schließlich der Umfang der Begründungs- und Veröffentlichungs- bzw. Bekanntgabepflicht nach Art. 253, 254 EGV hinsichtlich der Empfehlungen zu Selbstverpflichtungen. Nach dem Wortlaut gelten diese Vorschriften zunächst allein für Verordnungen, Richtlinien und Entscheidungen, nicht dagegen für die unverbindlichen Empfehlungen.
Bei Selbstverpflichtungen, die einen der in Art. 253, 254 EGV genannten verbindlichen Rechtsakt ersetzen sollen, müssen aber angesichts der vergleichbaren vielfältigen, nach außen gerichteten Bindungswirkungen die Verfahrensvorschriften der Art. 253 f. EGV analog gelten[77]. In diesem Fall steht nämlich hinter der an sich unverbindlichen Empfehlung eine dem Umweltvertrag entsprechende Vereinbarung zwischen Gemeinschaft und Wirtschaft, so daß eine solche normersetzende „Quasi-Umweltvereinbarung“[78] denselben Begründungs- und Veröffentlichungsvorschriften unterliegen muß wie der Umweltvertrag[79]. Anders sieht es dagegen bei politischen Vereinbarungen aus; bei den in diesem Zusammenhang erlassenen Empfehlungen handelt es sich um eine unverbindliche Handlungsform, die tatsächlich nicht geeignet ist, Rechtswirkungen zu erzeugen, so daß die Voraussetzungen für eine analoge Anwendung der Art. 253 f. EGV nicht gegeben sind.
Somit gelten die Verfahrensvorschriften hinsichtlich der Begründung und Veröffentlichung bzw. Bekanntgabe lediglich bei der Empfehlung zu einer normersetzenden und nicht bei der zu einer politischen Selbstverpflichtung.

G. Zusammenfassung und Ergebnis

Die bisherige Praxis der Kommission, Selbstverpflichtungen der Wirtschaft mit unverbindlichen Empfehlungen zu „beantworten“ bzw. „anzunehmen“ ist folglich nur dann als zulässige Handlungsform der Gemeinschaft einzustufen, wenn es sich um eine rein politische Vereinbarung ohne (faktische) Bindungswirkungen handelt. In diesen Fällen kann die Kommission nach Art. 211, 2. Spstr. EGV nach eigenem Ermessen unter Berücksichtigung des in Art. 5

---

[75] Hierzu ausführlich in § 6.
[76] Dazu noch in § 7 B.
[77] Vgl. *Oppermann*, Europarecht, Rn. 591.
[78] So *Grewlich*, Umweltschutz durch „Umweltvereinbarungen“ nach nationalem Recht und Europarecht, DÖV 1998, S. 54 (61).
[79] Zur Begründung der Analogie kann insofern auf die Ausführungen in § 4 E. verwiesen werden.

Abs. 2 EGV normierten Subsidiaritätsprinzips tätig werden, ohne daß es einer Beteiligung des Parlaments bzw. des Rates oder einer Begründung und Veröffentlichung gem. Art. 253 f. EGV bedürfte.

Handelt es sich bei der zu empfehlenden Selbstverpflichtung dagegen um einen normersetzenden „Quasi-Umweltvertrag" mit zumindest faktischen Rechtswirkungen nach außen, so bedarf es aufgrund des Prinzips der begrenzten Einzelermächtigung und des institutionellen Gleichgewichts innerhalb der Gemeinschaftsorgane einer besonderen Kompetenznorm für die Kommission. Aus diesem Grund ist eine eindeutige Beauftragung erforderlich, die der Rat gem. Art. 202, 3. Spstr. und Art. 211, 4. Spstr. EGV im Rahmen der Übertragung von Durchführungsbefugnissen nach pflichtgemäßem Ermessen vornehmen kann, wobei er in der durchzuführenden Maßnahme die wesentlichen Grundzüge der zu regelnden Materie festzulegen hat. Dabei müssen neben der Begründungs- und Veröffentlichungs- bzw. Bekanntgabepflicht in analoger Anwendung der Art. 253 f. EGV auch die Grundsätze der Subsidiarität und der Verhältnismäßigkeit nach Art. 5 Abs. 2 und 3 EGV beachtet werden, wonach Selbstverpflichtungen auf Gemeinschaftsebene jedenfalls dann in Betracht kommen, wenn es sich um grenzüberschreitende Regelungsmaterien handelt oder aber die Verwirklichung des Binnenmarktes einheitliche Vorgaben erfordert.

§ 6 Materielle Rechtmäßigkeitsanforderungen nach dem Gemeinschaftsrecht

Aus der Kompetenz der Kommission zum Abschluß von Umweltvereinbarungen in Form von Umweltverträgen und Selbstverpflichtungen folgt trotz des grundsätzlich bestehenden Ermessensspielraumes bei der Wahl der Rechtshandlungen nicht, daß diese auch stets als zulässige Handlungsform zur Verfügung stehen, da der Anwendung noch materielle Schranken entgegenstehen können. Insofern gilt es zu untersuchen, welchen Grenzen die Inanspruchnahme von Umweltvereinbarungen unterliegt. Dabei sollen in einem ersten Schritt die Maßstäbe einer Inhaltskontrolle aufgezeigt werden, um dann die maßgeblichen Vorgaben, die durch umweltrechtliche und kartellrechtliche Vorschriften sowie durch die Grundrechte gesetzt werden, einer Prüfung zu unterziehen[1].

A. Maßstäbe für die Inhaltskontrolle von Umweltvereinbarungen

Während bei Empfehlungen der Kommission zu Selbstverpflichtungen der Wirtschaft unzweifelhaft das Gemeinschaftsrecht als Maßstab für die Rechtmäßigkeit heranzuziehen ist, wird im Hinblick auf die vertraglichen Umweltvereinbarungen zunächst diskutiert, welches Recht auf die öffentlich-rechtlichen Verträge der Gemeinschaft überhaupt Anwendung finden kann[2]. In Betracht kommt zum einen, das jeweilige nationale Recht anzuwenden. Dagegen spricht allerdings die Tatsache, daß beispielsweise das britische Recht den öffentlich-rechtlichen Vertrag nicht kennt und damit kein nationales Recht Anwendung finden kann. Bei Umweltvereinbarungen, die anstelle von Verordnungen ergehen, ist aber eine gemeinschaftsweite Gültigkeit Voraussetzung für die Zulässigkeit, da Verordnungen allgemeine Geltung beanspruchen und somit unmittelbar in jedem Mitgliedstaat gelten. Auch durch einen Vergleich der nationalen Rechtsordnungen, die wie Deutschland und Frankreich den öffentlichen Vertrag kennen, verspricht keinen Erfolg im Hinblick auf die Entwicklung gemeinsamer Kriterien für die Voraussetzungen eines öffentlich-rechtlichen Vertrags auf Gemeinschaftsebene, da schon zwischen den in Deutschland und Frankreich vertretenen Auffassungen, wann überhaupt von einem öffentlich-rechtlichen Vertrag zu sprechen ist, erhebliche Unterschiede bestehen[3]. Aufgrund dessen sind die Umweltvereinbarungen in Form von öffentlich-rechtlichen Verträgen

---

[1] Es können im Einzelfall durchaus weitere Vorgaben, wie etwa die Vorschriften des EGV zum freien Warenverkehr und die Regeln der Welthandelsorganisation, von Bedeutung sein; vgl. *Krämer*, Direkte und indirekte Verhaltenssteuerung, in: Rengeling (Hrsg.), EUDUR, Bd. I, § 15 Rn. 83; Mitteilung der Kommission über Umweltvereinbarungen, KOM(96) 561 endg., S. 1 (16 ff.). Eine Darstellung aller erdenklichen Grenzen würde indes den Rahmen dieser Untersuchung sprengen.

[2] Vgl. *Pommerenke*, Rechtliche Beurteilung von Umweltvereinbarungen nach dem EG-Vertrag, RdE 1996, S. 131 (135 f.) m.w.N.

[3] Dazu *Bleckmann*, Die öffentlichrechtlichen Verträge der EWG, NJW 1978, S. 464 (465); *Beinhardt*, Der öffentlich-rechtliche Vertrag im deutschen und französischen Recht, VerwArch 55 (1964), S. 151 ff.

wie auch die Empfehlungen zu Selbstverpflichtungen der Wirtschaft bezüglich ihrer materiellen Rechtmäßigkeit einzig am europäischen Gemeinschaftsrecht zu messen[4].

I. Der Vertragsvorbehalt im Gemeinschaftsrecht

Wie bereits dargestellt, ist aufgrund des im Gemeinschaftsrecht geltenden Prinzips der begrenzten Einzelermächtigung jedes Handeln der Gemeinschaft an das Vorliegen einer ausdrücklichen oder zumindest im Wege der Auslegung zu ermittelnden normativen Grundlage im primären oder sekundären Gemeinschaftsrecht gebunden. Insofern wird die Gemeinschaftsgewalt sowohl in bezug auf den Inhalt – hinsichtlich bestimmter formeller und materieller Vorgaben – als auch in bezug auf die jeweils zu wählende Rechtsform beschränkt. Dadurch, daß die Gemeinschaftsorgane in dieser Weise an das Vorliegen einer Ermächtigungsgrundlage, die zumindest auf das primäre Gemeinschaftsrecht rückführbar ist, gebunden sind, wird das mitgliedstaatliche Institut des Gesetzesvorbehalts in einer modifizierten und erweiterten Form auf den Gemeinschaftsgesetzgeber und die Gemeinschaftsexekutive übertragen[5]. Hierzu wurde bereits im Rahmen der Kompetenzprüfung festgestellt, daß für den Abschluß von normersetzenden Umweltvereinbarungen im Primärrecht keine Ermächtigungsgrundlage besteht. Jedoch kann der Rat nach Art. 202, 3. Spstr. und Art. 211, 4. Spstr. EGV seine Rechtsetzungskompetenz zulässigerweise auf die Kommission delegieren. Im Rahmen dieser Delegation – also auf sekundärrechtlicher Ebene – besteht dann die Möglichkeit, für die Kommission die erforderliche Ermächtigungsgrundlage für den Abschluß von Umweltvereinbarungen in Vertragsform bzw. für Empfehlungen zu normersetzenden Selbstverpflichtungen zu schaffen[6]. Empfehlungen zu rein politischen Selbstverpflichtungen kann die Kommission dagegen in Ausnahme vom Prinzip der begrenzten Einzelermächtigung gem. Art. 211, 2. Spstr. EGV nach eigenem Ermessen abgeben[7].

II. Der Vorrang des höherrangigen Rechts im Gemeinschaftsrecht

Entsprechend dem mitgliedstaatlichen Gesetzesvorrang gilt auch im Gemeinschaftsrecht ein vergleichbares Prinzip, welches sich aus der Zusammenschau der Art. 3 Abs. 1, 202, 211 und 230 EGV ergibt[8]. Dabei nimmt das primäre Gemeinschaftsrecht (einschließlich des Gemeinschaftsgewohnheitsrechts, der allgemeinen Rechtsgrundsätze sowie der Grundrechte) innerhalb der Rechtsquellen des Gemeinschaftsrechts unzweifelhaft den höchsten Rang ein[9]. Insoweit wird das gesamte Handeln der Gemeinschaft durch das primäre Gemeinschaftsrecht be-

---

[4] So auch *Pommerenke*, Rechtliche Beurteilung von Umweltvereinbarungen nach dem EG-Vertrag, RdE 1996, S. 131 (136); *Bleckmann*, Die öffentlichrechtlichen Verträge der EWG, NJW 1978, S. 464 (465).
[5] *Brenner*, Der Gestaltungsauftrag der Verwaltung in der Europäischen Union, S. 251.
[6] S.o., § 4 A. II. 3., § 5 B. II. 2.
[7] Vgl. nur *Oppermann*, Europarecht, Rn. 358, 572. S.a. schon das Ergebnis unter § 5 G.
[8] Ausführlich *Schwarze*, Europäisches Verwaltungsrecht, Bd. I, S. 220.

grenzt, so daß auch beim Erlaß sekundären Gemeinschaftsrechts sämtliche Vorgaben des primären Gemeinschaftsrechts zu beachten sind. Im Hinblick auf die nachfolgenden Rangverhältnisse trifft der Vertrag keine eindeutigen Aussagen. Allerdings ist für die weitere Normenhierarchie nicht auf das handelnde Organ, sondern vielmehr maßgeblich auf die Rechtsform abzustellen; Rechtsakte von Rat und Kommission sind grundsätzlich gleichrangig[10]. Zweifellos kann aber festgehalten werden, daß Normativakte Einzelfallentscheidungen vorgehen und Durchführungsverordnungen an den Grundverordnungen zu messen sind[11].
Insofern wird die Gestaltungsfreiheit der Kommission bei Ausübung der ihr gem. Art. 202, 3. Spstr., 211, 4. Spstr. EGV übertragenen Durchführungsbefugnisse durch die Delegationsnorm begrenzt, weil die Durchführungsvorschriften der Kommission den Rechtsakten des Rates im Rang nachfolgen. Verstößt also etwa eine Kommissionsverordnung gegen die zugrundeliegende Ratsermächtigung, so ist sie nichtig oder muß zumindest im Sinne der Ermächtigungsnorm ausgelegt werden[12]. Indem die Grenzen delegierter Rechtsetzung also durch die Delegationsnorm bestimmt werden, findet auch der Vertragsvorbehalt des Gemeinschaftsrechts seine Ausdehnung in der durch den Vorrang des höherrangigen Rechts begründeten Normenhierarchie des Gemeinschaftsrechts[13]. Die Gestaltungsfreiheit der Kommission bei der Ausübung der ihr übertragenen Befugnisse wird daher durch die Ermächtigungsnorm selbst sowie durch das primäre Gemeinschaftsrecht einschließlich des Gemeinschaftsgewohnheitsrechts, der allgemeinen Rechtsgrundsätze und der Grundrechte begrenzt. Im Hinblick auf die normersetzenden Umweltvereinbarungen ist daher nicht nur zu untersuchen, ob und unter welchen Voraussetzungen die Kommission durch die Grundvorschriften des Rates zum Abschluß von Umweltverträgen bzw. Selbstverpflichtungen ermächtigt wird[14], sondern muß darüber hinaus die Einhaltung der Vorgaben des primären Gemeinschaftsrechts überprüft werden.

Da im Grundsatz sämtliches Handeln der Gemeinschaftsorgane nach Maßgabe des primären Gemeinschaftsrechts zu erfolgen hat[15], müßten begrifflich auch die unverbindlichen Empfehlungen zu Selbstverpflichtungen der Wirtschaft diesen Vorgaben entsprechen. Zweifelhaft erscheint jedoch, ob sie tatsächlich einer solchen Inhaltskontrolle unterliegen können[16]. Diese

---

[9] Es wird von der „Verfassung" der EG gesprochen, s. nur *Oppermann*, Europarecht, Rn. 473 f. m.w.N.
[10] *Schwarze*, Europäisches Verwaltungsrecht, Bd. I, S. 233 ff.
[11] Zu den Ansätzen einer Normenhierarchie *Wichard* in: Calliess/Ruffert, Kommentar zu EU-Vertrag und EG-Vertrag, Art. 202 Rn. 9; *Oppermann*, Europarecht, Rn. 512; s.a. schon unter § 4 A. II. 3. c) aa). Zum Ganzen auch *Brenner*, Der Gestaltungsauftrag der Verwaltung in der Europäischen Union, S. 249 f.
[12] EuGH, Urt. v. 31.1.1979, Rs. 34/78, Slg. 1979, 115 (136) - „Reißverschlüsse": Der EuGH erklärte eine Vorschrift einer Durchführungsverordnung der Kommission für „ungültig", da nach Ansicht des EuGH die Kommission die ihr in der Ratsverordnung eingeräumten Befugnisse überschritten hatte.
[13] *Schwarze*, Europäisches Verwaltungsrecht, Bd. I, S. 234, 241 f.
[14] Dazu bereits unter § 4 A. II. 3. c) und § 5 B. II. 2.
[15] *Brenner*, Der Gestaltungsauftrag der Verwaltung in der Europäischen Union, S. 249 f.
[16] Vgl. *Pommerenke*, Rechtliche Beurteilung von Umweltvereinbarungen nach dem EG-Vertrag, RdE 1996, S. 131 (141).

Frage hängt maßgeblich von der Einordnung als Rechtsakt in die Hierarchie des Gemeinschaftsrechts und der damit verbundenen Überprüfung durch den EuGH ab[17].

III. Rechtmäßigkeitskontrolle durch den EuGH

Art. 230 EGV läßt eine Nichtigkeitsklage der Mitgliedstaaten, des Rates oder der Kommission mit der Begründung zu, eine Rechtshandlung eines Gemeinschaftsorgans sei wegen Unzuständigkeit, der Verletzung wesentlicher Formvorschriften, der Verletzung des EG-Vertrags oder einer bei seiner Durchführung anzuwendenden Rechtsnorm oder wegen Ermessensmißbrauchs rechtswidrig. Gemäß Art. 231 EGV erklärt der EuGH die von den Gemeinschaftsorganen erlassenen Hoheitsakte für nichtig, wenn diese mit einem der genannten Mängel behaftet sind. Insofern überwacht der EuGH die Rechtmäßigkeit des Handelns der Kommission, des Rates und auch des Europäischen Parlaments. Das bedeutet jedoch zugleich, daß der angefochtene Akt bis zum Urteil als wirksam angesehen wird[18].
Daher stellt sich nun die Frage, ob auch Umweltvereinbarungen in Form öffentlich-rechtlicher Verträge oder in Form von Selbstverpflichtungen dieser Rechtmäßigkeitskontrolle unterliegen bzw. welcher möglicherweise auch nationale Rechtsschutz ansonsten besteht. Denn bestünde gar kein Rechtsschutz gegen eine normersetzende Umweltvereinbarung, so dürfte dies wiederum gegen den Vorrang des Gesetzes im Hinblick auf das allgemeine Prinzip der Gesetzmäßigkeit bzw. der Rechtmäßigkeit im Recht der EG verstoßen[19]. Fraglich ist allerdings, ob dies sowohl für Umweltverträge als auch für die grundsätzlich unverbindlichen Empfehlungen zu Selbstverpflichtungen der Wirtschaft gelten muß.

1. Nichtigkeitsklage gegen vertragliche Umweltvereinbarungen

Im Hinblick auf die Umweltverträge ist zunächst festzuhalten, daß nach der Rechtsprechung des EuGH prinzipiell jeder bindende Rechtsakt eines Organs der Gemeinschaft anfechtbar sein muß[20], so daß man zumindest an eine analoge Anwendung des Art. 230 EGV auf öffentlich-rechtliche Verträge denken könnte. Eine andere Beurteilung scheint sich indes aus Art. 238 EGV zu ergeben. Danach überprüft der EuGH aufgrund einer Schiedsklausel die Sache in vollem Umfang in tatsächlicher und rechtlicher Hinsicht, wobei für die Beurteilung von öffentlich-rechtlichen Verträgen grundsätzlich das Gemeinschaftsrecht Anwendung findet, es

---

[17] *Schwarze*, Europäisches Verwaltungsrecht, Bd. I, S. 220 ff.; vgl. auch *Oppermann*, Europarecht, Rn. 591.
[18] EuGH, Urt. v. 13.2.1979, Rs. 101/78, Slg. 1979, 623 (636 f.) - „Milchpulver". S.a. *Schwarze*, Europäisches Verwaltungsrecht, Bd. I, S. 226.
[19] Im Gemeinschaftsrecht gibt es kein Gesetz im staatsrechtlichen Sinn. Aus diesem Grund ist begrifflich vom Rechtmäßigkeitsprinzip der Gemeinschaftsrechtsordnung zu sprechen. Vgl. *Schwarze*, Europäisches Verwaltungsrecht, Bd. I, S. 219. *Huber*, Recht der Europäischen Integration, S. 114, spricht vom Grundsatz der Vertragsmäßigkeit der Verwaltung.
[20] EuGH, Urt. v. 10.4.1984, Rs. 108/83, Slg. 1984, 1945 (1958) - Luxemburg/Parlament; EuGH, Urt. v. 3.7.1986, Rs. 34/86, Slg. 1986, 2155 (2201ff.) - Rat/Parlament.

sei denn, die Vertragspartner haben etwas anderes vereinbart[21]. Infolgedessen könnte der EGV mit der Aufnahme dieser speziellen Vorschrift hinsichtlich der Überprüfung von vertraglichen Ansprüchen bewußt eine Anwendung des Art. 230 EGV auf öffentlich-rechtliche Verträge ausgeschlossen haben.

Dagegen ist jedoch einzuwenden, daß, wenn der Umweltvertrag anstelle einer einseitig-hoheitlichen Handlung wie der Durchführungsverordnung abgeschlossen werden soll, dieser den Handlungen iSd. Art. 249 EGV gleichzusetzen ist. Aus dem Zusammenhang mit Art. 234 Abs. 1 lit. b) EGV, wonach der EuGH im Wege der Vorabentscheidung über die Gültigkeit und Auslegung aller Handlungen der Gemeinschaftsorgane entscheidet, ergibt sich, daß nationale Gerichte, die bei fehlender Schiedsklausel zuständig wären (Art. 240 EGV), nicht befugt sind, Handlungen der Gemeinschaftsorgane für ungültig zu erklären[22]. Daher kann die Zuständigkeit des EuGH zur inhaltlichen Überprüfung nicht von dem Vorliegen einer Schiedsklausel abhängen; vielmehr muß bereits die Entscheidung über den Abschluß einer normersetzenden Umweltvereinbarung in Vertragsform vom EuGH überprüfbar sein. Dem entspricht es, daß die Rechtsprechung des EuGH den Begriff „Handeln" in Art. 230 EGV weit auslegt, wonach Klagen gegen alle Handlungen der Organe möglich sind, die dazu bestimmt sind, Rechtswirkungen zu erzeugen, ohne dabei nach ihrer Rechtsnatur oder Form zu unterscheiden[23]. Deshalb muß der bei verbindlichen Umweltvereinbarungen erforderlichen gerichtlichen Überprüfung durch eine analoge Anwendung des Art. 230 EGV Rechnung getragen werden.

2. Nichtigkeitsklage gegen Empfehlungen zu Selbstverpflichtungen

Fraglich ist nun, ob sich dieses Ergebnis auch auf die Empfehlungen zu Selbstverpflichtungen übertragen läßt. Hinsichtlich der nach Art. 249 Abs. 5 EGV unverbindlichen Empfehlungen ist dabei zu berücksichtigen, daß Art. 230 Abs. 1 EGV diese Rechtsakte von der Rechtskontrolle durch den EuGH ausnimmt - und zwar sowohl bei der privilegierten als auch bei den sonstigen Nichtigkeitsklagen[24]. Grund für diesen Ausschluß ist die fehlende Außenrechtswirkung[25]; deutlich wird dies insbesondere angesichts der Regelung in Art. 230 Abs. 1 a. E. EGV, wonach Handlungen des Parlaments nur dann Gegenstand einer Nichtigkeitsklage sein können, wenn sie Rechtswirkungen gegenüber Dritten erzeugen. Im Hinblick auf die Emp-

---

[21] *Grabitz* in: Grabitz/Hilf, Das Recht der Europäischen Union, Art. 181 Rn. 14 ff. Das Prüfungsrecht des EuGH kann allerdings durch die Schiedsklausel beschränkt werden.

[22] *Spannowsky*, Grenzen des Verwaltungshandelns durch Verträge und Absprachen, S. 497. Unter den weit gefaßten Terminus des Art. 234 Abs. 1 lit. b) EGV fällt das gesamte organgeschaffene Gemeinschaftsrecht unabhängig von der Verbindlichkeit und der unmittelbaren bzw. mittelbaren Anwendbarkeit der Akte. Unerheblich ist auch, ob den Akten eine generelle oder individuelle Wirkung zukommt; vgl. *Wohlfahrt* in: Grabitz/Hilf, Das Recht der Europäischen Union, Art. 177 Rn. 17.

[23] EuGH, Urt. v. 31.3.1971, Rs. 22/70, Slg. 1971, 263 (277) - Kommission/Rat; EuGH, Urt. v. 2.3.1994, Rs. C-316/91, Slg. 1994, I-625 (657) - Parlament/Rat. S.a. *Geiger*, EG-Vertrag, Art. 173 Rn. 8; *Oppermann*, Europarecht, Rn. 591.

[24] Hierzu *Huber*, Recht der Europäischen Integration, S. 272 ff.

fehlungen der Kommission gem. Art. 211, 2. Spstr. EGV zu rein politischen Vereinbarungen, die tatsächlich weder rechtliche noch faktische Bindungswirkungen auslösen, ist der Ausschluß von der Nichtigkeitsklage und der insoweit fehlende Rechtsschutz deshalb nachvollziehbar.

Zweifel an einer generellen Herausnahme von Empfehlungen ergeben sich aber unter dem Gesichtspunkt, daß eine Empfehlung der Kommission zu normersetzenden Selbstverpflichtungen durchaus geeignet ist, Rechtswirkungen sowohl gegenüber Dritten als auch gegenüber den Gemeinschaftsorganen zu verursachen[26]. Dabei darf auch nicht übersehen werden, daß die Empfehlungen zu normersetzenden Selbstverpflichtungen gegenüber den normersetzenden Umweltverträgen nur graduelle Unterschiede aufweisen. Für die insoweit entscheidende Frage nach der Außenrechtswirkung ist weiter zu berücksichtigen, daß diese maßgeblich vom Inhalt und nicht von der Form oder Bezeichnung der Maßnahme abhängt[27]. Auch aus diesem Grund muß daher unter Berücksichtigung der Garantie eines effektiven Rechtsschutzes[28] der Anwendungsbereich der Nichtigkeitsklage entgegen dem Wortlaut des Art. 230 Abs. 1 EGV auf Empfehlungen mit Außenrechtswirkung ausgedehnt werden[29].

3. Zusammenfassung

Zusammenfassend bleibt daher festzuhalten, daß bei normersetzenden Umweltvereinbarungen auf Gemeinschaftsebene Rechtsschutz durch den EuGH in analoger Anwendung des Art. 230 EGV zu gewähren ist und insoweit auch eine Rechtmäßigkeitskontrolle stattfindet. Hinsichtlich der Empfehlungen zu rein politischen Selbstverpflichtungen ist eine Inhaltskontrolle dagegen ausgeschlossen, solange sie tatsächlich keine Außenrechtswirkungen erzeugen. Infolgedessen beschränken sich die nachfolgenden Ausführungen zur Frage der materiellen Rechtmäßigkeit von Umweltvereinbarungen auf die normersetzenden Verträge und Selbstverpflichtungen, die die Kommission gem. Art. 202, 3. Spstr., Art. 211, 4. Spstr. EGV im Rahmen der ihr übertragenen Durchführungsbefugnisse abschließen bzw. durch eine Empfehlung annehmen kann.

---

[25] S. *Oppermann*, Europarecht, Rn. 591; *Cremer* in: Calliess/Ruffert, Kommentar zu EU-Vertrag und EG-Vertrag, Art. 230 Rn. 12.

[26] Hierzu bereits unter § 5 A. und B. I. Dies zeigt auch die Rechtsprechung von BVerfG und BVerwG zum „informalen Verwaltungshandeln" im deutschen Recht, s. dazu die Nachweise bei *Huber*, Recht der Europäischen Integration, S. 276.

[27] EuGH, Urt. v. 31.3.1971, Rs. 22/70, Slg. 1971, 263 (277) - Kommission/Rat; EuGH, Urt. v. 11.11.1981, Rs. 60/81, Slg. 1981, 2639 (2651) - IBM/Kommission; EuGH, Urt. v. 27.9.1988, Rs. 114/86, Slg. 1988, 5289 (5321) - Vereinigtes Königreich/Kommission; EuGH, Urt. v. 13.11.1991, Rs. C-303/90, Slg. 1991, I-5315 (5343) - Frankreich/Kommission.

[28] Unter Hinweis auf Art. 6, 13 EMRK erhebt der EuGH auch für das Gemeinschaftsrecht einen Anspruch auf effektiven Rechtsschutz, bezieht sich dabei aber zumeist auf den Rechtsschutz durch nationale Gerichte; zum Anspruch auf effektiven Rechtsschutz gegenüber Gemeinschaftsorganen s. aber EuGH, Urt. v. 1.4.1987, Rs. 257/85, Slg. 1987, 1561 (1574) - Dufay/Parlament.

[29] Ähnlich auch *Huber*, Recht der Europäischen Integration, S. 276, für Empfehlungen und Stellungnahmen, die den einzelnen in seinen Rechten verletzen.

Hinsichtlich der wesentlichen materiellen Anforderungen des primären Gemeinschaftsrechts für Umweltvereinbarungen gilt es zunächst, die umweltrechtlichen Voraussetzungen der Art. 174 f. EGV zu untersuchen.

I. Anforderungen nach Art. 2, 3 Abs. 1 lit. l), 174 f. EGV

Art. 174 EGV gibt der Gemeinschaft die Ziele ihrer Umweltpolitik vor und bestimmt die Prinzipien und Grundsätze, die bei den Maßnahmen der Gemeinschaft berücksichtigt werden sollen. An eine Nichtigkeitserklärung nach Art. 230, 231 EGV durch den Europäischen Gerichtshof ist jedoch nur dann zu denken, wenn die in Art. 174 EGV niedergelegten Punkte als Kriterien für die Rechtmäßigkeit von Maßnahmen der Gemeinschaft bindende Wirkung haben. Weiter stellt sich die Frage, ob die inhaltlichen Vorgaben des Art. 174 EGV allgemein, d.h. nicht nur für die Umweltpolitik nach Art. 175 EGV, sondern hinsichtlich aller Kompetenzvorschriften für die gemeinschaftliche Umweltpolitik, verbindlich sind. Dabei gilt es, zwischen den Ziel- und Aufgabenbestimmungen der Art. 2, 3 Abs. 1 lit. l) und 174 Abs. 1 EGV, den umweltpolitischen Handlungsprinzipien aus Art. 174 Abs. 2 S. 2 EGV, den Abwägungskriterien aus Art. 174 Abs. 3 EGV sowie schließlich dem in Art. 174 Abs. 2 S. 1 EGV normierten hohen Schutzniveau und dem allerdings nicht allgemein anerkannten Grundsatz des bestmöglichen Umweltschutzes zu unterscheiden.

1. Die Ziel- und Aufgabenbestimmungen der Art. 2, 3 Abs. 1 lit. l), 174 Abs. 1 EGV

Ziel- und Aufgabenbestimmungen für den Umweltschutz ergeben sich aus Art. 2, Art. 3 Abs. 1 lit. l) und Art. 174 Abs. 1 EGV. Fraglich ist nun, ob und inwieweit sich daraus Anforderungen für den Abschluß von Umweltvereinbarungen ergeben.

Art. 2 EGV nennt seit der Änderung durch den Vertrag von Amsterdam den Umweltschutz als eigenständiges und gegenüber anderen Aufgaben ebenbürtiges Gemeinschaftsziel und enthält darüber hinaus eine besondere qualitative Komponente, indem „ein hohes Maß an Umweltschutz und Verbesserung der Umweltqualität“ gefordert wird. Daneben wird im Hinblick auf die Entwicklung des Wirtschaftslebens in Anlehnung an das sustainable-development-Konzept[30] die Nachhaltigkeit betont, obgleich abweichend vom Rio-Prozeß der unmittelbare Bezug zum Umweltschutz fehlt[31]. Obendrein legt Art. 3 Abs. 1 lit. l) EGV fest, daß der Umweltschutz nicht (mehr) bloß Gegenstand von „Aktionsprogrammen“, sondern fester Bestandteil der Gemeinschaftstätigkeit sein soll und mit anderen Politiken der Gemeinschaft prinzipiell auf einer Stufe steht. Insofern begründet Art. 3 Abs. 1 lit. l) EGV ein rechtlich bin-

[30] Hierzu bereits unter § 3 B. I.

[31] Dazu *Schröder*, Umweltschutz als Gemeinschaftsziel und Grundsätze des Umweltschutzes, in: Rengeling (Hrsg.), EUDUR, Bd. I, § 9 Rn. 82.

dendes Gebot, eine Umweltpolitik mit den sich aus Art. 2 EGV ergebenden Zielvorgaben zu betreiben. Damit prägen Art. 2 und Art. 3 Abs. 1 lit. l) EGV die Tätigkeit der Gemeinschaft auf dem Gebiet der Umweltpolitik nach Art. 174 f. EGV, ohne daß sich daraus für den Einzelfall genaue Vorgaben oder Gewichtungen ergeben[32].

Insofern konkretisiert Art. 174 Abs. 1 EGV die Einzelziele der gemeinschaftlichen Umweltpolitik - es sind dies ganz allgemein die Erhaltung und der Schutz der Umwelt sowie die Verbesserung ihrer Qualität (1. Spstr.), der Schutz der menschlichen Gesundheit (2. Spstr.), die umsichtige und rationelle Verwendung der natürlichen Ressourcen (3. Spstr.) sowie schließlich die Förderung von Maßnahmen auf internationaler Ebene zur Bewältigung regionaler oder globaler Umweltprobleme (4. Spstr.)[33]. Es stellt sich dabei jedoch die Frage, ob es sich bei diesen Zielen des Art. 174 Abs. 1 EGV lediglich um politische, unverbindliche Programmsätze oder um verbindliche Ziele und Aufgabenzuweisungen handelt. Zugunsten unverbindlicher Zielbestimmungen ließe sich der durch den Vertrag von Maastricht veränderte Wortlaut des Art. 174 Abs. 1 EGV anführen, wonach die Umweltpolitik der Gemeinschaft nur zur Verfolgung der genannten Ziele „beitragen" soll. Damit sollte die gemeinschaftliche Umweltpolitik aber nicht relativiert werden. Vielmehr spricht schon die Aufnahme des Umweltschutzes in die Art. 2, 3 Abs. 1 lit. l) und 6 EGV für eine ausdrückliche Stärkung der Bedeutung des Umweltschutzes[34]. Darüber hinaus ist auch die Bezugnahme in der Kompetenzvorschrift des Art. 175 Abs. 1 EGV zu berücksichtigen, deren Formulierung bei der Annahme unverbindlicher Ziele sinnentleert würde. Daher kommt der Vorschrift des Art. 174 Abs. 1 EGV in zweierlei Hinsicht Bedeutung zu: Zum einen umreißen diese Zielbeschreibungen das Tätigkeitsfeld der Gemeinschaft und stellen einen abschließenden Katalog der Aufgabenfelder dar, so daß die gemeinschaftlichen Aktivitäten im Bereich der Umweltpolitik insoweit eingegrenzt werden[35]. Zum anderen wird der Gemeinschaft damit verbindlich aufgegeben, Rechtsakte zu erlassen, die den Umweltzustand, den Gesundheitsschutz, die Ressourcenverwendung und die Maßnahmenförderung an den erwünschten Zustand annähern[36]. Insoweit resultiert aus Art. 174 Abs. 1 EGV eine Pflicht der Gemeinschaft zum Tätigwerden, wenn dies für die Erfüllung eines der dort genannten Ziele unerläßlich ist[37].

---

[32] Vgl. *Schröder*, Umweltschutz als Gemeinschaftsziel und Grundsätze des Umweltschutzes, in: Rengeling (Hrsg.), EUDUR, Bd. I, § 9 Rn. 11 ff.

[33] Zum Inhalt der einzelnen Ziele des Art. 174 Abs. 1 EGV s. nur *Schmitz*, Die Europäische Union als Umweltunion, S. 145 ff.; *Grabitz/Nettesheim* in: Grabitz/Hilf, Das Recht der Europäischen Union, Art. 130r Rn. 16 ff.; *Frenz*, Europäisches Umweltrecht, Rn. 21 ff.

[34] Insbesondere durch den Vertrag von Amsterdam wurde die Bedeutung des Umweltschutzes für alle Politiken der Gemeinschaft gestärkt; vgl. dazu *Hilf/Pache*, Der Vertrag von Amsterdam, NJW 1998, S. 705 (708).

[35] Vgl. *Frenz*, Europäisches Umweltrecht, Rn. 44 f. Insofern liefern die Zielvorgaben des Art. 174 Abs. 1 EGV Anhaltspunkte für den Begriff der „Umwelt" iSd. EGV; s. hierzu bereits die Ausführungen zu § 3 B. I. 3.

[36] *Grabitz/Nettesheim* in: Grabitz/Hilf, Das Recht der Europäischen Union, Art. 130r Rn. 10.

[37] Umstritten ist dabei lediglich, ob sich daraus eine Handlungspflicht der Gemeinschaft im Einzelfall ergeben kann, so *Epiney*, Umweltrecht in der Europäischen Union, S. 95 f. m.w.N. Differenzierend *Frenz*, Europäisches Umweltrecht, Rn. 49 ff., der eine Schutzpflicht hinsichtlich der menschlichen Gesundheit und des Lebens annimmt.

Daß diese Ziele nicht nur für die Umweltpolitik nach Art. 175 EGV, sondern allgemein für alle umweltrelevanten Maßnahmen der Gemeinschaft[38] verbindlich sind, ergibt sich aus der Querschnittsklausel des Art. 6 EGV, wonach die Erfordernisse des Umweltschutzes, zu denen die Ziele des Art. 174 Abs. 1 EGV gehören, auch bei den anderen Gemeinschaftspolitiken mit einbezogen werden müssen[39]. Die Querschnittsklausel geht somit neben dem eigenständigen von einem zweiten unselbständigen, bei anderen Aufgaben zu berücksichtigenden Umweltschutz aus, um ihm so im gesamten Tätigkeitsbereich der Gemeinschaft Geltung zu verschaffen. Allein bei einer allgemeinen Verbindlichkeit dieser Aufgaben kann daher der Bedeutung des Umweltschutzes im Hinblick auf Art. 6 EGV Rechnung getragen werden, da ansonsten nur ein Teil der verschiedenen Umweltmaßnahmen den Zielvorgaben des Art. 174 Abs. 1 EGV genügen müßte – dies entspräche nicht dem Zweck der Querschnittsklausel[40]. Aus diesem Grund sind alle Maßnahmen der Gemeinschaft an den Zielen des Art. 174 Abs. 1 EGV auszurichten.
Auch die Umweltvereinbarungen der Gemeinschaft sind demzufolge an diesen Zielen zu messen, so daß sie zu dem von Art. 174 Abs. 1 EGV umschriebenen Tätigkeitsfeld der Gemeinschaft gehören müssen. Dies führt allerdings angesichts der weiten Formulierung der Vorschrift, insbesondere der allgemeinen Aufgabe des Umweltschutzes in Art. 174 Abs. 1, 1. Spstr. EGV, nicht zu einer Einschränkung der Umweltpolitik der EG[41]. Da die Ziele und Aufgaben des Art. 174 Abs. 1 EGV einer umfangreichen Konkretisierung bedürfen, ist den Gemeinschaftsorganen bei der Umsetzung auch ein breiter Gestaltungsspielraum zuzugestehen[42], so daß Art. 174 Abs. 1 EGV hinsichtlich seiner abschließend aufgezählten Einzelziele kein Hindernis für Umweltvereinbarungen auf Gemeinschaftsebene darstellt.

Fraglich ist jedoch, ob sich aus der aus Art. 174 Abs. 1 EGV resultierenden Pflicht zum Tätigwerden der Gemeinschaft eine Einschränkung der Zulässigkeit von Umweltvereinbarungen auf Gemeinschaftsebene ergeben kann. Insofern könnte es sich zum einen als problematisch erweisen, wenn die Umweltvereinbarung die in Art. 174 Abs. 1 EGV enthaltenen Ziele nicht in größtmöglicher Weise schützt. Zum anderen können sich bei der Wahrnehmung der in Art. 174 Abs. 1 EGV genannten Aufgaben Zielkonflikte ergeben – also beispielsweise wenn die Umweltvereinbarung der effizienten Verwendung der natürlichen Ressourcen dient, gleichzeitig aber die Umweltqualität verschlechtert[43].

---

[38] Zu den verschiedenen Handlungsermächtigungen s. § 4 A. I.
[39] Ausführlich *Schmitz*, Die Europäische Union als Umweltunion, S. 150 ff.
[40] Hierzu *Schröder*, Umweltschutz als Gemeinschaftsziel und Grundsätze des Umweltschutzes, in: Rengeling (Hrsg.), EUDUR, Bd. I, § 9 Rn. 26.
[41] *Grabitz/Nettesheim* in: Grabitz/Hilf, Das Recht der Europäischen Union, Art. 130r Rn. 11; *Frenz*, Europäisches Umweltrecht, Rn. 20.
[42] *Schröder*, Umweltschutz als Gemeinschaftsziel und Grundsätze des Umweltschutzes, in: Rengeling (Hrsg.), EUDUR, Bd. I, § 9 Rn. 16 m.w.N.
[43] Beispiel nach *Grabitz/Nettesheim* in: Grabitz/Nettesheim in: Grabitz/Hilf, Das Recht der Europäischen Union, Art. 130r Rn. 12.

Hierbei ist aber zunächst zu berücksichtigen, daß den Gemeinschaftsorganen bei der Aufgabenwahrnehmung auch in dieser Beziehung ein weiter Gestaltungsspielraum eingeräumt wird, da es bei einer Abwägung zwischen den einzelnen Zielen – auch im Hinblick auf andere Vertragsziele wie der Errichtung des Binnenmarktes – zwangsläufig zu Zielkonflikten kommt[44]. Dieser Gestaltungsspielraum bezieht sich zugleich darauf, welches der vier in Art. 174 Abs. 1 EGV genannten Einzelziele (vorrangig) verwirklicht werden soll, da diese Ziele nicht alle zugleich und gleichermaßen verfolgt werden können. In diesem Zusammenhang ist darüber hinaus auch festzuhalten, daß der Gemeinschaftsgesetzgeber bei der Behandlung eines speziellen Schutzproblems nicht immer gleichzeitig alle weiteren Maßnahmen erlassen muß, die dem Schutz der Umwelt weitreichender dienten. Die Umweltpolitik muß gem. Art. 2 EGV zwar auf ein „hohes Schutzniveau" abzielen, es ergibt sich daraus aber nicht zwangsläufig das in technischer Hinsicht „höchstmögliche" Niveau[45] – Art. 174 Abs. 1 EGV erlaubt daher grundsätzlich den Erlaß von Maßnahmen, die nur bestimmte Aspekte der Umwelt betreffen, solange diese Maßnahmen zur Erhaltung und zum Schutz der Umwelt sowie zur Verbesserung ihrer Qualität beitragen[46].

Es ergeben sich aus Art. 2, 3 Abs. 1 lit. l), 174 Abs. 1 EGV insofern also keine Einschränkungen für die Rechtmäßigkeit von Umweltvereinbarungen, auch wenn diese nicht allen Zielen des Art. 174 Abs. 1 EGV und nicht in bestmöglicher Weise dienen, sondern womöglich nur einen Aspekt des Umweltschutzes verfolgen. Erforderlich ist lediglich, daß sich die Umweltvereinbarung überhaupt an einem der in Art. 174 Abs. 1 EGV genannten Ziele orientiert.

An eine Nichtigkeitserklärung durch den EuGH wegen Verstoßes gegen die Zielvorgaben des Art. 174 Abs. 1 EGV kann daher nur in Fällen eines groben Mißbrauchs des eingeräumten Gestaltungsspielraumes gedacht werden[47].

2. Die Handlungsprinzipien des Art. 174 Abs. 2 S. 2 EGV

Art. 174 Abs. 2 S. 2 EGV nennt eine Reihe inhaltlicher Anforderungen an die Ausgestaltung gemeinschaftlicher Umweltpolitik, deren Ziele und Aufgaben Art. 174 Abs. 1 EGV formuliert. Die rechtliche Verbindlichkeit dieser Grundsätze ist weitgehend anerkannt – die Handlungsprinzipien des Art. 174 Abs. 2 S. 2 EGV entfalten damit als Rechtsprinzipien für die Gemeinschaftsorgane unmittelbare Wirkung bei umweltpolitischen Rechtsakten[48]. Allerdings

---

[44] *Epiney*, Umweltrecht in der Europäischen Union, S. 95; *Schröder*, Umweltschutz als Gemeinschaftsziel und Grundsätze des Umweltschutzes, in: Rengeling (Hrsg.), EUDUR, Bd. I, § 9 Rn. 16; *Schmitz*, Die Europäische Union als Umweltunion, S. 153 f.

[45] Zum Maß des anzustrebenden Umweltschutzes s. noch unter § 6 B. I. 4.

[46] EuGH, Urt. v. 14.7.1998, Rs. C-284/95, Slg. 1998, I-4301 (4346 f.) - Safety Hi-Tech; EuGH, Urt. v. 14.7.1998, Rs. C-341/95, Slg. 1998, I-4355 (4375 ff.) - Bettati.

[47] *Calliess* in: Calliess/Ruffert, Kommentar zu EU-Vertrag und EG-Vertrag, Art. 174 Rn. 43 m.w.N.

[48] Ausführlich *Schmitz*, Die Europäische Union als Umweltunion, S. 167 ff.; s.a. *Epiney*, Umweltrecht in der Europäischen Union, S. 108 ff.; *Grabitz/Nettesheim* in: Grabitz/Hilf, Das Recht der Europäischen Union, Art. 130r Rn. 31 ff.

ist die gerichtliche Überprüfung dieser verbindlichen Grundsätze dadurch eingeschränkt, daß diese einer Konkretisierung bedürfen und ihre Verwirklichung in starkem Maße von der Gestaltung durch den Gemeinschaftsgesetzgeber und dessen politischen Wertungen abhängt. Im Rahmen einer gerichtlichen Kontrolle kann daher lediglich untersucht werden, ob die Handlungsgrundsätze im jeweiligen Rechtsakt innerhalb des tatsächlich und rechtlich Möglichen optimiert werden und ob Abweichungen nachvollziehbar gerechtfertigt sind[49].
Darüber hinaus dienen die Handlungsprinzipien des Art. 174 Abs. 2 S. 2 EGV einzelnen Rechtsakten oder Rechtsnormen aber auch als Rechtfertigung und können somit legitimierend wirken[50] – allerdings nur insoweit, als keine anderweitigen gemeinschaftsrechtlichen Schranken, wie etwa die der Verhältnismäßigkeit, eingreifen.
Dabei sind sie aber nicht nur als Maßstab für Regelungen auf der Grundlage des Art. 175 EGV heranzuziehen, sondern binden die Gemeinschaft auch bei anderen umweltrelevanten Maßnahmen, z.B. beim gemeinschaftlichen Sekundärrecht oder bei Vorschriften aufgrund der Art. 94, 95 EGV, die zwar hauptsächlich die Verwirklichung des Gemeinsamen bzw. des Binnenmarktes zum Ziel, aber zugleich Auswirkungen auf den Umweltschutz haben[51]. Denn die Querschnittsklausel des Art. 6 EGV führt dazu, daß die Erfordernisse des Umweltschutzes, also die Gesamtheit der in Art. 174 EGV formulierten umweltpolitischen Ziele und Grundsätze[52], auch im Rahmen der Durchführung und Festlegung anderer Gemeinschaftspolitiken einbezogen werden müssen.

Festzuhalten bleibt daher zunächst, daß diese Grundsätze einer gemeinsamen Umweltpolitik bei allen umweltpolitischen Maßnahmen der EG berücksichtigt werden müssen und insoweit nicht nur eine weitere Schranke für die gemeinschaftliche Kompetenzausübung auf dem Gebiet des Umweltrechts, sondern in Grenzen auch eine Legitimationswirkung für den Abschluß von Umweltvereinbarungen enthalten können.

a) Vorsorge und Vorbeugeprinzip

Nach Art. 174 Abs. 2 S. 2 beruht die Umweltpolitik der Gemeinschaft auf den Grundsätzen der Vorsorge und Vorbeugung[53]. Diese Prinzipien verlangen, daß Umweltbelastungen in erster

---

[49] *Frenz*, Europäisches Umweltrecht, Rn. 138 f.; *Grabitz/Nettesheim* in: Grabitz/Hilf, Das Recht der Europäischen Union, Art. 130r Rn. 32.
[50] *Grabitz/Nettesheim* in: Grabitz/Hilf, Das Recht der Europäischen Union, Art. 130r Rn. 34.
[51] S. nur *Schröder*, Umweltschutz als Gemeinschaftsziel und Grundsätze des Umweltschutzes, in: Rengeling (Hrsg.), EUDUR, Bd. I, § 9 Rn. 46: Die Handlungsgrundsätze des Art. 174 Abs. 2 S. 2 EGV „prägen das Rechtsgebiet Umweltrecht". Ebenso *Frenz*, Europäisches Umweltrecht, Rn. 118 ff.; *Hailbronner*, Der „nationale Alleingang" im Gemeinschaftsrecht am Beispiel der Abgasstandards für Pkw, EuGRZ 1989, S. 100 (105).
[52] Für diesen Wirkungsumfang auch *Epiney*, Umweltrecht in der Europäischen Union, S. 107; *Grabitz/Zacker*, Die neuen Umweltkompetenzen der EWG, NVwZ 1989, S. 297 (300); etwas enger *Frenz*, Europäisches Umweltrecht, Rn. 189, der die Bezugspunkte der Querschnittsklausel auf Art. 174 Abs. 1 und 2 EGV beschränkt.
[53] Durch die EEA wurde zunächst nur das Vorbeugungsprinzip in den EGV eingeführt. Die jetzige Fassung des Art. 174 Abs. 2 S. 2 EGV geht auf den Vertrag von Maastricht zurück. Fraglich ist, ob durch diese Ergänzung

Linie mit Hilfe von präventiven Maßnahmen vermieden statt nachträglich beseitigt werden sollen, Umweltschäden also gar nicht erst entstehen. Demgemäß berechtigt das Vorsorge- und Vorbeugeprinzip zu Maßnahmen auch bei ungewissen Umweltbeeinträchtigungen, so wenn z.B. noch Zweifel über den genauen Ursache-Wirkung-Zusammenhang bestehen[54], mit der Folge, daß der Gemeinschaft ein weiter Beurteilungsspielraum einzuräumen ist[55]. Die Grundsätze der Vorsorge und Vorbeugung ermöglichen damit eine umfassende weitsichtige Planung des Umweltschutzes und der Risikoverminderung. Als Vorsorgeanlaß reicht folglich ein „abstraktes Besorgnispotential" aus[56]. Eine gemeinschaftliche Maßnahme wie die Umweltvereinbarung wird somit, sobald sie den präventiven Schutz vor Umweltbelastungen bezweckt, im Zweifel als zulässig anzusehen sein[57], so daß eine Nichtigkeitserklärung wegen Verstoßes gegen das Vorsorge- und Vorbeugeprinzip nur in seltenen Fällen offenkundiger Fehlbeurteilung in Betracht kommen wird, so etwa, wenn die Verpflichtungen aus der Umweltvereinbarung eine erkennbare Diskrepanz zur lediglich vermuteten Umweltentlastung aufweisen[58].

b) Ursprungsprinzip

Das Ursprungsprinzip besagt, daß Umweltbeeinträchtigungen vorrangig an der Stelle, an der sie auftreten – also an der Quelle, am Ursprung –, und damit zu einem möglichst frühen Zeitpunkt nach ihrer Entstehung zu bekämpfen sind[59]. Damit weist das Ursprungsprinzip im Hinblick auf eine frühestmögliche Bekämpfung der Umweltbeeinträchtigungen zwar eine gewisse Ähnlichkeit zum Vorsorge- und Vorbeugegrundsatz auf, ihm kommt aber eine eigenständige Bedeutung insofern zu, als es am Entstehungsort der Umweltbeeinträchtigung ansetzt, während das Vorsorge- und Vorbeugungsprinzip festlegt, wann – bei welcher Gefahrenlage – eine

---

eine inhaltliche Veränderung eingetreten ist. Vertreten wird zum einen, daß die beiden Elemente dadurch zu unterscheiden seien, daß der Vorsorgegrundsatz noch weiter in den präventiven Bereich reiche als der Vorbeugungsgrundsatz. Vorsorge gehe über die bloße Gefahrenabwehr hinaus und ziele damit auch auf eine Risikovermeidung ab; so insbesondere *Epiney*, Umweltrecht in der Europäischen Union, S. 99 ff. Nach anderer Auffassung bedeutet die zusätzliche Erwähnung des Vorsorgeprinzips lediglich eine Verstärkung des präventiven Schutzes im Bereich der gemeinschaftlichen Umweltpolitik; beide Begriffe seien weitgehend übereinstimmend; s. nur *Frenz*, Europäisches Umweltrecht, Rn. 141. Gravierende Unterschiede in der inhaltlichen Bewertung ergeben sich daraus indes nicht. S. hierzu auch *Schröder*, Umweltschutz als Gemeinschaftsziel und Grundsätze des Umweltschutzes, in: Rengeling (Hrsg.), EUDUR, Bd. I, § 9 Rn. 34.

[54] *Burgi*, Das Schutz- und Ursprungsprinzip im europäischen Umweltrecht, NuR 1995, S. 11 f. Erforderlich ist aber, daß wissenschaftliche und technische Anhaltspunkte die Maßnahme rechtfertigen; reine Spekulationen können nicht ausreichend sein; *Frenz*, Europäisches Umweltrecht, Rn. 147.

[55] *Schmitz*, Die Europäische Union als Umweltunion, S. 158.

[56] *Calliess* in: Calliess/Ruffert, Kommentar zu EU-Vertrag und EG-Vertrag, Art. 174 Rn. 30.

[57] *Krämer* in: Groeben/Thiesing/Ehlermann, Kommentar zum EWG-Vertrag, Art. 130r Rn. 52; *Epiney*, Umweltrecht in der Europäischen Union, S. 100 f.

[58] Ein solches Mißverhältnis liegt ebenfalls vor, wenn die an der Vereinbarung (gezwungenermaßen) beteiligten Unternehmen die fehlende Schädlichkeit ihres Handelns plausibel darlegen können; vgl. *Calliess* in: Calliess/Ruffert, Kommentar zu EU-Vertrag und EG-Vertrag, Art. 174 Rn. 30.

[59] Zu diesem Grundsatz s. nur *Burgi*, Das Schutz- und Ursprungsprinzip im europäischen Umweltrecht, NuR 1995, S. 11 ff.; *Kahl*, Umweltprinzip und Gemeinschaftsrecht, S. 22 f.

solche Maßnahme ergriffen werden kann[60]. Der EuGH hat das Ursprungsprinzip weitergehend auch bei grenzüberschreitenden Umweltbeeinträchtigungen angewandt und ihm damit eine zusätzliche – raumbezogene – Bedeutung im Hinblick auf eine Pflicht zur Inlandentsorgung verschafft[61].

Umstritten ist allerdings die Tragweite der Vorrangklausel, die mit dem Vertrag von Maastricht anstelle der Bekämpfung „nach Möglichkeit" eingefügt wurde. Nach einer Ansicht soll dadurch die Verbindlichkeit des Ursprungsprinzip verringert, also schwächer als die anderen Handlungsgrundsätze sein[62]; anderer Auffassung zufolge sei das Gegenteil der Fall bzw. werde zumindest der Gestaltungsspielraum des Gemeinschaftsgesetzgebers entsprechend eingeengt[63].

Von Bedeutung ist diese Frage insbesondere auch beim Abschluß von Umweltvereinbarungen: Bei einer strikten Anwendung des Ursprungsprinzip müßte beispielsweise im Hinblick auf die Belastung der Luft durch Autoabgase die Kfz-Herstellung als solche reduziert oder müßten völlig umweltunschädliche Fahrzeuge produziert werden; eine Vereinbarung mit den Autoherstellern über die bloße Verringerung des CO_2-Ausstoßes entspräche nicht mehr dem Ursprungsprinzip[64]. Problematisch ist dabei auch, daß zumeist mehrere Quellen in Betracht kommen. Will die Gemeinschaft gegen einen bestimmten Ursprung einer Umweltbeeinträchtigung angehen, so müssen dafür aber zumindest auf wissenschaftlichen Erkenntnissen beruhende tatsächliche Anhaltspunkte vorliegen. Eine völlige Sicherheit, daß die Erscheinung auf die von der Gemeinschaft bestimmte Quelle zurückzuführen ist, ist schon aufgrund der schweren Erforschbarkeit komplexer Umweltzusammenhänge nicht erforderlich. Insofern muß es gerade bei vielschichtigen Umweltproblemen wie dem Waldsterben oder der Gewässerverunreinigung auch möglich sein, gegen mehrere Quellen vorzugehen, wenn sie alle nach den genannten Kriterien als Ursprung in Betracht kommen[65]. Aus diesen Gründen soll die Klausel hier so verstanden werden, daß Umweltbeeinträchtigungen zu einem frühestmöglichen Zeitpunkt nach ihrer Entstehung und bei Entscheidungsalternativen – im besten Falle – an ihrer Quelle selbst oder zumindest so nah daran wie möglich bekämpft werden müssen. Ein Vorrang oder eine Schwächung der Verbindlichkeit des Ursprungsprinzips läßt sich der Klausel dagegen nicht entnehmen. Gemeinschaftsmaßnahmen sind daher weder vorrangig im Sinne einer Ausschließlichkeit am Ursprung zu bekämpfen, noch ist das Ursprungsprinzip schwächer als die anderen Prinzipien. Es geht bei dem Ursprungsprinzip folglich nicht um eine Fra-

---

[60] *Epiney*, Umweltrecht in der Europäischen Union, S. 101 f.; *Schröder*, Umweltschutz als Gemeinschaftsziel und Grundsätze des Umweltschutzes, in: Rengeling (Hrsg.), EUDUR, Bd. I, § 9 Rn. 37.

[61] EuGH, Urt. v. 9.7.1992, Rs. C-2/90, Slg. 1992, I-4431 (4479 f.) - Wallonische Abfälle; EuGH, Urt. v. 10.5.1995, Rs. C-422/92, Slg. 1995, I-1097 (1134 ff.) - Kommission/Deutschland.

[62] S. nur *Schmitz*, Die Europäische Union als Umweltunion, S. 159 f. Dies widerspricht aber wohl dem Wortlaut, vgl. *Calliess* in: Calliess/Ruffert, Kommentar zu EU-Vertrag und EG-Vertrag, Art. 174 Rn. 33.

[63] *Grabitz/Nettesheim* in: Grabitz/Hilf, Das Recht der Europäischen Union, Art. 130r Rn. 45; *Epiney*, Umweltrecht in der Europäischen Union, S. 102.

[64] Allgemein *Frenz*, Europäisches Umweltrecht, Rn. 159.

[65] Ausführlich hierzu *Frenz*, Europäisches Umweltrecht, Rn. 158 ff.

ge der Rangordnung, sondern um die Priorität ursprungsnaher Maßnahmen, so daß durch den Ursprungsgrundsatz an anderen Kausalitätspunkten ansetzende Maßnahmen nicht ausgeschlossen sind; bei mehreren Entscheidungsalternativen muß der Gemeinschaftsgesetzgeber aber die ursprungsnähere Maßnahme ergreifen[66].

Für den Abschluß von Umweltvereinbarungen ergeben sich folglich nicht von vornherein Schranken; es bedarf vielmehr einer Untersuchung im Einzelfall, ob tatsächlich vorrangige quellenbezogene Alternativen zur Verfügung standen und nicht berücksichtigt wurden. Erst dann kann überhaupt eine Nichtigkeitserklärung durch den EuGH in Betracht kommen.

c) Verursacherprinzip

Schließlich bestimmt Art. 174 Abs. 2 S. 2 EGV, daß die Umweltpolitik der Gemeinschaft auf dem Verursacherprinzip beruht, daß also der Verursacher für die Verwirklichung von Umweltschutzmaßnahmen heranzuziehen ist. Insofern stellt sich das Verursacherprinzip als ein Kostenzurechnungsgrundsatz dar, der sowohl in bezug auf legale als auch in bezug auf illegale, bereits eingetretene sowie bevorstehende oder potentielle zu vermeidende Umweltbeeinträchtigungen Anwendung findet, sofern sich nur ein oder mehrere Verursacher anhand von tatsächlichen Anhaltspunkten festlegen lassen[67]. Demnach genügen dem Verursacherprinzip nicht nur umweltpolitische Maßnahmen, die dem Verursacher Kosten in unmittelbarem Sinn wie Sanierungskosten oder Haftungsvorschriften aufbürden, sondern alle Maßnahmen, die in irgendeiner Weise kostenträchtige Verhaltensweisen nach sich ziehen – also von Grenzwertfestlegungen bis hin zu Abgaben[68].

Dabei ist Verursacher in diesem Sinne jeder, der „die Umwelt direkt oder indirekt belastet oder eine Bedingung für die Umweltbelastung setzt“[69], also durch sein Verhalten eine Umweltbelastung hervorruft, so daß die personelle Dimension des Verursacherprinzips nicht begrenzt ist. Infolgedessen ergeben sich regelmäßig Schwierigkeiten bei der Durchsetzung dieses Prinzips, da für Umweltbeeinträchtigungen zumeist eine Reihe von verschiedenen Handlungen kausal sind, so daß die Entscheidung, wer die Kosten im Sinne des Verursacherprinzips tragen soll, nicht leicht zu treffen ist[70]. Befürwortet wird in der Literatur daher eine Gruppenverantwortlichkeit, so daß gleichrangige Verursacher aufgrund einer besonderen Nähe zur Umweltbeeinträchtigung etwa im Rahmen von Fondslösungen als Gruppe herangezogen wer-

---

[66] *Calliess* in: Calliess/Ruffert, Kommentar zu EU-Vertrag und EG-Vertrag, Art. 174 Rn. 33.

[67] Vgl. *Kahl*, Umweltprinzip und Gemeinschaftsrecht, S. 23 ff.; ausführlich *Purps*, Umweltpolitik und Verursacherprinzip im Europäischen Gemeinschaftsrecht, S. 19 ff.

[68] *Schröder*, Umweltschutz als Gemeinschaftsziel und Grundsätze des Umweltschutzes, in: Rengeling (Hrsg.), EUDUR, Bd. I, § 9 Rn. 41 m.w.N.

[69] Mitteilung der Kommission über die Kostenzurechnung und die Intervention der öffentlichen Hand bei Umweltschutzmaßnahmen, ABl. 1975 Nr. L 194, S. 2.

[70] *Frenz*, Europäisches Umweltrecht, Rn. 167.

den können[71]. Konflikte mit den anderen Handlungsmaßstäben des Art. 174 Abs. 2 S. 2 EGV sind dabei im Hinblick auf die Wirksamkeit der EG-Umweltpolitik und den effet-utile-Gedanken im Rahmen einer Abwägung zu lösen[72]. Durch das Verursacherprinzip selbst werden dem Gemeinschaftsgesetzgeber daher keine großen Grenzen gesetzt, so daß er in der Auswahl seiner Maßnahmen grundsätzlich frei ist und dementsprechend auch Umweltvereinbarungen treffen kann. Ein zur Nichtigkeit führender Verstoß gegen das Verursacherprinzip ist allenfalls dann zu bejahen, wenn der (Haupt-)Verursacher einer Umweltbeeinträchtigung feststeht, aber für die aufkommenden Kosten nicht entsprechend herangezogen wird.

3. Die Abwägungskriterien des Art. 174 Abs. 3 EGV

Weiter müssen die Gemeinschaftsorgane bei dem Abschluß von Umweltvereinbarungen die vier in Art. 174 Abs. 3 EGV normierten Kriterien berücksichtigen. Diese sind die verfügbaren wissenschaftlichen und technischen Daten, die Umweltbedingungen in den einzelnen Regionen der Gemeinschaft, die Vorteile und Belastungen aufgrund des Tätigwerdens bzw. Nichttätigwerdens und schließlich die wirtschaftliche und soziale Entwicklung der Gemeinschaft insgesamt sowie die ausgewogene Entwicklung ihrer Regionen[73].

Es handelt sich dabei jedoch nicht um materielle Rechtsprinzipien – diese sind ausschließlich in Art. 174 Abs. 2 S. 2 EGV enthalten – oder um Voraussetzungen oder Bedingungen für den Erlaß eines Rechtsaktes, sondern um Abwägungskriterien, die bei der Entscheidungsfindung zu berücksichtigen sind[74]. Dies bedeutet nicht, daß ihnen keinerlei rechtliche Bedeutung zukäme; wenn die Gemeinschaft die Abwägungskriterien bei der Gestaltung der Umweltpolitik verkennt und daher nicht in Rechnung stellt – sei es durch Abwägungsausfall, sei es durch Tatsachenunkenntnis –, so verstößt der erlassene Rechtsakt zwar nicht gegen Art. 174 Abs. 3 EGV, aber regelmäßig gegen materielle Grundsätze der gemeinschaftlichen Umweltpolitik[75]. Die insoweit durch einen weiten Beurteilungs- und Gestaltungsspielraum des Gemeinschaftsgesetzgebers begrenzte gerichtliche Überprüfung muß sich daher auf die Frage beschränken, ob die Abwägungsgebote erkannt wurden und zu vertretbaren Ergebnissen geführt haben[76]. Um eine solche Kontrolle überhaupt zu ermöglichen, hat die Gemeinschaft – zumindest in

---

[71] *Kahl*, Umweltprinzip und Gemeinschaftsrecht, S. 24; *Schröder*, Umweltschutz als Gemeinschaftsziel und Grundsätze des Umweltschutzes, in: Rengeling (Hrsg.), EUDUR, Bd. I, § 9 Rn. 42.

[72] *Frenz*, Europäisches Umweltrecht, Rn. 166 f.

[73] Es handelt sich dabei um Berücksichtigungsgebote mit umweltspezifischer Zielsetzung (Spstr. 1 und 2) und um solche, mit auch oder ausschließlich umweltschutzexternen Maßstäben (Spstr. 3 und 4). Zum Inhalt der einzelnen Abwägungskriterien *Frenz*, Europäisches Umweltrecht, Rn. 173 ff.

[74] So auch *Krämer* in: Groeben/Thiesing/Ehlermann, Kommentar zum EU-/EG-Vertrag, Art. 130r Rn. 33; *Grabitz/Nettesheim* in: Grabitz/Hilf, Das Recht der Europäischen Union, Art. 130r Rn. 65; *Breier/Vygen* in: Lenz, EG-Vertrag, Art. 174 Rn. 17; *Kahl*, Umweltprinzip und Gemeinschaftsrecht, S. 173.

[75] Ein Verstoß gegen Art. 174 Abs. 3 EGV ist daher unbeachtlich, wenn der erlassene Rechtsakt trotz fehlender Berücksichtigung der Abwägungskriterien materiell richtig ist; so auch *Grabitz/Nettesheim* in: Grabitz/Hilf, Das Recht der Europäischen Union, Art. 130r Rn. 65; *Frenz*, Europäisches Umweltrecht, Rn. 172.

[76] *Schröder*, Umweltschutz als Gemeinschaftsziel und Grundsätze des Umweltschutzes, in: Rengeling (Hrsg.), EUDUR, Bd. I, § 9 Rn. 54; *Schmitz*, Die Europäische Union als Umweltunion, S. 171 f.

Zweifelsfällen – die Abwägungskriterien des Art. 174 Abs. 3 EGV in der Begründung des Rechtsakts (Art. 253 EGV)[77] aufzugreifen[78].

Aus den genannten Berücksichtigungsgeboten des Art. 174 Abs. 3 EGV ergibt sich daher keine grundsätzliche Einschränkung für den Abschluß von Umweltvereinbarungen; erforderlich ist eine einzelfallabhängige Betrachtung, ob die Gemeinschaft diese Kriterien hinreichend berücksichtigt hat. Eine Nichtigkeitserklärung durch den EuGH steht allerdings angesichts des einzuräumenden Beurteilungsspielraumes nicht zu befürchten.

4. Das Maß des anzustrebenden Umweltschutzes

Zu klären bleibt, ob die in Art. 95 Abs. 3 und Art. 174 Abs. 2 S. 1 EGV normierte Verpflichtung auf ein hohes Schutzniveau dem Abschluß von Umweltvereinbarungen entgegensteht. Daran könnte man insoweit denken, als bei dieser Art von Kooperation beide Seiten – also Gemeinschaft und Industrie – etwas preisgeben: Die Industrie führt beispielsweise freiwillig höhere Umweltschutzstandards ein, um einer geplanten schärferen Richtlinie oder Verordnung zuvorzukommen. Indem die Gemeinschaft aber auf den Erlaß einer solchen Maßnahme verzichtet, könnte sie gegen die genannten Schutzniveauklauseln[79] verstoßen. Vorstellbar ist in diesem Zusammenhang auch, daß sich die Gemeinschaft aufgrund der Verpflichtung zu einem hohen Umweltschutzniveau nicht auf Empfehlungen zu Selbstverpflichtungen beschränken darf, sondern zumindest eine verbindliche Umweltvereinbarung in Vertragsform zu wählen hat.

a) Hohes Schutzniveau, Art. 95 Abs. 3, 174 Abs. 2 S. 1 EGV

Der bereits mit der EEA eingefügte Art. 95 Abs. 3 EGV gibt der Kommission vor, bei ihren Vorschlägen nach Abs. 1 im Bereich des Umweltschutzes von einem hohen Schutzniveau auszugehen. In dem durch den Amsterdamer Vertrag angefügten Satz 2 werden nun zusätzlich auch Parlament und Rat verpflichtet, dieses Schutzniveau anzustreben. Damit hat sich Art. 95 Abs. 3 EGV zur allgemeinen Rechtspflicht der Gemeinschaftsorgane entwickelt, bei der Rechtsangleichung auch ein hohes Umweltschutzniveau zu erreichen[80], wobei durch die Erweiterung des Art. 95 Abs. 3 S. 1 EGV um einen weiteren Halbsatz durch den Vertrag von Amsterdam darüber hinaus auch die bereits zuvor im Schrifttum geforderte Anpassungs- und

---

[77] Zur Begründungspflicht bei Umweltvereinbarungen s. bereits § 4 E., § 5 F.

[78] Wie hier *Epiney*, Umweltrecht in der Europäischen Union, S. 94; *Grabitz/Nettesheim* in: Grabitz/Hilf, Das Recht der Europäischen Union, Art. 130r Rn. 65; *Calliess* in: Calliess/Ruffert, Kommentar zu EU-Vertrag und EG-Vertrag, Art. 174 Rn. 45. A.A. *Krämer* in: Groeben/Thiesing/Ehlermann, Kommentar zum EU-/EG-Vertrag, Art. 130r Rn. 33; *Frenz*, Europäisches Umweltrecht, Rn. 172.

[79] Hintergrund der Aufnahme der ersten Schutzniveauklausel (ex-Art. 100a Abs. 3 EGV) durch die EEA in den EGV war die Befürchtung einiger Mitgliedstaaten, die wie Deutschland oder Dänemark bereits einen hohen Umweltschutzstandard erreicht hatten, durch die gemeinschaftliche Umweltpolitik zu einem niedrigeren Niveau genötigt zu werden; *Langeheine* in: Grabitz/Hilf, Das Recht der Europäischen Union, Art. 100a Rn. 51 m.w.N.

Aktualisierungspflicht nach dem jeweiligen Stand von Wissenschaft und Technik normiert wird[81].

Gleichwohl bleibt die Bedeutung des Art. 95 Abs. 3 EGV dadurch relativiert, daß eine Harmonisierung nicht auf dem höchstmöglichen Niveau zu erfolgen hat, sondern daß vielmehr auch andere Gesichtspunkte wirtschaftlicher oder politischer Art einfließen können[82], so daß – allerdings nicht ohne zureichenden Grund – entgegen dem jeweiligen Stand von Wissenschaft und Technik ein niedrigeres Schutzniveau vorgesehen werden kann, solange der verabschiedete Rechtsakt wirklich auf ein „hohes Schutzniveau" abstellt. Schwierig ist schließlich auch, wie und in welchem Umfang die Einhaltung des hohen Schutzniveaus gerichtlich eingeklagt werden kann[83]. Im Rahmen komplexer ökonomischer oder technischer Sachverhalte beschränkt sich der EuGH jedenfalls bei seiner Nachprüfung auf das Vorliegen offensichtlicher Fehler oder eines Ermessensmißbrauchs.

Art. 174 Abs. 2 S. 1 EGV enthält eine dem Art. 95 Abs. 3 EGV korrespondierende Regelung, wonach die Umweltpolitik der Gemeinschaft unter Berücksichtigung der unterschiedlichen Gegebenheiten in den einzelnen Regionen der Gemeinschaft auf ein hohes Schutzniveau abzielt. Zugleich entspricht diese Vorschrift den Vorgaben des Art. 2 EGV, in den mit dem Vertrag von Amsterdam die Förderung eines hohen Maßes an Umweltschutz und die Verbesserung der Umweltqualität aufgenommen worden ist.

Dieser Auftrag, im Rahmen der gemeinschaftlichen Umweltpolitik ein hohes Schutzniveau zugrunde zu legen, bedeutet im einzelnen, daß Art. 174 Abs. 2 S. 1 EGV – im Zusammenhang mit der Querschnittsklausel des Art. 6 EGV – alle Unionsorgane verpflichtet, bei der Vorbereitung oder dem Erlaß umweltrelevanter Vorschriften ein hohes Schutzniveau anzulegen. Diese Klausel bezieht sich dabei in erster Linie auf zu erlassende Rechtsakte; damit aber die gemeinschaftliche Umweltpolitik dauerhaft ein hohes Schutzniveau halten kann, muß Art. 174 Abs. 2 S. 1 EGV auch auf bereits existierende Rechtsakte bezogen werden und insoweit eine Anpassungspflicht auslösen[84].

Art. 174 Abs. 2 S. 1 EGV gibt das hohe Schutzniveau nicht als feste Größe, sondern als anzustrebendes Ziel und somit als Optimierungsgebot vor, so daß wie bei Art. 95 Abs. 3 EGV nicht auf das nach dem jeweiligen Erkenntnisstand von Wissenschaft und Technik „höchste" Schutzniveau abzustellen ist[85]. Diese Optimierung auf ein hohes Schutzniveau hat sich an der

---

[80] Hierzu *Kahl* in: Calliess/Ruffert, Kommentar zu EU-Vertrag und EG-Vertrag, Art. 95 Rn. 15.

[81] *Schröder*, Umweltschutz als Gemeinschaftsziel und Grundsätze des Umweltschutzes, in: Rengeling (Hrsg.), EUDUR, Bd. I, § 9 Rn. 85.

[82] *Bardenhewer/Pipkorn* in: Groeben/Thiesing/Ehlermann, Kommentar zum EU-/EG-Vertrag, Art. 100a Rn. 73.

[83] *Bardenhewer/Pipkorn* in: Groeben/Thiesing/Ehlermann, Kommentar zum EU-/EG-Vertrag, Art. 100a Rn. 79; *Kahl*, Umweltprinzip und Gemeinschaftsrecht, S. 106 ff.; *Langeheine* in: Grabitz/Hilf, Das Recht der Europäischen Union, Art. 100a Rn. 55.

[84] *Kahl*, Umweltprinzip und Gemeinschaftsrecht, S. 98.

[85] *Schröder*, Umweltschutz als Gemeinschaftsziel und Grundsätze des Umweltschutzes, in: Rengeling (Hrsg.), EUDUR, Bd. I, § 9 Rn. 56 ff.; *Epiney*, Umweltrecht in der Europäischen Union, S. 96 f.; a.A. *Gra-*

Steigerung insbesondere der in Art. 174 Abs. 1 EGV gesteckten Umweltschutzziele sowie an der Verwirklichung der in Abs. 2 S. 2 genannten Prinzipien unter Berücksichtigung der Abwägungskriterien des Abs. 3 zu orientieren. Darüber hinaus können nach der ausdrücklichen Regelung in Art. 174 Abs. 2 S. 1 EGV bei der Bestimmung des hohen Schutzniveaus Differenzierungen im Hinblick auf die unterschiedlichen regionalen (wirtschaftlichen, sozialen oder Umwelt-) Bedingungen erforderlich sein, wodurch sichergestellt wird, daß das Schutzniveau nicht nur unter einheitlichen umweltspezifischen Gesichtspunkten optimiert wird[86]. Festzuhalten bleibt damit, daß die Bestimmung des hohen Schutzniveaus letztlich einer problembezogenen Konkretisierung und Abwägung mit anderen, auch regionalen, Belangen bedarf, womit sich zugleich eine breite Gestaltungsbefugnis der Gemeinschaft verbindet. Eine gerichtliche Kontrolle in Form der Nichtigkeitsklage nach Art. 230 EGV reduziert sich daher – ähnlich wie auch bei den Handlungsgrundsätzen des Art. 174 Abs. 2 S. 2 EGV – auf schlechthin unvertretbare Lösungen.

Für den Abschluß von Umweltvereinbarungen ist daher folgendes im Auge zu behalten: In jedem Fall muß das Optimierungsgebot beachtet werden, wobei auch die anderen Ziele, Prinzipien und Abwägungskriterien des Art. 174 EGV zu berücksichtigen sind. Da Art. 174 Abs. 2 S. 1 und Art. 95 Abs. 3 EGV mit dem hohen Schutzniveau aber keine feste Größe, sondern lediglich ein anzustrebendes Ziel vorgeben, müssen auch Umweltvereinbarungen nicht den höchsten oder bestmöglichen Umweltschutzstandard erreichen. Es geht also darum, sich bei den Umweltvereinbarungen an einem hohen Niveau des Umweltschutzes zu orientieren – dieses bedeutet jedoch nicht, daß Vereinbarungen, die nicht auf einem nach Stand der Wissenschaft und Technik höchstmöglichen Niveau beruhen, von vornherein gegen Art. 95 Abs. 3 oder 174 Abs. 2 S. 1 EGV verstießen. Insofern ist auch die in Art. 2 EGV geforderte nachhaltige Entwicklung des Wirtschaftslebens[87] mit einzubeziehen – daraus folgt mit anderen Worten, daß die wirtschaftliche Entwicklung möglichst weitgehend mit dem Umweltschutz in Einklang zu bringen ist. Der Umweltschutz soll demgemäß ein hohes Niveau erreichen, ohne daß das wirtschaftliche Wachstum durch die Umweltpolitik allzu sehr gebremst wird[88]. Sind also auch wirtschaftliche Gesichtspunkte und Aspekte aus anderen Politiken der Gemeinschaft maßgeblich, so hängt von der unterschiedlichen Gewichtung dieser Belange einerseits und der

---

bitz/Nettesheim in: Grabitz/Hilf, Das Recht der Europäischen Union, Art. 130r Rn. 68: Wegen Art. 174 Abs. 3, 1. Spstr. EGV dürfe das Schutzniveau nicht hinter dem verfügbaren wissenschaftlichen Erkenntnisstand zurückbleiben.

[86] Insofern ähnelt dieses Kriterium den Abwägungskriterien in Abs. 3, 2. und 4. Spstr.; so *Schröder*, Umweltschutz als Gemeinschaftsziel und Grundsätze des Umweltschutzes, in: Rengeling (Hrsg.), EUDUR, Bd. I, § 9 Rn. 60. *Calliess*, Perspektiven für eine Weiterentwicklung der Europäischen Union zu einer ökologischen Rechtsgemeinschaft, KJ 1994, S. 284 (290), und *Epiney/Furrer*, Umweltschutz nach Maastricht, EuR 1992, S. 369 (383 f.), begrenzen das Kriterium dagegen wohl auf regionale Differenzierungen umweltspezifischer Art. *Epiney*, Umweltrecht in der Europäischen Union, S. 97, bezieht das Kriterium nur auf die „Definition des Schutzbereichs"; a.A. *Frenz*, Europäisches Umweltrecht, Rn. 133: Umsetzung des Schutzniveaus.

[87] Vor der Änderung durch den Amsterdamer Vertrag forderte Art. 2 EGV ein „umweltverträgliches Wachstum".

[88] Hierzu *Frenz*, Europäisches Umweltrecht, Rn. 125.

Belange des Umweltschutzes andererseits das im Rahmen der Umweltvereinbarung zu bestimmende Umweltschutzniveau ab, wobei den Gemeinschaftsorganen – wie bereits mehrfach festgestellt – ein Beurteilungsspielraum zusteht. Die Verpflichtung auf ein hohes Schutzniveau hat deshalb nicht zur Folge, daß Umweltvereinbarungen – etwa aufgrund des Verzichts der Gemeinschaft auf weiterreichende oder verbindlichere Rechtsakte – wegen Vertragsverletzung vom EuGH für nichtig erklärt werden müßten. Allerdings sind hier Einschränkungen der Zulässigkeit von Umweltvereinbarungen denkbar, wenn konkrete Umweltschutzstandards in Form von Emissions- und Qualitätsnormen durch bloße allgemein gehaltene Zielsetzungen ersetzt werden sollen; in diesem Fall wäre der Verpflichtung, auf ein hohes Schutzniveau abzuzielen, nicht mehr genüge getan[89].

b) Erweiterung zum ungeschriebenen Grundsatz des bestmöglichen Umweltschutzes?

Anderes könnte jedoch dann gelten, wenn bei der Gewichtung der verschiedenen Interessen ein Grundsatz des bestmöglichen Umweltschutzes zu beachten wäre, da ein Verzicht auf mögliche strengere Umweltschutzmaßnahmen womöglich einen Verstoß gegen diesen Grundsatz bedeutete.

Dieser Grundsatz gehört allerdings nicht zu den im EGV verankerten Prinzipien der europäischen Umweltpolitik, sondern ist 1986 auf der Grundlage der damaligen Art. 2, 36, 100a Abs. 3 - 5, 130r Abs. 2 S. 2, 130r Abs. 4, 130t EWGV von Zuleeg[90] entwickelt worden und hat im deutschsprachigen Schrifttum breite Anerkennung gefunden[91]. Zu klären ist daher zunächst, was dieser „bestmögliche Umweltschutz" beinhaltet und ob ein solcher ungeschriebener Grundsatz allgemeine Gültigkeit beanspruchen kann.

Der Grundsatz des bestmöglichen – oder auch größtmöglichen bzw. optimalen – Umweltschutzes besagt vor allem, daß der Umwelt im Gemeinschaftsrecht ein Optimum an Schutz zuteil werden soll. Dies ergebe sich aus den umweltrelevanten Vorschriften des Vertrages, da diese die Tendenz erkennen ließen, der Umwelt einen möglichst weitgehenden Schutz zukommen zu lassen. Als Resultat dieses Grundsatzes soll sich eine Gewichtsverlagerung zugunsten des Umweltschutzes ergeben – ein relativer Vorrang, der sich insbesondere bei einer Gewichtung der verschiedenen Ziele oder Interessen, die das Gemeinschaftsrecht verschie-

---

[89] Vgl. *Budde*, Die Umwelt-Audit-Verordnung der EU – eine Deregulierungschance für betriebliche Unternehmen und staatliche Verwaltung?, S. 21, 95 f.; *Wägenbaur*, EG-Umweltschutz im Zeichen der Deregulierung, in: Rengeling (Hrsg.), Beschleunigung von Planungs- und Genehmigungsverfahren, S. 19 (42).

[90] *Zuleeg*, Vorbehaltene Kompetenzen der Mitgliedstaaten der Europäischen Gemeinschaft auf dem Gebiet des Umweltschutzes, NVwZ 1987, S. 280 (283 ff.); *ders.*, Umweltschutz in der Rechtsprechung des Europäischen Gerichtshofes, NJW 1993, S. 31 (34).

[91] S. nur *Kahl*, Umweltprinzip und Gemeinschaftsrecht, S. 10 ff.; *Schröer*, Die Kompetenzverteilung zwischen der Europäischen Wirtschaftsgemeinschaft und ihren Mitgliedstaaten auf dem Gebiet des Umweltschutzes, S. 128 ff.; *Epiney*, Umweltrecht in der Europäischen Union, S. 110 ff.; *Scheuing*, Umweltschutz auf der Grundlage der Einheitlichen Europäischen Akte, EuR 1989, S. 152 (178 f.). Ablehnend *Frenz*, Europäisches Umweltrecht, Rn. 170; *Grabitz/Nettesheim* in: Grabitz/Hilf, Das Recht der Europäischen Union, Art. 130r Rn. 56.

dentlich verlangt, auswirke[92]. Der Grundsatz des bestmöglichen Umweltschutzes führt also dazu, daß er die Abwägung im Falle einer Interessenkollusion von umweltpolitischen Belangen und anderen gemeinschaftlichen Anliegen zu einem gewissen Maß schon vorwegnimmt, mit der Folge, daß der Beurteilungsspielraum des Gemeinschaftsgesetzgebers insoweit eingeschränkt wird. Im Zweifel soll danach den umweltpolitischen Zielsetzungen der Vorzug zu geben sein; ein gleichwertiges Nebeneinander umweltpolitischer Anliegen mit Interessen anderer Politiken oder gemeinschaftlichen Zielsetzungen gebe es nicht[93].

Für den Abschluß von Umweltvereinbarungen auf Gemeinschaftsebene stellt sich daher die Frage, ob die Gemeinschaft angesichts eines solchen Grundsatzes des bestmöglichen Umweltschutzes überhaupt auf strengere Regelungen zugunsten von wirtschaftlichen oder politischen Vorteilen – etwa weil die Durchsetzung der Regelungen größere Schwierigkeiten oder höhere Kosten bedeutete – verzichten dürfte. Dies erforderte natürlich noch immer eine Abwägung im Einzelfall; wenn aber dabei den Umweltbelangen von vornherein ein Vorrang einzuräumen wäre, könnten die mit der Umweltvereinbarung gleichzeitig verfolgten Interessen wirtschaftlicher und politischer Art dieses Übergewicht nur selten beseitigen. Der Gestaltungsspielraum des Gemeinschaftsgesetzgebers wäre dadurch entsprechend eingeschränkt, so daß der Abschluß von Umweltvereinbarungen im Vergleich zu strengeren hoheitlichen Regelungen zumeist einen Verstoß gegen den Grundsatz des bestmöglichen Umweltschutzes bedeutete, da insoweit nicht auf das bestmögliche Schutzniveau abgezielt wird.
Zu klären ist folglich, ob dieser Grundsatz des bestmöglichen Umweltschutzes im Gemeinschaftsrecht tatsächlich praktische Geltung beansprucht. Ein solches Optimierungsgebot für den Umweltschutz wäre vor dem Hintergrund der allgegenwärtigen Umweltkatastrophen sicherlich wünschenswert und angebracht. Gleichwohl hat der Grundsatz weder im Schrifttum anderer Mitgliedstaaten noch in der Gemeinschaftspraxis oder in der Rechtsprechung des EuGH Anerkennung gefunden. In der Rechtsprechung des EuGH gibt es zwar verschiedene Urteile, die ein erhöhtes Gewicht des Umweltschutzes bei der Abwägung erkennen lassen[94]. Ein konkreter Vorrang des Umweltschutzes gegenüber anderen Gemeinschaftszielen läßt sich aus dieser Rechtsprechung indes noch nicht ableiten.
Gegen die Annahme eines solchen ungeschriebenen Grundsatzes sprechen aber noch verschiedene andere Gründe: Zum einen läßt sich der angenommene Vorrang des Umweltschutzes gegenüber anderen Gemeinschaftspolitiken – insbesondere bei der derzeitigen Arbeits-

---

[92] Vgl. die Nachweise bei *Calliess* in: Calliess/Ruffert, Kommentar zu EU-Vertrag und EG-Vertrag, Art. 174 Rn. 17.
[93] *Epiney*, Umweltrecht in der Europäischen Union, S. 111; *Kahl*, Umweltprinzip und Gemeinschaftsrecht, S. 161 ff., 204 ff.; *Scheuing*, Umweltschutz auf der Grundlage der Einheitlichen Europäischen Akte EuR 1989, S. 152 (176 ff.).
[94] EuGH, Urt. v. 20.9.1988, Rs. C-302/86, Slg. 1988, I-4607 (4630 ff.) - Dänische Pfandflaschen EuGH, Urt. v. 28.2.1991, Rs. C-57/89, Slg. 1991, I-883 (928 ff.) - Leybucht; EuGH, Urt. v. 9.7.1992, Rs. C-2/90, Slg. 1992, I-4431 (4475 ff.) - Wallonische Abfälle; EuGH, Urt. v. 2.8.1993, Rs. C-355/90, Slg. 1993, I-4221 (4275 ff.) - Santona.

marktsituation – nicht aus dem EGV ableiten. Denn die genannten Normen gehen bei objektiver Betrachtung von einer grundsätzlichen Gleichrangigkeit des Umweltschutzes im Verhältnis zu anderen Aufgaben der Gemeinschaft aus. Insbesondere handelt es sich bei der Querschnittsklausel lediglich um ein rechtlich verbindliches Gebot zur Einbeziehung umweltpolitischer Belange in alle gemeinschaftlichen Tätigkeiten, da die Umweltpolitik nur effizient verfolgt werden kann, wenn ihre Werte auch in anderen Politikbereichen – wie beispielsweise der Verkehrs-, Landwirtschafts- oder Energiepolitik – mitberücksichtigt werden. Eine Vorrangstellung der umweltpolitischen Belange läßt sich dadurch nicht begründen[95]; vielmehr verlangt Art. 6 EGV eine gleichberechtigte Abwägung der verschiedenen Erfordernisse, so daß der Umweltschutz lediglich als zusätzlicher Faktor hinzutritt.

Darüber hinaus lassen die Abwägungskriterien des Art. 174 Abs. 3 EGV im 3. und 4. Spstr. auch die Berücksichtigung anderer – nicht-umweltspezifischer – Belange zu, ohne daß dabei ein Vorrang ökologischer Interessen in der Gewichtung angedeutet würde[96].

Daneben ist festzuhalten, daß dem Grundsatz z.T. Wirkungen zugeschrieben werden, die mit dem Vertrag so nicht vereinbar sind; dies gilt insbesondere für die Erweiterung der Schutzklauseln für die Mitgliedstaaten[97]. Demgegenüber lassen sich einige Wirkungen dieses Prinzips schon bei konsequenter Anwendung der Vorschriften des EG-Vertrages erreichen: So bewirkt etwa der effet-utile-Gedanke, daß eine den vertraglichen Vorgaben eintsprechende, möglichst effektive und wirkungsvolle Umweltpolitik zu betreiben ist[98].

Zum anderen müßte ein solcher – die Gemeinschaft bindender und prägender – Grundsatz doch wohl auch im positiven Recht verankert sein; dies ist trotz der Vertragsänderungen von Maastricht und Amsterdam unterblieben. Insofern ist zu konstatieren, daß ein mitgliedstaatlicher Konsens über die Vorrangstellung des Umweltschutzes im Vergleich zu anderen Gemeinschaftsaufgaben nicht vorliegt, zumal sich auch die Frage aufdrängt, warum ausgerechnet der Umweltschutz gegenüber anderen Politiken privilegiert sein sollte[99]. Für die Annahme eines solchen ungeschriebenen Grundsatzes wäre es jedenfalls unabdingbar, in der Rechtsprechung des EuGH Anerkennung gefunden zu haben. Aus dessen Urteilen läßt sich ein Vorrang des Umweltrechts indes nicht erkennen, so daß der Grundsatz des bestmöglichen Umweltschutzes bei diesem Stand der Dinge im Gemeinschaftsrecht keine Anwendung finden kann.

Die im Hinblick auf den Verzicht strengerer Umweltschutzmaßnahmen anderenfalls vorliegende Einschränkung für Umweltvereinbarungen besteht daher nicht.

---

[95] So *Grabitz/Nettesheim* in: Grabitz/Hilf, Das Recht der Europäischen Union, Art. 130r Rn. 59; *Frenz*, Europäisches Umweltrecht, Rn. 169, 186, *Epiney*, Umweltrecht in der Europäischen Union, S. 107 f. Zu dieser Frage auch noch unter § 6 C. I. 1. und 3.

[96] *Schröder*, Umweltschutz als Gemeinschaftsziel und Grundsätze des Umweltschutzes, in: Rengeling (Hrsg.), EUDUR, Bd. I, § 9 Rn. 65.

[97] Diese sog. Supplementierungsregel geht auf *Kahl*, Umweltprinzip und Gemeinschaftsrecht, S. 257 ff. zurück. S. hierzu *Schröder*, Umweltschutz als Gemeinschaftsziel und Grundsätze des Umweltschutzes, in: Rengeling (Hrsg.), EUDUR, Bd. I, § 9 Rn. 66.

[98] So *Frenz*, Europäisches Umweltrecht, Rn. 170.

[99] Diese Frage wirft *Krämer*, E.C. environmental law, Rn. 2.32 zu Recht auf.

5. Zusammenfassung und Ergebnis

Hinsichtlich der umweltrechtlichen Anforderungen aus dem EG-Vertrag kann daher zusammenfassend festgehalten werden, daß insoweit kein genereller Vorbehalt gegenüber der Zulässigkeit von Umweltvereinbarungen besteht.

Erforderlich ist jedoch, daß sich die Umweltvereinbarung im Einzelfall an einem der in Art. 174 Abs. 1 EGV genannten Ziele orientiert, dabei zugleich die Handlungsprinzipien des Art. 174 Abs. 2 S. 2 EGV innerhalb des rechtlich und tatsächlich Möglichen optimiert bzw. Abweichungen entsprechend rechtfertigt werden und schließlich auch die Abwägungskriterien des Art. 174 Abs. 3 EGV bei der Entscheidung Berücksichtigung finden. Gem. Art. 95 Abs. 3, 174 Abs. 2 S. 1 EGV ist jeweils von einem hohen Schutzniveau, nicht aber von dem Grundsatz eines bestmöglichen Umweltschutzes auszugehen, wobei den Gemeinschaftsorganen allerdings wie auch bei den anderen Vorgaben des Art. 174 EGV ein breiter Beurteilungs- und Gestaltungsspielraum zugestanden wird, so daß sich eine gerichtliche Kontrolle in Form der Nichtigkeitsklage gem. Art. 230 EGV auf Ermessens- und Beurteilungsfehler reduziert.

Darüber hinaus kann der Abschluß einer Umweltvereinbarung unter Umständen auch durch die vorrangige Berücksichtigung eines der in Art. 174 Abs. 2 S. 2 EGV genannten Handlungsgrundsätze gerechtfertigt sein, so daß in diesem Rahmen entsprechend von den anderen Grundsätzen und Prinzipien abgewichen werden darf.

II. Legitimation durch ein ungeschriebenes Kooperationsprinzip

Weitergehend erfahren die Umweltvereinbarungen in verschiedenen Mitgliedstaaten der Europäischen Union ihre konkrete Legitimation im Verhältnis zu anderen Handlungsformen durch das Kooperationsprinzip. So bildet dieses Prinzip nicht nur im deutschen Recht die Basis für die in der Umweltpolitik vielfach genutzten Verträge, Vereinbarungen und Absprachen[100]. Gleichermaßen bekannt ist das Kooperationsprinzip beispielsweise in Frankreich[101], Österreich, Großbritannien, Dänemark, Schweden, Portugal und Griechenland in allerdings unterschiedlich ausgeprägten Strukturen der Kooperation[102].

---

[100] In Deutschland sind Verursacher-, Vorsorge- und Kooperationsprinzip durch Art. 16 des Vertrages über die Schaffung einer Währungs-, Wirtschafts- und Sozialunion zwischen der Bundesrepublik Deutschland und der Deutschen Demokratischen Republik vom 18.05.1990 (BGBl. II S. 537) sowie durch Art. 34 des Vertrages zwischen der Bundesrepublik Deutschland und der Deutschen Demokratischen Republik über die Herstellung der Einheit Deutschlands - Einheitsvertrag - vom 31.08.1990 (BGBl. II S. 889) zu unmittelbar geltendem Recht geworden. Allgemein zum Kooperationsprinzip in Deutschland: *Kloepfer*, Umweltrecht, § 4 Rn. 45 ff.; *Rengeling*, Das Kooperationsprinzip im Umweltrecht; *Schrader*, Das Kooperationsprinzip – ein Rechtsprinzip?, DÖV 1990, S. 326 ff. S.a. BVerfGE 98, 83 (98 ff.); BVerfGE 98, 106 (120 ff.).

[101] Das sog. „principe de la participation et de l'information des citoyens; vgl. *Kloepfer/Mast*, Das Umweltrecht des Auslandes, S. 77. Es wird daneben auch von einem Abstimmungsprinzip („principe de concertation") gesprochen; hierzu *Prieur*, Droit de l'environnement, Rn. 138 ff.; s.a. *Woehrling*, Umweltschutz und Umweltrecht in Frankreich, in: Welz/Eisenberg (Hrsg.), Aspekte des Umweltschutzes in Deutschland und Frankreich, S. 13 (17 f.).

[102] S. die Nachweise bei *Kloepfer/Mast*, Das Umweltrecht des Auslandes, S. 58, 118 f., 133 f., 142 f., 173, 181.

Grundlage dieses Prinzips ist die Einsicht, daß der Umweltschutz vom Staat nicht nur einseitig gegen Wirtschaft und Gesellschaft durchgesetzt werden kann oder soll und ein effektiver Schutz der Umwelt nur durch die Zusammenarbeit von Staat und Bürgern möglich ist. Es bringt damit gleichzeitig zum Ausdruck, daß die Grenze zwischen gesellschaftlichem und staatlichem Verantwortungsbereich fließend ist[103]. Im Umweltrecht bedeutet diese Kooperation daher auch die Zusammenarbeit und Arbeitsteilung zwischen Staat und Wirtschaft. Auf Grund dessen wirkt das Kooperationsprinzip, wenngleich es nicht unbeschränkt gilt[104], legitimierend für den Abschluß von Umweltvereinbarungen[105].
Da im Gemeinschaftsrecht die geschriebenen Handlungsgrundsätze des Art. 174 Abs. 2 S. 2 EGV neben ihrer das Umweltrecht prägenden und verbindlich ausgestaltenden Wirkung ebenso als innere Rechtfertigung umweltpolitischer Maßnahmen dienen, ist zu überlegen, ob für die gemeinschaftliche Umweltpolitik in gleicher Weise der Grundsatz der Kooperation mit der Folge einer Legitimationswirkung für Umweltvereinbarungen Geltung beanspruchen kann.

1. Kooperationsprinzip – Inhalt und Bedeutung

Im EGV ist das Kooperationsprinzip allerdings nicht expressis verbis aufgeführt; insbesondere wird es nicht in Art. 174 Abs. 2 S. 2 EGV im Zusammenhang mit den anderen Grundsätzen für den Umweltschutz genannt. Bevor aber mögliche Grundlagen eines solchen Prinzips in Betracht gezogen werden können, muß zunächst die Bedeutung bzw. der Inhalt eines sog. „Kooperationsprinzips" näher untersucht werden.
Ganz allgemein läßt sich zum Kooperationsprinzip im Umweltrecht sagen, daß es die grundsätzliche Notwendigkeit des Zusammenwirkens von Staat und Gesellschaft beim Schutz der Umwelt zum Ausdruck bringt[106]. Insofern verweist das Kooperationsprinzip auf das Erfordernis, die gesellschaftlichen Akteure wie Bürger, Verbände und Unternehmen nicht nur in den umweltpolitischen Willensbildungs- und Entscheidungsprozeß einzubeziehen, sondern diese auch bei der Vorbereitung und Durchführung von Umweltschutzmaßnahmen zu beteiligen. Dabei darf aber nicht unberücksichtigt bleiben, daß die staatliche Verantwortung für den

---

[103] S. schon den Umweltbericht der Bundesregierung vom 14.07.1976 (BT-Drs. 7/5684 Nr. 8). Dort heißt es zum Kooperationsprinzip u.a.: „Nur aus der Mitverantwortlichkeit und der Mitwirkung der Betroffenen kann sich ein ausgewogenes Verhältnis zwischen individuellen Freiheiten und gesellschaftlichen Bedürfnissen ergeben."

[104] Insbesondere das rechtsstaatliche Interesse an Rechtssicherheit und Rechtsklarheit setzt dem paktierenden Staat Grenzen; hierzu *Depenheuer*, Der Gedanke der Kooperation von Staat und Gesellschaft, in: Huber (Hrsg.), Das Kooperationsprinzip im Umweltrecht, S. 17 (33 ff.); *Kloepfer*, Umweltrecht, § 4 Rn. 44; s.a. § 4 Rn. 191 ff. speziell zu den Grenzen von Umweltschutzabsprachen im deutschen Recht.

[105] *Rengeling*, Europarechtliche Grundlagen des Kooperationsprinzips, in: Huber (Hrsg.), Das Kooperationsprinzip im Umweltrecht, S. 53 (61); *Schmidt-Aßmann*, Das allgemeine Verwaltungsrecht als Ordnungsidee, S. 111.

[106] Das so verstandene Kooperationsprinzip meint die Kooperation zwischen Staat und Gesellschaft (Bürgern, Verbänden, Wirtschaft) und nicht etwa die Kooperation zwischen Bund und Ländern oder die internationale Kooperation im Umweltschutz; s. *Rengeling*, Das Kooperationsprinzip im Umweltrecht, S. 1, 13; *Grüter*, Umweltrecht und Kooperationsprinzip in der Bundesrepublik Deutschland, S. 1.

Umweltschutz natürlich bestehen bleibt[107]. Sinn und Zweck einer Kooperation von Staat und Gesellschaft ist zum einen die Nutzung des in der Gesellschaft vorhandenen Wissens und Engagements für den Umweltschutz, zum anderen aber auch die konsensbildende Wirkung und Erhöhung der Akzeptanz von Umweltschutzmaßnahmen.

Der konkrete Inhalt des Kooperationsprinzips wird jedoch höchst unterschiedlich bestimmt[108]. Ein weites Verständnis des Kooperationsprinzips erfaßt grundsätzlich alle Formen der Mitwirkung und Beteiligung privater Träger an umweltpolitischen Maßnahmen der öffentlichen Hand – von Beteiligungs- und Anhörungsrechten bis hin zur eigenverantwortlichen Aufgabenwahrnehmung[109]. Ebenso ist aber auch eine begrenzte Interpretation in der Weise denkbar, daß partizipative Formen der Kooperation wie die Anhörung der Betroffenen vom Kooperationsprinzip ausgenommen werden und somit nur die Zusammenarbeit von (nicht unbedingt uneingeschränkt) gleichrangigen Partnern bei gleichwertigen Beiträgen im Sinne einer Aufgabenteilung darunter fällt[110]. Im Grunde drückt das Kooperationsprinzip damit zunächst nur ein allgemeines Gebot der Aufgabenverteilung und Aufgabenwahrnehmung aus; erst in der weiteren Ausgestaltung können sich insofern Besonderheiten ergeben. So kann etwa ein Vorrang der den Bürgern und Unternehmen Eigenverantwortung übertragenden Instrumente gegenüber Ge- und Verboten[111] oder aber nur die Möglichkeit der Übertragung staatlicher Umweltschutzaufgaben auf Private vorgesehen sein[112].

Darüber hinaus kann auch die Wirkung eines Kooperationsprinzips unterschiedlich ausgestaltet sein[113]. Während die Grundsätze des Art. 174 Abs. 2 S. 2 EGV rechtlich bindend und damit beim Erlaß von Rechtsakten zu beachten sind, wird das Kooperationsprinzip im deutschen Recht nicht nur als Rechtsprinzip, sondern teils auch lediglich als „politisches Verfahrensprinzip"[114] oder als „Leitbild für die Ausgestaltung umweltpolitischer Entscheidungsprozesse"[115] angesehen[116].

Bevor allerdings auf die nähere Ausgestaltung und rechtliche Bindungswirkung eines Kooperationsprinzips auf europäischer Ebene eingegangen werden kann, ist zunächst zu untersuchen, ob ein solcher Grundsatz im Gemeinschaftsrecht überhaupt verzeichnet werden kann.

---

[107] Vgl. insoweit die Erläuterungen zum Kooperationsprinzip im deutschen Recht *Kloepfer/Rehbinder/Schmidt-Aßmann/Kunig*, UGB-ProfE AT, § 6, S. 155 ff.; Entwurf der Unabhängigen Sachverständigenkommission, UGB-KomE, § 7, S. 457 ff.

[108] Hierzu *Di Fabio*, Das Kooperationsprinzip - ein allgemeiner Rechtsgrundsatz des Umweltrechts, in: Huber (Hrsg.), Das Kooperationsprinzip im Umweltrecht, S. 37 (38 f.).

[109] So die Entwürfe für ein deutsches Umweltgesetzbuch, s. UGB-ProfE AT, S. 157; UGB-KomE, S. 458.

[110] Zum Ganzen *Grüter*, Umweltrecht und Kooperationsprinzip in der Bundesrepublik Deutschland, S. 4 ff.

[111] So § 6 Abs. 3 UGB-ProfE AT. S.a. § 7 Abs. 2 UGB-KomE. Dieser Vorschlag der allgemeinen Subsidiarität hoheitlicher Maßnahmen ist im Schrifttum allerdings auf Kritik gestoßen; vgl. etwa *Bohne*, Der informale Rechtsstaat, S. 228 ff.

[112] So § 7 Abs. 3 UGB-KomE.

[113] Vgl. *Di Fabio*, Das Kooperationsprinzip - ein allgemeiner Rechtsgrundsatz des Umweltrechts, in: Huber (Hrsg.), Das Kooperationsprinzip im Umweltrecht, S. 37 (40 ff.).

[114] So *Bender/Sparwasser/Engel*, Umweltrecht, S. 34 f.

[115] *Schröder*, Vorsorge als Prinzip des Immissionsschutzrechts, S. 40.

[116] *Kloepfer*, Umweltrecht, § 4 Rn. 3, spricht dagegen von einer „rechtlich verbindlichen Selbstverpflichtung der Gesetzgeber".

2. Mögliche Grundlagen eines Kooperationsprinzips im Gemeinschaftsrecht

Da das Kooperationsprinzip im EGV nicht ausdrücklich aufgeführt ist, müssen andere rechtliche Grundlagen daraufhin untersucht werden, ob auch auf Gemeinschaftsebene von einem Kooperationsprinzip gesprochen werden kann.

a) Gemeinschaftstreue, Art. 10 EGV

Von verschiedenen Autoren wird in Art. 10 EGV eine Grundlage des „Kooperationsprinzips" für das Gemeinschaftsrecht gesehen[117]. Inwieweit dieses Prinzip allerdings auch für das Umweltrecht im Rahmen der Kooperation von Wirtschaft und Gemeinschaft gilt, ist dabei nicht definitiv geklärt. Insofern sollen vor einer abschließenden Stellungnahme zunächst Inhalt und Anwendungsbereich des Art. 10 EGV näher beleuchtet werden.

Art. 10 EGV erlegt den Mitgliedstaaten weitgehende Verpflichtungen auf, um sicherzustellen, daß die Gemeinschaft trotz der fortbestehenden Staatlichkeit der Mitgliedstaaten ihre Aufgaben erfüllen kann. Dadurch unterliegen sie – ähnlich wie die Gliedstaaten im Bundesstaat – einer grundlegenden Loyalitätspflicht, der sog. Gemeinschaftstreue[118], gegenüber der Gemeinschaft. In den Urteilen des Europäischen Gerichtshofes wird diesbezüglich von der Pflicht zur „loyalen Zusammenarbeit"[119] bzw. der Pflicht zur „Solidarität"[120] gesprochen[121]. Daraus ergeben sich verschiedene Pflichten der Mitgliedstaaten, die sich unterteilen lassen in Handlungspflichten, wie beispielsweise die Erfüllung der Verpflichtungen aus dem EGV und besondere Mitwirkungspflichten, und Unterlassungspflichten im Hinblick auf Maßnahmen, welche die Verwirklichung der Ziele des EGV gefährden könnten[122].

---

[117] *Grabitz/Nettesheim* in: Grabitz/Hilf, Das Recht der Europäischen Union, Art. 130r Rn. 56; *Rengeling*, Europarechtliche Grundlagen des Kooperationsprinzips, in: Huber (Hrsg.), Das Kooperationsprinzip im Umweltrecht, S. 53 (53 f., 64 f.); *Kahl*, Umweltprinzip und Gemeinschaftsrecht, S. 120 ff.; *von Danwitz*, Verwaltungsrechtliches System und Europäische Integration, S. 199 f.

[118] Hierzu *Bleckmann*, Art. 5 EWG-Vertrag und die Gemeinschaftstreue, DVBl. 1976, S. 483 ff.; *Wuermeling*, Kooperatives Gemeinschaftsrecht, S. 187 ff.; *Oppermann*, Europarecht, Rn. 367, 486; *Zuleeg* in: Groeben/Thiesing/Ehlermann, Kommentar zum EU-/EG-Vertrag, Art. 5 Rn. 1 ff. Gegen eine solche Benennung in Anlehnung an das ungeschriebene Verfassungsprinzip des bundesfreundlichen Verhaltens *Ipsen*, Europäisches Gemeinschaftsrecht, S. 217.

[119] EuGH, Urt. v. 10.2.1983, Rs. 230/81, Slg. 1983, 255 (287) - Luxemburg/Parlament; EuGH, Urt. v. 12.6.1990, Rs. C-8/88, Slg. 1990, I-2321 (2360) - EAGFL; EuGH, Beschl. v. 13.7.1990, Rs. C-2/88 Imm., Slg. 1990, I-3365 (3372) - Zwartveld; EuGH, Urt. v. 28.11.1991, verb. Rs. C-213/88 u. C-39/89, Slg. 1991, I-5643 (5699) - Luxemburg/Parlament

[120] EuGH, Urt. v. 10.12.1969, verb. Rs. 6/69 u. 11/69, Slg. 1969, 523 (540) - Kommission/Frankreich; EuGH, Urt. v. 7.2.1973, Rs. 39/72, Slg. 1973, 101 (115) - Kommission/Italien; EuGH, Urt. v. 29.6.1978, Rs. 77/77, Slg. 1978, 1513 (1525) - Ölkrise; s.a. EuGH, Urt. 13.10.1992, verb. Rs. C-63/90 u. C-67/90, Slg. 1992, I-5073 (5156) - Portugal u. Spanien/Rat.

[121] Ein sachlicher Unterschied besteht zwischen diesen verschiedenen Termini allerdings nicht, *Zuleeg* in: Groeben/Thiesing/Ehlermann, Kommentar zum EU-/EG-Vertrag, Art. 5 Rn. 1; *Kahl*, Umweltprinzip und Gemeinschaftsrecht, S. 120 f. m.w.N. in Fn. 9.

[122] Ausführlich zu den verschiedenen Handlungs- und Unterlassungspflichten *Kahl*, Umweltprinzip und Gemeinschaftsrecht, S. 120 ff.; *Lück*, Die Gemeinschaftstreue als allgemeines Rechtsprinzip im Recht der Europäischen Gemeinschaft, S. 25 ff.; *von Bogdandy* in: Grabitz/Hilf, Das Recht der Europäischen Union, Art. 5 Rn. 32 ff.

Dieses Gebot der Gemeinschaftstreue beherrscht indes nicht nur das Verhalten der Mitgliedstaaten gegenüber der Gemeinschaft, sondern ist nach der Rechtsprechung des EuGH über die ausdrückliche Regelung des Art. 10 EGV hinaus von beiderseitiger Loyalität gekennzeichnet[123]. Insofern soll Art. 10 EGV die allgemeine Maxime enthalten, daß Mitgliedstaaten und Gemeinschaftsorgane gegenseitig zur loyalen Kooperation und Unterstützung verpflichtet sind[124]. Dies bedeutet konkret für die Gemeinschaftsorgane, daß sie vornehmlich im Hinblick auf den Grundsatz der Verhältnismäßigkeit auf die berechtigten Interessen der Mitgliedstaaten Rücksicht zu nehmen haben und bei Schwierigkeiten im Rahmen der Durchführung des Gemeinschaftsrechts diese im Zusammenwirken mit den Mitgliedstaaten beheben müssen[125].
Weitergehend hat der EuGH auch die Beziehungen der Mitgliedstaaten untereinander dem Grundsatz der Gemeinschaftstreue unterworfen – zunächst in Form von Mitwirkungspflichten[126], später sogar als Verpflichtung zur Zusammenarbeit[127].
Zu berücksichtigen ist dabei stets, daß Art. 10 EGV aufgrund seines weiten Anwendungsbereichs zwangsläufig mit anderen Vertragsvorschriften in Konkurrenz tritt, da jeder Verstoß der Mitgliedstaaten gegen eine spezielle Vertragsnorm zugleich eine Verletzung des Art. 10 Abs. 2 EGV bedeutet. Ebenso sind im EGV, wie etwa in Art. 97 EGV, besondere Mitwirkungs- und Unterstützungspflichten der Mitgliedstaaten normiert, so daß Art. 10 EGV insoweit als lex generalis zurücktritt[128].
Im Rahmen des verbleibenden Anwendungsbereichs kommt Art. 10 EGV nicht generell unmittelbare Wirkung zu[129]; justitiabel sind nur diejenigen Pflichten, die in der Gemeinschaftstreue verwurzelt sind, ohne zu ihrer Begründung weitere Elemente des Gemeinschaftsrechts zu benötigen.[130] Daneben können sich verbindliche Rechtspflichten aus Art. 10 EGV aber in Verbindung mit anderen Vorschriften des EGV oder durch konkretisierende Rechtsakte der Gemeinschaft ergeben[131].

Daraus ergibt sich nun folgendes Bild im Hinblick auf die Gemeinschaftstreue als rechtliche Grundlage für ein Kooperationsprinzip im Gemeinschaftsrecht: Grundsätzlich findet die Ko-

---

[123] EuGH, Beschl. v. 13.7.1990, Rs. C-2/88 Imm., Slg. 1990, I-3365 (3372) - Zwartveld.
[124] EuGH, Urt. v. 15.1.1986, Rs. 44/84, Slg. 1986, 29 (81) - Hurd/Jones. S.a. *Oppermann*, Europarecht, Rn. 486; *Wuermeling*, Die Gemeinschaftstreue und die Rechtsakte der Gesamtheit der Mitgliedstaaten der EG, EuR 1987, S. 237 (242 f.). Einschränkend *Beutler/Bieber/Pipkorn/Streil*, Die Europäische Union, S. 89.
[125] EuGH, Urt. v. 2.2.1989, Rs. 94/87, Slg. 1989, 175 (192) - Kommission/Deutschland.
[126] EuGH, Urt. v. 4.10.1979, Rs. 141/78, Slg. 1979, 2923 (2942) - Seefischerei.
[127] EuGH, Urt. v. 22.3.1983, Rs. 42/82, Slg. 1983, 1013 (1044) - Kommission/Frankreich; EuGH, Urt. v. 15.1.1986, Rs. 52/84, Slg. 1986, 89 (105) - Kommission/Belgien.
[128] EuGH, Urt. v. 12.7.1990, Rs. C-35/88, Slg. 1990, I-3125 (3160 f.) - Futtergetreide; EuGH, Urt. v, 17.6.1987, Rs. 394/85, Slg. 1987, 2741 (2754) - Kommission/Italien; EuGH, Urt. v. 3.3.1994, verb. Rs. C-332/92, C-333/92 u. C-335/92, Slg. 1994, I-711 (736) - Eurico Italien.
[129] Ursprünglich wurde der Bestimmung in der Rechtsprechung des EuGH keine selbständige Rechtswirkung zuerkannt, s. EuGH, Urt. 8.6.1971, Rs. 78/70, Slg. 1971, 487 (498) - Tonträger; EuGH, Urt. v. 11.3.1992, verb. Rs. C-78/90 - C-83/90, Slg. 1992, I-1847 (1879) - Compagnie Commerciale.
[130] *Von Bogdandy* in: Grabitz/Hilf, Das Recht der Europäischen Union, Art. 5 Rn. 27.
[131] EuGH, Urt. v. 25.5.1982, Rs. 96/81, Slg. 1982, 1791 (1803) - Badegewässer; EuGH, Urt. v. 25,5.1982, Rs. 97/81, Slg. 1982, 1819 (1832) - Trinkwasser.

operation in Art. 10 EGV ihre allgemeine primärrechtliche Grundlage – allerdings muß hierbei noch zwischen den verschiedenen Formen der Kooperation unterschieden werden. Insofern bestehen Grenzen, die es zu konkretisieren gilt. Im Rahmen einer Kooperation kann im Gemeinschaftsrecht zunächst zwischen drei allgemeinen Funktionen differenziert werden[132] – der informationellen Kooperation, der prozeduralen Kooperation und der institutionellen Kooperation. Erstere umfaßt etwa Berichtspflichten sowie den Datenaustausch zwischen Gemeinschaft und Mitgliedstaaten; typische Kooperationsformen in prozeduraler Hinsicht sind die gegenseitige Abstimmung und die gemeinsame Verfahrensführung, während sich die institutionelle Kooperation auf die Bildung besonderer Ausschüsse und Gremien – wie beispielsweise der Europäischen Umweltagentur – sowie auf Formen der Mischverwaltung bezieht[133]. Hierbei handelt es sich durchweg um Formen der Kooperation zwischen der Gemeinschaft und Mitgliedstaaten, zwischen den Mitgliedstaaten untereinander, zwischen den EG-Organen untereinander sowie zwischen den einzelnen nationalen Behörden[134]. All diese Kooperationspflichten und -formen lassen sich rechtlich über Art. 10 EGV absichern, da diese umfassende Kooperation zwischen den zuständigen Verwaltungen für die praktische Bewältigung des Binnenmarktes unabdingbar ist[135].

Damit ist allerdings noch keine Aussage für die Kooperation im Hinblick auf Vereinbarungen zwischen Gemeinschaft und Wirtschaft getroffen, da es sich im Rahmen des Art. 10 EGV um ein reines „Verwaltungskooperationsrecht" handelt, bei dem die Beziehungen etwa zur Industrie oder zu den Unionsbürgern nicht einbezogen sind[136].

Die Überlegungen gehen nun dahin, diesen Kooperationsgedanken des Art. 10 EGV so auszuweiten, daß auch die Kooperation zwischen Staat und Gesellschaft einbezogen wird[137]. Dagegen spricht jedoch schon die Tatsache, daß sich Art. 10 EGV in keiner Weise auf die Kooperation zwischen Gemeinschaft und Gesellschaft bzw. Wirtschaft bezieht, sondern ausdrücklich nur die Mitgliedstaaten benennt. In der Rechtsprechung des EuGH finden sich zwar viele Ansätze für ein Kooperationsprinzip – dies aber auch nur im Hinblick auf eine Zusammenarbeit von Gemeinschaft und Mitgliedstaaten. Zugunsten einer Kooperation von Gemeinschaft und Wirtschaft gibt es insoweit keinerlei Anhaltspunkte – außer einigen wenigen be-

---

[132] *Schmidt-Aßmann*, Das allgemeine Verwaltungsrecht als Ordnungsidee, S. 314; s.a. ausführlich mit anderen Differenzierungen der Kooperation *Kahl*, Umweltprinzip und Gemeinschaftsrecht, S. 120 ff.

[133] Zum Ganzen s. *Schmidt-Aßmann*, Das allgemeine Verwaltungsrecht als Ordnungsidee, S. 314; *Rengeling*, Europarechtliche Grundlagen des Kooperationsprinzips, in: Huber (Hrsg.), Das Kooperationsprinzip im Umweltrecht, S. 53 (58 f.).

[134] Ausführlich hierzu *Kahl*, Umweltprinzip und Gemeinschaftsrecht, S. 120 ff.

[135] So auch *von Danwitz*, Verwaltungsrechtliches System und Europäische Integration, S. 199 f.

[136] *Rengeling*, Europarechtliche Grundlagen des Kooperationsprinzips, in: Huber (Hrsg.), Das Kooperationsprinzip im Umweltrecht, S. 53 (83).

[137] Sehr weitgehend *Grabitz/Nettesheim* in: Grabitz/Hilf, Kommentar zur Europäischen Union, Art. 130r Rn. 56, wonach sich den rechtsstaatlichen Gehalten des EGV die Verpflichtung entnehmen lasse, daß die Gemeinschaft vor der Rechtsetzung mit Wirtschaft und Gesellschaft kooperiere. Ähnlich *Rengeling*, Europarechtliche Grundlagen des Kooperationsprinzips, in: Huber (Hrsg.), Das Kooperationsprinzip im Umweltrecht, S. 53 (83 f.).

fürwortenden Stellungnahmen im deutschen Schrifttum[138]. Damit läßt sich aber aus Art. 10 EGV keine rechtliche Grundlage für ein die Umweltvereinbarungen der Gemeinschaft legitimierendes Kooperationsprinzip ableiten.

b) Das fünfte Aktionsprogramm der Gemeinschaft

Da die gemeinschaftliche Umweltpolitik gem. Art. 175 Abs. 3 EGV auch durch den Beschluß von allgemeinen Aktionsprogrammen konkretisiert werden kann, kommen weiter Aussagen insbesondere des derzeit noch geltenden fünften Aktionsprogrammes[139] der Gemeinschaft als Grundlage für ein Kooperationsprinzip in Betracht. Darin setzt sich die Gemeinschaft nicht nur die Erweiterung der Palette von Instrumenten, sondern auch die Einbeziehung der Unternehmen und Bürger zum Ziel. Dies wird an verschiedenen Punkten des Konzeptes deutlich; so heißt es etwa:

> „Es zielt darauf ab, Veränderungen im Verhalten der Gesellschaft dadurch zu erreichen, daß alle Bereiche der Gesellschaft auf optimale Weise im Geiste einer gemeinsamen Verantwortung eingebunden werden; dies umfaßt Behörden, staatliche und private Unternehmen sowie jeden einzelnen (als Bürger und Verbraucher)."[140]

Oder:

> „Bisher basierte der Umweltschutz im wesentlichen auf dem Erlaß von entsprechenden Rechtsvorschriften (hierarchisches Konzept – 'top down'). Die neue Strategie, die in diesem Programm verfolgt wird, hat die Einbeziehung aller Wirtschaftsbeteiligten und Sozialpartner (partizipatorisches Konzept – 'bottom-down') zur Grundlage. Die Komplementarität und Wirksamkeit beider Konzepte zusammen wird in großem Maße von der Ebene und der Qualität des Dialogs abhängen, der auf partnerschaftliche Art erfolgen wird."[141]

Weiter wird deutlich gemacht, daß „alle Ebenen der Gesellschaft – einschließlich der Regierungen, regionalen und lokalen Behörden, Nichtregierungsorganisationen, Finanzinstitutionen, Unternehmen des produzierenden Gewerbes, Vertriebs- und Einzelhandelsbetriebe und einzelne Bürger – gemeinsam die Verantwortung tragen"[142] sollen. Deshalb wird in Kapitel 3 des Aktionsprogramms „das Konzept der gemeinsamen Verantwortung" im Hinblick auf die Akteure gemeinschaftlicher Umweltpolitik näher ausgeführt[143]. Neben Behörden und der breiten Öffentlichkeit werden staatliche und private Unternehmen in den Vordergrund gestellt. Wie die gemeinsame Verantwortung ausgestaltet werden soll, ergibt sich dann aus den vorge-

[138] S. bereits die Angaben in der vorstehenden Fn.
[139] ABl. 1993 Nr. C 138, S.1 ff.
[140] ABl. 1993 Nr. C 138, S. 1 (13 - Punkt 11 der Zusammenfassung).
[141] ABl. 1993 Nr. C 138, S. 1 (17 - Punkt 34 der Zusammenfassung).
[142] ABl. 1993 Nr. C 138, S. 1 (22).
[143] ABl. 1993 Nr. C 138, S. 1 (26 f.).

sehenen Maßnahmen in ausgewählten Schwerpunktbereichen. Für den Bereich der Industrie wird das neue Konzept nochmals betont:

> „Während frühere Umweltmaßnahmen darauf beruhten, bestimmte Verhaltens- oder Verfahrensweisen zu verbieten, verfolgt das neue Konzept das Prinzip der Zusammenarbeit zwischen allen Beteiligten“[144]

Dieses Prinzip der Zusammenarbeit soll in den Bereichen Industrie und Energie u.a. durch freiwillige Vereinbarungen verwirklicht werden[145].

Die Aussagen des Aktionsprogramms werden durch den Beschluß Nr. 2179/98/EG des Europäischen Parlaments und des Rates vom 24. September 1998 über die Überprüfung eben dieses Programmes bestätigt[146]. Darin wird zunächst die „aktive Einbeziehung der wichtigsten gesellschaftlichen Akteure in das Bemühen um breitere und tiefgreifendere Instrumente“ als Zielsetzung genannt[147] und der „intensive Dialog mit den Beteiligten“ sowie „deren Mitwirkung an der Entwicklung gemeinschaftlicher Konzepte und Maßnahmen“ gefordert[148]. Weiter wird in Art. 1 des Beschlusses die Verantwortung der Unternehmen wiederholt[149] und in Art. 2 für den Bereich der Landwirtschaft die enge Zusammenarbeit mit den Beteiligten als vorrangiges Ziel ins Feld geführt[150] sowie für den Industriebereich „ein Schwerpunkt auf Partnerschaften zwischen den Regierungen und der Industrie gelegt“[151]. Überdies soll das Spektrum von Instrumenten auf Gemeinschaftsebene nach wie vor erweitert werden[152] – dabei werden auch die freiwilligen Vereinbarungen aufgezählt[153]. Schließlich wird in Art. 9 erneut die gemeinsame Verantwortung und Partnerschaft betont:

> „Die Gemeinschaft wird praktische Maßnahmen zur Weiterentwicklung von Konzepten des gemeinsamen Handelns und der Partnerschaft fördern, mit denen eine nachhaltige Entwicklung erreicht werden soll. Sie wird für bessere Dialogformen sorgen und sicherstellen, daß die Beteiligten in angemessener Zusammensetzung in die Vorbereitung und Durchführung ihrer Konzepte und Maßnahmen einbezogen werden.“[154]

Aus dem fünften Aktionsprogramm und dem Beschluß zu seiner Überprüfung geht somit deutlich hervor, daß eine Zusammenarbeit mit der Wirtschaft erfolgen soll und die Unternehmen Verantwortung übernehmen sollen. Wie bereits zuvor näher ausgeführt, bringt das Ko-

---

[144] ABl. 1993 Nr. C 138, S. 1 (28).
[145] ABl. 1993 Nr. C 138, S. 1. (29, 33).
[146] ABl. 1998 Nr. L 275, S. 1 ff.
[147] ABl. 1998 Nr. L 275, S. 1 (2 - Ziff. 14).
[148] ABl. 1998 Nr. L 275, S. 1 (3 - Ziff. 27).
[149] ABl. 1998 Nr. L 275, S. 1 (3).
[150] ABl. 1998 Nr. L 275, S. 1 (3 f. - Ziff. 1. lit. c)).
[151] ABl. 1998 Nr. L 275, S. 1 (5 - Ziff. 4. lit. i)).
[152] ABl. 1998 Nr. L 275, S. 1 (2 - Ziff. 21).
[153] ABl. 1998 Nr. L 275, S. 1 (6 - Art. 3 Ziff. 1. lit. f)).

operationsprinzip die Notwendigkeit der Zusammenarbeit von Staat und Gesellschaft (z.B. Unternehmen, Umweltschutzverbände, Bürger) auf dem Gebiet des Umweltschutzes zum Ausdruck, so daß das Aktionsprogramm insoweit grundsätzlich von einem Konzept der Kooperation ausgeht. Zugleich wird in dem fünften Aktionsprogramm allerdings deutlich gemacht, daß die Gemeinschaft die Akteure vorrangig als Verursacher und insbesondere die Industrie auch als Ursprung der Umweltbelastungen mit in die Verantwortung nehmen will[155]. Die geforderte Zusammenarbeit im Rahmen dieser gemeinsamen Verantwortung ist daher nicht allein im Hinblick auf eine Kooperation zwischen Gemeinschaft und gesellschaftlichen Akteuren, sondern auch in bezug auf das in Art. 174 Abs. 2 S. 2 EGV normierte Ursprungsprinzip sowie das Verursacherprinzip im Sinne einer Kostenzurechnung[156] zu sehen.

Bestätigt werden diese Aussagen schließlich auch in der Bewertung des fünften Aktionsprogramm durch die Kommission[157]. In ihrer diesbezüglichen Mitteilung betont sie wiederum den Dialog mit den Verantwortlichen im Sinne des Konzepts der gemeinsamen Verantwortung, indem etwa Bürger und Betroffene verstärkt an umweltpolitischen Entscheidungen beteiligt werden sollen[158]. In diesem Zusammenhang wird die „Integration und partnerschaftliche Zusammenarbeit mit der Wirtschaft" besonders hervorgehoben[159]. Wie diese partnerschaftliche Zusammenarbeit in der Zukunft konkret aussehen soll, wird indes nicht näher erläutert; die Kommission verweist insoweit lediglich auf Instrumente wie etwa die Umweltbetriebsprüfung und die Vergabe von Umweltzeichen und stellt dabei wiederum das Vorsorgeprinzip und das Verursacherprinzip in den Vordergrund[160].
Das schließt allerdings nicht aus, daß diese Aussagen auch als Grundlage eines gemeinschaftlichen Kooperationsprinzips hinsichtlich einer Zusammenarbeit von Gemeinschaft und Unternehmen betrachtet werden können. Fraglich ist dabei zunächst, ob man die in dem Aktionsprogramm und seiner Bewertung als „Gemeinsame Verantwortung" titulierte Form der Kooperation beispielsweise mit dem deutschen Verständnis eines Kooperationsprinzips gleichsetzen kann. Diese Gleichstellung erscheint insofern zweifelhaft, als das Kooperationsprinzip im deutschen Recht auch durch gesetzliche Regelungen im Hinblick auf eine kooperative Normsetzung präzisiert und konkretisiert wird[161]. Das Prinzip der gemeinsamen Verantwor-

---

[154] ABl. 1998 Nr. L 275, S. 1 (9 f.).
[155] ABl. 1993 Nr. C 138, S. 1 (13 - Ziff. 11).
[156] Dabei geht es um alle umweltrechtlichen Vorschriften, die kostenträchtige Verhaltensänderungen zur Folge haben. Insofern verbindet sich mit dem Verursacherprinzip auch eine Lenkungsfunktion. S. bereits oben § 6 B. I. 2. c).
[157] Mitteilung der Kommission, Die Umwelt Europas: Orientierungen für die Zukunft, Gesamtbewertung des Programms der Europäischen Gemeinschaft für Umweltpolitik und Maßnahmen im Hinblick auf eine dauerhafte und umweltgerechte Entwicklung - „Für eine dauerhafte und umweltgerechte Entwicklung", KOM(1999) 543 endg.
[158] KOM(1999) 543 endg., S. 1 (2, 4).
[159] KOM(1999) 543 endg., S. 1 (27).
[160] KOM(1999) 543 endg., S. 1 (27).
[161] S. nur die Beispiele bei *Kloepfer*, Umweltrecht, § 4 Rn. 48 ff.

tung bleibt dagegen – sowohl im fünften Aktionsprogramm selbst wie auch in seiner Überprüfung – sehr allgemein gehalten, da nicht näher ausgeführt wird, wie die oft geforderte Zusammenarbeit mit den Beteiligten und die aktive Einbeziehung der gesellschaftlichen Akteure ablaufen soll. In dieser Hinsicht wird zumeist lediglich pauschal „eine Verstärkung des Dialogs mit der Industrie“ und eine „Eigenverantwortung der Industrie“ gefordert oder die „Förderung freiwilliger Vereinbarungen“ vorgesehen. In der Überprüfung des fünften Aktionsprogrammes wird deshalb auch die bereits aufgezeigte „Weiterentwicklung von Konzepten des gemeinsamen Handelns und der Partnerschaft“ angestrebt[162].
Festzuhalten bleibt damit, daß sich aus dem überprüften fünften Aktionsprogramm ein Kooperationsprinzip – oder vielleicht noch eher ein Prinzip der gemeinsamen Verantwortung – ableiten läßt; es fehlt ihm lediglich an einer dem deutschen Recht vergleichbaren Konkretisierung und Aussagekraft.

Deshalb stellt sich nun die Frage nach den praktischen Auswirkungen dieses gemeinschaftlichen Kooperationsprinzips, also insbesondere nach der Bindungswirkung für die Gemeinschaftsorgane. Von Bedeutung ist dabei, daß Aktionsprogramme nach dem heute geltenden Art. 175 Abs. 3 UAbs. 1 EGV aufgrund eines Ratsbeschlusses zustande kommen, der nach allgemeiner Auffassung rechtliche Bindungswirkung auslöst[163]. Konnte man früher noch über die Rechtsnatur und Bindungswirkung von Aktionsprogrammen streiten[164], so hat sich dies durch den Vertrag von Maastricht und den dadurch eingeführten ex-Art. 130s Abs. 3 UAbs. 1 EGV geändert. Danach sind allgemeine Aktionsprogramme für die Umwelt nunmehr vom Rat im Verfahren nach Art. 251 EGV gemeinsam mit dem Europäischen Parlament zu beschließen. Insofern werden zumindest die Organe der Gemeinschaft durch solche Programme gebunden sein müssen, wenn das vorgeschriebene Mitentscheidungsverfahren einen Sinn haben soll[165]. Rat und Parlament werden daher künftig den gesamten Inhalt der Programmvorschläge der Kommission im einzelnen zu beschließen haben. Dieses grundsätzlich verbindliche Programm begründet dann auch die Verpflichtung, gem. Art. 175 Abs. 3 UAbs. 2 EGV konkreti-

---

[162] ABl. 1998 Nr. L 275, S. 1 (10 - Artikel 9).

[163] *Epiney*, Umweltrecht in der Europäischen Union, S. 23 ff.; *Krämer*, Umweltaktionsprogramme mit Leitlinien und Regelungsansätzen, in: Rengeling (Hrsg.), EUDUR, Bd. I, § 14 Rn. 26 ff.

[164] Vor dem Inkrafttreten des EU-Vertrages stellten die Aktionsprogramme nach überwiegender Auffassung nur politische Absichtserklärungen dar, vgl. *Grabitz/Nettesheim* in: Grabitz/Hilf, Das Recht der Europäischen Union, vor Art. 130r Rn. 13 f.

[165] *Epiney*, Umweltrecht in der Europäischen Union, S. 24. *Krämer*, Umweltaktionsprogramme mit Leitlinien und Regelungsansätzen, in: Rengeling (Hrsg.), EUDUR, Bd. I, § 14 Rn. 28, sieht die Aktionsprogramme unter Hinweis auf die anderen sprachlichen Fassungen, in denen das Verb „entscheiden“ verwendet wird, als Entscheidungen iSd. Art. 249 EGV an und nimmt folglich eine weitergehende Verbindlichkeit an. Allerdings heißt es auch in den anderen sprachlichen Fassungen des EGV lediglich „sont arrêtes/shall be adopted“, s.a. noch die Nachweise in Fn. 172. Ähnlich seine Ausführungen in Groeben/Thiesing/Ehlermann; Kommentar zum EU-/EG-Vertrag, Art. 130s Rn. 26, obgleich er dort den Aktionsprogrammen unmittelbare Rechtswirkungen abspricht.

sierende Maßnahmen zur Durchführung des Programms zu beschließen, wobei der Gemeinschaft bei der Ausgestaltung aber ein erheblicher Spielraum einzuräumen ist[166].

Allerdings ist das fünfte Aktionsprogramm dem Rat von der Kommission noch vor der Ratifizierung des Vertrags von Maastricht durch die Mitgliedstaaten ohne Berücksichtigung der neuen Bestimmungen vorgelegt[167] und vom Rat und den Regierungen der Mitgliedstaaten ohne förmliche Annahme „gebilligt" worden[168]. Insoweit entspricht die Wortwahl im wesentlichen derjenigen der vorangegangenen vier Aktionsprogramme und verdeutlicht, daß der Inhalt des jeweiligen Programms nicht im einzelnen angenommen worden ist und daß deshalb auch kein rechtlicher Anspruch aus den Programmen hergeleitet werden kann – sie entfalten allenfalls eine generelle politische Bindungswirkung[169]. Somit kann jedenfalls allein aus dem fünften Aktionsprogramm keine rechtlich bindende Grundlage für ein Kooperationsprinzip abgeleitet werden.

Anderes ergibt sich womöglich aber aus der Tatsache, daß bereits eine Überprüfung des fünften Aktionsprogramms stattgefunden hat. Aufgrund der geänderten Rechtslage wurden sowohl der Vorschlag der Kommission für einen Beschluß des Europäischen Parlaments und des Rates über die Überprüfung des fünften Aktionsprogramms[170] als auch der Beschluß des Europäischen Parlaments und des Rates[171] auf Art. 175 Abs. 3 UAbs. 1 EGV gestützt. Die Revision des Programms hat somit eine rechtlich verbindliche Form angenommen[172] und könnte daher womöglich als Rechtsgrundlage für ein Kooperationsprinzip herangezogen werden. Dabei ist indes zweierlei zu berücksichtigen:

Zum einen ist die Formulierung nicht nur des Kommissionsvorschlags, sondern auch des Beschlusses selbst so allgemein und unverbindlich, daß man insoweit nicht von inhaltlichen Verpflichtungen für die Gemeinschaft sprechen kann[173], zumal es sich eben nicht um ein ei-

---

[166] So auch *Epiney*, Umweltrecht in der Europäischen Union, S. 24 f.; *Epiney/Furrer*, Umweltschutz nach Maastricht, EuR 1992, S. 369 (398 ff.).

[167] Vorschlag für eine Entschließung des Rates der Europäischen Gemeinschaften über ein Programm der Europäischen Gemeinschaft für Umweltpolitik und Maßnahmen im Hinblick auf eine dauerhafte und umweltgerechte Entwicklung, KOM(92) 23 endg. vom 03.04.1992.

[168] Entschließung des Rats und der im Rat vereinigten Vertreter der Regierungen der Mitgliedstaaten vom 01.02.1993, ABl. 1993 Nr. C 138, S. 1, 4.

[169] Vgl. *Krämer*, Umweltaktionsprogramme mit Leitlinien und Regelungsansätzen, in: Rengeling (Hrsg.), EUDUR, Bd. I, § 14 Rn. 31 f.; *ders.* in: Groeben/Thiesing/Ehlermann, Kommentar zur EU-/EG-Vertrag, Art. 130s Rn. 30; *Kahl*, Umweltprinzip und Gemeinschaftsrecht, S. 60 f.; *Breier/Vygen* in: Lenz, EG-Vertrag, Art. 175 Rn. 19. So auch die Rechtsprechung des EuGH, Urt. v. 12.12.1996, Rs. C-142/95 P, Slg. 1996, I-6669 (6696) - Rovigo/Kommission.

[170] KOM(95) 647 endg. vom 24.01.1996, S. 1 (5); ABl. 1996 Nr. C 140, S. 5 ff.; geänderter Vorschlag in ABl. 1997 Nr. C 28, S. 18 ff.

[171] Beschluß Nr. 2179/98 vom 24.09.1998, ABl. 1998 Nr. L 275, S. 1.

[172] Die Verbindlichkeit wird in der englischen und französischen Fassung deutlicher, weil die Überprüfung dort nicht als Beschluß, sondern als „décision" bzw. als „decision" bezeichnet wird.

[173] Dementsprechend rügte der Wirtschafts- und Sozialausschuß in seiner nach Art. 175 Abs. 3 UAbs. 1 EGV erforderlichen Stellungnahme u.a., daß die neuen Zielsetzungen nicht konkret genug seien, um im Mitentscheidungsverfahren behandelt zu werden; ABl. 1996 Nr. C 212, S. 1 (2). In ähnlicher Weise stellte der Ausschuß der Regionen das Fehlen von „konkreten und nachprüfbaren Zielperspektiven" fest und bemängelte das Fehlen konkreter Vorschläge; ABl. 1997 Nr. C 34, S. 12 ff. Auch das Europäische Parlament forderte in insgesamt 51

genständiges neues Programm nach Art. 175 Abs. 3 EGV, sondern lediglich um eine Überprüfung des noch unverbindlichen fünften Aktionsprogramms handelt.
Zum anderen wird sprachlich deutlich unterschieden zwischen der „gemeinsamen Verantwortung", „Einbeziehung der wichtigsten gesellschaftlichen Akteure", „engen Zusammenarbeit mit den Beteiligten" oder „Partnerschaften zwischen den Regierungen und der Industrie" und der „Kooperationstätigkeit"[174] oder den „Kooperationsinitiativen"[175] im Hinblick auf die Zusammenarbeit mit den Mitgliedstaaten. Damit fordert der Beschluß zwar auch eine Kooperation von Gemeinschaft und Unternehmen; diese ist deshalb aber noch nicht mit der in Art. 10 EGV primärrechtlich verankerten Kooperationspflicht von Gemeinschaft und Mitgliedstaaten zu vergleichen. Es fehlt insoweit an einer rechtlich verbindlichen Grundlage für eine Kooperation mit der Wirtschaft im Gemeinschaftsrecht. Ein dem deutschen Recht vergleichbares Kooperationsprinzip läßt sich deshalb auch aus dem Beschluß über die Überprüfung des fünften Aktionsprogramms nicht ableiten. Gleichwohl können die unverbindlichen Zielsetzungen des überprüften Programms im Hinblick auf eine gemeinsame Verantwortung von Gemeinschaft und Unternehmen sowie die konkreten Vorschläge für Vereinbarungen einen Rahmen für die Konzeption und Durchführung der gemeinschaftlichen Umweltpolitik in Form von politischen Absichtserklärungen darstellen[176] – dies aber nur in den Grenzen der Verträge, an die die Organe der Gemeinschaft gebunden sind. Ein rechtlich verbindliches Kooperationsprinzip vergleichbar den in Art. 174 Abs. 2 S. 2 EGV normierten Grundsätzen als Legitimation für den Abschluß von Umweltvereinbarungen läßt sich dem fünften Aktionsprogramm aber folglich nicht entnehmen.

c) Das Kooperationsprinzip als ungeschriebener Rechtsgrundsatz

Es bleibt jedoch zu untersuchen, ob es neben der politischen Zielsetzung einer „gemeinsamen Verantwortung" im Aktionsprogramm einen ungeschriebenen Rechtsgedanken der Kooperation im Gemeinschaftsrecht gibt[177]. Ansätze für einen solchen allgemeinen Grundsatz finden sich zunächst in der Rechtsprechung des EuGH: Dort heißt es beispielsweise, Art. 10 EGV sei „Ausdruck der allgemeinen Regel, daß den Mitgliedstaaten und den Gemeinschaftsorganen

---

Änderungsvorschlägen u.a. „verbindlichere Gemeinschaftsmaßnahmen"; ABl. 1996 Nr. C 362, S. 112 ff. (z.B. S. 113 - Änderung 7).
[174] ABl. 1998 Nr. L 275, S. 1 (7 - Art. 4).
[175] ABl. 1998 Nr. L 275, S. 1 (7 - Art. 5).
[176] *Kahl*, Umweltprinzip und Gemeinschaftsrecht, S. 60 f.; *Krämer*, Umweltaktionsprogramme mit Leitlinien und Regelungsansätzen, in: Rengeling (Hrsg.), EUDUR, Bd. I, § 14 Rn. 43. Vgl. auch EuGH, Urt. v. 12.12.1996, Rs. C-142/95 P, Slg. 1996, I-6669 (6696) - Rovigo/Kommission: „keine zwingenden Rechtsvorschriften".
[177] So *Rengeling*, Europarechtliche Grundlagen des Kooperationsprinzips, in: Huber (Hrsg.), Das Kooperationsprinzip im Umweltrecht, S. 53 (56); *Grabitz/Nettesheim* in: Grabitz/Hilf, Das Recht der Europäischen Union, Art. 130r Rn. 56.

gegenseitige Pflichten zur loyalen Zusammenarbeit und Unterstützung obliegen"[178], oder wird von einem „Grundsatz" geschrieben, nach dem „den Mitgliedstaaten und den Gemeinschaftsorganen gegenseitige Pflichten zur loyalen Zusammenarbeit obliegen, wie er namentlich dem Art. 5 EGV (jetzt Art. 10 EGV) zugrunde liegt"[179]. Diese Beispiele zeigen aber deutlich, daß es hier nur um den bereits dargestellten Grundsatz der Kooperation zwischen Gemeinschaft und Mitgliedstaaten, wie er sich aus Art. 10 EGV ergibt, geht. Weitergehende Anhaltspunkte für ein Kooperationsprinzip hinsichtlich einer gemeinsamen Verantwortung von Staat und Gesellschaft sind der Rechtsprechung des EuGH nicht zu entnehmen.

Es gibt indessen einige sekundärrechtliche Regelungen, bei denen von einer „Konkretisierung des Kooperationsprinzips" gesprochen wird, da sie Formen der Zusammenarbeit mit Unternehmen regeln[180]. So sieht etwa die Richtlinie über die Umweltverträglichkeitsprüfung bei bestimmtem öffentlichen und privaten Projekten[181] (UVP-Richtlinie) eine Zusammenarbeit von Trägern von Vorhaben, Behörden und Öffentlichkeit vor. Aus deutscher Sicht wird infolgedessen zur Zielsetzung der Richtlinie im Rahmen der Begründung des Gesetzesentwurfs zu ihrer Umsetzung ausgeführt, daß „die Zusammenarbeit zwischen Trägern von Vorhaben, Behörden und Öffentlichkeit (Kooperationsprinzip)" insbesondere dazu diene, „möglichst vollständige Angaben über die wichtigsten Auswirkungen eines Vorhabens auf die Umwelt zu erstellen"[182]. Von Bedeutung ist insoweit § 5 UVPG, wonach die Behörde im Stadium der Planungsvorbereitung die für die Durchführung der Umweltverträglichkeitsprüfung erheblichen Fragen gemeinsam mit dem Projektträger erörtern soll. Damit wird durch die deutsche Umsetzung dieser Richtlinie das klassische Verfahren, nach dem der Träger eines Vorhabens bei der Behörde ein Projekt beantragt und diese es ablehnt oder genehmigt, zugunsten einer engeren Kooperation zwischen Verwaltung und Projektträger durchbrochen[183].
Eine solche Zusammenarbeit schreibt die Richtlinie selbst allerdings nicht vor; diese sieht lediglich eine Stellungnahme der Behörde sowie eine Anhörung des Projektträgers vor[184]. Auch wird weder in der Begründung der Richtlinie durch den Rat[185] noch in dem Bericht der

---

[178] EuGH, Urt. v. 15.1.1986, Rs. 44/84, Slg. 1986, 29 (81) - Hurd/Jones; s.a. EuGH, Urt. v. 12.6.1990, Rs. C-8/88, Slg. 1990, I-2321 (2360) - EAGFL; EuGH, Beschl. v. 13.7.1990, Rs. C-2/88 Imm., Slg. 1990, I-3365 (3372) - Zwartveld.
[179] EuGH, Urt. v. 10.2.1983, Rs. 230/81, Slg. 1983, 255 (287) - Luxemburg/Parlament.
[180] S. hierzu *Rengeling*, Europarechtliche Grundlagen des Kooperationsprinzips, in: Huber (Hrsg.), Das Kooperationsprinzip im Umweltrecht, S. 53 (56).
[181] Richtlinie Nr. 85/337 vom 27.06.1985, ABl. 1985 Nr. L 175, S. 40 ff.; s.a. die Änderung durch die Richtlinie Nr. 97/11 vom 03.03.1997, ABl. 1997 Nr. L 73, S. 5. Ausführlich zur Umweltverträglichkeitsprüfung *Feldmann*, Umweltverträglichkeitsprüfung: EG-Richtlinie und ihre Umsetzung in Deutschland, in: Rengeling (Hrsg.), EUDUR, Bd. I, § 34.
[182] BT-Drs. 11/3919 vom 26.01.1989, S. 13.
[183] Hierzu *Epiney*, Umweltrecht in der Europäischen Union, S. 183; *Frenz*, Europäisches Umweltrecht, Rn. 453.
[184] Art. 5 Abs. 2 in der Fassung der Änderungsrichtlinie, ABl. 1997 Nr. L 73, S. 5 (6 f.).
[185] Dort wird vorrangig auf den Grundsatz der Vorsorge und Vorbeugung abgestellt, vgl. ABl. 1985 Nr. L 175, S. 40.

Kommission über die Durchführung der Richtlinie[186], in dem sie auf in die Charakterzüge der Richtlinie eingeht, ein Prinzip der Kooperation erwähnt. Die Kommission betont neben der vorbeugenden Wirkung und der Integrationswirkung die Tatsache, daß die Richtlinie technisch fundiert und auf Beteiligung ausgerichtet sei. Diese Beteiligung wird im Bericht der Kommission lediglich als Befragung der Umweltbehörden und der Öffentlichkeit als Teil der Beurteilung der Umweltauswirkungen eines Projekts und ihrer Berücksichtigung bei der Genehmigung konkretisiert[187]. Eine partnerschaftliche Zusammenarbeit mit dem Unternehmen als Projektträger findet weder in der Richtlinie noch in dem Kommissionsbericht Anklang. Insofern kann die in der UVP-Richtlinie vorgesehene Beteiligung nicht als Ausdruck eines umfassenden Kooperationsgedanken, sondern lediglich als partizipative Form der Kooperation, wie etwa die Anhörung der Betroffenen, verstanden werden. Ein im Vergleich zum fünften Aktionsprogramm weitergehender allgemeiner Grundsatz der Kooperation läßt sich daraus für das Gemeinschaftsrecht – im Gegensatz zur deutschen Begründung – folglich nicht ableiten.

Näher zu betrachten ist auch die gemeinschaftliche Verordnung über die freiwillige Beteiligung gewerblicher Unternehmen an einem Gemeinschaftssystem für das Umweltmanagement und Umweltbetriebsprüfung[188] – kurz Öko-Audit-VO. Ziel dieser Verordnung ist es, den Umweltschutz dadurch zu verbessern, daß die auf freiwilliger Basis teilnehmenden Unternehmen ihre Aktivitäten auf dem Gebiet des Umweltschutzes kontinuierlich verstärken. Dies soll durch den Aufbau standortbezogener Umweltpolitik, -programme und -managementsysteme durch die Unternehmen, durch die systematische, objektive und regelmäßige Bewertung der Leistung dieser Instrumente (die Umweltbetriebsprüfung, das eigentliche „Öko-Audit“) sowie durch die Unterrichtung der Öffentlichkeit über den betrieblichen Umweltschutz erreicht werden[189]. Das Unternehmen erhält dafür eine offizielle Bestätigung (die sog. Umwelterklärung), daß es an den betreffenden Standort über ein Umweltmanagement verfügt, die es in der Öffentlichkeit verwenden darf[190].
Aufgrund dieser Einbeziehung der gewerblichen Betriebe in die gemeinschaftliche Umweltpolitik wird die Öko-Audit-Verordnung in der deutschen Literatur als „Ausprägung des Kooperationsprinzips“[191] verstanden[192]; es erscheine sinnvoll, den Umweltschutz als „gemein-

---

[186] KOM(93) 28 endg. vom 02.04.1993, S. 1 ff.
[187] KOM(93) 28 endg., S. 1 (6).
[188] Verordnung Nr. 1836/93 vom 29.06.1993, ABl. 1993 Nr. L 168, S. 1 ff.; zum Vorschlag der Kommission für eine Verordnung des Rates (ABl. 1992 Nr. C 76, S. 2) s. bereits *Scherer*, Umwelt-Audits: Instrument zur Durchsetzung des Umweltrechts im europäischen Binnenmarkt, NVwZ 1993, S. 11 ff.
[189] S. hierzu Art. 1 Abs. 2 der Verordnung, ABl. 1993 Nr. L 168, S. 1 (2).
[190] Ausführlich zum Öko-Audit *Epiney*, Umweltrecht in der Europäischen Union, S. 196 ff.; *Frenz*, Europäisches Umweltrecht, Rn. 541 ff.; zum deutschen Ausführungsgesetz (Umweltauditgesetz - UAG vom 07.12.1995, BGBl. I S. 1591) s. nur *Lübbe-Wolff*, Das Umweltauditgesetz, NuR 1996, S. 217 ff.
[191] So *Scherer*, Umwelt-Audits: Instrument zur Durchsetzung des Umweltrechts im europäischen Binnenmarkt, NVwZ 1993, S. 11 (15).

schaftliche Aufgabe von Staat und Gesellschaft" zu definieren und die Unternehmen künftig vorrangig als „handelnde Subjekte des Umweltschutzes" und nicht mehr als „bloße Objekte staatlicher Umweltpolitik" anzusehen[193].

In der Öko-Audit-Verordnung selbst ist der Gedanke eines Kooperationsprinzips indes nicht zu finden. In der vorangestellten Begründung des Rates wird zwar immer wieder von der „Verantwortung der Unternehmen" und des „betrieblichen Umweltschutzes" gesprochen. Weiter heißt es aber, daß die Industrie „Eigenverantwortung für die Bewältigung der Umweltfolgen ihrer Tätigkeiten" trage und „daher in diesem Bereich zu einem aktiven Konzept kommen" sollte. Insofern soll neben der Verhütung und Verringerung von Umweltbelastungen dem Ziel Rechnung getragen werden, daß die „Beseitigung der Umweltbelastungen insbesondere an ihrem Ursprung auf der Grundlage des Verursacherprinzips" zu erfolgen habe. Im Sinne der Begründung des Rates handelt es sich daher bei der geforderten Eigenverantwortung um eine Ausprägung des Ursprungs- und des Verursacherprinzips, nicht aber des Kooperationsprinzips[194].

Anderes könnte sich allenfalls aus dem aufgrund der Anregungen durch das Europäische Parlament geänderten Vorschlag der Kommission ergeben. Dort heißt es:

> „Um eine nachhaltige und umweltgerechte Entwicklung zu erreichen ist das 'Befehls- und Kontrollkonzept' nicht mehr ausreichend und sollte allmählich durch ein Konzept ersetzt werden, in dem die ordnungspolitischen Zwänge und Kontrollen durch Zusammenarbeit zwischen den Unternehmen, den Behörden und der Öffentlichkeit und durch Beteiligung und gemeinsame Verantwortung der verschiedenen Beteiligten ergänzt werden[195]."

Zu berücksichtigen ist dabei jedoch, daß dieser geänderte Vorschlag vom Rat nicht aufgenommen worden ist. Selbst wenn man nun also die von Kommission und Parlament geforderte Zusammenarbeit als Ausprägung eines ungeschriebenen Kooperationsprinzips verstehen wollte, so hätte dieser gerade keinen Eingang in sekundärrechtliche Bestimmungen der Gemeinschaft gefunden, da die Verordnung selbst den Gedanken der Zusammenarbeit nicht auf-

---

[192] Ähnlich *Wiebe*, Umweltschutz durch Wettbewerb, NJW 1994, S. 289 (290). S.a. *Epiney*, Umweltrecht in der Europäischen Union, S. 196 f., 207.

[193] So *Kloepfer*, Betrieblicher Umweltschutz als Rechtsproblem, DB 1993, S. 1125, wobei er auch auf die Umweltaudits eingeht (S. 1129).

[194] Auch *Frenz*, Europäisches Umweltrecht, Rn. 541, betont in diesem Zusammenhang das Verursacherprinzip nach Art. 174 Abs. 2 S. 2 EGV.

[195] „Geänderter Vorschlag für eine Verordnung des Rates, die die freiwillige Beteiligung gewerblicher Unternehmen an einem gemeinschaftlichen Umweltmanagement- und Öko-Audit-System ermöglicht", ABl. 1993 Nr. C 120, S. 3 (7 - Ziff. 22). S. hierzu auch die Änderung Nr. 15 des Europäischen Parlaments, ABl. 1993 Nr. C 42, S. 44 (47): „Da sich eine umweltverträgliche Entwicklung unabhängig von den gesetzlichen Auflagen auf Grundsätze der Zusammenarbeit zwischen Unternehmen, Behörden und Bürgern stützen muß, ist zu wünschen, daß die 'Befehls- und Kontrollsysteme' schrittweise durch Systeme der Partnerschaft und Mitverantwortung ersetzt werden".

greift[196]. Anhaltspunkte für ein gemeinschaftliches Kooperationsprinzip lassen sich der Öko-Audit-Verordnung folglich nicht entnehmen.

Für die Annahme eines ungeschriebenen Grundsatzes der Kooperation kann schließlich die Entschließung des Rates zu Umweltvereinbarungen herangezogen werden[197]. Darin erkennt der Rat „die Förderung praktischer Maßnahmen zur Weiterentwicklung von Konzepten der gemeinsamen Verantwortung und Partnerschaft als vorrangig für eine Gemeinschaftsaktion" an. Damit spricht der Rat im Hinblick auf Umweltvereinbarungen von einer Partnerschaft – und zwar nicht von einer Partnerschaft zwischen Mitgliedstaaten und Gemeinschaft, sondern von einer Partnerschaft mit Unternehmen.
In der vorangegangenen Mitteilung an den Rat und das Europäische Parlament über Umweltvereinbarungen verweist die Kommission auf das bereits im fünften Aktionsprogramm im Hinblick auf die Industrie verfolgte „Prinzip der Zusammenarbeit" und betont ebenfalls die Partnerschaft zwischen den Behörden und der Industrie[198]. Das Europäische Parlament äußert sich in seiner Entschließung zur Mitteilung der Kommission über Umweltvereinbarungen zu der Eigenverantwortung der Industrie[199]. Weitergehend wird in der Stellungnahme des Wirtschafts- und Sozialausschusses zum Thema Umweltvereinbarungen konkret das Kooperationsprinzip hervorgehoben mit der Feststellung, das Instrument der Umweltvereinbarung liege „im Rahmen dieses Prinzips"[200]. Allerdings wird hier „shared responsibility" – also die gemeinsame Verantwortung – mit Kooperationsprinzip übersetzt[201].
Es stellt sich damit die Frage, ob gemeinsame Verantwortung und Kooperation ohne weiteres gleichgesetzt werden können. Kooperation kann neben dem Gedanken einer gemeinsamen Verantwortung darüber hinaus auch eine Zusammenarbeit im Bereich der kooperativen Normsetzung enthalten – wie beispielsweise die gemeinsame Entwicklung von Umweltmaßnahmen und -zielen. Solche weitreichenden Ausprägungen einer Kooperation sind im Gemeinschaftsrecht noch nicht ersichtlich. Einzig im Bereich der Umweltvereinbarungen hätte man eine kooperative Normsetzung annehmen können, wenn nicht die Kommission betont hätte, daß auf Gemeinschaftsebene nur unverbindliche Vereinbarungen „als Instrument zur Förderung einer fortschrittsfreundlichen Haltung der Industrie und zum Ansporn für wirksame Umwelt-

---

[196] Vgl. hierzu die Begründung der Verordnung, ABl. 1993 Nr. L 168, S. 1 f. Auch in der Stellungnahme des Wirtschafts- und Sozialausschusses (ABl. 1992 Nr. C 332, S. 44 ff.) finden sich keine Ausführungen zu einer Zusammenarbeit zwischen Unternehmen, Behörden und Bürgern.
[197] Entschließung des Rates vom 07.10.1997, ABl. 1997 Nr. C 321, S. 6.
[198] KOM(96) 561 endg., S. 1 (4, 7). Auch in der Empfehlung der Kommission vom 09.12.1996 über Umweltvereinbarungen zur Durchführung von Richtlinien der Gemeinschaft (ABl. 1996 Nr. L 333, S. 59) betont sie die „Beteiligung aller gesellschaftlichen Gruppen im Sinne einer gemeinsam getragenen Verantwortung".
[199] ABl. 1997 Nr. C 286, S. 254 (256 - Ziff. 2, 13, 14). S.a. den Sitzungsbericht vom 16.07.1997, ABl. Nr. 4-504, S. 209 ff. und den Bericht A4-0224/97 des Ausschusses für Umweltfragen, Volksgesundheit und Verbraucherschutz.
[200] ABl. 1997 Nr. C 287, S. 1.
[201] Genauso in der französischen Fassung: le principe de coopération („shared responsibility"). Anders aber die englische Fassung, dort heißt es: „the principle of shared responsibility".

maßnahmen“ in Betracht kämen[202]. Insofern wird deutlich, daß es eine Partnerschaft im Sinne einer kooperativen Normsetzung im Gemeinschaftsrecht (noch) nicht gibt.
Das heißt jedoch keineswegs, daß die gemeinsame Verantwortung nicht Ausdruck eines Kooperationsprinzips sein kann[203], da die inhaltliche Ausprägung eines solchen Prinzips nicht zwingend auch die kooperative Normsetzung erfassen muß. So enthält die in den Mitteilungen, Stellungnahmen und Entschließungen zu Umweltvereinbarungen ebenso wie im fünften Aktionsprogramm zum Ausdruck kommende Kooperation zwar keine (mehr oder weniger) gleichberechtigte Aufgabenteilung mit eigenverantwortlicher Aufgabenübernahme durch die Unternehmen, sieht dafür aber eine Beteiligung aller gesellschaftlichen Kräfte im Rahmen staatlicher Aufgabenwahrnehmung sowie einen intensiven Dialog auch mit der Industrie vor. Insofern finden sich auch hier Anhaltspunkte für ein Kooperationsprinzip – dies allerdings nur im Sinne einer Partizipation am Entscheidungsprozeß der Gemeinschaft.
Schließlich darf nicht die Tatsache unberücksichtigt bleiben, daß es sich bei den verschiedenen Äußerungen der Gemeinschaftsorgane zu Umweltvereinbarungen ausschließlich um unverbindliche Rechtsakte wie Mitteilungen, Stellungnahmen und Entschließungen handelt. Schon aus diesem Grund kann aus den Aussagen zu Umweltvereinbarungen kein dem deutschen Recht vergleichbarer, rechtlich verbindlicher Grundsatz der Kooperation abgeleitet werden.

Insgesamt ergibt sich damit folgendes Bild: Die Industrie (und andere gesellschaftliche Akteure) dürfen und sollen bei dem Prozeß der Entscheidungssuche zwar mitwirken, die Entscheidungskompetenz der Organe der Gemeinschaft bleibt indes unangetastet, Insofern kann man hier nur von partizipativer, nicht aber von einer aufgabenzuweisenden Kooperation sprechen. Deutlich wird auch, daß die Gemeinschaft die Industrie und andere Wirtschaftsunternehmen vorrangig als Verursacher und Ursprung der Umweltbelastungen mit in die Verantwortung nehmen will. Die zugleich geforderte Zusammenarbeit im Rahmen dieser gemeinsamen Verantwortung mutet dabei in mancher Hinsicht eher als eine Nebenfolge und nicht als primäres Ziel im Sinne eines dem deutschen Recht innewohnenden Kooperationsprinzips an.
Ungeachtet der gleichwohl kooperative Ansätze verfolgenden sekundärrechtlichen Regelungen kann man jedenfalls nicht von einem rechtlich verbindlichen Grundsatz der Kooperation im Gemeinschaftsrecht ausgehen. Hierfür fehlt es an konkreten Hinweisen nicht nur im Primärrecht, sondern auch im Sekundärrecht, da an keiner Stelle ein allgemeiner übergreifender Kooperationsgedanke erkennbar wird. Die wenigen sekundärrechtlichen Regelungen, die eine Zusammenarbeit von Behörden und Unternehmen vorsehen, können für das Gemeinschaftsrecht keinen konkreten Kurs der Kooperation mit der Wirtschaft begründen.

---

202 KOM(96) 561 endg., S. 1 (21).
203 So hat etwa das BVerfG die Kooperation mit dem Zurechnungsbegriff der Verantwortung verknüpft, BVerfGE 98, 83 (98 ff.); s.a. *Di Fabio*, Das Kooperationsprinzip - ein allgemeiner Rechtsgrundsatz des Umweltrechts, in: Huber (Hrsg.), Das Kooperationsprinzip im Umweltrecht, S. 37 (48).

Für die Annahme eines rechtlich verbindlichen Kooperationsprinzips genügt es nicht, daß sich einzelne Stimmen in der deutschen Literatur befürwortend äußern; denn ein solcher, den Prinzipien des Art. 174 Abs. 2 S. 2 EGV vergleichbarer Grundsatz müßte doch immerhin in der Rechtsprechung des EuGH Aufnahme gefunden haben.
Es verbleibt somit bei einem dem fünften Aktionsprogramm innewohnenden Grundsatz der „gemeinsamen Verantwortung" im Sinne einer politischen Leitlinie für die Europäische Umweltpolitik.

3. Zusammenfassung und Ausblick

Ein Kooperationsprinzip, welchem eine vergleichbare Bindungs- und Legitimationswirkung wie den in Art. 174 Abs. 2 S. 2 EGV primärrechtlich verankerten Grundsätzen zukäme, ist dem Gemeinschaftsrecht weder geschrieben noch ungeschrieben inhärent. Insoweit fehlt es (noch) an konkreten und allgemeingültigen Aussagen nicht nur im Primär-, sondern auch im Sekundärrecht.
Dennoch soll an dieser Stelle betont werden, daß sowohl das überprüfte fünfte Umweltaktionsprogramm als auch die daraufhin erlassenen sekundärrechtlichen Umweltschutzmaßnahmen der Gemeinschaft einen tiefgreifenden Wandel in der gemeinschaftlichen Umweltpolitik bedeuten. Basierte der Umweltschutz nach den ersten vier Aktionsprogrammen im wesentlichen noch auf dem Erlaß von Rechtsvorschriften und damit auf einem hierarchischen Konzept, so ist die Umweltpolitik seit dem fünften Aktionsprogramm von der Beteiligung aller Akteure und dem Nebeneinander von ordnungsrechtlichen und marktorientierten und anderen ökonomischen Instrumenten auf freiwilliger Basis geprägt. Dieser Wandel hinsichtlich der Instrumente und dem Zusammenwirken der Verantwortlichen wird bereits im fünften Aktionsprogramm selbst deutlich betont: „Dieses Programm an sich stellt einen Wendepunkt dar. (...) Es ist vor allem eine gemeinsame Verantwortung, die gemeinsame Handlungen erfordert"[204]. Die damit verbundene neue Strategie im Bereich der Umweltpolitik – das Konzept einer dauerhaften und umweltgerechten Entwicklung unter aktiver Einbeziehung aller gesellschaftlichen Akteure – soll nach dem Beschluß des Europäischen Parlaments und des Rates über die Überprüfung des fünften Aktionsprogramms sogar noch verstärkt verfolgt und weiterentwickelt werden[205].
Diese Kombination aus marktorientierten und ordnungsrechtlichen Instrumenten unter Beteiligung aller Akteure zeigt sich auch in der Öko-Audit-Verordnung und anderen gemeinschaftlichen umweltpolitischen Maßnahmen und Entschließungen, so daß hier tatsächlich von einer „Trendwende" gesprochen werden kann.

---

[204] ABl. 1993 Nr. C 138, S. 1 (98).
[205] ABl. 1998 Nr. L 275, S. 1 ff.

Festzuhalten bleibt somit, daß ein Kooperationsprinzip schon in Ansätzen im fünften Umweltaktionsprogramm sowie verschiedenen sekundärrechtlichen Regelungen enthalten ist; ganz allgemein wird die Zusammenarbeit von Wirtschaft und Gemeinschaft gefordert, ohne daß diesem Grundsatz allerdings eine rechtliche Bindungswirkung attestiert werden könnte. Es handelt sich vielmehr nur um eine politische Leitlinie für die europäische Umweltpolitik. Auch aus diesem Grund ist die betonte „Gemeinsame Verantwortung" von einem dem deutschen Recht vergleichbaren Kooperationsprinzip inhaltlich noch ein Stück weit entfernt, als daß „Kooperation" dort auch bedeutet, daß die Unternehmen in die Erarbeitung umweltpolitischer Ziele und Maßnahmen ganz allgemein einbezogen werden und daß bei verstärkter Übernahme von Eigenverantwortung auch die staatliche Kontrolle entfällt oder zumindest stark reduziert wird. Gerade bei der Öko-Audit-Verordnung, die die Umweltprobleme immerhin schon stärker in das Entscheidungsfeld der Wirtschaft verlagert, zeigt sich aber deutlich, daß die Gemeinschaft an ordnungsrechtlicher Überwachung und staatlicher Vorgabe von Umweltzielen festhält. Von einer nahezu gleichberechtigten Partnerschaft kann im Gemeinschaftsrecht daher nicht gesprochen werden.

Es bleibt abzuwarten, ob und ggf. wie kommende – verbindliche – Aktionsprogramme das Kooperationsprinzip im Gemeinschaftsrecht näher ausgestalten werden. Derzeit kann dem Grundsatz der gemeinsamen Verantwortung jedenfalls noch keine den in Art. 174 Abs. 2 S. 2 EGV normierten Prinzipien vergleichbare Legitimationswirkung zukommen. Als unverbindliche Leitlinie kann sie nach den vorangegangenen Ausführungen die Organe der Gemeinschaft weder rechtlich binden noch den Abschluß von Umweltvereinbarungen rechtfertigen; diese sind weiterhin allein an den Verträgen zu messen[206].

---

[206] Die Frage der politischen Bindungswirkung und der gemeinschaftlichen Praxis ist allerdings von dieser rechtlichen Bewertung deutlich zu trennen.

Für den Abschluß von Umweltvereinbarungen spielen neben den umweltrechtlichen Voraussetzungen auch die kartellrechtlichen Anforderungen des EG-Vertrages eine bedeutende Rolle. Als problematisch erweist sich dabei schon die Tatsache, daß das Verhältnis von Umweltrecht und Kartellrecht im europäischen Recht nicht ausdrücklich geregelt ist; so gibt es weder im Umweltrecht noch im Kartellrecht Vorschriften, die verbindlich festlegen, wie umweltschützende, aber zugleich wettbewerbsbeschränkende Maßnahmen kartellrechtlich zu beurteilen sind. Insofern werden zum Thema Umweltschutz und Wettbewerb die unterschiedlichsten Auffassungen vertreten – Umweltpolitiker argwöhnen etwa, das Kartellrecht verhindere umweltpolitisch begrüßenswerte Aktionen, während aus kartellrechtlicher Sicht kartellrechtswidrige Praktiken unter dem Vorwand des Umweltschutzes befürchtet werden[207].

In Ermangelung einer solchen Regelung zum Verhältnis von Umwelt- und Kartellrecht entstehen in diesem Bereich vielfältige Konfliktsituationen. Dies hängt u.a. damit zusammen, daß Umweltgüter noch immer größtenteils kostenlos nutzbar sind mit der Folge, daß dem Verursacher nicht die Umweltbelastungen, sondern im Gegenteil die umweltschützenden Maßnahmen Kosten verursachen[208]. Aus Sicht des Wettbewerbs kommt es daher nicht auf eine Reduzierung von Umweltbelastungen an. Werden nun aber die Unternehmen – etwa aufgrund staatlich verordneten Umweltschutzes – durch umweltschutzbezogene Handlungsweisen tätig, so können diese zugleich kartellrechtlich relevant werden. Insofern können auch vertragliche Umweltvereinbarungen zwischen Gemeinschaft und Wirtschaft – beispielsweise in Form einer gemeinsame Festlegung von ökologischen Grenzwerten oder Schutzstandards – kartellrechtliche Probleme aufwerfen. Ebenso sind derartige Umweltvereinbarungen auf den Ebenen der Produktion, der Distribution sowie der Forschung und Entwicklung denkbar wie beispielsweise gemeinsame Pfand- oder Wiederverwertungssysteme[209]. Schließlich können sich auch durch Kooperationen im Entsorgungsbereich vielfältige Wettbewerbsprobleme ergeben[210], da dadurch nicht einzelne Unternehmen individuell zur Übernahme von Produktverantwortung veranlaßt, sondern kooperative Lösungen angestrebt werden sollen. Angesichts

---

[207] S. nur die Kontroverse im deutschen Recht, dazu *Paschke*, Umweltschutz und Wettbewerb aus kartellrechtlicher Sicht, UTR 38 (1997), S. 35 (36 f.).

[208] Vgl. *Kloepfer*, Umweltschutz als Kartellprivileg?, JZ 1980, S. 781. Kritisch zu diesem Wirtschaftssystem, das Umweltgüter als „freie Güter" behandelt, *Murswiek*, Die Nutzung öffentlicher Umweltgüter: Knappheit, Freiheit, Verteilungsgerechtigkeit, in: Gröschner/Morlok (Hrsg.), Rechtsphilosophie und Rechtsdogmatik in Zeiten des Umbruchs, ARSP Beiheft Nr. 71, S. 207 ff.

[209] S. nur die Problematik bei der Pfandflasche der Mineralwasserhersteller in Deutschland; Kommission, XXIII. Wettbewerbsbericht, KOM(94) 161 endg., S. 1 (97).

[210] Wie etwa beim Entsorgungsmodell „Duales System Deutschland", s. nur *Becker-Schwarze*, Steuerungsmöglichkeiten des Kartellrechts bei umweltschützenden Unternehmenskooperationen, S. 224 ff.; s. auch den XXIII. Wettbewerbsbericht der Kommission, KOM(94) 161 endg., S. 1 (96), und die Mitteilung der Kommission zur beabsichtigten Freistellung des DSD, ABl. 1997 Nr. C 100, S. 4 (11).

der nachfolgenden Beispiele wird deutlich, daß Umweltvereinbarungen häufig einen wettbewerbsbeschränkenden Charakter haben:
Trifft die Gemeinschaft beispielsweise mit einem ganzen europäischen Industriezweig, wie etwa dem Energiesektor, der Automobilbranche oder der chemischen Industrie, eine Vereinbarung dahingehend, daß die Energieverluste durch Geräte wie Fernseher und Videorecorder im Standby-Betrieb gemindert, daß die CO_2-Emissionen aus Pkws verringert oder daß die chemischen Produkte in einem bestimmten umweltfreundlichen Verfahren hergestellt werden, so haben sich die Unternehmen zumeist vorher abgesprochen und kooperieren im Hinblick auf die Erreichung der vereinbarten Umweltziele. Dabei sind nicht in die Vereinbarung einbezogene Unternehmen von dieser gemeinsamen Entwicklung umweltfreundlicher Produkte oder Herstellungsverfahren ausgeschlossen und haben es folglich ungleich schwerer, ebenfalls den Standard des umweltfreundlichen Produkts oder Verfahrens zu erreichen, da sie ganz auf sich allein gestellt entsprechende Produkte oder Verfahren entwickeln müssen, um etwa angedrohten ordnungsrechtlichen Maßnahmen zu begegnen[211]. Jedenfalls erleiden sie Wettbewerbsnachteile, wenn der Verbraucher diesen Standard erwartet. Desgleichen geraten die nichtbeteiligten Unternehmen dadurch ins Hintertreffen, daß sie den Inhalt der Vereinbarung nicht mitgestalten können. Auf der anderen Seite können auch die an der Vereinbarung beteiligten Unternehmen beim Absatz ihrer Produkte im Hinblick auf den Preiswettbewerb benachteiligt sein, falls die Kosten des umweltfreundlichen Verfahrens an den Verbraucher weitergegeben werden. Insofern liegt ganz offensichtlich eine Wettbewerbsbeschränkung vor, wenn eine pauschale Erhöhung des Abgabepreises bei umweltschädlichen Produkten, eine sog. Preisabsprache iSd. Art. 81 Abs. 1 lit. a) EGV, vereinbart wird[212]. Schließlich kann im Hinblick auf die Nachfrage von Produkten ein ganzer Industriezweig gefährdet sein, wenn die beteiligten Unternehmen aufgrund der Vereinbarung eines umweltfreundlichen Herstellungsverfahrens bestimmte umweltschädliche Materialien nicht mehr verwenden.
Diese möglichen wettbewerbsbeschränkenden Wirkungen von Umweltvereinbarungen sind nun anhand der Art. 81, 82 EGV zu untersuchen. Dabei stellt sich die Frage, ob und unter welchen Voraussetzungen derartige Vereinbarungen mit den Wettbewerbsvorschriften in Einklang gebracht werden können, insbesondere ob sie womöglich aufgrund von Umweltschutzgesichtspunkten kartellrechtlich unbedenklich sind.

Angesichts der reichhaltigen Literatur zu den kartellrechtlichen Aspekten von Umweltvereinbarungen auch auf mitgliedstaatlicher Ebene[213] sollen die folgenden Ausführungen die diskutierten Problemkreise lediglich zusammenfassend wiedergeben, wobei allerdings die potenti-

---

[211] Vgl. *Frenz*, Nationalstaatlicher Umweltschutz und EG-Wettbewerbsfreiheit, S. 10.
[212] Hierzu *Ehle*, Die Einbeziehung des Umweltschutzes in das Europäische Kartellrecht, S. 105.
[213] S. nur *Becker-Schwarze*, Steuerungsmöglichkeiten des Kartellrechts bei umweltschützenden Unternehmenskooperationen; *Frenz*, Nationalstaatlicher Umweltschutz und EG-Wettbewerbsfreiheit; *Ehle*, Die Einbeziehung des Umweltschutzes in das Europäische Kartellrecht.

ellen Besonderheiten einer Umweltvereinbarung auf Gemeinschaftsebene hervorzuheben sind. Zu berücksichtigen ist dabei zudem, daß die Frage, ob Umweltvereinbarungen tatsächlich eine kartellrechtswidrige Beschränkung des Wettbewerbs darstellen, nicht allgemein, sondern jeweils nur für den Einzelfall beantwortet werden kann[214]. Insofern kann sich die nachfolgende Betrachtung nur auf allgemeingültige Aussagen beschränken, indem die möglichen kartellrechtlichen Schwierigkeiten herausgestellt werden. Der dafür maßgebliche kartellrechtliche Regelungsrahmen findet sich in den Art. 81 ff. EGV. Von praktischer Relevanz für die kartellrechtliche Beurteilung von Umweltvereinbarungen ist dabei zunächst das in Art. 81 Abs. 1 und 2 EGV normierte Kartellverbot mit Nichtigkeitsfolge sowie die Freistellungsmöglichkeiten nach Art. 81 Abs. 3 EGV[215]. Daneben muß aber auch Art. 82 EGV berücksichtigt werden, der ein Verbot des Mißbrauchs einer marktbeherrschenden Stellung enthält, unter das selbst nach Art. 81 Abs. 3 EGV freigestellte Vereinbarungen fallen können[216]. Ein dritter Aspekt, der bei Unternehmenszusammenschlüssen nicht außer acht gelassen werden darf, ist schließlich in der seit 1989 existierenden Europäischen Fusionskontrollverordnung zu sehen.

I. Art. 81 EGV

In diesem Zusammenhang ist nun zuvörderst zu prüfen, ob Umweltvereinbarungen auf Gemeinschaftsebene überhaupt unter den Tatbestand des Art. 81 Abs. 1 EGV – der zentralen Vorschrift des europäischen Wettbewerbsrechts – fallen[217], und wenn ja, ob die ökologische Zielsetzung ausreicht, um eine Vereinbarung kartellrechtlich zu privilegieren – sei es in Form einer „ökologischen Reduktion" des Kartellverbots, sei es in Form einer Freistellung.

Art. 81 Abs. 1 EGV verbietet im wesentlichen wettbewerbsbeschränkende, nicht nach Abs. 3 freigestellte Vereinbarungen zwischen Unternehmen, die sich auf den Handel im Gemeinsamen Markt auswirken können. Nach Art. 81 Abs. 2 EGV sind derartige Vereinbarungen nichtig. Vorrangig ist nun zu untersuchen, ob möglicherweise die Anwendbarkeit des Kartellverbots bei Umweltvereinbarungen von vornherein ausgeschlossen ist.

---

[214] *Brinker/Horak*, Umweltschutz und Wettbewerb, in: Rengeling (Hrsg.), EUDUR, Bd. II, § 81 Rn. 3.

[215] Bei Art. 81 Abs. 1 EGV handelt es sich um ein Verbots-, nicht um ein Mißbrauchsgesetz. Dies bestätigt auch Art. 1 der Verordnung Nr. 17: Erste Durchführungsverordnung zu den Artikeln 81 und 82 des Vertrages, ABl. 1962 Nr. 13, S. 204; ABl. 1999 Nr. L 148, S. 5. Allerdings befürwortet die Kommission in ihrem Weißbuch über die Modernisierung der Vorschriften zur Anwendung der Art. 85 und 86 EG-Vertrag, KOM(1999) 101 endg. = ABl. 1999 Nr. C 132, den Wechsel zum Legalausnahmensystem; s. hierzu auch *Geiger*, Das Weißbuch der EG-Kommission zu Art. 81, 82 EGV - eine Reform, besser als ihr Ruf, EuZW 2000, S. 165 ff.; *Deringer*, Stellungnahme zum Weißbuch der Europäischen Kommission, EuZW 2000, S. 5 ff.

[216] EuG, Urt. v. 10.7.1990, Rs. T-51/89, Slg. 1990, II-309 (358 ff.) - Tetra Pak.

[217] Im deutschen Schrifttum zum GWB ist im Hinblick auf nationale hoheitlich veranlaßte Absprachen vereinzelt bestritten worden, daß das Kartellverbot des § 1 GWB anwendbar ist; vgl. hierzu etwa *Baudenbacher*, Kartellrechtliche und verfassungsrechtliche Aspekte gesetzesvertretender Vereinbarungen zwischen Staat und Wirtschaft, JZ 1988, S. 689 (694); anders die h.M., s. nur *von Zezschwitz*, Wirtschaftsrechtliche Lenkungstechniken: Selbstbeschränkungsabkommen, Gentlemen's Agreement, Moral Suasion, Zwangskartell, JA 1978, S. 497 (505); *Biedenkopf*, Zur Selbstbeschränkung auf dem Heizölmarkt, BB 1966, S. 1113 ff.

1. Anwendungsausschluß

Im EGV selbst kann vorgesehen sein, daß das Kartellrecht für bestimmte Bereiche nicht oder zumindest nur eingeschränkt zur Anwendung kommt. So werden die Wettbewerbsregeln der Art. 81 ff. EGV für den Bereich Kohle und Stahl in Art. 305 Abs. 1 EGV, die Militärindustrie in Art. 296 Abs. 1 lit. b) EGV und eingeschränkt für die Landwirtschaft in Art. 36 EGV für nicht anwendbar erklärt[218]. Eine primärrechtliche Bereichsausnahme für Unternehmenskooperationen im Umweltrecht ist dagegen nicht ersichtlich. Im Bereich des Sekundärrechts ist dagegen eine die Anwendung des Kartellrechts ausschließende Klausel nicht vorstellbar, da der Schutz des Wettbewerbs und das im EGV verankerte Kartellrecht nicht zur Disposition des Gemeinschaftsgesetzgebers stehen[219].

Weitergehend könnte man aber überlegen, wettbewerbsbeschränkende Umweltvereinbarungen generell vom Anwendungsbereich des Art. 81 EGV auszunehmen, wenn den Belangen des Umweltschutzes gegenüber anderen Politiken der Gemeinschaft der Vorrang eingeräumt werden müßte[220]. Denn zumindest eine absolute Vorrangstellung des Umweltschutzes vor den Art. 81 ff. EGV hätte zur Folge, daß der Schutz des Wettbewerbs zurückträte und damit die Art. 81 ff. EGV nicht anwendbar wären. Dagegen spricht jedoch schon, daß sich im EG-Vertrag trotz der durch den Amsterdamer Vertrag stärkeren Gewichtung des Umweltschutzes aufgrund der Zusammenführung der Ziele Schutz des Wettbewerbs und Schutz der Umwelt keine Anhaltspunkte für eine Vorrangstellung des Umweltschutzes gegenüber anderen Politiken der Gemeinschaft finden lassen. Darüber hinaus ist einer solchen Vorrangstellung des Umweltschutzes auch mangels Anerkennung in der Rechtsprechung des EuGH eine Absage zu erteilen, wie bereits an anderer Stelle dargelegt wurde[221]. Ein genereller Anwendungsausschluß des Kartellverbots für Umweltvereinbarungen kommt damit nicht in Betracht.

Fehlt es somit an einer rechtlichen Grundlage für einen Anwendungsausschluß[222], so ist der Anwendungsbereich des Art. 81 EGV folglich auch für Umweltvereinbarungen grundsätzlich eröffnet. Im weiteren soll daher der Tatbestand des Kartellverbots näher beleuchtet werden,

---

[218] Hierzu *Weiß* in: Calliess/Ruffert, Kommentar zu EU-Vertrag und EG-Vertrag, Art. 81 Rn. 2 ff.; *Streinz*, Europarecht, Rn. 812.

[219] *Müller-Graff* in: Hailbronner/Klein/Magiera/Müller-Graff, Handkommentar zum Vertrag über die Europäische Union (EUV/EGV), Art. 85 Rn. 7, 15; *Ehle*, Die Einbeziehung des Umweltschutzes in das Europäische Kartellrecht, S. 91.

[220] Zumindest eine relative Vorrangstellung wird im deutschen Schrifttum vielfach vertreten; s. nur *Zuleeg*, Vorbehaltene Kompetenzen der Mitgliedstaaten der Europäischen Gemeinschaft auf dem Gebiet des Umweltschutzes, NVwZ 1987, S. 280 (283 ff.); *Kahl*, Umweltprinzip und Gemeinschaftsrecht, S. 178 ff. m.w.N. *Scheuing*, Umweltschutz auf der Grundlage der Einheitlichen Europäischen Akte, EuR 1989, S. 152 (176 f.), spricht dabei von einem „grundsätzlichen Vorrang vor anderen Gemeinschaftszielen".

[221] S. bereits die Ausführungen zum Grundsatz des bestmöglichen Umweltschutzes, § 6 B. I. 4. b). S.a. *Frenz*, Nationalstaatlicher Umweltschutz und EG-Wettbewerbsfreiheit, S. 67 f.

[222] Auch aus der traditionellen Natur des Umweltschutzes als Staatsaufgabe ergibt sich keine Unanwendbarkeit des Art. 81 Abs. 1 EGV, da nicht die öffentlich-rechtliche Aufgabenwahrnehmung, sondern die durch die Privatwirtschaft in Frage steht; vgl. hierzu *Brinker/Horak*, Umweltschutz und Wettbewerb, in: Rengeling (Hrsg.), EUDUR, Bd. II, § 81 Rn. 15.

wobei auch die Frage einer Einbeziehung von Umweltschutzaspekten innerhalb der wettbewerbsrechtlichen Vorschriften zu untersuchen bleibt.

2. Die Tatbestandsvoraussetzungen des Art. 81 Abs. 1 EGV

Damit eine Umweltvereinbarung überhaupt unter das Kartellverbot fallen kann, müssen im Einzelfall die Tatbestandsvoraussetzungen des Art. 81 Abs. 1 EGV erfüllt sein. Nach Art. 81 Abs. 1 EGV sind alle Vereinbarungen zwischen Unternehmen, Beschlüsse von Unternehmensvereinigungen und aufeinander abgestimmte Verhaltensweisen mit dem Gemeinsamen Markt unvereinbar und verboten, welche den Handel zwischen Mitgliedstaaten zu beeinträchtigen geeignet sind und eine Verhinderung, Einschränkung oder Verfälschung des Wettbewerbs innerhalb des Gemeinsamen Marktes bezwecken oder bewirken. Diese Voraussetzungen werden im folgenden kurz dargestellt und auf die spezielle Problematik der Umweltvereinbarungen hin überprüft.

a) Unternehmenskooperation

Ausgangspunkt für die Annahme eines Kartellverbots ist das Vorliegen einer Unternehmenskooperation im Sinne einer der drei in Art. 81 Abs. 1 EGV genannten Formen des Zusammenwirkens. Dies setzt Unternehmen oder Unternehmensvereinigungen voraus, zwischen denen Vereinbarungen, Beschlüsse oder aufeinander abgestimmte Verhaltensweisen zur Wettbewerbsbeschränkung im zwischenstaatlichen Handel führen. Deutlich wird dadurch, daß sich Art. 81 Abs. 1 EGV auf Wettbewerbsverzerrungen bezieht, die von Unternehmen ausgehen, so daß allein diese unmittelbare Normadressaten sind[223]. Der Begriff des Unternehmens ist weit auszulegen und funktional zu verstehen; dies bedeutet, daß als Unternehmen jede wirtschaftlich tätige Einheit unabhängig von ihrer Rechtsform und der Art ihrer Finanzierung anzusehen ist[224]. Dabei fallen unter das wettbewerbswidrige Verhalten zunächst „Vereinbarungen“, d.h. Übereinkünfte zwischen zwei oder mehr Marktteilnehmern, durch die jedenfalls eine Seite rechtlich oder faktisch gebunden wird, so daß darunter nicht nur Verträge, sondern grundsätzlich auch die sog. „gentlemen's agreements“ zu verstehen sind[225].

---

[223] *Streinz*, Europarecht, Rn. 816. Mittelbar können zumindest auch die Mitgliedstaaten durch Art. 81 f. EGV iVm. Art. 3 lit. g), 10 EGV verpflichtet sein; s. nur *Weiß* in: Calliess/Ruffert, Kommentar zu EU-Vertrag und EG-Vertrag, Art. 81 Rn. 13 ff. m.w.N. Für den Gemeinschaftsgesetzgeber kann wohl nichts anderes gelten; hierzu *Mestmäcker*, Staat und Unternehmen im europäischen Gemeinschaftsrecht, in: ders., Recht in der offenen Gesellschaft, S. 183 (203); *Engel*, Europäisches Umweltrecht aus der Vogelperspektive, DVBl. 1999, S. 1069 (1077). Ausführlich zum Normadressaten auch *von Bernuth*, Umweltschutzfördernde Unternehmenskooperationen und das Kartellverbot des Gemeinschaftsrechts, S. 112 ff.

[224] EuGH, Urt. v. 19.1.1994, Rs. C-364/92, EuZW 1994, S. 248 (249) - SAT/Eurocontrol; ausführlich zum Begriff des Unternehmens *Weiß* in: Calliess/Ruffert, Kommentar zu EU-Vertrag und EG-Vertrag, Art. 81 Rn. 31 ff. m.w.N.

[225] Wohl h.M., s. *Brinker/Horak*, Umweltschutz und Wettbewerb, in: Rengeling (Hrsg.), EUDUR, Bd. II, § 81 Rn. 17; *Ehle*, Die Einbeziehung des Umweltschutzes in das Europäische Kartellrecht, S. 95; a.A. *Schweit-*

Die in Art. 81 Abs. 1 EGV daneben genannten „Beschlüsse" geben zu verstehen, daß auch kollektiv organisierte Formen der Privatwirtschaft wie Verbände vom Unternehmensbegriff erfaßt werden, so daß beispielsweise Empfehlungen eines Verbandes an seine Mitglieder oder Verbandsvereinbarungen als Beschlüsse einzuordnen sind[226].
„Abgestimmte Verhaltensweisen" beinhalten schließlich jede Form der Koordinierung zwischen Unternehmen, die unterhalb einer Vereinbarung bleiben, aber doch eine bewußte praktische Zusammenarbeit anstelle des mit Risiko verbundenen Wettbewerbs darstellen[227]. Im Ergebnis bleibt festzuhalten, daß letztlich jede Form des kollektiven Zusammenwirkens von Unternehmen durch Art. 81 Abs. 1 EGV erfaßt wird[228].

Nicht anwendbar ist die Vorschrift damit jedenfalls auf Unternehmenskooperationen, die durch hoheitliche Maßnahmen wie wettbewerbsbeschränkende Gesetze oder Verordnungen erzwungen werden[229]. Insofern stellt sich die Subsumtion von Umweltvereinbarungen unter den Tatbestand des Art. 81 Abs. 1 EGV in zweifacher Hinsicht als problematisch dar: Erstens muß untersucht werden, ob noch von einem freiwilligen Handeln der Unternehmen gesprochen werden kann, wenn konkret mit dem Erlaß hoheitlicher Maßnahmen gedroht wird, bei einem Scheitern der Umweltvereinbarung also eine womöglich restriktivere Richtlinie oder Verordnung der Gemeinschaft zu erwarten ist. Zweitens werden zumindest vertragliche Umweltvereinbarungen nicht zwischen Unternehmen, sondern von Unternehmen oder Verbänden mit der Gemeinschaft geschlossen. Daher melden sich in der Literatur Stimmen zu Wort, die die Umweltvereinbarungen wegen ihres „öffentlichen Charakters" nicht unmittelbar dem Kartellrecht unterstellen wollen[230].
Die Kommission hat für diese Frage, ob und in welchen Fällen bei hoheitlicher Initiierung eines Kartells der Tatbestand des Art. 81 Abs. 1 EGV erfüllt ist, in erster Linie auf ein be-

---

zer/Hummer, Europarecht, Rn. 1270: abgestimmte Verhaltensweise; s.a. *Weiß* in: Calliess/Ruffert, Kommentar zu EU-Vertrag und EG-Vertrag, Art. 81 Rn. 58: Die Streitfrage könne in der Praxis zumeist dahinstehen, da jedenfalls ein abgestimmtes Verhalten vorliege.

[226] *Weiß* in: Calliess/Ruffert, Kommentar zu EU-Vertrag und EG-Vertrag, Art. 81 Rn. 60 ff. m.w.N. zur Rechtsprechung des EuGH und zu Entscheidungen der Kommission.

[227] Insofern kann man hier von einem „Auffangtatbestand" sprechen. Vgl. schon EuGH, Urt. v. 16.12.1975, verb. Rs. 40 - 48, 50, 54 - 56, 111, 113 u. 114/73, Slg. 1975, 1663 (1942) - Suiker Unie.

[228] Auch eine exakte Trennung zwischen den verschiedenen Formen des Zusammenwirkens ist wegen der Identität der Rechtsfolgen entbehrlich. S. hierzu *von Bernuth*, Umweltschutzfördernde Unternehmenskooperationen und das Kartellverbot des Gemeinschaftsrechts, S. 115 f.

[229] Vgl. Kommission, Entscheidung v. 29.11.1974, ABl. 1974 Nr. L 343, S. 19 (23) - Kugellager. Die von hoheitlichen Maßnahmen hervorgerufene Verhaltensbeschränkung erfolgt zum einen nicht auf freiwilliger Basis, wie es für eine „Vereinbarung" typisch ist. Zum anderen ergeben sich daraus lediglich Pflichten gegenüber dem Staat und nicht gegenüber anderen Unternehmen. Vgl. hierzu *Steinbeck*, Umweltvereinbarungen und europäisches Wettbewerbsrecht, WuW 1998, S. 554 (556). Zur gesetzlichen Gestaltung der Rahmenbedingungen für die Betätigung im Wirtschaftsverkehr s.a. EuGH, Urt. v. 5.4.1984, verb. Rs. 177 u. 178/82, Slg. 1984, S. 1797 (1815 f.) - van den Haar; EuGH, Urt. v. 10.1.1985, Rs. 229/83, Slg. 1985, 1 (33) - Leclerc/Au blé vert; EuGH, Urt. v. 29.1.1985, Rs. 231/83, Slg. 1985, 305 (320) - Cullet/Leclerc; EuGH, Urt. v. 18.10.1979, Rs. 5/79, Slg. 1979, S. 3203 (3231) - Buys.

[230] *Pernice*, Rechtlicher Rahmen der europäischen Unternehmenskooperation im Umweltbereich unter besonderer Berücksichtigung von Art. 85 EWGV, EuZW 1992, S. 139 (142).

stimmtes Maß an Freiwilligkeit bei der Absprache abgestellt[231]. Entscheidend ist danach, wie weit die staatliche Einflußnahme geht – „unfreiwillig" ist eine Absprache, sobald die Unternehmen durch hoheitliches Handeln rechtlich zu ihrem Abschluß verpflichtet sind[232]. Fraglich ist, ob über den rechtlichen Zwang hinaus auch eine tatsächliche Einflußnahme dazu führen kann, daß Art. 81 Abs. 1 EGV keine Anwendung mehr findet[233]. Dafür ließe sich der Wortlaut des Art. 81 Abs. 1 EGV anführen, wenn man unter „Vereinbarungen" nur freiwillig – also ohne jeglichen staatlichen Druck – getroffene Absprachen zwischen Unternehmen versteht. Dagegen spricht jedoch, daß sich die Reichweite des Kartellverbots nur so weit erstrecken kann, wie die Unternehmen für ihr Handeln verantwortlich als Ausdruck ihrer Handlungsfreiheit sind. Diese Freiheit wird den Unternehmen aber erst durch rechtlich bindende Verpflichtungen genommen, nicht durch staatliche Einflußnahme[234]. Zwar kann auch staatlicher Druck eine Intensität erreichen, daß sich faktisch erzwungene Abkommen daraus ergeben. Dies entbindet die Unternehmen jedoch nicht von der Pflicht, ihr Verhalten im Rahmen der gesetzlichen Möglichkeiten zu halten. Auch sprechen Sinn und Zweck der Vorschrift des Art. 81 Abs. 1 EGV nicht gegen eine solche Auslegung, da die gemeinschaftlichen Wettbewerbsregeln so weit wie möglich einen unverfälschten Wettbewerb gewährleisten sollen[235]. Eine Einschränkung des Verbotsprinzips erscheint daher nur gerechtfertigt, wenn die Unternehmen keine Handlungsfreiheit mehr haben, da es dann auch keine kartellrechtliche Verantwortlichkeit der Unternehmen geben kann[236]. Dies ist aber nur der Fall, wenn das wettbewerbsbeschränkende Verhalten tatsächlich von gemeinschaftlicher Seite aufgezwungen wurde mit der Folge, daß für eine eigenständige unternehmerische Entscheidung kein Raum mehr bleibt[237].

---

[231] S. nur Entscheidung v. 29.11.1974, ABl. 1974 Nr. L 343, S. 19 (23 f.) - Kugellager; Entscheidung v. 19.12.1984, ABl. 1985 Nr. L 92, S. 1 (37 ff.) - Aluminiumeinfuhren; Entscheidung v. 04.12.1986, ABl. 1987 Nr. L 5, S. 13 (16 ff.) - ENI/Montedison. S.a. die Rechtsprechung des EuGH, Urt. v. 16.12.1975, verb. Rs. 40 - 48, 50, 54 - 56, 111, 113 u.- 114/73, Slg. 1975, S. 1663 (1939 ff.) - Suiker Unie; Urt. v. 30.1.1985, Rs. 123/83, Slg. 1985, S. 391 (424) - BNIC/Clair; Urt. v. 10.12.1985, verb. Rs. 240 - 242, 261, 262, 268 u. 269/82, Slg. 1985, S. 3831 (3871 f.) - SSI.

[232] Die Kommission hat dies in ihrer Entscheidung vom 29.11.1974, ABl. 1974 Nr. L 343, S. 19 (23) wie folgt formuliert: „...auferlegt wurden".

[233] Dafür z.B. *Baudenbacher*, Kartellrechtliche und verfassungsrechtliche Aspekte gesetzesvertretender Vereinbarungen zwischen Staat und Wirtschaft, JZ 1983, S. 689 (694).

[234] So auch *von Bernuth*, Umweltschutzfördernde Unternehmenskooperationen und das Kartellverbot des Gemeinschaftsrechts, S. 110 f.; *Ehle*, Die Einbeziehung des Umweltschutzes in das Europäische Kartellrecht, S. 98 f.; *Steinbeck*, Umweltvereinbarungen und europäisches Wettbewerbsrecht, WuW 1998, S. 554 (557); *Frenz*, Freiwillige Selbstverpflichtungen/Umweltvereinbarungen zur Reduzierung des Energieverbrauchs im Kontext des Gemeinschaftsrechts, EuR 1999, S. 27 (47); *Mestmäcker*, Staat und Unternehmen im europäischen Gemeinschaftsrecht, in: ders., Recht in der offenen Gesellschaft, S. 183 (203 ff.).

[235] *Schröter* in: Groeben/Thiesing/Ehlermann, Kommentar zum EU-/EG-Vertrag, Vorbem. zu den Art. 85-94 Rn. 8.

[236] Die Unternehmen sind damit das „Werkzeug staatlicher Stellen und Teil des handelspolitischen Instrumentariums", so *Friden/Jorna* in: Groeben/Thiesing/Ehlermann, Kommentar zum EU-/EG-Vertrag, Art. 85, Fallgruppen Marktabsprache, Rn. 49.

[237] *Mestmäcker*, Staat und Unternehmen im europäischen Gemeinschaftsrecht, in: ders., Recht in der offenen Gesellschaft, S. 183 (204 f.). Äußerungen der Kommission deuten darauf hin, daß sie selbst verbindliche staatli-

Bei vertraglichen Umweltvereinbarungen und ähnlich auch bei Selbstverpflichtungen in Form von normersetzenden „Quasi-Umweltvereinbarungen" ist aber zusätzlich folgendes zu berücksichtigen: Die Gemeinschaft regt hier nicht nur eine zwischen den Unternehmen oder Verbänden zu treffende Vereinbarung an, sondern tritt selbst als Vertragspartei auf. Es gilt daher festzustellen, ob eine Vereinbarung iSd. Art. 81 Abs. 1 EGV überhaupt Absprachen erfassen kann, bei denen sich Unternehmen oder Verbände und die Gemeinschaft als Vertragspartner gegenüber stehen. Dagegen läßt sich anführen, daß Art. 81 Abs. 1 EGV als Normadressaten ausschließlich Unternehmen und Unternehmensvereinigungen, nicht aber etwa die Mitgliedstaaten oder die Gemeinschaft nennt. Aus diesem Grund wird vertreten, daß das Kartellverbot auf die „vertikale Beziehungsebene" bei Absprachen mit hoheitlicher Beteiligung keine Anwendung finden könne[238]. Insofern ist jedoch zu bedenken, daß eine Vereinbarung nicht allein deshalb kartellrechtlich privilegiert werden kann, weil der Staat daran beteiligt ist. Da es hier in erster Linie darum geht, hoheitliche Maßnahmen vom Anwendungsbereich des Art. 81 Abs. 1 EGV auszuschließen, muß allein ausschlaggebend sein, inwieweit den Unternehmen ein freier Handlungsspielraum verbleibt[239]. Nur dann kann auch bei einer vertraglichen Vereinbarung mit der Gemeinschaft von einem eigenverantwortlichen Verhalten der Unternehmen ausgegangen werden. Bei dem Abschluß von Umweltvereinbarungen handeln die Unternehmen oder Verbände aber grundsätzlich eigenverantwortlich, da ihnen anders als bei hoheitlichen Maßnahmen der Gemeinschaft wie Richtlinien oder Verordnungen insofern ein Spielraum verbleibt, als sie entscheiden können, ob sie die Vereinbarung eingehen wollen oder nicht[240]. Gerade die freiwillige Mitverantwortung der Unternehmen stellt einen Anreiz für Umweltvereinbarungen dar, um so die Akzeptanz der Umweltschutzmaßnahmen zu erhöhen und Einsicht in andere Möglichkeiten zu gewinnen. Aus diesem Grund sind sowohl vertragliche Umweltvereinbarungen mit der Gemeinschaft als auch Selbstverpflichtungen grundsätzlich als „Vereinbarungen zwischen Unternehmen" iSd. Art. 81 Abs. 1 EGV anzusehen[241].

---

che Einflußnahme nicht immer für ausreichend hält, den Anwendungsbereich des Art. 81 Abs. 1 EGV auszuschließen, s. nur die Entscheidung v. 30.6.1993, ABl. 1993 Nr. L 203, S. 27 (32) - CNSD.

[238] So insbesondere *Pernice*, Rechtlicher Rahmen der europäischen Unternehmenskooperation im Umweltbereich unter besonderer Berücksichtigung von Art. 85 EWGV, EuZW 1992, S. 139 (142); *von Bernuth*, Umweltschutzfördernde Unternehmenskooperationen und das Kartellverbot des Gemeinschaftsrechts, S. 114.

[239] *Faber*, Altautoentsorgung: Umweltschutz und Wettbewerb, UPR 1997, S. 431 (436); *Bunte* in: Langen/Bunte, Kommentar zum deutschen und europäischen Kartellrecht, Bd. 1, Art. 85 Rn. 127 m.w.N.

[240] So auch *Kloepfer*, Umweltschutz als Kartellprivileg?, JZ 1980, S. 781 (785); *Steinbeck*, Umweltvereinbarungen und europäisches Wettbewerbsrecht, WuW 1998, S. 554 (557); *Frenz*, Freiwillige Selbstverpflichtungen/Umweltvereinbarungen zur Reduzierung des Energieverbrauchs im Kontext des Gemeinschaftsrechts, EuR 1999, S. 27 (47).

[241] So auch *Krämer*, Die Integrierung umweltpolitischer Erfordernisse in die gemeinschaftliche Wettbewerbspolitik, in: Rengeling (Hrsg.), Umweltschutz und andere Politiken der Europäischen Gemeinschaft, S. 47 (58); *Schröter* in: Groeben/Thiesing/Ehlermann, Kommentar zum EU-/EG-Vertrag, Art. 85 Abs. 1 Rn. 53. Dies legt auch die Mitteilung der Kommission über Umweltvereinbarungen nahe, KOM(96) 561 endg. S. 1 (16), indem sie Umweltvereinbarungen ganz allgemein an den Art. 81 f. EGV messen will.

In jedem Fall wird daneben aber auch das Verhalten der Unternehmen außerhalb der vertraglichen Vereinbarung mit der Gemeinschaft unter den Anwendungsbereich des Art. 81 Abs. 1 EGV fallen: Wenn beispielsweise Unternehmensverbände eine Entschließung zum Eingehen einer Umweltvereinbarung treffen, die im Einklang mit den Vorschriften der Verbandssatzung steht, handelt es sich regelmäßig bereits um einen Beschluß einer Unternehmensvereinigung iSd. Art. 81 Abs. 1 EGV[242]. Ebenso wird einer vertraglichen Umweltvereinbarung häufig eine „aufeinander abgestimmte Verhaltensweise" iSd. Art. 81 Abs. 1 EGV vorangehen, wenn nämlich die beteiligten Unternehmen miteinander kooperieren, um gemeinsam Möglichkeiten zur Erreichung der geforderten Umweltschutzziele zu entwickeln[243].
Als Ergebnis bleibt damit festzuhalten, daß nicht nur Selbstverpflichtungen, sondern auch vertragliche Umweltvereinbarungen zwischen Unternehmen (bzw. Unternehmensverbänden) und der Gemeinschaft regelmäßig zugleich eine Unternehmenskooperation iSd. Art. 81 Abs. 1 EGV darstellen.

b) Wettbewerbsbeeinträchtigung

Diese in Art. 81 Abs. 1 EGV genannten Maßnahmen im Sinne einer Unternehmenskooperation sind aber nur dann verboten, wenn sie eine „Verhinderung, Einschränkung oder Verfälschung des Wettbewerbs innerhalb des Gemeinsamen Marktes bezwecken oder bewirken". Schwierigkeiten tauchen bei der Definition dieses Tatbestandsmerkmales insbesondere schon deshalb auf, weil Art. 81 EGV keine Definition des „Wettbewerbs" enthält. Anhand der allgemeinen Grundsätze und Ziele des Vertrages lassen sich zunächst einige Gesichtspunkte in der Formel vom „redlichen, unverfälschten, wirksamen Wettbewerb" zusammenfassen[244]. Kommission und EuGH haben diesen Wettbewerbsbegriff in ihrer Entscheidungs- und Rechtsprechungspraxis weiter konkretisiert und präzisiert, indem sie die wirtschaftliche Betätigungsfreiheit der Unternehmen in Ergänzung zu den im Vertrag daneben garantierten Freiheiten des Personen-, Waren-, Dienstleistungs- und Kapitalverkehrs als Ausgangspunkt nehmen[245]. Als tragender Gesichtspunkt spielt insofern das sog. „Selbständigkeitspostulat" eine Rolle, wonach die Unternehmen grundsätzlich selbst bestimmen können, welche Unterneh-

---

[242] Kommission, Entscheidung v. 05.12.1984, ABl. 1985 Nr. L, S. 20 (24) - Feuerversicherung: Beschluß iSd. Art. 81 Abs. 1 EGV ist jede „satzungsmäßig vorgesehene und im Einklang mit den Vorschriften der Satzung zustandegekommene Willensäußerung der Unternehmensvereinigung", die den Mitgliedern zur Kenntnis gebracht worden ist.
[243] *Frenz*, Freiwillige Selbstverpflichtungen/Umweltvereinbarungen zur Reduzierung des Energieverbrauchs im Kontext des Gemeinschaftsrechts, EuR 1999, S. 27 (46).
[244] *Schröter* in: Groeben/Thiesing/Ehlermann, Kommentar zum EU-/EG-Vertrag, Art. 85 Abs. 1 Rn. 74. Nicht geschützt werden daher der rechtswidrige, unlautere und der sonst nicht schutzwürdige Wettbewerb; *Emmerich* in: Immenga/Mestmäcker, EG-Wettbewerbsrecht, Bd. I, Art. 85 Abs. 1 Rn. 177 ff.
[245] EuGH, Urt. v. 5.4.1984, verb. Rs. 177 u. 178/82, Slg. 1984, 1797 (1812) - van de Haar u. Kaveka de Meern; vgl. hierzu *Schröter* in: Groeben/Thiesing/Ehlermann, Kommentar zum EU-/EG-Vertrag, Vorbem. zu den Art. 85-94 Rn. 13; *Geiger*, EG-Vertrag, Art. 85 Rn. 11.

menspolitik sie betreiben und welche Maßnahmen sie dafür einsetzen[246]. Dabei wird der Wettbewerb in allen seinen Erscheinungsformen[247] im Sinne der wirtschaftlichen Handlungsfreiheit der Unternehmen auf dem von ihnen vorgefundenen Markt geschützt[248]. Eine „Verhinderung, Einschränkung oder Verfälschung des Wettbewerbs“[249] liegt vor, wenn die jeweilige Unternehmenskooperation geeignet ist, durch die Einschränkung der Handlungsfreiheiten der Marktteilnehmer und die Behinderung der Souveränität ihres Marktverhaltens die Marktverhältnisse zu verändern[250]. Für die Frage, ob eine Wettbewerbsbeeinträchtigung vorliegt, orientieren sich EuGH und Kommission am tatsächlich herrschenden Wettbewerb auf dem relevanten Markt[251] und prüfen, welche gegenwärtigen oder künftigen Veränderungen sich durch die Absprache ergeben haben oder vermutlich ergeben werden. Insofern ist ein Vergleich der Wettbewerbssituation, die sich aufgrund der Unternehmenskooperation ergeben hat oder wird, mit derjenigen, wie sie ohne die Vereinbarungen bestehen würde, anzustellen[252].

Eine Reihe von typischen Wettbewerbsbeeinträchtigungen werden in Art. 81 Abs. 1 lit. a) bis e) aufgeführt. Diese Aufzählung besonderer Ausprägungen von Wettbewerbsbeschränkungen ist aber – dies folgt schon aus dem einleitenden Wort „insbesondere“ – nicht abschließend zu verstehen, sondern soll lediglich den Begriff der „Verhinderung, Einschränkung oder Verfälschung des Wettbewerbs“ beispielhaft erläutern[253].

---

[246] EuGH, verb. Rs. 40 - 48, 50, 54 - 56, 111, 113 und 114/73, Slg. 1975, 1663 (1965 f.) - Suiker Unie; EuGH, Urt. v. 14.7.1981, Rs. 172/80, Slg. 1981, 2021 (2031) - Züchner.

[247] Der Wettbewerb ist auf allen Handelsstufen geschützt; das Kartellverbot gilt daher sowohl für „horizontale“ Absprachen, die den Wettbewerb zwischen Unternehmen derselben Wirtschaftsstufe beschränken, als auch für „vertikale“ Absprachen zwischen Beteiligten, die auf verschiedenen Wirtschaftsstufen tätig sind; *Schröter* in: Groeben/Thiesing/Ehlermann, Kommentar zum EU-/EG-Vertrag, Art. 85 Abs. 1 Rn. 52; s. schon EuGH, Urt. v. 30.6.1966, Rs. 56/66, Slg. 1966, 281 (302 f.) - Maschinenbau Ulm; EuGH, Urt. v. 13.7.1966, verb. Rs. 56 u. 58/64, Slg. 1966, 321 (386 ff.) - Consten u. Grundig; bestätigt durch EuGH, Urt. 24.10.1995, Rs. C-70/93, Slg. 1995, I-3439 (3467) - Bayerische Motorenwerke; EuGH, Urt. v. 28.4.1998, Rs. C-306/96, Slg. 1998, I-1983 (2002) - Javico.

[248] EuGH, Urt. v. 29.10.1980, verb. Rs. 209 - 215 u. 218/78, Slg. 1980, 3125 (3263 ff.) - van Landewyck u.a. Schutzobjekt ist also nicht ein „theoretisch vollkommener Wettbewerb auf einem transparenten Markt“, *Ehle*, Die Einbeziehung des Umweltschutzes in das Europäische Kartellrecht, S. 99 f. m.w.N.

[249] Eine genaue Abgrenzung dieser drei Begriffe ist entbehrlich, weil alle drei Formen der Wettbewerbsbeeinträchtigung gleich zu behandeln sind. Durch die Aufzählung soll deutlich werden, daß jede Art der künstlichen Störung des Wettbewerbs durch Unternehmen von Art. 81 EGV erfaßt werden soll. Dabei wird die Verfälschung zumeist als umfassender Oberbegriff angesehen; so auch *von Bernuth*, Umweltschutzfördernde Unternehmenskooperationen und das Kartellverbot des Gemeinschaftsrechts, S. 117; *Koch* in: Grabitz/Hilf, Das Recht der Europäischen Union, Art. 85 Rn. 45 ff.; *Gleiss/Hirsch*, Kommentar zum EG-Kartellrecht, Art. 85 (1) Rn. 118. A.A. *Emmerich* in: Immenga/Mestmäcker, Bd. 1, EG-Wettbewerbsrecht, Art. 85 Abs. 1 Rn. 167.

[250] EuGH, Urt. 24.10.1995, Rs. C-266/93, Slg. 1995, I-3477 (3517 f.) - Volkswagen und VAG Leasing; EuGH, Urt. v. 24.10.1995, Rs. C-70/93, Slg. 1995, I-3439 (3469) - Bayerische Motorenwerke; EuGH, Urt. 28.4.1998, Rs. C-306/96, Slg. 1998, I-1983 (2002) - Javico.

[251] Ausführlich zu diesem Begriff *Schröter* in: Groeben/Thiesing/Ehlermann, Kommentar zum EU-/EG-Vertrag, Art. 85 Abs. 1 Rn. 102 ff.

[252] EuGH, Urt. v. 30.6.1966, Rs. 56/65, Slg. 1966, 281 (303 f.) - Maschinenbau Ulm; EuGH, Urt. v. 25.11.1971, Rs. 22/71, Slg. 1971, 949 (960) - Béguelin/S.A.G.L.; EuGH, Urt. v. 11.7.1985, Rs. 42/84, Slg. 1985, 2545 (2571) - Remia.

[253] *Schröter* in: Groeben/Thiesing/Ehlermann, Kommentar zum EU-/EG-Vertrag, Art. 85 Abs. 1 Rn. 126 f.; *Schweitzer/Hummer*, Europarecht, Rn. 1277.

Die Unternehmen müssen durch ihr Verhalten eine solche Wettbewerbsbeschränkung schließlich auch „bezwecken oder bewirken". Zielt die Kooperation in objektiv geeigneter Weise auf eine Wettbewerbsbeeinträchtigung ab, so greift das Kartellverbot des Art. 81 Abs. 1 EGV ein, ohne daß es darauf ankäme, ob sich der Zweck tatsächlich erfüllt[254]. Absprachen, die keine Wettbewerbsbeschränkung bezwecken, können ein Bewirken darstellen, wenn die Beteiligten ihr Marktverhalten verändern und dadurch zugleich die Wettbewerbsbedingungen verfälscht werden, indem die Handlungsfreiheit der Beteiligten eingeschränkt und so die Marktstellung Dritter beeinträchtigt wird[255]. Die wettbewerbsbeschränkende Wirkung muß nicht bereits vorliegen; ausreichen ist es, wenn sie mit hinreichender Wahrscheinlichkeit in naher Zukunft eintreten wird[256].

Wie bereits zu Beginn der kartellrechtlichen Untersuchung ausgeführt, können Umweltvereinbarungen in vielerlei Hinsicht wettbewerbsbeschränkend wirken. So kann es etwa bei Umweltvereinbarungen, die bezogen auf bestimmte Umweltziele geschlossen werden, gerade darum gehen, hinsichtlich dieser Ziele – wie etwa bei einer Umstellung auf umweltfreundliche Produkte oder ein ebensolches Produktionsverfahren – den Wettbewerb auszuschalten, so daß insofern eine Wettbewerbsverfälschung bezweckt wird[257]. Ebenso kann eine Wettbewerbsbeschränkung dadurch bewirkt werden, daß durch die Weitergabe der Kosten dieser Verfahrensumstellung auf den Verbraucher der Preiswettbewerb beim Produktabsatz beeinträchtigt wird[258]. An dieser Stelle kann somit festgehalten werden, daß bei Kooperationen in Form von Umweltvereinbarungen immer zugleich eine Wettbewerbsbeeinträchtigung in Betracht kommt; inwieweit sie tatsächlich eintritt, ist eine Frage des jeweiligen Einzelfalls.

c) Zwischenstaatlichkeitsklausel

Art. 81 Abs. 1 EGV macht für ein Kartellverbot im weiteren zur Voraussetzung, daß die Vereinbarungen, Beschlüsse oder abgestimmten Verhaltensweisen für den Handel im Binnenmarkt relevant, nämlich „den Handel zwischen Mitgliedstaaten zu beeinträchtigen geeignet sind" (sog. Zwischenstaatlichkeitsklausel)[259]. Nach der Rechtsprechung des EuGH liegt eine

---

[254] Es handelt sich in dieser Alternative um einen Gefährdungstatbestand, *Müller-Graff* in: Hailbronner/Klein/Magiera/Müller-Graff, Handkommentar zum Vertrag über die Europäische Union (EUV/EGV), Art. 85 Rn. 106; *Geiger*, EG-Vertrag, Art. 85 Rn. 23.

[255] *Koch* in: Grabitz/Hilf, Das Recht der Europäischen Union, Art. 85 Rn. 83; *Gleiss/Hirsch*, Kommentar zum EG-Kartellrecht, Art. 85 (1) Rn. 155 ff.

[256] S. die Entscheidung der Kommission v. 24.07.1974, ABl. 1974 Nr. L 237, S. 12 (14) - Advocaat Zwarte Kip.

[257] Hierzu *von Bernuth*, Umweltschutzfördernde Unternehmenskooperationen und das Kartellverbot des Gemeinschaftsrechts, S. 119 f.

[258] S. etwa *Steinbeck*, Umweltvereinbarungen und europäisches Wettbewerbsrecht, WuW 1998, S. 554 (555).

[259] Diese Klausel dient der Abgrenzung des Geltungsbereichs der europäischen Wettbewerbsregeln von dem des nationalen Kartellrechts und hat somit die Funktion einer Kollisionsnorm; unstr., s. nur *Schröter* in: Groeben/Thiesing, Ehlermann, Kommentar zum EU-/EG-Vertrag, Art. 85 Rn. Abs. 1 Rn. 163; *Brinker/Horak*, Umweltschutz und Wettbewerb, in: Rengeling (Hrsg.), EUDUR, Bd. II, § 81 Rn. 22; *Bunte* in: Langen/Bunte, Kommentar zum deutschen und europäischen Kartellrecht, Bd. 1, Art. 85 Rn. 91.

Beeinträchtigung des zwischenstaatlichen Handels vor, „wenn sich anhand einer Gesamtheit objektiver rechtlicher oder tatsächlicher Umstände mit hinreichender Wahrscheinlichkeit voraussehen läßt, daß die Vereinbarung unmittelbar oder mittelbar, tatsächlich oder der Möglichkeit nach den Warenverkehr zwischen Mitgliedstaaten beeinflussen kann“[260]. Dabei sind die Begriffe Handel und Beeinträchtigung weit auszulegen[261], so daß der zwischenstaatliche Handel bereits dann beeinträchtigt ist, sobald Auswirkungen einer Unternehmenskooperation im Hinblick auf sämtliche Wirtschaftsbeziehungen[262] zwischen den Mitgliedstaaten erkennbar werden, mit anderen Worten: Das Vorliegen einer Beeinträchtigung des zwischenstaatlichen Handels ist gegeben, wenn sich der Warenverkehr zwischen den Mitgliedstaaten unter anderen Bedingungen entwickelt, als dies ohne die Vereinbarung der Fall wäre[263]. Da Art. 81 Abs. 1 EGV aber nicht verlangt, daß der Handel zwischen Mitgliedstaaten tatsächlich beeinträchtigt wird, sondern die wettbewerbsbeschränkende Absprache lediglich im Sinne einer gewissen Wahrscheinlichkeit geeignet sein muß, eine solche Wirkung herbeizuführen, erlaubt dieses Merkmal eine sehr weite Auslegung des gemeinschaftsrechtlichen Kartellverbots[264].

Bei einer Umweltvereinbarung auf Gemeinschaftsebene ist typischerweise der größte Teil einer Branche, wenn nicht sogar die gesamte Branche beteiligt, da die Ziele des Abkommens nur in diesem Fall realistisch erreicht werden können. Insofern ist regelmäßig das gesamte Gebiet der Gemeinschaft von der Absprache erfaßt. Für ein sich auf das gesamte Gebiet eines Mitgliedstaates erstreckendes Kartell hat der EuGH bereits entschieden, daß dieses „schon seinem Wesen nach die Wirkung“ hat, „die Abschottung der Märkte auf nationaler Ebene zu verfestigen; es verhindert so die im Vertrag gewollte gegenseitige wirtschaftliche Durchdringung und schützt die inländische Produktion“ - dies allerdings nur dann, wenn sich an ihnen sämtliche, die meisten oder zumindest die wichtigsten Unternehmen des betreffenden Wirtschaftszweiges beteiligen[265]. Aber auch Absprachen auf Gemeinschaftsebene, die dazu führen,

---

[260] EuGH, Urt. v. 30.6.1966, Rs. 56/65, Slg. 1966, 281 (303) - Maschinenbau Ulm; EuGH, Urt. v. 11.12.1980, Rs. 31/80, Slg. 1980, 3775 (3791) - L'Oréal; EuGH, Urt. v. 17.7.1997, Rs. C-219/95 P, Slg. 1997, I-4411 (4437) - Ferriere Nord. Ähnlich bereits EuGH, Urt. v. 13.7.1966, verb. Rs. 56 und 58/60, Slg. 1966, 321 (389) - Consten und Grundig.

[261] S. nur *von Bernuth*, Umweltschutzfördernde Unternehmenskooperationen und das Kartellverbot des Gemeinschaftsrechts, S. 120; *Ehle*, Die Einbeziehung des Umweltschutzes in das Europäische Kartellrecht, S. 106.

[262] Darunter fällt nicht nur der Warenverkehr, sondern auch der Personen-, Dienstleistungs- und Kapitalverkehr; *Schröter* in: Groeben/Thiesing, Ehlermann, Kommentar zum EU-/EG-Vertrag, Art. 85 Abs. 1 Rn. 164 mit zahlreichen Nachweisen zur Rechtsprechung des EuGH sowie zu Entscheidungen der Kommission.

[263] Vgl. EuGH, Urt. v. 15.5.1975, Rs. 71/74, Slg. 1975, 563 (584) - Frubo; EuGH, Urt. v. 29.10.1980, verb. Rs. 209 - 215 u. 218/78, Slg. 1980, 3125 (3275) - van Landewyck u.a.; EuGH, Urt. v. 6.4.1995, Rs. T-143/89, Slg. 1995, II-917 (933 f.) - Ferriere Nord, bestätigt durch EuGH, Urt. v. 17.7.1997, Rs. C-219/95 P, Slg. 1997, I-4411 (4437) - Ferriere Nord; Kommission, Entscheidung v. 5.12.1983, ABl. 1983 Nr. L 376, S. 11 (14) - VW/MAN; Entscheidung v. 19.12.1984, ABl. 1985 Nr. L 92, S 1 (46 f.) - Aluminiumeinfuhren. S.a. *Schröter* in: Groeben/Thiesing, Ehlermann, Kommentar zum EU-/EG-Vertrag, Art. 85 Abs. 1 Rn. 165 m.w.N.

[264] Zur Einschränkung des Kartellverbots durch das Erfordernis der „Spürbarkeit“ der Beeinträchtigung sogleich unter d).

[265] S. nur EuGH, Urt. v. 17.10.1972, Rs. 8/72, Slg. 1972, 977 (991) - Cementhandelaren; EuGH, Urt. v. 26.11.1975, Rs. 73/74, Slg. 1975, 1491 (1514 f.) - Papiers Peint.

daß der Gemeinsame Markt als Ganzes von den Märkten dritter Staaten isoliert wird, können geeignet sein, den zwischenstaatlichen Handel zu beeinträchtigen[266], wenn die Erzeugnisse, die vom Gemeinsamen Markt ferngehalten werden, in mehreren Mitgliedstaaten vertrieben werden könnten[267]. Die in Art. 81 ff. EGV normierten EG-Wettbewerbsregeln betreffen nämlich alle Beschränkungen des Wettbewerbs mit Auswirkungen innerhalb ihres räumlichen Geltungsbereichs, so daß sie unabhängig von der Herkunft des Urhebers Geltung beanspruchen und der gemeinschaftliche Wettbewerb folglich auch durch Anbieter der Nicht-EU-Mitgliedstaaten gebildet wird[268].

Deshalb ist auch bei Umweltvereinbarungen auf Gemeinschaftsebene, die (nahezu) alle europäischen Unternehmen einer bestimmten Branche erfassen, eine Beeinträchtigung des Handels zwischen den Mitgliedstaaten durchaus denkbar, da jedenfalls nichteuropäische Anbieter außen vorgelassen werden. Auch im Falle der Nichtteilnahme verschiedener in Mitgliedstaaten ansässiger Unternehmen können Importchancen von Wettbewerbern dergestalt beeinflußt werden, daß sich Auswirkungen auf den zwischenstaatlichen Handel ergeben. Abschließende Angaben können hier allerdings nicht getroffen werden, da insofern nach der Rechtsprechung des EuGH[269] stets die Umstände des Einzelfalls sowie die Gesamtwirkungen der Vereinbarung zu betrachten sind, die eine schematische Lösung verbieten[270].

d) Spürbarkeit der Beeinträchtigung

Um einer Ausuferung des Kartellverbots aus Art. 81 EGV vorzubeugen, haben Kommission[271] und EuGH[272] das ungeschriebene Tatbestandsmerkmal der Spürbarkeit entwickelt. Danach

---

[266] Kommission, Entscheidung v. 5.12.1983, ABl. 1983 Nr. L 376, S. 11 (14) - VW/MAN; Entscheidung v. 21.12.1983, ABl. 1983 Nr. L 376, S. 41 (47) - SABA-EG-Vertriebssystem; Entscheidung v. 10.12.1984, ABl. 1985 Nr. L 19, S. 17 (21) - Grohe-Vertriebssystem; Entscheidung v. 10.12.1984, ABl. 1985 Nr. L 20, S. 38 (42) - Ideal Standard. S.a. *Gleiss/Hirsch*, Kommentar zum EG-Kartellrecht, Art. 85 (1) Rn. 250; *Schröter* in: Groeben/Thiesing, Ehlermann, Kommentar zum EU-/EG-Vertrag, Art. 85 Abs. 1 Rn. 173; *von Bernuth*, Umweltschutzfördernde Unternehmenskooperationen und das Kartellverbot des Gemeinschaftsrechts, S. 121.

[267] EuGH, Urt. v. 15.6.1976, Rs. 51/75, 86/75, 96/75, Slg. 1976, 811 (850); 871 (908 f.); 913 (951) - EMI-Records/CBS.

[268] Vgl. *Koch* in: Grabitz/Hilf, Das Recht der Europäischen Union, vor Art. 85 Rn. 11 m.w.N.; *Frenz*, Freiwillige Selbstverpflichtungen/Umweltvereinbarungen zur Reduzierung des Energieverbrauchs im Kontext des Gemeinschaftsrechts, EuR 1999, S. 27 (46).

[269] EuGH, Urt. 26.11.1975, Rs. 73/74, Slg. 1975, 1491 (1515) - Papiers Peints; EuGH, Urt. v. 28.2.1991, Rs. C-234/89, Slg. 1991, I-935 (983 ff.) - Delimitis; EuGH, Urt. v. 8.6.1995, Rs. T-7/93, Slg. 1995, II-1533 (1571 ff.) - Langnese-Iglo; EuGH, Urt. v. 8.6.1995, Rs. T-9/93, Slg. 1995, II-1611 (1641 ff.) - Schöller.

[270] So auch *Gleiss/Hirsch*, Kommentar zum EG-Kartellrecht, Art. 85 (1) Rn. 249 f.; *Schröter* in: Groeben/Thiesing, Ehlermann, Kommentar zum EU-/EG-Vertrag, Art. 85 Abs. 1 Rn. 170; *von Bernuth*, Umweltschutzfördernde Unternehmenskooperationen und das Kartellverbot des Gemeinschaftsrechts, S. 121. S.a. *Dieckmann*, Europäisches Kartellrecht und kooperative Rücknahme- und Verwertungssysteme, in: BDI-Drucksache Nr. 291, Kartellrecht und Umweltschutz, S. 55 (57).

[271] Kommission, Entscheidung v. 11.03.1964, ABl. 1964 Nr. 58, S. 915/64 - Grosfillex/Fillistorf; Entscheidung v. 30.07.1964, ABl. 1964 Nr. 156, S. 2287/64 - Nicholas Frères/Vitapro; Entscheidung v. 17.07.1968, ABl. 1968 Nr. L 201, S. 4 (6) - SOCEMAS; Entscheidung v. 05.05.1969, ABl. 1969 Nr. L 122, S. 8 (11) - Conventron Chaufournier.

sind Vereinbarungen, Beschlüsse und abgestimmte Verhaltensweisen nur dann gem. Art. 81 EGV verboten, wenn sowohl die Wettbewerbsbeschränkung als auch die Beeinträchtigung des zwischenstaatlichen Handels „spürbar“ ist[273]. Konkretisiert wird das Spürbarkeitsmerkmal durch quantitative Kriterien, die die Kommission in der Bekanntmachung über Vereinbarungen von geringer Bedeutung (sog. Bagatellbekanntmachung)[274] veröffentlicht hat. Seit Beginn des Jahres 1998[275] gelten danach folgende Kriterien:

Eine Absprache fällt mangels Spürbarkeit nicht unter das Verbot des Art. 81 EGV, wenn die von den Beteiligten insgesamt gehaltenen Marktanteile eine Schwelle von 5 % bei horizontalen Vereinbarungen oder eine Schwelle von 10 % bei vertikalen Vereinbarungen nicht überschreiten; eine Gesamtumsatzschwelle besteht dagegen nicht mehr[276]. Zusätzlich wurde eine schwarze Liste typischer Wettbewerbsbeschränkungen eingeführt, welche die Kommission unabhängig von Marktanteilen als spürbar einstuft. Diese Bekanntmachung kann allerdings nur begrenzte Bindungswirkung entfalten, da sie aufgrund ihres bloßen Hinweischarakters für die Rechtsprechung des EuGH nicht verpflichtend ist[277].

Nach der Rechtsprechung des Europäischen Gerichtshofs wird eine Absprache von dem Kartellverbot des Art. 81 EGV nicht erfaßt, „wenn sie den Markt wegen der schwachen Stellung der Beteiligten auf dem Markt der fraglichen Erzeugnisse nur geringfügig beeinträchtigt“[278]. Dabei sollen insbesondere die Wirkungen auf den Wettbewerb, die Marktstellung der beteiligten Unternehmen sowie die Art und Menge der betroffenen Güter oder Dienstleistungen berücksichtigt werden[279], so daß das Ergebnis von wirtschaftlichen und wettbewerbspolitischen Wertungen des Gerichtshofes abhängt. Dabei richtet sich auch der EuGH zumeist nach quantitativen Gesichtspunkten - so sei bei addierten Marktanteilen der beteiligten Unterneh-

---

[272] EuGH, Urt. v. 25.11.1971, Rs. 22/71, Slg. 1971, 949 (960) - Béguelin/S.A.G.L. Ähnlich bereits EuGH, Urt. v. 9.7.1969, Rs. 5/69, Slg. 1969, 295 (302) - Völk/Vervaecke; EuGH, Urt. v. 6.5.1971, Rs. 1/71, Slg. 1971, 351 (356) - Cadillon/Höss.

[273] S. die vorstehende Fn. Vgl. auch *Schröter* in: Groeben/Thiesing, Ehlermann, Kommentar zum EU-/EG-Vertrag, Art. 85 Abs. 1 Rn. 178 f.; *Koch* in: Grabitz/Hilf, Das Recht der Europäischen Union, Art. 85 Rn. 97.

[274] ABl. 1997 Nr. C 372, S. 13. Vgl. auch ABl. 1970 Nr. C 64, S. 1; ABl. 1977 Nr. C 313, S. 3; ABl. 1986 Nr. C 231, S. 2; ABl. 1994 Nr. C 368, S. 20, wobei die Umsatzgrenzen von 15 über 50 und 200 auf 300 Mio. ECU erhöht wurden. Zugleich durfte der Marktanteil der beteiligten Unternehmen auf dem Gebiet des Gemeinsamen Marktes nicht mehr als 5 % ausmachen.

[275] Die neue Bekanntmachung wird auch auf vorher getroffene Absprachen angewendet, sofern die geänderten Leitlinien für die beteiligten Unternehmen günstiger sind; Einzelheiten bei *Schröter* in: Groeben/Thiesing/Ehlermann, Kommentar zum EU-/EG-Vertrag, Art. 85 Rn. 186 ff.

[276] Zu den Einzelheiten s. auch die Mitteilung der Kommission über die Änderung ihrer Bekanntmachung vom 03.09.1986 betreffend Vereinbarungen von geringer Bedeutung, ABl. 1997 Nr. C 29, S. 3.

[277] S. Rn. 1, 3 und 7 der Bekanntmachung, ABl. 1997 Nr. C 372, S. 13 f.

[278] EuGH, Urt. v. 9.7.1969, Rs. 5/69, Slg. 1969, 295 (302) - Völk/Vervaecke.

[279] Vgl. EuGH, Urt. v. 25.11.1971, Rs. 22/71, Slg. 1971, 949 (960) - Béguelin/S.A.G.L.

men von weniger als 1 % eine spürbare Beeinträchtigung regelmäßig zu verneinen[280], bei addierten Marktanteilen von mehr als 5 % dagegen in aller Regel zu bejahen[281].
Dem Merkmal der Spürbarkeit dürfte allerdings bei Umweltvereinbarungen auf Gemeinschaftsebene grundsätzlich keine große Bedeutung zukommen, da ja typischerweise alle oder jedenfalls die meisten Unternehmen der entsprechenden Branche mit Sitz in der EG an dem Abkommen beteiligt sind und damit der Marktanteil von 5 bzw. 10 % stets überschritten sein dürfte.

e) Zusammenfassung

Festzuhalten bleibt an dieser Stelle zunächst, daß Umweltvereinbarungen ein beträchtliches wettbewerbsgefährdendes Potential mit sich führen. Dies kann in dieser Arbeit zwar nicht abschließend gewürdigt werden, da es insofern einer Untersuchung des jeweiligen Einzelfalls bedarf. Dargelegt wurde aber, daß viele umweltschutzbezogene Unternehmenskooperationen unter das Kartellverbot fallen können, weil die Tatsache, daß die Vereinbarungen Umweltschutzzwecken dienen, bei der Subsumtion unter den Tatbestand des Art. 81 Abs. 1 EGV ohne Berücksichtigung bleiben muß. Damit greift aber grundsätzlich die Rechtsfolge des Art. 81 Abs. 2 EGV ein, wonach die unter das Kartellverbot fallenden Umweltvereinbarungen nichtig sind.

3. Berücksichtigung ökologischer Gesichtspunkte im Rahmen des Kartellverbotstatbestands

Angesichts dieses Ergebnisses stellt sich nun die Frage, ob nicht auch Gesichtspunkte des Umweltschutzes eine Rolle spielen müßten, damit das Kartellrecht die von Staat und Wirtschaft gemeinsam unternommenen umweltschützenden Bemühungen nicht vollständig unterläuft – also ob der Kartellverbotstatbestand durch eine Berücksichtigung von Umweltschutzgesichtspunkten eingeschränkt werden kann. Schon die Zulässigkeit einer solchen Einbeziehung ist Gegenstand vieler Kontroversen im kartell- und umweltrechtlichen Schrifttum. Hierzu ist zunächst festzuhalten, daß das im Gemeinschaftsrecht nicht geregelte Verhältnis von Umweltrecht und Wettbewerb im einzelnen umstritten ist[282].
Erstmals wurde der Umweltschutz durch die Einheitliche Europäische Akte mit der Normierung der Querschnittsklausel in ex-Art. 130r Abs. 2 EGV auch in das Wettbewerbsrecht der

---

[280] Vgl. EuGH, Urt. v. 1.2.1978, Rs. 19/77, Slg. 1978, 131 (149) - Miller, unter Hinweis auf EuGH, Urt. v. 9.7.1969, Rs. 5/69, Slg. 1969, 295 (302) - Völk/Vervaecke; EuGH, Urt. v. 6.5.1971, Rs. 1/71, Slg. 1971, 351 (356) - Cadillon/Höss.
[281] EuGH, Urt. v. 1.2.1978, Rs. 19/77, Slg. 1978, 131 (148 f.) - Miller; EuGH, Urt. v. 25.10.1983, Rs. 107/82, Slg. 1983, 3151 (3201) - AEG Telefunken.
[282] S. bereits die einleitende Darstellung zu § 6 C. Ausführlich zum Ganzen *Ehle*, Die Einbeziehung des Umweltschutzes in das Europäische Kartellrecht, S. 24 ff.

EG einbezogen[283]. Mit dem Amsterdamer Vertrag ist die Querschnittsklausel nunmehr verändert in Art. 6 EGV wiederzufinden. Dort ist ausdrücklich geregelt, daß die Erfordernisse des Umweltschutzes bei der Festlegung und Durchführung der in Art. 3 EGV genannten Gemeinschaftspolitiken und -maßnahmen insbesondere zur Förderung einer nachhaltigen Entwicklung einbezogen werden müssen. Insofern führt die Querschnittsklausel die Notwendigkeit vor Augen, daß der Umweltschutz auch in die Wettbewerbspolitik Eingang finden und damit bei Art. 81 EGV berücksichtigt werden muß[284].

Allerdings sieht Art. 81 EGV selbst eine Einbeziehung des Umweltschutzes nicht ausdrücklich vor. Insofern ist nun zu untersuchen, ob die Nichtigkeitsfolge des Art. 81 Abs. 2 EGV möglicherweise bereits durch Auslegung bzw. Reduktion des Tatbestandes oder erst durch eine Freistellungsentscheidung nach Abs. 3 im Hinblick auf Gesichtspunkte des Umweltschutzes eingeschränkt werden kann. Dabei geht es letztlich um den Ausgleich der widerstreitenden Interessen zwischen Umweltschutz und Wettbewerb, mit dem beiden Anliegen Rechnung getragen werden soll, weil sich weder ein Vorrang des einen noch des anderen Bereichs begründen läßt[285].

a) Reduktion des Kartellverbots durch ökologische Gesichtspunkte

Wortlaut, Entstehungsgeschichte, Zweck und Systematik des Art. 81 EGV zeigen auf den ersten Blick keine Möglichkeit der Einbeziehung von Umweltschutzbelangen im Rahmen der Prüfung eines Kartellverbots. Gleichwohl wird im Schrifttum eine Reduktion der Norm im Hinblick auf ein umweltrechtliches Kartellprivileg diskutiert[286]. In diesem Zusammenhang wird zum einen erwogen, innerhalb des Tatbestandsmerkmals „wettbewerbsbeschränkende Wirkung" Aspekte des Umweltschutzes zu berücksichtigen, indem „gemeinwohlfördernde" Verhaltensweisen nicht vom Kartellverbot des Art. 81 Abs. 1 EGV erfaßt werden sollen[287]. Dieser Ansatz ist allerdings schon deshalb abzulehnen, weil dadurch die Abwägungsentscheidung von Art. 81 Abs. 3 EGV auf Art. 81 Abs. 1 EGV verlagert würde[288].

Zum anderen wird überlegt, ob sich die „Cassis-de-Dijon"-Rechtsprechung des EuGH[289] zur Privilegierung umweltschützender Maßnahmen im Rahmen des Art. 28 EGV auf die Wettbe-

---

[283] Dort hieß es: „Die Erfordernisse des Umweltschutzes sind Bestandteil der anderen Politiken der Gemeinschaft." Nach der durch den Vertrag von Maastricht neu geregelten Klausel mußten die Erfordernisse des Umweltschutzes bei der Festlegung und Durchführung anderer Gemeinschaftspolitiken einbezogen werden.

[284] Diese Einbeziehung ist allgemein anerkannt; s. nur *Scheuing*, Umweltschutz auf der Grundlage der Einheitlichen Europäischen Akte, EuR 1989, S. 152 (176); *Krämer*, Grundrecht auf Umwelt und Gemeinschaftsrecht, EuGRZ 1988, S. 285 (288 f.).

[285] S. nur *Kloepfer*, Umweltschutz als Kartellprivileg, JZ 1980, S. 781 f.

[286] S. nur die Übersicht bei *Paschke*, Umweltschutz und Wettbewerb aus kartellrechtlicher Sicht, UTR 38 (1997), S. 35 (49 ff.) zu den verschiedenen Ansätzen einer Tatbestandsrestriktion im deutschen Recht.

[287] Hierzu *Schießl*, EG-kartellrechtliche Anforderungen an die europäischen Normungsorganisationen CEN, CENELEC und ETSI, S. 68 ff.

[288] S. hierzu auch *Becker-Schwarze*, Steuerungsmöglichkeiten des Kartellrechts bei umweltschützenden Unternehmenskooperationen, S. 232 f., die die Unterschiede zur europäischen Normung herausstellt.

[289] EuGH, Urt. v. 20.2.1979, Rs. 120/78, Slg. 1979, S. 649 ff. - Cassis de Dijon.

werbsregeln der Art. 81 ff. EGV übertragen läßt[290]. Im Hinblick auf Belange des Umweltschutzes hat der EuGH in der sog. „Pfandflaschen"-Entscheidung entschieden, daß der Umweltschutz ein zwingendes Erfordernis im Sinne der „Cassis-de-Dijon"-Rechtsprechung darstelle, so daß ein Handelshemmnis hinzunehmen sei[291]. Eine solche der Cassis-de-Dijon-Rechtsprechung vergleichbare Entscheidung des EuGH gibt es für das Kartellverbot des Art. 81 EGV zwar nicht. Da aber sowohl Art. 28 EGV als auch das Kartellverbot letztlich auf die Sicherung des freien Warenverkehrs im Binnenmarkt gerichtet sind, könnte sich die Rechtsprechung des EuGH zu Art. 28 EGV – etwa im Wege der Analogie – auf Art. 81 EGV übertragen lassen. Dafür spricht, daß es auch bei Art. 81 Abs. 1 EGV an einer ausdrücklichen Regelung der Einbeziehung des Umweltschutzes fehlt und beide Normen aufgrund ihrer Formulierung einen weiten Anwendungsbereich erkennen lassen[292]. Dem läßt sich indes entgegenhalten, daß sich die Vorschriften erstens an unterschiedliche Adressaten richten – nämlich Art. 28 ff. EGV an die Mitgliedstaaten und Art. 81 ff. EGV an die Unternehmen[293] – und zweitens die Rechtsprechung des EuGH speziell für die Besonderheiten des Art. 28 EGV entwickelt wurde. Insofern sprechen insbesondere verfahrensrechtliche Gründe gegen eine Übertragung, da bei Art. 28 EGV – anders als bei Art. 81 EGV – nicht die Notwendigkeit einer formellen Freistellung besteht, sondern das Verbot durch eine Legalausnahme gem. Art. 30 EGV ohne vorangehende Entscheidung der Kommission eingeschränkt wird. Demgegenüber kommt der Kommission aufgrund der Regelung in Art. 81 Abs. 3 EGV in Verbindung mit Art. 9 der Verordnung Nr. 17[294] bei der Freistellung eine bedeutende Rolle zu, so daß eine Restriktion entsprechend der „Cassis-de-Dijon"-Judikatur die Aufgabenteilung zwischen der Kommission und den Gerichten wesentlich verändern würde[295]. Eine solche Absage an die alleinige Freistellungskompetenz der Kommission wird zwar von einigen Stimmen in der Literatur für

---

[290] S. nur *Ehle*, Die Einbeziehung des Umweltschutzes in das Europäische Kartellrecht, S. 110 f.; *von Bernuth*, Umweltschutzfördernde Unternehmenskooperationen und das Kartellverbot des Gemeinschaftsrechts, S. 140 ff.; *Frenz*, Nationalstaatlicher Umweltschutz und EG-Wettbewerbsfreiheit, S. 58 ff.; *Steinbeck*, Umweltvereinbarungen und europäisches Wettbewerbsrecht, WuW 1998, S. 554 (561).

[291] EuGH, Urt. v. 20.9.1988, Rs. 302/86, Slg. 1988, S. 4607 (4630) - Dänische Pfandflaschen. Die dogmatische Einordnung ist indes unklar: Der EuGH geht insoweit davon aus, daß die zwingenden Erfordernisse schon den Tatbestand des Art. 28 EGV einschränken. In der Literatur ist die dogmatische Einordnung der zwingenden Erfordernisse als tatbestandsausschließende Gründe teilweise auf Kritik gestoßen; insofern wird auch von einer immanenten Schranke des Art. 28 EGV oder von Art. 30 EGV ergänzenden Rechtfertigungsgründen gesprochen, s. hierzu auch *von Bernuth*, Umweltschutzfördernde Unternehmenskooperationen und das Kartellverbot des Gemeinschaftsrechts, S. 141; *Epiney* in: Calliess/Ruffert, Kommentar zu EU-Vertrag und EG-Vertrag, Art. 28 Rn. 21, 32.

[292] Auch die Rechtsprechung des EuGH hat den Anwendungsbereich beider Normen weit gefaßt: s. nur die Dassonville-Rechtsprechung zu Art. 28 EGV (EuGH, Urt. v. 11.7.1974, Rs. 8/74, Slg. 1974, S. 837 (852) - Dassonville) und die Rechtsprechung zur Zwischenstaatlichkeitsklausel des Art. 81 Abs. 1 EGV.

[293] *Ehle*, Die Einbeziehung des Umweltschutzes in das Europäische Kartellrecht, S. 110 f. S.a. *Frenz*, Nationalstaatlicher Umweltschutz und EG-Wettbewerbsfreiheit, S. 58 f., der auch staatliche Maßnahmen dem Anwendungsbereich der Art. 81, 82 EGV unterstellt und insoweit eine Übertragbarkeit der Rechtsprechung des EuGH zu Art. 28 EGV bejaht.

[294] Verordnung Nr. 17: Erste Durchführungsverordnung zu den Artikeln 81 und 82 des Vertrages, ABl. 1962 Nr. 13, S. 204; ABl. 1999 Nr. L 148, S. 5.

[295] *Von Bernuth*, Umweltschutzfördernde Unternehmenskooperationen und das Kartellverbot des Gemeinschaftsrechts, S. 143 f.

wünschenswert gehalten[296]; eine Übertragung der Cassis-de-Dijon-Rechtsprechung ist aber im Hinblick auf die geltende Rechtslage keine geeignete Lösung.
Im Ergebnis ist daher eine Reduktion des Kartellverbots durch ökologische Gesichtspunkte etwa aufgrund des auf den Umweltschutz zielenden Zwecks oder einer Analogie zur Cassis-de-Dijon-Rechtsprechung abzulehnen.

b) Umweltpolitische „Rule of reason"

Ansätze einer ökologischen Reduktion des Kartellverbots finden sich weiter im Hinblick auf die sog. „rule of reason", die ihren Ursprung im angloamerikanischen Recht und speziell im deutschen Schrifttum wiederholt Beachtung gefunden hat[297]. Im US-amerikanischen Recht folgt aus der kartellrechtlichen Ausgangsnorm Section 1 Sherman Act von 1890 ein generelles und ausnahmsloses Kartellverbot, welches sich in der Praxis nicht so rigoros durchsetzen ließ, so daß die Rechtsprechung gewisse Ausnahmen zulassen mußte. Um den Verbotstatbestand in „vernünftiger Weise" einzuschränken, ist eine Berücksichtigung aller für den konkreten Fall auf dem betroffenen Markt bedeutsamen Umstände vorzunehmen und sind danach lediglich „unvernünftige" Wettbewerbsbeschränkungen zu verbieten („rule of reason")[298].
Die kontroverse Diskussion über eine Übertragung dieser Regel auf das europäische Kartellrecht soll hier nicht im einzelnen dargestellt werden, da jedenfalls wettbewerbsfremde Aspekte – also auch Belange des Umweltschutzes – keine Berücksichtigung innerhalb dieses Rechtsinstituts finden[299]. Zwar hat auch der EuGH vereinzelt Restriktionen des weit gefaßten Kartellverbots anerkannt, ohne auf die Freistellung gem. Art. 81 Abs. 3 EGV zu verweisen. Dabei handelte es sich indes um wettbewerbliche Erwägungen und nicht vorrangig um außerwettbewerbliche Ziele wie den Umweltschutz[300]. Auch ist die „rule of reason" gerade kein Rechtfertigungsgrund für wettbewerbsbeschränkende Verhaltensweisen, sondern dient allein

---

[296] Z.B. *Wolf/Fink*, Mit der Verordnung Nr. 17 ins nächste Jahrtausend, WuW 1994, S. 289 ff. S.a. das Weißbuch über die Modernisierung der Vorschriften zur Anwendung der Art. 85 und 86 EG-Vertrag, KOM(1999) 101 endg. = ABl. 1999 Nr. C 132, wonach die Kommission im Rahmen einer Kartellrechtsreform die Anwendung der Wettbewerbsregeln verstärkt auf die Behörden und Gerichte der Mitgliedstaaten verlagern will.
[297] S. nur *von Bernuth*, Umweltschutzfördernde Unternehmenskooperationen und das Kartellverbot des Gemeinschaftsrechts, S. 129 ff.; s.a. *Schröter* in: Groeben/Thiesing/Ehlermann, Kommentar zum EU-/EG-Vertrag, Art. 85 Abs. 1 Rn. 82 m.w.N.
[298] Ausführlich hierzu *Ulmer*, Rule of Reason im Rahmen von Artikel 85 EWGV, RIW 1985, S. 517 (519 f.); *Bahntje*, Wettbewerbsbeschränkung und Wettbewerbsermöglichung, WuW 1993, S. 825 (830 f.).
[299] So die ganz überwiegende Meinung, s. nur *Kloepfer*, Umweltschutz als Kartellprivileg?, JZ 1980, S. 781 (786); *Pernice*, Rechtlicher Rahmen der europäischen Unternehmenskooperation im Umweltbereich unter besonderer Berücksichtigung von Art. 85 EWGV, EuZW 1992, S. 139 (141); *Di Fabio*, Selbstverpflichtungen der Wirtschaft - Grenzgänger zwischen Freiheit und Zwang, JZ 1997, S. 969 (974); *Dieckmann*, Europäisches Kartellrecht und kooperative Rücknahme- und Verwertungssysteme, in: BDI-Drucksache Nr. 291, Kartellrecht und Umweltschutz, S. 55 (56); *Ehle*, Die Einbeziehung des Umweltschutzes in das Europäische Kartellrecht, S. 114 f. m.w.N.
[300] Vgl. *von Bernuth*, Umweltschutzfördernde Unternehmenskooperationen und das Kartellverbot des Gemeinschaftsrechts, S. 129 ff., 140, der die Rechtsprechung des EuGH insoweit einer genauen Untersuchung unterzogen hat.

der Tatbestandsbestimmung einer Wettbewerbsbeschränkung[301], wodurch die Berücksichtigung wettbewerblicher Vorteile einer Vereinbarung ermöglicht werden soll.
Damit kann aber auch eine Übertragung der „rule of reason" auf das europäische Kartellrecht im Ergebnis nicht dazu führen, daß Aspekte des Umweltschutzes den Kartellverstoß entfallen lassen. Eine Einbeziehung ökologischer Belange im Rahmen des Art. 81 Abs. 1 EGV kommt daher unter keinen Umständen in Betracht.

c) Zwischenergebnis

Nach alledem läßt sich folglich kein ökologisches Kartellprivileg rechtfertigen, so daß für eine Einschränkung des Kartellverbots außerhalb der ausdrücklichen Freistellungsmöglichkeiten nach Art. 81 Abs. 3 EGV kein Raum ist. Dies entspricht im wesentlichen der Praxis der Europäischen Kommission bei der Anwendung des Art. 81 Abs. 1 EGV auf umweltschutzrelevante Vereinbarungen[302]. Daran vermag auch die Querschnittsklausel des Art. 6 EGV nichts zu ändern, wonach die Erfordernisse des Umweltschutzes zwar bei der Festlegung und Durchführung der in Art. 3 EGV genannten Gemeinschaftspolitiken einzubeziehen sind. Die Verbotsvorschrift des Art. 81 Abs. 1 EGV selbst räumt insoweit aber keinen Spielraum für ein entsprechendes Tätigwerden ein. Läßt damit Art. 81 Abs. 1 EGV also keinen Platz für umweltpolitische Erwägungen, so sind die kartellrechtswidrigen Vereinbarungen gem. Art. 81 Abs. 2 EGV von Anfang an nichtig. Ob es aber für Umweltvereinbarungen auf Gemeinschaftsebene bei dieser Nichtigkeitsfolge bleiben muß, kann erst die nachfolgende Untersuchung der Freistellungsmöglichkeiten nach Art. 81 Abs. 3 EGV abschließend klären, da das strenge Kartellverbot des Abs. 1 unter bestimmten Voraussetzungen für nicht anwendbar erklärt werden kann[303].

4. Freistellung nach Art. 81 Abs. 3 EGV

Im Rahmen des Art. 81 Abs. 3 EGV können sich Auswege zur Lösung des Konfliktpotentials zwischen Umweltschutz und Wettbewerb dadurch ergeben, daß bei der Freistellungsentscheidung ökologische Gesichtspunkte an Bedeutung gewinnen. Die Freistellungsmöglichkeiten fußen auf dem Gedanken, daß wettbewerbsbeschränkende Vereinbarungen, die mit besonders positiven Wirkungen verbunden sind, ausnahmsweise vom Kartellverbot des Art. 81 Abs. 1 EGV befreit werden können. Insofern handelt es sich grundsätzlich um ein Verbot mit be-

---

[301] *Brinker/Horak*, Umweltschutz und Wettbewerb, in: Rengeling (Hrsg.), EUDUR, Bd. II, § 81 Rn. 28.
[302] Dazu nachfolgend unter 4.b).
[303] Im Falle mitgliedstaatlicher Umweltvereinbarungen ist allerdings schon fraglich, ob derartige Vereinbarungen, die unter Mitwirkung staatlicher Stellen ergangen sind, überhaupt angemeldet werden und sich die weitere Frage der Freistellung womöglich gar nicht stellt; vgl. hierzu *Krämer*, Die Integrierung umweltpolitischer Erfordernisse in die gemeinschaftliche Wettbewerbspolitik, in: Rengeling (Hrsg.), Umweltschutz und andere Politiken der Europäischen Gemeinschaft, S. 47 (58).

schränkten Ausnahmemöglichkeiten[304], auch wenn dieses Prinzip z.B. durch die Möglichkeit der rückwirkenden Freistellung (vgl. Art. 6 der Verordnung Nr. 17) durchbrochen wird. Systematisch und sachlich bilden die Absätze 1 und 3 des Art. 81 eine Einheit, so daß die Kommission ein Verbot nach Abs. 1 erst dann aussprechen kann, wenn sie zuvor die Möglichkeiten einer Freistellung geprüft und diese verneint hat[305].

Dabei kann die Kommission – neben der Gruppenfreistellung, deren Erlaß der gem. Art. 83 Abs. 1, 2 lit. b) EGV an sich zuständige Rat regelmäßig der Kommission überträgt – nach Art. 81 Abs. 3 EGV iVm. Art. 9 der Verordnung Nr. 17 die Bestimmungen des Art. 81 Abs. 1 EGV im Einzelfall für nicht anwendbar erklären. Dabei regeln Gruppenfreistellungen in Form einer Verordnung die Fälle, die zwar dem Kartellverbot nach Art. 81 Abs. 1 EGV unterliegen, aber typischerweise die Freistellungsvoraussetzungen erfüllen[306]. Da eine besondere Gruppenfreistellung für Umweltvereinbarungen auf Gemeinschaftsebene nicht existiert – und auch zukünftig angesichts der vielfältigen Erscheinungsformen und der daraus resultierenden Unmöglichkeit einer allgemeingültigen Typisierung nicht erfolgen wird –, soll im folgenden lediglich auf die Voraussetzungen für eine Einzelfreistellung eingegangen werden.

Auch hierbei kann keine generelle Aussage getroffen werden; es soll aber untersucht werden, ob sich Anhaltspunkte für eine umweltschutzbedingte Freistellung erarbeiten lassen. Diese sind insofern auch von wesentlicher Bedeutung, weil den betroffenen Unternehmen die Darlegungslast für das Vorliegen der Freistellungsvoraussetzungen obliegt[307].

a) Voraussetzungen einer Einzelfreistellung

Nachfolgend ist also aufzuzeigen, ob und unter welchen Bedingungen die Freistellung für eine wettbewerbsbeschränkende Umweltvereinbarung möglich ist.

Eine Einzelfreistellung zieht die Kommission dann in Betracht, wenn nicht bereits eine Gruppenfreistellung diese Vereinbarung erfaßt[308] und neben den förmlichen Voraussetzungen die in

---

[304] Dazu bereits in der einleitenden Darstellung zu den kartellrechtlichen Anforderungen; s.a. *Schröter* in: Groeben/Thiesing/Ehlermann, Kommentar zum EU-/EG-Vertrag, Art. 85 Abs. 3 Rn. 242.

[305] S. nur EuGH, Urt. v. 6.4.1962, Rs. 13/61, Slg. 1962, 97 (112 f.) - Bosch; EuGH, Urt. v. 28.2.1991, Rs. C-234/89, Slg. 1991, I-935 (993) - Delimitis.

[306] S. insbesondere die Verordnung Nr. 2790/1999 der Kommission v. 22.12.1999 über die Anwendung von Art. 81 Abs. 3 des Vertrags auf Gruppen von vertikalen Vereinbarungen und aufeinander abgestimmte Verhaltensweisen, ABl. 1999 Nr. L 336, S. 21. Ein weiteres Beispiel ist die Gruppenfreistellung für Forschungs- und Entwicklungsvereinbarungen (GVO 418/85), ABl. 1985, Nr. L 53, S. 5, deren Geltung bis zum 31.12.2000 verlängert wurde, ABl. 1997 Nr. L 306, S. 12. S.a. die weiteren Nachweise bei *Weiß* in: Calliess/Ruffert, Kommentar zu EU-Vertrag und EG-Vertrag, Art. 81 Rn. 165. Aufgrund der Summe solcher Gruppenfreistellungen wird das Kartellverbot des EGV merklich modifiziert; *Oppermann*, Europarecht, Rn. 1038.

[307] St. Rspr. des EuGH, s. nur EuGH, Urt. v. 11.7.1985, Rs. 42/84, Slg. 1985, 2545 (2578) - Remia. S.a. *Weiß* in: Calliess/Ruffert, Kommentar zu EU-Vertrag und EG-Vertrag, Art. 81 Rn. 152.

[308] Auch wenn keine besondere Gruppenfreistellungsverordnung für Umweltvereinbarungen existiert, so können Umweltvereinbarungen u.U. im Einzelfall doch auch ohne besondere Berücksichtigung ökologischer Aspekte einer Gruppenfreistellung unterfallen; ausführlich zu den Gruppenfreistellungen *Ehle*, Die Einbeziehung des Umweltschutzes in das Europäische Kartellrecht, S. 128 ff.

Art. 81 Abs. 3 EGV abschließend[309] aufgezählten vier kumulativen materiellrechtlichen Voraussetzungen erfüllt sind. Werden diese Freistellungsvoraussetzungen durch eine Vereinbarung, einen Beschluß oder eine abgestimmte Verhaltensweise eingehalten, so haben die beteiligten Unternehmen grundsätzlich einen Anspruch auf Erteilung der Freistellungserklärung[310]. Die Freistellung wird allerdings nur für einen bestimmten Zeitraum erteilt und kann mit Auflagen und Bedingungen versehen werden[311]. Zu berücksichtigen ist weiter, daß die Kommission bei der Freistellungsentscheidung über einen weiten Beurteilungsspielraum verfügt[312], da die einzelnen Voraussetzungen in Art. 81 Abs. 3 EGV nur sehr allgemein umschrieben sind. Deshalb beschränkt sich die gerichtliche Prüfung auf die Kontrolle der von der Kommission zugrundegelegten Tatsachen und deren Subsumtion unter die geltenden Rechtsbegriffe; d.h., geprüft wird in erster Linie die Begründung der kartellbehördlichen Entscheidung, aus der hervorgehen muß, welche Fakten und Erwägungen für die jeweiligen Wertungen entscheidend waren[313]. Aufgehoben wird eine Entscheidung der Kommission aber etwa bei der Verletzung von Verfahrensvorschriften, unzutreffender Tatsachenfeststellung oder fehlerhafter Würdigung des Sachverhalts.

Damit die Kommission aber überhaupt eine Freistellung vom Kartellverbot erteilen kann, müssen zunächst die förmlichen Voraussetzungen vorliegen, die sich der Verordnung Nr. 17 entnehmen lassen. Dies erfordert grundsätzlich die Anmeldung der Vereinbarung bei der Kommission[314], worin regelmäßig der Freistellungsantrag enthalten ist[315]. Mit dieser Anmeldung tritt dann ein Schwebezustand ein, der durch die nachfolgende Entscheidung der Kommission im Sinne einer von Anfang bestehenden Wirksamkeit oder Nichtigkeit beendet wird. Sobald sich die Kommission aufgrund des Freistellungsantrags der beteiligten Unternehmen mit der Sache befaßt, prüft sie die Anwendbarkeit des Art. 81 Abs. 3 EGV auf die jeweilige

---

309 *Ehle*, Die Einbeziehung des Umweltschutzes in das Europäische Kartellrecht, S. 135 ff., geht der Frage einer Ergänzung der Freistellungsvoraussetzungen hinsichtlich einer ökologischen Komponente nach, lehnt eine solche im Ergebnis aber ab.

310 S. bereits EuGH, Urt. v. 13.7.1966, verb. Rs. 56 u. 58/64, Slg. 1966, 321 (399) - Consten und Grundig; s.a. EuG, Urt. v. 12.7.1991, T-23/90, Slg. 1991, II-653 (668) - Peugeot. Das Wort „können" in Art. 81 Abs. 3 EGV enthält keine Ermessensentscheidung, sondern lediglich die Ermächtigung der Durchsetzung der Ausnahme vom Kartellverbot; s. nur *Schröter* in: Groeben/Thiesing/Ehlermann, Kommentar zum EU-/EG-Vertrag, Art. 85 Abs. 3 Rn. 243.

311 Ausführlich *Schröter* in: Groeben/Thiesing/Ehlermann, Kommentar zum EU-/EG-Vertrag, Art. 85 Abs. 3 Rn. 272 ff.

312 Statt vieler *Streinz*, Europarecht, Rn. 821.

313 S. EuGH, Urt. v. 25.10.1977, Rs. 26/76, Slg. 1977, 1875 (1906 ff.) - Metro/Saba.

314 Art. 4 Abs. 1, 5 Abs. 1 der Verordnung Nr. 17. Zu den Einzelheiten der Anmeldung s. die Verordnung Nr. 3385/94 der Kommission vom 21.12.1994 über die Form, den Inhalt und die anderen Einzelheiten der Anträge und Anmeldungen nach der Verordnung Nr. 17 des Rates, ABl. 1994 Nr. L 377, S. 28. Eine Befreiung von der Anmeldung ist in Art. 4 Abs. 2 und Art. 5 Abs. 2 der Verordnung Nr. 17 insbesondere für vertikale Vereinbarungen vorgesehen; s. hierzu die Änderung der Verordnung Nr. 17, ABl. 1999 Nr. L 148, S. 5 f. Die Kommission strebt allerdings eine Änderung dieses Genehmigungssystems an; s. das Weißbuch über die Modernisierung der Vorschriften zur Anwendung der Art. 85 und 86 EG-Vertrag, KOM(1999) 101 endg. = ABl. 1999 Nr. C 132.

Absprache. Die Unternehmen müssen während des Freistellungsverfahrens die entsprechenden Beweise und erforderlichen Tatsachen für die Freistellungsfähigkeit liefern, die dann von der Kommission auf ihre Richtigkeit und Vollständigkeit hin überprüft werden[316].
In materiellrechtlicher Hinsicht handelt es sich um zwei positive und zwei negative Voraussetzungen: Zum einen muß die geplante Vereinbarung positiv „unter angemessener Beteiligung der Verbraucher an dem entstehenden Gewinn zur Verbesserung der Warenerzeugung oder -verteilung oder zur Förderung des technischen oder wirtschaftlichen Fortschritts beitragen". Zum anderen dürfen den beteiligten Unternehmen weder Beschränkungen auferlegt werden, die für die genannten angestrebten Ziele „nicht unerläßlich sind", noch die Möglichkeit eröffnet werden, den Wettbewerb „für einen wesentlichen Teil der betreffenden Waren" auszuschalten.
Inwiefern bei diesen genannten Freistellungsvoraussetzungen überhaupt eine Berücksichtigung ökologischer Belange möglich ist, soll zunächst anhand der Praxis der Kommission, wie sie in ihren Wettbewerbsberichten und Entscheidungen zum Ausdruck kommt, untersucht werden.

b) Die Freistellungspraxis der Kommission

Die Möglichkeit einer Freistellung aufgrund der Berücksichtigung spezieller Umweltschutzaspekte wurde von der Kommission bereits im XXII. Bericht über die Wettbewerbspolitik (kurz: Wettbewerbsbericht) für das Jahr 1992 nicht ausgeschlossen[317]. Dabei erkannte die Kommission bereits, daß der Beitrag der Wettbewerbsvorschriften zum Umweltschutz an Bedeutung gewinnen würde und prognostizierte für diesen Bereich eine Entwicklung der Entscheidungspraxis der Kommission.
Im XXIII. Wettbewerbsbericht stellte die Kommission weitergehend fest, daß der Wortlaut des Art. 81 Abs. 3 EGV zwar nicht verändert worden sei, die Ziele der übrigen Politikbereiche – namentlich des Umweltschutzes – aber berücksichtigt werden könnten, dies allerdings nur dann, wenn die vier Bedingungen des Abs. 3 erfüllt sind[318].
Konkreter umriß die Kommission die Grundlinien ihrer Entscheidungspraxis im Hinblick auf die Anwendung der Wettbewerbsvorschriften auf freiwillige Vereinbarungen im Bereich der Umwelt und des Umweltschutzes im XXV. Wettbewerbsbericht[319]. Darin unterstreicht sie ausdrücklich, bei ihrer Bewertung der Einzelfälle die in einer Vereinbarung enthaltenen Wettbewerbsbeschränkungen gegen deren Umweltziele abzuwägen und dabei den Verhältnismä-

---

[315] Ausführlich zu hierzu *Schröter* in: Groeben/Thiesing/Ehlermann, Kommentar zum EU-/EG-Vertrag, Art. 85 Abs. 3 Rn. 247.
[316] Vgl. EuGH, Urt. 15.5.1975, Rs. 71/74, Slg. 1975, 563 (585) - Frubo; EuGH, Urt. v. 11.7.1985, Rs. 42/84, Slg. 1985, 2545 (2578) - Remia.
[317] KOM(93) 162 endg., S. 1 (47 f.).
[318] KOM(94) 161 endg., S. 1 (46).
[319] KOM(96) 126 endg., S. 1 (31 f.).

ßigkeitsgrundsatz im Rahmen des Freistellungstatbestandes nach Art. 81 Abs. 3 anzuwenden. Weiter stuft die Kommission die Verbesserung der Umwelt konkret als ein Element ein, „das zu Stärkung der Produktion oder der Verteilung und zur Förderung des wirtschaftlichen und technischen Fortschritts beiträgt".
Im XXVIII. Wettbewerbsbericht aus dem Jahre 1998 bezieht sich die Kommission im wesentlichen nur auf diese Aussagen des XXV. Berichts über die Wettbewerbspolitik und betont die Bestimmung des Art. 6 EGV, wonach der Umweltschutz in die Politiken der Gemeinschaft einbezogen werden muß, damit eine nachhaltige Entwicklung erreicht werden kann[320].

Wie die nachfolgend dargestellten Beispiele aus der Entscheidungspraxis der Kommission zeigen werden, hat dieses in den Wettbewerbsberichten zum Ausdruck kommende Konzept indes noch keine Konkretisierung erfahren, da verschiedene Freistellungsentscheidungen der letzten Jahre zwar einen Bezug zum Umweltschutz aufgewiesen und damit gezeigt haben, daß ökologische Aspekte bei der Saldierung der Vor- und Nachteile einer wettbewerbsbeschränkenden Vereinbarung berücksichtigt werden können, diese letztlich aber nicht zur Gestaltung verallgemeinerungsfähiger Leitlinien geeignet sind. Auf dem Prüfstand befanden sich allerdings oft Vereinbarungen in Form industrieller Kooperation, so daß der Umweltschutz bei der Freistellung z.T. nur am Rande eine Rolle gespielt hat. Dies hat sich in vier Freistellungsentscheidungen aus dem Jahr 1998 insofern geändert, als die Kommission Vereinbarungen zu prüfen hatte, die vorrangig auf Zwecke des Umweltschutzes abzielen. Nach einem Überblick über die vorangegangenen, den Umweltschutz nur beiläufig betreffenden Entscheidungen soll daher im folgenden der Schwerpunkt auf diese Fälle gelegt werden.

In einer der ersten Umweltschutzaspekte betreffenden Entscheidung der Kommission zu dem von belgischen Unternehmen im Rahmen einer Vereinbarung geschaffenen Umweltzeichen NAVEWA-ANSEAU von 1981 wurden ökologische Aspekte nahezu ignoriert und die Freistellungsfähigkeit verneint[321].
Berücksichtigt wurde der Umweltschutz erstmals im Jahre 1983, indem die Kommission ihn als Vorteil bei einer Freistellung heranzog[322]. Die verstärkte Umweltfreundlichkeit war allerdings nicht der tragende Grund, sondern wurde lediglich als ein Beitrag zur Verbesserung der Warenerzeugung oder -verteilung bzw. Förderung des technischen oder wirtschaftlichen Fortschritts angesehen. Diesen Gedanken führte die Kommission in der Entscheidung BBC Brown Boveri[323] fort.
In einer Entscheidung aus dem Jahr 1990 erwähnte die Kommission ökologische Gesichtspunkte am Rande der Prüfung der angemessenen Beteiligung der Verbraucher am entstehen-

---

[320] XXVIII. Wettbewerbsbericht, S. 1 (47).
[321] Kommission, Entscheidung v. 17.12.1981, ABl. 1982 Nr. L 167, S. 39 (47 f.) - NAVEWA-ANSEAU.
[322] Kommission, Entscheidung v. 08.12.1983, ABl. 1983 Nr. L 376, S. 17 (19) - Carbon Gas Technologie.
[323] Kommission, Entscheidung v. 11.10.1988, ABl. 1988 Nr. L 301, S. 68 (72) - BBC Brown Boveri.

den Gewinn, da die Verbesserung der Gebrauchseigenschaften einer neuen Pumpe „im übrigen auch umweltfreundlich“ wirke und den Verbrauchern u.a. durch die Einsparung von Energie zugute komme[324]. Im gleichen Jahr lehnte die Kommission allerdings die Freistellung preisbindender Absprachen eines ökologischen Produkts trotz positiver umweltschützender Aspekte ab, weil sich die Vorteile für den Umweltschutz nicht unmittelbar auf die Absprache zurückführen ließen und diese damit für die Verbesserung der Warenerzeugung nicht unerläßlich sei[325]. Eine Pool-Vereinbarung zur gemeinsamen Rückversicherung industrieller und gewerblicher Umweltrisiken (Assurpol) stellte die Kommission dagegen frei, weil insofern der Beitrag zum technischen und wirtschaftlichen Fortschritt sowie zur Verbraucherbeteiligung (auch) im Hinblick auf ökologische Aspekte bejaht wurde[326].

Von größerer Bedeutung für die Frage der Einbeziehung ökologischer Aspekte bei der Freistellung nach Art. 81 Abs. 3 EGV war zunächst der Fall der VOTOB[327] – einer Vereinigung von Tanklagerungsunternehmen –, obgleich er ohne abschließende Entscheidung blieb. Dabei handelte es sich um einen Beschluß dieser Unternehmensvereinigung, ihre Preise um einen einheitlichen Betrag anzuheben und den Erhöhungsbetrag gegenüber den Kunden als Umweltabgabe zu deklarieren. Diese zusätzlichen Einnahmen sollten die Kosten von Investitionen zur Reduzierung der von den Tanks ausgehenden Emissionen decken; zu einer solchen Senkung hatte sich die VOTOB zuvor gegenüber der niederländischen Regierung in einer Absprache zur Verbesserung der Umweltschutzstandards verpflichtet. Nach den Ausführungen im XXII. Wettbewerbsbericht wertete die Kommission diese Umweltabgabe als verbindliche Preisbindung in fester Höhe, die eine Ausschaltung des Wettbewerbs bei diesem Preiselement zur Folge hätte und die unterschiedlichen Verhältnisse bei den einzelnen Mitgliedern unberücksichtigt lasse[328]. Entscheidend ist jedoch, daß die Kommission sich in diesem Zusammenhang allgemein zur Berücksichtigung ökologischer Aspekte bei einer Freistellungsentscheidung äußerte, indem sie erklärte, daß sie freiwillige Umweltschutzinitiativen begrüße, aber darüber wachen müsse, daß keine wettbewerbseinschränkenden Vereinbarungen, die über das zur Erreichung des Umweltschutzziels notwendige Maß hinausgehen, getroffen werden[329]. Auch betonte sie, daß sie im Prinzip keine Einwände dagegen hätte, „daß umweltverschmutzende Unternehmen Kosten von Umweltschutzinvestitionen auf die Kunden abwälzen, da dies

---

[324] Kommission, Entscheidung v. 12.12.1990, ABl. 1991 Nr. L 19, S. 25 (34) - KSB/Goulds/Lowara/ITT.
[325] Kommission, Entscheidung v. 19.12.1990, ABl. 1991 Nr. L 152, S. 54 (59) - ANSAC. S. hierzu auch *Ehle*, Die Einbeziehung des Umweltschutzes in das Europäische Kartellrecht, S. 143, der bei dieser Entscheidung die industriepolitische Zielsetzung im Vordergrund sieht, da es sich um eine Vereinigung amerikanischer Hersteller und damit der größten Konkurrenten der europäischen Industrie handelte.
[326] Kommission, Entscheidung v. 14.01.1992, ABl. 1992 Nr. L 37, S. 16 (22 f.) - Assurpol.
[327] KOM(93) 162 endg., S. 1 (108 ff.). Zum Fall VOTOB s.a. *Bock*, Umweltrechtliche Prinzipien in der Wettbewerbsordnung der Europäischen Gemeinschaft, EuZW 1994, S. 47 (51 f.).
[328] KOM(93) 162 endg., S. 1 (109).
[329] KOM(93) 162 endg., S. 1 (108).

auch bei den Kunden das Bewußtsein für Umweltprobleme und deren Folgen wecke"; dies dürfe jedoch nicht zu einer festen und einheitlichen Preiserhöhung führen[330].

Im Jahr 1993 hatte die Kommission dann verschiedene Unternehmensvereinbarungen von Abfallsammel- und Wiederverwertungssystemen zu beurteilen, die im Zusammenhang mit der Einhaltung von nationalen Gesetzen zum Verpackungsmüll stehen.
Im Fall der IFCO – einer von Lebensmittelhändlern gebildeten „International Fruit Container Organisation" – hatten Lebensmittelhändler ihre Obst- und Gemüsezulieferer darüber in Kenntnis gesetzt, daß sie „nach Möglichkeit nur in IFCO-Stiegen gelieferte Waren kaufen" würden[331]. Die IFCO übernimmt gegen Zahlung einer Gebühr die Herstellung, Lieferung, Rücknahme und Reinigung dieser Stiegen zwecks Wiederverwendung. Gegen dieses IFCO-System haben nationale und europäische Verbände der Hersteller von Karton- und Pappverpackungen sowie der Obst- und Gemüseerzeuger Beschwerde eingelegt. Im Verfahren erzielte die Kommission dann aber die Klarstellung, daß die Händler nicht allein IFCO-Stiegen akzeptieren, sondern daß es ihnen lediglich darum geht, die für ein sicheres Anlaufen des Wiederverwertungssystems für erforderlich gehaltenen Mindestmengen dieser Stiegen zu erreichen.
Im gleichen Jahr hatte die Kommission einen Mineralwasserflaschen-Fall zu entscheiden, in dem es um eine zwischen Wasserabfüllunternehmen geschlossene Vereinbarung zur Normierung von Flaschen ging[332]. Diese Normierung sollte einer neuen deutschen Rechtsvorschrift Rechnung tragen, wonach die Flaschen bei Fehlen eines Recyclingsystems wiederverwertbar sein müssen. Die Zugehörigkeit zu diesem Normflaschensystem sei nach Auffassung der Kommission de facto eine Notwendigkeit für den Zugang zum deutschen Markt. Die Kommission sah aufgrund der für nichtdeutsche Mineralwasserproduzenten diskriminierenden Zugangsbedingungen zu dem System deren Zutritt zum deutschen Markt ernsthaft behindert und erreichte eine Änderung des Systems.
Eine weitere Entscheidung der Kommission betraf eine Reihe von Vereinbarungen zwischen Chemieunternehmen des Exxon- und des Shell-Konzerns über Gründung, Finanzierung, Errichtung, Leitung und Betrieb eines Produktionsgemeinschaftsunternehmens zwischen einem französischen Unternehmen des Exxon-Konzerns und einem französischen Unternehmen des Shell-Konzerns[333]. Diese Vereinbarungen fielen zwar unter den Tatbestand des Art. 81 Abs. 1 EGV, erfüllten aber zugleich die Freistellungsvoraussetzungen des Abs. 3, wobei im Rahmen der Förderung des technischen und wirtschaftlichen Fortschritts auch berücksichtigt wurde, daß durch ein Gemeinschaftsunternehmen Gesundheits- und Umweltrisiken vermieden würden. Innerhalb der Vorteile für die Verbraucher führte die Kommission aus, daß auch bedacht

---

[330] KOM(93) 162 endg., S. 1 (110).
[331] S. die Nachweise im XXIII. Wettbewerbsbericht, KOM(94) 161 endg., S. 1 (96 f.).
[332] S. wiederum die Nachweise im XXIII. Wettbewerbsbericht, KOM(94) 161 endg., S. 1 (97).
[333] Kommission, Entscheidung v. 18.05.1994, ABl. 1994 Nr. L 144, S. 20.

werden sollte, „daß in einer Zeit, wo sich die Öffentlichkeit zunehmend der Begrenztheit der natürlichen Ressourcen und der der Umwelt drohenden Gefahren bewußt wird, viele Verbraucher in dem geringen Rohstoffeinsatz, dem verminderten Anfall von Plastikabfall und den geringeren Umweltrisiken positive Aspekte sehen werden“[334].

Aus jüngster Zeit stammen vier Fälle, in denen die Kommission bei der wettbewerbsrechtlichen Prüfung von Vereinbarungen Umweltaspekte positiv bewertet hat.
So stellte sie eine Vereinbarung der EACEM (European Association of Electronics Manufacturers) mit 16 ihrer Mitglieder, namhaften Herstellern von Fernsehgeräten und Videorecordern, frei[335], weil die mit dem Vorhaben einhergehenden Energieeinsparungen und Vorteile für die Umwelt neben dem technischen und wirtschaftlichen Fortschritt auch den Verbrauchern zugute kämen. Es handelt sich dabei um eine freiwillige Selbstverpflichtung zur Verringerung des Stromverbrauchs der Erzeugnisse im sog. „Standby-Betrieb“. Dabei hat die Kommission aber zugleich klargestellt, daß durch die Vereinbarung der Wettbewerb in den betroffenen Märkten nicht ausgeschaltet würde und die damit verbundenen Wettbewerbseinschränkungen für die vollständige Erreichung der angestrebten Ziele unerläßlich seien.
Besondere Beachtung verdient auch die Entscheidung der Kommission zu einer Selbstverpflichtung des Dachverbands der Europäischen Automobilhersteller (ACEA), der sich im Namen seiner Mitglieder zur Reduzierung des CO_2-Schadstoffausstoßes von Personenkraftwagen verpflichtet hat[336]. Nach Auffassung der Kommission stellt diese Verpflichtung keine nach Art. 81 Abs. 1 EGV unzulässige Wettbewerbsbeschränkung dar, weil der Verband zwar einen durchschnittlichen Grenzwert festgelegt hat, der aber von den Mitgliedern über- oder unterschritten werden kann, so daß die unabhängige Entwicklung neuer, konkurrierender Techniken zur Reduzierung des CO_2-Ausstoßes gefördert werde. Damit hat die Kommission im Hinblick auf Vereinbarungen zum Zwecke des Umweltschutzes – soweit ersichtlich – erstmalig bereits den Tatbestand des Kartellverbots verneint. Dies mag aber auch mit der vorangegangenen Empfehlung der Kommission[337] sowie mit der am Rande getroffenen Feststellung zusammenhängen, daß die Verpflichtung dem in einer Mitteilung der Kommission[338]

---

[334] Kommission, Entscheidung v. 18.05.1994, ABl. 1994 Nr. L 144, S. 20 (32). S. auch den XXIII. Wettbewerbsbericht, KOM(94) 161 endg., S. 1 (96), und die Mitteilung der Kommission, ABl. 1997 Nr. C 100, S. 4 (11) zur beabsichtigten Freistellung des DSD (Duales System Deutschland).

[335] XXVIII. Wettbewerbsbericht, S. 1 (47). S. bereits die Mitteilung der Kommission über die beabsichtigte positive Beurteilung der Vereinbarung, ABl. 1998 Nr. C 12, S. 2 ff.

[336] XXVIII. Wettbewerbsbericht, S. 1 (47).

[337] Empfehlung der Kommission über die Minderung der CO_2-Emissionen von Personenkraftwagen vom 05.02.1999, ABl. 1999 Nr. L 40, S. 49 f.

[338] „Umsetzung der Strategie der Gemeinschaft zur Minderung der CO_2-Emissionen von Personenkraftwagen: Eine Umweltvereinbarung mit der europäischen Automobilindustrie“, Mitteilung der Kommission v. 29.07.1998, KOM(1998) 495 endg.; s.a. bereits die Mitteilung v. 31.03.1998, „Über Verkehr & CO_2 - Entwicklung eines Gemeinschaftskonzepts“, KOM(1998) 204 endg., und die Mitteilung v. 20.12.1995, „Eine Strategie der Gemeinschaft zur Minderung der CO_2-Emissionen von Personenkraftwagen und zur Senkung des durchschnittlichen Kraftstoffverbrauchs“, KOM(95) 689 endg.

verlautbarten Ziel der Gemeinschaft, die Emission von Kohlendioxid in die Atmosphäre zu verringern, entgegen komme.
Auch in der Sache EUCAR hat die Kommission die Tatbestandsvoraussetzungen des Art. 81 Abs. 1 EGV verneint[339]. Diese von den großen europäischen Automobilkonzernen geschlossene Kooperationsvereinbarung zur Förderung der Forschung in der Kfz-Industrie, insbesondere auf dem Gebiet des Umweltschutzes, sei überwiegend im Bereich der Grundlagenforschung anzusiedeln. Da die Forschungsergebnisse deshalb nicht unmittelbar für einen bestimmten Fahrzeugtyp verwendet werden könnten, gehörten diese Forschungsarbeiten noch zum vorwettbewerblichen Stadium, so daß die Vereinbarung nicht dem europäischen Kartellverbot unterfalle.
Schließlich genehmigte die Kommission Vereinbarungen im Zusammenhang mit der Mitgliedschaft in Valpak[340], einer von der britischen Industrie gegründeten Gesellschaft ohne Erwerbszweck, die die gesetzlichen Verpflichtungen[341] der angeschlossenen Unternehmen im Hinblick auf die Verwertung von Verpackungen und Verpackungsabfällen erfüllen. Insofern liege eine Einschränkung des Wettbewerbs vor, weil beitrittswillige Unternehmen gezwungen seien, ihre Verpflichtungen bezüglich sämtlicher Verpackungsmaterialien auf Valpak zu übertragen. Die Vereinbarungen könnten aber zumindest für die Dauer von drei Jahren freigestellt werden, da der Markt erst im Entstehen und diese Strategie daherim Hinblick auf die erforderlichen Investitionen zumindest kurzfristig notwendig sei, damit Einrichtungen wie Valpak die dazu erforderlichen Mittel aufbringen können. Darüber hinaus gebe es auch konkurrierende Einrichtungen, so daß dem Wettbewerb zwischen den Organisationen, die die genannten Verpflichtungen im Namen der Wirtschaft erfüllen, Raum gelassen werde.

Deutlich wird insoweit, daß die Europäische Kommission regelmäßig in Art. 81 Abs. 3 EGV die Grundlage für eine Abwägung der in einer Vereinbarung enthaltenen Wettbewerbsbeschränkungen mit deren Umweltzielen sieht. Sie will – wie es auch bereits aus dem XXV. Bericht über die Wettbewerbspolitk hervorgeht, auf den der XXVIII. Bericht aus dem Jahre 1998 verweist – den Verhältnismäßigkeitsgrundsatz nach Art. 81 Abs. 3 EGV anwenden und dabei die Verbesserung der Umwelt als ein Element einstufen, „das zur Stärkung der Produktion oder der Verteilung und zur Förderung des wirtschaftlichen und technischen Fortschritts beiträgt“[342]. Darüber hinaus ergibt sich aus verschiedenen Entscheidungen der Kommission, daß sie Aspekte des Umweltschutzes ggf. auch als Vorteile für die Verbraucher zu werten bereit ist. Dagegen können die zwei Entscheidungen aus dem Jahr 1998, in denen bereits der Tatbestand des Kartellverbots verneint wurde, nicht als Anerkennung eines ökologischen

---

[339] XXVIII. Wettbewerbsbericht, S. 1 (47 f.).
[340] XXVIII. Wettbewerbsbericht, S. 1 (48).
[341] Es handelt sich hierbei um Verpflichtungen gemäß den seit März 1997 geltenden Verordnungen, mit denen die Richtlinie Nr. 94/62 über Verpackungen und Verpackungsabfälle in britisches Recht umgesetzt wurde.
[342] KOM(96) 126 endg., S. 1 (32); XXVIII. Wettbewerbsbericht, S. 1 (47).

Kartellprivilegs gedeutet werden, obwohl die Kommission betonte, dabei auch Umweltschutzaspekte positiv bewertet zu haben. Letztlich hat sie aber lediglich das Tatbestandsmerkmal der Verhinderung, Einschränkung oder Verfälschung des Wettbewerbs verneint, ohne daß sie dabei auf Gründe des Umweltschutzes zurückgegriffen hätte.

Festzuhalten bleibt folglich, daß die Entscheidungen und Wettbewerbsberichte der Kommission die Grundsätze für die bei Freistellungsentscheidungen nach Art. 81 Abs. 3 EGV zugrunde zu legenden Erwägungen enthalten. Deutliche Vorgaben für die Einbeziehung des Umweltschutzes sind damit indes noch nicht aufgestellt; anhand der Entscheidungspraxis der Kommission läßt sich nur festhalten, daß der Umweltschutz im Rahmen der bestehenden Freistellungsvoraussetzungen des Art. 81 Abs. 3 EGV, und dort bei der Voraussetzung der Verbesserung bzw. Förderung sowie ggf. auch bei der Verbraucherbeteiligung berücksichtigt werden kann. Von besonderer Bedeutung ist insoweit, daß in den jüngsten Entscheidungen zu Valpak und insbesondere zu EACEM die ökologischen Aspekte der Vereinbarung – im Unterschied zu früheren Entscheidungen, wo der Umweltschutz nur am Rande Erwähnung fand – sogar als tragende Gründe für eine Freistellung dienten.
Im XXV. Wettbewerbsbericht hatte die Kommission darüber hinaus noch weitere – allerdings einschränkende – Kriterien für die Anwendung des Verhältnismäßigkeitsgrundsatzes aufgestellt. So stellte sie klar, daß sie „mit Entschlossenheit" darüber wachen würde, „daß der Grundsatz der Nichtausschließung der Ausländer von den nationalen Märkten eingehalten wird", und daß sie „die Fragen des Zugangs von Dritten zu einem System und diejenigen Vereinbarungen gründlich prüfen" würde, „die zur Verdrängung eines Produktes vom Markt führen könnten". Drittens heißt es, daß die Kommission eine „eher ablehnende Haltung gegenüber der mehrseitigen Festsetzung von Tarifen oder Preisen bei der Umsetzung einer Umweltschutzvereinbarung" einnimmt. Besondere Bedeutung maß die Kommission dabei der Unerläßlichkeit der jeweiligen Preisvereinbarung bei, die sich jedoch nicht allein durch das Umweltschutzziel als solches begründen ließe[343]. Inwiefern die Kommission an diesen einschränkenden Kriterien auch nach dem XXVIII. Bericht über die Wettbewerbspolitik festhalten will, kann ihren Ausführungen nicht ausdrücklich entnommen werden: Weder in den einleitenden Ausführungen zum Komplex „Wettbewerbspolitik und Umweltschutz", noch in den zu entscheidenden Fällen geht sie überhaupt darauf ein. Darin kann aber jedenfalls keine vollständige Abkehr von ihren Abwägungskriterien gesehen werden; allenfalls läßt sich angesichts der dargestellten neueren Entscheidungen eine Höherstufung des Umweltschutzkriteriums im Rahmen der Verhältnismäßigkeitsprüfung begründen. Insofern sind aber noch weitere Entscheidungen abzuwarten, ehe sich aus der Kommissionspraxis konkrete Grundsätze und Regeln für die bei Freistellungsentscheidungen zugrunde gelegten Erwägungen ableiten lassen.

---

[343] XXV. Wettbewerbsbericht, KOM(96) 126 endg., S. 1 (32).

Dafür, daß Umweltschutzaspekte aber grundsätzlich im Rahmen einer Abwägung bei der Freistellungsentscheidung nach Art. 81 Abs. 3 EGV einzubeziehen sind, sprechen neben der Praxis der Kommission auch rechtliche Gesichtspunkte: Zum einen fordert Art. 6 EGV ausdrücklich die Einbeziehung der Erfordernisse des Umweltschutzes bei der Festlegung und Durchführung der in Art. 3 EGV genannten Gemeinschaftspolitiken, so daß auch die Anwendung der Wettbewerbsvorschriften an die Beachtung der Grundsätze der gemeinschaftlichen Umweltpolitik gebunden ist. Zum anderen muß die Freistellungsnorm des Art. 81 Abs. 3 EGV anerkanntermaßen unter Berücksichtigung der in Art. 2 und 3 EGV festgelegten Ziel- und Aufgabenstellung der Gemeinschaft interpretiert werden, wonach auch die Umweltpolitik im Sinne einer nachhaltigen Entwicklung zu den Aufgaben der Gemeinschaft gehört. Vor dem Hintergrund dieser Regelungen besteht jedenfalls kein Zweifel daran, daß die Kommission eine Freistellungsentscheidung nach Art. 81 Abs. 3 EGV auch auf umweltschutzbezogene Aspekte stützen kann[344].

Für die einzelnen Freistellungsvoraussetzungen des Art. 81 Abs. 3 EGV läßt sich daher im Hinblick auf die zu untersuchenden Umweltvereinbarungen anhand der Freistellungspraxis der Kommission und unter Berücksichtigung der einschlägigen europäischen Rechtsprechung folgendes festhalten:

aa) Verbesserungen der Warenerzeugung oder -verteilung, Förderung des technischen oder wirtschaftlichen Fortschritts

Diese Voraussetzung der Verbesserung der Warenerzeugung oder -verteilung, der Förderung des technischen oder wirtschaftlichen Fortschritts verlangt mit ihren gleichrangigen vier Kriterien[345] im wesentlichen einen prognostischen, spürbaren und objektiven[346] Fortschritt der genannten Art gegenüber der Situation ohne wettbewerbsbeschränkende Vereinbarung[347]. Das hat zur Folge, daß die zu erwartenden Vor- und Nachteile gegeneinander abzuwägen sind, wobei zwischen den Vorteilen und der wettbewerbsbeschränkenden Maßnahme ein Kausalzu-

[344] So wohl inzwischen die allgemeine Ansicht, s. nur *Bock*, Umweltrechtliche Prinzipien in der Wettbewerbsordnung der Europäischen Gemeinschaft, EuZW 1994, S. 47 (50 f.); *Paschke*, Umweltschutz und Wettbewerb aus kartellrechtlicher Sicht, UTR 38 (1997), S. 35 (56). Anders noch *Teichmann*, Die Verbesserung der Warenerzeugung oder -verteilung und die Förderung des technischen oder wirtschaftlichen Fortschritts nach Art. 85 Abs. 3 EWG-Vertrag, S. 37.

[345] Diese Kriterien sind begrifflich nicht exakt voneinander abzugrenzen, was aber wegen ihrer Gleichrangigkeit auch nicht von Bedeutung ist; so schon *Sölter*, Die Ausnahmevorschrift des Art. 85 Abs. 3 EWG-Vertrag, WuW 1961, S. 665 (680).

[346] Der EuGH fordert, daß die Verbesserung der Warenerzeugung oder -verteilung „spürbare objektive Vorteile mit sich bringen" müsse, „die geeignet sind, die mit ihr verbundenen Nachteile für den Wettbewerb auszugleichen"; EuGH, Urt. v. 13.7.1966, verb. Rs. 56 und 58/64, Slg. 1966, 321 (397) - Consten u. Grundig.

[347] Vgl. *Gleiss/Hirsch*, Kommentar zum EG-Kartellrecht, Art. 85 (3) Rn. 1858 ff.; *Brinker/Horak*, Umweltschutz und Wettbewerb, in: Rengeling (Hrsg.), EUDUR, Bd. II, § 81 Rn. 33.

sammenhang bestehen muß[348]. Eine Verbesserung der Warenerzeugung oder -verteilung kann beispielsweise in der Qualitätssteigerung oder in der Konzentration der Verkaufstätigkeit liegen; die Förderung des technischen oder wirtschaftlichen Fortschritts wird u.a. in der gemeinsamen Forschung und Entwicklung oder in der Rationalisierung durch Technologieaustausch gesehen[349]. Wie sich der Entscheidungspraxis der Kommission entnehmen läßt, ist es hauptsächlich dieses Tatbestandsmerkmal, welches die Einbeziehung ökologischer Belange ermöglicht. Insofern können zu den wirtschaftlichen und technischen Vorteilen auch Vorteile für den Umweltschutz gehören und kann eine Verringerung der ökologischen Belastungen als Verbesserung oder Fortschritt angesehen werden[350]. Technischer Fortschritt durch Umweltvereinbarungen kann beispielsweise dann bejaht werden, wenn Emissionen durch neue, gemeinsam entwickelte Produktionsverfahren verringert werden oder die Umweltschädlichkeit von Abfällen durch fortentwickelte Produkte oder mit Hilfe einer umweltverträglichen Entsorgung eingeschränkt wird. Bei der Warenerzeugung ist eine Verbesserung auch aufgrund ökologischer Gesichtspunkte anzunehmen, wenn etwa die Umweltschädlichkeit des Herstellungsverfahrens verringert wird. Erforderlich ist dabei eine Abwägung der positiven und negativen Auswirkungen, also z.B. die Abwägung der ökologischen Vorteile gegenüber den Nachteilen für den Markt. Dies erfordert eine Prognose, die für jeden Einzelfall gesondert zu erstellen ist, wobei eine hinreichende Eintrittswahrscheinlichkeit genügt[351]. Dabei müssen aber Wettbewerbsbeschränkungen unter dem Deckmantel des Umweltschutzes vermieden werden, während wettbewerbsbeschränkende Vereinbarungen hinzunehmen sind, wenn sie zu besseren Ergebnissen führen als vergleichbare andere Instrumente.
Die weitere (umstrittene) Frage, ob Umweltschutzbelange nur dann zu einer Freistellung nach Abs. 3 führen können, wenn sie mit den in Art. 174 EGV genannten Grundsätzen übereinstimmen, ist für vertragliche Umweltvereinbarungen auf Gemeinschaftsebene nicht von Bedeutung, da sie ohnehin den Vorgaben der Art. 174 ff. EGV Rechnung tragen müssen[352].

bb) Angemessene Beteiligung der Verbraucher am Gewinn

Darüber hinaus müssen die Verbraucher[353] an dem entstehenden Gewinn im Sinne wirtschaftlicher Vorteile angemessen beteiligt werden. „Gewinn" ist dabei nicht wörtlich, sondern ganz

---

[348] S. *Müller-Graff* in: Hailbronner/Klein/Magiera/Müller-Graff, Handkommentar zum Vertrag über die Europäische Union (EUV/EGV), Art. 85 Rn. 153.
[349] Weitere Beispiele bei *Schröter* in: Groeben/Thiesing/Ehlermann, Kommentar zum EU-/EG-Vertrag, Art. 85 Abs. 3 Rn. 297 ff.
[350] *Ehle*, Die Einbeziehung des Umweltschutzes in das Europäische Kartellrecht, S. 153; *Frenz*, Europäisches Umweltrecht, Rn. 714.
[351] *Weiß* in: Calliess/Ruffert, Kommentar zu EU-Vertrag und EG-Vertrag, Art. 85 Rn. 158.
[352] Dazu s. bereits oben § 6 B. I. Zum Streitstand bei nationalen oder rein unternehmerischen Maßnahmen s. nur *Steinbeck*, Umweltvereinbarungen und europäisches Wettbewerbsrecht, WuW 1998, S. 554 (563).
[353] Darunter sind neben den Endverbrauchern auch andere (etwa gewerbliche) Abnehmer der in Betracht kommenden Erzeugnisse wie Waren oder Dienstleistungen zu verstehen, s. nur *Brinker/Horak*, Umweltschutz und Wettbewerb, in: Rengeling (Hrsg.), EUDUR, Bd. II, § 81 Rn. 33 (Fn. 135).

allgemein als Summe aller Vorteile zu verstehen, zu denen die Vereinbarung führen soll[354]. Insoweit kann diese Gewinnbeteiligung nicht allein in Form einer Preissenkung, sondern auch in Form der Qualitätsverbesserung erfolgen[355]. Schwierigkeiten tauchen hier dadurch auf, daß Umweltverbesserungen meist preiserhöhend wirken, so daß eine Beteiligung des Verbrauchers am Gewinn fraglich erscheint. In diesem Zusammenhang ist es von besonderer Bedeutung, daß die Kommission auch schon die Verbesserung der Umweltqualität ganz allgemein zur Erfüllung dieses Tatbestandsmerkmals hat ausreichen lassen[356]. Auch die Förderung der Gemeinwohlinteressen kann daher positiv berücksichtigt und als Vorteil für die Verbraucher gewertet werden. Bei einer höheren Qualität der angebotenen Waren wird dies allgemein bejaht[357]. Da der Umweltschutz nach Auffassung der Kommission aber auch zu einer Besserung der in Art. 2 EGV aufgeführten Lebensqualität führt, bedeutet er insofern allgemein einen Gewinn für die Verbraucher[358].

Diese aus Umweltvereinbarungen resultierende Beteiligung der Verbraucher muß gem. Art. 81 Abs. 3 EGV jedoch zugleich angemessen sein. Dies ist erst dann der Fall, wenn die Vorteile nach einer Abwägung aller Umstände gegenüber den Nachteilen wirklich überwiegen[359]. Dies kann beispielsweise dadurch ausgeschlossen sein, daß die Auswahlmöglichkeiten durch eine Befreiung von umweltschädlichen Produkten – etwa weil sich die Unternehmer in einer Absprache zu einem Produktionsstopp verpflichtet haben – reduziert werden[360]. Andererseits werden die Verbraucher hierdurch auch von schädlichen und möglicherweise gefährlichen Produkten befreit, so daß die Angemessenheit erst dann fehlt, wenn die Auswahl unverhältnismäßig stark eingeschränkt wird. Die Gewinnbeteiligung der Verbraucher ist wohl auch nicht mehr angemessen, wenn etwa die Entsorgungskosten in einem einheitlichen Pauschalbetrag an den Verbraucher weitergegeben werden, da in dem Fall zu erwarten ist, daß ein möglicher Effizienzgewinn gänzlich bei den Unternehmern verbleibt. Anders ist es zu beurteilen, wenn die Umweltkosten zwar auf den Verbraucher abgewälzt werden, dies aber Folge einer freien unternehmerischen Entscheidung und nicht einer einheitlichen Preisabsprache ist[361].

Deutlich wird anhand dieser Beispiele, daß es bei der Bestimmung der angemessenen Verbraucherbeteiligung einer gewissen Flexibilität bedarf; dies nicht zuletzt deshalb, weil im

---

[354] S. EuGH, Urt. v. 25.10.1977, Rs. 26/76, Slg. 1977, 1875 (1916) - Metro/Saba.

[355] Vgl. EuGH, Urt. v. 15.7.1994, Rs. T-17/93, Slg. 94, II-595 (636) - Matra Hachette.

[356] Kommission, Entscheidung v. 18.5.1994, ABl. 1994 Nr. L 144, S. 20 (32) - Shell/Exxon.

[357] S. *Frenz*, Nationalstaatlicher Umweltschutz und EG-Wettbewerbsfreiheit, S. 55 m.w.N.

[358] Hierzu gibt es kritische Stimmen in der Literatur, die eine Aufweichung der Freistellungsvoraussetzungen befürchten; so z.B. *Dieckmann*, Europäisches Kartellrecht und kooperative Rücknahme- und Verwertungssysteme, in: BDI-Drucksache Nr. 291, Kartellrecht und Umweltschutz, S. 55 (59).

[359] Entscheidung der Kommission v. 29.12.1970, ABl. 1971 Nr. L 10, S. 15 (22) - Wand- und Bodenfliesen.

[360] Hierzu ausführlich *Steinbeck*, Umweltvereinbarungen und europäisches Wettbewerbsrecht, WuW 1998, S. 554 (565).

[361] Kommission, XXII. Wettbewerbsbericht, KOM(93) 162 endg., S. 1 (108 ff.), zum Fall VOTOB. S.a. *Dieckmann*, Europäisches Kartellrecht und kooperative Rücknahme- und Verwertungssysteme, in: BDI-Drucksache Nr. 291, Kartellrecht und Umweltschutz, S. 55 (57 f.).

Umweltbereich nicht nur die Vorteile, sondern auch die Umweltschäden erst langfristig sichtbar werden. Angesichts der neueren Entscheidungen der Kommission kann aber festgehalten werden, daß bei einem ökologischen Gewinn keine allzu hohen Anforderungen an dieses Tatbestandsmerkmal zu stellen sind.

cc) Unerläßlichkeit

Eine wettbewerbsbeschränkende Vereinbarung kann aber nur dann freigestellt werden, wenn die den Unternehmen dadurch auferlegten Beschränkungen für die Erreichung des Zwecks unerläßlich sind, d.h., daß das erforderliche Merkmal der Unerläßlichkeit fehlt, wenn objektiv eine weniger wettbewerbsbeschränkende Maßnahme dieselben positiven Wirkungen erzielen kann[362]. Diese Voraussetzung ist insoweit Ausdruck des Verhältnismäßigkeitsprinzips[363], so daß die eingesetzten Mittel in Relation zu dem angestrebten Ziel zu setzen sind. Im Hinblick auf die zu untersuchenden Umweltvereinbarungen bleibt daher festzuhalten, daß die damit einhergehenden Wettbewerbsbeschränkungen für den behaupteten ökologischen Vorteil unerläßlich sein müssen[364]. Zu fragen ist demnach, ob die einzelnen Unternehmen den bezweckten Umweltschutz auch allein – also ohne die Vereinbarung – erreichen könnten oder aber ob sich der Zweck durch eine weniger in den Wettbewerb einschneidende Maßnahme realisieren ließe. Dabei muß auch berücksichtigt werden, daß für die Durchsetzung eines spürbaren Umweltschutzeffekts gerade die Beteiligung möglichst vieler Unternehmen Voraussetzung ist und deshalb das Ziel zumeist nicht individuell erreicht werden kann[365]. Daneben ist aber weiter zu untersuchen, ob eine Umweltvereinbarung nicht schon deshalb entbehrlich war, weil die Unternehmen auch ohne eine solche Absprache die entsprechenden umweltschutzfördernden Maßnahmen – etwa aufgrund des Marktverhaltens der Abnehmer oder zu Werbezwecken – getroffen hätten. Insofern ist die Kommission bei ihrer Entscheidung auf eine Prognose angewiesen, für die sie bei Vereinbarungen mit Preisabsprachen oder Preiselementen einen strengen Maßstab anlegt. Hierzu hat sie nämlich bereits klargestellt, daß ein Umweltschutzziel als solches noch keine ausreichende Begründung für die Unerläßlichkeit einer Preisvereinbarung wäre[366]. Anhaltspunkte dafür, daß die Anforderungen an die Unerläßlichkeit bei Absprachen zum Zwecke eines effektiveren Umweltschutzes herabzusetzen wären, sind weder in der Ent-

---

[362] *Sölter*, Die Ausnahmevorschrift des Art. 85 Abs. 3 EWG-Vertrag, WuW 1961, S. 665 (686); *Steinbeck*, Umweltvereinbarungen und europäisches Wettbewerbsrecht, WuW 1998, S. 554 (565).

[363] EuGH, Urt. v. 27.1.1987, Rs. 45/85, Urt. v. 27.1.1987, Slg. 1987, 405 (461) - Verband der Sachversicherer; Kommission, Entscheidung v. 12.07.1989, ABl. 1989 Nr. L 226, S. 25 (31) - UIP.

[364] XXII. Wettbewerbsbericht, KOM(93) 162 endg., S. 1 (47).

[365] Vgl. hierzu auch *Krämer*, Die Integrierung umweltpolitischer Erfordernisse in die gemeinschaftliche Wettbewerbspolitik, in: Rengeling (Hrsg.), Umweltschutz und andere Politiken der Europäischen Gemeinschaft, S. 47 (61); *von Bernuth*, Umweltschutzfördernde Unternehmenskooperationen und das Kartellverbot des Gemeinschaftsrechts, S. 175.

[366] S. XXV. Wettbewerbsbericht, KOM(96) 126 endg., S. 1 (32). S. auch die Ausführungen zum Fall VOTOB im XXII. Wettbewerbsbericht, KOM(93) 162 endg., S. 1 (108 ff.).

scheidungspraxis der Kommission ersichtlich noch lassen sie sich aus den Vorschriften des EGV ableiten[367], so daß sie daher uneingeschränkt auch für Umweltvereinbarungen gelten.

dd) Keine Ausschaltung des Wettbewerbs

Schließlich ist die vierte und letzte Voraussetzung, die eine absolute Grenze auch für Umweltvereinbarungen bildet[368], nicht außer acht zu lassen. Eine Freistellung kommt danach unter keinen Umständen in Betracht, wenn durch die zu beurteilende Vereinbarung den beteiligten Unternehmen „Möglichkeiten eröffnet werden, für einen wesentlichen Teil der betreffenden Waren den Wettbewerb auszuschalten" (Art. 81 Abs. 3 lit. b)). Dies hat zur Folge, daß Vereinbarungen ausschließlich dann freigestellt werden können, wenn zumindest ein wirksamer Restwettbewerb bestehen bleibt.

Bei branchenweiten Absprachen, wie dies Umweltvereinbarungen auf Gemeinschaftsebene darstellen, scheint dieses Kriterium auf den ersten Blick kaum zu erfüllen sein[369], da allein durch eine möglichst umfassende Beteiligung aller Unternehmen einer Branche eine spürbare Verbesserung des Umweltschutzes zu erzielen ist und auch dann erst eine normative Maßnahme entbehrlich wird. Die Zahl der Außenseiter ist deshalb zwangsläufig sehr gering und die Gefahr der Abschottung der nationalen Märkte besonders groß. Bei Preisabsprachen in flächendeckenden Systemen besteht daher regelmäßig die Gefahr, daß der Wettbewerb völlig ausgeschaltet wird und deshalb eine Freistellung nicht mehr in Betracht kommt[370]. Unter Zugrundelegung einer Faustregel, wonach ein Marktanteil der beteiligten Unternehmen von unter 30 % einer Freistellung nicht entgegensteht, bei einem Anteil von über 50 % die Möglichkeit einer Freistellung aber fraglich und bei über 80 % in aller Regel ausscheidet[371], wären Umweltvereinbarungen sogar von vornherein nicht freistellungsfähig.

Bei näherer Betrachtung ist aber zu konstatieren, daß die Absprachen zumeist lediglich für kleine Bereiche getroffen werden - etwa hinsichtlich einer gemeinsamen Entwicklung von umweltfreundlichen Produktionsverfahren oder des Aufbaus eines gemeinsamen Entsorgungssystems. In diesen Fällen kann der Wettbewerb bezüglich des Absatzes der hergestellten Produkte unberührt bleiben; ein Ausschalten des Wettbewerbs liegt aber nur vor, wenn für einen wesentlichen Teil der betreffenden Waren kein Wettbewerb mehr existiert. Deshalb können selbst Umweltvereinbarungen, bei denen sämtliche Unternehmen einer bestimmten Branche beteiligt sind, durchaus freigestellt werden. Dafür sprechen auch die letzten Freistel-

---

[367] So aber *Ehle*, Die Einbeziehung des Umweltschutzes in das Europäische Kartellrecht, S. 158.

[368] *Ehle*, Die Einbeziehung des Umweltschutzes in das Europäische Kartellrecht, S. 152.

[369] So bezeichnet *Dieckmann*, Europäisches Kartellrecht und kooperative Rücknahme- und Verwertungssysteme, in: BDI-Drucksache Nr. 291, Kartellrecht und Umweltschutz, S. 55 (60), denn auch das Problem des Restwettbewerbs als „das schwierigste" in der Praxis.

[370] *Frenz*, Nationalstaatlicher Umweltschutz und EG-Wettbewerbsfreiheit, S. 57; *Steinbeck*, Umweltvereinbarungen und europäisches Wettbewerbsrecht, WuW 1998, S. 554 (566).

[371] Vgl. hierzu *Schröter* in: Groeben/Thiesing/Ehlermann, Kommentar zum EU-/EG-Vertrag, Art. 85 Abs. 3 Rn. 318.

lungsentscheidungen der Kommission, die in zwei Fällen sogar die Wettbewerbsbeschränkung verneinte, weil es sich um gemeinsame „Forschungsarbeiten im vorwettbewerblichen Stadium“ bzw. um die Förderung der unabhängigen Entwicklung „neuer, konkurrierender Techniken zur Reduzierung des CO_2-Ausstoßes“ handelte[372].
Es bedarf daher für die Frage, ob ein Restwettbewerb bestehen bleibt, einer umfassenden Würdigung der jeweiligen Marktverhältnisse. Jedenfalls ist aber die Zusammenarbeit der Unternehmen einer gesamten Branche zum Zwecke des Umweltschutzes nicht per se vom Freistellungstatbestand ausgeschlossen; solange die Unternehmen im Hinblick auf weitere entscheidende Wettbewerbsparameter handlungsfähig bleiben, ist mit dem Fortbestand eines Restwettbewerbs zu rechnen[373].

c) Fazit zu Art. 81 Abs. 3 EGV

Die vorangehenden Ausführungen haben deutlich gemacht, daß Aspekte des Umweltschutzes bei der Freistellungsentscheidung der Kommission aufgrund der weitgefaßten Formulierung ihrer Voraussetzungen inzwischen durchaus eine tragende Rolle spielen können, auch ohne daß der Umweltschutz ausdrücklich in Art. 81 Abs. 3 EGV genannt wird. Insoweit besteht allerdings auch die Gefahr einer Auslegung nach Gutdünken der Kommission, so daß für die Zukunft eine hinsichtlich der Berücksichtigung von Gesichtspunkten des Umweltschutzes konstantere Entscheidungspraxis zu wünschen ist. Ebenso wäre eine ausdrückliche Regelung in Art. 81 Abs. 3 denkbar, etwa indem der Umweltschutz als Beispiel für technischen bzw. wirtschaftlichen Fortschritt oder als eine weitere Tatbestandsalternative eingeführt wird. Andererseits besteht jedoch weder die rechtliche Möglichkeit noch die tatsächliche Notwendigkeit, Umweltvereinbarungen vom Wettbewerbsrecht gänzlich auszunehmen, da das europäische Kartellrecht mit der Freistellungsentscheidung nach Art. 81 Abs. 3 EGV ausreichende Möglichkeiten des Ausgleichs zwischen Wettbewerbsrecht und Umweltschutz bietet. Dies liefe überdies auf die Anerkennung einer allgemeinen Vorrangstellung des Umweltrechts gegenüber wettbewerblichen Gesichtspunkten hinaus, die in einer marktwirtschaftlichen Ordnung, welche auch den Marktzugang von Dritten gewährleisten, die Verdrängung von Produkten verhindern und damit den Schutz von Kartellaußenseitern gewährleisten will, nicht geboten erscheint. Mit der Berücksichtigung des Umweltschutzes im Rahmen einer Freistellungsentscheidung im Einzelfall - oder auch für bestimmte Fallgruppen von Umweltvereinbarungen in Gruppenfreistellungsverordnungen - steht der Kommission ein flexibles Instrument zur Verfügung, das aufgrund der fallbezogenen Abwägung eine sachgerechte Lösung ermöglicht und gleichzeitig die Möglichkeit verringert, vorgeschobene Umweltschutzargumente für

---

[372] XXVIII. Wettbewerbsbericht, S. 1 (47).
[373] So auch *Frenz*, Nationalstaatlicher Umweltschutz und EG-Wettbewerbsfreiheit, S. 57, *ders.*, Freiwillige Selbstverpflichtungen/Umweltvereinbarungen zur Reduzierung des Energieverbrauchs im Kontext des Gemeinschaftsrechts, EuR 1999, S. 27 (48).

die Realisierung wettbewerbsbeschränkender Unternehmenskartelle anzugeben. Wichtig ist jedoch, daß die Entscheidungspraxis der Kommission in Zukunft auch für die betroffenen Unternehmen transparent gemacht wird und die tragenden Grundsätze offengelegt werden.

5. Ermessensbegrenzung der Kommission

Abschließend bleibt im Rahmen des Art. 81 EGV zu untersuchen, ob und in welcher Weise die gemeinschaftliche Veranlassung der Umweltvereinbarungen von der Kommission bei der Freistellungsentscheidung zu berücksichtigen ist. Wie bereits an früherer Stelle dargelegt wurde, besteht bei hoheitlich veranlaßten Absprachen kein Kartellprivileg; nicht geklärt ist jedoch die Frage, inwiefern die Kommission bei ihrer Freistellungsentscheidung gem. Art. 81 Abs. 3 EGV durch ihr vorangegangenes eigenes Verhalten bereits gebunden und deshalb womöglich ihr Beurteilungsspielraum begrenzt ist[374].

Von besonderer Bedeutung in diesem Zusammenhang ist die Tatsache, daß die Kommission bei Umweltvereinbarungen auf Gemeinschaftsebene in jedem Fall beteiligt ist – sei es durch Empfehlungen zu Selbstverpflichtungen oder sogar als Vertragspartner – und sich damit den Unternehmen in gewisser Weise verpflichtet.

Auf der anderen Seite muß aber auch berücksichtigt werden, daß die Freistellungsentscheidung als verbindlicher Rechtsakt ergeht, der nach Art. 21 der Verordnung Nr. 17 im Amtsblatt der EG zu veröffentlichen ist, und dem nach der Verordnung Nr. 17 ein besonderes (förmliches) Verwaltungsverfahren vorausgeht, bei dem nach Art. 19 der Verordnung Nr. 17 auch Anhörungsrechte Dritter gewahrt werden müssen. Insofern ist es der Kommission zumindest nicht möglich, die Entscheidung nach Art. 81 Abs. 3 EGV bereits aufgrund der Vereinbarung mit den Unternehmen vorwegzunehmen.

Kann eine Freistellungsentscheidung der Kommission folglich nicht durch vorangegangene Absprachen ersetzt werden, so könnte doch dem Vertrauensschutz auf seiten der beteiligten Unternehmen Rechnung zu tragen sein. Dies könnte im Rahmen des Beurteilungsspielraums bei der Anwendung der Freistellungsvorschrift, dort insbesondere bei der Abwägung der Vor- und Nachteile einer Vereinbarung, eine Rolle spielen, da insoweit die gerichtliche Kontrolle beschränkt ist[375]. Fraglich ist jedoch, ob erstens eine solche Selbstbindung der Kommission überhaupt rechtlich denkbar ist und ob zweitens die Kommission dadurch tatsächlich zu einer Freistellungsentscheidung verpflichtet sein könnte.

Hierbei gilt es den Grundsatz des Vertrauensschutzes heranzuziehen, der als allgemeiner Rechtsgrundsatz des Gemeinschaftsrechts anerkannt und durch die Rechtsprechung des EuGH

---

[374] Davon zu unterscheiden ist die Frage, ob die Kommission durch die hoheitliche Veranlassung der Umweltvereinbarung ihrerseits gegen das Wettbewerbsrecht der Gemeinschaft verstoßen kann; hierzu *Mestmäcker*, Staat und Unternehmen im europäischen Gemeinschaftsrecht, in: ders., Recht in der offenen Gesellschaft, S. 183 (203). S.a. *Engel*, Europäisches Umweltrecht aus der Vogelperspektive, DVBl. 1999, S. 1069 (1077) m.w.N.

[375] Hierzu bereits unter § 6 C. I. 4. a).

in verschiedenen Urteilen konkretisiert worden ist[376]. Danach kann der Grundsatz des Vertrauensschutzes sogar zu einer Selbstbindung der Verwaltung führen, wenn es sich nicht lediglich um Fälle bloßer Auskünfte oder Erklärungen handelt[377]. Aus diesem Grund bewirken Verwaltungsschreiben (sog. „comfort letters"), mit denen die Kommission den Unternehmen bestätigt, daß ihre Absprache die Freistellungsvoraussetzungen erfüllt, mangels rechtsgestaltender Wirkung zwar noch keine Freistellung vom Kartellverbot, begründen aber zugunsten der Empfänger einen Vertrauensschutz, der dazu führt, daß die Kommission nur bei einer Änderung der Sach- und Rechtslage von ihrer Erklärung Abstand nehmen darf[378].
Im Hinblick auf die zu untersuchenden Umweltvereinbarungen muß daher differenziert werden, ob die Kommission als Vertragspartner aufgetreten ist oder lediglich Empfehlungen zu freiwilligen Selbstverpflichtungen ausgesprochen hat.

Im Falle von derartigen Empfehlungen, wie sie die Kommission schon wiederholt ausgesprochen hat, „empfiehlt" sie einem bestimmten Industriezweig zumeist ein festgelegtes Vorgehen in einem vorgegebenen Zeitplan etwa zur Verringerung der Verwendung umweltgefährdender Stoffe[379]. In diesen Fällen mag die Kommission den Inhalt zwar zuvor mit den betroffenen Industriezweigen oder Verbänden abgesprochen haben, liegt die eigentliche Ausgestaltung der Umweltvereinbarung aber allein bei den beteiligten Unternehmen, so daß mangels konkreter Vorgaben seitens der Kommission regelmäßig noch kein Vertrauenstatbestand im Hinblick auf eine kartellrechtliche Freistellung geschaffen wird[380].
Anders mag die Frage des Vertrauensschutzes womöglich in einer aktuellen Empfehlung über die Minderung der CO_2-Emissionen von Personenkraftwagen vom 05.02.1999 zu beurteilen sein: Darin hält die Kommission „die Zusagen, die der Dachverband der europäischen Automobilhersteller (ACEA) in seiner Selbstverpflichtung macht, für zufriedenstellend" und „erkennt die der Selbstverpflichtung zugrundeliegenden Annahmen an und wird (...) eventuell erforderlichen Anpassungen der Selbstverpflichtung zustimmen"[381]. Anders als in den übrigen Empfehlungen befürwortet die Kommission ganz konkret eine bereits vorliegende Selbstverpflichtung des Dachverbands, so daß bei den beteiligten Pkw-Herstellern mangels gegenteiliger Aussagen seitens der Kommission auch Vertrauen in die gemeinschaftliche Legitimität der Vereinbarung geweckt wird. Allerdings ist hierbei auch der zeitliche Ablauf zu berück-

---

[376] S. nur EuGH, Urt. v. 27.4.1978, Rs. 90/77, Slg. 1978, 995 (1008) - Stimming; EuGH, Urt. v. 16.5.1979, Rs. 84/78, Slg. 1979, 1801 (1814 ff.) - Tomadini; EuGH, Urt. v. 5.5.1981, Rs. 112/80, Slg. 1981, 1095 (1120) - Dürbeck.
[377] Zum Ganzen ausführlich *Schwarze*, Europäisches Verwaltungsrecht, Bd. II, S. 1044 ff. mit Nachweisen aus der Rechtsprechung des EuGH.
[378] *Schröter* in: Groeben/Thiesing/Ehlermann, Kommentar zum EU-/EG-Vertrag, Art. 85 Abs. 3 Rn. 246, 277 ff.
[379] S. nur die Empfehlungen der Kommission vom 27.06.1990 zur Beschränkung der Verwendung von Fluorchlorkohlenwasserstoffen, ABl. 1990 Nr. L 227, S. 26, 30 und vom 13.04.1989, ABl. 1989 Nr. L 144, S. 56.
[380] So auch *von Bernuth*, Umweltschutzfördernde Unternehmenskooperationen und das Kartellverbot des Gemeinschaftsrechts, S. 198 f.
[381] Empfehlung der Kommission, ABl. 1999 Nr. L 40, S. 49; s. dazu auch die Mitteilung der Kommission an den Rat und das Europäische Parlament, KOM(1998) 495 endg.

sichtigen. Zum Zeitpunkt der Empfehlung – am 05.02.1999 – lag nämlich bereits eine kartellrechtliche Entscheidung der Kommission vor, wonach die freiwillige Selbstverpflichtung von ACEA keine nach Art. 81 Abs. 1 unzulässige Wettbewerbsbeschränkung darstellt[382]. Damit ist aber die Frage, ob die nachfolgende Empfehlung einen Vertrauenstatbestand hinsichtlich der kartellrechtlichen Zulässigkeit der Vereinbarung begründen kann, hinfällig.
Es verbleibt somit bei der Erkenntnis, daß sich auf Empfehlungen zu freiwilligen Verpflichtungen der Industrie regelmäßig kein Vertrauensschutz zugunsten der Adressaten stützen läßt[383].

Im Falle einer vertraglichen Umweltvereinbarung auf Gemeinschaftsebene ist die Kommission dagegen von vornherein an der konkreten Absprache beteiligt, da das Wesen eines solchen Vertrages gerade darin besteht, daß Kommission und Verbände bzw. Unternehmen gemeinsam die umweltpolitischen Zielsetzungen und deren praktische Umsetzung aushandeln. Insofern stehen sich etwa das Versprechen der Industrie zur freiwilligen Verringerung umweltgefährdender Emissionen und der Verzicht auf eine verbindliche Regelung der Materie durch Richtlinie oder Verordnung gegenüber. In diesem Fall handelt es sich um eine verbindliche Vereinbarung, so daß die Kommission auch die konkrete Absprache rechtsverbindlich gebilligt hat. Nicht zuletzt aufgrund der Bindung der Kommission an die Regelungen des materiellen Primär- und Sekundärrechts darf sich der Vertragspartner darauf verlassen, daß die Kommission vor Abschluß der Vereinbarung auch die wettbewerbsrechtlichen Aspekte bedacht hat, so daß entweder erst gar keine nach Art. 81 Abs. 1 EGV unzulässige Wettbewerbsbeschränkung vorliegt oder aber wenigstens die Voraussetzungen für eine Freistellung nach Art. 81 Abs. 3 EGV erfüllt sind. Aus diesem Grund hat sich die Kommission mit Vertragsschluß selbst in ihrer Entscheidungsfreiheit gebunden, es sei denn, sie hat sich in der Vereinbarung ausdrücklich eine gesonderte kartellrechtliche Entscheidung vorbehalten. Insofern liegt eine den oben bereits erwähnten Verwaltungsschreiben vergleichbare Situation vor. Deshalb kann in der Vertragsunterzeichnung durch die Kommission eine wenigstens konkludente Zusicherung[384] der kartellrechtlichen Zulässigkeit gesehen werden, von der sie nur noch bei einer Änderung der Sach- oder Rechtslage Abstand nehmen kann. Eine solche Zusicherung der Kommission kann in Ausnahmefällen auch bei Selbstverpflichtungserklärungen der Indu-

[382] XXVIII. Wettbewerbsbericht 1998, S. 1 (47).

[383] Auch ohne die Annahme eines Vertrauenstatbestands spricht bei einer Empfehlung der Kommission hinsichtlich einer Selbstverpflichtung vieles dafür, daß eine Freistellung erfolgen wird, da ansonsten doch wohl Bedenken seitens der Kommission laut werden würden. *Von Bernuth*, Umweltschutzfördernde Unternehmenskooperationen und das Kartellverbot des Gemeinschaftsrechts, S. 199, spricht in diesem Zusammenhang vom „politischen Wohlwollen" der Kommission.

[384] Zur Selbstbindung der Gemeinschaftsorgane durch Zusagen bzw. Zusicherungen allgemein *Schwarze*, Europäisches Verwaltungsrecht, Bd. II, S. 1053 ff.

strie anzunehmen sein, wenn der konkrete Inhalt zuvor gemeinsam ausgehandelt wurde und die Kommission die wettbewerbsbeschränkende Absprache gebilligt hat[385].
Dies bedeutet indes nicht, daß damit bereits eine Freistellungserklärung vorliegt; diese kann weder durch eine Billigung noch durch einen Vertrag ersetzt werden. Da die Kommission bei der Freistellungsentscheidung an das geltende Gemeinschaftsrecht gebunden ist, kann die Selbstbindung folglich nur im Rahmen ihres Beurteilungsspielraums bei den einzelnen Freistellungsvoraussetzungen eine Rolle spielen und deshalb auch nicht zwangsläufig zu einer Freistellung führen; im Fall eines zusicherungswidrigen Kartellverbots macht sich die Kommission aber unter Umständen nach Art. 288 Abs. 1 oder Abs. 2 EGV schadensersatzpflichtig[386].

II. Art. 82 EGV

Neben dem Kartellverbot des Art. 81 Abs. 1 EGV verbietet Art. 82 EGV unter bestimmten Bedingungen den Mißbrauch einer marktbeherrschenden Stellung auf dem Gemeinsamen Markt oder auf einem wesentlichen Teil desselben durch ein (Monopol) oder mehrere Unternehmen (Oligopol), wenn dies zur Beeinträchtigung des Handels zwischen den Mitgliedstaaten führen kann. Dabei können selbst nach Art. 81 Abs. 3 EGV freigestellte Vereinbarungen unter das Mißbrauchsverbot des Art. 82 EGV fallen; Art. 81 und 82 EGV sind je nach Fallkonstellation auch nebeneinander anwendbar[387]. Ökologische Besonderheiten stellen sich bei diesem Mißbrauchsverbot nicht; auch ist Art. 82 EGV bei Umweltvereinbarungen in der Praxis bisher kaum ins Gewicht gefallen[388], so daß die Voraussetzungen des Art. 82 EGV an dieser Stelle nur kurz umrissen werden sollen.
Für das Merkmal der marktbeherrschenden Stellung stellt der Gerichtshof insbesondere auf die objektive Befähigung des oder der Unternehmen ab, einen wirksamen Wettbewerb auf dem Markt für die betreffenden Erzeugnisse zu verhindern, ohne daß es dabei auf eine tatsächliche Beherrschung ankäme[389]. Eine solche marktbeherrschende Stellung dürfte bei branchenweiten Systemen, wie sie mit den Umweltvereinbarungen auf Gemeinschaftsebene vorliegen, grundsätzlich anzunehmen sein[390].

---

[385] Zu dieser Konstellation *von Bernuth*, Umweltschutzfördernde Unternehmenskooperationen und das Kartellverbot des Gemeinschaftsrechts, S. 199 f.
[386] Vgl. *Borchardt*, Der Grundsatz des Vertrauensschutzes im Europäischen Gemeinschaftsrecht, S. 132 ff. Allgemein zu den Voraussetzungen einer Haftung der Gemeinschaft nach Art. 288 EGV, s. *Ruffert* in: Calliess/Ruffert, Kommentar zu EU-Vertrag und EG-Vertrag, Art. 288 Rn. 2 ff.
[387] EuG, Urt. v. 10.7.1990, Rs. T-51/89, Slg. 1990, II-309 (356 ff.) - Tetra Pak; *Weiß* in: Calliess/Ruffert, Kommentar zu EU-Vertrag und EG-Vertrag, Art. 82 Rn. 2.
[388] *Brinker/Horak*, Umweltschutz und Wettbewerb, in: Rengeling (Hrsg.), EUDUR, Bd. II, § 81 Rn. 42.
[389] EuGH, Urt. v. 8.6.1971, Rs. 78/70, Slg. 1971, 487 (500 f.) - Deutsche Grammophon/Metro; EuGH, Urt. v. 21.2.1973, Rs. 6/72, Slg. 1973, 215 (244 ff.) - Continental Can; EuGH, Urt. v. 5.10.1988, Rs. 247/86, Slg. 1988, 5987 (6008 ff.) - Alsatel/Novasam.
[390] *Dieckmann*, Europäisches Kartellrecht und kooperative Rücknahme- und Verwertungssysteme, in: BDI-Drucksache Nr. 291, Kartellrecht und Umweltschutz, S. 55 (60).

Allerdings muß darüber hinaus noch eine „mißbräuchliche Ausnutzung" derselben hinzutreten; allein das Innehaben einer marktbeherrschenden Stellung führt nicht zum Verbot iSd. Art. 82 EGV. Typische Fälle eines solchen Mißbrauch nennt Art. 82 S. 2 lit. a) - d) EGV. Bei Umweltvereinbarungen können insoweit insbesondere die Fragen des Zugangs für Außenseiter sowie der Preisgestaltung relevant werden[391].
Als Folge eines Mißbrauchs enthält Art. 82 EGV ein unmittelbar wirksames Verbot; eine Untersagungsverfügung der Kommission hat folglich lediglich deklaratorischen Charakter. Neben diesem Verbot kommen aber auch Geldbußen sowie positive Anweisungen seitens der Kommission in Betracht[392].

III. Fusionskontrolle

Schließlich können für Unternehmenszusammenschlüsse auf Gemeinschaftsebene auch die Regelungen der seit 1989 existierenden Europäischen Fusionskontrollverordnung (FKVO)[393] eine Rolle spielen. Erfaßt werden von dieser Verordnung „Zusammenschlüsse von gemeinschaftsweiter Bedeutung" - Zusammenschlüsse, die einen weltweiten Gesamtumsatz von mehr als 5 Milliarden ECU und einen gemeinschaftsweiten Gesamtumsatz von mehr als 250 Millionen ECU aufweisen[394]. Bei der Beurteilung von Zusammenschlüssen geht es gem. Art. 2 FKVO im wesentlichen um die Notwendigkeit, den im Gemeinsamen Markt wirksamen Wettbewerb aufrechtzuerhalten. Verboten sind deshalb Zusammenschlüsse von gemeinschaftsweiter Bedeutung, die eine beherrschende Stellung begründen oder verstärken und durch die wirksamer Wettbewerb im Gemeinsamen Markt oder in einem wesentlichen Teil desselben erheblich behindert wird.
Allerdings liegen bei Umweltvereinbarungen regelmäßig keine Zusammenschlüsse von Unternehmen im Sinne von Fusionen vor, sondern wird dadurch lediglich etwa eine Zusammenarbeit für umweltfreundliche Produktionsverfahren oder die gemeinsame Reduzierung von Emissionen beschlossen. Insoweit findet aber keine Fusionskontrolle nach der FKVO statt.

IV. Zusammenfassung und Ergebnis

Von herausragender Bedeutung im Rahmen einer wettbewerbsrechtlichen Beurteilung von Umweltvereinbarungen auf Gemeinschaftsebene ist das Kartellverbot gem. Art. 81 Abs. 3

---

391 *Dieckmann*, Europäisches Kartellrecht und kooperative Rücknahme- und Verwertungssysteme, in: BDI-Drucksache Nr. 291, Kartellrecht und Umweltschutz, S. 55 (60).
392 Vgl. *Weiß* in: Calliess/Ruffert, Kommentar zu EU-Vertrag und EG-Vertrag, Art. 82 Rn. 73.
393 Verordnung Nr. 4064/89 des Rates vom 21.12.1989 über die Kontrolle von Unternehmenszusammenschlüssen, ABl. 1989 Nr. L 395, S. 1. Bedeutende Änderung im Jahre 1997 durch die Verordnung Nr. 1310/97, ABl. 1997 Nr. L 180, S. 1; s. dazu *Hirsbrunner*, Die revidierte EG-Fusionskontroll-Verordnung, EuZW 1998, S. 69 ff.
394 S. die Bekanntmachung der Kommission über den Begriff des Zusammenschlusses, ABl. 1994 Nr. C 385, S. 5.

EGV sowie damit verbunden die Frage einer Freistellung nach Art. 81 Abs. 3 EGV. Bei der Untersuchung der einzelnen Tatbestandsvoraussetzungen hat sich ergeben, daß Umweltvereinbarungen durchaus vom Kartellverbot erfaßt werden können, daß aber die Kommission bei der Freistellungsentscheidung auch Umweltschutzaspekte berücksichtigen darf, wie sie es in der Tat schon verschiedentlich getan hat. In diesem Zusammenhang wäre nicht nur eine konstante Entscheidungspraxis der Kommission wünschenswert, sondern auch eine ausdrückliche Regelung in Art. 81 Abs. 3 denkbar - etwa indem der Umweltschutz als Beispiel für technischen bzw. wirtschaftlichen Fortschritt oder als eigene Tatbestandsalternative eingefügt wird. Darüber hinaus kann sich die Kommission im Rahmen ihres Beurteilungsspielraumes bei der Freistellungsentscheidung bereits durch ihre Beteiligung an der Umweltvereinbarung selbst gebunden haben, wodurch zwar nicht die Entscheidung als solche ersetzt wird, aber der Grundsatz des Vertrauensschutzes mit der Folge einer Ermessensreduzierung bzw. eines Schadensersatzspruchs nach Art. 288 EGV eingreifen kann.

Neben dem Kartellverbot kann ebenso das Mißbrauchsverbot des Art. 82 EGV bei Umweltvereinbarungen eine Rolle spielen, da bei einer branchenweiten Absprache regelmäßig eine marktbeherrschende Stellung der beteiligte Unternehmen vorliegen wird. Im Rahmen der Mißbrauchskontrolle können insbesondere Fragen nach der Öffnung des Systems für Außenseiter sowie nach der Preisgestaltung relevant werden.

Die Fusionskontrolle wird dagegen bei Umweltvereinbarung nicht ins Gewicht fallen, da es im allgemeinen an einem entsprechenden Zusammenschluß fehlen wird.

D. Grundrechte

Neben den Grundfreiheiten des EGV[395], die sich in erster Linie an die Mitgliedstaaten richten und grundsätzlich keinen Schutz gegenüber den Gemeinschaftsorganen statuieren[396], sind im Wege richterlicher Rechtsfortbildung durch den EuGH die Grundrechte entwickelt worden. Zu untersuchen bleibt daher, ob den vertraglichen Umweltvereinbarungen und Selbstverpflichtungen auf Gemeinschaftsebene neben den durch den EG-Vertrag auferlegten Beschränkungen darüber hinaus materielle Grenzen durch Grundrechte Beteiligter oder Dritter gesetzt werden. Insofern gilt es in einem ersten Schritt festzustellen, inwieweit neben den Grundfreiheiten ein Grundrechtsschutz in der Europäischen Gemeinschaft existiert, und in einem zweiten Schritt, ob überhaupt ein grundrechtsrelevantes Handeln der Gemeinschaft vorliegt. Erst dann können schließlich die Grundrechte beteiligter Unternehmen und Drittbetroffener einer näheren Untersuchung unterzogen werden. In einem vierten und letzten Schritt gilt es schließlich noch, auf zumindest im Bereich des Möglichen liegende Schutzpflichten der Gemeinschaft einzugehen.

I. Grundrechtsschutz in der Europäischen Gemeinschaft

Da sowohl die Gründungsverträge der Europäischen Gemeinschaften als auch die Unionsverträge keinen Grundrechtskatalog enthalten, wurde von Beginn an eine kontroverse Diskussion über den Grundrechtsschutz in der Gemeinschaft geführt. In den ersten Jahren des Bestehens der Gemeinschaft stellte auch der EuGH keine Bemühungen an, diesem Mangel verbriefter Grundrechte abzuhelfen. Mit späteren Urteilen hat der Gerichtshof aber die Fundamente für einen umfassenden Grundrechtsschutz gelegt, so daß die inzwischen erreichte Entwicklung der Gemeinschaftsgrundrechte weitgehend auf der Rechtsprechung des EuGH beruht[397]. Der EuGH hat in verschiedenen Urteilen festgestellt, daß die Grundrechte zu den von ihm zu wahrenden allgemeinen Rechtsgrundsätzen[398] gehören, und geht bei der Gewährleistung dieser Rechte von den in den Verfassungen der Mitgliedstaaten gemeinsam anerkannten und geschützten Grundrechten sowie von den internationalen Verträgen zum Schutz der Menschenrechte – vornehmlich der EMRK – aus[399]. Darüber hinaus enthalten die Gemeinschaftsverträge einzelne Regelungen, die der EuGH als Grundrechte ausgelegt hat. Hierzu gehört vor allem das allgemeine Diskriminierungsverbot in Art. 12 EGV, das der EuGH zusammen mit dem

---

[395] S. hierzu allgemein *Schweitzer/Hummer*, Europarecht, Rn. 1074 ff.
[396] *Herdegen*, Europarecht, Rn. 284 m.w.N.
[397] Ausführlich hierzu *Lenz*, Der europäische Grundrechtsstandard in der Rechtsprechung des Europäischen Gerichtshofes, EuGRZ 1993, S. 585 ff.; *Rengeling*, Grundrechtsschutz in der Europäischen Gemeinschaft, S. 1 ff.
[398] Daß die allgemeinen Rechtsgrundsätze Bestandteil des Gemeinschaftsrechts sind, folgt in erster Linie aus Art. 288 Abs. 2 EGV; vgl. hierzu *Oppermann*, Europarecht, Rn. 482.
[399] Grundlegend EuGH, Urt. v. 17.12.1970, Rs. 11/70, Slg. 1970, 1125 (1135) - Internationale Handelsgesellschaft, und EuGH, Urt. v. 14.5.1974, Rs. 4/73, Slg. 1974, 491 (507 f.) - Nold.

Grundsatz des gleichen Entgelts gem. Art. 141 EGV als Anwendungsfall des allgemeinen Gleichheitssatzes im Sinne eines Grundprinzips des Gemeinschaftsrechts bezeichnet hat[400]. Nunmehr ist der Grundrechtsschutz in Art. 6 Abs. 2 EUV auch primärrechtlich verankert. Danach achtet die Union die Grundrechte, wie sie in der EMRK gewährleistet sind und „wie sie sich aus den gemeinsamen Verfassungsüberlieferungen der Mitgliedstaaten als allgemeine Grundsätze des Gemeinschaftsrechts ergeben"[401]. Dies gilt auch für die Europäischen Gemeinschaften als Bestandteil der Europäischen Union (vgl. Art. 1 Abs. 3 EUV) und deren Organe (vgl. Art. 46 lit. d) EUV). Durch diese Positivierung der Grundrechte gewinnt Art. 6 Abs. 2 EUV eine elementare Bedeutung[402], indem er deutlich macht, daß die Gemeinschaftsgrundrechte in Europäischer Union und Europäischen Gemeinschaften inzwischen als „tragender Pfeiler der Gemeinschaftsverfassung"[403] zu verstehen sind. Gleichwohl übernimmt Art. 6 Abs. 2 EUV die Einordnung der Grundrechte als allgemeine Rechtsgrundsätze aus der Rechtsprechung des EuGH[404], der als Erkenntnisquelle die Verfassungen der Mitgliedstaaten und die EMRK nutzt. Überdies arbeitet derzeit ein Konvent mit 62 Mitgliedern an einer europäischen Grundrechtscharta, die voraussichtlich im Dezember 2000 vorgestellt werden soll[405].

Im Hinblick auf die gegenwärtig noch praktizierte Gewinnungsmethode werden zur Frage des Standards der Gemeinschaftsgrundrechte im Hinblick auf die gemeinsamen Verfassungstraditionen unterschiedliche Auffassungen vertreten. Ausscheiden müssen insoweit jedenfalls die Konzeption eines variablen Grundrechtsschutzes sowie die eines Mindeststandards im Sinne eines gemeinsamen Minimums[406]. Dagegen wird die Rechtsprechung des EuGH vielfach dahingehend interpretiert, daß sie sich an einem Maximalstandard orientiere, wonach die am weitesten reichende Regelung aller mitgliedstaatlichen Regelungen zugrundezulegen ist[407]. Obgleich ein solcher Grundrechtsschutz durchaus erstrebenswert ist, begegnet er angesichts des jeweils unterschiedlichen Grundrechtsverständnisses in den Mitgliedstaaten praktischen Schwierigkeiten[408]. Daher wird überwiegend die Methode der wertenden Rechtsvergleichung

---

[400] *Oppermann*, Europarecht, Rn. 490.
[401] Damit bestätigt Art. 6 Abs. 2 EUV die bisherige Judikatur des EuGH; s.a. EuGH, Urt. v. 15.12.1995, Rs. C-415/93, Slg. 1995, I-4921 (5065) - Bosman.
[402] *Pauly*, Strukturfragen des unionsrechtlichen Grundrechtsschutzes, EuR 1998, S. 242 (251), spricht sogar von „konstitutioneller Bedeutung".
[403] *Brenner*, Rahmenbedingungen des Menschenbildes im Gemeinschaftsrecht, in: FS Leisner, S. 19 (33).
[404] S. nur *Streinz*, Europarecht, Rn. 358 m.w.N.
[405] Hierzu *Däubler-Gmelin*, Eine europäische Charta der Grundrechte – Beitrag zur gemeinsamen Identität, EuZW 2000, S. 1.
[406] *Chwolik-Lanfermann*, Grundrechtsschutz in der Europäischen Union, S. 55 m.w.N.
[407] S. etwa *Streinz*, Bundesverfassungsgerichtlicher Grundrechtsschutz, S. 403. Dieser Maximalstandard wird z.B. dem Urteil Nold entnommen; vgl. EuGH, Urt. v. 14.5.1974, Rs. 4/73, Slg. 1974, 491 (507); s.a. *Pescatore*, Bestand und Bedeutung der Grundrechte in den Europäischen Gemeinschaften, EuGRZ 1978, S. 441 (445).
[408] Dagegen deshalb zu Recht *Pauly*, Strukturfragen des unionsrechtlichen Grundrechtsschutzes, EuR 1998, S. 242 (254). Hierzu auch *Chwolik-Lanfermann*, Grundrechtsschutz in der Europäischen Union, S. 57; *Sasse*, Der Schutz der Grundrechte in den Europäischen Gemeinschaften und seine Lücken, in: Mosler/Bernhard/Hilf (Hrsg.), Grundrechtsschutz in Europa, S. 51 (58).

anerkannt[409], so daß insoweit die gemeinsame Tradition der Mitgliedstaaten entscheidend ist. Damit ist aber das Fundament für einen umfassenden Grundrechtsschutz auf Gemeinschaftsebene gelegt, welches durch die Rechtsprechung des EuGH zwischenzeitlich zur Verwirklichung eines Grundrechtsstandards geführt hat, der dem des Grundgesetzes zumindest im wesentlichen vergleichbar ist[410], auch wenn es noch an einer differenzierten Schrankensystematik fehlt[411]. Verpflichtet werden durch diese Gemeinschaftsgrundrechte zumindest alle Gemeinschaften und ihre Organe[412]; Grundrechtsträger sind alle Marktbürger, d.h. alle natürlichen und juristischen Personen des Privatrechts[413].

II. Grundrechtsrelevantes Handeln der Gemeinschaft

Existiert damit also ein umfassender Grundrechtsschutz auf Gemeinschaftsebene, so stellt sich nun die Frage nach dem grundrechtsrelevanten Handeln der Gemeinschaft bei dem Abschluß von Umweltvereinbarungen oder der Entgegennahme von Selbstverpflichtungen. Grundsätzlich ist jedes hoheitliche Handeln der Gemeinschaft grundrechtsrelevant, was bedeutet, daß die Gültigkeit aller Rechtsakte der Gemeinschaftsorgane wie Rechtsetzung, Vollziehung und Rechtsprechung an den Grundrechten zu messen ist[414].

Die vertragliche Umweltvereinbarung ist daher jedenfalls in ihrer Fassung als öffentlich-rechtlicher Vertrag als Rechtsakt und damit als grundrechtsrelevantes Handeln der Gemeinschaft zu werten, auch wenn eine vertragliche Umweltvereinbarung durch übereinstimmende Willenserklärungen und gerade nicht durch einseitig-hoheitliches Handeln gekennzeichnet ist. Da sowohl die normersetzende als auch die normvollziehende Umweltvereinbarung aber eine hoheitliche Maßnahme im Bereich des Umweltrechts ersetzen soll, müssen für die vertraglichen Regelungen die gleichen rechtlichen Maßstäbe wie für einen entsprechenden Hoheitsakt und damit auch die Grundrechte gelten[415].

Dagegen erscheint bei Selbstverpflichtungserklärungen der Wirtschaft ein solches grundrechtsrelevantes Handeln der Gemeinschaft auf den ersten Blick abwegig, da sich die Selbstverpflichtung als eine Erklärung Privater im „nichtstaatlichen" Bereich bewegt. Auch die

---

[409] Zum Konzept der wertenden Rechtsvergleichung s. nur *Pernice* in: Grabitz/Hilf, Das Recht der Europäischen Union, Art. 164 Rn. 58 m.w.N.; befürwortend auch *Rengeling*, Grundrechtsschutz in der Europäischen Gemeinschaft, S. 224 f.

[410] BVerfGE 73, 339 (378 ff.); 89, 155 (174 f.); so auch *Brenner*, Rahmenbedingungen des Menschenbildes im Gemeinschaftsrecht, in: FS Leisner, S. 19 (32). Kritisch z.B. *Storr*, Zur Bonität des Grundrechtsschutzes in der Europäischen Union, Der Staat 36 (1997), S. 547 (572 f.).

[411] Kritisch hierzu *Pauly*, Strukturfragen des unionsrechtlichen Grundrechtsschutzes, EuR 1998, S. 242 (254 ff.).

[412] Zur Bindung der Mitgliedstaaten s. nur *Streinz*, Europarecht, Rn. 368 m.w.N.; zur Frage der Drittwirkung der Grundrechte *Rengeling*, Grundrechtsschutz in der Europäischen Gemeinschaft, S. 199 f.

[413] Zur Grundrechtsberechtigung juristischer Personen des öffentlichen Rechts und Angehöriger dritter Staaten ausführlich *Rengeling*, Grundrechtsschutz in der Europäischen Gemeinschaft, S. 201.

[414] Vgl. EuGH, Urt. v. 11.7.1985, verb. Rs. 60 u. 61/84, Slg. 1985, 2605 (2627) - Cinéthèque; EuGH, Urt. v. 30.9.1987, Rs. 12/86, Slg. 1987, 3719 (3754) - Demirel. S.a. *Beutler* in: Groeben/Thiesing/Ehlermann, Kommentar zum EU-/EG-Vertrag, Art. F Rn. 73.

Kenntnisnahme durch die Gemeinschaft mitsamt der Berücksichtigung dieser Information bei gemeinschaftlichen Entscheidungen ist noch nicht grundrechtsrelevant. Grundsätzlich könnten Selbstverpflichtungen daher als Ausübung grundrechtlicher Freiheiten angesehen werden, d.h. der Grundrechtsträger verzichtet freiwillig auf ein Stück Freiheit, so daß man nicht unmittelbar die Möglichkeit einer Grundrechtsbeeinträchtigung sieht. Dies trifft ohne Zweifel auf die politischen Absichtserklärungen der Wirtschaft zu, die gegenüber den Rechtsakten der Gemeinschaft ein aliud darstellen[416]; insofern ist ein Eingriff in die Grundrechte der an der Selbstverpflichtung beteiligten Unternehmen nicht vorstellbar.

Anders sieht es dagegen bei den normersetzenden Selbstverpflichtungen aus; hier darf das gemeinschaftliche Tätigwerden vor der einseitigen Selbstverpflichtung, also die auf das Zustandekommen einer Vereinbarung gerichtete Untätigkeitsankündigung der Gemeinschaft, nicht unberücksichtigt bleiben. Oftmals steht hinter einer solchen Selbstverpflichtung nämlich kein rein freiwilliger Rechtsverzicht, sondern massive Regelungsandrohungen der Gemeinschaftsorgane[417], die dann zu der Selbstverpflichtung führen. Wenn die Kommission in dieser Art und Weise das Unterlassen eines normativen Hoheitsakts in Aussicht stellt, sind verschiedene Konstellationen denkbar: Sie kann den Erlaß eines potentiell gemeinschaftsrechtswidrigen Rechtsakts ebenso androhen wie den Erlaß einer grundsätzlich rechtmäßigen, aber möglicherweise gegenüber der Absprache schärferen Richtlinie, Verordnung oder Entscheidung. Hierbei ist aber zu berücksichtigen, daß auch die Gemeinschaft nicht mit dem Erlaß vertragswidriger Normativakte drohen darf[418]; die dadurch initiierte Selbstverpflichtung wäre in diesem Fall aufgrund des engen Zusammenhangs zwischen Drohung und Absprache schon wegen der rechtsstaatlichen Bindung der Gemeinschaft unzulässig[419]. Im Regelfall wird deshalb hinter den Selbstverpflichtungen die Androhung eines vertragsmäßigen Rechtsakts stehen. Allein diese Variante soll demnach den Gegenstand der nachfolgenden Untersuchung, ob bei einer Selbstverpflichtung ein Grundrechtseingriff vorliegen kann, bilden. Entsprechendes gilt für den Abschluß einer vertraglichen Umweltvereinbarung, in der sich die Gemeinschaft verpflichtet, einen Rechtsakt iSd. Art. 249 EGV nicht zu erlassen. In diesen Konstellationen können jeweils die Freiheitsrechte der beteiligten Unternehmen betroffen sein.

Darüber hinaus können aber auch die Grundrechte von Verbandsmitgliedern betroffen sein, wenn die Gemeinschaft allein mit dem Verband eine Absprache trifft. Daneben ist ein Verstoß gegen den allgemeinen Gleichheitssatz denkbar, wenn einige Unternehmen die Umweltvereinbarung oder Selbstverpflichtung nicht unterzeichnen.

---

[415] Vgl. insoweit *Bleckmann*, Der Verwaltungsvertrag als Handlungsmittel der Europäischen Gemeinschaften, DVBl. 1981, S. 889 (897).

[416] S. dazu schon oben § 5 A.

[417] Für das deutsche Recht *Kloepfer*, Zu den neuen umweltrechtlichen Handlungsformen des Staates, JZ 1991, S. 737 (739); *Di Fabio*, Selbstverpflichtungen der Wirtschaft – Grenzgänger zwischen Freiheit und Zwang, JZ 1997, S. 969 (970).

[418] Zum deutschen Recht s. nur *Oebbecke*, Die staatliche Mitwirkung an gesetzesabwendenden Vereinbarungen, DVBl. 1986, S. 793 (798)

[419] Vgl. nur *Geiger*, EG-Vertrag, Art. 164 Rn. 25 ff.; *Huber*, Recht der Europäischen Integration, S. 113 ff.

Schließlich wirken sich nahezu alle normersetzenden Vereinbarungen auf die Interessen Dritter, also an der Absprache in keiner Weise beteiligter Personen, aus[420]. Insofern liegt etwa grundrechtsrelevantes Handeln vor, wenn die beteiligten Unternehmen infolge der Umweltvereinbarung ihr wirtschaftliches Verhalten verändern und dadurch z.B. erhebliche Produktionseinschränkungen von Zulieferbetrieben zu verzeichnen sind.
Zu guter Letzt können die Grundrechte neben ihrer Wirkung als Abwehrrechte auch Schutzpflichten enthalten, die die Gemeinschaft womöglich zu einem bestimmten Handeln zwingen. Im Hinblick auf die hier zu untersuchenden Umweltvereinbarungen kann eine Verletzung solcher Schutzpflichten etwa in Betracht kommen, wenn man dem Gemeinschaftsgesetzgeber eine Pflicht zum Umweltschutz auferlegen wollte und dieser mit der Vereinbarung eine hierfür ersichtlich ungeeignete Vorkehrung getroffen hätte.

III. Freiheitsrechte der beteiligten Unternehmen

Entsprechend den vorstehenden Überlegungen sind die Umweltvereinbarungen daher zunächst an den Freiheitsrechten der beteiligten Unternehmen zu messen.

1. Durch die Regelungen betroffene Schutzbereiche

Wie bereits ausgeführt, ist Ausgangspunkt der Untersuchung die Annahme, daß die Gemeinschaft berechtigt und zumindest theoretisch in der Lage wäre, das gewünschte umweltschonende bzw. -schützende Verhalten durch den Erlaß einer Richtlinie, Verordnung oder Entscheidung zu erreichen. Unter grundrechtlichem Blickwinkel können solche Umweltschutzmaßnahmen den Schutzbereich der Berufsfreiheit, der Handelsfreiheit, der Wettbewerbsfreiheit sowie der Wirtschaftsfreiheit berühren[421]. Daneben kann auch das Eigentumsgrundrecht oder der Schutzbereich der allgemeinen Handlungsfreiheit betroffen sein[422]. Gleiches muß dementsprechend aufgrund der staatlichen Einflußnahme auch für normersetzende bzw. normvollziehende Absprachen gelten.

a) Das Eigentumsrecht

Im Gemeinschaftsrecht genießt das Grundrecht auf Eigentum besondere Bedeutung[423], auch wenn der Schutzbereich bisher nur sehr vage vom EuGH bestimmt wurde. Die ersten detail-

---

[420] So auch *Pommerenke*, Rechtliche Beurteilung von Umweltvereinbarungen nach dem EG-Vertrag, RdE 1996, S. 131 (134).
[421] Betroffen sind wohl zumeist Grundrechte wirtschaftlicher Art, vgl. *Szczekalla*, Grundrechte, in: Rengeling (Hrsg.), EUDUR, Bd. I, § 12 Rn. 47. Zu diesen Grundrechten s. nur *Rengeling*, Grundrechtsschutz in der Europäischen Gemeinschaft, S. 18 ff.
[422] Allgemein hierzu *Oppermann*, Europarecht, Rn. 492 m.w.N.
[423] *Beutler* in: Groeben/Thiesing/Ehlermann, Kommentar zum EU-/EG-Vertrag, Art. F Rn. 56 m.w.N.

lierten Aussagen zur Garantie des Eigentums finden sich in den Urteilen Nold[424] und Hauer[425]. Fest steht nach der bisherigen Rechtsprechung des EuGH, daß er das private Sacheigentum vor Entzug und in geringerem Maße vor Nutzungsbeschränkungen, nicht aber bloße Chancen als geschützt ansieht[426]. Insofern nimmt der EuGH weiter an, daß unter die gemeinschaftliche Eigentumsgarantie nur konkrete Eigentumspositionen und nicht das Vermögen als solches fallen, so daß er etwa die Auferlegung hoheitlicher Geldleistungspflichten grundsätzlich nicht am Grundrecht auf Eigentum mißt[427]. Ebensowenig werden „bloße kaufmännische Interessen oder Aussichten“ dem Eigentumsrecht zugeordnet[428].
Umweltvereinbarungen oder Selbstverpflichtungserklärungen bringen für die beteiligten Unternehmen regelmäßig keine sofort wirkenden Beschränkungen mit sich, sondern engen die unternehmerische Freiheit bzw. das Verhalten im Wettbewerb lediglich für die Zukunft ein[429], indem sie etwa zu umweltfreundlicheren Produkten oder Produktionsverfahren verpflichten, so daß dadurch noch keine Beeinträchtigung des Eigentums im Sinne einer konkreten Rechtsposition vorliegt. Darüber hinaus läßt sich in der Rechtsprechung des EuGH eine Tendenz erkennen, wonach Umgestaltungen der generellen Wirtschaftsbedingungen eines Unternehmens nicht am Grundrecht auf Eigentum, sondern an der beruflichen und wirtschaftlichen Freiheit gemessen werden, auch wenn bisher noch keine konkrete Äußerung zu dieser Abgrenzung getroffen wurde[430]. In diesem Zusammenhang wird das Eigentumsrecht somit beim Abschluß von Umweltvereinbarungen bzw. bei der Abgabe von Selbstverpflichtungen gemeinhin nicht beeinträchtigt.

Darüber hinaus prüft der EuGH Eigentumspositionen gelegentlich auch unter dem Gesichtspunkt eines Vertrauensschutzes, wenn Maßnahmen – wie beispielsweise die Milchquoten oder das Neuanpflanzungsverbot für Wein – zwar an sich berufs- und wirtschaftsregelnd wirken, zugleich jedoch die Nutzung der Produktionsmittel direkt beschränken[431]. Dieser Grundsatz des Vertrauensschutzes soll „erworbene Vertrauenspositionen“ sowie „wohlerworbene Rechte“[432] und damit den einzelnen vor einer Entwertung seiner im Vertrauen auf einen bestehenden Rechtszustand erworbenen Rechtspositionen und vorgenommenen Dispositionen schüt-

---

[424] EuGH, Urt. v. 14.5.1974, Rs. 4/73, Slg. 1974, 491 (507 f.) - Nold.
[425] EuGH, Urt. v. 13.12.1979, Rs. 44/79, Slg. 1979, 3727 (3745 ff.) - Hauer.
[426] Grundlegend EuGH, Urt. v. 13.12.1979, Rs. 44/79, Slg. 1979, 3727 (3746 f.) - Hauer; s.a. EuGH, Urt. v. 13.7.1989, Rs. 5/88, Slg. 1989, 2609 (2639 f.) - Wachauf.
[427] S. nur *von Milczewski*, Der grundrechtliche Schutz des Eigentums im Europäischen Gemeinschaftsrecht, S. 259 unter Hinweis auf EuGH, Urt. v. 21.2.1991, verb. Rs. C-143/88 u. C-92/91, Slg. 1991, I-415 (552 f.) - Süderdithmarschen.
[428] EuGH, Urt. v. 14.5.1974, Rs. 4/73, Slg. 1974, 491 (508 f.) - Nold.
[429] So bereits für das deutsche Recht *Nickel*, Absprachen zwischen Staat und Wirtschaft, S. 109 f.
[430] Vgl. *von Milczewski*, Der grundrechtliche Schutz des Eigentums im Europäischen Gemeinschaftsrecht, S. 262 f. mit Nachweisen aus der Rechtsprechung.
[431] S. nur EuGH, Urt. v. 22.10.1991, Rs. C-44/89, EuZW 1992, 120 (121 f.) - Deetzen II; EuGH, Urt. v. 10.1.1992, Rs. C-177/90, Slg. 1992, 35 (63) - Kühn. S.a. *Rengeling*, Grundrechtsschutz in der Europäischen Gemeinschaft, S. 49 f.
[432] Vgl. *Pernice*, Grundrechtsgehalte im Europäischen Gemeinschaftsrecht, S. 188 m.w.N.

zen[433]. Allerdings ergibt sich aus der bisherigen Rechtsprechungspraxis, daß der EuGH diesen Grundsatz des allgemeinen Vertrauensschutzes meist separat prüft, auch wenn Eigentumspositionen von einer Änderung der Rechtslage betroffen sind[434]. Unabhängig aber von dieser Frage, ob sich Vertrauensschutzgesichtspunkte in die Prüfung des Grundrechts auf Eigentum einbeziehen lassen[435] oder doch getrennt davon zu untersuchen sind, kann insoweit bei Umweltvereinbarungen oder Selbstverpflichtungen, aufgrund derer etwa ein neues, umweltfreundlicheres Produktionsverfahren eingeführt oder auf bisherige Inhaltsstoffe künftig verzichtet werden soll, die im Vertrauen auf die bisherige Gemeinschaftsregelung eingeführte Nutzung von Produktionsmitteln stark eingeschränkt werden und damit ein „wohlerworbenes Recht" betroffen sein. Unter dem Blickwinkel des Vertrauensschutzes können daher unter Umständen Eigentumspositionen[436] der an der Absprache beteiligten Unternehmen betroffen sein. Dies ist jedoch eine Frage des Einzelfalls, die sich nicht pauschal beantworten läßt.

b) Das Recht auf freie berufliche Betätigung

Zusammen mit dem Grundrecht auf Eigentum erkannte der EuGH auch die Berufsfreiheit erstmalig im Urteil Nold ausdrücklich an[437]. Durch diese Rechtsprechung des EuGH wird in der Gemeinschaftsrechtsordnung die Freiheit der Arbeit, des Handels und anderer Berufstätigkeiten bzw. die freie Berufsausübung gewährleistet[438]. In späteren Urteilen wird dann auch ausdrücklich von der Berufsfreiheit[439] und im Hinblick auf juristische Personen von der wirtschaftlichen Betätigungsfreiheit[440] gesprochen. Im Zusammenhang mit der Handelsfreiheit erwähnt der Gerichtshof auch die Wettbewerbsfreiheit[441] – dies allerdings innerhalb der Untersuchungen zu Art. 81 EGV. Da dem freien Wettbewerb in der Gemeinschaft bereits nach geltendem Recht eine übergeordnete Rolle zukommt, wird in der Literatur denn auch der Grundsatz des freien Wettbewerbs als Grundrecht des Gemeinschaftsrechts angesehen, wobei nicht

---

[433] Ausführlich zum Vertrauensschutz *Schwarze*, Europäisches Verwaltungsrecht, Bd. II., S. 843 ff.

[434] Demgegenüber betont das Bundesverfassungsgericht den Zusammenhang zwischen dem Eigentumsgrundrecht und dem allgemeinen Vertrauensschutzgrundsatz, s. nur BVerfGE 31, 275 (293); 75, 78 (105).

[435] Hierzu *von Milczewski*, Der grundrechtliche Schutz des Eigentums im Europäischen Gemeinschaftsrecht, S. 280 ff.

[436] Weitergehend hat der EuGH z.T. sogar im Vertrauen auf einen bestehenden Rechtszustand vorgenommene Vermögensdispositionen geschützt; hierzu *Rengeling*, Grundrechtsschutz in der Europäischen Gemeinschaft, S. 52. Allerdings hat der EuGH im Urt. v. 5.10.1994, Rs. C-280/93, Slg. 1994, I-4973 (5065 ff.) - Bananenmarktordnung, diesen Schutz stark eingeschränkt und sowohl eine Verletzung des Eigentumsrechts als auch des Vertrauensschutzgrundsatzes verneint.

[437] EuGH, Urt. v. 14.5.1974, Rs. 4/73, Slg. 1974, 491 (507 f.) - Nold. Bereits im Urt. v. 17.12.1970, Rs. 11/70, Slg. 1970, 1125 (1134 ff.) - Internationale Handelsgesellschaft, prüfte der EuGH die Entfaltungs- und Dispositionsfreiheit und die Wirtschaftsfreiheit als grundrechtliche Werte.

[438] S.a. EuGH, Urt. v. 13.12.1979, Rs. 44/79, Slg. 1979, 3727 (3750) - Hauer.

[439] EuGH, Urt. v. 27.6.1989, Rs. 113/88, Slg. 1989, 1991 (2015) - Leukhardt.

[440] EuGH, Urt. v. 21.2.1991, verb. Rs. C-143/88 u. C-92/89, Slg. 1991, I-415 (553) - Süderdithmarschen; EuGH, Urt. v. 21.3.1991, Rs. C-359/89, Slg. 1991, I-1677 (1699) - SAFA.

[441] EuGH, Urt. v. 7.2.1985, Rs. 240/83, Slg. 1985, 531 (549) - Altöl; s.a. EuGH, Urt. v. 27.1.1987, Rs. 45/85, Slg. 1987, 405 (458 f.) - Verband der Sachversicherer.

deutlich wird, ob es im Zusammenhang mit der Berufsfreiheit zu sehen ist oder ein eigenständiges Grundrecht darstellt[442].

Deutlich wird insoweit jedenfalls, daß auch im Gemeinschaftsrecht der gesamte Bereich der freien wirtschaftlichen Betätigung im Sinne eines Freiheitsrechts geschützt wird. Zu untersuchen bleibt, in welchem der genannten Freiheitsräume die beteiligten Unternehmen tatsächlich betroffen sein können. Der zumeist hinter einer Umweltabsprache stehende Druck seitens der Gemeinschaft stellt sich zumindest nicht als Beeinträchtigung der Berufsfreiheit als solcher dar, da das Berufsbild des Unternehmers in keiner Weise verändert werden soll[443]. Vielmehr können sich in diesem Bereich durch den Abschluß von Umweltvereinbarungen bzw. die Abgabe von Selbstverpflichtungen Einschränkungen ergeben, weil sich die Unternehmen etwa zu einem veränderten Produktionsverfahren bereit erklären oder womöglich auf die Herstellung bestimmter Produkte gänzlich verzichten und dadurch zumindest ihre unternehmerische Handlungsfreiheit tangiert wird. Darüber hinaus können gemeinschaftlich initiierte Umweltabsprachen eine Beeinträchtigung der Wettbewerbsfreiheit der beteiligten Unternehmen darstellen[444]. Der Schutzbereich dieser Wirtschaftsgrundrechte ist daher – im Gegensatz zu dem nur im Ausnahmefall betroffenen Grundrecht auf Eigentum – im allgemeinen durch den Abschluß von Umweltvereinbarungen berührt.

c) Die allgemeine Handlungsfreiheit

Schließlich wird auch der Grundsatz der allgemeinen Handlungsfreiheit in der Rechtsprechung des EuGH anerkannt[445]. Eines Rückgriffs auf diesen allgemeinen Grundsatz des Gemeinschaftsrechts bedarf es indes nicht, wenn man die Freiheit der wirtschaftlichen Betätigung und die Wettbewerbsfreiheit – anders als dies partiell im deutschen Recht geschieht[446] - im Sinne eines speziellen Freiheitsrechts versteht. Dies ergibt sich aus der Rechtsprechung des EuGH[447], da die wirtschaftliche Betätigungsfreiheit und auch die Wettbewerbsfreiheit ausdrücklich neben der allgemeinen Handlungsfreiheit aufgezählt werden, so daß für die zu untersuchende Grundrechtsverletzung durch Umweltvereinbarungen nicht zusätzlich noch auf das Grundrecht der allgemeinen Handlungsfreiheit abzustellen ist.

---

[442] S. nur *Rengeling*, Grundrechtsschutz in der Europäischen Gemeinschaft, S. 27 ff.; *Oppermann*, Europarecht, Rn. 492.
[443] Vgl. hierzu *Nickel*, Absprachen zwischen Staat und Wirtschaft, S. 111.
[444] S. hierzu bereits die einleitende Darstellung zu den kartellrechtlichen Anforderungen, § 6 C.
[445] EuGH, Urt. v. 21.5.1987, verb. Rs. 133-136/85, Slg. 1987, 2289 (2338 f.) - Rau.
[446] Zum deutschen Recht s. nur *Jarass/Pieroth*, GG, Art. 2 Rn. 4, Art. 12 Rn. 15 f. Unter die allgemeine Handlungsfreiheit könnte man hier allenfalls noch die negative Vereinigungsfreiheit subsumieren; hierzu *Nickel*, Absprachen zwischen Staat und Wirtschaft, S. 114 f.
[447] EuGH, Urt. v. 21.5.1987, verb. Rs. 133-136/85, Slg. 1987, 2289 (2338 f.) - Rau.

d) Zusammenfassung

Zusammenfassend kann daher an dieser Stelle festgehalten werden, daß sowohl bei vertraglichen als auch bei unverbindlichen Umweltabsprachen neben dem Grundrecht auf Eigentum die allgemeine wirtschaftliche Betätigungsfreiheit sowie die Wettbewerbsfreiheit betroffen sein können. Dies soll nicht ausschließen, daß im konkreten Einzelfall auch andere Grundrechte eine Rolle spielen können; insbesondere sind Fragen der „Gleichheit" zwischen beteiligten und ausgeschlossenen Unternehmen einem gesonderten Abschnitt vorbehalten. Im Bereich der Freiheitsrechte sind aber vorrangig die ins Feld geführten Grundrechte von Bedeutung, so daß die weitere Untersuchung einer möglichen Grundrechtsverletzung unter diesem Blickwinkel erfolgen soll.

2. Eingriff

Nicht ganz deutlich wird in der Rechtsprechung des EuGH, ob auch im Gemeinschaftsrecht – und damit dem deutschen Recht vergleichbar – ein „Eingriff" in das jeweilige Grundrecht zu prüfen ist. Zwar wirft der Gerichtshof in seinen Grundrechtsprüfungen mitunter die Frage auf, ob ein „Eingriff" vorliege[448] bzw. ob ein Grundrecht beeinträchtigt sei[449] oder spricht davon, daß kein „unzulässiger Eingriff in die Ausübung von Grundrechten" vorliege[450]. In diesem Zusammenhang ist auch von unmittelbaren und mittelbaren Einschränkungen die Rede[451], wobei allerdings im Schrifttum nicht einheitlich interpretiert wird, ob der EuGH damit auf den Eingriff[452] oder lediglich auf die im konkreten Fall zu treffende Unterscheidung von Berufsausübung und Berufswahl[453] eingeht. Nicht deutlich wird dabei jedenfalls, inwieweit auch mittelbare Folgen als Eingriff zu werten sind[454]. Da der Eingriffsbegriff in der Rechtsprechung des EuGH nicht weiter präzisiert wird, ist insofern die künftige Entwicklung abzuwarten[455]. Aus den bisherigen Ausführungen des Gerichtshofes läßt sich allenfalls schließen, daß mittelbare Beeinträchtigungen des Eigentums überhaupt nur bei einer Existenzgefährdung einen Grundrechtsverstoß darstellen können[456].

---

448 EuGH, Urt. v. 21.9.1989, verb. Rs. 46/87 u. 227/88, Slg. 1989, 2859 (2924) - Hoechst.

449 EuGH, Urt. v. 22.10.1991, Rs. C-44/89, EuZW 1992, 120 (121) - Deetzen II.

450 EuGH, Urt. v. 18.9.1986, Rs. 116/82, Slg. 1986, 2519 (2546) - Qualitätsweine.

451 EuGH, Urt. v. 18.9.1986, Rs. 116/82, Slg. 1986, 2519 (2545) - Qualitätsweine.

452 So etwa *Rengeling*, Grundrechtsschutz in der Europäischen Gemeinschaft, S. 27, 43 f., 220.

453 So *Kingreen* in: Calliess/Ruffert, Kommentar zu EU-Vertrag und EG-Vertrag, Art. 6 EUV Rn. 68.

454 Ablehnend etwa *Jarass*, Europäisches Energierecht, S. 101, der allerdings die Einbeziehung faktischer Beeinträchtigungen nicht ausschließt.

455 Kritisch zur Rechtsprechung des EuGH *Beutler* in: Groeben/Thiesing/Ehlermann, Kommentar zum EU-/EG-Vertrag, Art. F Rn. 77 f.

456 EuGH, Urt. v. 27.9.1979, Rs. 230/78, Slg. 1979, 2749 (2768) - Eridania; EuGH, Urt. v. 6.12.1984, Rs. 59/83, Slg. 1984, 4057 (4079) - Biovilac; EuGH, Urt. v. 18.9.1986, Rs. 116/82, Slg. 1986, 2519 (2545) - Qualitätsweine; s.a. auch EuGH, Urt. v. 14.1.1987, Rs. 281/84, Slg. 1987, 49 (92) - Zuckerfabrik Bedburg, wo bei Verlusten in Form einer Wertminderung durch die währungsbedingte Anpassung von Stützpreisen der Eigentumseingriff ausdrücklich abgelehnt wird; vgl. *Jarass*, Europäisches Energierecht, S. 101.

Das Vorliegen einer Grundrechtsbeeinträchtigung steht somit lediglich bei dem gezielten klassischen Eingriff außer Zweifel, während der EuGH bei mittelbaren oder faktischen Grundrechtseingriffen, wie sie etwa die deutsche Grundrechtsdogmatik kennt[457], einen Eingriff unter Umständen ablehnen würde.
Angesichts der unterschiedlichen Einflußnahme der Gemeinschaft bei Vereinbarungen mit dem Verband und Vereinbarungen mit den Unternehmen sowie vertraglichen Umweltvereinbarungen und Selbstverpflichtungen muß für die Frage des Eingriffs nachfolgend zwischen diesen verschiedenen Formen unterschieden werden.

a) bei Vereinbarungen mit dem Verband

Trifft die Gemeinschaft nicht mit den einzelnen Unternehmen, sondern – und das stellt den Regelfall dar – mit dem jeweiligen Wirtschaftsverband eine Abrede, so geschieht dies letztlich zu Lasten der Mitglieder. Jedenfalls wird durch eine solche Vereinbarung gewöhnlich nicht in die Grundrechte des Wirtschaftsverbands eingegriffen. Grundsätzlich ist zwar auch der Wirtschaftsverband, der als Verpflichtungssubjekt in Erscheinung tritt, im Hinblick auf die Vereinigungsfreiheit[458] selbst Grundrechtsträger. Insofern muß die Gemeinschaft bei den Verhandlungen zu bzw. dem Abschluß von Umweltvereinbarungen auch Rücksicht auf die Bewahrung der Aufgaben und Funktionen von Verbänden nehmen, d.h. sie darf die Verbände nicht in „evidente Zerreißproben" treiben[459].
Zum Problem wird bei dieser Konstellation aber vielmehr, daß der Verband selten im Auftrag seiner Mitglieder tätig wird, sondern die Selbstverpflichtung sich als Verbandsidee entwickelt hat, für die die einzelnen Unternehmen als Mitglieder des Verbandes erst noch gewonnen werden müssen. Es stellt sich daher die Frage, ob insoweit ein Eingriff in die Grundrechte der Verbandsmitglieder vorliegen kann, obwohl die Gemeinschaft nur mit dem Verband eine Absprache getroffen hat.
Bei einer Umweltvereinbarung, die mit dem Verband, nicht mit den Unternehmen abgeschlossen wird, bedient sich die Gemeinschaft der erweiterten Leistungsfähigkeit des Wirtschaftsverbands – wie insbesondere dessen Möglichkeit zur Koordinierung, Disziplinierung und Durchsetzung, da es gerade auf Gemeinschaftsebene in vielen Bereichen praktisch kaum durchführbar sein dürfte, mit allen Unternehmen die Verhandlungen aufzunehmen. Insofern gestaltet sich etwa die Verpflichtungserklärung des Verbands als privatwirtschaftliche Selbstregulierung von einem schlechthin gesellschaftlichen zu einem von der Gemeinschaft zumin-

---

[457] Vgl. hierzu etwa *Stern*, Das Staatsrecht der Bundesrepublik Deutschland, Bd. III/1, S. 1206 ff.
[458] Allerdings ist im Gemeinschaftsrecht schon zweifelhaft, ob ein Grundrecht der Vereinigungsfreiheit allgemeine Geltung beansprucht. Der EuGH hat sich insoweit bisher nur im Zusammenhang mit dem Beamtenstatut auseinandergesetzt; vgl. *Wetter*, Die Grundrechtscharta des Europäischen Gerichtshofes, S. 171 ff.
[459] *Di Fabio*, Selbstverpflichtungen der Wirtschaft - Grenzgänger zwischen Freiheit und Zwang, JZ 1997, S. 969 (971); s.a. *ders.*, Verwaltung und Verwaltungsrecht zwischen gesellschaftlicher Selbstregulierung und staatlicher Steuerung, VVDStRL 56 (1997), S. 235 (260 f.)

dest beeinflußten Instrument um. Allerdings kann der Gemeinschaft das Verhalten der Wirtschaftsverbände gegenüber ihren Verbandsmitgliedern regelmäßig nicht zugerechnet werden kann, was zugleich bedeutet, daß der Druck der Gemeinschaftsorgane auf den Verband grundsätzlich zunächst keinen Grundrechtseingriff darstellt – auf seiten des Wirtschaftsverbands fehlt die Grundrechtsbeeinträchtigung, auf seiten der Unternehmen der Eingriff.

Nach dem modernen Grundrechtsverständnis im deutschen Recht ist weitestgehend anerkannt, daß es neben den klassischen Eingriffen auch andere Formen staatlicher Einflußnahme gibt, die, obwohl sie nur mittelbar oder faktisch Grundrechte beeinträchtigen, in ihrer Wirkung ebenso grundrechtsbeeinträchtigend sein können[460]. Da die mittelbaren oder faktischen Auswirkungen einzelner Maßnahmen des Staates im Grundrechtsbereich unübersehbar sind, wird jedoch in diesen Fällen ein Eingriff nur dann angenommen, wenn eine „schwerwiegende", „nachhaltige" oder „gezielte", zumindest bewußt in Kauf genommene Grundrechtsbeeinträchtigung durch Ausübung staatlicher Autorität vorliegt. Entscheidend ist also entweder das Kriterium der Intensität oder aber das – allerdings umstrittene – Kriterium der Finalität[461]. Deshalb kommt im deutschen Recht hier ein faktischer Grundrechtseingriff[462] in Betracht, wenn das konkrete Unternehmen vom Verband – rechtlich oder tatsächlich – erheblich abhängig ist und der Wirtschaftsverband vom Staat gesteuert wird und damit nur als „Werkzeug" des Staates fungiert[463]. Dies kann deshalb passieren, weil die Wirtschaftsvereinigung aufgrund ihrer Nähe zu Staat und Politik unter Umständen in Sachzwänge oder gar Erklärungsnotstände gelangt. Zum Instrument staatlicher Aufgabenerfüllung macht sich der Verband aber erst in dem Moment, wenn er die Mitglieder – die Unternehmen – durch Überredung und vorsichtige Bedrohung wie Marionetten in bestimmte Absprachen dirigiert, damit er gegenüber der Regierung oder Verwaltung nicht als bloße „Public-Relations-Agentur"[464] auftritt. Gebraucht der Staat den Verband in der dargestellten Weise als Steuerungsinstrument, so kommt ihm aufgrund seiner Mitverantwortung durch die mitveranlaßte und mitbestimmte gesellschaftliche Selbstregulierung eine gesteigerte Schutzpflicht gegenüber den Verbandsmitgliedern zu. In diesem Fall können dann auch (faktisch) die Grundrechte der Verbandsmitglieder beeinträchtigt sein[465].

---

[460] S. nur *Pieroth/Schlink*, Grundrechte Staatsrecht II, Rn. 239 f.

[461] *Jarass/Pieroth*, GG, Vorb. vor Art. 1 Rn. 27; BVerwG, DVBl. 1992, S. 1039 (1041).

[462] Ausführlich zum faktischen Grundrechtseingriff *Gallwas*, Faktische Beeinträchtigungen im Bereich der Grundrechte, S. 49 ff.; s.a. *Isensee*, Das Grundrecht als Abwehrrecht und als staatliche Schutzpflicht, in: ders./Kirchhof (Hrsg.), HdbStR V, § 111 Rn. 64.

[463] *Di Fabio*, Selbstverpflichtungen der Wirtschaft - Grenzgänger zwischen Freiheit und Zwang, JZ 1997, S. 969 (971). S.a. *Hoffmann-Riem*, Vom Staatsziel Umweltschutz zum Gesellschaftsziel Umweltschutz, Die Verwaltung 28 (1995), S. 425 (444 ff.).

[464] *Di Fabio*, Selbstverpflichtungen der Wirtschaft - Grenzgänger zwischen Freiheit und Zwang, JZ 1997, S. 969 (971).

[465] So *Di Fabio*, Selbstverpflichtungen der Wirtschaft - Grenzgänger zwischen Freiheit und Zwang, JZ 1997, S. 969 (971).

Fraglich ist indes, ob sich dieses Eingriffsverständnis auch auf das Gemeinschaftsrecht übertragen läßt. Hierfür spricht zum einen, daß der EuGH im Hinblick auf die Wettbewerbsfreiheit bereits die Verschlechterung der Wettbewerbsstellung durch die Bananenmarktordnung als Eingriff qualifiziert hat[466]. Zum anderen wird neueren Urteilen der Ansatz entnommen, daß im Hinblick auf die wirtschaftliche Betätigungsfreiheit auch mittelbare Auswirkungen Grundrechtsrelevanz aufweisen könnten[467]. Konkret heißt es in dem dazu zitierten Urteil des EuGH, daß „jede Sanktionsmaßnahme definitionsgemäß Auswirkungen" hat, „die die Eigentumsrechte und die freie Berufsausübung beeinträchtigen, und schädigt dadurch Parteien, die für die Situation, die zum Erlaß der Sanktionen geführt hat, nicht verantwortlich sind"[468]. Dies deutet in der Tat darauf hin, daß alle Auswirkungen, mittelbare wie unmittelbare, erfaßt werden sollen. Gegen eine Berücksichtigung des faktischen Eingriffs in der Rechtsprechung des EuGH läßt sich aber andererseits die bisherige Judikatur zum Grundrechtseingriff anführen, die solche konkreten Dimensionen nicht erwarten läßt[469].

Überdies müßten für eine Übernahme des faktischen Eingriffs in das Gemeinschaftsrecht auch vergleichbare Institute in anderen Mitgliedstaaten oder der EMRK existieren.
Für die Bestimmung des Eingriffsbegriffs in der EMRK kann zunächst auf Art. 25 Abs. 1 EMRK zurückgegriffen werden. Danach kann eine Menschenrechtsbeschwerde nur derjenige erheben, der sich aufgrund einer „behaupteten" Konventionsverletzung in seinen Rechten „beschwert fühlt" (claiming to be the victim of a violation)[470]. „Opfer" ist danach jede „Person, die durch das streitbefangene Tun oder Unterlassen direkt betroffen ist"[471]. Darüber hinaus gibt es in der Rechtsprechung des EGMR den „indirekt Verletzten"[472] und erkennt die EKMR die Beschwerdebefugnis von Personen an, die durch die behauptete Konventionsverletzung nur mittelbar betroffen sind[473]. Bei einer mittelbaren Betroffenheit muß dann aber entweder eine enge Beziehung zu dem unmittelbar Betroffenen vorliegen und/oder aufgrund der gerügten Handlung oder Unterlassung ein schutzwürdiges Interesse an der Beschwerdeeinlegung gegeben sein[474]. Daneben gibt es zum Eingriffsverständnis der EMRK in der Judikatur des EGMR verschiedene Urteile, die einen weiten Eingriffsbegriff nahelegen[475]. Allerdings stehen

---

[466] EuGH, Urt. v. 5.10.1994, Rs. C-280/93, Slg. 1994, I-4973 (5066) - Bananenmarktordnung.
[467] So etwa *Kingreen* in: Calliess/Ruffert, Kommentar zu EU-Vertrag und EG-Vertrag, Art. 6 EUV Rn. 68.
[468] S. EuGH, Urt. v. 30.07.1996, Rs. C-84/95, Slg. 1996, I-3953 (3986) - Bosphorus.
[469] S.a. *Müller-Michaels*, Grundrechtlicher Eigentumsschutz in der Europäischen Union, S. 47.
[470] Vgl. *Frowein/Peukert*, EMRK-Kommentar, Art. 25 Rn. 20.
[471] EGMR, Urt. v. 10.3.1972, Series A Vol. 14, S. 11 (Ziff. 23) - De Wilde, Ooms & Versyp; EGMR, Urt. v. 15.7.1982, Series A Vol. 51, S. 30 (Ziff. 66) - Eckle.
[472] Vgl. hierzu die Ausführungen bei *Roth*, Faktische Eingriffe in Freiheit und Eigentum, S. 57 f. m.w.N.
[473] *Frowein/Peukert*, EMRK-Kommentar, Art. 25 Rn. 27.
[474] S. die Nachweise bei *Roth*, Faktische Eingriffe in Freiheit und Eigentum, S. 57 f., und *Frowein/Peukert*, EMRK-Kommentar, Art. 25 Rn. 27.
[475] EGMR, Urt. v. 6.9.1978, Series A Vol. 28, S. 18 f. (Ziff. 34 ff.), S. 21 (Ziff. 41) - Klass u.a.; EGMR, Urt. v. 28.10.1987, Series A Vol. 126, S. 16 (Ziff. 33) - Inze; EGMR, Urt. v. 6.12.1988, Series A Vol. 146, S. 31 (Ziff. 70) - Barberà, Messegué & Jabardo. Weitere Nachweise aus der Rechtsprechung des EGMR bei *Roth*, Faktische Eingriffe in Freiheit und Eigentum, S. 58 ff.

hier grundsätzlich nicht die im deutschen Recht diskutierten Merkmale im Vordergrund; die Anerkennung einer Grundrechtsbeeinträchtigung als Eingriff erfolgt eher von Fall zu Fall, auch wenn bei verschiedenen Grundrechten der EMRK bereits an die Intensität angeknüpft wird[476]. Insofern benutzen EGMR und EKMR keinen feststehenden Eingriffsbegriff, sondern untersuchen jeweils für den konkreten Einzelfall, ob tatsächlich ein Eingriff bejaht werden kann. Dabei gehen sie aber von einem doch eher weiten Eingriffsverständnis aus, da es ihnen primär darauf ankommt, der EMRK nachhaltige Bedeutung zu verleihen[477].
Bei Eigentumsbeeinträchtigungen kennt der EGMR dagegen grundsätzlich drei Eingriffsarten – nämlich Nutzungsregelungen nach Art. 1 Abs. 2 ZP EMRK, die Eigentumsentziehung nach Art. 1 Abs. 1 S. 2 ZP EMRK sowie sonstige Beeinträchtigungen des Eigentums, die weder eine Entziehung iSd. Abs. 1 S. 2 noch eine Maßnahme iSd. Abs. 2 darstellen[478]. Fehlt also einer Eigentumsbeeinträchtigung die Zielrichtung einer Nutzungsbeschränkung und enthält sie auch keine Enteignung, überprüft der EGMR diese Eingriffe am Maßstab des in Art. 1 Abs. 1 S. 1 ZP EMRK enthaltenen allgemeinen Prinzips der Eigentumsgewährleistung[479]. Zu der Frage, ob zu diesen sonstigen Eigentumsbeeinträchtigungen auch faktische Eingriffe zählen, mußte sich der EGMR soweit ersichtlich noch nicht äußern; dies dürfte aber nach seiner bislang herangezogenen Systematik zumindest dann zu erwarten sein, wenn sie hinsichtlich der Intensität ihrer Beeinträchtigung unmittelbaren Eingriffen gleichgestellt werden können[480].

In den Niederlanden wird zwischen besonderen und allgemeinen Einschränkungen unterschieden. Besondere Einschränkungen werden zielgerichtet im Hinblick auf ein bestimmtes Grundrecht vorgenommen, allgemeine Einschränkungen liegen dagegen vor, wenn erst die Nebenwirkungen einer Bestimmung zu einer Grundrechtsbeeinträchtigung führen, ohne daß diese auf eine entsprechende Ermächtigung gestützt wäre. Umstritten ist dabei jedoch, ob diese allgemeinen Einschränkungen, die insofern mit den faktischen Eingriffen des deutschen Rechts vergleichbar sind, überhaupt zulässig sein können. Zum Teil wird hierzu vertreten, daß es gerade nicht möglich sei, alle erforderlichen Grundrechtsschranken von vornherein vorauszusehen und in entsprechenden Schrankenbestimmungen zu verankern. Nach der überwiegenden Auffassung ist jedoch die Zulässigkeit solcher Eingriffe abzulehnen, weil sie zur Ungewißheit des Grundrechtsschutzes führten. Deshalb könnten Grundrechte nur aufgrund einer entsprechenden und ausdrücklichen Ermächtigung in der Grundrechtsbestimmung einge-

---

[476] *Wildhaber/Breitenmoser* in: IntKomm EMRK, Art. 8 Rn. 67 m.w.N.; s.a. *Weber-Dürler*, Der Grundrechtseingriff, VVDStRL 57 (1998), S. 57 (86).
[477] S. nur EGMR, Urt. v. 9.10.1979, Series A Vol. 32, S. 12 (Ziff. 24) - Airey: „Die Konvention soll nicht theoretische oder illusorische, sondern praktische und effektive Rechte schützen."
[478] Zum Eigentumsschutz nach der EMRK s. *Müller-Michaels*, Grundrechtlicher Eigentumsschutz in der Europäischen Union, S. 62 ff. In der Literatur wird vielfach Kritik an der dritten Eingriffskategorie geübt, s. nur *Gelinsky*, Der Schutz des Eigentums gemäß Art. 1 des Ersten Zusatzprotokolls zur Europäischen Menschenrechtskonvention, S. 88 ff.
[479] EGMR, Urt. v. 23.9.1981, Series A Vol. 52, S. 24 f. (Ziff. 62 ff.) - Sporrong u. Lönnroth; EGMR, Urt. v. 9.12.1994, Series A Vol. 301-B, S. 86 (Ziff. 68) - Stran Greek Refineries.

schränkt werden. Insofern kommt aber der Auslegung der Grundrechtsgarantien eine entscheidende Bedeutung zu, so daß die Unterschiede zwischen diesen Theorien deshalb gar nicht so groß sind, da die Anwendung einer allgemeinen Einschränkung und die angemessene Auslegung des Schutzbereichs eines Grundrechts letztlich zu ähnlichen Ergebnissen führen[481]. Insgesamt spielen diese allgemeinen Einschränkungen für den Grundrechtsschutz in der niederländischen Rechtsordnung aber keine beachtenswerte Rolle.

In der Rechtsprechung der Republik Irland ist die genaue Abgrenzung möglicher Eingriffsarten nur von untergeordneter Bedeutung; allerdings zeigen sich Ansätze dafür, daß faktische Beeinträchtigungen den Schutzbereich der Eigentumsgarantie (Art. 43 IrlVerf) nicht berühren, ohne daß dies jedoch bislang vom Supreme Court bestätigt worden wäre[482].

In Frankreich gilt das Prinzip des Gesetzesvorbehalts für Grundrechtseinschränkungen nicht ausnahmslos; aus diesem Grund kann die Exekutive auch ohne gesetzliche Ermächtigung Grundrechte rechtmäßig einschränken[483]. Deshalb ist eine Abgrenzung von faktischen und unmittelbaren Eingriffen nicht erforderlich; die Beurteilung der Rechtmäßigkeit der einschränkenden Maßnahme hängt vielmehr von der Art der einzuschränkenden Tätigkeit, der Art der Maßnahme sowie den zeitlichen und örtlichen Umständen ab.

Gemäß Art. 18 Abs. 2 der portugiesischen Verfassung können die „Rechte, Freiheiten und Garantien" nur in den in der Verfassung ausdrücklich genannten Fällen durch Gesetz eingeschränkt werden. Dadurch sollte insbesondere die Ausdehnung der Einschränkungsmöglichkeiten verhindert werden. Dies hat indes dazu geführt, daß der Grundrechtsschutz durch eine erweiterte Grundrechtsauslegung umgangen wird[484]. Damit sind dem portugiesischen Recht faktische Grundrechtseingriffe aber unbekannt.

Demgegenüber sind dem österreichischen Recht zwar faktische Beeinträchtigungen zumindest des Eigentums geläufig, doch unterfallen sie nicht dem weiten Begriff des Eigentumseingriffes, so daß insoweit kein grundrechtlicher Schutz eingreift[485].

In Belgien sind bereits Regelungen erlassen worden, die nicht in der Verfassung vorgesehen sind, aber dennoch – also ohne verfassungsrechtliche Grundlage – die Grundrechte einschränken. Die Verfassungsmäßigkeit dieser faktischen Einschränkungen wird in der Literatur zwar durchaus für fragwürdig gehalten; sie werden indes nur sporadisch angegriffen und oftmals nicht auf ihre Verfassungsmäßigkeit hin untersucht[486]. Aus diesem Grund ist dem belgischen

---

[480] So *Müller-Michaels*, Grundrechtlicher Eigentumsschutz in der Europäischen Union, S. 77.

[481] Vgl. des *Blois/Heringa*, Niederlande, in: Grabitz (Hrsg.), Grundrechte in Europa und USA, Bd. I, S. 511 (562 ff.).

[482] Vgl. hierzu *Müller-Michaels*, Grundrechtlicher Eigentumsschutz in der Europäischen Union, S. 199 f.

[483] Vgl. *Savoie*, Frankreich, in: Grabitz (Hrsg.), Grundrechte in Europa und USA, Bd. I, S. 203 (237 ff.).

[484] So besteht für das Streikrecht gem. Art. 57 Abs. 2 der Verfassung ein Verbot jeglicher gesetzlicher Einschränkung. Deshalb hat der Gesetzgeber den Begriff des „Streiks" definiert und dadurch das Streikrecht eingeschränkt; vgl. *Thomashausen*, Portugal, in: Grabitz (Hrsg.), Grundrechte in Europa und USA, Bd. I, S. 591 (628 ff.).

[485] *Öhlinger*, Eigentum und Gesetzgebung, in: Machacek (Hrsg.), Grund- und Menschenrechte in Österreich, S. 643 (668).

[486] Hierzu *Pieters*, Belgien, in: Grabitz (Hrsg.), Grundrechte in Europa und USA, Bd. I, S. 1 (53 ff.) m.w.N.

Recht aber ein dem deutschen Recht vergleichbar ausgeweiteter Grundrechtsschutz nicht geläufig. Vergleichbar ist die Situation in Luxemburg: Auch dort wurden und werden Grundrechte vielfach faktisch eingeschränkt, ohne daß dies dazu geführt hat, den Grundrechtsschutz auf solche Eingriffe auszuweiten[487].
Im italienischen Recht findet sich im Hinblick auf Eigentumsbeeinträchtigungen lediglich eine Zweiteilung in Enteignungen und Nutzungsbeschränkungen, ohne daß sich dabei Anhaltspunkte für eine Ausdehnung auf faktische Eingriffe finden ließen[488]. Gleiches muß insoweit nicht nur für den Eigentumsschutz, sondern allgemein im Hinblick auf Beeinträchtigungen der Individualgrundrechte in Finnland gelten[489]. Auch in den übrigen Mitgliedstaaten können keine konkreten Anhaltspunkte für einen Grundrechtsschutz gegenüber faktischen Eingriffen ausgemacht werden.

Für die Frage, ob der „faktische Eingriff" auch in der Rechtsprechung des EuGH Berücksichtigung finden kann, darf schließlich auch nicht unberücksichtigt bleiben, daß im deutschen Recht nicht nur die Kriterien für die Beachtlichkeit faktischer Eingriffe umstritten sind[490], sondern obendrein schon die Ausweitung vom klassischen zum modernen Verständnis des Grundrechtseingriffs nicht unbeanstandet geblieben ist und deshalb die Notwendigkeit einschränkender Kriterien gesehen wird[491]. Solche Grenzen werden zum einen über einen sog. Bagatellvorbehalt gezogen, d.h., daß ein Eingriff erst dann anzunehmen sei, wenn „die Grenze von der Belästigung zur Beeinträchtigung überschritten" wird[492], ohne daß sich diese Schwelle aber immer konkret ausmachen ließe. Weiter werden eingrenzende Kriterien durch eine Differenzierung nach Schutzbereichen entwickelt, wobei auch unvorhersehbare und atypische Risiken ausgenommen werden[493]. Schließlich wird vertreten, daß mit der Ausweitung des Eingriffsbegriffs zugleich das Erfordernis des Gesetzesvorbehalts eingeschränkt werden, der materielle Rechtfertigungszwang wie insbesondere das Übermaßverbot aber bestehen bleiben müsse[494]. Daneben sei auf das Zitiergebot gem. Art. 19 Abs. 1 S. 2 GG und andere Formerfordernisse zu verzichten. Diese Einschränkung des Gesetzesvorbehalts und der Formerfordernisse könne aber nur bei nicht-finalen Eingriffen zur Geltung kommen[495]. Angesichts dieser

---

487 Beispiele bei *Pieters*, Luxemburg, in: Grabitz (Hrsg.), Grundrechte in Europa und USA, Bd. I, S. 437 (489).
488 Hierzu *Müller-Michaels*, Grundrechtlicher Eigentumsschutz in der Europäischen Union, S. 156 ff.
489 *Pellonpää*, Nationaler Individualrechtsschutz und europäischer Menschenrechtsstandard in Finnland, EuGRZ 1993, S. 590 (592 ff.).
490 S. bereits die zu Beginn dieses Prüfungspunkts getroffenen Angaben sowie die Übersicht bei *Roth*, Faktische Eingriffe in Freiheit und Eigentum, S. 34 ff.
491 *Bethge*, Der Grundrechtseingriff, VVDStRL 57 (1998), S. 7 (40 ff.); *Isensee*, Das Grundrecht als Abwehrrecht und als staatliche Schutzpflicht, in: ders./Kirchhof, HdbStR V, § 111 Rn. 65 ff.
492 S. nur *Pieroth/Schlink*, Grundrechte Staatsrecht II, Rn. 250.
493 S. nur BVerwGE 71, 183 (192 ff.).
494 Vgl. hierzu *Isensee*, Das Grundrecht als Abwehrrecht und als staatliche Schutzpflicht, in: ders./Kirchhof, HdbStR V, § 111 Rn. 68.
495 Anders insoweit z.T. die Rechtsprechung, die bei schlichthoheitlichem, aber finalem Handeln des Staates eine ausdrückliche Eingriffsermächtigung für entbehrlich hält, s. nur BVerwG, NJW 1989, S. 2272 (2273); BVerfG, NJW 1989, S. 3269 (3270).

verschiedenen Kriterien für die Beachtlichkeit und Einschränkung faktischer Eingriffe verwundert es nicht, daß auch in der Rechtsprechung keine einheitliche Auslegung des Eingriffsbegriffs vorherrscht, da insoweit zumeist nur fallbezogen argumentiert wird[496].

Zusammenfassend bleibt daher festzustellen, daß allein in Deutschland umfangreiche Stellungnahmen zur Frage des faktischen Eingriffs existieren, diese dagegen in anderen Mitgliedstaaten – wenn überhaupt – nur von untergeordneter Bedeutung ist. Im Hinblick auf die EMRK ergeben sich keine grundlegend anderen Erkenntnisse, da insoweit zwar ein weiter Eingriffsbegriff vertreten wird, aber grundsätzlich eine Einzelfallbetrachtung vorgenommen wird, ohne daß dabei bisher explizit zum faktischen Eingriff Stellung genommen worden wäre. Für die Rechtsprechung des EuGH zur Beeinträchtigung von Gemeinschaftsgrundrechten muß daher die Schlußfolgerung gezogen werden, daß dem deutschen Recht vergleichbare dezidierte Ausführungen zum faktischen Eingriff nicht unbedingt zu erwarten sind. Dies hat indes nicht zur Folge, daß der EuGH in solchen Fällen einen Eingriff ohne weiteres verneinen würde. Insoweit lassen sich nach der bisherigen Judikatur im wesentlichen drei Konstellationen für eine Entscheidung im Hinblick auf den zu untersuchenden Grundrechtseingriff bei Umweltvereinbarungen mit einem Verband ausmachen: Zum einen besteht sicherlich die Möglichkeit, einen Eingriff mangels Unmittelbarkeit abzulehnen, zum anderen kann aber ein Eingriff auch ohne nähere Erläuterungen etwa aufgrund seiner Intensität bejaht werden und drittens hat der EuGH schon oftmals die Frage des Eingriffs offengelassen, wenn der Eingriff jedenfalls gerechtfertigt ist.

b) bei Selbstverpflichtungen der Industrie

Bei Selbstverpflichtungen der Industrie erscheint ein Grundrechtseingriff ebenfalls zweifelhaft, weil kein offensichtliches Handeln der Gemeinschaft vorliegt. Es stellt sich daher die Frage, ob die Selbstverpflichtung etwa aufgrund einer vorangegangen „Drohung" der Gemeinschaft als Grundrechtseingriff im Sinne der Rechtsprechung des EuGH gewertet werden kann.

Wie bereits dargestellt, bestehen Zweifel, ob nach der Rechtsprechung des EuGH bei mittelbaren Folgen einer Vertragsverwirklichung Grundrechte beeinträchtigt werden, wohingegen ein gezielter Eingriff fraglos eine Grundrechtsverletzung bewirken kann. Ein solch gezielter Eingriff setzt die Beeinträchtigung des Schutzbereichs durch eine generelle oder individuelle Regelung der Gemeinschaft voraus, die den Adressaten der Maßnahme belastet, d.h. dem einzelnen ein Verhalten unmöglich macht, das in den Schutzbereich eines Grundrechts fällt[497].

---

[496] *Roth*, Faktische Eingriffe in Freiheit und Eigentum, S. 54, spricht daher von einer „allgemeinen Konfusion über den Eingriffsbegriff" in der Rechtsprechung.

[497] Vgl. zum klassischen Eingriffsbegriff im deutschen Recht *Jarass/Pieroth*, GG, Vorb. vor Art. 1 Rn. 25. S.a. *Rengeling*, Grundrechtsschutz in der Europäischen Gemeinschaft, S. 220.

Damit liegt aber bei Selbstverpflichtungen der Industrie mangels gemeinschaftlicher Regelung offensichtlich kein solcher Eingriff vor.

Teilweise wird den Selbstbeschränkungsabkommen eine grundrechtsbeschränkende Wirkung generell abgesprochen[498]. Zur Begründung wird ausgeführt, daß es an einer nachteiligen rechtlichen Betroffenheit des jeweiligen Adressaten fehle. Das Inaussichtstellen legislativer Maßnahmen bei Nichtzustandekommen oder Scheitern der jeweiligen Selbstverpflichtung stelle lediglich eine bloße Information über die ohnehin bestehende Rechtslage dar, nach der der Gesetzgeber oder in diesem Falle die Gemeinschaft die Kompetenz zum Erlaß entsprechender Regelungen besitzt. Dies könne aber nicht als Eingriff qualifiziert werden, da das Angebot einer Selbstverpflichtung den Unternehmen durchaus die Freiheit lasse, die Initiative der Gemeinschaft zu ignorieren. Die Freiheit sei hier nur aufgrund autonomer Entscheidung der Betroffenen eingeschränkt, nicht aufgrund von (faktisch) unentrinnbarem Zwang. Denn selbst wenn die angesprochenen Unternehmen eine entsprechende Vereinbarung ablehnten, hätten sie dadurch noch keine Nachteile zu erwarten; diese erwüchsen erst aus der Realisierung der angedrohten normativen Regelung. Auch könnten die an einer Selbstbeschränkung beteiligten Unternehmen aufgrund der Unverbindlichkeit ihrer Erklärung diese jederzeit zurücknehmen. Es wird insoweit von der Ausübung einer grundrechtlichen Freiheit, von einer Freiheitsverwirklichung, nicht von einem Freiheitsverzicht gesprochen[499].

Dagegen spricht jedoch, daß die angeblich reine Information über eine mögliche Inanspruchnahme der gemeinschaftlichen Regelungskompetenz sich in Wirklichkeit oftmals als eine Drohung darstellt, die mit erheblichen Zwangseinwirkungen für die privaten Ansprachepartner verbunden sein kann. Insbesondere geht es hier nicht wie bei den Verbandsabsprachen nur um mittelbare Folgen des Gemeinschaftshandelns; ganz im Gegenteil wird in diesen Fällen unmittelbar auf die wirtschaftliche Tätigkeit des einzelnen Unternehmers eingewirkt. Auch wenn damit noch nicht kein gezielter Eingriff durch eine staatliche Regelung vorliegt, kann die Eingriffswirkung der Einflußnahme nicht pauschal abgelehnt werden. Denn nach dem bereits dargestellten modernen Grundrechtsverständnis, wie es zumindest im deutschen Recht überwiegend anerkannt ist, werden neben den klassischen Eingriffen auch mittelbare oder faktische Grundrechtsbeeinträchtigungen erfaßt, wobei es entscheidend auf das Kriterium der Intensität oder aber auf das Kriterium der Finalität ankommt.
Dementsprechend kann der Staat auch durch den Abschluß normvertretender Absprachen, die vor der eigentlichen Selbstverpflichtung erfolgen, in Grundrechte der Unternehmen eingrei-

---

[498] *Baudenbacher*, Kartellrechtliche und verfassungsrechtliche Aspekte gesetzesersetzender Vereinbarungen zwischen Staat und Wirtschaft, JZ 1988, S. 689 (697); *Rengeling*, Das Kooperationsprinzip im Umweltrecht, S. 176 f. iVm. S. 87 f.
[499] *Rengeling*, Das Kooperationsprinzip im Umweltrecht, S. 88, unter Hinweis auf *Kirchhof*, Verwalten durch „mittelbares“ Einwirken, S. 208.

fen. Entscheidend sind die Wirkungen der staatlichen Drohung auf die grundrechtliche Freiheitssphäre. Da die Absprachen unter Einsatz staatlicher Autorität, nämlich in Lenkungsabsicht und mit dem Hinweis auf den möglichen Gebrauch der Anordnungsgewalt, zustande kommen sowie den einzelnen gezielt in seinen grundrechtlich geschützten Handlungsmöglichkeiten beschränken, sind die Voraussetzungen eines Eingriffs im Sinne der deutschen Grundrechtsdogmatik grundsätzlich erfüllt[500].

Da sich dieses Eingriffsverständnis nicht so ohne weiteres auf das Gemeinschaftsrecht übertragen läßt, ist zweifelhaft, ob auch der EuGH in diesem Fall einen Eingriff bejahen würde. In dem Zusammenhang darf hinsichtlich der nach Art. 249 Abs. 5 EGV unverbindlichen Empfehlungen nicht unberücksichtigt bleiben, daß Art. 230 Abs. 1 EGV diese Rechtsakte aufgrund der fehlenden Außenrechtswirkung von der Rechtskontrolle durch den EuGH ausnimmt – und zwar sowohl bei der privilegierten als auch bei den sonstigen Nichtigkeitsklagen[501]. Hierzu wurde indes bereits ausgeführt, daß unter Berücksichtigung der Garantie eines effektiven Rechtsschutzes der Anwendungsbereich der Nichtigkeitsklage entgegen dem Wortlaut des Art. 230 Abs. 1 EGV auf Empfehlungen mit Außenrechtswirkung ausgedehnt werden muß[502]. Darüber hinaus wirkt die Gemeinschaft hier – und damit anders als bei einer Umweltvereinbarung mit dem Verband – unmittelbar auf die beteiligten Unternehmen ein, so daß nach der neueren Rechtsprechung des EuGH, in der sich doch ein relativ weites Eingriffsverständnis zu entwickeln scheint, die Annahme eines Eingriffs nicht abwegig anmutet.

c) bei vertraglichen Umweltvereinbarungen

Bei dem Abschluß einer vertraglichen Umweltvereinbarung stellt sich die Sachlage insoweit anders dar, als die jeweiligen Vertragspartner der Gemeinschaft eine vertragliche Verpflichtung eingehen, die mit einer vertraglichen Verpflichtung der Gemeinschaft korreliert. Mit dieser gegenüber der Gemeinschaft eingegangenen vertraglichen Verpflichtung geht für die beteiligten Unternehmen immer eine Grundrechtsbeeinträchtigung einher, so daß man auf den ersten Blick zwingend einen Eingriff bejahen müßte.

Dabei würde jedoch die Tatsache übersehen, daß der Vertrag auch für die Gemeinschaft Pflichten begründet, so daß die Unternehmen gleichsam eine Gegenleistung erhalten. Darüber hinaus haben die Vertragspartner eine gewisse Entscheidungsfreiheit, ob sie den Vertrag mit der Gemeinschaft eingehen wollen. Insofern verwirklichen auch hier die Unternehmen einen Teil ihrer Freiheit, so daß man insofern von einer Grundrechtsausübung sprechen könnte – verbunden mit einer vertraglich zugesicherten Gegenleistung der Gemeinschaft. Aus diesem Grund stellt sich die Frage des Eingriffs im Falle einer vertraglichen Umweltvereinbarung anders als im Falle einer Selbstverpflichtung dar. Gleichwohl ist die Grundrechtsbeschrän-

---

[500] Ausführlich *Dempfle*, Normvertretende Absprachen, S. 98 f.
[501] S. bereits § 6 A. III. 2. S.a. *Huber*, Recht der Europäischen Integration, S. 272 ff.
[502] § 6 A. III. 2.

kung bei einer vertraglichen Vereinbarung eine stärkere, da sich die Unternehmen gerade nicht ohne weiteres aus der eingegangenen Verpflichtung lösen können. Insofern kann das Argument der Freiwilligkeit nach den Ausführungen zum Eingriff bei einer Selbstverpflichtung nur solange gelten, wie sich Leistung und Gegenleistung tatsächlich gleichwertig gegenüberstehen und die beteiligten Wirtschaftsunternehmen hinsichtlich des Vertragsschlusses tatsächlich Entscheidungsfreiheit besitzen. Ansonsten muß das Handeln der Gemeinschaft als gezielter Eingriff in die Grundrechte ihrer Vertragspartner – etwa der Wettbewerbsfreiheit oder zumindest der wirtschaftlichen Betätigungsfreiheit – gewertet werden, so daß damit auch für vertragliche Umweltvereinbarungen die Rechtfertigung des Eingriffs zu untersuchen bleibt.

3. Rechtfertigung

Die Rechtfertigungsprüfung ist in der Rechtsprechung des EuGH nicht immer einheitlich und bildet deshalb den in der Literatur am meisten kritisierten Punkt der Grundrechtsdogmatik[503]. Vielfach wird lediglich ausgeführt, die Grundrechte beanspruchten „keine uneingeschränkte Geltung". Daher könne die Ausübung dieser Rechte „Beschränkungen unterworfen werden, sofern diese tatsächlich dem Gemeinwohl dienenden Zielen der Gemeinschaft entsprechen und nicht einen im Hinblick auf den verfolgten Zweck unverhältnismäßigen, nicht tragbaren Eingriff darstellen, der diese Rechte in ihrem Wesensgehalt antastet"[504]. In anderen Entscheidungen wird dagegen auf die Schranken der Grundrechtsnormen der EMRK Bezug genommen[505], ohne daß sich hieraus aber eine feste Rechtsquelle entnehmen ließe[506].
Nach dem Vorhergesagten prüft der EuGH die Schranken und Schranken-Schranken daher regelmäßig auf dreierlei Weise, indem er zunächst die Berechtigung einer Einschränkung im Gemeinschaftsinteresse, ihre Verhältnismäßigkeit (insbesondere Erforderlichkeit) und die mögliche Verletzung des Wesensgehalts untersucht[507]. Dabei spielt im Rahmen der Berechtigung der gemeinschaftsrechtliche Gesetzesvorbehalt eine Rolle, den der EuGH unter Berufung auf das Vorbild der Mitgliedstaaten für Eingriffe in die Freiheitssphäre des einzelnen statuiert hat[508].

---

[503] S. nur *Storr*, Zur Bonität des Grundrechtsschutzes in der Europäischen Union, Der Staat 36 (1997), S. 547 (560 ff.).
[504] S. z.B. EuGH, Urt. v. 13.7.1989, Rs. 5/88, Slg. 1989, 2609 (2639) - Wachauf.
[505] So etwa EuGH, Urt. v. 28.10.1992, Rs. C-219/91, Slg. 1992, I-5485 (5513 f.) - Ter Voort.
[506] Der EuGH betrachtet die EMRK grundsätzlich nur als Rechtserkenntnisquelle, vgl. *Kingreen* in: Calliess/Ruffert, Kommentar zu EU-Vertrag und EG-Vertrag, Art. 6 EUV Rn. 45 m.w.N.
[507] EuGH, Urt. v. 13.12.1979, Rs. 44/79, Slg. 1979, 3727 (3747) - Hauer; EuGH, Urt. v. 5.10.1994, Rs. 280/93, Slg. 1994, I-4973 (5065) - Bananenmarktordnung. S.a. *Beutler* in: Groeben/Thiesing/Ehlermann, Kommentar zum EU-/EG-Vertrag, Art. F Rn. 78.
[508] EuGH, Urt. v. 21.9.1989, verb. Rs. 46/87 u. 227/88, Slg. 1989, 2859 (2924) - Hoechst. Ausführlich hierzu *Pauly*, Strukturfragen des unionsrechtlichen Grundrechtsschutzes, EuR 1998, S. 242 (255 f.).

a) „volenti non fit iniuria" – Grundrechtsverzicht

Unabhängig von dem Vorliegen einer gesetzlichen Grundlage könnte der durch den Abschluß einer Umweltvereinbarung bewirkte Grundrechtseingriff möglicherweise schon durch den Grundsatz „volenta non fit iniuria" im Sinne eines Grundrechtsverzichts gerechtfertigt sein. Daher gilt es zu untersuchen, inwieweit allein aufgrund der Androhung einer Regelung die Preisgabe der an sich vorhandenen Freiheit durch die Wirtschaft im Rahmen der Absprache zur Annahme eines rechtswidrigen Grundrechtseingriffs führen kann oder ob wegen der „Freiwilligkeit" der von der Gemeinschaft inspirierten Vereinbarung, d.h. der grundsätzlich vorhandenen Zustimmung der Unternehmen zur möglichen Grundrechtsbeeinträchtigung, ein Eingriff gerechtfertigt ist.

aa) Stimmen in der deutschen Literatur

Vertreten wird in diesem Zusammenhang, daß die Einwilligung der beteiligten Unternehmen in die Beeinträchtigung ihrer unternehmerischen Freiheit die Rechtswidrigkeit des Eingriffs beseitige[509]. Der Grundsatz „volenti non fit iniuria" müsse zumindest für den Fall einer konkret verzichtbaren Rechtsposition Geltung beanspruchen, so daß als Folge eine Grundrechtsbeeinträchtigung auszuschließen sei[510].

Nach anderer Auffassung dürfe der Gedanke „volenti non fit iniuria" zumindest bei normvertretenden Umweltvereinbarungen keine Anwendung finden, da diese allein im Hinblick auf eine konkret in Aussicht gestellte Maßnahme erfolgten, und zwar zur Abwendung einer hoheitlichen Regelung, die, wenn sie erginge, zweifellos einen zu rechtfertigenden Eingriff darstellte[511]. Insofern handele es sich um eine „final-lenkende Verhaltensbeeinflussung", die stets grundrechtserheblich sei[512]. Dem einzelnen verbliebe damit nur die Wahl des geringeren Übels, so daß keine freie unternehmerische Selbstbestimmung vorliegen könne[513]. Der Gesetzesvorbehalt müsse daher auch bei Umweltvereinbarungen Beachtung finden.

---

[509] So *Pommerenke*, Rechtliche Beurteilung von Umweltvereinbarungen nach dem EG-Vertrag, RdE 1996, S. 131 (134). Ähnlich auch *Spannowsky*, Grenzen des Verwaltungshandelns durch Verträge und Absprachen, S. 493, für den gemeinschaftsrechtlichen Vertrag, und S. 290 ff. für den Verwaltungsvertrag im deutschen Recht; *Schilling*, Der „unfreiwillige" Vertrag mit der öffentlichen Hand, VerwArch 1996, S. 191 (203 ff.) für „freiwillige" Verträge.

[510] Vgl. die Nachweise bei *Bleckmann*, Subordinationsrechtlicher Verwaltungsvertrag und Gesetzmäßigkeit der Verwaltung, VerwArch 63 (1972), S. 404 (432); s.a. *ders.*, Die öffentlichrechtlichen Verträge der EWG, NJW 1978, S. 464 (466).

[511] *Brohm*, Rechtsgrundsätze für normersetzende Absprachen, DÖV 1992, S. 1025 (1032 f.).

[512] So *von Zezschwitz*, Wirtschaftliche Lenkungstechniken: Selbstbeschränkungsabkommen, Gentlemen's Agreement, Moral Suasion, Zwangskartell, JA 1978, S. 497 (503).

[513] *Nickel*, Absprachen zwischen Staat und Wirtschaft, S. 118 ff.; *Brohm*, Rechtsgrundsätze für normersetzende Absprachen, DÖV 1992, S. 1025 (1032 f.). Vertreter dieser Auffassung betonen insbesondere auch die Nachteile, die sich für diejenigen Unternehmen ergäben, die von ihrer Freiheit, der Selbstverpflichtung nicht beizutreten, Gebrauch machen. Als Beispiel wird etwa die Vorenthaltung von Subventionen genannt; hierzu *von Zezschwitz*, Wirtschaftliche Lenkungstechniken: Selbstbeschränkungsabkommen, Gentlemen's Agreement, Moral Suasion, Zwangskartell, JA 1978, S. 497 (502).

Größtenteils wird jedoch für die Frage der Rechtfertigung des Eingriffs danach unterschieden, ob eine Wahlfreiheit hinsichtlich der Ausübung bzw. Nichtausübung der jeweiligen grundgesetzlichen Freiheit tatsächlich bestand[514] – so beispielsweise, wenn die Nichtinanspruchnahme der Absprache zum wirtschaftlichen Ruin führen würde. Nach dieser Auffassung würde der Fall einer Absprache, bei der die betroffene Industrie grundsätzlich auch die Freiheit hat, die Drohung der Gemeinschaft zu ignorieren, da zunächst einmal kein faktisch unentrinnbarer Zwang besteht, sicherlich keinen Eingriff bedeuten. Dann handelte es sich – so die Stimmen in der deutschen Literatur – um einen Fall des Grundrechtsverzichts[515]. Allerdings stehe der auch objektive Charakter der Grundrechte im Sinne von Schutzpflichten[516] einer generellen Verfügbarkeit durch den einzelnen entgegen, so daß der Grundsatz „volenti non fit iniuria" nicht uneingeschränkt gelten könne. In bezug auf Grundrechte, die im weitesten Sinne die wirtschaftliche Betätigung schützen sollen, wird aber zumindest die partielle Verfügbarkeit des Grundrechtsträgers befürwortet[517]. Deshalb könne ein wirksamer Grundrechtsverzicht vorliegen und der Grundsatz „volenti non fit iniuria" Gültigkeit beanspruchen, wenn eine hinreichend freie Entscheidung des Grundrechtsträgers vorliege, weil dessen Grundrechte entsprechend dem Umfang seines Verzichts insoweit nicht durch obrigkeitliche Maßnahmen betroffen seien. Ausgenommen werden müßten lediglich die Fälle, in denen Täuschung oder übermäßiger Druck zur Unzulässigkeit des Grundrechtsverzichts führten. Für eine Qualifizierung als Grundrechtseingriff müsse daher für jeden Einzelfall auf eine gesamtheitliche Sichtweise abgestellt werden. Den Kriterien Schwere der Beeinträchtigung und Verantwortung des Staates komme dabei eine herausragende Bedeutung zu[518].

Soweit in der Literatur dieser obrigkeitlichen Einflußnahme pauschal die Rechtswidrigkeit der Eingriffswirkung abgesprochen wird, kann dem nicht gefolgt werden. Bei der angeblich reinen Information der privaten Absprachepartner, daß die Gemeinschaft von ihren Regelungskompetenzen Gebrauch machen werde, wenn nicht eine „einvernehmliche" Lösung gefunden wird, handelt es sich in jedem Fall um eine Drohung, die um so intensiver ist, je mehr sie den Entscheidungsspielraum der Unternehmen beeinträchtigt. Die Qualifizierung als rechtswidriger Eingriff muß deshalb davon abhängig gemacht werden, ob noch eine freie Entscheidung der Wirtschaftsunternehmen möglich war. Dies hängt sicherlich auch, wie oben bereits darge-

---

[514] *Oebbecke*, Die staatliche Mitwirkung an gesetzesabwendenden Vereinbarungen, DVBl. 1986, S. 793 (798); *Kloepfer/Elsner*, Selbstregulierung im Umwelt- und Technikrecht, DVBl. 1996, S. 964 (969 f.); *Becker*, Informales Verwaltungshandeln zur Steuerung wirtschaftlicher Prozesse im Zeichen der Deregulierung, DÖV 1985, S. 1003 (1010).

[515] Für das deutsche Recht spricht *Dempfle*, Normvertretende Absprachen, S. 106, in diesem Fall von einem Grundrechtsausübungsverzicht unter Hinweis auf *Robbers*, Der Grundrechtsverzicht, JuS 1985, S. 925.

[516] Im Gemeinschaftsrecht ist im Hinblick auf die Rechtsprechung des EGMR die Existenz grundrechtlicher Schutzpflichten weitgehend anerkannt, auch wenn zu Schutzpflichten der Gemeinschaft noch keine Rechtsprechung des EuGH existiert; vgl. hierzu *Kingreen* in: Calliess/Ruffert, Kommentar zu EU-Vertrag und EG-Vertrag, Art. 6 EUV Rn. 47 f. S.a. noch unter § 6 D. VI.

[517] Vgl. *Sachs*, „Volenti non fit iniuria", VerwArch 76 (1985), S. 398 (424 f.).

[518] Zum Ganzen ausführlich *Dempfle*, Normvertretende Absprachen, S. 98 ff.

stellt, von der Schwere der Beeinträchtigung und der Verantwortung der Gemeinschaft ab. Daneben ist ebenso zu berücksichtigen, inwieweit eine gesetzliche Regulierung konkret vorhanden oder realisierbar ist. Zu Recht ist aber bereits darauf aufmerksam gemacht worden, daß sich das Problem eines Grundrechtseingriffs zumindest bei Selbstverpflichtungen selten wirklich stellen wird, da ja die Wirtschaft sich jederzeit aus der Pflicht lösen könne, so daß eine Klage seitens der beteiligten Unternehmen praktisch kaum relevant würde[519]. Die Frage des Eingriffs kann in diesen Fällen gleichwohl bedeutsam werden, wenn trotz Unverbindlichkeit der Selbstverpflichtung eine faktische Bindungswirkung besteht – wie beispielsweise durch den Druck der Öffentlichkeit.

Damit verbietet sich aber fraglos eine generelle Einordnung; es bedarf für jede Absprache einer gesonderten Überprüfung, inwieweit ein Eingriff durch den Grundrechtsverzicht gerechtfertigt sein kann. Für die weitere Untersuchung bleibt an dieser Stelle daher zunächst festzuhalten, daß im deutschen Recht eine Rechtfertigung der durch den Abschluß einer Umweltvereinbarung bewirkten Grundrechtsverletzung jedenfalls möglich ist.

bb) Übertragbarkeit des Grundsatzes „volenti non fit iniuria" auf die Rechtsprechung des EuGH?

Fraglich ist allerdings, ob diese Überlegungen zum Grundsatz „volenti non fit iniuria" auch in die Rechtsprechung des EuGH Eingang finden könnten. Dafür spricht zunächst, daß sich der Gerichtshof zwar noch nicht konkret zum Grundrechts(ausübungs-)verzicht geäußert, aber doch allgemein das Recht, auf eigene Rechte zu verzichten, anerkannt hat: „Für den Fall eines solchen Verzicht müssen jedoch Mindestgarantien bestehen, d.h., der Verzicht muß zum einen freiwillig und zum anderen unzweideutig erklärt worden sein"[520].

Bestätigt werden diese Aussagen des EuGH durch die Rechtsprechung des EGMR zum Verzicht auf Verfahrensgarantien. Danach wird ein Verzicht anerkannt, wenn er freiwillig und unmißverständlich erfolgt[521]. Hinsichtlich der Freiheit der Person hat die EKMR dagegen ausdrücklich entschieden, daß es sich um ein unverzichtbares Recht handele[522].

Darüber hinaus ist auch in den meisten Mitgliedstaaten der Grundrechtsverzicht nicht völlig und von vornherein ausgeschlossen: So bestimmt sich die Frage des Verzichts auf Grundrechte in Frankreich grundsätzlich nach den Regelungen des Zivilrechts. Danach ist die vertragliche Preisgabe der Persönlichkeitsrechte unzulässig, wenn sie zu einer völligen Aufgabe dieser Rechte führt. Im übrigen wird der Grundrechtsverzicht dagegen als zulässig angese-

---

[519] S. nur *Di Fabio*, Selbstverpflichtungen der Wirtschaft - Grenzgänger zwischen Freiheit und Zwang, JZ 1997, S. 969 (971).

[520] EuGH, Urt. v. 10.12.1998, Rs. C-279/97, Slg. 1998, I-8293 (8326) - Voeten und Beckers.

[521] EGMR, Urt. v. 6.12.1988, Series A Vol. 146, S. 31 (Ziff. 82) - Barberà, Messegué u. Jabardo; EGMR, Urt. v. 25.2.1992, Series A Vol. 227, S. 16 (Nr. 34) = EuGRZ 1992, 99 (100) - Pfeifer u. Plankl. S. hierzu auch *Frowein/Peukert*, EMRK-Kommentar, Art. 6 Rn. 3.

[522] Vgl. den Bericht der Kommission im Fall de Wilde, Ooms u. Versyp vs. Belgien, EMRK Series B, 1969-1971, S. 91 (Ziff. 172).

hen[523]. Vergleichbar ist die Situation in Spanien, wo zur Frage des Rechtsverzichts ebenfalls auf das Zivilgesetzbuch zurückgegriffen wird. Nach Art. 6 ist ein Verzicht auf die in einem gültigen Gesetz anerkannten Rechte dann rechtskräftig, wenn er weder dem öffentlichen Interesse und der öffentlichen Ordnung zuwiderläuft noch die Rechte Dritter beeinträchtigt[524]. Auch im belgischen und luxemburgischen Verfassungsrecht wird die Möglichkeit eines Verzichts nicht ausgeschlossen; Voraussetzung ist allerdings, daß die Zustimmung in die Grundrechtsbeeinträchtigung in eindeutiger Weise und jeweils für den Einzelfall erteilt wird[525]. In Irland kann sich ein Betroffener nach dem Grundsatz „volenti non fit iniuria" nicht einer Handlung widersetzen, in die er vorher eingewilligt hat; der Grundrechtsverzicht kann dabei entweder durch vertraglich Vereinbarung, durch einseitige Erklärung insbesondere hinsichtlich der Verfahrensrechte („waiver") oder durch Einwilligung erfolgen[526]. In den Niederlanden wird die Frage der Zulässigkeit eines Verzichts in erster Linie hinsichtlich der einzelnen und jeweils betroffenen Rechte differenziert; so kann beispielsweise auf das Grundrecht auf ein ordnungsgemäßes und faires Gerichtsverfahren bereits durch die Unterwerfung unter eine Schiedsgerichtsklausel verzichtet werden, während das Grundrecht der Religionsfreiheit in einer Entscheidung des Gerichtshofes von Arnhem für unverzichtbar erklärt worden ist[527]. Dagegen hält die Lehre in Portugal einen wie auch immer gearteten Grundrechtsverzicht für unwirksam, weil dieser zum einen in der Verfassung nicht vorgesehen sei und zum anderen die Rezeption des eher naturrechtlichen Grundrechtsverständnisses der Zulässigkeit von Grundrechtsverzichten entgegenstehe[528]. Desgleichen werden die Grundrechte in Italien als unverjährbar, unverfügbar, unübertragbar und unverzichtbar angesehen, so daß selbst ein freiwilliger Verzicht keine Rechtswirkungen auslösen könnte[529].

Nach diesen Ausführungen ist festzuhalten, daß in den Mitgliedstaaten ein Verzicht auf wirtschaftliche Grundrechte überwiegend für zulässig erachtet wird, solange er freiwillig und für den Einzelfall erfolgt und Rechte Dritter bzw. die öffentliche Ordnung nicht entgegenstehen. Es ist daher anzunehmen, daß auch in der Rechtsprechung des EuGH ein Grundrechtsverzicht in dem beschriebenen Umfang anerkannt werden könnte, wenn die Richter der Umweltvereinbarung nicht schon zuvor die eingreifende Wirkung absprechen. Demgemäß hängt die

---

[523] Dazu allgemein *Guimezanes*, Introduction au Droit Français, S. 223. S.a. *Savoie*, Frankreich, in: Grabitz (Hrsg.), Grundrechte in Europa und USA, Bd. I, S. 203 (244).

[524] S. hierzu *Prats-Canut*, Spanien, in: Grabitz (Hrsg.), Grundrechte in Europa und USA, Bd. I, S. 651 (696).

[525] *Pieters*, Belgien, in: Grabitz (Hrsg.), Grundrechte in Europa und USA, Bd. I, S. 1 (69); *ders.*, Luxemburg, in: Grabitz (Hrsg.), Grundrechte in Europa und USA, Bd. I, S. 437 (495).

[526] Ausführlich dazu *Grehan*, Irland, in: Grabitz (Hrsg.), Grundrechte in Europa und USA, Bd. I, S.259 (335 ff.). Ein Verzicht auf die in Art. 41.1 und 42.1 der Verfassung niedergelegten Rechte der Familie und der Kindererziehung ist allerdings unter keinen Umständen zulässig.

[527] Vgl. die Nachweise bei *de Blois/Heringa*, Niederlande, in: Grabitz (Hrsg.), Grundrechte in Europa und USA, Bd. I, S. 511 (573 f.).

[528] So *Thomashausen*, Portugal, in: Grabitz (Hrsg.), Grundrechte in Europa und USA, Bd. I, S. 591 (635).

[529] *Monaco*, Italien, in: Grabitz (Hrsg.), Grundrechte in Europa und USA, Bd. I, S. 363 (419) m.w.N. zur italienischen Lehre und Rechtsprechung.

weitere Qualifizierung als rechtswidriger Eingriff in die Grundrechte der Absprachebeteiligten davon ab, ob sich die Wirtschaftsunternehmen tatsächlich freiwillig an der konkreten Vereinbarung beteiligt haben. Diese Frage kann allerdings nicht generell, sondern nur gesondert für jeden Einzelfall beantwortet werden.

b) Schranken

Ist der Eingriff dagegen nicht durch einen freiwilligen Verzicht im Sinne des Grundsatzes „volenti non fit iniuria" gerechtfertigt, so beurteilt sich die Rechtswidrigkeit der Umweltvereinbarung zunächst nach der konkreten Einschränkbarkeit der Grundrechte.

aa) Gesetzesvorbehalt

Der EuGH hat für die Einschränkung von Grundrechten des einzelnen einen Gesetzesvorbehalt statuiert. Hierzu führt der EuGH aus: „Indessen bedürfen in allen Rechtsordnungen der Mitgliedstaaten Eingriffe der öffentlichen Gewalt in die Sphäre der privaten Betätigung jeder – natürlichen oder juristischen – Person einer Rechtsgrundlage und müssen aus den gesetzlich vorgesehenen Gründen gerechtfertigt sein; diese Rechtsordnungen sehen daher, wenn auch in unterschiedlicher Ausgestaltung, einen Schutz gegen willkürliche oder unverhältnismäßige Eingriffe vor. Das Erfordernis eines solchen Schutzes ist folglich als allgemeiner Grundsatz des Gemeinschaftsrechts anzuerkennen"[530]. In der Rechtsprechung des EuGH wird dabei nicht deutlich, wie diese Rechtsgrundlage beschaffen sein muß und ob der Gesetzesvorbehalt als Parlamentsvorbehalt zu verstehen ist. Bei Akten der Gemeinschaftsorgane spricht der EuGH allerdings nur vom „Gemeinschaftsgesetzgeber" und meint damit die exekutivische Rechtsetzung des Rates, die weder ein Parlamentsgesetz noch eine parlamentarisch abgeleitete Gesetzgebung darstellt. Deshalb wird kritisiert, daß für das Gemeinschaftshandeln einzig das Primärrecht, insbesondere der EGV, mitsamt den nationalen Zustimmungsgesetzen eine rechtliche Grundlage parlamentarischen Ursprungs enthalte[531]. Die Vorgaben des EGV bleiben aufgrund der an Zielbestimmungen geknüpften Handlungsermächtigungen inhaltlich indes oft sehr vage, so daß der durch den Gerichtshof statuierte Gesetzesvorbehalt nicht im Sinne eines Parlamentsvorbehalts verstanden werden kann. Insofern ist dieses Erfordernis einer Rechtsgrundlage an die besondere Form der Gesetzgebung im Gemeinschaftsrecht geknüpft, die nach Art. 249 ff. EGV nur eine begrenzte Beteiligung des Europäischen Parlaments vorsieht. Erforderlich ist damit eine durch die Rechtsetzung des Rates geschaffene Rechtsgrundlage, wobei aber eine ungeschriebene Rechtsgrundlage nicht ausreichen dürfte[532].

---

[530] EuGH, Urt. v. 21.9.1989, verb. Rs. 46/87 u. 227/88, Slg. 1989, 2859 (2924) - Hoechst.

[531] Vgl. *Pauly*, Strukturfragen des unionsrechtlichen Grundrechtsschutzes, EuR 1998, S. 242 (255).

[532] A.A. *Müller-Michaels*, Grundrechtlicher Eigentumsschutz in der Europäischen Union, S. 48, unter Hinweis auf das Hoechst-Urteil des EuGH, Urt. v. 21.9.1989, verb. Rs. 46/87 u. 227/88, Slg. 1989, 2859, in dem zu dieser Frage allerdings nicht Stellung bezogen wird.

Dieses Erfordernis einer Rechtsgrundlage gilt sowohl für die normersetzenden Selbstverpflichtungen wie auch für die Umweltverträge schon aufgrund des Prinzips der begrenzten Einzelermächtigung[533]. Bei politischen Selbstverpflichtungen ohne Bindungswirkungen sind dagegen weder die Grundrechte noch das Prinzip der begrenzten Ermächtigung tangiert, so daß insofern eine Rechtsgrundlage nicht erforderlich ist[534].
Damit ist festzuhalten, daß bei normersetzenden Absprachen zwischen Gemeinschaft und Wirtschaft, in denen ein Eingriff bejaht wird, eine Rechtsgrundlage iSd. Rechtsprechung des EuGH aber fehlt, der Umweltvertrag bzw. die Selbstverpflichtung schon deshalb als gemeinschaftsrechtswidrig angesehen werden muß.

bb) Schutzwürdiges Gemeinwohlziel

Liegt hingegen eine Rechtsgrundlage vor, ist nach der Rechtsprechung des EuGH weiter erforderlich, daß Beschränkungen der Gemeinschaftsgrundrechte „tatsächlich dem Gemeinwohl dienenden Zielen der Gemeinschaft entsprechen"[535] müssen. Da die Bestimmung der Gemeinwohlziele an die Kompetenzordnung des EG-Vertrages gebunden ist, können sich die Gemeinschaftsorgane im Rahmen einer Grundrechtsbeschränkung überhaupt nur auf solche Ziele berufen, die sie aufgrund einer entsprechenden Ermächtigung im EG-Vertrag kompetenzrechtlich verfolgen dürfen. Insoweit besteht hier das Erfordernis einer primärrechtlich fundierten und damit auf der Zustimmung der mitgliedstaatlichen Parlamente fußenden Kompetenzbegründung, so daß das Prinzip der begrenzten Einzelermächtigung damit auch im Hinblick auf den Grundrechtsschutz eine Rolle spielt[536].
Bei Umweltvereinbarungen ist regelmäßig der Umweltschutz das mit der Grundrechtsbeschränkung verfolgte Ziel; insoweit kann auf die Ausführungen zur Frage einer Kompetenznorm verwiesen werden[537]. Dieses Ziel gehört aber zu den Zielen, die die Gemeinschaft etwa aufgrund von Art. 175 EGV kompetenzrechtlich verfolgen darf, so daß Umweltvereinbarungen zumeist „tatsächlich dem Gemeinwohl dienenden Zielen der Gemeinschaft entsprechen" werden. Allerdings ist an dieser Stelle zu berücksichtigen, daß mit der Umweltvereinbarung zugleich regelmäßig eine Einschränkung des Wettbewerbs einhergeht. Es stellt sich daher die Frage, ob insoweit nicht eine Gewichtung bzw. ein Ausgleich zwischen den widerstreitenden Gemeinschaftszielen vorgenommen werden müßte. In der Rechtsprechung des EuGH finden sich hierfür zwar Ansätze, indem etwa die Gemeinschaftsorgane bei der Zielverfolgung für

---

[533] Insofern gilt hier der Gesetzesvorbehalt unabhängig vom Grundrechtseingriff; zum deutschen Recht werden ähnliche Auffassungen vertreten; s. nur *Brohm*, Rechtsgrundsätze für normersetzende Absprachen, DÖV 1992, S. 1025 (1033); *Grewlich*, Umweltschutz durch „Umweltvereinbarungen nach nationalem Recht und Europarecht, DÖV 1998, S. 54 (59), die dies mit der Wesentlichkeitstheorie sowie den Rechten und Pflichten des Gesetzgebers im gewaltenteilenden Staat begründen.
[534] Zur Selbstverpflichtung s. schon unter § 5 B. I.
[535] EuGH, Urt. v. 13.7.1989, Rs. 5/88, Slg. 1989, 2609 (2639) - Wachauf.
[536] *Pauly*, Strukturfragen des unionsrechtlichen Grundrechtsschutzes, EuR 1998, S. 242 (255).
[537] S.o. § 4 A. und § 5 B.

einen „ständigen Ausgleich", „den etwaige Widersprüche zwischen diesen Zielen, wenn sie isoliert betrachtet werden, erforderlich machen können", sorgen müssen[538]. Weiter stellt der EuGH fest, daß die Gemeinschaftsorgane gegebenenfalls „dem einen oder anderen unter ihnen den zeitweiligen Vorrang einräumen" müßten, „den die wirtschaftlichen Tatsachen oder Umstände ... gebieten"[539]. Jedoch schränkt der EuGH diese Ausführungen im Rahmen der konkreten Rechtsanwendung dadurch wieder ein, daß er den Gemeinschaftsorganen ein Ermessen hinsichtlich der Wertigkeit der Ziele einräumt. Eine strikte Kontrolle der Zwecke, die mit dem jeweiligen Grundrechtseingriff verfolgt werden, findet gegenüber den Zielvorgaben des EG-Vertrags damit nicht statt; ebenso gibt es keinen generellen Ausschluß bestimmter Zwecksetzungen[540]. Deshalb dürfte eine Umweltvereinbarung, auch wenn sie Wettbewerbseinschränkungen zur Folge hat, im Falle einer Kontrolle durch den EuGH regelmäßig das Schrankenerfordernis eines schutzwürdigen Gemeinwohlziels erfüllen.

c) Schranken-Schranken

Über diese – inhaltlich allerdings wenig präzisen – Schranken hinaus hat der EuGH auch die Notwendigkeit von Schranken-Schranken anerkannt. Danach dürfen die Beschränkungen „nicht einen im Hinblick auf den verfolgten Zweck unverhältnismäßigen, nicht tragbaren Eingriff darstellen, der die so gewährleisteten Rechte in ihrem Wesensgehalt antastet"[541]. Daher muß im folgenden der Grundsatz der Verhältnismäßigkeit sowie der Wesensgehalt näher untersucht werden.

aa) Verhältnismäßigkeit

Zunächst überprüft der EuGH, ob die jeweilige Grundrechtsbeeinträchtigung dem Grundsatz der Verhältnismäßigkeit entspricht, d.h., ob sie „zur Erreichung der zulässigerweise mit der fraglichen Regelung verfolgten Ziele geeignet und erforderlich" ist. „Dabei ist, wenn mehrere geeignete Maßnahmen zur Auswahl stehen, die am wenigsten belastende zu wählen; ferner müssen die auferlegten Belastungen in angemessenem Verhältnis zu den angestrebten Zielen stehen"[542]. Inzwischen ist dieser allgemeine Rechtsgrundsatz der Verhältnismäßigkeit in Art. 5 Abs. 3 EGV, wonach die Maßnahmen der Gemeinschaft „nicht über das für die Erreichung der Ziele dieses Vertrags erforderliche Maß" hinausgehen, enthalten[543].

---

[538] EuGH, Urt. v. 5.10.1994, Rs. C-280/93, Slg. 1994, I-4973 (5057) - Bananenmarktordnung.
[539] EuGH, Urt. v. 5.10.1994, Rs. C-280/93, Slg. 1994, I-4973 (5057) - Bananenmarktordnung.
[540] Die Kritik in der Literatur bemängelt daher zu Recht, daß es dem EuGH nicht gelungen sei, die Gemeinwohlziele inhaltlich zu präzisieren und die Wertigkeit einzelner Rechtsgüter zueinander zu bestimmen; s. nur *Storr*, Zur Bonität des Grundrechtsschutzes in der Europäischen Union, Der Staat 36 (1997), S. 547 (562).
[541] EuGH, Urt. v. 5.10.1994, Rs. C-280/93, Slg. 1994, I-4973 (5065) - Bananenmarktordnung.
[542] EuGH, Urt. v. 11.7.1989, Rs. 265/87, Slg. 1989, 2237 (2269) - Schräder
[543] Wie bereits dargestellt, gilt das Verhältnismäßigkeitsprinzip nicht nur bei Eingriffen in Grundrechte des einzelnen, sondern auch bei Eingriffen in Interessen der Mitgliedstaaten, s.o. § 4 B. III.

Dabei besteht die Verhältnismäßigkeitsprüfung wie im deutschen Recht grundsätzlich aus den drei Teilgeboten der Geeignetheit, Erforderlichkeit und Angemessenheit. Allerdings betont der EuGH regelmäßig, daß der Gemeinschaftsgesetzgeber über ein weites Ermessen verfüge, und er deshalb im Rahmen der grundrechtlichen Kontrolldichte funktionell-rechtlichen Grenzen ausgesetzt sei[544]. Gerade im Bereich der mit der wirtschaftlichen Betätigungsfreiheit zusammenhängenden Grundrechte fehlt vielfach die Erforderlichkeits- und Angemessenheitsprüfung[545], weil der EuGH der Auffassung ist, insoweit nicht die Beurteilung der Gemeinschaftsorgane durch eine eigene ersetzen zu können. Ausdrücklich heißt es hierzu im Urteil zur Bananenmarktordnung: „Zwar ist nicht auszuschließen, daß andere Mittel in Betracht kommen konnten, um das angestrebte Ziel zu erreichen; der Gerichtshof kann jedoch nicht die Beurteilung des Rates in der Frage, ob die vom Gemeinschaftsgesetzgeber gewählten Maßnahmen mehr oder weniger angemessen sind, durch seine eigene Beurteilung ersetzen, wenn der Beweis nicht erbracht ist, daß diese Maßnahmen zur Verwirklichung des verfolgten Ziels offensichtlich ungeeignet waren“[546]. Die so reduzierte Prüfung der Verhältnismäßigkeit widerspricht aber nicht nur ganz offensichtlich der Regelung des Art. 5 Abs. 3 EGV, der als ein Übermaßverbot im Sinne einer Mittel-Zweck-Relation ausgelegt werden kann[547], sondern reduziert auch die gerichtliche Kontrolle auf ein Minimum, indem das Prinzip der Verhältnismäßigkeit in das Belieben der Gemeinschaftsorgane gestellt wird[548]. Vor diesem Hintergrund erscheint eine vollständige Verhältnismäßigkeitsprüfung zwingend, wobei dem Gemeinschaftsgesetzgeber bei kollidierenden Zielbestimmungen ein Gestaltungsspielraum einzuräumen ist[549]. Dies spielt im Hinblick auf den Abschluß von Umweltvereinbarungen schon deshalb eine besondere Rolle, weil dabei zumeist Umweltschutzziele mit den Wettbewerbsregeln in einen Ausgleich zu bringen sind.

(1) Geeignetheit

Der Grundsatz der Geeignetheit verlangt zunächst, daß die Maßnahme ein zulässiges Ziel verfolgt und darüber hinaus auch geeignet ist, dieses Ziel zu erreichen. Dabei beschränkt sich der EuGH im allgemeinen auf die Prüfung, ob die Maßnahme nicht „offensichtlich ungeeignet“ ist[550]. Insoweit kann an dieser Stelle auf die Ausführungen zur Verhältnismäßigkeitsprüfung von Umweltvereinbarungen im Hinblick auf die Mitgliedstaaten verwiesen werden[551]. Festzu-

---

[544] EuGH, Urt. v. 5.10.1994, Rs. C-280/93, Slg. 1994, I-4973 (5068 f.) - Bananenmarktordnung.

[545] S. *Storr*, Zur Bonität des Grundrechtsschutzes in der Europäischen Union, Der Staat 36 (1997), S. 547 (566): „vernachlässigte Erforderlichkeitsprüfung“; *Pauly*, Strukturfragen des unionsrechtlichen Grundrechtsschutzes, EuR 1998, S. 242 (260): „Zurückhaltung des EuGH bei Überprüfung der dritten Stufe der Verhältnismäßigkeit“.

[546] EuGH, Urt. v. 5.10.1994, Rs. C-280/93, Slg. 1994, I-4973 (5069) - Bananenmarktordnung.

[547] So auch der Europäische Rat von Edinburgh in seinen Schlußfolgerungen, Bulletin EG 12/1992, S. 15.

[548] So ausdrücklich *Everling*, Will Europe slip on bananas? The Bananas judgment of the Court of Justice and national courts, CMLR 33 (1996), S. 401 (419).

[549] Vgl. *Pauly*, Strukturfragen des unionsrechtlichen Grundrechtsschutzes, EuR 1998, S. 242 (262).

[550] S. nur EuGH, Urt. v. 11.7.1989, Rs. 265/87, Slg. 1989, 2237 (2270) - Schräder.

[551] S.o. § 4 B. III. 1., § 5 C. II. 1.

halten ist daher, daß trotz der Schwierigkeiten eines konkreten Nachweises der Eignung die Umweltvereinbarung regelmäßig als geeignet zu bewerten sein dürfte.
Allerdings könnte man auch kritisch zu bedenken geben, ob Umweltvereinbarungen tatsächlich ebenso wie Richtlinien, Verordnungen oder Entscheidungen geeignet sind, das Ziel „Umweltschutz" im weitesten Sinne zu verwirklichen. Dafür spricht sicherlich, daß bei Abreden wegen der umfassenden und frühzeitigen Beteiligung der betroffenen Wirtschaftskreise ein sehr hohes Informationsniveau und fundierte Sachkenntnis zu erwarten ist. Dagegen ließe sich aber einwenden, daß auch bei der Ausarbeitung von ordnungsrechtlichen Maßnahmen eine hinreichende Beteiligung der Unternehmen möglich wäre. Auch könnte man bei einer Absprache eine größere Lobby-Beeinflussung und damit eine unzulängliche Wahrnehmung umweltpolitischer Interessen befürchten. Demgegenüber kann das Ausmaß der Verbindlichkeit und Durchsetzbarkeit zumindest bei vertraglichen Umweltvereinbarungen grundsätzlich nicht niedriger als bei anderen Rechtsakten der Gemeinschaft eingestuft werden. Bei einer strengen Prüfung dieses Gebots könnte jedoch den unverbindlichen Selbstverpflichtungen unter Umständen die Geeignetheit abgesprochen werden, da ihnen konkrete Durchsetzungsmöglichkeiten fehlen und oftmals auch die ökologische Wirksamkeit zweifelhaft ist[552]. Sie sind daher als Instrument der Umweltpolitik bei genauer Betrachtung eigentlich nur dann wirklich geeignet, wenn weitergehende Maßnahmen nicht in Betracht kommen, etwa weil sie politisch nicht durchsetzbar sind.
Dies sind letztlich aber nur theoretische Überlegungen, da der Gerichtshof die Geeignetheit nur sehr zurückhaltend prüft und deshalb insbesondere bei komplexen Materien wie dem Umweltrecht einen Verstoß nur bei offensichtlicher Ungeeignetheit annimmt[553].

(2) Erforderlichkeit

Im Rahmen der Erforderlichkeit muß die Maßnahme in bezug auf die konkret betroffene Rechtsposition dahingehend untersucht werden, ob das Ziel nicht durch eine andere, für den Betroffenen weniger schwerwiegende Maßnahme genauso wirksam erreicht werden kann[554].
Im Hinblick auf den Abschluß von Umweltvereinbarungen bleibt zunächst allgemein festzuhalten, daß kooperative Instrumente die beteiligten Unternehmen grundsätzlich weniger belasten als hoheitliche Maßnahmen. Anstelle von vertraglichen Umweltvereinbarungen könnten die Unternehmen jedoch auch unverbindliche Selbstverpflichtungserklärungen abgeben, die angesichts der Möglichkeit, sich jederzeit aus der Pflicht zu lösen, ein milderes Mittel dar-

---

552 Dazu ausführlich Environmental Agreements, Environmental Effectiveness, Environmental Issues Series No. 3 - Vol. 1, S. 52 ff.
553 Vgl. *von Bogdandy/Nettesheim* in: Grabitz/Hilf, Das Recht der Europäischen Union, Art. 3 b Rn. 50 mit Nachweisen zur Rechtsprechung des EuGH.
554 S. bereits EuGH, Urt. v. 12.11.1969, Rs. 29/69, Slg. 1969, 419 (425) - Stauder: „In einem Fall wie dem vorliegenden ist der am wenigsten belastenden Auslegung der Vorzug zu geben, wenn sie genügt, um die Ziele zu erreichen, denen die umstrittene Entscheidung dienen soll".

stellen[555]. Hinsichtlich der gleichen Zielerreichung muß allerdings erneut betont werden, daß die Geeignetheit eines Instruments immer auch im Zusammenhang mit seiner konkreten Wirksamkeit zu prüfen ist[556]. Schon aus diesem Grund sind Selbstverpflichtungen, die nur aufgrund des Drucks in der Öffentlichkeit und der Androhung von ordnungsrechtlichen Maßnahmen letztlich freiwillig von den Unternehmen eingehalten werden sollen, für die Verfolgung der umweltpolitischen Ziele nicht ebenso geeignet sind wie vertragliche Umweltvereinbarungen, die rechtlich durchgesetzt werden und konkrete Regelungen zu Sanktionen wie Bußgelder oder Konventionalstrafen enthalten können. Ein milderes Mittel ist daher im Hinblick auf die Grundrechtsbeschränkung der beteiligten Unternehmen sowohl bei Selbstverpflichtungen als auch bei Umweltvereinbarungen im allgemeinen nicht ersichtlich, ohne daß dies allerdings vollständig ausgeschlossen werden könnte.

(3) Angemessenheit/Proportionalität

Eine Maßnahme ist schließlich angemessen, wenn der zu erwartende Erfolg hinsichtlich der verfolgten legitimen Eingriffsziele nicht außer Verhältnis zur jeweiligen Grundrechtsbeeinträchtigung steht. Es bedarf somit einer Abwägung der widerstreitenden Interessen, also zwischen der Schwere des Eingriffs und dem Gewicht und der Dringlichkeit des ihn rechtfertigenden Gemeinschaftsziels, wobei die Grenze der Zumutbarkeit gewahrt bleiben muß[557]. Bei Umweltvereinbarungen gilt es, die wirtschaftliche Betätigungsfreiheit der beteiligten Unternehmen auf der einen Seite und die umweltpolitischen Ziele auf der anderen Seite miteinander in Einklang zu bringen. Bedenken ergeben sich in diesem Zusammenhang insbesondere, wenn die Unternehmen etwa unter dem Druck der Öffentlichkeit und der Gemeinschaft Zugeständnisse machen, die ihnen durch eine ordnungsrechtliche Maßnahme nicht auferlegt werden könnten. Dabei dürfte es indes keine Rolle spielen, ob die Gemeinschaft die betroffenen Wirtschaftskreise dazu drängt, derartige „Obliegenheiten" zu übernehmen, oder ob sie nur ein entsprechendes Angebot der Unternehmen annimmt[558]. Zweifel an der Angemessenheit bestehen darüber hinaus auch dann, wenn die Gemeinschaft ihre Leistung von Gegenleistungen abhängig macht, die in keinem sachlichen Zusammenhang zu Leistung stehen[559]. Für die Beurteilung der Angemessenheit kann daneben auch der Grad der Freiwilligkeit von Bedeutung sein – wenn nämlich die betroffenen Unternehmen wirklich freiwillig auf ihre Rechte verzichten, dann kann es für sie auch nicht „unzumutbar" sein.

---

[555] Bei der Wahl zwischen verbindlichen und unverbindlichen Maßnahmen sind grundsätzlich die unverbindlichen Handlungsformen vorzuziehen, s. dazu bereits § 5 C. II. 1. und das Protokoll (Nr. 30) über die Anwendung der Grundsätze der Subsidiarität und der Verhältnismäßigkeit, Nr. 6.

[556] Vgl. EuGH, Urt. v. 13.11.1990, Rs. C-331/88, Slg. 1990, I-4023 (4063) - Fedesa.

[557] Vgl. hierzu *von Bogdandy/Nettesheim* in: Grabitz/Hilf, Das Recht der Europäischen Union, Art. 3 b Rn. 55.

[558] Hierzu allgemein *Beyer*, Der öffentlich-rechtliche Vertrag, informales Handeln der Behörden und Selbstverpflichtungen Privater als Instrumente des Umweltschutzes, S. 238 f.

[559] Vgl. hierzu auch § 56 Abs. 1 S. 2 VwVfG. *Bleckmann*, Der Verwaltungsvertrag als Handlungsmittel der Europäischen Gemeinschaften, DVBl. 1981, S. 889 (897).

Ebenso ist zu berücksichtigen, daß die Gemeinschaft im Bereich der Umweltpolitik weitreichende Kompetenzen durch primärrechtlich und damit parlamentarisch legitimierte Zielbestimmungen hat und der Umweltschutz schon angesichts der Querschnittsklausel einen nicht unbedeutenden Rang einnimmt[560]. Letztlich wird es daher eine Frage des Einzelfalls sein, wann eine Umweltvereinbarung bzw. Selbstverpflichtung für die beteiligten Unternehmen nicht mehr angemessen, also unzumutbar ist. Entscheidende Aussagekraft könnte hier die Rechtsprechung des EuGH erlangen, wenn bestimmte grundrechtliche Mindestgehalte festgelegt würden[561]. Indes gibt es im Gemeinschaftsrecht derzeit noch keine Anhaltspunkte für solche Mindestpositionen.

bb) Wesensgehalt

Neben dem Grundsatz der Verhältnismäßigkeit betont der EuGH, daß die Grundrechte nicht in ihrem Wesensgehalt angetastet werden dürfen[562]. Er hat jedoch noch in keiner Entscheidung konkretisiert, wie dieser Wesensgehalt zu definieren ist. Insoweit geht aus der Rechtsprechung des EuGH nicht einmal eindeutig hervor, ob der Wesensgehalt absolut, also getrennt vom Verhältnismäßigkeitsgrundsatz[563], oder relativ bestimmt werden soll[564]. Überwiegend wird hierzu die Auffassung vertreten, daß der Gerichtshof sich der relativen Wesensgehaltstheorie angeschlossen habe, so daß nur unverhältnismäßige Eingriffe den Wesensgehalt eines Grundrechts verletzen[565]. Hängt die Frage, ob der Wesensgehalt verletzt ist, danach aber vom Vorliegen eines unverhältnismäßigen Eingriffs ab, so handelt es sich dabei letztlich um eine dem Übermaßverbot entsprechende Schranken-Schranke[566].

Wie schon im Rahmen der Angemessenheit ausgeführt, wäre es begrüßenswert, wenn für die im Rahmen der Verhältnismäßigkeit vorzunehmende Abwägung bestimmte Mindestgehalte grundrechtlichen Schutzes entwickelt würden; auf diese Weise bekäme dann auch Wesensgehaltsgarantie eine neue Bedeutung.

---

[560] Zu diesem Kriterium bei der Abwägung *Pauly*, Strukturfragen des unionsrechtlichen Grundrechtsschutzes, EuR 1998, S. 242 (260).

[561] Hierzu *Pauly*, Strukturfragen des unionsrechtlichen Grundrechtsschutzes, EuR 1998, S. 242 (260 f.); s.a. *Streinz*, Bundesverfassungsgerichtlicher Grundrechtsschutz und Europäisches Gemeinschaftsrecht, S. 420 ff.

[562] EuGH, Urt. v. 11.7.1989, Rs. 265/87, Slg. 1989, 2237 (2268) - Schräder; EuGH, Urt. v. 13.7.1989, Rs. 5/88, Slg. 1989, 2609 (2639) - Wachauf; EuGH, Urt. v. 5.10.1994, Rs. C-280/93, Slg. 1994, I-4973 (5065) - Bananenmarktordnung.

[563] So *Stadler*, Die Berufsfreiheit in der Europäischen Gemeinschaft, S. 364 f.; s.a. EuGH, Urt. v. 13.7.1989, Rs. 5/88, Slg. 1989, 2609 (2639) - Wachauf; EuGH, Urt. v. 10.1.1992, Rs. C-177/90, Slg. 1992, 35 (63 f.) - Kühn.

[564] In der deutschen Rechtsordnung sind drei Auffassungen (die absolute, relative und vermittelnde) bekannt, ohne daß sich das Bundesverfassungsgericht für eine der Theorien entschieden hätte; vgl. hierzu *Jarass/Pieroth*, GG, Art. 19 Rn. 7.

[565] *Pernice* in: Grabitz/Hilf, Das Recht der Europäischen Union, Art. 164 Rn. 73; *Rengeling*, Grundrechtsschutz in der Europäischen Gemeinschaft, S. 26. Vgl. hierzu EuGH, Urt. v. 13.12.1979, Rs. 44/79, Slg. 1979, 3727 (3747) - Hauer; EuGH, Urt. v. 5.10.1994, Rs. C-280/93, Slg. 1994, I-4973 (5065) - Bananenmarktordnung.

[566] So ausdrücklich *Storr*, Zur Bonität des Grundrechtsschutzes in der Europäischen Union, Der Staat 36 (1997), S. 547 (564).

4. Zusammenfassung

Aufgrund der bisherigen Rechtsprechung des EuGH werden die Grundrechte der beteiligten Unternehmen kein „großes Hindernis" für den Abschluß von Umweltvereinbarungen auf Gemeinschaftsebene bedeuten. Wenn überhaupt der Schutzbereich der wirtschaftlichen Betätigungsfreiheit als berührt angesehen wird, so kann doch mangels Unmittelbarkeit oder Intensität schon ein Eingriff verneint werden. Jedenfalls dürfte aber die Beeinträchtigung zumindest in der Rechtsprechung des EuGH regelmäßig als gerechtfertigt angesehen werden, weil hinter einer Umweltvereinbarung immer der Umweltschutz als ein „tatsächlich dem Gemeinwohl dienendes Ziel der Gemeinschaft" steht und die Schranken-Schranken vom EuGH bis zum heutigen Tage kaum ernsthaft entfaltet oder angewendet wurden. Dem entspricht es, daß der EuGH bislang auch nur äußerst selten Verstöße gegen Gemeinschaftsgrundrechte festgestellt hat. Sollte bei einer Umweltvereinbarung aber entgegen den vorangegangenen Ausführungen doch ein Verstoß gegen Freiheitsrechte der beteiligten Unternehmen vorliegen, so ergibt sich daraus in der Regel die Ungültigkeit der Vereinbarung[567].

IV. Allgemeiner Gleichheitssatz

Fraglich ist weiter, ob durch Umweltvereinbarungen auch der allgemeine Gleichheitssatz zu Lasten der an der Absprache beteiligten Unternehmen beeinträchtigt sein kann. Dies kommt dann in Betracht, wenn nicht alle Unternehmen der betroffenen Branche bzw. der betroffenen Produktionsverfahren die Abrede unterzeichnen. Als Folge der Absprache wird eine ordnungsrechtliche Regelung nicht erlassen und treten Marktveränderungen auf. Insoweit profitieren die Außenseiter, die sog. „Trittbrettfahrer"[568], zumeist ebenso wie die beteiligten Unternehmen von der Umweltvereinbarung, ohne daß sie die Gegenleistung erbringen oder die ihre Konkurrenten belastenden Kosten tragen müßten. Damit liegt aber grundsätzlich eine Ungleichbehandlung der Teilnehmer und Außenseiter vor, durch welche die beteiligten Unternehmen benachteiligt werden.

Der allgemeine Gleichheitssatz ist nach ständiger Rechtsprechung des EuGH ein Grundprinzip des Gemeinschaftsrechts[569]. So hat der EuGH schon früh entschieden, daß es verboten sei, „vergleichbare Sachverhalte in unterschiedlicher Weise" zu behandeln „und dadurch bestimmte Betroffene gegenüber anderen" zu benachteiligen, „ohne daß dieser Unterschied in

---

[567] Zur Rechtsfolge eines Verstoßes s. nur *Kingreen* in: Calliess/Ruffert, Kommentar zu EU-Vertrag und EG-Vertrag, Art. 6 EUV Rn. 77. Evtl. müssen dann aber Gesichtspunkte des Vertrauensschutzes Beachtung finden; dazu sowie zur Aufhebung eines Vertrags *Bleckmann*, Der Verwaltungsvertrag als Handlungsmittel der Europäischen Gemeinschaft, DVBl. 1981, S. 889 (897 f.).

[568] S.a. Mitteilung der Kommission an den Rat und das Europäische Parlament über Umweltvereinbarungen, KOM(96) 561 endg., S. 1 (8 f. - Rn. 12).

[569] S. nur EuGH, Urt. v. 5.10.1994, Rs. C-280/93, Slg. 1994, I-4973 (5062) - Bananenmarktordnung. S.a. *Wetter*, Grundrechtscharta des Europäischen Gerichtshofes, S. 197 ff. m.w.N. zur umfangreichen Rechtsprechung des EuGH.

der Behandlung durch das Vorliegen objektiver Unterschiede von einigem Gewicht gerechtfertigt wäre"[570]. Später hat er Kriterien für einen allgemeinen Gleichheitssatz in Anlehnung an die im Primärrecht niedergelegten und als Ausdruck eines allgemeinen Gebotes der Gleichbehandlung interpretierten Diskriminierungsverbote (vgl. z.B. Art. 12, 13, 34 Abs. 2 UAbs. 2, 141 EGV) entwickelt[571]. Im Hinblick auf die Regelung des Art. 34 Abs. 2 UAbs. 3 EGV brachte der EuGH beispielsweise zum Ausdruck, daß „das in dieser Vorschrift niedergelegte Diskriminierungsverbot nur der spezifische Ausdruck des allgemeinen Gleichheitsgrundsatzes" sei, „der zu den Grundprinzipien des Gemeinschaftsrechts gehört (...) und der verlangt, daß vergleichbare Sachverhalte nicht unterschiedlich behandelt werden, es sei denn, daß eine Diskriminierung objektiv gerechtfertigt wäre"[572]. Dabei gehen die neben dem ungeschriebenen Grundrecht des allgemeinen Gleichheitssatzes primärrechtlich verankerten Diskriminierungsverbote als Spezialbestimmungen grundsätzlich in ihrem Geltungsbereich vor[573]; erst wenn kein ausdrückliches Diskriminierungsverbot eingreift, kommt daher der allgemeine Gleichheitssatz zur Geltung.

Für die zu untersuchenden Umweltvereinbarungen wäre also in jedem Einzelfall zu prüfen, ob ein besonderes Diskriminierungsverbot in Betracht kommt, so beispielsweise, wenn nur die Unternehmen eines Mitgliedstaates etwa aufgrund des Unternehmenssitzes von der Vereinbarung ausgeschlossen bleiben (Art. 12 EGV). Da an dieser Stelle nicht auf alle Eventualitäten einer Vereinbarung eingegangen werden kann, soll nachfolgend das Problem der Trittbrettfahrer ausschließlich am allgemeinen Gleichheitssatz untersucht werden.

Die Prüfung des allgemeinen Gleichheitssatzes erfolgt dabei in drei Schritten: Zunächst muß eine (Un-)Gleichbehandlung bei (nicht-)vergleichbarem Sachverhalt vorliegen, sodann wird die objektive Rechtfertigung und zuletzt die Verhältnismäßigkeit dieser (Un-)Gleichbehandlung untersucht[574].

1. (Un-)Gleichbehandlung

Eine (Un-)Gleichbehandlung nimmt der EuGH an, wenn vergleichbare Sachverhalte unterschiedlich bzw. umgekehrt unterschiedliche Sachverhalte gleich behandelt werden[575], wobei das Merkmal der Vergleichbarkeit anhand objektiver Kriterien zu ermitteln ist[576]. Allerdings stellte der EuGH in einer Fülle von Entscheidungen für die Frage, ob eine Diskriminierung

---

[570] EuGH, Urt. v. 13.7.1962, verb. Rs. 17 u. 20/61, Slg. 1962, 653 (692 f.) - Klöckner-Werke u. Hoesch.

[571] S. *Oppermann*, Europarecht, Rn. 490 m.w.N.

[572] S. nur EuGH, Urt. v. 5.10.1994, Rs. C-280/93, Slg. 1994, I-4973 (5062) - Bananenmarktordnung; s.a. EuGH, Urt. v. 25.11.1986, verb. Rs. 201 u. 202/85, Slg. 1986, 3477 (3507) - Klensch.

[573] In der Rechtsprechung des EuGH bleibt oft unklar, in welchem Konkurrenzverhältnis die besonderen Diskriminierungsverbote zum allgemeinen Gleichheitssatz stehen; s. hierzu *Kingreen* in: Calliess/Ruffert, Kommentar zu EU-Vertrag und EG-Vertrag, Art. 6 EUV Rn. 175.

[574] Vgl. *Wetter*, Grundrechtscharta des Europäischen Gerichtshofes, S. 197 ff. m.w.N.

[575] S. nur EuGH, Urt. v. 27.1.1994, Rs. C-98/91, Slg. 1994, I-223 (257 f.) - Herbrink; EuGH, Urt. v. 17.7.1997, Rs. C-354/95, Slg. 1997, I-4559 (4612) - National Farmers' Union.

[576] Hierzu ausführlich *Schwarze*, Europäisches Verwaltungsrecht, Bd. I, S. 656, 548 ff.

vorliegt, nicht allein auf die Vergleichbarkeit der Sachverhalte ab, sondern ging direkt auf die objektive Rechtfertigung der jeweiligen Behandlung ein, da eine „gerechte" Behandlung letztlich nicht „willkürlich" sein könnte[577].

Für die Frage der Vergleichbarkeit kommt es entscheidend darauf an, ob die zwei miteinander zu vergleichenden Sachverhalte in wesentlichen Merkmalen übereinstimmen, so z.B. wenn die betroffenen Produkte untereinander austauschbar sind[578] oder miteinander im Wettbewerb stehen[579]. Im Hinblick auf die Trittbrettfahrer bei Umweltvereinbarungen wäre daher zu untersuchen, ob sie ebenso wie die beteiligten Unternehmer unter die konkrete Absprache fallen müßten, also ob sie beispielsweise bei bezweckter Einführung eines neuen umweltschonenden Produktionsverfahrens tatsächlich ein entsprechend umweltschädliches Verfahren verwenden oder bei Abschaffung bestimmter umweltschädlicher Produkte tatsächlich solche Produkte herstellen.

Liegen in dieser Hinsicht vergleichbare Sachverhalte vor, so stellt sich die weitere Frage, ob auch eine benachteiligende Ungleichbehandlung vorliegt. Dabei gilt es zu berücksichtigen, daß es keinen Anspruch auf Gleichbehandlung im Unrecht gibt und der Gleichbehandlungsgrundsatz nur innerhalb des Gemeinschaftsrechts Geltung beansprucht. Aus diesem Grund liegt etwa bei einer Differenzierung, die sich aufgrund unterschiedlicher nationaler Regelungen ergibt, keine verbotene Diskriminierung vor[580].

2. Rechtfertigung

Liegt nun im Einzelfall eine Ungleichbehandlung vor, so kommt es weiter darauf an, ob „sie sich als willkürlich darstellt oder (...) nicht hinreichend gerechtfertigt und nicht auf objektive Gründe gestützt ist"[581]. Allerdings wird in der Rechtsprechung des EuGH der Beurteilungsspielraum der Gemeinschaftsorgane nicht einheitlich beurteilt; teils wird eine detaillierte Nachprüfung vorgenommen, teils ein weiter Beurteilungsspielraum betont[582]. Dagegen ist es aufgrund der besonderen Diskriminierungsverbote im EG-Vertrag bereits offensichtlich, welche Merkmale für eine Rechtfertigung der Differenzierung nicht herangezogen werden können (z.B. die Staatsangehörigkeit). Für eine Ungleichbehandlung besteht aber die Möglichkeit

---

[577] EuGH, Urt. v. 27.10.1971, Rs. 6/71, Slg. 1971, 823 (838 f.) - Rheinmühlen; EuGH, Urt. v. 11.7.1974, Rs. 11/74, Slg. 1974, 877 (886) - L'Union des minotiers de la Champagne; EuGH, Urt. v. 13.6.1978, Rs. 139/77, Slg. 1978, 1317 (1332 f.) - Futtermittel.

[578] EuGH, Urt. v. 19.10.1977, verb. Rs. 117/76 u. 16/77, Slg. 1977, 1753 (1770) - Ruckdeschel (zur Vergleichbarkeit von Stärke und Quellmehl); EuGH, Urt. v. 19.10.1977, verb. Rs. 124/76 u. 20/77, Slg. 1977, 1795 (1812) - Moulins Pont-à-Mousson (Grob- und Feingrieß aus Mais und Maisstärke); EuGH, Urt. v. 25.10.1978, Rs. 125/77, Slg. 1978, 1991 (2004) - Koninklijke Scholten-Honig (Isoglukose und andere Stärkeerzeugnisse).

[579] EuGH, Urt. v. 25.10.1978, Rs. 125/77, Slg. 1978, 1991 (2004) - Koninklijke Scholten-Honig; EuGH, Urt. v. 25.10.1978, verb. Rs. 103 u. 145/77, Slg. 1978, 2037 (2075) - Royal Scholten-Honig.

[580] Zu diesen Ausnahmen ausführlich *Wetter*, Grundrechtscharta des Europäischen Gerichtshofes, S. 206 f. mit Nachweisen zur Rechtsprechung des EuGH.

[581] S. z.B. EuGH, Urt. v. 15.9.1982, Rs. 106/81, Slg. 1982, 2885 (2921) - Kind.

[582] S. die Rechtsprechungsnachweise bei *Kingreen* in: Calliess/Ruffert, Kommentar zu EU-Vertrag und EG-Vertrag, Art. 6 EUV Rn. 182.

der Rechtfertigung, wenn sie der Verfolgung von Zielen der Gemeinschaft dient oder den Grundsätzen des Gemeinsamen Marktes entspricht.
Bei Umweltvereinbarungen kann die Nichtbeteiligung einiger Unternehmen danach unter Umständen durch Ziele des Umweltschutzes gerechtfertigt sein, wenn anderenfalls gar keine Umweltvereinbarung zustande gekommen wäre und zugleich kein vergleichbarer Rechtsakt der Gemeinschaft nach Art. 249 EGV im Bereich des Möglichen lag. Schließlich können in diesem Zusammenhang auch wirtschaftliche Aspekte einzelner Unternehmen zur Rechtfertigung herangezogen werden. Dies ist insbesondere dann in Betracht zu ziehen, wenn die Einführung neuer Produktionsverfahren bzw. die Abschaffung umweltschädlicher Produkte für kleinere und mittlere Betriebe den wirtschaftlichen Ruin bedeutete und deshalb nur die Großunternehmen in die Pflicht genommen werden. Bestehen für die Ungleichbehandlung derartige objektive Kriterien, so kann sie gerechtfertigt sein, wenn sie darüber hinaus verhältnismäßig ist.

3. Verhältnismäßigkeit

Aus der Rechtsprechung des EuGH geht allerdings nicht deutlich hervor, ob auch beim allgemeinen Gleichheitssatz die Verhältnismäßigkeit selbständig zu prüfen ist. Teilweise wird insoweit der Eindruck erweckt, als ob die Verhältnismäßigkeit bereits Bestandteil der Willkürkontrolle sei[583]. Unabhängig von dieser Frage des Standortes der Prüfung muß aber die unterschiedliche Behandlung grundsätzlich geeignet und erforderlich sein, einen legitimen Zweck zu erreichen[584]. Die Frage der Angemessenheit wird dann aber insofern zur Rechtfertigung herangezogen, als es hier darum geht, ob die Differenzierung im angemessenen Verhältnis zu den rechtfertigenden objektiven Kriterien steht[585]. Dies ist jedoch wiederum eine Frage des konkreten Falls, die nicht für Umweltvereinbarungen im allgemeinen beantwortet werden kann.

4. Zusammenfassung

Eine Ungleichbehandlung beim Abschluß von Umweltvereinbarungen kann folglich objektiv gerechtfertigt sein, wenn sachliche Kriterien für die unterschiedliche Behandlung gleicher Sachverhalte vorliegen, die Differenzierung verhältnismäßig und damit kein willkürliches Handeln der Gemeinschaft anzunehmen ist. Anderenfalls verstößt die Ungleichbehandlung

---

583 EuGH, Urt. v. 15.7.1982, Rs. 245/81, Slg. 1982, 2745 (2754) - Edeka.
584 S. nur *Borchardt* in: Lenz, EG-Vertrag, Art. 220 Rn. 36 ff.
585 *Pernice* in: Grabitz/Hilf, Das Recht der Europäischen Union, Art. 164 Rn. 63. Gleichheitssatz, Willkürverbot und Verhältnismäßigkeit stehen in der Rechtsprechung des EuGH in engem Zusammenhang, s. nur EuGH, Urt. v. 5.7.1977, Rs. 114/76, Slg. 1977, 1211 (1220 f.) - Bela-Mühle.

gegen den allgemeinen Gleichheitssatz, so daß die Umweltvereinbarung, wenn sie die Auferlegung einer Belastung vorsieht, ungültig ist[586].

Für den Abschluß von Umweltvereinbarungen bedeutet das folgendes: Angesichts der umfassenden Beteiligung der Wirtschaftsunternehmen dürften sich die Risiken des „Trittbrettfahrens" und damit auch der Umfang der Außenseiter relativ schnell einschätzen lassen. Im Falle einer hohen Zahl von Nichtteilnehmern ist es unwahrscheinlich, daß sich die Ungleichbehandlung gegenüber allen Außenseitern rechtfertigen läßt. Dann müßte die Gemeinschaft entweder dafür Vorsorge tragen, daß die Außenseiter nicht unberechtigt von der Umweltvereinbarung profitieren, indem sie beispielsweise verschiedene Instrumente miteinander kombiniert und dadurch weitere Anreize für die Teilnahme an Vereinbarungen schafft. Oder aber sie erläßt dann doch ordnungsrechtliche Maßnahmen, die für alle Unternehmen gleichermaßen Geltung beanspruchen[587].

Eine Kombination verschiedener Instrumente ist aber aufgrund des wiederum erhöhten Regulierungsbedarfs wohl nur dann zweckmäßig, wenn durch die Kooperation eine fortschrittsfreundliche Reaktion der Industrie oder eine raschere Verwirklichung der Ziele erreicht werden soll und gerade nicht die Deregulierung im Vordergrund steht. Unter Umständen kann der Erlaß einer begleitenden normativen Regelung, die für die Unternehmen weniger Spielraum beläßt, auch dazu führen, daß sich die Außenseiter doch noch „bekehren" lassen und der Umweltvereinbarung beitreten. Deshalb muß die Umweltvereinbarung in jedem Fall die Möglichkeit eines Beitritts enthalten und dessen Bedingungen und das Verfahren regeln[588].

Deutlich wird insoweit, daß „Trittbrettfahrer" eine Vielzahl von rechtlichen Problemen schaffen und die Gemeinschaft daher entsprechende Vorkehrungen treffen muß. Allerdings wurde auch aufgezeigt, daß der Abschluß einer Umweltvereinbarung wegen der Gefahr von Außenseitern nicht von vornherein auszuschließen ist, solange die Gemeinschaft in der Lage ist, begleitende Regelungen zu erlassen oder die beteiligten Unternehmen trotz der sie benachteiligenden Ungleichbehandlung gleichwohl einem Abschluß zustimmen, etwa weil sie sich davon Vorteile für die Öffentlichkeitsarbeit versprechen.

V. Der Grundrechtsschutz der Drittbetroffenen

Bei Umweltverträgen und Selbstverpflichtungen stellt sich neben der dargestellten Problematik, ob und inwieweit dadurch Grundrechte der privaten Absprachepartner und Verbandsmitglieder betroffen sind, auch die Frage, ob die Absprachen in Grundrechte Dritter, d.h. an der Absprache in keiner Weise beteiligter Personen eingreifen können.

---

[586] Allgemein zur Rechtsfolge eines Verstoßes *Kingreen* in: Calliess/Ruffert, Kommentar zu EU-Vertrag und EG-Vertrag, Art. 6 EUV Rn. 77.

[587] S.a. hierzu die Mitteilung der Kommission an den Rat und das Europäische Parlament über Umweltvereinbarungen, KOM(96) 561 endg., S. 1 (8 f. - Rn. 12).

[588] KOM(96) 561 endg., S. 1 (15 - Rn. 26).

Als beeinträchtigte Grundrechte kommen wie bei den beteiligten Unternehmen wirtschaftliche Rechte wie das Grundrecht auf Eigentum, die allgemeine wirtschaftliche Betätigungsfreiheit sowie die Wettbewerbsfreiheit in Betracht, wenn die beteiligten Unternehmen infolge der Umweltvereinbarung oder Selbstverpflichtung ihr wirtschaftliches Verhalten verändern und dadurch etwa erhebliche Produktionseinschränkungen von Zulieferbetrieben zu verzeichnen sind. Es kann dementsprechend sowohl zu einer Einschränkung der geschützten beruflichen Entfaltungsmöglichkeiten, im Hinblick auf vergleichbare Unternehmen, die nicht an der Vereinbarung beteiligt sind, aber auch zu Wettbewerbsverzerrungen kommen.
Als Beispiel kann hier die Zusage der Industrie zur Beschränkung der Verwendung von Fluorchlorkohlenwasserstoffen genannt werden[589]. Derartige Zusagen können dazu führen, daß einige Zulieferbetriebe erhebliche Umsatzeinbußen haben, während Hersteller alternativer Stoffe oder neuer FCKW-freier Produkte beträchtliche Wettbewerbsvorteile erlangen[590].
Allerdings ist eine solche Grundrechtsbeeinträchtigung nur mittelbare Folge des Handelns der Gemeinschaftsorgane; unmittelbar verursacht werden die beispielhaft genannten Umsatzeinbußen und Wettbewerbsnachteile allein durch das privatrechtliche Marktverhalten der Absprachepartner. Aufgrund dieser starken Verschlechterung der Wettbewerbssituation der Zulieferbetriebe und der Einschränkung ihrer unternehmerischen Betätigungsfreiheit kann aber noch kein Eingriff in die Grundrechte der „Dritten" angenommen werden[591]; erforderlich ist insoweit, daß die Grundrechtsverletzung durch ein Handeln der Gemeinschaft und nicht allein durch die privatrechtlich zu beurteilende wirtschaftliche Betätigung der Unternehmen erfolgt.
Bei Umweltvereinbarungen mit der Wirtschaft greift die Gemeinschaft aber gerade nicht unmittelbar in die Grundrechte Dritter – im Beispiel in die unternehmerische Freiheit der Zulieferbetriebe – ein, da sie zunächst lediglich die Verpflichtung der beteiligten Unternehmen erreichen will. Angesichts der unmittelbaren Verbindung zwischen der Drohung einerseits und der normvertretenden Verpflichtung andererseits ist es aber nicht ausgeschlossen, die durch die Umweltvereinbarung bewirkte und auch beabsichtigte Reaktion der beteiligten Unternehmen als ein durch die Gemeinschaft initiiertes und damit an den Grundrechten zu prüfendes Verhalten zu sehen. Diese Konstellation kann durchaus mit der im deutschen Recht bekannten Problematik behördlicher Warnungen und Empfehlungen verglichen werden, wobei ein Unterschied darin liegt, daß die Gemeinschaft nicht nur darauf zu hoffen braucht, durch ihre Einflußnahme das Marktverhalten zu ändern, sondern daß sie dank der Vereinba-

---

[589] S. hierzu die Empfehlungen der Kommission vom 27.06.1990, ABl. 1990 Nr. L 227, S. 30 (Kälte- und Klimaindustrie); vom 27.06.1990, ABl. 1990 Nr. L 227, S. 26 (Schaumkunststoffindustrie); vom 13.04.1989, ABl. 1989 Nr. L 144, S. 56 (Aerosolindustrie).

[590] Ein weiteres Beispiel aus deutscher Sicht ist die Zusage der Asbestzementhersteller, den Asbestgehalt ihrer Produkte erheblich zu reduzieren. Diese Zusage betraf den einzigen Importeur und Aufarbeiter des Asbestrohstoffes in der Bundesrepublik, der die Asbestzementhersteller beliefert, in seinen Grundrechten aus Art. 12 und 14 GG; dazu *Dempfle*, Normvertretende Absprachen, S. 112 f.

[591] So aber wohl *Oebbecke*, Die staatliche Mitwirkung an gesetzesabwendenden Vereinbarungen, DVBl. 1986, S. 793 (797).

rung eine hohe „Vollzugswahrscheinlichkeit" bewirkt[592]. Dies ist ja gerade auch die beabsichtigte Folge der Umweltvereinbarung, die immerhin eine normative Regelung ersetzen soll, so daß die wirtschaftlichen Folgen bei normvertretenden Absprachen oftmals einer ordnungsrechtlichen Herstellungs- und Lieferbeschränkung gleichkommen[593]. In jedem Fall nehmen die beteiligten Gemeinschaftsorgane die Auswirkungen für Zulieferer und andere Dritte, auch wenn sie diese vielleicht nicht gerade anstreben, so doch als sichere Folge der getroffenen Umweltvereinbarung offenkundig hin.
Um allerdings eine dem unmittelbaren Eingriff vergleichbare Wirkung in Betracht ziehen zu können, müssen die Folgen für die betroffenen Dritten von einer gewissen Bedeutung sein, d.h. etwa zu fühlbaren Umsatzeinbußen in den betroffenen Unternehmen führen[594]. Ob und wann solche intensiven, aber nur mittelbaren Folgen von normvertretenden Umweltvereinbarungen im Hinblick auf Drittbetroffene als Grundrechtseingriffe zu qualifizieren sind, ist in der Rechtsprechung des EuGH noch nicht Gegenstand näherer Erläuterungen gewesen. Insofern kann jedoch auf die Überlegungen zum faktischen Grundrechtseingriff bei den Verbandsmitgliedern im Falle einer Verbandsabsprache verwiesen werden, wonach sich folgende Entscheidungsalternativen ergeben: Da detaillierte Ausführungen zum faktischen bzw. mittelbaren Eingriff in der Rechtsprechung des EuGH zum jetzigen Zeitpunkt nicht unbedingt zu erwarten sind, liegt zum einen die Möglichkeit nahe, diesen Eingriff mangels Unmittelbarkeit abzulehnen; zum anderen könnte der Gerichtshof einen Eingriff ohne nähere Erläuterungen etwa aufgrund seiner Intensität bejahen oder die Frage einfach offenlassen, wenn der Eingriff jedenfalls gerechtfertigt ist.
Zusammenfassend bleibt somit festzuhalten, daß eine Umweltvereinbarung immer dann in die Grundrechte Dritter eingreifen kann, wenn bei der Absprache neben den beabsichtigten Reaktionen der beteiligten Unternehmen auch in Kauf genommen wird, daß die Vereinbarung bei Dritten faktische Grundrechtsbeeinträchtigungen von einer nicht unerheblichen Intensität bewirkt[595]. Insofern bedürfen Selbstverpflichtungen unter Umständen auch wegen der Grundrechtsbeeinträchtigung auf seiten Dritter einer gesetzlichen Grundlage, um gerechtfertigt zu sein[596].

Neben den Freiheitsrechten kann schließlich auch der allgemeine Gleichheitssatz im Hinblick auf nicht an der Umweltvereinbarung beteiligte Dritte betroffen sein. Eine Verletzung des Gleichheitsgrundsatzes kommt in Betracht, wenn die an der Absprache beteiligten Unterneh-

---

[592] So zu Recht *Dempfle*, Normvertretende Absprachen, S. 113.
[593] Vgl. insoweit *Bohne*, Informales Verwaltungs- und Regierungshandeln als Instrument des Umweltschutzes, VerwArch 75 (1984), S. 343 (367).
[594] S.a. *Oebbecke*, Die staatliche Mitwirkung an gesetzesabwendenden Vereinbarungen, DVBl. 1986, S. 793 (797).
[595] Ein Grundrechtsverzicht kann den Eingriff nicht rechtfertigen, da Drittbetroffene regelmäßig nicht an der Vereinbarung beteiligt sind und deshalb auch nicht freiwillig ihren Grundrechtsschutz aufgeben können.
[596] Hinsichtlich der weiteren Anforderungen an die gesetzliche Ermächtigung kann im wesentlichen auf die Ausführungen zu § 6 D. III. 2. c) verwiesen werden.

men eine im Verhältnis zu Außenseitern „bevorzugte Behandlung" genießen, sei es durch steuerliche oder andere finanzielle Vorteile, sei es durch Formen der „Marktunterstützung"[597], und die Dritten mit den Teilnehmern tatsächlich vergleichbar sind.

Eine solche Ungleichbehandlung beim Abschluß von Umweltvereinbarungen kann nur dadurch gerechtfertigt sein, daß objektive Kriterien für das unterschiedliche Behandeln dieser gleichen Sachverhalte vorliegen, die Differenzierung verhältnismäßig und damit kein willkürliches Handeln der Gemeinschaft anzunehmen ist. Dabei ist zu berücksichtigen, daß die Ungleichbehandlung nur schwerlich zu rechtfertigen ist, wenn den Außenseitern nicht gleichzeitig ein Beitrittsrecht eingeräumt wird. Deshalb muß die Umweltvereinbarung in jedem Fall auch die Möglichkeit eines Beitritts enthalten und dessen Bedingungen und das Verfahren regeln[598].

VI. Schutzpflichten

Neben der überkommenen Dimension der Grundrechte als Abwehrrechte des einzelnen gegenüber dem Staat können Grundrechte darüber hinaus als Leistungs- bzw. Schutzrechte weitere Wirkungen entfalten, indem sie auch die vorbeugende Verhütung von Grundrechtsverletzungen gebieten, d.h. der öffentlichen Gewalt eine Einstandspflicht für die Existenz und die Unversehrtheit der Grundrechte nicht nur im Hinblick auf ein Handeln des Staates selbst, sondern auch im Hinblick auf das Handeln Dritter auferlegen[599]. Dabei haben die Freiheitsrechte als Abwehrrecht und staatliche Schutzpflicht häufig eine gegenläufige Zielrichtung: Beim Abwehrrecht droht der Eingriff von der öffentlichen Gewalt, bei der Schutzpflicht zumeist von Privaten[600]. Materiell verpflichten diese Schutzpflichten in erster Linie den Gesetzgeber zum Erlaß geeigneter Maßnahmen, um die grundrechtlich geschützten Rechtsgüter zu sichern. Dabei steht ihm allerdings gewöhnlich ein weiter Beurteilungsspielraum zu, wenn verschiedene Möglichkeiten zur Erfüllung der Schutzpflicht bestehen. Eine Verletzung der Schutzpflicht kann folglich überhaupt nur dann in Betracht gezogen werden, wenn der Gesetzgeber gänzlich untätig bleibt oder aber offensichtlich völlig ungeeignete oder unzureichende Vorkehrungen trifft[601].

Fraglich ist nun, ob auch die Gemeinschaft nicht nur Adressat von Abwehrrechten im Fall von Eingriffen, sondern desgleichen Schutzpflichtgarant sein kann. Zu diesem Zweck müßte eine

---

597 S. hierzu die Mitteilung der Kommission über Umweltvereinbarungen, KOM(96) 561 endg., S. 1 (9).

598 Die Notwendigkeit eines Beitrittsrechts wurde auch schon im Rahmen der potentiellen Ungleichbehandlung zu Lasten der Teilnehmer festgestellt.

599 Allgemein zur Schutzpflicht im deutschen Recht s. nur *Pieroth/Schlink*, Grundrechte Staatsrecht II, Rn. 88 ff.; *Isensee*, Das Grundrecht als Abwehrrecht und als staatliche Schutzpflicht, in: ders./Kirchhof (Hrsg.), HdbStR V, § 111 Rn. 77 ff. Die dogmatische Begründung gibt indes noch Anlaß zu Auseinandersetzungen; s. hierzu *Unruh*, Zur Dogmatik der grundrechtlichen Schutzpflichten, S. 26 ff.

600 Vgl. hierzu *Szczekalla*, Grundfreiheitliche Schutzpflichten – eine „neue" Funktion der Grundfreiheiten des Gemeinschaftsrechts, DVBl. 1998, S. 219 (221) m.w.N.

601 Vgl. nur BVerfGE 77, 170 (214 f.); 77, 381 (405).

objektive Verpflichtung der Gemeinschaftsorgane hinsichtlich des Schutzes der Gemeinschaftsgrundrechte etwa zum Schutz künftiger Generationen entwickelt werden. Dies könnte gerade im Bereich des Umweltrechts relevant werden, wo die größere Freiheit des einen – wie etwa für die Unternehmen im Falle einer Umweltvereinbarung anstelle einer normativer Regelung – Nachteile für den anderen – einen Dritten, der sich gegen daraus resultierende Umweltbeeinträchtigungen möglicherweise nicht wehren kann – bedeutet[602].

Der EuGH mißt den gemeinschaftsrechtlichen Grundrechten noch immer vorrangig den Charakter von Abwehrrechten zu, obwohl einige seiner Entscheidungen in der Literatur schon im Sinne der Befürwortung von Schutzpflichten ausgelegt werden. Dabei handelt es sich allerdings nicht um die Begründung einer objektiv-rechtlichen Verpflichtung der Gemeinschaft, da lediglich mitgliedstaatliche Maßnahmen als Folge und Ausdruck einer grundrechtlichen Schutzpflicht interpretiert werden[603]. Im Bereich der Grundfreiheiten hat der EuGH inzwischen aus Art. 28 iVm. Art. 10 EGV sogar ausdrücklich eine mitgliedstaatliche Schutzpflicht abgeleitet[604].

Gegen die Ableitung einer Schutzpflicht auf Gemeinschaftsebene läßt sich zunächst anzuführen, daß die Gemeinschaft gerade keine Staatsqualität besitzt und es daher an dem grundsätzlichen Status-, Schutz- und Gehorsamsverhältnis, welches das Verhältnis von Bürger zu Staat prägt, fehlt[605]. Auch fallen die herkömmlichen Materien einer Schutzpflicht wie Leben und körperliche Unversehrtheit vorwiegend in den Kompetenzbereich der Mitgliedstaaten, so daß es der Gemeinschaft gewöhnlich mangels Kompetenz verwehrt ist, zum Schutze der Unionsbürger einzugreifen. Insofern sind es vorrangig die Mitgliedstaaten, die zur Sicherung und zum Schutz der Grundrechte des einzelnen berufen sind, während die Gemeinschaft (noch) überwiegend auf dem Gebiet der Wirtschaft und deren Liberalisierung tätig wird[606].

Dem ist indes entgegenzuhalten, daß sich die gemeinschaftliche Tätigkeit zunehmend auf Bereiche ausdehnt, die es erforderlich scheinen lassen, eine Einstandspflicht auch der Gemeinschaftsorgane für die Grundgehalte einer menschenwürdigen Lebenssphäre anzunehmen. So kann insbesondere im Bereich des Umweltrechtes angesichts der vielfältigen Tätigkeit der Gemeinschaft durchaus eine Verpflichtung begründet werden, bei der Ausgestaltung umweltpolitischer Regelungen den Grundrechtsschutz der Unionsbürger einzubeziehen. Auch wenn die Annahme von grundrechtlichen Schutzpflichten auf Gemeinschaftsebene verschiedentlich noch von der Fortentwicklung des EGV zur materiellen Verfassung, die die Grundrechte ein-

---

[602] *Murswiek*, Freiheit und Freiwilligkeit im Umweltrecht, JZ 1988, S. 985 (986).

[603] EuGH, Urt. v. 24.3.1994, Rs. C-2/92, Slg. 1994, I-955 (984) - Bostock. S.a. *Kokott*, Der Grundrechtsschutz im europäischen Gemeinschaftsrecht, AöR 121 (1996), S. 599 (611) im Hinblick auf EuGH, Urt. v. 25.7.1991, Rs. C-288/89, Slg. 1991, I-4007 (4043) - Collectieve Antennevoorziening Gouda.

[604] S. nur EuGH, Urt. v. 9.12.1997, Rs. C-265/95, DVBl. 1998, S. 228 - Kommission/Frankreich; dazu auch *Szczekalla*, Grundfreiheitliche Schutzpflichten – eine „neue" Funktion der Grundfreiheiten des Gemeinschaftsrechts, DVBl. 1998, S. 219 ff.; *Epiney* in: Calliess/Ruffert, Kommentar zu EU-Vertrag und EG-Vertrag, Art. 28 Rn. 47 ff.

[605] *Steinberger*, Der Verfassungsstaat als Glied einer europäischen Gemeinschaft, VVDStRL 50 (1991), S. 9 (28 f.).

schließt, abhängig gemacht wird[607], so ist prinzipiell nichts gegen deren Ableitung aus Gemeinschaftsgrundrechten einzuwenden. Solange im Einzelfall die Kompetenz der Gemeinschaftsorgane besteht, kann sich diese Befugnis zum Handeln bei einer entsprechenden Beeinträchtigung von Grundrechten durchaus zu einer Pflicht verdichten.

Für die Annahme von grundrechtlichen Schutzpflichten auf Gemeinschaftsebene spricht darüber hinaus die Tatsache, daß auch nach der Rechtsprechung des EGMR die Menschenrechte der EMRK die Pflicht des Staates begründen, diese Grundrechte vor Eingriffen Dritter zu schützen[608]: „Wenn ein Staat unter Verletzung seiner Schutzpflicht die Rechte und Freiheiten der Konvention in seiner Gesetzgebung nicht absichert, ist er für die daraus resultierenden Verletzungen dieser Rechte und Freiheiten verantwortlich"[609]. Ebenso gibt es auch in anderen Mitgliedstaaten deutliche Ansätze für die Annahme von Schutzpflichten, so daß man die Schutzpflicht insoweit wohl als europäisches Gemeingut ansehen kann[610].

Bei Annahme solcher grundrechtlichen Schutzpflichten könnten sich daher im Bereich des Umweltrechts Grenzen der Ersetzung normativer Vorschriften durch Instrumente freiwilligen Umweltschutzes und der „Deregulierung" in der Form von Absprachen ergeben. Solche Auswirkungen gemeinschaftlicher Schutzpflichten sind zunächst aber nur in außerordentlich intensiven Fällen von Übergriffen auf Leben und Gesundheit denkbar. Dies kommt etwa dann in Betracht, wenn es um besonders folgenschwere Materien wie etwa die atomrechtliche Schadensvorsorge geht, bei der das Leben und die Gesundheit vieler Menschen auf dem Spiel steht[611]. In solchen Fällen dürfte die Gemeinschaft aus ihrer gegenüber den Unionsbürgern bestehenden Schutzverpflichtung heraus gehalten sein, anstelle einer unverbindlichen Umweltvereinbarung zumindest eine verbindliche Absprache zu treffen, wenn nicht gar eine normative Regelung zu erlassen und ggf. zwangsweise durchzusetzen. Eine solche Verpflichtung der Gemeinschaftsorgane kann sich unter Umständen auch weitergehend aufgrund nicht zufriedenstellender Reduktion umweltgefährdender Emissionen, die in einer vorangegangenen Umweltvereinbarung zugesagt worden war, ergeben. Dabei ist aber stets der weite Beurteilungsspielraum der Gemeinschaftsorgane zu bedenken, so daß die Schutzpflicht nur in sehr seltenen Ausnahmefällen, bei denen die Schutzversagung ganz offensichtlich ist, gerichtlich durchsetzbar sein wird. Das bedeutet aber letztlich, daß die gemeinschaftsrechtlichen Hand-

---

[606] *Nettesheim*, Grundrechtliche Prüfdichte durch den EuGH, EuZW 1995, S. 106 (108).

[607] So *Rengeling*, Grundrechtsschutz in der Europäischen Gemeinschaft, S. 207.

[608] S. die umfangreichen Angaben zur Rechtsprechung des EGMR bei *Szczekalla*, Grundfreiheitliche Schutzpflichten – eine „neue" Funktion der Grundfreiheiten des Gemeinschaftsrechts, DVBl. 1998, S. 219 (221).

[609] So die Ausführungen des EGMR im „leading-case" zum Thema Schutzpflichten in der EMRK, Urt. v. 13.8.1981, Series A Vol. 44, S. 20 (Ziff. 49) - Young, James u. Webster. S.a. die nachfolgenden Urteile des EGMR, Urt. v. 17.10.1986, Series A Vol. 106, S. 14 (Ziff. 35) - Rees; Urt. v. 18.12.1986, Series A Vol. 112, S. 30 f. (Ziff. 75 ff.) - Johnston u.a.

[610] Vgl. die Nachweise bei *Szczekalla*, Grundfreiheitliche Schutzpflichten – eine „neue" Funktion der Grundfreiheiten des Gemeinschaftsrechts, DVBl. 1998, S. 219 (221); *ders.*, Grundrechte, in: Rengeling (Hrsg.), EUDUR, Bd. I, § 12 Rn. 20.

[611] *Müggenborg*, Formen des Kooperationsprinzips im Umweltrecht der Bundesrepublik Deutschland, NVwZ 1990, S. 909 (916).

lungspflichten weiter reichen dürften, als sie bei einer gerichtlichen Evidenzkontrolle durchsetzbar wären[612]. Dafür spricht gerade im Umweltrecht auch der Umstand, daß lineare Kausalitäten bei Maßnahmen des Umweltschutzes zumeist nicht nachgewiesen werden können[613], so daß bei vertraglichen Umweltvereinbarungen oder auch bei unverbindlichem Selbstverpflichtungen eine Verletzung der gemeinschaftsrechtlichen Schutzpflicht, die ohnehin nur bei völliger Untätigkeit oder offensichtlicher Ungeeignetheit der Maßnahmen in Betracht kommt, kaum je nachzuweisen sein wird.

VII. Zusammenfassung und Ergebnis

Nach den vorstehenden Ausführungen kann konkret festgehalten werden, daß weder die Grundrechte der beteiligten Unternehmen noch die Grundrechte Drittbetroffener oder gar die gemeinschaftsrechtliche Schutzpflicht eine ernst zu nehmende Hürde für den Abschluß von Umweltvereinbarungen auf Gemeinschaftsebene bedeuten.

Wenn überhaupt der Schutzbereich eines Freiheitsrechts der Beteiligten als berührt angesehen wird, so kann doch mangels Unmittelbarkeit oder Intensität schon ein Eingriff verneint werden. Jedenfalls dürfte zumindest die Beeinträchtigung in der Rechtsprechung des EuGH regelmäßig als gerechtfertigt angesehen werden, weil hinter einer Umweltvereinbarung immer der Umweltschutz als „tatsächlich dem Gemeinwohl dienendes Ziel der Gemeinschaft" steht und die Schranken-Schranken vom EuGH bis zum heutigen Tage kaum ernsthaft entfaltet oder angewendet wurden. Darüber hinaus dürfte auch die rechtfertigende Wirkung eines Grundrechtsverzichts, wenn er von den Beteiligten freiwillig und unmißverständlich erklärt wurde, vom Gerichtshof anerkannt werden.

Auch die auf verschiedene Weise mögliche Ungleichbehandlung beim Abschluß von Umweltvereinbarungen kann objektiv gerechtfertigt werden, wenn zum einen sachliche Kriterien für die unterschiedliche Behandlung gleicher Sachverhalte vorliegen, die Differenzierung verhältnismäßig und damit kein willkürliches Handeln der Gemeinschaft anzunehmen ist. Ansonsten liegt ein Verstoß gegen den allgemeinen Gleichheitssatz vor mit der Folge, daß die Umweltvereinbarung im Falle einer ungleich auferlegten Belastung ungültig ist, im Falle einer ungleich verteilten Begünstigung bis zum Erlaß einer diskriminierungsfreien Maßnahme fortbesteht[614].

---

[612] So etwa *Szczekalla*, Grundfreiheitliche Schutzpflichten – eine „neue" Funktion der Grundfreiheiten des Gemeinschaftsrechts, DVBl. 1998, S. 219 (223).

[613] Gemeinschaftliche Umweltvereinbarungen zur Senkung des CO_2- oder FCKW-Ausstoßes würden z.B. anerkanntermaßen zu einer Verbesserung des gemeinschaftlichen Umweltschutzniveaus und damit gleichzeitig zu einer Verbesserung der Umweltqualität führen, da die umweltbelastende Wirkung von CO_2 und FCKW erwiesen ist und damit jede Senkung geeignet ist, die Ziele des Art. 174 Abs. 1 EGV zu erreichen. Zu den Schwierigkeiten einer Beurteilung der ökologischen Wirksamkeit von Umweltvereinbarungen und den dadurch erzielten Verbesserungen in qualitativer Hinsicht s. Environmental Agreements, Environmental Effectiveness, Environmental Issues Series No. 3 - Vol. 1, S. 52 ff.

[614] Hierzu *Kingreen* in: Calliess/Ruffert, Kommentar zu EU-Vertrag und EG-Vertrag, Art. 6 EUV Rn. 77.

Im Hinblick auf den allgemeinen Gleichheitssatz ist jedenfalls deutlich geworden, daß Außenseiter eine Vielzahl von rechtlichen Problemen schaffen, obgleich der Abschluß einer Umweltvereinbarung auf Gemeinschaftsebene deswegen nicht von vornherein auszuschließen ist. Solange die Gemeinschaft in der Lage ist, begleitende Regelungen zu erlassen, und darüber hinaus die Möglichkeit eines Beitritts regelt, spricht auch eine größere Zahl von Außenseitern oder Trittbrettfahrern nicht von vornherein gegen eine Umweltvereinbarung.
Schließlich kann eine Umweltvereinbarung in die Freiheitsrechte Dritter eingreifen, wenn die Gemeinschaft neben dem ausgehandelten Verhalten der beteiligten Unternehmen auch faktische Grundrechtsbeeinträchtigungen Dritter, die nicht nur von geringfügiger Intensität sind, in Kauf nimmt. In diesem Zusammenhang taucht allerdings wiederum die Frage auf, ob und inwieweit der EuGH faktische wie mittelbare Grundrechtseingriffe anerkennt.
Zu guter Letzt muß konstatiert werden, daß auch durch die Annahme grundrechtlicher Schutzpflichten keine bedeutenden Grenzen für die Ersetzung normativer Vorschriften durch Umweltvereinbarungen gesetzt werden. Zum einen sind Auswirkungen gemeinschaftlicher Schutzpflichten nur bei besonders intensiven Gefahren für Leib und Leben denkbar; zum anderen haben die Gemeinschaftsorgane einen weiten Beurteilungs- und Gestaltungsspielraum bei der Erfüllung ihrer Schutzpflichten, so daß eine gerichtliche Verpflichtung zum Erlaß eines Rechtsakts anstelle einer Umweltvereinbarung überhaupt nur in äußerst seltenen Ausnahmefällen einer ganz offensichtlichen Schutzversagung in Betracht kommen kann. Diesem Resultat entsprechen auch die bisherigen Urteile des EuGH, in denen die Annahme eines Verstoßes gegen Gemeinschaftsgrundrechte Seltenheitswert besitzt.
Damit ist aber die subjektiv-rechtliche Bedeutung des Gesetzesvorbehalts im Gemeinschaftsrecht grundsätzlich zu vernachlässigen, während das objektiv-rechtliche Erfordernis einer vertraglichen Ermächtigung im Verhältnis zu den Mitgliedstaaten durch das Prinzip der begrenzten Ermächtigung den Umweltvereinbarungen auf Gemeinschaftsebene deutliche Grenzen zieht.

E. Zusammenfassung der materiellen Rechtmäßigkeitsanforderungen

Anders als die Empfehlungen zu rein politischen Selbstverpflichtungen, die keiner Rechtmäßigkeitskontrolle durch den EuGH ausgesetzt sind, unterliegt die Inanspruchnahme von normersetzenden Umweltvereinbarungen vielfältigen materiellen Grenzen, die sich aufgrund des Vorrangs des höherrangigen Rechts nicht nur aus der jeweiligen Delegationsnorm des Rates, sondern darüber hinaus auch aus den allgemeinen Vorgaben des primären Gemeinschaftsrechts einschließlich des Gemeinschaftsgewohnheitsrechts, der allgemeinen Rechtsgrundsätze und der Grundrechte ergeben. In diesem Umfang findet auch eine Rechtmäßigkeitskontrolle durch den EuGH in analoger Anwendung des Art. 230 EGV statt.

Die unabhängig von der jeweils einschlägigen Rechtsgrundlage zu berücksichtigenden umweltrechtlichen Voraussetzungen der Art. 174 f. EGV stehen dem Abschluß von Umweltvereinbarungen prinzipiell nicht entgegen. Solange sich die einzelne Absprache an den – allerdings weit gefaßten – Zielen des Art. 174 Abs. 1 EGV ausrichtet, die Handlungsprinzipien des Art. 174 Abs. 2 EGV bestmöglich gewürdigt bzw. Abweichungen entsprechend gerechtfertigt werden, die Abwägungskriterien des Art. 174 Abs. 3 EGV Beachtung finden und dabei gem. Art. 174 Abs. 2 S. 1 , 95 Abs. 3 EGV ein hohes Schutzniveau angelegt wird, bestehen keine Bedenken am Vorliegen der umweltrechtlichen Vorgaben. Darüber hinaus kann der Abschluß einer Umweltvereinbarung unter Umständen sogar durch die Handlungsgrundsätze des Art. 174 Abs. 2 S. 2 EGV gerechtfertigt sein, wenn er auf den Grundsätzen der Vorsorge und Vorbeugung, dem Ursprungsprinzip oder dem Verursacherprinzip beruht. Dagegen ist ein Kooperationsprinzip, wie es verschiedenen Mitgliedstaaten geläufig ist und welchem eine vergleichbare Bindungs- und Legitimationswirkung wie den in Art. 174 Abs. 2 S. 2 EGV primärrechtlich verankerten Grundsätzen zukäme, im Gemeinschaftsrecht weder geschrieben noch ungeschrieben anzunehmen. Insoweit fehlt es (noch) an konkreten und allgemeingültigen Aussagen, wenngleich die Umweltpolitik der Gemeinschaft seit dem fünften Aktionsprogramm von einer in diese Richtung weisenden „Gemeinsamen Verantwortung" aller Akteure geprägt ist, so daß abzuwarten bleibt, ob nicht die zukünftige Entwicklung ein die Umweltvereinbarungen legitimierendes Kooperationsprinzip hervorbringen wird.

Bedeutendere Grenzen zieht dagegen das Kartellverbot des Art. 81 Abs. 1 EGV, da den Umweltvereinbarungen regelmäßig ein wettbewerbsgefährdendes Potential innewohnt und der Umstand, daß die Absprachen dem Umweltschutz dienen, den Verbotstatbestand nicht einschränkt. Die Nichtigkeitsfolge des Art. 81 Abs. 2 EGV kann daher nur durch eine Freistellung nach Art. 81 Abs. 3 EGV vermieden werden. Bei der Freistellungsentscheidung der Kommission können Umweltschutzgesichtspunkte aufgrund der weitgefaßten Formulierung ihrer Voraussetzungen durchaus bevorzugt berücksichtigt werden. Insbesondere können sich durch die gemeinschaftliche Veranlassung der Vereinbarung Ermessensgrenzen ergeben, die zwar die Freistellung nicht ersetzen, aber zugunsten der beteiligten Unternehmen zumindest einen Vertrauensschutz begründen können. Wünschenswert wäre in diesem Zusammenhang darüber hinaus eine ausdrückliche Regelung in Art. 81 Abs. 3 zur Berücksichtigung von Umweltschutzbelangen oder zumindest eine beständigere Entscheidungspraxis der Kommission.

Schließlich kann die Zulässigkeit normersetzender Umweltvereinbarungen auf vielerlei Weise durch die Grundrechte der beteiligten Unternehmen, Drittbetroffener oder in Form von Schutzpflichten der Gemeinschaft eingeschränkt werden. Zu berücksichtigen ist jedoch, daß die Grundrechte angesichts der bei der Annahme eines Grundrechtsverstoßes doch recht zurückhaltenden Rechtsprechung des EuGH keine unüberwindbare Hürde für den Abschluß von Umweltvereinbarungen auf Gemeinschaftsebene darstellen. So dürfte ein Eingriff in die Freiheitsrechte der Beteiligten oder Dritter, wenn er nicht schon mangels Unmittelbarkeit oder Intensität verneint wird, nach der bisherigen Praxis des Gerichtshofes doch zumindest gerechtfertigt sein, weil hinter jeder Umweltvereinbarung der Umweltschutz als Gemeinwohlziel steht und die Prüfung der Schranken-Schranken ohne Tiefgang erfolgt.

Zusammenfassend kann daher festgehalten werden, daß Umweltvereinbarungen zwar vielfältige materielle Anforderungen zu erfüllen haben, sich eine Einschränkung ihrer Zulässigkeit aber doch im wesentlichen nur aus dem Kartellverbot des Art. 81 Abs. 1 EGV ergeben dürfte. Angesichts der insoweit bestehenden Freistellungsmöglichkeiten können aus primärrechtlicher Sicht weder den normersetzenden Umweltverträgen noch den normersetzenden Selbstverpflichtungen durchgreifende Bedenken entgegengehalten werden.

4. Teil: Deregulierung durch Umweltvereinbarungen

§ 7 Die deregulierende Wirkung von Umweltvereinbarungen

Nachdem die Zulässigkeit von Umweltvereinbarungen auf Gemeinschaftsebene umfassend geklärt worden ist, bleibt nun die Frage nach ihrer deregulierenden Wirkung näher zu beantworten. Bereits zu Beginn dieser Untersuchung wurden Entwicklung und Hintergrund der aktuellen Deregulierungstendenzen im einzelnen dargestellt, um dadurch – zusammen mit einer Abgrenzung zu anderen in diesem Zusammenhang vielfach erwähnten Schlagwörtern – den Begriff der Deregulierung abzustecken und zu veranschaulichen. Danach soll Deregulierung hier nicht als jede Rechts- oder Verwaltungsvereinfachung oder bloße verstärkte Bürgerbeteiligung, sondern in einem engeren Sinne als Abbau hoheitlicher Regelungen des Gemeinschaftsrechts verstanden werden. Dazu gehört neben der sog. Nichtregulierung, also dem Verzicht auf neue Rechtsetzung, auch die „Ausdünnung" innerhalb bestehender Regelwerke. Auch wenn danach die bloße Rechts- und Verwaltungsvereinfachung mit einer so verstandenen Deregulierung nicht zu verwechseln ist, kann die Abgrenzung gleichwohl problematisch sein, wenn etwa beide Varianten zusammenfallen und die Unterschiede verschwindend gering sind. Daher darf im Rahmen der nachfolgenden Untersuchung der Deregulierungspotentiale von Umweltvereinbarungen auch die Möglichkeit einer bloßen Rechts- und Verwaltungsvereinfachung nicht gänzlich außer acht gelassen werden.

A. Voraussetzungen für eine Deregulierung durch Umweltvereinbarungen

Wie bereits erwähnt, findet weder der Aspekt der Deregulierung noch der der Rechts- und Verwaltungsvereinfachung in den Verträgen der Europäischen Gemeinschaften und der Europäischen Union ausdrückliche Erwähnung. Gleichwohl konnte eine Vielzahl von normativen und politischen Quellen, die sich zugunsten einer Deregulierung auf Gemeinschaftsebene anführen lassen, aufgezeigt werden[1]. Konkrete Vorgaben für die Zulässigkeit einer Deregulierung im Umweltrecht ergeben sich daraus indes noch nicht. In diesem Zusammenhang fordern allenfalls die Grundsätze der Subsidiarität und Verhältnismäßigkeit eine Begrenzung der Gemeinschaftsrechtsetzung, die gemeinsam mit den Berichten der Kommission „Eine bessere Rechtsetzung" die bestehenden Deregulierungstendenzen rechtfertigen.

Darüber hinaus müssen bei Deregulierungsüberlegungen im Umweltrecht jedoch auch die allgemein bei Umweltmaßnahmen zu erfüllenden Vorgaben der Art. 174 f. EGV beachtet werden. Von Bedeutung ist dabei insbesondere die in Art. 174 Abs. 2 S. 1 EGV normierte Verpflichtung der Gemeinschaft, bei all ihren umweltpolitischen Maßnahmen auf ein hohes Schutzniveau abzuzielen[2]. Aus diesem Grund dürfen Deregulierungsmaßnahmen im Umwelt-

---

[1] Dazu in § 3 A.

[2] Hierzu bereits unter § 6 B. I. 4. a).

bereich im Ergebnis nicht zu einer Absenkung des bestehenden Schutzstandards führen, indem beispielsweise konkrete materiell-rechtliche Umweltschutzbestimmungen etwa in Form von Emissions- und Qualitätsvorgaben durch allgemein gehaltene Zielsetzungen in Umweltvereinbarungen ersetzt werden[3]. Derartige Deregulierungsbestrebungen liefen auch den in Art. 174 Abs. 1, 1. Spstr. EGV genannten Zielen der gemeinschaftlichen Umweltpolitik und dabei besonders den Erfordernissen des Schutzes der Umwelt und der Qualitätsverbesserung entgegen, die gerade den Einsatz geeigneter Maßnahmen zur Reduktion der Umweltbelastungen und –verschmutzungen verlangen und gleichzeitig ein rein konservierendes Tätigwerden der Gemeinschaft ausschließen wollen[4].

Insofern ist bei jeder Deregulierung darauf zu achten, daß sie das Schutzniveau aufrecht erhält oder – mit anderen Worten – die gleiche Steuerungswirksamkeit wie eine entsprechende ordnungsrechtliche Maßnahme besitzt und dieser damit gleichwertig gegenübersteht[5]. Die Wahrung materieller Standards muß daher bei Deregulierungsmaßnahmen im Umweltrecht gesichert sein; allerdings steht den Gemeinschaftsorganen hinsichtlich der Vorgaben des Art. 174 EGV ein weiter Beurteilungs- und Gestaltungsspielraum zu[6], so daß allein der hypothetische Fall einer Ersetzung vorhandener normativer Vorgaben durch bloße Zielsetzungen in Umweltvereinbarungen Art. 174 EGV zuwiderlaufen dürfte.

Dem Gedanken der Gleichwertigkeit des Schutzniveaus gegenüber gesetzlichen Regelungen kommt bei dem Abschluß von Umweltvereinbarungen, die zwar auch an die Stelle von Normen treten und diese ersetzen sollen, aber eben nicht wahlweise neben hoheitlichen Handlungsformen – wie etwa beim Öko-Audit – in Erscheinung treten, daher keine übermäßig einschränkende Wirkung zu. Denn anders als im Falle des Öko-Audit-Systems, das ganz konkret jeweils gleiche Zielsetzungen und gleiche Steuerungswirksamkeit wie bei den entsprechenden ordnungsrechtlichen Instrumenten voraussetzt und deshalb eine „funktionale Äquivalenz" verlangt[7], steht bei normersetzenden Umweltvereinbarungen keine konkrete hoheitliche Regelung zum Vergleich hinsichtlich der Gleichwertigkeit zur Verfügung.

Ungeachtet dieser Schwierigkeiten bei der Kontrolle einer gleichwertigen Zielsetzung und Steuerungswirksamkeit obliegt der Gemeinschaft aber zumindest eine Begründungspflicht

---

[3] *Budde*, Die Umwelt-Audit-Verordnung der EU – eine Deregulierungschance für betriebliche Unternehmen und staatliche Verwaltung?, S. 21, 95 f.; *Wägenbaur*, EG-Umweltschutz im Zeichen der Deregulierung, in: Rengeling (Hrsg.), Beschleunigung von Planungs- und Genehmigungsverfahren, S. 19 (42). S.a. schon unter § 6 B. I. 4. a).

[4] *Calliess* in: Calliess/Ruffert, Kommentar zu EU-Vertrag und EG-Vertrag, Art. 174 Rn. 8.

[5] Dieser Gedanke der Gleichwertigkeit ist bei der Deregulierung allgemein anerkannt; s. nur die Nachweise bei *Schneider*, Öko-Audit und Deregulierung im Immissionsschutzrecht, S. 131. S.a. *Koch*, Beschleunigung, Deregulierung, Privatisierung, in: Schlacke (Hrsg.), Neue Konzepte im Umweltrecht, S. 27 (31 f., 61 ff.); Bericht der Gruppe unabhängiger Experten für die Vereinfachung der Rechts- und Verwaltungsvorschriften („Molitor-Bericht"), KOM(95), 288 endg./2, S. 1 (61 ff.); Bericht der Kommission an den Europäischen Rat, Eine bessere Rechtsetzung: „Gemeinsam Verantwortung übernehmen" (1998), KOM(1998) 715 endg., S. 1 (7).

[6] *Grabitz/Nettesheim* in: Grabitz/Hilf, Das Recht der Europäischen Union, Art. 130r Rn. 12, 32 f., 65.

[7] Hierzu ausführlich *Schneider*, Öko-Audit und Deregulierung im Immissionsschutzrecht, S. 130 ff.

hinsichtlich der Eignung der jeweiligen Umweltvereinbarung, den materiellen Standard zu wahren und den herkömmlichen „command and controll"-Ansatz zu ersetzen[8].

Neben der Begründung sind weitere Prämissen einzuhalten, damit eine normersetzende Umweltvereinbarung die gebotenen Wirkungen zeitigen kann. In erster Linie sind ganz konkrete Ziele – möglichst in Form absoluter Zahlenwerte oder zumindest in Prozentsätzen – festzulegen, damit die Absprachen nicht in leeren Versprechungen enden und nur einen Aufschub wirksamer Maßnahmen bedeuten. Besonders sachdienlich kann die Zielfestlegung in begleitenden Rechtsvorschriften sein, da dadurch zum einen die Verbindlichkeit der Umweltschutzziele deutlich wird und zum anderen zumeist auch die Gefahr von Trittbrettfahrern beseitigt werden kann, die anderenfalls eine zusätzliche normative Regelung erfordern. Vorteilhaft – wenn auch nicht zwingend geboten – ist insoweit eine überschaubare Zahl der Vertragsparteien oder doch wenigstens eine effektive Organisation in Branchenverbänden, weil dann sowohl das Risiko von Außenseitern als auch die Wirkungen der konkreten Umweltvereinbarung schneller eingeschätzt werden können. Weiterhin muß auch ein Beitrittsrecht für hinzukommende Unternehmen oder Verbände geregelt werden[9], damit die Umweltvereinbarung eine der Rechtsvorschrift vergleichbare Wirkung aufweist.

Im Hinblick auf die zu erreichenden Ziele und das Umweltschutzniveau müssen zudem die Ergebnisse regelmäßig überprüft werden – vorzugsweise durch die entsprechenden Fachbehörden oder ein unabhängiges Institut –, so daß geeignete Überwachungsmechanismen eine weitere Voraussetzung für den Abschluß von normersetzenden Umweltvereinbarungen darstellen. In diesem Zusammenhang sollte auch die Öffentlichkeit durch Informationen und Veröffentlichung der konkreten Vereinbarung sowie einer regelmäßigen Berichterstattung über die erbrachten Leistungen und erzielten Ergebnisse beteiligt werden.

Für die Überprüfung der Wirksamkeit der Vereinbarung bietet sich daneben insbesondere die Festlegung von Zwischenzielen an; ebenso können als zusätzlicher Druck zur Sicherung der Absprache für den Fall der Nichteinhaltung der vereinbarten Umweltschutzmaßnahmen Sanktionen wie etwa Geldbußen sowie eine gerichtliche Durchsetzbarkeit der Verpflichtungen vorgesehen werden. Um die Einhaltung des hohen Schutzniveaus garantieren zu können, ist weiter ein einseitiges Kündigungsrecht der Gemeinschaft im Falle der Nichteinhaltung der Verpflichtungen zwingend erforderlich, damit ggf. eine entsprechende hoheitliche Maßnahme erlassen werden kann.

Schließlich muß es sich grundsätzlich um verbindliche Vereinbarungen oder Selbstverpflichtungen handeln, da anderenfalls keine Gewähr für die Erreichung der vereinbarten Umweltziele geboten werden kann. Ob dabei eine vertragliche Vereinbarung oder eine einseitige Verpflichtung gewählt wird, ist für die Möglichkeit der Deregulierung solange ohne Belang, wie die Verbindlichkeit und konkrete Durchsetzbarkeit gesichert sind.

---

[8] So auch *Wägenbaur*, EG-Umweltschutz im Zeichen der Deregulierung, in: Rengeling (Hrsg.), Beschleunigung von Planungs- und Genehmigungsverfahren, S. 19 (42).

Zusammenfassend kann daher festgehalten werden, daß Umweltvereinbarungen, wenn sie normersetzend und damit deregulierend wirken sollen, den materiellen Standard wahren und eine gleichwertige Zielsetzung und Steuerungswirksamkeit im Vergleich zu entsprechenden normativen Regelungen aufweisen müssen. Diesbezüglich ist das an der Vereinbarung beteiligte Gemeinschaftsorgan, die Kommission, trotz des weitreichenden Gestaltungs- und Beurteilungsspielraumes zur Begründung verpflichtet und muß eine verbindliche Form für die jeweiligen Verpflichtungen gewählt werden. Darüber hinaus sind qualifizierte Ziele möglichst in begleitenden Rechtsvorschriften festzulegen, die Ergebnisse mittels geeigneter Überwachungsmechanismen regelmäßig zu überprüfen, ein Beitrittsrecht für weitere Unternehmen und für die Fall der Nichteinhaltung der Vereinbarung ein einseitiges Kündigungsrecht für die Gemeinschaft zu bestimmen. Anders als in der Mitteilung der Kommission, die diese Vorgaben zwar konkret anführt, aber nicht als unverzichtbar ansieht[10], müssen diese Voraussetzungen im Falle einer normersetzenden deregulierenden Wirkung von Umweltvereinbarungen unbedingt eingehalten werden, da anderenfalls keine Gleichwertigkeit der Handlungsform angenommen werden kann. Bei der Vereinbarung von Zwischenzielen, der Beteiligung der Öffentlichkeit, der Festlegung von Sanktionen und der gerichtlichen Durchsetzbarkeit handelt es sich dagegen lediglich um zusätzliche Möglichkeiten zur Erfolgssicherung einer Umweltvereinbarung.

B. Deregulierungspotentiale

Anhand dieser auf der einen Seite unerläßlichen, auf der anderen Seite wünschenswerten Vorgaben soll nun das ganz konkrete Deregulierungspotential von Umweltvereinbarungen unter Berücksichtigung der dabei bestehenden und zuvor ermittelten Anforderungen untersucht werden. Hierbei gilt es wiederum zwischen den politischen Selbstverpflichtungen sowie den normersetzenden Selbstverpflichtungen und Umweltverträgen zu unterscheiden.

I. von politischen Selbstverpflichtungen

Bei den politischen Selbstverpflichtungen, zu denen die Kommission in Ausnahme vom Prinzip der begrenzten Einzelermächtigung nach Art. 211, 2. Spstr. EGV Empfehlungen aussprechen kann, „soweit sie es für notwendig erachtet", handelt es sich um ein rein politisches Instrument, das mangels Bindungswirkungen weder Allgemeininteressen der Mitgliedstaaten bzw. der EG noch Individualinteressen der an der „Verpflichtung" beteiligten Unternehmen oder Dritter beeinträchtigen kann[11]. Entscheidend für die Einordnung als politische Selbstver-

---

[9] S. dazu bereits unter § 6 D. IV. 4., V.

[10] Mitteilung der Kommission über Umweltvereinbarungen, KOM(96) 561 endg., S. 1 (11); s.a. bereits die Ausführungen unter § 3 B. III.

[11] Eingehend hierzu die Darstellung in § 5 B. I.

pflichtung ist daher in erster Linie die fehlende Verbindlichkeit und damit einhergehend die fehlende Bindungswirkung, so daß die Bezeichnung als Selbst"verpflichtung" insofern irreführend ist. Angesichts dieser Unverbindlichkeit offenbart sich auch die Untauglichkeit der politischen Selbstverpflichtung zur Deregulierung des Gemeinschaftsrechts; sie bietet schon deshalb keinerlei Gewähr für die bei jeder Deregulierung erforderliche Wahrung materieller Standards und damit einhergehende Gleichwertigkeit im Vergleich zu entsprechenden normativen Regelungen. So ist zwar ihre Zulässigkeit auch ohne ausdrückliche Ermächtigung unproblematisch, sie kann aber nicht die Einhaltung materieller Vorgaben sicherstellen, da sie in keiner Weise durchsetzbar oder gerichtlich überprüfbar ist[12].

Dennoch sollten ihre Einsatzmöglichkeiten nicht unterschätzt werden. So kann die politische Selbstverpflichtung flexible und schnelle Lösungen bei ganz speziellen Umweltproblemen oder –katastrophen im Einzelfall ermöglichen, die womöglich auch eine gesetzliche Regelung entbehrlich machen; als Beispiel für eine solche Einsatzmöglichkeit wurde bereits die Problematik im Zusammenhang mit der ursprünglich geplanten Versenkung der Ölplattform „Brent Spar" genannt[13]. Bei solchen unerwarteten Einzelfällen können gesetzliche Regelungen nicht rechtzeitig erlassen werden, so daß auf Gemeinschaftsebene auch keine vertragliche Umweltvereinbarung in Betracht käme. Hier können allenfalls einseitige Verpflichtungserklärungen der betreffenden Unternehmen, die als politische Selbstverpflichtungen zwar keinerlei Bindungswirkungen entfalten können, aber durch den zusätzlichen Druck in der Öffentlichkeit doch wohl eingehalten würden, zur Problemlösung herangezogen werden.

Aus diesen Gründen bieten auch politische Selbstverpflichtungen zukunftsträchtige Lösungen im Umweltbereich und können darüber hinaus einen Vorgriff auf künftige gesetzliche Regelungen bedeuten oder im Sinne eines aliuds zu hoheitlichen Handlungsformen andere umweltpolitische Ziele verfolgen; ein Deregulierungspotential ist ihnen allerdings nicht inhärent.

II. von normersetzenden Selbstverpflichtungen und Umweltverträgen

Ganz anders stellt sich – und dies legt bereits die Bezeichnung als „normersetzend" nahe – das deregulierende Potential von normersetzenden Umweltverträgen dar. Die verbindlichen Umweltverträge können unzweifelhaft all diejenigen Vorgaben erfüllen, die für ihre deregulierende Wirkung unerläßlich sind: So werden darin verbindlich die jeweiligen Ziele festgelegt, ist die gerichtliche Durchsetzung ebenso wie die gerichtliche Rechtmäßigkeitskontrolle und die Vereinbarung eines zumindest einseitigen Kündigungsrechts zugunsten der Kommission möglich. Aufgrund des Erfordernisses eines ermächtigenden Rechtsakts des Rates kann sogar die zusätzliche Festlegung qualifizierter Ziele in Rechtsvorschriften problemlos realisiert wer-

---

[12] Hierzu unter § 6 A. III. 2.

[13] *Wägenbaur*, EG-Umweltschutz im Zeichen der Deregulierung, in: Rengeling (Hrsg.), Beschleunigung von Planungs- und Genehmigungsverfahren, S. 19 (42 f.); *ders.*, Zwölf Thesen zum Thema Umweltvereinbarungen, EuZW 1997, S. 645 (647). S.a. den Europareport aus Brüssel, EuZW 1998, S. 130 f.

den. Zugleich besteht aufgrund analoger Geltung der Art. 253 f. EGV die erforderliche Begründungs- und daneben auch eine Veröffentlichungspflicht[14], so daß die Voraussetzungen für die Wahrung des materiellen Standards und die damit einhergehende gleichwertige Zielsetzung und Steuerungswirksamkeit im Vergleich zu entsprechenden normativen Regelungen grundsätzlich vorliegen und im Rahmen des Vertragsschlusses berücksichtigt werden können.

Fraglich ist nun, ob und inwieweit auch normersetzende Selbstverpflichtungen ihrer Bezeichnung gerecht werden und eine Deregulierung bewirken können. Dies erscheint auf den ersten Blick ausgeschlossen, wenn man sich die bisherige Praxis in Form unverbindlicher Erklärungen der Verbände bzw. Unternehmen ansieht, da es insoweit an definitiven Zielfestlegungen fehlt. Andererseits wurde bereits festgestellt, daß sich durch diese Form von Umweltvereinbarungen zumindest faktische Bindungswirkungen einstellen, die sich nur unwesentlich von den verbindlichen Verpflichtungen eines Umweltvertrages unterscheiden[15] und darüber hinaus die wesentlichen Zielfestlegungen bereits verbindlich in dem zu der Selbstverpflichtung ermächtigenden Rechtsakt festgelegt werden können. Allein in diesem Fall kann auch eine als unverbindlich bezeichnete Selbstverpflichtung zur Deregulierung eingesetzt werden. Zusätzlich muß nach dem Vorhergesagten die Ergebnisüberprüfung sichergestellt sein und in der begleitenden Empfehlung anstelle des erforderlichen Kündigungsrechts festgehalten werden, daß bei Nichteinhaltung der Verpflichtungen eine normative Regelung erfolgen wird. Die Begründungs- und Veröffentlichungspflicht ergibt sich ebenso wie bei dem Umweltvertrag aus einer analogen Anwendung der Art. 253, 254 EGV.

Damit ist aber festzuhalten, daß auch normersetzende Selbstverpflichtungen den materiellen Standard wahren und eine Gleichwertigkeit hinsichtlich Zielsetzung und Steuerungswirksamkeit im Vergleich zu entsprechenden normativen Regelungen aufweisen können, solange nur qualifizierte Ziele in begleitenden Rechtsvorschriften verbindlich festgelegt werden. Allerdings ist die oftmals vorgenommene Einordnung der Selbstverpflichtung als „unverbindlich" höchst trügerisch, da durch die Möglichkeit des Einsatzes hoheitlicher Maßnahmen im Falle des Scheiterns der Selbstverpflichtung letztlich eine dem Umweltvertrag vergleichbare Bindungswirkung besteht. Vorstellbar wäre deshalb auch eine verbindliche, womöglich sogar einklagbare Selbstverpflichtungserklärung, die im Hinblick auf die von den beteiligten Unternehmen zu erreichenden Umweltziele tatsächlich dieselben Rechtswirkungen erzeugt wie ein Umweltvertrag.

Nach alledem bieten nicht nur Umweltverträge, sondern desgleichen auch normersetzende Selbstverpflichtungen Möglichkeiten zur Deregulierung auf Gemeinschaftsebene.

---

[14] S. bereits unter § 4 E.

[15] Vgl. die Ausführungen bei § 5 B. I.

Zu ergründen bleibt das konkrete Potential der Deregulierung, d.h. in welchem Umfang Normen des Umweltrechts tatsächlich ersetzt werden können. In diesem Zusammenhang ist maßgeblich zu berücksichtigen, daß bei Umweltverträgen ebenso wie bei normersetzenden Selbstverpflichtungen mangels entsprechender primärrechtlicher Kompetenzvorschriften eine ausdrückliche Ermächtigung durch einen Rechtsakt des Rates auf Sekundärebene unumgänglich ist, mit der Folge, daß eine Umweltvereinbarung auf Gemeinschaftsebene derzeit überhaupt nur im Rahmen der Übertragung von Durchführungsbefugnissen nach Art. 202, 3. Spstr., Art. 211, 4. Spstr. EGV abgeschlossen werden kann. Das Deregulierungspotential ist damit von vornherein beschränkt auf die Ersetzung von Duchführungsvorschriften der Kommission. Hinzu kommt, daß zumindest bei den als unverbindlich deklarierten Selbstverpflichtungserklärungen eine qualifizierte Zielfestlegung in dem durchzuführenden verbindlichen Rechtsakt des Rates erfolgen muß, so daß insofern nicht einmal eine verstärkte „Ausdünnung“ bzw. Entdifferenzierung der Delegationsvorschriften denkbar ist.
Schließlich sind die vielfältigen formellen und materiellrechtlichen Vorgaben, die im 3. Teil dieser Untersuchung im einzelnen dargestellt worden sind und von denen insbesondere das Kartellverbot und damit einhergehend die vielfach erforderliche Einzelfreistellung nach Art. 81 Abs. 3 EGV hervorzuheben ist, nicht außer acht zu lassen. In diesem Zusammenhang darf auch die im Falle von Außenseitern erforderliche zusätzliche normative Regelung nicht unberücksichtigt bleiben, wodurch eine deregulierende Wirkung letzten Endes ausgeschlossen wird.
So muß an dieser Stelle konstatiert werden, daß bei der jetzigen Rechtslage eine Deregulierung im Sinne des Abbaus von bzw. des Verzichts auf Rechtsvorschriften durch Umweltvereinbarungen nur hinsichtlich der Durchführungsbefugnisse der Kommission nach Art. 202, 3. Spstr., Art. 211, 4. Spstr. EGV unter gleichzeitigem Ausschluß von Trittbrettfahrern in Betracht kommt. Zusätzlich ist bei Umweltverträgen und verbindlichen Selbstverpflichtungen eine Entdifferenzierung der durchzuführenden Ratsvorschriften etwa durch eine ausgedehnte Befugnisübertragung möglich, mit der zumindest eine Rechts- und Verwaltungsvereinfachung einhergeht.

C. Weitergehende Deregulierungsmöglichkeiten

Es stellt sich angesichts dieses äußerst spärlichen Deregulierungspotentials jedoch die Frage, ob und inwieweit eine umfänglichere Ersetzung von Rechtsvorschriften durch Umweltvereinbarungen ermöglicht werden kann.
Der erste Ausgangspunkt, der sich in diesem Zusammenhang geradezu aufdrängt, liegt in einer Änderung des EG-Vertrages. Denkbar wäre insofern eine allgemeine Regelung in Art. 249 EGV, in der der Vertrag als ein für die Beteiligten verbindlicher Rechtsakt der Europäischen Gemeinschaft aufgeführt werden könnte. Ebenso käme eine Erweiterung der Instrumentpalette speziell für Maßnahmen der Umweltpolitik in Art. 175 EGV in Betracht. Dabei stellt sich

jedoch die weitere Frage, welchem Organ innerhalb der Gemeinschaft die Vertragsschlußkompetenz vorbehalten sein sollte, da die Kommission von der Zusammensetzung und Arbeitsweise hierfür zwar vorrangig in Betracht käme, dem Rat innerhalb des Kompetenzgefüges aber die allgemeine Rechtsetzungsbefugnis zukommt. Für den Bereich der Umweltpolitik ist eine Beteiligung des Rates auch schon deshalb zwingend geboten, weil nur eine einvernehmliche Konzeption mit den Mitgliedstaaten die potentiellen verstärkten Schutzmaßnahmen gem. Art. 176 oder Art. 95 Abs. 5 EGV, die den Erfolg einer Umweltvereinbarung womöglich zunichte machen, verhindern kann. Eine allgemeine Abschlußbefugnis könnte daher allenfalls dem Rat eingeräumt werden, der wiederum im Hinblick auf Zusammensetzung, Einberufungsmodalitäten und Art der Beschlußfassung als Vertragspartner ungeeignet ist.
Um aber den Vertrag für die Zukunft als zulässiges Handlungsinstrument der Gemeinschaft zu etablieren, wäre zumindest eine allgemeine Regelung dergestalt, daß der Rat die Kommission zum Abschluß von Verträgen ermächtigen kann, sinnvoll. Erhebliches Deregulierungspotential ergibt sich hierdurch allerdings nicht, da noch immer ein entsprechender Rechtsakt des Rates erforderlich wäre. Dieser dürfte bei einer im EG-Vertrag geregelten Vertragsschlußmöglichkeit bestenfalls an Fülle verlieren, so daß nur durch eine solche Entdifferenzierung eine zusätzliche Deregulierung möglich erscheint.
Vergleichbar ist die Situation hinsichtlich der Empfehlung zu normersetzenden Selbstverpflichtungen, wobei eine solche Regelung allerdings schon recht ausführlich und damit im Widerspruch zu der bisherigen Konzeption des Primärrechts ausfallen müßte.
Damit steht aber fest, daß auch eine Änderung des EG-Vertrages das Deregulierungspotential von Umweltvereinbarungen nicht oder nur kaum erhöhen könnte.

Eine weitere Änderung des EG-Vertrages wurde bereits im Rahmen der kartellrechtlichen Freistellungsmöglichkeiten nach Art. 81 Abs. 3 EGV vorgeschlagen, indem der Umweltschutz ausdrücklich in den Tatbestand etwa als eigenständige Alternative oder zumindest als Beispiel für den technischen bzw. wirtschaftlichen Fortschritt aufgenommen wird[16]. Dies bewirkte zwar keine Deregulierung im engeren Sinne, aber doch zumindest eine Rechts- und Verwaltungsvereinfachung im Hinblick auf die Freistellungsentscheidung der Kommission, da eine solche Änderung die Probleme der vorlagepflichtigen[17] Unternehmen bei der Frage, welche Angaben für den Freistellungsantrag von Bedeutung sind, deutlich reduzierte.

Eine hinsichtlich der Deregulierungsbestrebungen erfolgversprechende und zukunftsträchtige Möglichkeit liegt jedoch vorrangig in der für ganze Umweltbereiche oder bestimmte Umweltprobleme verbindlichen Zielfestlegung im sechsten Aktionsprogrammm bei gleichzeitiger Ermächtigung der Kommission, diesbezüglich Verträge zur Zielerreichung zu schließen bzw.

---

[16] § 6 C. I. 4. c).
[17] S. die Ausführungen bei § 6 C. I. 4. a).

Selbstverpflichtungen durch entsprechende Empfehlungen anzunehmen. Eine solchermaßen gestaltete Kompetenzübertragung wäre aufgrund der Änderung des EG-Vertrages durch den Amsterdamer Vertrag durchaus zulässig, da der in Art. 175 Abs. 3 EGV nunmehr eröffnete Weg zu einem verbindlichen Aktionsprogramm führt, das vom Rat unter Mitwirkung des Parlaments in einem förmlichen Rechtsakt zu beschließen sein wird[18].

Diese Zielfestlegung bedeutete zugleich eine verstärkte Deregulierung, weil weitere Sekundärrechtsakte des Rates nicht mehr erforderlich wären und der Kommission damit für die Geltungsdauer des jeweiligen Aktionsprogramms ein konkreter Programmauftrag hinsichtlich anstehender Umweltschutzmaßnahmen erteilt werden könnte. Dabei könnten sich die Gemeinschaftsorgane an den in den Niederlanden erfolgreich eingesetzten Plänen für Umweltpolitik orientieren, in denen neben umweltpolitischen Strategien auch Qualitätsziele für verschiedene Umweltbereiche festgelegt werden[19].

Angesichts des Wortlauts des Art. 175 Abs. 3 EGV dürften sich die Aktionsprogramme aber wohl im wesentlichen nur auf die Festlegung grober Profile und Zielvorgaben sowie der Grundanliegen künftiger Umweltpolitik beschränken[20], so daß unverbindliche Selbstverpflichtungen, die im Hinblick auf ihre normersetzende Wirkung qualifizierter Zielfestlegungen in einem begleitenden Rechtsakt bedürfen, zur Durchführung der im Aktionsprogramm allgemein vorgegebenen Ziele untauglich sind.

Inhaltlich sind verschiedene Bereiche denkbar, bei denen eine solche allgemeine Zielsetzung im Aktionsprogramm verbunden mit einem Handlungsauftrag der Kommission zum Abschluß von verbindlichen Umweltvereinbarungen aussichtsreich erscheint. Zu denken ist zum einen an die Automobilbranche mit weiteren Verpflichtungen etwa im Hinblick auf ein 4l-Auto, zum anderen dürfte die Energiebranche ein geeignetes Feld für entsprechende Kooperationen sein[21]. Angesichts der bereits erwähnten Auseinandersetzung um die Versenkung der Ölplattform „Brent Spar" ist auch ein Abkommen mit den erdölfördernden Gesellschaften über die Verpflichtung, Ölförderanlagen in der Nordsee abzuwracken und nicht mehr zu versenken, vorstellbar[22].

Schließlich wäre im Hinblick auf eine Rechts- und Verwaltungsvereinfachung die bereits in der 16. Protokollerklärung des Maastrichter Vertrages von den Vertragsparteien anvisierte Einteilung der Rechtsakte der Gemeinschaft mit dem Ziel einer angemessenen Rangordnung

---

[18] *Calliess* in: Calliess/Ruffert, Kommentar zu EU-Vertrag und EG-Vertrag, Art. 175 Rn. 23. S.a. schon unter § 6 B. II. 2. b).

[19] Hierzu bereits unter § 2 B. I. 2. a).

[20] *Epiney*, Umweltrecht in der Europäischen Union, S. 24 f.

[21] So könnte in der Zukunft ein Atomausstieg auf europäischer Ebene entsprechend dem deutschen Energiekonsens oder eine Vereinbarung zur umweltverträglichen Energieversorgung angedacht werden. In Betracht kommt auch eine Vereinbarung zur Reduktion der SO_2- und NO_x-Emissionen durch Kraftwerke, vgl. hierzu die Mitteilung der Kommission über Umweltvereinbarungen, KOM(96) 561 endg., S. 1 (22).

[22] *Wägenbaur*, Zwölf Thesen zum Thema Umweltvereinbarungen, EuZW 1997, S. 645 (647).

der Rechtsakte empfehlenswert[23], in der der Vertrag sowie die Empfehlung zu Selbstverpflichtungen konkretisiert werden könnten. Ob die Mitgliedstaaten aber den Weg zu der Errichtung einer solchen Normenhierarchie beschreiten werden, hängt wesentlich von der weiteren Entwicklung der Gemeinschaft und des Gemeinschaftsrechts ab. Bis also etwa eine Gemeinschaftsverfassung, Gemeinschaftsgesetze und konkretisierende bzw. vollziehende Einzelakte im Sinne einer Rangordnung entstehen[24] oder gar Präsident und Premier anstelle von Rat und Kommission handeln werden[25], bedarf es einer beträchtlichen Fortentwicklung der Gemeinschaft. Dann wäre aber auch auf Gemeinschaftsebene eine gesetzliche Ermächtigung zum Abschluß von Umweltvereinbarungen entsprechend der des dänischen Umweltgesetzes denkbar[26].

D. Zusammenfassung

Nach alledem kann für die deregulierende Wirkung von Umweltvereinbarungen auf Gemeinschaftsebene festgehalten werden, daß allein bei der Ersetzung von Durchführungsbestimmungen nach Art. 202, 3. Spstr., Art. 211, 4. Spstr. EGV durch Umweltverträge und normersetzende Selbstverpflichtungen und nur bei vollständiger Beteiligung der betroffenen Unternehmen bzw. Verbände ein gewisses Deregulierungspotential besteht. Dagegen sind politische Selbstverpflichtungen aufgrund ihrer fehlenden Bindungswirkungen und der damit fehlenden Gleichwertigkeit gegenüber normativen Regelungen für eine Deregulierung von vornherein ungeeignet.

Bei Umweltverträgen und verbindlichen Selbstverpflichtungen ist zusätzlich eine Entdifferenzierung der durchzuführenden Ratsvorschriften etwa durch eine ausgedehnte Befugnisübertragung möglich, mit der zugleich eine Rechts- und Verwaltungsvereinfachung einherginge, da die zumeist flexiblere Wahl der Mittel zur Zielerreichung den Wirtschaftsunternehmen größeren Handlungsspielraum überläßt.

Weitere Deregulierungspotentiale sind auch bei einer Änderung des EG-Vertrages nicht wahrscheinlich oder zumindest nur in geringem Umfang zu erwarten. Gleichwohl wäre eine allgemeine Regelung des Inhalts, daß der Rat die Kommission zum Abschluß von Verträgen er-

---

[23] Hierzu bereits unter § 4 A. II. 3. b); *Monjal*, La Conférence intergouvernementale de 1996 et la hiérarchie des normes communautaires, R.T.D.E. 32 (1996), S. 681 (715 f.).

[24] Befürwortend *Koopmans*, Regulations, directives, measures, in: FS Everling, Bd. I, S. 691 (693 f.); s.a. *Monjal*, La Conférence intergouvernementale de 1996 et la hiérarchie des normes communautaires, R.T.D.E. 32 (1996), S. 681 (701 ff.). Für ein „organic law" bzw. „loi organique" iSd. französischen Rechts s. nur *Bieber/Kahil*, „Organic Law" in the European Union, in: Winter (Hrsg.), Sources and Categories of European Union Law, S. 423 ff.

[25] So etwa die Forderung vom ehemaligen französischen Regierungschef Alain Juppé. Die Zukunft der EU hängt neben den rechtlichen Strukturen im wesentlichen von dem politischen Grundkonsens der Mitgliedstaaten ab, hierzu *Schwarze*, Funktionen des Rechts in der Europäischen Gemeinschaft, in: ders. (Hrsg.), Gesetzgebung in der Europäischen Gemeinschaft, S. 9 (29 f.); s. dazu auch das Streitgespräch zwischen Joschka Fischer und Jean-Pierre Chevènement, Die Zeit Nr. 26 vom 21. Juni 2000, S. 13 ff.

[26] Hierzu unter § 2 B. I. 2. c).

mächtigen kann, vorteilhaft, um den Vertrag für die Zukunft als zulässiges Handlungsinstrument der Gemeinschaft zu etablieren. Da aber wie bisher ein entsprechender Rechtsakt des Rates erforderlich wäre, dürfte eine Deregulierung bei einer im EG-Vertrag geregelten Vertragsschlußkompetenz bestenfalls durch eine „Ausdünnung" der ermächtigenden Vorschriften zu erwarten sein.
Erfolgversprechender wäre im Hinblick auf künftige Deregulierungsmöglichkeiten eine für ganze Umweltbereiche oder bestimmte Umweltprobleme allgemeine Zielfestlegung im sechsten Aktionsprogrammm bei gleichzeitiger Ermächtigung der Kommission, diesbezüglich Verträge zur Zielerreichung zu schließen.
Empfehlenswert ist schließlich eine Änderung des EG-Vertrages hinsichtlich der kartellrechtlichen Freistellungsmöglichkeiten nach Art. 81 Abs. 3 EGV. In diesem Zusammenhang sollte der Umweltschutz ausdrücklich – entweder als eigenständige Alternative oder wenigstens als Beispiel für den technischen bzw. wirtschaftlichen Fortschritt – in den Tatbestand aufgenommen werden, um dadurch zumindest eine Rechts- und Verwaltungsvereinfachung und verstärkte Rechtssicherheit für die Unternehmen im Hinblick auf die Freistellungsentscheidung der Kommission zu bewirken.

Zu begrüßen wäre daneben eine Rangordnung der bestehenden Rechtsakte, wodurch auch die vielfältigen Rechtsakte sui generis an Übersichtlichkeit gewännen. Allerdings sind mit dem Vertrag von Amsterdam noch immer keine entsprechenden Änderungen in Aussicht gestellt worden und zeigen sich die Mitgliedstaaten bei der Frage nach einer Neuordnung der Rechtsakte sehr zurückhaltend, so daß dadurch in naher Zukunft kein zusätzliches Deregulierungspotential zu erwarten ist. Entscheidend hängt diese Errichtung einer Normenhierarchie von der künftigen Entwicklung der Gemeinschaft und ihrer Rechtssätze ab, wobei die geäußerten Zielvorstellungen von dem Wunsch nach einem europäischen Bundesstaat bis hin zur Rückforderung von EG-Kompetenzen reichen.

Zusätzlich wäre es auch im Hinblick auf weitere Deregulierungsbestrebungen erstrebenswert, die Kompetenzen zwischen Mitgliedstaaten und Gemeinschaft stärker voneinander abzugrenzen, damit ein Nebeneinander von mitgliedstaatlichen und gemeinschaftlichen Rechtssätzen künftig vermieden werden könnte. Eine klare Kompetenzabgrenzung zwischen der EU und ihren Mitgliedstaaten machte Europa auf der einen Seite handlungsfähiger und sicherte den Mitgliedstaaten auf der anderen Seite echte nationale Freiräume[27]. So führt insbesondere die Regelung des Art. 176 EGV im Umweltrecht zu verstärkter Regulierung auf beiden Ebenen. Allerdings stellt sich eine solche Abgrenzungsforderung ausgerechnet in diesem Bereich als besonders konfliktträchtig dar, weil eine Umweltpolitik allein auf europäischer Ebene zwar

[27] So schon *Brenner*, Der unitarische Bundesstaat in der Europäischen Union, DÖV 1992, S. 903 (909 f.), im Hinblick auf eine Wahrung der föderativen Verfassungsstruktur der Bundesrepublik Deutschland.

angesichts der regelmäßig grenzüberschreitenden Umweltprobleme durchaus angebracht wäre, in diesem Fall aber zugleich ein Absinken des Schutzniveaus aufgrund der unterschiedlichen nationalen Standards befürchtet wird. Aus diesem Grund dürfte eine alleinige Kompetenzverlagerung auf die Gemeinschaftsebene nicht in näherer Zukunft zu erwarten sein.
Wie sich aber die Europäische Union konkret weiterentwickeln wird – ob zurück zur nationalstaatlichen Ideologie oder vorwärts zu einer europäischen Föderation –, wird allein von dem sich wandelnden politischen Konsens der Mitgliedstaaten bestimmt.

5. Teil: Schlußbetrachtung, Ausblick und Zusammenfassung

§ 8 Schlußbetrachtung und Ausblick

Im Rahmen dieser Untersuchung wurde festgestellt, daß Umweltvereinbarungen auf Gemeinschaftsebene nur in sehr begrenztem Umfang zu einer Deregulierung des Gemeinschaftsrechts beitragen können.

Bei dem Begriff der Deregulierung handelt es sich allerdings nur um ein Schlagwort, das im wesentlichen das Streben nach Reduktion oder Vereinfachung der Rechtssätze kennzeichnen soll. In Abgrenzung zu anderen im gleichen Zusammenhang genannten Begriffen wie Privatisierung oder Liberalisierung soll Deregulierung aber nicht als jede Rechts- oder Verwaltungsvereinfachung oder bloße verstärkte Bürgerbeteiligung, sondern in einem engeren Sinne als Abbau hoheitlicher Regelungen des Gemeinschaftsrechts verstanden werden. Dazu gehört neben der sog. Nichtregulierung, also dem Verzicht auf neue Rechtsetzung, auch die „Ausdünnung" innerhalb bestehender Regelwerke.
Gerade im Bereich des Umweltrechts wurde der Ruf nach Deregulierung aufgrund der zunehmenden Verrechtlichung – ja der Normenflut auf mitgliedstaatlicher wie auf Gemeinschaftsebene – laut. Aber auch die Globalisierung der Wirtschaft, die grenzüberschreitenden Umweltprobleme sowie die vielfach beklagten Vollzugsdefizite erfordern Innovationen des Handels in der Europäischen Gemeinschaft und ihren Mitgliedstaaten.
Trotz dieser Erkenntnis finden weder die Frage der Deregulierung noch die der Rechts- und Verwaltungsvereinfachung in den Verträgen der Europäischen Gemeinschaften und der Europäischen Union ausdrückliche Erwähnung; allenfalls die Grundsätze der Subsidiarität und Verhältnismäßigkeit erfordern eine Begrenzung der Gemeinschaftsrechtsetzung, die insofern gemeinsam mit den Berichten der Kommission „Eine bessere Rechtsetzung" die bestehenden Deregulierungstendenzen rechtfertigen. Daneben lassen sich lediglich politische Quellen zugunsten einer Deregulierung auf Gemeinschaftsebene anführen.

Neben den Instrumenten indirekter Verhaltenssteuerung wird regelmäßig auch die Umweltvereinbarung als eine Maßnahme zur Deregulierung angeführt. Dabei variieren die Bezeichnungen der unterschiedlichen Vereinbarungen, die sowohl in den Mitgliedstaaten als auch auf Gemeinschaftsebene bereits seit Ende der 80er Jahre an Bedeutung gewonnen haben. Immer aber handelt es sich um das Ergebnis von Verhandlungen zwischen Unternehmen bzw. Verbänden auf der einen und staatlichen Stellen auf der anderen Seite, wobei die Wirtschaft umweltschützende Maßnahmen verspricht und die Behörden im Gegenzug etwa auf entsprechende normative Regelungen verzichten. Hinsichtlich der Form können in erster Linie zweiseitige, verbindliche Umweltverträge und einseitige, von den Behörden offiziell nur anerkannte und zumeist unverbindliche Selbstverpflichtungen unterschieden werden.

Das Erscheinungsbild der eingesetzten Umweltvereinbarungen differiert: Während in einigen Mitgliedstaaten in den letzten Jahren verstärkt auf Umweltverträge zurückgegriffen wurde, existieren auf Gemeinschaftsebene lediglich unverbindliche Selbstverpflichtungen und hält die Kommission Verträge der Gemeinschaft nach den Vorgaben des Art. 249 EGV für ausgeschlossen. Daß diese Auffassung aber keine Zustimmung verdient, ergibt sich insbesondere aus zwei Umständen: Zum einen existiert kein Handlungsformverbot für Verträge der Gemeinschaft, zum anderen sieht Art. 238 EGV ausdrücklich gemeinschaftliche Verträge vor. Deshalb kann der Rat die Kommission im Wege der Delegation von Durchführungsbefugnissen nach Art. 202, 3. Spstr., Art. 211, 4. Spstr. EGV zum Abschluß vertraglicher Umweltvereinbarungen ermächtigen, solange er nur die wesentlichen Grundzüge der zu regelnden Materie festlegt, da sich im Umweltrecht vor allem aus Art. 175 Abs. 1 EGV umfassende Kompetenzen des Rates ergeben. Bei dieser sekundärrechtlichen Vertragsschlußkompetenz bleibt überdies das Prinzip der begrenzten Einzelermächtigung gewahrt, da durch das Ausschußverfahren eine vertikale Abstimmung zwischen Kommission und Mitgliedstaaten gewährleistet werden kann und auch nicht die Gefahr einer unerwünschten Zunahme der Gemeinschaftskompetenzen besteht. Darüber hinaus dürften die Grundsätze der Subsidiarität und der Verhältnismäßigkeit zumindest bei Umweltvereinbarungen zur Bekämpfung grenzüberschreitender oder gar globaler Umweltbelastungen erfüllt sein.
Dieses Ergebnis läßt sich auf die Empfehlungen der Kommission zu normersetzenden Selbstverpflichtungen übertragen, da insofern nahezu diegleichen Bindungswirkungen erzeugt werden. Demgegenüber kann die Kommission Empfehlungen zu politischen Selbstverpflichtungen, die keinerlei Bindungswirkungen entfalten, problemlos gem. Art. 211, 2. Spstr. EGV ohne ausdrückliche Ermächtigungsgrundlage nach eigenem Ermessen abgeben.

Weitere Rechtmäßigkeitsanforderungen für normersetzende Umweltvereinbarungen ergeben sich im Hinblick auf die nach Art. 230 EGV analog zulässige Nichtigkeitsklage vor dem EuGH aus dem Vorrang des höherrangigen Rechts. Danach müssen bei jeder Umweltvereinbarung auf Gemeinschaftsebene vor allem umweltrechtliche und kartellrechtliche Voraussetzungen sowie die Grundrechte berücksichtigt werden.
In diesem Zusammenhang ist zunächst zu konstatieren, daß sich aus den umweltrechtlichen Voraussetzungen kaum je tatsächliche Einschränkungen der Zulässigkeit von Umweltvereinbarungen ergeben werden, da den Gemeinschaftsorganen bei den Vorgaben der Art. 174 f. EGV ein breiter Ermessens- und Gestaltungsspielraum zugestanden wird. Allerdings finden die Umweltvereinbarungen auch keine Grundlage in einem gemeinschaftlichen Kooperationsprinzip, da dem in dem fünften Aktionsprogramm vielfach erwähnten Grundsatz der gemeinsamen Verantwortung jedenfalls noch keine den in Art. 174 Abs. 2 S. 2 EGV normierten Prinzipien vergleichbare Legitimationswirkung zukommen kann. Damit wird der Abschluß von Umweltvereinbarungen auf Gemeinschaftsebene nicht eigens legitimiert, wie dies in einigen Mitgliedstaaten der Fall ist.

Von besonderer Bedeutung ist demgegenüber die Tatsache, daß Umweltvereinbarungen regelmäßig vom Kartellverbot des Art. 81 Abs. 1 EGV erfaßt sein werden, da ökologische Gesichtspunkte kein Kartellprivileg rechtfertigen können. Lediglich im Rahmen einer Freistellungsentscheidung nach Art. 81 Abs. 3 EGV kann die Kommission einen Ausgleich zwischen Umweltschutz und Wettbewerb aufgrund der weit gefaßten Formulierung der Voraussetzungen und der deshalb möglichen Berücksichtigung ökologischer Belange schaffen. Der Umstand, daß die Kommission schon zuvor beim Abschluß der Umweltvereinbarung beteiligt war, kann zwar eine Zusicherung der kartellrechtlichen Zulässigkeit bedeuten und damit einhergehend eine Schadensersatzpflicht der Kommission aus Vertrauensschutzgesichtspunkten auslösen, ersetzt jedoch keinesfalls die Freistellungserklärung.
Zu guter Letzt kann die Zulässigkeit normersetzender Umweltvereinbarungen auch durch die Grundrechte der beteiligten Unternehmen, Drittbetroffener oder in Form von Schutzpflichten der Gemeinschaft eingeschränkt werden. Dabei ist allerdings dem Umstand Rechnung zu tragen, daß die Grundrechte in der Rechtsprechung des EuGH nur sehr zurückhaltend geprüft werden und diese deshalb kein nennenswertes Hindernis für den Abschluß von Umweltvereinbarungen auf Gemeinschaftsebene darstellen können. Ein Eingriff in die Freiheitsrechte der Beteiligten oder Dritter dürfte beispielsweise, wenn er nicht schon mangels Unmittelbarkeit oder Intensität verneint wird, nach der bisherigen Praxis des Gerichtshofes doch zumindest gerechtfertigt sein, weil hinter jeder Umweltvereinbarung der Umweltschutz als Gemeinwohlziel steht und die Schranken-Schranken bislang nur einer eingeschränkten Kontrolle unterliegen. Hinsichtlich der beteiligten Unternehmen ist zudem die Annahme eines rechtfertigenden Grundrechtsverzichts nicht ausgeschlossen, wenn er freiwillig und unmißverständlich erfolgt.

Im Ergebnis ergibt sich damit folgendes Bild für die materielle Zulässigkeit von Umweltvereinbarungen auf Gemeinschaftsebene: Es sind zwar grundsätzlich vielfältige Anforderungen zu beachten; eine Einschränkung ihrer Zulässigkeit dürfte sich aber vermutlich nur aus dem Kartellverbot des Art. 81 Abs. 1 EGV ergeben. Da insoweit aber Freistellungsmöglichkeiten bestehen, können weder den Umweltverträgen noch den normersetzenden Selbstverpflichtungen durchgreifende Einwände entgegengehalten werden.

Trotz der festgestellten prinzipiellen Zulässigkeit von Umweltvereinbarungen auf Gemeinschaftsebene kann dadurch jedoch keine erfolgversprechende Deregulierung des Gemeinschaftsrechts bewirkt werden. Denn Umweltvereinbarungen können nur dann der Deregulierung dienen, wenn sie den materiellen Standard erhalten und gegenüber entsprechenden normativen Vorschriften eine gleichwertige Zielsetzung und Steuerungswirksamkeit erkennen lassen. Aus diesem Grund ist eine Deregulierung bei der Gefahr von Außenseitern sogar nahezu ausgeschlossen, da für diese dann gemeinhin zusätzliche Rechtsvorschriften erlassen werden müssen.

Im übrigen ist die Kommission im Hinblick auf die Gleichwertigkeit zur Begründung verpflichtet und müssen qualifizierte Ziele verbindlich festgelegt, die Ergebnisse mittels geeigneter Überwachungsmechanismen regelmäßig überprüft, ein Beitrittsrecht für nachfolgende Unternehmen bzw. Verbände vorgesehen und für den Fall des Scheiterns der Vereinbarung ein einseitiges Kündigungsrecht für die Kommission geregelt werden. Zusätzlich können zur Erfolgssicherung einer Umweltvereinbarung Zwischenziele vereinbart, die Öffentlichkeit beteiligt, Sanktionen festgelegt und die gerichtliche Durchsetzbarkeit geregelt werden.
Angesichts dieser Voraussetzungen besteht allein bei der Ersetzung von Durchführungsbestimmungen nach Art. 202, 3. Spstr., Art. 211, 4. Spstr. EGV überhaupt ein gewisses Deregulierungspotential. Politische Selbstverpflichtungen sind dagegen aufgrund ihrer mangelnden Bindungswirkung und der damit fehlenden Gleichwertigkeit gegenüber normativen Regelungen für eine Deregulierung von vornherein ungeeignet.
Im Hinblick auf künftige Deregulierungsmöglichkeiten könnte im sechsten Aktionsprogramm eine den niederländischen Plänen für Umweltpolitik (NEPP) vergleichbare allgemeine Zielfestlegung erfolgen und gleichzeitig die Kommission ermächtigt werden, diesbezüglich Verträge zur Zielerreichung zu schließen bzw. verbindliche Selbstverpflichtungen durch entsprechende Empfehlungen anzunehmen.
Eine ausdrückliche Regelung der Vertragsschlußkompetenz im EG-Vertrag läßt indes keine oder nur geringfügige zusätzliche Deregulierungspotentiale erwarten. Dennoch wäre eine solche Änderung des EGV angezeigt, um den Vertrag künftig als zulässiges Handlungsinstrument der Gemeinschaft zu etablieren. Ebenso sollte eine Änderung des EG-Vertrages hinsichtlich der kartellrechtlichen Freistellungsmöglichkeiten nach Art. 81 Abs. 3 EGV in Betracht gezogen werden, indem der Umweltschutz entweder als eigenständige Tatbestandsalternative oder zumindest als Beispiel für den technischen bzw. wirtschaftlichen Fortschritt aufgenommen wird.

Für die Zukunft sollte darüber hinaus eine Rangordnung der bestehenden Rechtsakte sowie eine deutliche Abgrenzung der Kompetenzen zwischen der EU und ihren Mitgliedstaaten – etwa entsprechend der Aufteilung zwischen Bund und Ländern nach Art. 70 ff. GG – angestrebt werden. Denn dies machte Europa handlungsfähiger und bewahrte zugleich die nationalen Spielräume der Mitgliedstaaten. Ob eine solche Normenhierarchie und eine derart gestaltete Kompetenzregelung je errichtet werden oder weiter nur Zukunftsmusik bleiben, hängt allerdings im wesentlichen von der künftigen Entwicklung der Gemeinschaft und damit von dem sich wandelnden politischen Konsens der Mitgliedstaaten ab.

§ 9 Zusammenfassung in Thesen

1. Der Begriff der Deregulierung wird in Abgrenzung zu Privatisierung, Liberalisierung und anderen in diesem Zusammenhang genannten Begriffen in einem engen Sinn als Abbau hoheitlicher Regelungen verstanden, wozu neben der Nichtregulierung die Entdifferenzierung bestehender Regelwerke gehört. Auch wenn danach die Rechts- und Verwaltungsvereinfachung nicht zur Deregulierung zu zählen ist, kann diese Frage der Vereinfachung doch aufgrund z.T. nur gradueller Unterschiede nicht gänzlich außer acht gelassen werden.
2. Der Ruf nach Deregulierung und Innovation des mitgliedstaatlichen wie gemeinschaftlichen Umweltrechts wurde insbesondere aufgrund der zunehmenden Verrechtlichung, aber auch wegen der Globalisierung der Wirtschaft, der grenzüberschreitenden Umweltprobleme und der vielfach beklagten Vollzugsdefizite laut. Für die gemeinschaftliche Umweltpolitik wurde daher im fünften Umweltaktionsprogramm ein neuer Ansatz im Sinne einer gemeinsamen Verantwortung aller gesellschaftlichen Gruppen empfohlen.
3. Trotz der allgegenwärtigen Deregulierungsdebatte findet weder die Frage der Deregulierung noch die der Rechts- und Verwaltungsvereinfachung in den Verträgen der Europäischen Gemeinschaften und der Europäischen Union ausdrückliche Erwähnung. Rechtfertigen lassen sich die bestehenden Deregulierungstendenzen allenfalls durch die in Art. 5 Abs. 2 und 3 EGV normierten Grundsätze der Subsidiarität und Verhältnismäßigkeit sowie durch die Berichte der Kommission über „Eine bessere Rechtsetzung".
4. Als Maßnahme zur Deregulierung wird regelmäßig die Umweltvereinbarung angeführt, deren Bezeichnungen und Erscheinungsbilder von zweiseitigen, verbindlichen Umweltverträgen bis hin zu einseitigen, unverbindlichen Selbstverpflichtungen der Wirtschaft variieren. Immer aber handelt es sich um das Ergebnis von Verhandlungen zwischen Unternehmen bzw. Verbänden auf der einen und Behörden auf der anderen Seite zum Zwecke des Umweltschutzes.
5. Auf Gemeinschaftsebene kommen Umweltvereinbarungen sowohl in Form von Verträgen als auch in Form von Empfehlungen zu Selbstverpflichtungen in Betracht. Empfehlungen zu politischen Selbstverpflichtungen, die weder den Mitgliedstaaten noch den Unionsbürgern gegenüber Bindungswirkung entfalten können, kann die Kommission nach eigenem Ermessen gem. Art. 211, 2. Spstr. EGV aussprechen. Entgegen der Auffassung der Kommission sind auch Vereinbarungen in Vertragsform zulässig, da diese Handlungsform im EG-Vertrag nicht verboten, sondern in Art. 238 EGV sogar ausdrücklich vorgesehen ist.
6. Allerdings erfordert das Prinzip der begrenzten Ermächtigung für normersetzende Selbstverpflichtungen und Umweltverträge im Hinblick auf die Kompetenzverteilung zwischen der Gemeinschaft und ihren Mitgliedstaaten zumindest eine Ermächtigung durch einen Rechtsakt auf Sekundärebene, so daß der Rat die Kommission insoweit im Wege der Delegation von Durchführungsbefugnissen nach Art. 202, 3. Spstr., 211, 4. Spstr. EGV aus-

drücklich beauftragen und die wesentlichen Grundzüge der zu regelnden Materie selbst festlegen muß.

7. Weitere Rechtmäßigkeitsanforderungen für normersetzende Umweltvereinbarungen ergeben sich hinsichtlich der nach Art. 230 EGV analog zulässigen Nichtigkeitsklage vor dem EuGH aus dem Vorrang des höherrangigen Rechts. In erster Linie müssen insoweit die Grundsätze der Subsidiarität und der Verhältnismäßigkeit beachtet werden, die bei Umweltvereinbarungen zur Bekämpfung grenzüberschreitender oder gar globaler Umweltbelastungen jedoch regelmäßig erfüllt sein dürften.
8. Durch die umweltrechtlichen Anforderungen der Art. 174 f. EGV wird die Zulässigkeit von Umweltvereinbarungen nur selten beachtenswerte Einschränkungen erfahren, da den Gemeinschaftsorganen bei deren Beurteilung ein breiter Ermessens- und Gestaltungsspielraum zusteht. Allerdings wird der Abschluß von Umweltvereinbarungen auch nicht explizit durch ein gemeinschaftliches Kooperationsprinzip legitimiert, da dem im fünften Aktionsprogramm vielfach erwähnten Grundsatz der gemeinsamen Verantwortung noch keine den in Art. 174 Abs. 2 S. 2 EGV normierten Prinzipien vergleichbare Wirkung zukommt.
9. Ein wesentlicher Einwand gegen die Zulässigkeit von Umweltvereinbarungen ergibt sich aber aus der Tatsache, daß die Absprachen regelmäßig vom Kartellverbot des Art. 81 Abs. 1 EGV erfaßt werden, da diese Vorschrift auch im Falle einer hoheitlichen initiierten Unternehmenskooperation bei einem bestimmten Maß an Freiwilligkeit anwendbar bleibt. Die insoweit erforderliche Wettbewerbsbeschränkung geht zumeist von Preisabsprachen aus, kann aber bei der Umstellung auf umweltfreundliche Produkte oder ebensolche Produktionsverfahren auch in dem Ziel der Ausschaltung jeglichen Wettbewerbs liegen.
10. Ein Kartellprivileg – etwa in Form einer „Reduktion" des Kartellverbots – läßt sich durch Umweltschutzaspekte nicht rechtfertigen; die Kommission kann lediglich im Rahmen der Freistellung nach Art. 81 Abs. 3 EGV ökologische Belange berücksichtigen. Insoweit wäre eine ausdrückliche Aufnahme des Umweltschutzes in den Freistellungstatbestand zu begrüßen. Darüber hinaus kann durch die Beteiligung der Kommission am Abschluß der Vereinbarung eine (konkludente) Zusicherung der kartellrechtlichen Zulässigkeit vorliegen, die u.U. eine Schadensersatzpflicht aus Vertrauensschutzgesichtspunkten auslöst.
11. Den normersetzenden Umweltvereinbarungen können schließlich auch durch die Gemeinschaftsgrundrechte Schranken gesetzt werden. Ein Eingriff in die Freiheitsrechte beteiligter Unternehmen oder Dritter dürfte jedoch, wenn er nicht schon mangels Unmittelbarkeit oder Intensität verneint wird, nach der Praxis des EuGH zumindest gerechtfertigt sein, weil hinter jeder Umweltvereinbarung das Gemeinwohlziel Umweltschutz steht und die Schranken-Schranken bislang keiner nennenswerten Kontrolle unterliegen. Hinsichtlich der beteiligten Unternehmen ist zudem ein rechtfertigender Grundrechtsverzicht denkbar.
12. Auch die Annahme grundrechtlicher Schutzpflichten auf Gemeinschaftsebene verhindert nicht die Ersetzung normativer Vorschriften durch Umweltvereinbarungen. Zum einen sind Auswirkungen dieser Schutzpflichten allenfalls bei erheblichen Gefahren für Leib

und Leben denkbar; zum anderen haben die Gemeinschaftsorgane einen weiten Beurteilungs- und Gestaltungsspielraum bei der Erfüllung ihrer Schutzpflichten, so daß die Verpflichtung zum Erlaß eines Rechtsakts anstelle der Absprache überhaupt nur in dem äußersten Ausnahmefall einer ganz offensichtlichen Schutzversagung in Betracht kommt.

13. Im Hinblick auf den allgemeinen Gleichheitssatz begegnet der Abschluß von Umweltvereinbarungen im Falle sog. „Trittbrettfahrer“ Bedenken. Solange aber eine begleitende Regelung erlassen und die Möglichkeit des Beitritts geregelt wird, spricht auch eine Vielzahl von Außenseitern nicht von vornherein gegen eine Umweltvereinbarung. Die mögliche Ungleichbehandlung kann i.ü. objektiv gerechtfertigt sein, wenn sachliche Kriterien für die unterschiedliche Behandlung gleicher Sachverhalte vorliegen, die Differenzierung verhältnismäßig und somit kein willkürliches Handeln der Gemeinschaft anzunehmen ist.

14. Indes verspricht die beabsichtigte Deregulierung durch Umweltvereinbarungen trotz ihrer prinzipiellen Zulässigkeit keinen durchschlagenden Erfolg. Im Hinblick auf das Erfordernis der gegenüber entsprechenden normativen Vorschriften gleichwertigen Zielsetzung und Steuerungswirksamkeit müssen qualifizierte Ziele verbindlich festgelegt, die Ergebnisse mittels geeigneter Überwachungsmechanismen regelmäßig überprüft, Beitrittsrechte für nachfolgende Unternehmen bzw. Verbände vorgesehen und muß für den Fall des Mißerfolgs der Vereinbarung ein Kündigungsrecht für die Kommission aufgenommen werden.

15. Aus diesem Grund birgt allein die Ersetzung von Durchführungsvorschriften nach Art. 202, 3. Spstr., 211, 4. Spstr. EGV ein gewisses Deregulierungspotential. Demgegenüber können politische Selbstverpflichtungen mangels Bindungswirkung normative Regelungen von vornherein nicht ersetzen. Ebenso ist eine Deregulierung durch Umweltvereinbarungen bei der Gefahr von Außenseitern nahezu ausgeschlossen, da dann vergleichbare Pflichten in zusätzlichen Rechtsvorschriften aufgestellt werden müssen.

16. Für die Zukunft könnten sich weitere Deregulierungsmöglichkeiten durch das sechste Aktionsprogramm ergeben, wenn darin – vergleichbar den niederländischen Plänen für Umweltpolitik – allgemeine Umweltziele verbindlich festgelegt würden und die Kommission zugleich die Ermächtigung erhielte, entsprechende Umweltvereinbarungen zur Zielerreichung abzuschließen. Desgleichen wäre eine ausdrückliche Regelung der Vertragsschlußkompetenz im EG-Vertrag zu begrüßen, da dies zwar keine zusätzliche Deregulierung implizierte, aber doch den Vertrag als zulässiges Handlungsinstrument der EG etablierte.

17. Darüber hinaus ist eine Rangordnung der bestehenden Rechtsakte sowie eine eindeutige Kompetenzverteilung zwischen der EU und ihren Mitgliedstaaten – etwa entsprechend der Aufteilung zwischen Bund und Ländern nach Art. 70 ff. GG – erstrebenswert. Dadurch würde nicht nur die Handlungsfähigkeit der Europäischen Union und der Europäischen Gemeinschaften gestärkt, sondern zugleich auch die Eigenständigkeit der Mitgliedstaaten bewahrt.

Literaturverzeichnis

Bahntje, Udo	Wettbewerbsbeschränkung und Wettbewerbsermöglichung, WuW 1993, S. 825 – 835
Bail, Christoph	Das Klimaschutzregime nach Kyoto, EuZW 1998, S. 457 – 464
Baudenbacher, Carl	Kartellrechtliche und verfassungsrechtliche Aspekte gesetzesersetzender Vereinbarungen zwischen Staat und Wirtschaft, JZ 1988, S. 689 – 697
Bauer, Hartmut	Informelles Verwaltungshandeln im öffentlichen Wirtschaftsrecht, VerwArch 78 (1987), S. 241 – 268
Bauer, Hartmut	Privatisierung von Verwaltungsaufgaben, VVDStRL 54 (1995), S. 243 – 286
Becker, Jürgen	Informales Verwaltungshandeln zur Steuerung wirtschaftlicher Prozesse im Zeichen der Deregulierung, DÖV 1985, S. 1003 – 1011
Becker-Schwarze, Kathrin	Steuerungsmöglichkeiten des Kartellrechts bei umweltschützenden Unternehmenskooperationen: Das Beispiel der Verpackungsverordnung, Baden-Baden 1997
Behrens, Fritz	Rechtsgrundlagen der Umweltpolitik der Europäischen Gemeinschaften, Berlin 1976
Beinhardt, Gerd	Der öffentlich-rechtliche Vertrag im deutschen und französischen Recht, VerwArch 55 (1964), S. 151 – 174, 210 – 263
Bender, Bernd / Sparwasser, Reinhard / Engel, Rüdiger	Umweltrecht: Grundzüge des öffentlichen Umweltschutzrechts, 4. Auflage, Heidelberg 2000
Benz, Angelika	Privatisierung und Deregulierung – Abbau von Staatsaufgaben?, Die Verwaltung 28 (1995), S. 337 – 359
Bernuth, Wolf Heinrich von	Umweltschutzfördernde Unternehmenskooperation und das Kartellverbot des Gemeinschaftsrechts, Baden-Baden 1996
Bethge, Herbert	Der Grundrechtseingriff, VVDStRL 57 (1998), S. 7 – 56
Beutler, Bengt / Bieber, Roland / Pipkorn, Jörn / Streil, Jochen	Die Europäische Union, Rechtsordnung und Politik, 4. Auflage, Baden-Baden 1993
Beyer, Thomas	Gemeinschaftsrecht und Umweltschutz nach Maastricht, JuS 1997, S. 294 – 298

Beyer, Wolfgang — Der öffentlich-rechtliche Vertrag, informales Handeln der Behörden und Selbstverpflichtungen Privater als Instrumente des Umweltschutzes, Köln 1986

Bieber, Roland / Kahil, Bettina — „Organic Law" in the European Union, in: Winter, Gerd (Hrsg.), Sources and Categories of European Union Law: A Comparative and Reform Perspective, Baden-Baden 1996, S, 423 – 451

Biedenkopf, Kurt H. — Zur Selbstbeschränkung auf dem Heizölmarkt, BB 1966, S. 1113 – 1120

Bleckmann, Albert — Subordinationsrechtlicher Verwaltungsvertrag und Gesetzmäßigkeit der Verwaltung, VerwArch 63 (1972), S. 404 – 440

Bleckmann, Albert — Art. 5 EWG-Vertrag und die Gemeinschaftstreue, DVBl. 1976, S. 483 – 487

Bleckmann, Albert — Die Beihilfenkompetenz der Europäischen Gemeinschaften. Ein Beitrag zum Prinzip der begrenzten Ermächtigung, DÖV 1977, S. 615 – 619

Bleckmann, Albert — Die öffentlichrechtlichen Verträge der EWG, NJW 1978, S. 464 – 467

Bleckmann, Albert — Der Verwaltungsvertrag als Handlungsmittel der Europäischen Gemeinschaften, DVBl. 1981, S. 889 – 898

Bleckmann, Albert — Europarecht (zit.: Bearb. in: Bleckmann), 6. Auflage, Köln 1997

Bock, Matthias — Umweltrechtliche Prinzipien in der Wettbewerbsordnung der Europäischen Gemeinschaft, EuZW 1994, S. 47 – 52

Bocken, Hubert — Covenants in Belgian Environmental Law. Remarks on the Draft Decree on Environmental Covenants, in: van Dunné, Jan M. (Hrsg.), Environmental Contracts and Covenants: New Instruments for a Realistic Environmental Policy?, Rotterdam 1993, S. 57 – 71

Böhm-Amtmann, Edeltraud — EMAS – ISO - Substitution von Ordnungsrecht, GewArch 1997, S. 353 – 358

Böhm-Amtmann, Edeltraud — „Umweltpakt Bayern. Miteinander die Umwelt schützen." EG-Öko-Audit-Verordnung und Substitution von Ordnungsrecht, ZUR 1997, S. 178 – 182

Bohne, Eberhard — Informales Verwaltungs- und Regierungshandeln als Instrument des Umweltschutzes, VerwArch 75 (1984), S. 343 – 373

Bohne, Eberhard — Der informale Rechtsstaat: eine empirische und rechtliche Untersuchung zum Gesetzesvollzug unter besonderer Berücksichtigung des Immissionsschutzes, Berlin 1981

Borchardt, Klaus-Dieter — Der Grundsatz des Vertrauensschutzes im Europäischen Gemeinschaftsrecht, Kehl (u.a.) 1988

Borries, Reimer von — Das Subsidiaritätsprinzip im Recht der Europäischen Union, EuR 1994, S. 263 – 300

Breier, Siegfried — Das Schicksal der Titanoxid-Richtlinie, EuZW 1993, S. 315 – 319

Breier, Siegfried — Art. 130s Abs. 3 EGV als Rechtsgrundlage für die Verabschiedung von Umweltaktionsprogrammen, ZUR 1995, S. 302 – 304

Breier, Siegfried — Umweltschutzkooperation zwischen Staat und Wirtschaft auf dem Prüfstand - Eine Untersuchung am Beispiel der Erklärung der deutschen Wirtschaft zur Klimavorsorge, ZfU 1997, S. 131 – 142

Brenner, Michael — Der unitarische Bundesstaat in der Europäischen Union, DÖV 1992, S. 903 – 911

Brenner, Michael — Der Gestaltungsauftrag der Verwaltung in der Europäischen Union, Tübingen 1996

Brenner, Michael — Rahmenbedingungen des Menschenbildes im Gemeinschaftsrecht, in: Isensee, Josef / Lecheler, Helmut (Hrsg.), Freiheit und Eigentum, Festschrift für Walter Leisner, Berlin 1999, S. 19 – 37

Breuer, Rüdiger — Entwicklungen des europäischen Umweltrechts - Ziele, Wege und Irrwege, Berlin, New York 1993

Breuer, Rüdiger — Zunehmende Vielgestaltigkeit der Instrumente im deutschen und europäischen Umweltrecht – Probleme der Stimmigkeit und des Zusammenwirkens, NVwZ 1997, S. 833 – 845

Brohm, Winfried — Rechtsgrundsätze für normersetzende Absprachen, DÖV 1992, S. 1025 – 1035

Budde, Andreas — Die Umwelt-Audit-Verordnung der EU – eine Deregulierungschance für betriebliche Unternehmen und staatliche Verwaltung?, Aachen 1998

Bundesministerium für Umwelt, Naturschutz und Reaktorsicherheit (Hrsg.) — Umweltgesetzbuch: (UGB-KomE), Entwurf der Unabhängigen Sachverständigenkommission zum Umweltgesetzbuch beim Bundesministerium für Umwelt, Naturschutz und Reaktorsicherkeit, Berlin 1998

Bundesverband der Deutschen Industrie (BDI) e.V. (Hrsg.) — Freiwillige Vereinbarungen und Selbstverpflichtungen der Industrie im Bereich des Umweltschutzes, Köln 1996

Bundesverband der Deutschen Industrie (BDI) e.V. (Hrsg.) — Aktualisierte Erklärung der deutschen Wirtschaft zur Klimavorsorge, Köln 1996

Burgi, Martin — Das Schutz- und Ursprungsprinzip im europäischen Umweltrecht, NuR 1995, S. 11 – 15.

Calliess, Christian — Perspektiven für eine Weiterentwicklung der Europäischen Union zu einer ökologischen Rechtsgemeinschaft, KJ 1994, S. 284 – 305

Calliess, Christian — Subsidiaritäts- und Solidaritätsprinzip in der Europäischen Union: Vorgaben für die Anwendung von Art. 3b EGV am Beispiel der gemeinschaftlichen Wettbewerbs- und Umweltpolitik, Baden-Baden 1996

Calliess, Christian / Ruffert, Matthias (Hrsg.) — Kommentar zu EU-Vertrag und EG-Vertrag (zit.: Bearb. in: Calliess/Ruffert), Neuwied 1999

Cholik-Lanfermann, Ellen — Grundrechtsschutz in der Europäischen Union: Bestand, Tendenzen, Entwicklungen, Frankfurt/a.M. (u.a.) 1994

Danwitz, Thomas von — Verwaltungsrechtliches System und Europäische Integration, Tübingen 1996

Däubler-Gmelin, Herta — Eine europäische Charta der Grundrechte – Beitrag zur gemeinsamen Identität, EuZW 2000, S. 1

Dempfle, Ulrich — Normvertretende Absprachen: zugleich ein Beitrag zur Lehre vom Rechtsverhältnis, Pfaffenweiler 1994

Depenheuer, Otto — Der Gedanke der Kooperation von Staat und Gesellschaft, in: Huber, Peter M. (Hrsg.), Das Kooperationsprinzip im Umweltrecht, Berlin 1999, S. 17 – 36

Deringer, Arved — Stellungnahme zum Weißbuch der Europäischen Kommission über die Modernisierung der Vorschriften zur Anwendung der Art. 85 und 86 EG-Vertrag (Art. 81 und 82 EG), EuZW 2000, S. 5 – 11

Di Fabio, Udo — Verwaltung und Verwaltungsrecht zwischen gesellschaftlicher Selbstregulierung und staatlicher Steuerung, VVDStRL 56 (1997), S. 235 – 282

Di Fabio, Udo — Selbstverpflichtungen der Wirtschaft – Grenzgänger zwischen Freiheit und Zwang, in: Michael Kloepfer (Hrsg.), Selbst-Beherrschung im technischen und ökologischen Bereich, Berlin 1998, S. 119 – 132 = JZ 1997, S. 969 – 974

Di Fabio, Udo — Das Kooperationsprinzip – ein allgemeiner Rechtsgrundsatz des Umweltrechts, in: Huber, Peter M. (Hrsg.), Das Kooperationsprinzip im Umweltrecht, Berlin 1999, S. 37 – 52

Dieckmann, Holger — Europäisches Kartellrecht und kooperative Rücknahme- und Verwertungssysteme, in: BDI (Hrsg.), Kartellrecht und Umweltschutz, BDI-Drucksache Nr. 291, Köln 1995, S. 55 – 64

Dreier, Horst — Informales Verwaltungshandeln, StWStP 4 (1993), S. 647 – 681

Ehle, Dirk — Die Einbeziehung des Umweltschutzes in das Europäische Kartellrecht, Köln (u.a.) 1997

Engel, Christoph — Europäisches Umweltrecht aus der Vogelperspektive, DVBl. 1999, S. 1069 – 1077

Epiney, Astrid — Gemeinschaftsrechtlicher Umweltschutz und Verwirklichung des Binnenmarktes - „Harmonisierung" auch der Rechtsgrundlagen?, JZ 1992, S. 564 – 570

Epiney, Astrid — Umweltrecht in der Europäischen Union, Köln (u.a.) 1997

Epiney, Astrid / Furrer, Andreas — Umweltschutz nach Maastricht - Ein Europa der drei Geschwindigkeiten?, EuR 1992, S. 369 – 408

Europäische Umweltagentur (Hrsg.) — Environmental Agreements, Environmental Effectiveness, Environmental Issues Series No. 3 - Vol. 1, Vol. 2 (Case Studies), Kopenhagen 1997

Everling, Ulrich — Zur rechtlichen Wirkung von Beschlüssen, Entschließungen und Vereinbarungen des Rates oder der Mitgliedstaaten der Europäischen Gemeinschaft, in: Lüke, Gerhard u.a. (Hrsg.), Rechtsvergleichung, Europarecht und Staatenintegration, Gedächtnisschrift für Léontin-Jean Constantinesco, Köln (u.a.) 1983, S. 133 – 156

Everling, Ulrich — Abgrenzung der Rechtsangleichung zur Verwirklichung des Binnenmarktes nach Art. 100a EWGV durch den Gerichtshof, EuR 1991, S. 179 – 182

Everling, Ulrich — Will Europe slip on bananas? The Bananas Judgment of the Court of Justice and national courts, CMLR 33 (1996), S. 401 – 437

Faber, Angela — Die Zukunft kommunaler Selbstverwaltung und der Gedanke der Subsidiarität in den Europäischen Gemeinschaften, DVBl. 1991, S. 1126 – 1135

Faber, Angela — Altautoentsorgung: Umweltschutz und Wettbewerb, UPR 1997, S. 431 – 439

Fluck, Jürgen / Schmitt, Thomas — Selbstverpflichtungen und Umweltvereinbarungen - rechtlich gangbarer Königsweg deutscher und europäischer Umweltpolitik?, VerwArch 89 (1998), S. 220 – 263

Frenz, Walter — Nationalstaatlicher Umweltschutz und EG-Wettbewerbsfreiheit, Köln (u.a.) 1997

Frenz, Walter — Europäisches Umweltrecht, München 1997

Frenz, Walter — Freiwillige Selbstverpflichtungen zur Reduzierung des Energieverbrauchs im Kontext des Gemeinschaftsrechts, EuR 1999, S. 27 – 48

Frowein, Jochen A. / Peukert, Wolfgang — Europäische Menschenrechtskonvention, EMRK-Kommentar, 2. Auflage, Kehl (u.a.) 1996

Gallwas, Hans-Ullrich — Faktische Beeinträchtigungen im Bereich der Grundrechte, Berlin 1970

Geiger, Andreas — Das Weißbuch der EG-Kommission zu Art. 81, 82 EG – eine Reform besser als ihr Ruf, EuZW 2000, S. 165 – 169

Geiger, Rudolf — EG-Vertrag: Kommentar zu dem Vertrag zur Gründung der Europäischen Gemeinschaft, 2. Auflage, München 1995

Gelinsky, Katja — Der Schutz des Eigentums gemäß Art. 1 des Ersten Zusatzprotokolls zur Europäischen Menschenrechtskonvention, Berlin 1996

Giesberts, Ludger / Hilf, Juliane — Kreislaufwirtschaft Auto: Altautoverordnung und freiwillige Selbstverpflichtung, Berlin 1998

Giesberts, Ludger / Hilf, Juliane — Neue Instrumente zur Steuerung der Altautoentsorgung: Altautoverordnung und Freiwillige Selbstverpflichtung, NVwZ 1998, S. 1158 – 1159

Glaesner, Hans-J. — Die Einheitliche Europäische Akte, EuR 1986, S. 119 – 152

Gleiss, Alfred / Hirsch, Martin — Kommentar zum EG-Kartellrecht, Band I, Art. 85 und Gruppenfreistellungsverordnungen, 4. Auflage, Heidelberg 1993

Grabitz, Eberhard (Hrsg.) — Grundrechte in Europa und USA, Band I: Strukturen nationaler Systeme (zit.: Bearb., Titel, in: Grabitz (Hrsg.)), Kehl (u.a.) 1986

Grabitz, Eberhard / Hilf, Meinard (Hrsg.) — Das Recht der Europäischen Union (zit.: Bearb. in: Grabitz/Hilf), Altband I – EUV, Art. 1 – 136a EGV (Maastrichter Fassung); Altband II – Art. 137 – 248 (Maastrichter Fassung, EWGV (Römische Fassung); Band 1 – EUV/EGV (Amsterdamer Fassung), München, 15. Ergänzungslieferung, Stand: Januar 2000

Grabitz, Eberhard / Zacker, Christian — Die neuen Umweltkompetenzen der EWG, NVwZ 1989, S. 297 – 303

Grewlich, Klaus W. — Umweltschutz durch „Umweltvereinbarungen" nach nationalem Recht und Europarecht, DÖV 1998, S. 54 – 62

Groeben, Hans von der / Thiesing, Jochen / Ehlermann, Claus-Dieter (Hrsg.) Kommentar zum EU-/EG-Vertrag (zit.: Bearb. in: Groeben/ Thiesing/Ehlermann), Bd. 1 (Art. A - F EUV, Art. 1 - 84 EGV), Bd. 4 (Art. 137 - 209a EGV), Bd. 5 (Art. 210 - 248 EGV, Art. H - S EUV), 5. Auflage 1997, Bd. 2/I (Art. 85 - 87 EGV), Bd. 2/II (Art. 88 - 102), Bd. 3 (Art. 102a - 136a), 5. Auflage, Baden-Baden 1999

Grohe, Rainer Selbstverpflichtungen und Vereinbarungen im Umweltschutz, WiVerw 1999, S. 177 – 190

Gröschner, Rolf Aufklärung der Öffentlichkeit in Umweltfragen – wirtschaftspolitisches Ziel und wirtschaftsverwaltungsrechtliche Aufgabe, WUR 1991, S. 71 – 78

Grossekettler, Heinz Deregulierung aus ökonomischer Sicht, in: Stober, Rolf (Hrsg.), Deregulierung im Wirtschafts- und Umweltrecht: interdisziplinär betrachtet, Köln (u.a.) 1990, S. 27 – 36

Grunwald, Jürgen Die nicht-völkerrechtlichen Verträge der Europäischen Gemeinschaften, EuR 1984, S. 227 – 267

Grüter, Manfred Umweltrecht und Kooperationsprinzip in der Bundesrepublik Deutschland, UTR Bd. 10, Düsseldorf 1990

Guimezanes, Nicole Introduction au Droit Français, 2. Auflage, Baden-Baden 1999

Hager, Günter Environmental Contracts and Agreements between State and Industrie in Germany, in: van Dunné, Jan M. (Hrsg.), Environmental Contracts and Covenants: New Instruments for a Realistic Environmental Policy?, Rotterdam 1993, S. 159 – 181

Haigh, Nigel / Kraemer, R. Andreas „Sustainable Development" in den Verträgen der Europäischen Union, ZUR 1996, S. 239 – 242

Hailbronner, Kay Der „nationale Alleingang" im Gemeinschaftsrecht am Beispiel der Abgasstandards für Pkw, EuGRZ 1989, S. 101 – 122

Hailbronner, Kay / Klein, Eckart / Magiera, Siegfried / Müller-Graff, Peter-Christian (Hrsg.) Handkommentar zum Vertrag über die Europäische Union (EUV/EGV), Loseblattausgabe (zit.: Bearb. in: Hailbronner/ Klein/Magiera/Müller-Graff), Köln (u.a.), 7. Lieferung, Stand: November 1998

Hedrich, Carl-Christoph Die Privatisierung der Sparkassen: Ein Beitrag zu den institutionellen Problemen der Deregulierung, Baden-Baden 1993

Hengstschläger, Johannes Privatisierung von Verwaltungsaufgaben, VVDStRL 54 (1995), S. 164 – 203

Herdegen, Matthias Europarecht, 2. Auflage, München 1999

Hilf, Meinhard / Pache, Eckhard — Der Vertrag von Amsterdam, NJW 1998, S. 705 – 713

Hirsbrunner, Simon — Die revidierte EG-Fusionskontroll-Verordnung, EuZW 1998, S. 69 – 75

Hoffmann-Riem, Wolfgang — Selbstbindungen der Verwaltung, VVDStRL 40 (1982), S. 187 – 239

Hoffmann-Riem, Wolfgang — Verfahrensprivatisierung als Modernisierung, in: ders. / Schneider, Jens-Peter (Hrsg.), Verfahrensprivatisierung im Umweltrecht, S. 9 – 30 = DVBl. 1996, S. 225 – 232

Hoffmann-Riem, Wolfgang — Vom Staatsziel Umweltschutz zum Gesellschaftsziel Umweltschutz, Die Verwaltung 28 (1995), S. 425 – 448

Hoffmann-Riem, Wolfgang — Umweltschutz als Gesellschaftsziel – illustriert an Beispielen aus der Energiepolitik, GewArch 1996, S. 1 – 6

Huber, Peter M. — Konkurrenzschutz im Verwaltungsrecht, Tübingen 1991

Huber, Peter M. — Recht der Europäischen Integration, München 1996

Huber, Peter M. — Weniger Staat im Umweltschutz, DVBl. 1999, S. 489 – 496

Immenga, Ulrich / Mestmäcker, Ernst-Joachim (Hrsg.) — EG-Wettbewerbsrecht: Kommentar (zit.: Bearb. in: Immenga/ Mestmäcker), Band 1, München 1997

Internationaler Kommentar zur EMRK — Loseblattsammlung, von Heribert Golsong u.a. (zit.: Bearb. in: IntKomm EMRK), Köln (u.a.), 4. Lieferung 2000

Ipsen, Hans Peter — Europäisches Gemeinschaftsrecht, Tübingen 1972

Isensee, Josef / Kirchhof, Paul (Hrsg.) — Handbuch des Staatsrechts der Bundesrepublik Deutschland, Band V, Allgemeine Grundrechtslehren (zit.: Bearb., Titel, in: Isensee/Kirchhof (Hrsg.), HdbStR V), Berlin 1992

Jahn, Friedrich A. — Deregulierung im Wirtschafts- und Umweltschutzrecht, in: Stober, Rolf (Hrsg.), Deregulierung im Wirtschafts- und Umweltrecht: interdisziplinär betrachtet, Köln (u.a.) 1990, S. 11 – 17

Jarass, Hans D. — Grundfragen der innerstaatlichen Bedeutung des EG-Rechts, Köln (u.a.) 1994

Jarass, Hans D. — EG-Kompetenzen und das Prinzip der Subsidiarität nach Schaffung der Europäischen Union, EuGRZ 1994, S. 209 – 219

Jarass, Hans D. — Die Kompetenzverteilung zwischen der Europäischen Gemeinschaft und den Mitgliedstaaten, AöR 121 (1996), S. 173 – 199

Jarass, Hans D.	Europäisches Energierecht: Bestand – Fortentwicklung – Umweltschutz, Berlin 1996
Jarass, Hans D. / Pieroth, Bodo	Grundgesetz für die Bundesrepublik Deutschland, Kommentar, 5. Auflage, München 2000
Jørgensen, Jesper	Legislation on ‚Eco-Contracts' in Denmark, in: van Dunné, Jan M. (Hrsg.), Environmental Contracts and Covenants: New Instruments for a Realistic Environmental Policy?, Rotterdam 1993, S. 73 – 85
Kahl, Wolfgang	Umweltprinzip und Gemeinschaftsrecht. Eine Untersuchung zur Rechtsidee des „bestmöglichen Umweltschutzes" im EWG-Vertrag, Heidelberg 1993
Kaiser, Joseph H.	Industrielle Absprachen im öffentlichen Interesse, NJW 1971, S. 585 – 588
Kapteyn, Paul J.G. / VerLoren van Themaat, Pieter	Introduction to the Law of the European Communities, 3. Auflage, London (u.a.) 1998
Kemkamp, Frits H.	The Rotterdam Rhine Contracts, in: van Dunné, Jan M. (Hrsg.), Environmental Contracts and Covenants: New Instruments for a Realistic Environmental Policy?, Rotterdam 1993, S. 111 – 115
Kirchgässner, Gebhard	Nachhaltigkeit in der Umweltnutzung: Einige Bemerkungen, ZfU 1997, S. 1 – 34
Kirchhof, Paul	Verwalten durch „mittelbares" Einwirken, Köln (u.a.) 1977
Kirchhof, Paul	Der Staat als Organisationsform politischer Herrschaft und rechtlicher Bindung, DVBl. 1999, S. 637 – 657
Klein, Eckart / Kimms, Frank	Die Kompetenz der Europäischen Gemeinschaft zum Abschluß umweltschutzrelevanter Verträge, UTR 36 (1996), S. 53 – 75
Kloepfer, Michael	Umweltschutz als Kartellprivileg? – Kartellrechtliche Fragen zum Umweltschutz, JZ 1980, S. 781 – 790
Kloepfer, Michael	Zu den neuen umweltrechtlichen Handlungsformen des Staates, JZ 1991, S. 737 – 744
Kloepfer, Michael	Betrieblicher Umweltschutz als Rechtsproblem, DB 1993, S. 1125 – 1131
Kloepfer, Michael	Alte und neue Handlungsformen staatlicher Steuerung im Umweltbereich, in: König, Klaus / Dose, Nicolai (Hrsg.), Instrumente und Formen staatlichen Handelns, Köln (u.a.) 1993, S. 329 – 370

Kloepfer, Michael — Umweltrecht, 2. Auflage, München 1998

Kloepfer, Michael / Elsner, Tomas — Selbstregulierung im Umwelt- und Technikrecht, DVBl. 1996, S. 964 – 975

Kloepfer, Michael / Mast, Ekkehart — Das Umweltrecht des Auslandes, Berlin 1995

Kloepfer, Michael / Rehbinder, Eckhard / Schmidt-Aßmann, Eberhard / Kunig, Philip — Umweltgesetzbuch – Allgemeiner Teil, Forschungsbericht (UGB-ProfE AT), 2. Auflage, Berlin 1991

Kniep, Klaus — Initiativen und Ansätze der Deregulierung im Umweltrecht, GewArch 1997, S. 142 – 143

Kobayashi, Hiroaki — Deregulierung und Privatisierung in Japan, in: Vogel, Otto (Hrsg.), Deregulierung und Privatisierung, Köln 1988, S. 70 – 85

Koch, Hans-Joachim — Beschleunigung, Deregulierung, Privatisierung – Modernisierung des Umweltrechts oder symbolische Standortpolitik?, in: Schlacke, Sabine (Hrsg.), Neue Konzepte im Umweltrecht, Berlin 1996, S. 27 – 63

Koch, Hans-Joachim — Innovationssteuerung im Umweltrecht, in: Hoffmann-Riem, Wolfgang / Schneider, Jens-Peter (Hrsg.), Rechtswissenschaftliche Innovationsforschung, Baden-Baden 1998, S. 273 – 290

Koch, Hans-Joachim / Verheyen, Roda — Klimaschutz im deutschen Anlagengenehmigungsrecht: völkerrechtlicher Rahmen, europarechtliche Vorgaben, innerstaatlicher Anpassungsbedarf, NuR 1999, S. 1 – 9

Kokott, Juliane — Der Grundrechtsschutz im europäischen Gemeinschaftsrecht, AöR 121 (1996), S. 599 – 638

Koopmans, Thijmen — Regulations, directives, measures, in: Due, Ole / Lutter, Marcus / Schwarze, Jürgen (Hrsg.), Festschrift für Ulrich Everling, Band I, Baden-Baden 1995, S. 691 – 700

Krämer, Ludwig — Grundrecht auf Umwelt und Gemeinschaftsrecht, EuGRZ 1988, S. 285 – 294

Krämer, Ludwig — Die Integrierung umweltpolitischer Erfordernisse in die gemeinschaftliche Wettbewerbspolitik, in: Rengeling, Hans-Werner (Hrsg.), Umweltschutz und andere Politiken der Europäischen Gemeinschaft, Köln (u.a.) 1993, S. 47 – 83

Krämer, Ludwig — E.C. environmental law, 4. Auflage, London 2000

Krieger, Stephan	Die Empfehlung der Kommission über Umweltvereinbarungen, EuZW 1997, S. 648 – 650
Kuhnt, Dietmar	Energie und Umweltschutz in europäischer Perspektive, DVBl. 1996, S. 1082 – 1094
Kunig, Philip / Rublack, Susanne	Aushandeln statt Entscheiden? – Das Verwaltungsverfahrensrecht vor neuen Herausforderungen, Jura 1990, S. 1 – 11
Lahl, Uwe	Das programmierte Vollzugsdefizit, ZUR 1993, S. 249 – 256
Langen, Eugen / Bunte, Hermann-Josef (Hrsg.)	Kommentar zum deutschen und europäischen Kartellrecht (zit.: Bearb. in: Langen/Bunte), Bd. 1, 8. Auflage, Neuwied (u.a.) 1998
Lecheler, Helmut	Der Europäische Gerichtshof und die allgemeinen Rechtsgrundsätze, Berlin 1971
Lenz, Carl Otto (Hrsg.)	EG-Vertrag: Kommentar zu dem Vertrag zur Gründung der Europäischen Gemeinschaften (zit.: Bearb. In: Lenz), 2. Auflage, Köln (u.a.) 1999
Lenz, Carl Otto	Der europäische Grundrechtsstandard in der Rechtsprechung des Europäischen Gerichtshofes, EuGRZ 1993, S. 585 – 589
Lindemann, Hans-Heinrich / Delfs, Stefan	Vollzug des Europäischen Umweltrechts, ZUR 1993, S. 256 – 263
Lübbe-Wolff, Gertrude	Das Umweltauditgesetz, NuR 1996, S. 217 – 227
Lübbe-Wolff, Gertrude	Modernisierung des umweltbezogenen Ordnungsrechts, in: Roßnagel, Alexander / Neuser, Uwe (Hrsg.), Reformperspektiven im Umweltrecht, Baden-Baden 1996, S. 97 – 118
Lübbe-Wolff, Gertrude	Modernisierung des Umweltordnungsrechts: Vollziehbarkeit – Deregulierung – Effizienz, Bonn 1996
Lück, Michael	Die Gemeinschaftstreue als allgemeines Rechtsprinzip im Recht der Europäischen Gemeinschaft, Baden-Baden 1992
Mensching, Christian	Der neue Komitologie-Beschluß des Rates, EuZW 2000, S. 268 – 271
Merkel, Angela	Der Stellenwert von umweltbezogenen Selbstverpflichtungen der Wirtschaft im Rahmen der Umweltpolitik der Bundesregierung, Umwelt 1997, S. 88 – 92
Merten, Detlef	Subsidiarität als Verfassungsprinzip, in: ders. (Hrsg.), Die Subsidiarität Europas, 2. Auflage, Berlin 1994, S. 77 – 96

Mestmäcker, Ernst-Joachim — Staat und Unternehmen im europäsichen Gemeinschaftsrecht (1988), in: ders., Recht in der offenen Gesellschaft: Hamburger Beiträge zum deutschen, europäischen und internationalen Wirtschafts- und Medienrecht, Baden-Baden 1993, S. 183 – 241

Middecke, Andreas — Der Kompetenznormenkonflikt umweltrelevanter Gemeinschaftsakte im Binnenmarkt, DVBl. 1993, S. 769 – 777

Milczewski, Christine von — Der grundrechtliche Schutz des Eigentums im Europäischen Gemeinschaftsrecht, Frankfurt/a.M. (u.a.) 1994

Molitor, Bernhard — Deregulierung in Europa; Rechts- und Verwaltungsvereinfachung in der Europäischen Union, Tübingen 1996

Molitor, Bernhard — Der Umweltschutz im Bericht der Gruppe unabhängiger Experten für die Vereinfachung der Rechts- und Verwaltungsvorschriften im Auftrag der Europäischen Kommission – 30 Thesen, in: Rengeling, Hans-Werner (Hrsg.), Beschleunigung von Planungs- und Genehmigungsverfahren – Deregulierung, Köln (u.a.) 1997, S. 13 – 17

Monjal, Pierre-Yves — La Conférence intergouvernementale de 1996 et la hiérarchie des normes communautaires, R.T.D.E. 32 (1996), S. 681 – 716

Moore, Thomas G. / Kroszner, Randall S. — Deregulierung und Privatisierung und der freie Markt in den Vereinigten Staaten von Amerika, in: Vogel, Otto (Hrsg.), Deregulierung und Privatisierung, Köln 1988, S. 49 – 69

Möschel, Wernhard — Privatisierung, Deregulierung und Wettbewerbsordnung, JZ 1988, S. 885 – 893

Müggenborg, Hans-Jürgen — Formen des Kooperationsprinzips im Umweltrecht der Bundesrepublik Deutschland, NVwZ 1990, S. 909 – 917

Müller-Michaels, Olaf — Grundrechtlicher Eigentumsschutz in der Europäischen Union, Berlin 1996

Murswiek, Dietrich — Freiheit und Freiwilligkeit im Umweltrecht, JZ 1988, S. 985 – 993

Murswiek, Dietrich — Die Nutzung öffentlicher Umweltgüter: Knappheit, Freiheit, Verteilungsgerechtigkeit, in: Gröschner, Rolf / Morlok, Martin, Rechtsphilosophie und Rechtsdogmatik in Zeiten des Umbruchs, ARSP Beiheft 71, Stuttgart 1997, S. 207 – 222

Nettesheim, Martin — Grundrechtliche Prüfdichte durch den EuGH, EuZW 1995, S. 106 – 108

Nickel, Dietmar — Absprachen zwischen Staat und Wirtschaft – Die öffentlich-rechtlichen Aspekte der Selbstbeschränkungsabkommen der deutschen Industrie, Hamburg 1979

Nicolaysen, Gert — Zur Theorie von den implied powers in den Europäischen Gemeinschaften, EuR 1966, S. 129 – 142

Oebbecke, Janbernd — Die staatliche Mitwirkung an gesetzesabwendenden Vereinbarungen, DVBl. 1986, S. 793 – 799

Öhlinger, Theo — Eigentum und Gesetzgebung, in: Machacek, Rudolf (Hrsg.), Grund- und Menschenrechte in Österreich, Bd. II (Wesen und Werte), Kehl (u.a.) 1992, S. 643 – 687

Oppermann, Thomas — Europarecht, 2. Auflage, München 1999

Paschke, Marian — Umweltschutz und Wettbewerb aus kartellrechtlicher Sicht, UTR 38 (1997), S. 35 – 66

Pauly, Walter — Strukturfragen des unionsrechtlichen Grundrechtsschutzes, EuR 1998, S. 242 – 262

Pechstein, Matthias — EG-Umweltrechtskompetenzen und nationale Alleingänge beim Umweltschutz, Jura 1996, S. 176 – 181

Peine, Franz-Joseph — Verfahrensprivatisierung in der Verkehrswegeplanung, in: Hoffmann-Riem, Wolfgang / Schneider,Jens-Peter (Hrsg.), Verfahrensprivatisierung im Umweltrecht, Baden- Baden 1996, S. 95 – 112

Peine, Franz-Joseph — Grenzen der Privatisierung – verwaltungsrechtliche Aspekte, DÖV 1997, S. 353 – 365

Pellonpää, Matti — Nationaler Individualrechtsschutz und europäischer Menschenrechtsstandard in Finnland, EuGRZ 1993, S. 590 – 594

Pernice, Ingolf — Grundrechtsgehalte im Europäischen Gemeinschaftsrecht, Baden-Baden 1979

Pernice, Ingolf — Kompetenzordnung und Handlungsbefugnisse der Europäischen Gemeinschaft auf dem Gebiet des Umwelt- und Technikrechts, Die Verwaltung 22 (1989), S. 1 – 54

Pernice, Ingolf — Rechtlicher Rahmen der europäischen Unternehmenskooperation im Umweltbereich unter besonderer Berücksichtigung von Art. 85 EGW, EuZW 1992, S. 139 – 143

Pescatore, Pierre — Bestand und Bedeutung der Grundrechte in den Europäischen Gemeinschaften, EuGRZ 1978, S. 441 – 445

Peters, Jit A. — Voluntary Agreements between Government and Industry. The Basic Metal Covenant as an Example, in: van Dunné, Jan M. (Hrsg.), Environmental Contracts and Covenants: New Instruments for a Realistic Environmental Policy?, Rotterdam 1993, S. 19 – 32

Pieper, Stefan Ulrich | Subsidiaritätsprinzip – Strukturprinzip der Europäischen Union, DVBl. 1993, S. 705 – 712

Pieroth, Bodo / Schlink, Bernhard | Grundrechte Staatsrecht II, 16. Auflage, Heidelberg 2000

Pirie, Madsen | Erfahrungen mit Deregulierung und Privatisierung in England, in: Vogel, Otto (Hrsg.), Deregulierung und Privatisierung, Köln 1988, S. 86 – 94

Pommerenke, Dagmar | Rechtliche Beurteilung von Umweltvereinbarungen nach dem EG-Vertrag, RdE 1996, S. 131 – 141

Prieur, Michel | Droit de l'environnement, 3. Auflage, Paris 1996

Purps, Thorsten | Umweltpolitik und Verursacherprinzip im Europäischen Gemeinschaftsrecht, Köln (u.a.) 1991

Rengeling, Hans-Werner | Das Kooperationsprinzip im Umweltrecht, Köln (u.a.) 1988

Rengeling, Hans-Werner | Grundrechtsschutz in der Europäischen Gemeinschaft, München 1992

Rengeling, Hans-Werner | Europarechtliche Grundlagen des Kooperationsprinzips, in: Huber, Peter M. (Hrsg.), Das Kooperationsprinzip im Umweltrecht, Berlin 1999, S. 53 – 84

Rengeling, Hans-Werner (Hrsg.) | Handbuch zum europäischen und deutschen Umweltrecht, Band I: Allgemeines Umweltrecht, Band II: Besonderes Umweltrecht (zit.: Bearb., Titel, in: Rengeling (Hrsg.), EUDUR, Bd. I/II), Köln (u.a.) 1998

Rest, Alfred | Neue Mechanismen der Zusammenarbeit und Sanktionierung im internationalen Umweltrecht, NuR 1994, S. 271 – 277

Rest, Alfred | Die rechtliche Umsetzung der Rio-Vorgaben in der Staatspraxis, ArchVR 34 (1996), S. 145 – 167

Rexrodt, Günter | Deregulierung im Wirtschaftsverwaltungsrecht, GewArch 1993, S. 393 – 398

Rheinisch-Westfälisches Institut für Wirtschaftsforschung (RWI) (Hrsg.) | CO_2-Monitoring der deutschen Industrie – ökologische und ökonomische Verifikation, Zusammenfassung, Essen 1997

Ritter, Ernst-Hasso | Der kooperative Staat, AöR 104 (1979), S. 389 – 413

Ritter, Ernst-Hasso | Das Recht als Steuerungsmedium im kooperativen Recht, in: Grimm, Dieter (Hrsg.), Wachsende Staatsaufgaben – sinkende Steuerungsfähigkeit des Rechts, Baden-Baden 1990, S. 69 – 112

Robbers, Gerhard | Der Grundrechtsverzicht, JuS 1985, S. 925 – 931

Ronellenfitsch, Michael | Selbstverantwortung und Deregulierung im Ordnungs- und Umweltrecht, Berlin 1995

Roth, Wolfgang | Faktische Eingriffe in Freiheit und Eigentum, Berlin 1994

Sachs, Michael | „Volenti non fit iniuria", VerwArch 76 (1985), S. 398 – 426

Sachs, Michael | Die normsetzende Vereinbarung im Verwaltungsrecht, VerwArch 74 (1983), S. 25 – 49

Sasse, Christoph | Der Schutz der Grundrechte in den Europäischen Gemeinschaften und seine Lücken, in: Mosler, Hermann / Bernhard, Rudolf / Hilf, Meinhard (Hrsg.), Grundrechtsschutz in Europa, Berlin (u.a.) 1977, S. 51 – 63

Schäfer, Kurt | Zum integrierten Konzept der IVU-Richtlinie, UPR 1997, S. 444 – 448

Scherer, Joachim | Rechtsprobleme normersetzender „Absprachen" zwischen Staat und Wirtschaft am Beispiel des Umweltrechts, DÖV 1991, S. 1 – 7

Scherer, Joachim | Umwelt-Audits: Instrument zur Durchsetzung des Umweltrechts im Europäischen Binnenmarkt?, NVwZ 1993, S. 11 – 16

Scheuing, Dieter H. | Umweltschutz auf der Grundlage der Einheitlichen Europäischen Akte, EuR 1989, S. 152 – 192

Schießl, Martin | EG-Kartellrechtliche Anforderungen an die europäischen Normungsorganisationen CEN, CENELEC und ETSI, Frankfurt/a.M. 1995

Schilling, Theodor | Der „unfreiwillige" Vertrag mit der öffentlichen Hand, VerwArch 1996, S. 191 – 211

Schmidt, Holger | Die Klimakonferenz in Kyoto: Interpretation der Ergebnisse und Folgen für die internationale Klimapolitik, ZfU 1998, S. 441 – 462

Schmidt-Aßmann, Eberhard | Das allgemeine Verwaltungsrecht als Ordnungsidee, Berlin, Heidelberg, New York, 1998

Schmidt-Jortzig, Edzard | Mehr als ein Schlagwort - Die Beschleunigung von Planungs- und Genehmigungsverfahren als Baustein zum Schlanken Staat, in: Rengeling, Hans-Werner (Hrsg.), Beschleunigung von Planungs- und Genehmigungsverfahren - Deregulierung, Köln 1997, S. 1 - 11

Schmidt-Preuß, Matthias | Verwaltung und Verwaltungsrecht zwischen gesellschaftlicher Selbstregulierung und staatlicher Steuerung, VVDStRL 56 (1997), S. 160 – 234

Schmitz, Stefan | Die Europäische Union als Umweltunion: Entwicklung, Stand und Grenzen der Umweltschutzkompetenzen der EU, Berlin 1996

Schneider, Volker | Öko-Audit und Deregulierung im Immissionsschutzrecht, Köln (u.a.) 1999

Schrader, Christian | Das Kooperationsprinzip - ein Rechtsprinzip?, DÖV 1990, S. 326 – 333

Schrader, Christian | Produktverantwortung, Ordnungsrecht und Selbstverpflichtungen am Beispiel der Altautoentsorgung, NVwZ 1997, S. 943 – 949

Schröder, Christoph | Vorsorge als Prinzip des Immissionsschutzrechts, Frankfurt/a.M. (u.a.) 1987

Schröder, Meinhard | Die Berücksichtigung des Umweltschutzes in der gemeinsamen Agrarpolitik der Europäischen Union, NuR 1995, S. 117 – 123

Schröder, Meinhard | Aktuelle Entwicklungen im europäischen Umweltrecht, NuR 1998, S. 1 – 6

Schröer, Thomas | Die Kompetenzverteilung zwischen der Europäischen Wirtschaftsgemeinschaft und ihren Mitgliedstaaten auf dem Gebiet des Umweltschutzes, Berlin 1992

Schulze-Fielitz, Helmuth | Instrumente der Innovationssteuerung durch Öffentliches Recht – insbesondere im Umweltrecht, in: Wolfgang Hoffmann-Riem / Jens-Peter Schneider (Hrsg.), Rechtswissenschaftliche Innovationsforschung, Baden-Baden 1998, S. 291 – 329

Schuppert, Gunnar Folke | Grenzen und Alternativen von Steuerung durch Recht, in: Grimm, Dieter (Hrsg.), Wachsende Staatsaufgaben – sinkende Steuerungsfähigkeit des Rechts, Baden-Baden 1990, S. 217 – 249

Schuppert, Gunnar Folke | Rückzug des Staates? – Zur Rolle des Staates zwischen Legitimationskrise und politischer Neubestimmung –, DÖV 1995, S. 761 – 770

Schwarze, Jürgen | Europäisches Verwaltungsrecht: Entstehung und Entwicklung im Rahmen der Europäischen Gemeinschaft, Band I und II, Baden-Baden 1988

Schwarze, Jürgen | Funktionen des Rechts in der Europäischen Gemeinschaft, in: ders. (Hrsg.), Gesetzgebung in der Europäischen Gemeinschaft, Baden-Baden 1985, S. 9 – 30

Schweitzer, Michael / Hummer, Waldemar | Europarecht, 5. Auflage, Neuwied (u.a.) 1996 mit Nachtrag 1999 „Der Vertrag von Amsterdam“

Seidel, Martin | Das Verwaltungsverfahren in Beihilfesachen, EuR 1985, S. 22 – 42

Sölter, Arno — Die Ausnahmevorschrift des Art. 85 Abs. 3 EWG-Vertrag, WuW 1961, S. 665 – 693

Spannowsky, Willy — Grenzen des Verwaltungshandelns durch Verträge und Absprachen, Berlin 1994

Stadler, Rupert — Die Berufsfreiheit in der Europäischen Gemeinschaft, München 1990

Steinbeck, Anja Verena — Umweltvereinbarungen und europäisches Wettbewerbsrecht, WuW 1998, S. 554 – 566

Steinberg, Rudolf — Die Subsidiaritätsklausel im Umweltrecht der Gemeinschaft, StWStP 6 (1995), S. 293 – 315

Steinberger, Helmut — Der Verfassungsstaat als Glied einer europäischen Gemeinschaft, VVDStRL 50 (1991), S. 9 – 55

Stern, Klaus — Das Staatsrecht der Bundesrepublik Deutschland, Bd. III/1 (Allgemeine Lehren der Grundrechte), München 1988

Sterzinger, Hermann — Deregulierung im UWG und seinen Nebengesetzen: ein Weg zur Steigerung der nationalen und internationalen Wettbewerbsfreiheit unter Einbeziehung der Verbraucherinteressen, München 1997

Stewing, Clemens — Das Subsidiaritätsprinzip als Kompetenzverteilungsregel im Europäischen Recht, DVBl. 1992, S. 1516 – 1518

Stober, Rolf — Dimensionen der Deregulierung, in: ders. (Hrsg.), Deregulierung im Wirtschafts- und Umweltrecht: interdisziplinär betrachtet, Köln (u.a.) 1990, S. 1 – 9

Storr, Stefan — Zur Bonität des Grundrechtsschutzes in der Europäischen Union, Der Staat 36 (1997), S. 547 - 573

Streinz, Rudolf — Europarecht, 4. Auflage, Heidelberg 1999

Streinz, Rudolf — Bundesverfassungsgerichtlicher Grundrechtsschutz und Europäisches Gemeinschaftsrecht, Baden-Baden 1989

Szczekalla, Peter — Grundfreiheitliche Schutzpflichten - eine „neue" Funktion der Grundfreiheiten des Gemeinschaftsrechts, DVBl. 1998, S. 219 – 224

Teichmann, Christine — Die Verbesserung der Warenerzeugung oder -verteilung und die Förderung des technischen oder wirtschaftlichen Fortschritts nach Art. 85 Abs. 3 EWG-Vertrag, Frankfurt/a.M. 1994

Thiel, Jürgen Michael — Umweltrechtliche Kompetenzen in der Europäischen Union, Bochum 1995

Trute, Hans-Heinrich — Die Verwaltung und das Verwaltungshandeln zwischen gesellschaftlicher Selbstregulierung und staatlicher Steuerung, DVBl. 1996, S. 950 – 964

Uerpmann, Robert — Kooperatives Verwaltungshandeln im Gemeinschaftsrecht: die Gemeinschaftsrahmen für staatliche Beihilfen, EuZW 1998, S. 331 – 335

Ulmer, Peter — Rule of Reason im Rahmen von Artikel 85 EWGV, RIW 1985, S. 517 – 524

Unruh, Peter — Zur Dogmatik der grundrechtlichen Schutzpflichten, Berlin 1996

van den Broek, Jan H. G. — Covenants and Permit in the Dutch Target Group Consultation: the Role of an Environmental Covenant in the Granting of an Environmental Permit, in: van Dunné, Jan M. (Hrsg.), Environmental Contracts and Covenants: New Instruments for a Realistic Environmental Policy?, Rotterdam 1993, S. 33 – 43

Vandrey, Petra — Neubau des Umweltrechts? : Untersuchung der Vor- und Nachteile einer Kodifizierung des Umweltrechts unter Berücksichtigung entsprechender Erfahrungen im Ausland, Berlin 1995

Vorwerk, Axel — Die umweltpolitischen Kompetenzen der Europäischen Gemeinschaft und ihrer Mitgliedstaaten nach Inkrafttreten der EEA, München 1990

Wägenbaur, Rolf — EG-Umweltschutz im Zeichen der Deregulierung: verbesserte Rechtsetzung oder Einsatz sonstiger Instrumente, in: Hans-Werner Rengeling (Hrsg.), Beschleunigung von Planungs- und Genehmigungsverfahren, Köln (u.a.) 1997, S. 19 – 46

Wägenbaur, Rolf — Zwölf Thesen zum Thema „Umweltvereinbarungen“, EuZW 1997, S. 645 – 647

Wagner Hellmut — Effizienz des Ordnungsrechts für den Umweltschutz?, NVwZ 1995, S. 1046 – 1052

Weber-Dürler, Beatrice — Der Grundrechtseingriff, VVDStRL 57 (1998), S. 57 – 99

Wenglorz, Georg W. — Die Deregulierung des Linienluftverkehrs im Europäischen Binnenmarkt, Heidelberg 1992

Wetter, Irmgard — Die Grundrechtscharta des Europäischen Gerichtshofes, Frankfurt/a.M. (u.a.) 1998

Wiebe, Andreas — Umweltschutz durch Wettbewerb, NJW 1994, S, 289 – 294

Wittkämper, Gerhard W. Deregulierung aus politikwissenschaftlicher Sicht, in: Stober, Rolf (Hrsg.), Deregulierung im Wirtschafts- und Umweltrecht: interdisziplinär betrachtet, Köln (u.a.) 1990, S. 37 – 45

Woehrling, Jean-Marie Umweltschutz und Umweltrecht in Frankreich, in: Welz, Christian / Eisenberg, Ewald (Hrsg.), Aspekte des Umweltschutzes in Deutschland und Frankreich - Ein Vergleich, Baden-Baden 1996, S. 13 – 33

Wolf, Dieter / Fink, Reinhard Mit der Verordnung Nr. 17 ins nächste Jahrtausend?, WuW 1994, S. 289 – 293

Wuermeling, Joachim Die Gemeinschaftstreue und die Rechtsakte der Gesamtheit der Mitgliedstaaten der EG, EuR 1987, S. 237 - 243.

Wuermeling, Joachim Kooperatives Gemeinschaftsrecht, Kehl am Rhein 1988

Zezschwitz, Friedrich von Wirtschaftsrechtliche Lenkungstechniken: Selbstbeschränkungsabkommen, Gentlemen's Agreement, Moral Suasion, Zwangskartell, JA 1978, S. 497 – 505

Zöttl, Johannes Die EG-Richtlinie über die integrierte Vermeidung und Verminderung der Umweltverschmutzung, NuR 1997, S. 157 – 166

Zuleeg, Manfed Vorbehaltene Kompetenzen der Mitgliedstaaten der Europäischen Gemeinschaft auf dem Gebiet des Umweltschutzes, NVwZ 1987, S. 280 – 286

Zuleeg, Manfred Umweltschutz in der Rechtsprechung des Europäischen Gerichtshofs, NJW 1993, S. 31 – 38

MIX

Papier | Fördert gute Waldnutzung

FSC® C083411

Kolibri 360 GmbH
Ferdinand-Jühlke-Straße 7
99095 Erfurt, Deutschland
produktsicherheit@kolibri360.de

Druck:
CPI Druckdienstleistungen GmbH
im Auftrag der
Kolibri 360 GmbH
Ferdinand-Jühlke-Str. 7
99095 Erfurt